《浙江植物志（新编）》编辑委员会 编著

浙江植物志 新编

Flora of Zhejiang

（New Edition）

第一卷　概论
　　　　石杉科—满江红科

Volume 1
Introduction
Huperziaceae—Azollaceae

浙江科学技术出版社

图书在版编目(CIP)数据

浙江植物志：新编. 第一卷 /《浙江植物志（新编）》编辑委员会编著. — 杭州：浙江科学技术出版社，2021.10
ISBN 978-7-5341-9880-9

Ⅰ. ①浙… Ⅱ. ①浙… Ⅲ. ①植物志－浙江 Ⅳ. ① Q948.525.5

中国版本图书馆 CIP 数据核字（2021）第 193884 号

书　　名	浙江植物志（新编）· 第一卷
编　　著	《浙江植物志（新编）》编辑委员会
出版发行	浙江科学技术出版社 杭州市体育场路 347 号　邮政编码：310006 编辑部电话：0571-85152719 销售部电话：0571-85176040 网址：www.zkpress.com
排　　版	杭州万方图书有限公司
印　　刷	浙江新华数码印务有限公司
经　　销	全国各地新华书店
开　　本	889mm×1194mm　1/16　　印　张　46.5
字　　数	1 068 000
版　　次	2021 年 10 月第 1 版　　2021 年 10 月第 1 次印刷
书　　号	ISBN 978-7-5341-9880-9　　定　价　350.00 元
审 图 号	浙 S（2019）11 号

版权所有　翻印必究

(图书出现倒装、缺页等印装质量问题，本社销售部负责调换)

策划组稿	章建林　詹　喜	**责任编辑**	赵雷霖
责任校对	李亚学　陈宇珊	**封面设计**	金　晖
责任印务	叶文炀		

【内容提要】

本卷包含概论、各论和附录3个部分。概论部分记述了浙江省的自然概况、采集和研究简史、植物区系、资源植物。各论部分按系统记载了浙江省野生或习见栽培的蕨类植物（石杉科至满江红科）50科，118属，436种；补遗记载了第七、九、十卷定稿后发现的被子植物1属，18种（不计种下分类群，但浙江无原种的种下分类群以种计，补遗中的属、种不重复计数）。其中包括自《浙江植物志（新编）》编著项目启动以来发表的新分类群（包括新种和新变种）7个，浙江分布新记录科1个，新记录属4个，新记录种（含亚种和变种）32个，订正了1个以往的错误鉴定种。每种植物均有中名、拉丁名、形态描述、产地、生境、分布、用途等记述，90%以上种类附有野外实地拍摄的彩色图片。附录部分收录了模式标本采自浙江的植物和浙江省国家重点保护野生植物名录。

本书可供农业、林业、园艺、医药、环保等行业的科技人员、管理人员及广大植物爱好者参考，也可作为各类院校植物学、农学、林学、园艺学、药学、生态学等相关专业的辅助教材。

Summary

This volume contains three parts: introduction, monographs, and appendix. Natural survey, a brief history of specimen collection and taxonomic study, floristic characteristics, and resource plant of Zhejiang Province are accounted in the introduction. A total of 436 species, which are wild or commonly cultivated in Zhejiang Province, belonging to 118 genera in 50 families (from Huperziaceae to Azollaceae) are recorded in monograph. In addition, one genera and 18 species of angiosperms found after the completion of the seventh, ninth and tenth volumes are documented here (subspecific taxa are not counted, but subspecific taxa without original species in Zhejiang are counted by species, and genera and species in the addendum are not counted repeatedly). The species covered in this volume include 7 new taxa (new species and new varieties), 1 newly recorded family, 4 newly recorded genera and 32 newly recorded species (with subspecies and varieties) in Zhejiang, and 1 formerly misidentified species is clarified. Each species contains Chinese name, scientific name, morphological description, locality, habitat, distribution and economic usage, etc. More than 90% species are accompanied by color picture obtained from original observation. The appendix includes the plants of type specimens collected from Zhejiang, and the list of national key protected wild plants in Zhejiang Province.

This book can be used as a reference for scientists and technicians, managers and plant hobbyists of agriculture, forestry, horticulture, medicine and pharmacy, environmental protection and other relative fields, it also can be course material for various majors in botany, agriculture, forestry, horticulture, pharmacy, ecology, etc.

《浙江植物志（新编）》编辑委员会

主　　　任　胡　侠（2018年12月起在任）
　　　　　　林云举（2014年11月至2018年12月在任）
副　主　任　吴　鸿　杨幼平　王章明（常务）　陆献峰
　　　　　　于明坚　江　波　吾中良　章滨森
委　　　员　柳新红　陈华新　朱光权　丁良冬　孙晓霞

主　　　编　李根有　丁炳扬
副　主　编　金孝锋　陈征海　张方钢　金水虎
编　　　委　李根有　丁炳扬　金孝锋　陈征海　张方钢
　　　　　　金水虎　柳新红　赵云鹏

顾　　　问　郑朝宗　裘宝林

组　织　编　著　浙江省林业局
　　　　　　　浙江省植物学会

Editorial Board of Flora of Zhejiang (New Edition)

Directors

Hu Xia (Served from December 2018)

Lin Yunju (Served from November 2014 to December 2018)

Vice directors

Wu Hong	Yang Youping	Wang Zhangming
Lu Xianfeng	Yu Mingjian	Jiang Bo
Wu Zhongliang	Zhang Binsen	

Committee members

Liu Xinhong	Chen Huaxin	Zhu Guangquan
Ding Liangdong	Sun Xiaoxia	

Editors-in-chief

Li Genyou · Ding Bingyang

Associate editors-in-chief

Jin Xiaofeng · Chen Zhenghai · Zhang Fanggang

Jin Shuihu

Editorial board

Li Genyou	Ding Bingyang	Jin Xiaofeng
Chen Zhenghai	Zhang Fanggang	Jin Shuihu
Liu Xinhong	Zhao Yunpeng	

Advisers

Zheng Chaozong · Qiu Baolin

Organizers

Zhejiang Administration of Forestry

Botanical Society of Zhejiang

本卷编著者及分工

卷 主 编 金水虎

卷副主编 张　豪　刘　军　张宏伟

编 著 者 自然概况

　　　　　金水虎（浙江农林大学）

　　　　采集和研究简史

　　　　　丁炳扬（浙江省林业科学研究院）

　　　　　刘军（浙江大学）

　　　　植物区系

　　　　　金孝锋（浙江农林大学）

　　　　　鲁益飞（浙江大学）

　　　　资源植物

　　　　　李根有（浙江农林大学暨阳学院）

　　　　蕨类植物门概述及分科检索表

　　　　　金水虎（浙江农林大学）

　　　　　张豪（浙江省乐清中学）

　　　　石杉科、石松科、松叶蕨科、阴地蕨科、观音座莲科、紫萁科

　　　　　陈波（杭州师范大学）

　　　　卷柏科、桫椤科、碗蕨科

　　　　　雷祖培（浙江乌岩岭国家级自然保护区管理中心）

　　　　水韭科、木贼科、瓶尔小草科、水蕨科、肾蕨科、苹科、槐叶苹科、满江红科

　　　　　陈煜初（杭州天景水生植物园）

　　　　瘤足蕨科、实蕨科、舌蕨科

　　　　　谢文远（浙江省森林资源监测中心）

里白科、海金沙科、睫毛蕨科

张芬耀（浙江省森林资源监测中心）

膜蕨科、蚌壳蕨科、稀子蕨科

康华靖（温州科技职业学院）

鳞始蕨科、姬蕨科、蕨科、蹄盖蕨科、铁角蕨科、球子蕨科、槲蕨科、禾叶蕨科、剑蕨科

张豪（浙江省乐清中学）

凤尾蕨科

潘太仲（浙江省永嘉县永临中学）

中国蕨科、铁线蕨科、书带蕨科

闫道良（浙江农林大学）

裸子蕨科、肿足蕨科、金星蕨科

金水虎（浙江农林大学）

张宏伟（浙江清凉峰国家级自然保护区管理局）

岩蕨科、乌毛蕨科、柄盖蕨科、三叉蕨科、骨碎补科、燕尾蕨科

卢毅军（浙大城市学院）

鳞毛蕨科

梅旭东（浙江省景宁畲族自治县经济商务科技局）

张宏伟（浙江清凉峰国家级自然保护区管理局）

谢文远（浙江省森林资源监测中心）

水龙骨科

马丹丹（浙江农林大学暨阳学院）

附录一　模式标本采自浙江的植物

刘军（浙江大学）

丁炳扬（浙江省林业科学研究院）

金孝锋（浙江农林大学）

附录二　浙江省国家重点保护野生植物名录

金孝锋（浙江农林大学）

金水虎（浙江农林大学）

Authors and Division

Volume editor-in-chief

　Jin Shuihu

Volume associate editor-in-chief

　Zhang Hao, Liu Jun and Zhang Hongwei

Authors

Nature Survey

Jin Shuihu (Zhejiang Agricultural & Forestry University)

A Brief History of Specimen Collection and Taxonomic Study

Ding Bingyang (Zhejiang Academy of Forestry)

Liu Jun (Zhejiang University)

Floristic Characteristics

Jin Xiaofeng (Zhejiang Agricultural & Forestry University)

Lu Yifei (Zhejiang University)

Resource Plant

Li Genyou (Jiyang College of Zhejiang Agricultural & Forestry University)

Overview and Key of Pteridophyta

Jin Shuihu (Zhejiang Agricultural & Forestry University)

Zhang Hao (Zhejiang Yueqing High School)

Huperziaceae, Lycopodiaceae, Psilotaceae, Botrychiaceae, Angiopteridaceae, Osmundaceae

Chen Bo (Hangzhou Normal University)

Selaginellaceae, Cyatheaceae, Dennstaedtiaceae

Lei Zupei (Zhejiang Wuyanling National Nature Reserve Management Center)

Isoëtaceae, Equisetaceae, Ophioglossaceae, Parkeriaceae, Nephrolepidaceae, Marsileaceae, Salviniaceae, Azollaceae

Chen Yuchu (Hangzhou Tianjing Aquatic Plants Garden)

Plagiogyriaceae, Bolbitidaceae, Elaphoglossaceae

Xie Wenyuan (Zhejiang Monitoring Centre for Forest Resources)

Gleicheniaceae, Lygodiaceae, Pleurosoriopsidaceae

Zhang Fenyao (Zhejiang Monitoring Centre for Forest Resources)

Hymenophyllaceae, Dicksoniaceae, Monachosoraceae

Kang Huajing (Wenzhou Vocational College of Science and Technology)

Lindsaeaceae, Hypolepidaceae, Pteridiaceae, Athyriaceae, Aspleniaceae, Onocleaceae, Drynariaceae, Grammitidaceae, Loxogrammaceae

Zhang Hao (Zhejiang Yueqing High School)

Pteridaceae

Pan Taizhong (Yonglin High School, Yongjia County, Zhejiang Province)

Sinopteridaceae, Adiantaceae, Vittariaceae

Yan Daoliang (Zhejiang Agricultural & Forestry University)

Hemionitidaceae, Hypodematiaceae, Thelypteridaceae

Jin Shuihu (Zhejiang Agricultural & Forestry University)

Zhang Hongwei (Administration of Zhejiang Qingliangfeng National Nature Reserve)

Woodsiaceae, Blechnaceae, Peranemaceae, Tectariaceae, Davalliaceae, Cheiropleuriaceae

Lu Yijun (Zhejiang University City College)

Dryopteridaceae

Mei Xudong (Science and Technology Bureau of Jingning She Autonomous County, Zhejiang Province)

Zhang Hongwei (Administration of Zhejiang Qingliangfeng National Nature Reserve)

Xie Wenyuan (Zhejiang Monitoring Centre for Forest Resources)

Polypodiaceae

Ma Dandan (Jiyang College of Zhejiang Agricultural & Forestry University)

Appendix 1 The Plants of Type Specimens Collected in Zhejiang Province

Liu Jun (Zhejiang University)

Ding Bingyang (Zhejiang Academy of Forestry)

Jin Xiaofeng (Zhejiang Agricultural & Forestry University)

Appendix 2 The List of National Key Protected Wild Plants in Zhejiang Province

Jin Xiaofeng (Zhejiang Agricultural & Forestry University)

Jin Shuihu (Zhejiang Agricultural & Forestry University)

序 一

浙江植物学专家前辈历经10年的辛勤努力，于1993年出版了8卷《浙江植物志》（7卷加总论卷）。该志记载了浙江野生与习见栽培的维管植物共231科，1372属，4444种（含种下等级）。该志编撰严谨，图文并茂，荣获第二届国家图书奖（1995），不仅深受社会各界欢迎，出现了一书难求的现象，还成为浙江乃至周边省份科研、科普、教学、生产的必备参考书，在浙江省的经济建设、生态保护等方面发挥了非常重要的作用。

《浙江植物志》出版之后的20多年中，随着经济的飞速发展，省外及国外一些植物物种被大量引入，同时浙江新一代植物学工作者在继承前辈严谨工作作风的基础上，不懈努力，深入调查，又发现了众多的植物新分类群和分布新记录。而这些资料均分散在各种期刊和著作中，不利于各行各业应用。因此，《浙江植物志（新编）》的出版顺应了时代的发展和社会的需求，意义重大。

《浙江植物志（新编）》对原志书进行了全面的、系统的补充修订，并在被子植物部分采用了当代著名的四大被子植物分类系统之一的克朗奎斯特（Cronquist）分类系统（1988）；本志书用精美的彩色照片代替了原来的线描图，使之更具直观性和实用性，这在省级植物志书中是非常有特色的。

全套志书由原来的8卷增加至10卷；收录种类比原志书有了大量增加，其中有近年发现的新分类群100余个，新记录科3个，新记录属80多个，新记录种400多个，同时增加了很多物种的新分布点；对原记载的植物逐种进行了考证，对不少植物学名根据新的资料予以了更正，对一些原来鉴定错误或经调查已无栽培的种类进行了更正与删减，充分汲取了植物分类的最新研究成果，使之更具科学性和准确性。

由此可见，本套志书在学术水平上又有了较大的提升，充分体现出了编撰志书为地方经济建设及基层大众服务的初衷。相信本套志书出版之后，定会为浙江省的植物学研究、教学、科普以及植物资源的开发利用与保护等发挥重要作用。

我注意到，在从事植物经典分类人才越来越稀缺的今天，在经济较发达的浙江，仍有一批中青年植物学者执着地坚守在基础研究的岗位上，这让我尤为高兴。

在本套志书编撰之初，我与浙江同行就有了密切的书信联系和问题交流，并自始至终给予了特别关注。得知本套志书即将陆续出版，甚感欣慰，特予作序。

中国科学院植物研究所研究员
中国科学院院士

2019年5月于北京

序 二

浙江地处我国东南沿海，陆域面积不大，但自然条件优越，植物资源丰富，人文底蕴深厚，有钟观光、钱崇澍、李善兰等植物学先驱，并涌现出了陈嵘、张肇骞、钟补求、蔡希陶、王伏雄、吴中伦、梁希、杨衔晋、林刚、陈诗、陈谋、贺贤育等林学家、植物分类学家和采集家，成为我国近代植物学的重要发源地之一。独特的区域优势和丰富的植物资源，吸引了众多国内外学者来浙江开展采集和研究工作，除浙江籍人士外，还有胡先骕、秦仁昌、郑万钧、陈焕镛、裴鉴、唐进、耿以礼、郑勉、裘佩熹、J. Cunningham、R. Fortune、E. Faber、F.B. Forbes、W.B. Hemsley、S. Matsuda、C.S. Sargent、H. Migo、A.N. Steward等，为浙江的植物资源调查和分类研究奠定了基础。

1993年，本人有幸受邀参加"浙江植物资源调查研究及《浙江植物志》编著"成果评审会，方云亿、章绍尧等浙江老一辈植物分类学家踏实严谨、精益求精的科研作风给我留下了深刻印象。项目成果获得了浙江省科技进步奖一等奖（1994），《浙江植物志》还获得第二届国家图书奖（1995）和第七届全国优秀科技图书一等奖（1995），成为省级植物志的典范。《中国植物志》于2004年全部出版，有人认为植物分类学家从此已无用武之地。殊不知，由于历史原因，就整体而言，我国植物分类学还处在描述阶段。浙江省的植物分类学者认识到这一点，他们承前启后，不仅自己奋斗，还培养人才，为这一领域注入了活力。浙江省的植物资源调查研究工作方兴未艾，相继出版了《浙江种子植物检索鉴定手册》等专著，积累了丰富翔实的新资料，结出了新成果。

《浙江植物志（新编）》由浙江省27家单位的50余位专家参与编研工作。通过大规模和系统的野外考察、标本采集、照片拍摄，收录的种类大幅增加，其中有近年发现的新记录科3个，新记录属80多个，新记录种400多个，充实了浙江乃至全国植物区系地理的内容；全书85%以上的种类配有实地拍摄的彩色照片，图文并茂。与《浙江植物志》相比，《浙江植物志（新编）》种类收录更齐全，分类处理更合理，兼顾科学性、可读性、实用性和鉴赏性。在此，我对本志编著者和浙江科学技术出版社相关人员所付出的心血表示感谢，也希望浙江的植物分类工作者再接再厉，继续开展更深入的植物资源调查和研究，在分类修订、生物多样性编目、物种形成、系统发生和进化、亲缘地理等方面取得新的更大的成绩。

是为序。

中国植物学会名誉理事长
中国科学院院士　洪德元

2019年6月于北京

前 言

浙江位于中国东南沿海，长江三角洲南翼，东临东海，南接福建，西与安徽、江西相连，北与上海、江苏接壤，地理坐标为27°02′~31°11′N，118°01′~123°10′E。陆地面积10.55万平方千米，约占全国的1.1%，是我国陆地面积较小的省份。全省以山地丘陵为主，素有"七山一水二分田"之说。因地处中亚热带，全省气候温和，雨量充沛，山脉纵横，丘陵起伏，河谷、平原、盆地交错分布，海岸曲折，岛屿众多，自然环境复杂多样，利于各类植物繁衍生息，加之地史古老，孕育并保存了丰富的植物种类，享有"东南植物宝库"之美誉。

浙江境内的植物标本采集与调查工作始于18世纪初期。随着杭、甬等地通商口岸的开放，J. Cunningham、R. Fortune、E. Faber等10多个国家的50多位学者先后进入浙江的舟山、宁波、杭州、台州等地开展植物标本的采集和调查工作，对早期植物科学的传播及植物分类资料的积累起到了重要作用。在我国最早科学系统地开展植物标本采集的是钟观光（北仑），之后在浙江涌现出了一批我国近代植物分类学家和采集家，如钱崇澍（海宁）、陈嵘（安吉）、钟补勤（北仑）、钟稼勤（北仑）、钟补求（北仑）、林刚（平阳）、陈诗（诸暨）、陈谋（诸暨）、吴中伦（诸暨）、贺贤育（镇海）、张肇骞（永嘉）等。我国许多著名植物分类学家也曾先后来浙江进行采集、研究，如胡先骕、秦仁昌、郑万钧、耿以礼、唐进、裴鉴、郑勉、裴佩熹等。因此，浙江也成为我国近代植物分类研究的发祥地之一。中华人民共和国成立后，浙江省人民政府对植物资源的普查工作非常重视，陆续组织开展了一些专题性或区域性的植物资源普查工作，积累了大量的标本和资料，为植物志书的编写奠定了良好的基础。

1982年，浙江省科委下达了089号文件，组织省内19家大专院校、科研单位的50余位科研、教学专家，开展了《浙江植物志》的编著工作。他们通过野外考察、标本查阅、资料整理、潜心编撰，历经十载寒暑，出版了洋洋8卷巨著。全志共记载浙江野生及习见栽培植物231科，1372属，3897种，30亚种，391变种，126变型，第一次全面系统地展示了浙江植物资源的全貌。该项目成果荣获浙江省科学技术进步奖一等奖（1994）。《浙江植物志》还获得第二届国家图书奖（1995）及第七届全国优秀科技图书一等奖（1995）。长期以来，作为省内外植物专业人士、学生及社会有关人员必不可少的权威工具书，《浙江植物志》在浙江省的经济和生态建设方面发挥了极为重要的作用。

《浙江植物志》出版后的20多年中，社会、经济、文化、环境等方面均发生了翻天覆地的变化，植物种类、相关信息也相应地产生了巨大的改变。随着交通状况不断改善和植物分类知识的广泛普及，在年青一代专业人员的不懈努力下，植物调查和研究工作更为全面和深入，新发现也逐渐增多。据初步统计，在本项目进行之前就已发现新种

（含种下等级）或新记录种350多个；在此期间，国内外植物分类和系统进化等方面的研究也取得了长足发展，被 Flora of China 和其他文献归并的有300余种，分类等级或学名改变的有300多种；与此同时，很多历史上曾经引种的植物已经消失，而在走向国际化的进程中，更多与农业、林业、园林、医药相关的新资源植物又被不断地引进栽培，种类变动的数量高达本志书记载总数的近1/4。

近些年来，在浙江各级政府的高度重视下，植物资源调查研究工作的开展如火如荼、方兴未艾。在本志编撰前及期间，浙江的科研团队相继出版了《温州植物志》（5卷）、《杭州植物志》（3卷）、《宁波植物图鉴》（5卷）等区域性志书，以及一批实用性图鉴或专著，如《浙江种子植物检索鉴定手册》《浙江野菜100种精选图谱》系列丛书、《浙江省常见树种彩色图鉴》、《宁波珍稀植物》、《宁波滨海植物》、《玉环木本植物图谱》、《台州乡土树种识别与应用》、《慈溪乡土树种彩色图谱》、《莫干山区乡土树种》等；各地已建或新建自然保护区的资源普查工作陆续开展，出版了《天目山植物志》（4卷）、《清凉峰植物》、《清凉峰木本植物志》（2卷）、《百山祖的野生植物》等专著和科学考察报告，积累的新资料越来越丰富。党的十八大后，中共浙江省委、省人民政府统筹推进"五位一体"总体布局，十分重视生态建设和植物资源保护工作。在新形势下，迫切需要厘清浙江省植物种类、分布、生存状况及开发利用价值，为森林、湿地、物种三条"生态保护红线"的研究与监测提供信息丰富、数据准确、功能完善的基础资料。如今，社会安宁，经济繁荣，修志时机已充分成熟，工作基础也已相对夯实。因此，为适应新形势的快速变化，尽早编撰一部能反映浙江植物资源现状的志书已是大势所趋和当务之急。

经过一段时间的酝酿和筹备，2014年年底，由浙江省林业局（原浙江省林业厅）与浙江省植物学会联合组织成立了《浙江植物志（新编）》编委会，聚集全省27家教学、科研、生产单位的50余位专家和学者，正式启动了"浙江省野生植物资源调查、建档、编纂及《浙江植物志》（第二版）编著"项目（浙江省财政项目，编号：335010-2015-0005）。

5年来，编委会召开了10余次全体或扩大会议，制订和完善了编写大纲和细则，并提出全部采用彩色照片及系统更先进、种类更齐全、资料更丰富、数据更准确、使用更方便的要求；组织了数百次规模不等的野外科学考察活动，时间覆盖一年四季，地点遍及全省各地，拍摄了100余万幅植物种类和生境彩色照片，采集标本5000余号，发现了众多的植物新类群和省级以上分布新记录植物，获取了大量植物新分布点及新用途等重要信息；参编者查阅了大量文献资料，以及省内外各大植物标本馆、中国数字植物标本馆（CVH）、国家标本资源共享平台（NSII）的大量相关标本，对不少有疑问的植物类群和学名进行了认真考证，发表研究论文上百篇，取得了丰硕的成果。

本套志书共10卷，收录的种类原则上为浙江省境内野生、归化、逸生及当下习见栽培的植物。具体收录的种类和内容如下：第一卷为概论（包括自然概况、采集和研究简史、植物区系、资源植物），蕨类植物门，石杉科至满江红科，计50科；第二卷为裸子植物门，苏铁科至红豆杉科，计10科，被子植物门，木兰科至荨麻科，计33科；第三卷为胡桃科至杨柳科，计36科；第四卷为白花菜科至蔷薇科，计17科；第五卷为含羞草科至茶茱萸科，计26科；第六卷为黄杨科至夹竹桃科，计27科；第七卷为萝藦科至胡麻科，计19科；第八卷为紫葳科至菊科，计9科；第九卷为泽泻科至禾本科，计17科；第十卷为莎草科至兰科，计18科。

本志的编写及出版工作得到了社会各界的大力支持和热切关注。中国科学院植物研究所王文采院士、洪德元院士自始至终给予了倾情关注和悉心指导；郑朝宗教授、裘宝林教授不顾年老体迈，欣然受邀担任本志顾问，并多次亲临现场指导、细心审阅资料；许多参与《浙江植物志》编著工作的省内老一辈植物分类学家为本志的编写建言献策，并寄予热切厚望；浙江科学技术出版社本着公益精神，不求赢利，为高质量出版本志，与编委会进行了密切合作；省内外植物分类专家及爱好者为本志无私提供了相关信息和高质量照片；江苏省中国科学院植物研究所标本馆（NAS）、中国科学院昆明植物研究所标本馆（KUN）、中国科学院西北高原生物研究所植物标本馆（HNWP）、中国科学院植物研究所标本馆（PE）、中国科学院华南植物园标本馆（IBSC）、中国科学院沈阳应用生态研究所东北生物标本馆（IFP）、安徽师范大学生命科学学院生物标本馆植物标本室（ANUB），以及杭州植物园植物标本馆（HHBG）、浙江农林大学植物标本馆（ZJFC）、浙江自然博物院植物标本馆（ZM）、浙江大学植物标本馆（HZU）、杭州师范大学植物标本馆（HTC）、温州大学植物标本馆（WZU）等为本志作者查阅标本给予了极大方便；全省各县（市、区）及自然保护区等单位的领导和技术人员在植物资源考察过程中给予了大力支持；原浙江省林业厅厅长林云举、副厅长王章明一直将本项目作为重要工作来抓，对编写过程中遇到的困难和问题都给予了及时解决；浙江省野生动植物保护管理总站吾中良站长、章滨森站长、陈华新副站长，浙江省林业科学研究院江波院长，浙江省森林资源监测中心汪奎宏主任以及本志编委会办公室的柳新红、朱光权、陈友吾、孙晓霞等同志在本志的调查和编写过程中做了大量组织、协调和日常管理工作。所有这一切，都为本志编研工作的顺利开展和完成提供了强有力的保障。谨在此一并致以诚挚的谢意！

由于编著者研究水平、编研时间所限，志书中难免存在不足之处，恳盼读者不吝指正。

《浙江植物志（新编）》编辑委员会

执笔：李根有

2019年4月30日

编写说明

1. 本志收录的种类原则上为浙江省境内野生、归化、逸生及当下习见栽培的维管植物。蕨类植物采用秦仁昌分类系统(1978);裸子植物采用郑万钧分类系统(1978);被子植物采用克朗奎斯特(Cronquist)分类系统(1988),但对个别科做了适当调整,如芍药科(根据王文采先生意见,移至毛茛科之后)、禾本科(因考虑分卷平衡原因,与莎草科位置对调)等。

2. 本志收载的种下等级包括亚种和变种,变型不单独著录,只在种下讨论中予以附记,列出名称(中名、拉丁名)和主要鉴别特征。对于栽培植物的品种通常不作划分。在种类统计上以种系为单位,即浙江无模式亚种(变种)的亚种(变种)以种计数[1个种系下不止1个亚种(变种)的只计1个],其余亚种(变种)不作计数。

3. 本志对浙江省自然分布种类省内产地情况的著录,除全省均有分布的外,尽可能反映其产地信息。为节省篇幅,以地级市为单位编写,如某市大部分县(县级市和区)有产的只写出该地级市名称;对于不是大部分县(县级市和区)有产的则直接列出县(县级市和区)名称(与地级市间用"及"连接);对于一些老市区间难以明确划分界线的简称为"市区"。产地名称和范围的行政区划资料截至2014年,但为更好地反映植物分布的自然属性,部分市区仍作独立产地予以记载。具体如下:

湖州:湖州市区(吴兴、南浔)、长兴、安吉、德清。

嘉兴:嘉兴市区(南湖、秀洲)、嘉善、平湖、桐乡、海盐、海宁。

杭州:杭州市区(上城、下城、江干、拱墅、西湖、余杭)、萧山(含滨江)、富阳、临安、桐庐、建德、淳安。

绍兴:绍兴市区(越城、柯桥)、上虞、诸暨、嵊州、新昌。

宁波:宁波市区(海曙、江东、江北、镇海、北仑)、鄞州、慈溪、余姚、奉化、象山、宁海。

舟山:定海、普陀、岱山、嵊泗。

衢州:衢州市区(柯城、衢江)、开化、常山、江山、龙游。

金华:金华市区(婺城、金东)、浦江、兰溪、义乌、东阳、磐安、永康、武义。

台州:台州市区(椒江、路桥、黄岩)、天台、三门、临海、仙居、温岭、玉环。

丽水:莲都、缙云、遂昌、松阳、龙泉、庆元、云和、景宁、青田。

温州:温州市区(鹿城、龙湾、瓯海)、洞头、乐清、永嘉、瑞安、文成、平阳、苍南、泰顺。

4. 本志对浙江省分布的植物种类国内分布情况的著录，除全国均有分布的外，分大区（东北、华北、华东、华中、华南、西南、西北）和省（自治区、直辖市）两级编写，如大区内大部分省（自治区、直辖市）有分布的只写出该大区名称；对于不是大部分省（自治区、直辖市）有分布的则直接列出省（自治区、直辖市）名称，与大区间用"及"连接。分布区名称和范围以2014年的行政区划为依据，但为更好地反映植物分布的自然属性，对部分地区做了适当调整。具体如下：

东北：黑龙江、吉林、辽宁。
华北：内蒙古、河北（含北京、天津）、山西、山东。
华东：江苏（含上海）、安徽、浙江、江西、福建。
华中：河南、湖北、湖南。
华南：台湾、广东（含香港、澳门）、海南、广西。
西南：四川（含重庆）、贵州、云南、西藏。
西北：陕西、宁夏、甘肃、青海、新疆。

5. 本志各论中提及的国家重点保护野生植物及级别依据的是国务院1999年8月4日批准，1999年9月9日国家林业局、农业部令（第4号）颁布的《国家重点保护野生植物名录（第一批）》。2021年9月7日国家林业和草原局、农业农村部（2021年第15号公告）公布了2021年8月7日经国务院批准的新的《国家重点保护野生植物名录》，但因本志其他各卷已经出版或定稿付印，未能按新调整的名录修订，特此按照新名录编写了"浙江省国家重点保护野生植物名录"（见附录二）。

目 录

第一编 概 论

- 一　自然概况 ··· 1
- 二　采集和研究简史 ··· 3
- 三　植物区系 ·· 46
- 四　资源植物 ·· 75

第二编 各 论

蕨类植物门　Pteridophyta ·· 91

- 一　石杉科　　　　Huperziaceae ··· 97
- 二　石松科　　　　Lycopodiaceae ·· 103
- 三　卷柏科　　　　Selaginellaceae ··· 109
- 四　水韭科　　　　Isoëtaceae ·· 123
- 五　木贼科　　　　Equisetaceae ·· 125
- 六　松叶蕨科　　　Psilotaceae ·· 128
- 七　阴地蕨科　　　Botrychiaceae ·· 130
- 八　瓶尔小草科　　Ophioglossaceae ······································· 135
- 九　观音座莲科　　Angiopteridaceae ······································ 137
- 一〇　紫萁科　　　Osmundaceae ·· 139
- 一一　瘤足蕨科　　Plagiogyriaceae ··· 144
- 一二　里白科　　　Gleicheniaceae ·· 150
- 一三　海金沙科　　Lygodiaceae ··· 155
- 一四　膜蕨科　　　Hymenophyllaceae ····································· 158
- 一五　蚌壳蕨科　　Dicksoniaceae ··· 170
- 一六　桫椤科　　　Cyatheaceae ··· 172
- 一七　稀子蕨科　　Monachosoraceae ······································ 177
- 一八　碗蕨科　　　Dennstaedtiaceae ······································· 180
- 一九　鳞始蕨科　　Lindsaeaceae ·· 190
- 二〇　姬蕨科　　　Hypolepidaceae ··· 196
- 二一　蕨科　　　　Pteridiaceae ·· 198
- 二二　凤尾蕨科　　Pteridaceae ·· 201

1

二三	中国蕨科	Sinopteridaceae	223
二四	铁线蕨科	Adiantaceae	235
二五	水蕨科	Parkeriaceae	243
二六	裸子蕨科	Hemionitidaceae	245
二七	书带蕨科	Vittariaceae	253
二八	蹄盖蕨科	Athyriaceae	256
二九	肿足蕨科	Hypodematiaceae	314
三〇	金星蕨科	Thelypteridaceae	318
三一	铁角蕨科	Aspleniaceae	363
三二	睫毛蕨科	Pleurosoriopsidaceae	387
三三	球子蕨科	Onocleaceae	389
三四	岩蕨科	Woodsiaceae	391
三五	乌毛蕨科	Blechnaceae	395
三六	柄盖蕨科	Peranemaceae	401
三七	鳞毛蕨科	Dryopteridaceae	404
三八	三叉蕨科	Tectariaceae	495
三九	实蕨科	Bolbitidaceae	504
四〇	舌蕨科	Elaphoglossaceae	506
四一	肾蕨科	Nephrolepidaceae	508
四二	骨碎补科	Davalliaceae	510
四三	燕尾蕨科	Cheiropleuriaceae	516
四四	水龙骨科	Polypodiaceae	518
四五	槲蕨科	Drynariaceae	561
四六	禾叶蕨科	Grammitidaceae	563
四七	剑蕨科	Loxogrammaceae	567
四八	蘋科	Marsileaceae	571
四九	槐叶蘋科	Salviniaceae	573
五〇	满江红科	Azollaceae	575

补遗 ... 578

中名索引 ... 596

拉丁名索引 ... 605

附录 ... 620

附录一　模式标本采自浙江的植物 ... 620

附录二　浙江省国家重点保护野生植物名录 ... 714

附录三　照片提供作者名录（非本卷编著者）... 720

第一编 概论

一 自然概况

浙江地处我国东南沿海、长江三角洲南翼，地理坐标为北纬27°02′~31°11′，东经118°01′~123°10′，东临东海，南接福建，西与江西、安徽交界，北与上海、江苏为邻。东西和南北的直线距离均约450km。陆域面积$10.55×10^6 hm^2$，占全国陆域面积的1.1%。全省陆域面积中，山地和丘陵占70.4%，河流和湖泊占6.4%，平原和盆地占23.2%。海域面积$26×10^6 hm^2$，沿海岛屿众多，海岸线曲折。

浙江在地质上属华夏隆起地带，为秦岭和南岭两个构造带东部的交接地带。全省以江山－绍兴深大断裂为界线，分为东浙、西浙两大片，两片的地史发展过程和地质构造、地貌均有明显差异。浙西片历史上为海相沉积地层，是江南古陆的钱塘江凹陷地带，中生代早期的印支运动使其大面积浅海相沉积地层褶皱成山，并伴有断裂发育和岩浆运动，以泥质灰岩、页岩、砂岩、砂砾岩、片麻岩、千枚岩等为主；浙东片主要为中生代陆相火山沉积地层，几乎整个地表为流纹岩、片麻岩、凝灰质砾岩和花岗岩等火山岩系覆盖。

1. 地形与地貌

浙江素有"七山一水二分田"之说，地形复杂，地貌属华中－华东低山与丘陵及江浙冲积平原的一部分，以分割破碎的低山和丘陵为主。地势由西南向东北倾斜，呈阶梯下降。西南山地海拔多在1000m以上，为省内主要山区，最高峰为龙泉的黄茅尖（海拔1929m）；中部多为海拔500m以下的丘陵，间有大小盆地；北部的太湖流域及钱塘江下游地区为冲积平原。大致可分为浙北平原、浙西中山丘陵、浙东低山丘陵盆地、浙中丘陵盆地、浙南中山、沿海岛屿与平原等6个地貌区。主要平原有杭嘉湖平原、宁绍平原、金衢盆地河谷平原和温台沿海平原。

主要山脉均沿西南－东北方向延伸，可分为3支：北支为天目山脉，从浙赣交界的怀玉山伸展成天目山、千里岗等，是长江水系和钱塘江水系的分水岭；中支为仙霞山脉，从浙闽交界的仙霞岭延伸成四明山、会稽山、天台山，入海成舟山群岛，是钱塘江水系和瓯江水系的分水岭；南支为洞宫山脉，从浙闽交界的洞宫山延伸成大洋山、括苍山、雁荡山，是瓯江水系和飞云江水系的分水岭。

2. 气候与水文

浙江地处欧亚大陆与西北太平洋的过渡地带、亚热带季风气候区中部，是我国东南季风剧烈活动地带，属典型的亚热带季风气候。其特点是冬夏季风交替显著，季节性变化明显，气温适中，四季分明，光照较多，热量较优，雨量丰富，空气湿润。雨热季节变化同步，气候资源配置多样，气象灾害繁多。浙江年平均气温为15～18℃，极端最高气温为33～43℃，极端最低气温为-17.4～-2.2℃；全省年平均降水量为980～2000mm，年平均日照时数为1710～2100h。1月、7月分别为全年气温最低和最高的月份，5—6月为集中降水期。

全省常水位水面面积约5316.7 km^2。主要水系有苕溪、京杭大运河（浙江段）、钱塘江、甬江、椒江（灵江）、瓯江、飞云江、鳌江八大水系。钱塘江是浙江省第一大江，按北源新安江，以安徽省休宁县六股尖东坡起算，至海盐澉浦－余姚西三闸连线，河流长度为589km（其中浙江境内348km）；按南源衢江上游马金溪，以安徽省休宁县青芝埭尖北坡起算，至海盐澉浦－余姚西三闸连线，河流长度为522km（其中浙江境内497km）；省内流域面积44015 km^2。主要湖泊有杭州西湖、绍兴东湖、嘉兴南湖、宁波东钱湖四大名湖，以及新安江水电站建成后形成的全省最大的人工湖泊千岛湖等。

3. 土壤与植被

浙江在全国土壤地理分区中属于江南红壤、黄壤、水稻土大区，可划分为浙北平原水稻土地区，浙西山地丘陵红壤、黄壤地区，金衢低丘盆地红壤、水稻土地区，浙东丘陵盆地红壤、岩成土、水稻土地区，浙南山地黄壤、红壤地区，浙东滨海平原、岛屿红壤盐渍土、水稻土地区。浙北地区通常海拔600m以下为红壤，600m以上为黄壤；浙南地区常以海拔800m为分界线。

浙江植物区系成分复杂，植被类型多样。地带性植被主要为常绿阔叶林，全省大部分地区被划为"中亚热带湿润常绿阔叶林"地带。常绿阔叶林主要以壳斗科Fagaceae、樟科Lauraceae树种为建群种，还有木兰科Magnoliaceae、山茶科Theaceae、冬青科Aquifoliaceae、山矾科Symplocaceae等种类，由北往南组成种类渐丰，常绿种类也逐渐增多。商品林中的经济林、竹林资源较为丰富。经济林以茶园、桑园、木本粮油林、果树林为主，其中茶、桑、柑橘等驰名中外，山核桃、香榧等占全国产量的70%以上，竹产业在全国名列前茅。

二 采集和研究简史

浙江是我国近代植物学发祥地之一,地处东南沿海,地理位置优越,植物多样性丰富,海内外交通和贸易发达,近代以来从事植物资源调查研究的人员众多、活动频繁,植物分类学的相关发展大体上经历了三个历史阶段。

(一)近代植物学传播和外国人来浙江采集时期(1701—1919)

第一次鸦片战争之前,来浙江采集植物标本的外国人主要随贸易商船和外交使团而来。清康熙二十四年(1685年)在宁波设立了沿海四海关之一的浙海关,舟山定海即属于其管辖区,专设红毛馆,负责对外商务。

最早来浙江考察植物,进行专业标本采集的是苏格兰医生J. Cunningham。他曾于1700年前后两次随英属东印度公司的商船来华,主要在厦门和舟山活动,于1701年10月1日到达舟山群岛,随后3次在舟山、普陀等地调查植物,采集标本。英国皇家学会 *Philosophical Transactions* 于1702年第23卷第280期刊登了J. Cunningham的两封信件,介绍了其到舟山的航程,当地的茶叶、渔业和农业等情况,信中对茶树的种源、栽培等进行了较精确的描述。J. Cunningham采集的标本主要送给Sir H. Sloane、J. Petiver和L. Plukenet等人收藏和研究,送给前两人的标本后来随着两人其他藏品一起成为大英博物馆最早的馆藏。J. Petiver于1703年在 *Philosophical Transactions* 第286期对J. Cunningham采自舟山的77种标本进行了描述,涉及山茶、梧桐、黄蜀葵等植物,这可能是英国最早专门描述中国植物的期刊论文。J. Cunningham在舟山采到的杉木标本,可能是外国人对杉木的最早发现,后来R. Brown为纪念J. Cunningham和A. Cunningham二人对植物学的贡献而命名了杉木属 *Cunninghamia*。J. Cunningham于1701年在舟山采得 *Hamamelis chinensis*(即檵木 *Loropetalum chinense*)的合模式标本,它可能是我国最早的植物模式标本之一。

1792—1794年,英国第一个访华外交使团G. Macartney(马戛尔尼)使团来访。1793年7月3日使团船队到达舟山,然后沿海北上,从天津上岸。回程沿京杭大运河于11月9日到达杭州,参观了西湖,而后溯钱塘江而上,到达严州府(现建德梅城)。G. Macartney大使和参赞G.L. Staunton(斯当东)采集了柏木 *Cupressus funebris*、圆锥铁线莲 *Clematis terniflora* 等植物的模式标本,并向英国引入了 *Bocconia cordata*(即博落回 *Macleaya cordata*)、硕苞蔷薇 *Rosa bracteata* 等植物。

1840年第一次鸦片战争爆发,英军7月攻占定海,后于1842—1846年占领舟山。随着《南京条约》的签订,宁波作为通商口岸开放,外国采集者增多,多是随军队而来,如T. Cantor、W.T. Alexander、J.E. Home等人。英国外科医生T. Cantor于1840年7—11月在舟山为英属东印度公司收集动植物标本,所采标本送 W. Griffith 研究,W. Griffith 据此描述了 133 种舟山植物,并建立了盒子草属 Actinostemma。英国海军外科医生 W.T. Alexander 和 J.E. Home 所采标本送 W.J. Hooker 研究。W.T. Alexander 主要采集蕨类植物标本。J.E. Home 在舟山和宁波采集,采集到了日本柳杉 Cryptomeria japonica、菝葜 Smilax china、枸骨 Ilex cornuta 等植物标本。

1844 年以 T. de Lagrené(拉萼尼)为首的法国外交使团访华。意大利裔法国传教士、汉学家 J.M.M. Callery(加略利)在随使团活动的同时,到舟山、宁波等地采集植物标本。

英国植物猎人 R. Fortune(福琼)先后受伦敦皇家园艺协会和英属东印度公司雇佣,于 1843—1861 年 4 次来华,在舟山、宁波等地采集了大量标本,采得三尖杉 Cephalotaxus fortunei、云锦杜鹃 Rhododendron fortunei、中华猕猴桃 Actinidia chinensis 等 43 种植物的模式标本,并向英国引入了 Pseudolarix kaempferi(即金钱松 P. amabilis)、醉鱼草 Buddleja lindleyana、Chamaerops fortunei(即棕榈 Trachycarpus fortunei)等植物;并曾到镇海、嘉兴、杭州、富阳、桐庐、建德和淳安等地调查茶树栽种、制茶法和蚕业,带走了大量苗木和种子。在浙江采集的植物中,以其姓氏命名的新属有 Fortunaea(已并入化香树属 Platycarya),以其姓氏为种加词而命名的植物有 11 种。

1858 年,英国传教士 A. Williamson(韦廉臣)、J. Edkins(艾约瑟)辑译,浙江海宁人李善兰笔述的 8 卷本《植物学》(图 1-1)由墨海书馆出版,是我国第一部介绍西方近代植物学的著作。书中首创细胞、心皮、子房等术语,以及伞形科、石榴科、唇形科等名称,一直沿用至今,并传至日本,对早期植物学的传播产生了重要的作用。

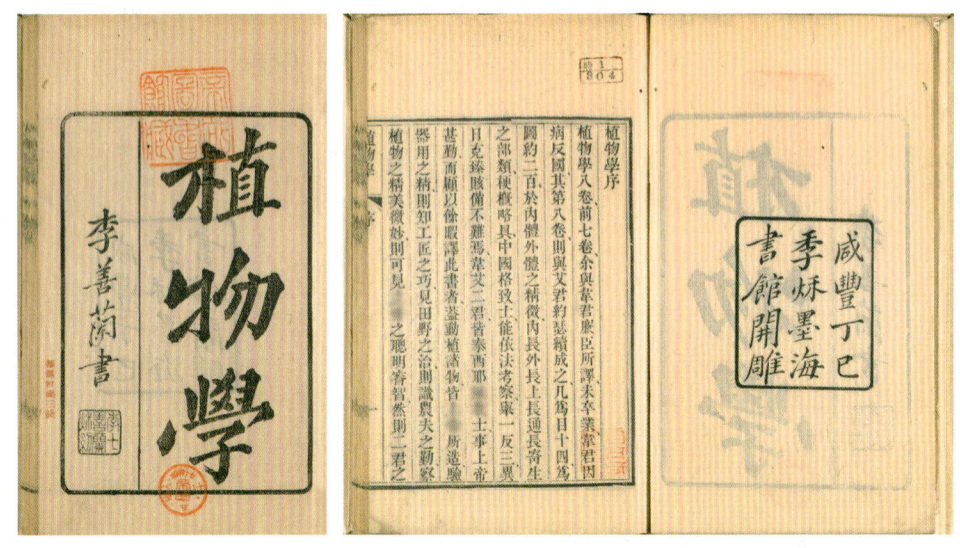

图 1-1　A. Williamson、J. Edkins 辑译,李善兰笔述的《植物学》封面和序
(日本国立国会图书馆馆藏)

1861 年,英国皇家植物园邱园(Kew)采集员 R. Oldham 赴东亚采集植物标本,先后到日本、朝鲜半岛、中国(浙江宁波和台湾)等地。他于 1864 年到达宁波,当年又到台湾大量采集后,不幸染疾,逝于厦门,年仅 27 岁。在宁波采集到的 25 种植物被 Index Florae Sinensis 收录,其中 2 个

是新种。

19世纪后半期，来浙江考察、采集植物的外国人中以外交官、海关职员和传教士居多。

19世纪70年代开始，先后担任英国驻宁波领事的R. Swinhoe（郇和）、Ch. Alabaster（阿查理）、W.M. Cooper（固威林）和G.M.H. Playfair（佩福来），以及外交官C.W. Everard（卫察理）、W.R. Carles（贾礼士）、Sir W.H. Medhurst（麦华佗）等人都曾在宁波采集植物标本，并将所采标本送到邱园，由W.B. Hemsley、S. Moore等人研究，或交给广州的H.F. Hance研究。博物学家R. Swinhoe在广泛采集动物标本的同时采得*Acer trifidum* var. *ningpoense*（即宁波三角槭*A. buergerianum* var. *ningpoense*）、过路黄*Lysimachia christinae*等植物的模式标本；W.M. Cooper采得*Indigofera cooperi*（即宁波木蓝*I. decora* var. *cooperi*）、*Euchresta tenuifolia*（即光叶马鞍树*Maackia tenuifolia*）等植物的模式标本；C.W. Everard采得浙荆芥*Nepeta everardi*、*Gymnadenia pinguicula*（即大花无柱兰*Amitostigma pinguicula*）等植物的模式标本。

在中国海关工作的英国人W. Hancock（韩威礼）、E.C.M. Bowra（包腊）和法国人A.A. Fauvel（福威勒）同时在宁波等地采集植物标本，将标本送给H.F. Hance、C.J. Maximowicz等人研究。W. Hancock于1877年在宁波采得毛萼铁线莲*Clematis hancockiana*、菱叶葡萄*Vitis hancockii*和纤叶钗子股*Luisia hancockii*等植物的模式标本。

法国天主教传教士A. David（谭卫道）于1872年曾到宁波、奉化一带采集植物标本，标本均寄到巴黎由A. Franchet研究。英国圣公会传教士G.E. Moule（慕稼谷）于1874年在杭州灵隐一带采集标本，H.F. Hance据此发表了新种*Quercus moulei*（已并入麻栎*Quercus acutissima*）和钩栗*Castanopsis tibetana*，后者栽培于灵隐寺附近，G.E. Moule误以为是引种自西藏。根据H.F. Hance的记录，G.E. Moule于1874年在宁波西部山区发现了金钱松，这是继R. Fortune之后外国人第二次在浙江发现金钱松。

德国传教士（《中国植物志》误记为英国药商）、汉学家E. Faber（花之安）于1878年开始在广东罗浮山、浙江东部、四川峨眉山、山东青岛、辽宁千山等地采集标本，其中1886年到了宁波、天台，1891年到了舟山、普陀。他所采的标本后来大部分毁于火灾，所幸有部分副本送到邱园，W.B. Hemsley在编写*Index Florae Sinensis*时参考颇多。该名录收录了E. Faber在浙江采集的179种植物，其中有22个新种。E. Faber是在浙江采集模式标本植物最多的外国人，后世研究发表的植物有56种之多，如大叶唐松草*Thalictrum faberi*、老鸦柿*Diospyros rhombifolia*、玄参*Scrophularia ningpoensis*等，其中有9种以其姓氏为种加词命名。

美国商人F.B. Forbes（福勃士）在上海周边、宁波及太湖地区等地采集，1886—1905年与W.B. Hemsley合作，较系统地研究了历年来采自中国的大量植物标本，并编写了*Index Florae Sinensis*（分节在*Journal of the Linnean Society, Botany*第23、第26和第36卷发表），这是当时最全面的关于中国的植物名录。其中收录了8271种植物（内含部分朝鲜、日本南部的植物），分布于浙江的约470种，包括28个新种和3个新变种。F.B. Forbes和W.R. Carles在浙江安吉梅溪采得杜衡*Asarum forbesii*的模式标本，其种加词即为致敬F.B. Forbes。

20世纪初在浙江采集植物的以日本人和有留日背景的浙江人为主。前者先后有日本植物学家森惠梁（K. Mori）、博物教员铃木珪寿（K. Suzuki）和本多厚二（K. Honda），后者有留日归来的周树人（即鲁迅）、张宗绪及在日经商的张之铭等。所获标本大多转由东京帝国大学植物学教授松田定久（S. Matsuda）研究，他在东京《植物学杂志》（Botanical Magazine, Tokyo）发表了多篇关于浙江的植物名录。如森惠梁和松田定久的《上海及杭州采集植物目录（A List of Plants Collected in Shanghai and Hang-chow）》发表于1908年，记载杭州植物39种；《铃木珪寿君采集杭州之植物》发表于1909年，记载植物90种；"A List of Plants Collected in Han-chow, Che-Kiang by K. Suzuki in 1910" 发表于1910年，记载植物54种，其中中国分布新记录1种；《许、张二氏采集浙江省植物》发表于1911年，记载植物78种；"A List of Plants Collected in Hang-chou, Cheh-kiang by K. Honda" 发表于1912—1913年，记述植物455种。

周树人于1909年8月从日本回国，执教于浙江两级师范学堂，担任化学和生理学教员，兼任日本教员本多厚二的动物学翻译。1910年3月在杭州采得73种植物标本，采集记录手稿现存于杭州高级中学。1910年8月改任绍兴中学堂教员兼监学。1911年发表《辛亥游录》，提及在绍兴会稽山见一叶兰（即台湾独蒜兰 Pleione formosana）："掇其近者，皆一叶一华，叶碧而华紫，世称一叶兰。"

宁波商人、藏书家张之铭在宁波采集的一批标本，经黄以仁介绍寄送松田定久鉴定，松田定久于1909年发表了《张之铭氏寄赠之植物标品》，记载宁波植物158种；1913—1914年又根据第二次寄的标本发表了 "A List of Plants from Ningpo, Cheh-kiang"，记载宁波植物270种，其中有2新种和1新变种。

张宗绪（Chang Tsungsü），字柳如，浙江安吉人，日本早稻田大学毕业。归国后曾在浙江两级师范学堂任教，后在湖州师范和湖州中学任生物学教师。将一批采自浙江的标本寄给本多厚二，本多厚二未及鉴定于1914年又转送松田定久，松田定久于1916年发表了 "A List of Plants Collected in Cheh-kiang by Chang-Shwang-Shü"，记载植物93种，有1新种和1新变种。张宗绪晚年家中收集标本有1000余号，去世后，其学生尝试联系国立中央研究院植物研究所和总理陵园纪念植物园收藏，未果，后被湖州长兴中学购买。德国学者 H. Wolff 于1924年根据张宗绪在湖州采集的伞形科植物标本，发表新属明党参属 Changium，该属的拉丁名即为致敬采集人张宗绪而命名〔《浙江植物志·总论》（1993）误记为纪念张东旭〕。张宗绪采得明党参 Changium smyrnioides、中华香简草 Keiskea sinensis 等6种植物的模式标本。1920年张宗绪在商务印书馆出版了《植物名汇拾遗》，书中若干植物的中文名称被后世植物学家采用。

1918年蔡梦生在《国立武昌高等师范学校博物学会杂志》发表了《诸暨植物调查录》，收录植物58种。

德国植物学家 H.W. Limpricht 于1911—1913年在湖州、宁波雪窦山、天台国清寺、海门（今台州椒江）、普陀、杭州灵隐、临安西天目山等地采得 Cardamine limprichtiana（即华葱芥 Sinalliana limprichtiana）、堇叶报春 Primula cicutariifolia、倒卵叶瑞香 Daphne grueningiana 等10种植物的模式标本。

荷兰裔美国人 F.N. Meyer 受美国农业部派遣，于1905—1918年来华调查农业和资源植物。

1907年秋至1908年4月在余杭塘栖、宁波、舟山、杭州和德清莫干山调查，从宁波引种了8种竹子到美国，从塘栖引种了7种豆类、3种瓜类和18种竹子。引种到美国的竹子后来经美国植物学家F.A. McClure（莫古礼）研究发表为新种的有6种。F.N. Meyer于1915年7月到过杭州和临安昌化，采得山核桃 Carya cathayensis 的模式标本，并观察到了半野生状态的银杏种群。

美国哈佛大学阿诺德树木园第一任主任C.S. Sargent于1913—1917年出版了3卷本的 Plantae Wilsonianae，书中发表了产于浙江的山核桃、宁波溲疏 Deutzia ningpoensis 和浙闽樱 Prunus schneideriana（已组合为 Cerasus schneideriana）等新种。

（二）我国植物学家艰苦创业时期（1920—1949）

18世纪初至20世纪初，有来自英国、法国、美国、德国、日本等国的48位外国人在浙江采集植物标本，交由外国的植物学家研究，保存在国外的标本室。张之铭和张宗绪所采的标本仍需送到日本才能定名，直到钱崇澍、胡先骕、陈焕镛等人学成归国，在国内创办研究机构，才使得中国植物学家研究本国植物成为现实。其中，在浙江从事植物采集和研究较多的机构有北京大学、国立东南大学、中国科学社生物研究所、金陵大学、国立浙江大学等。

1920年7月31日，南京高等师范学校（国立东南大学前身）胡先骕带队从杭州出发，坐船经舟山到临海，8月初抵天台采集。与此同时，北京大学钟观光带队从杭州沿富春江采集，开启了国人大规模专业采集浙江植物的序章。

钟观光（Tsoong Kuankwang，1869—1940），字宪鬯，浙江镇海（现宁波北仑）人。中国植物标本采集先行者，近代植物学的开拓者。曾任职于湖南高等师范学校、北京大学、国立浙江大学、国立北平研究院。1906年任宁波师范学堂教务长兼理科教员时，即有率学生赴宁波天童太白山采集植物的文字记录。自1918年起，钟观光开始在全国大规模专业采集植物，第一次先在福建、广东、广西、云南调查，第二次在浙江、安徽、江西、湖北、四川、河南、山西等地调查。历时4载，采集标本15000余份，建立了北京大学植物标本室，开创了我国学者自己采集和制作标本进行植物分类学研究的历史。1920年8月他从杭州出发，溯富春江而上，经富阳、桐庐、建德、兰溪、龙游、衢州而达江山，取道安徽石门、黄山考察。1921年9—11月又去海门（今台州椒江）、临海、天台和乐清雁荡山等地考察。1927年任教于国立浙江大学农学院，兼任西湖博物馆自然部主任。1928—1931年多次带队深入临安（天目山）、天台（天台山）、乐清（雁荡山）、平阳（南雁荡）、舟山（普陀）、宁波（天童、镇海）、永嘉、丽水、云和和龙泉等地考察，采集标本7000余号，并在国立浙江大学农学院创建了植物标本室和我国第一个按系统排列的植物园（图1-2）。他在浙江采集的模式标本植物有45种，如普陀鹅耳枥 Carpinus putoensis、龙泉景天 Sedum lungtsuanense、无距虾脊兰 Calanthe tsoongiana 等。

胡先骕（Hu Hsenhsu，1894—1968），字步曾，号忏庵，江西新建人。中国植物分类学的奠基人之一。1913年赴美国加州大学伯克利分校学习，1923年赴哈佛大学阿诺德树木园学习，后获

图1-2 原国立浙江大学农学院植物园裸子植物区
（照片翻拍于浙江大学农学院1931年毕业纪念册）

科学博士学位。他是我国早期植物学事业的领导者，在与动物学家秉志联合创办国立东南大学生物系（1921）、中国科学社生物研究所（1922）、北平静生生物调查所（1928）之后，又创办庐山森林植物园（1934）和云南农林植物研究所（1937），1940年任国立中正大学首任校长。胡先骕曾自我评价"骕为起首研究中国东南部植物之人，对于中国植物之分布颇有贡献"。这一评价的基础来源于他1920年（《中国植物志》误记为1919年）夏秋在浙江3个月的采集和1921年春夏在江西（其间曾到福建崇安）近5个月的采集。1920年在天台（天台山）、乐清（雁荡山）、平阳（南雁荡）、松阳、龙泉、衢州、江山（仙霞岭）、淳安和临安（东、西天目山）等地调查采集，1927年又到杭州、临安、诸暨等地考察。陆续在中国科学社的《科学》上发表《浙江植物名录》（1921）（图

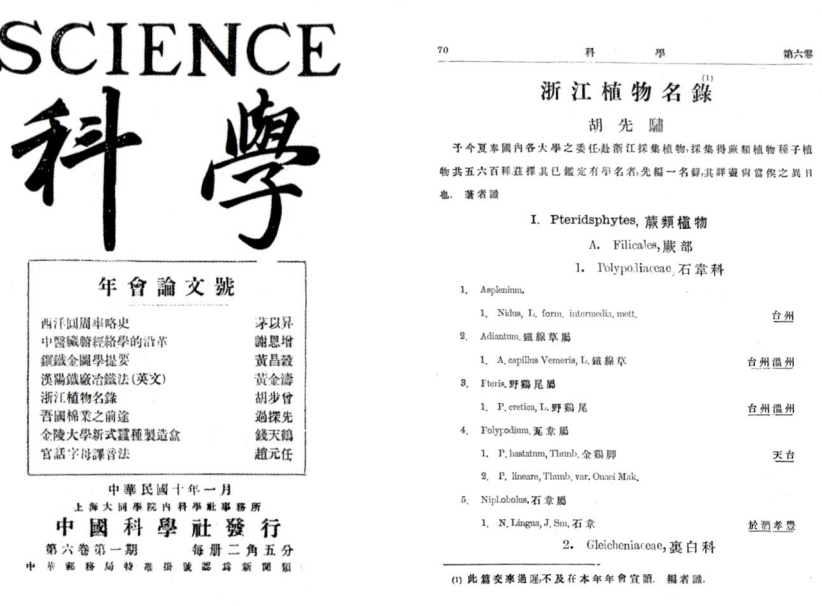

图1-3 胡先骕发表《浙江植物名录》的《科学》杂志封面和论文首页

1–3)和《增订浙江植物名录》(1924)。胡先骕采集了秀丽野海棠 *Bredia amoena*、裂叶鳞蕊藤 *Lepistemon lobatum*、舌瓣鼠尾草 *Salvia liguliloba* 等16种植物的模式标本。他发表了新属天目草属 *Tienmuia*(已并入黄筒花属 *Phacellanthus*),独自或与人合作发表了产于浙江的植物新分类群19个。

1920年12月国立东南大学成立,次年第一个由国人创办的生物系成立,并创建植物标本室,与国外主要植物学研究机构(如德国柏林植物园和美国哈佛大学阿诺德树木园等)建立联系,交换标本。1923年冬该校"口子房"发生火灾,胡先骕等人之前采集的3万余件标本被毁,交换到德国柏林植物园的植物标本后来也在第二次世界大战中被炸毁,仅余少量存世。为补充标本,国立东南大学于1924年开始继续派员在浙江、安徽、江西等地采集,主要采集人有秦仁昌、郑万钧。根据美国哈佛大学阿诺德树木园的报告,1926年7月至1927年6月该园标本馆收到了国立东南大学提供的来自浙江的标本372份。

秦仁昌(Ching Renchang,1898—1986),字子农,江苏武进人。现代蕨类植物分类学研究的开拓者和奠基人。1925年毕业于金陵大学。1923年未毕业即受胡先骕和陈焕镛推荐,担任美国国家地理学会中国蒙甘远征队植物组组长,后为美国哈佛大学阿诺德树木园中国植物采集员。曾任职于国立东南大学、国立中央大学、国立中央研究院自然历史博物馆、北平静生生物调查所等机构,1934年创建庐山森林植物园并任主任。他于1924年在天台、仙居、乐清、温州、平阳、泰顺、龙泉、庆元等地,1925年在昌化、天目山采集了大量植物标本,1927年随胡先骕在诸暨考察榧属植物。1929年夏,国立浙江大学与中华教育文化基金董事会在杭州举办科学教员暑期研究会,聘请秦仁昌担任生物学系指导员,其间在灵隐、龙井、九溪十八涧、理安寺等处采集了植物标本。由秦仁昌采自浙江的植物模式标本达65种(仅1924年采集的就有53种),他是在浙江采得模式标本最多的学者。秦仁昌单独发表或与他人合作发表产自浙江的蕨类植物新分类群有87个。陈焕镛(Chun Woonyoung)于1925—1927年根据秦仁昌采集的标本发表了"Two New Trees from Chekiang"和"New Species and New Combinations of Chinese Plants"等论文,命名了长叶榧 *Torreya jackii*、银钟花 *Halesia macgregorii*、天目铁木 *Ostrya rehderiana* 等珍稀物种。

1922年8月,中国科学社生物研究所在南京成立,下设动物部和植物部。植物部在1926年由中华教育文化基金董事会提供经费支持后,即派员对浙江和四川进行大量植物标本采集。浙江的主要采集人先后有耿以礼、胡先骕、郑万钧、金维坚、钱崇澍、贺贤育、裴鉴、陈诗等。中国科学社生物研究所在浙江的植物标本采集一直持续到1937年抗日战争全面爆发。

钱崇澍(Chien Sungshu,1883—1965),字雨农,浙江海宁人。中国植物学奠基人之一。1910年赴美留学,1914年获伊利诺伊大学学士学位,后入芝加哥大学和哈佛大学学习,1916年回国,1929—1945年任中国科学社生物研究所植物部主任。1933年,在他和胡先骕、陈焕镛等人倡议下,成立了中国植物学会。钱崇澍研究领域广泛,多有开创性,于1916年发表了中国植物分类学最早的论文,1917年发表了植物生理学最早的论文。1929年在临安西天目山开展植物考察,采得天目木姜子 *Litsea auriculata*、天目槭 *Acer sinopurpurascens*、天目紫茎 *Stewartia gemmata* 等植物的模式标本。钱崇澍发表了新属独花兰属 *Changnienia*,独自或与郑万钧合作发表了产于浙江的植物新分类群12个。1933—1936年与郑万钧及裴鉴合作发表"An Enumeration of Vascular Plants from Chekiang（I-IV）"[《浙江维管束植物的记载》（一至四）]（图1-4），系统地记述了自裸子植物至被子植物蔷薇科的种类，其中有23个新分类群。

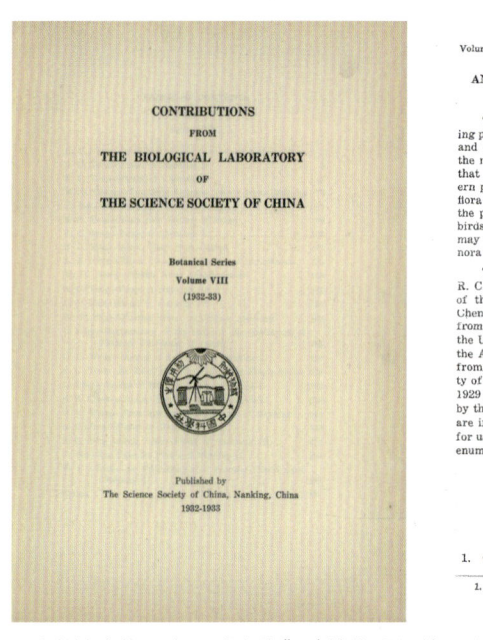

图1-4　《中国科学社生物研究所论文集》（植物学组第八卷）封面和刊载的《浙江维管束植物的记载》首页

郑万钧（Cheng Wanchun，1904—1983），字伯衡，江苏徐州人。树木分类学家、林学家，我国林学开拓者之一。1923年毕业于江苏省第一农业学校林科，后赴法国留学，获图卢兹大学科学博士学位。1929—1939年任中国科学社生物研究所研究员。其间于1924—1934年，在长兴、湖州、安吉、临安（西天目山）、杭州、诸暨、龙泉等地开展考察和采集植物标本，由他采自浙江的模式标本植物有天目朴 Celtis chekiangensis、天目木兰 Magnolia amoena、浙江樟 Cinnamomum chekiangense 等18种。郑万钧长期从事木本植物分类和植物区系研究，1932—1935年相继发表"Two New Ligneous Plants from Chekiang""Plantae Novae Chekiangensis""Notes On Ligneous Plants of China""New Ligneous Plants from China"及与钱崇澍、裴鉴合著"An Enumeration of Vascular Plants from Chekiang I-IV"等论文。1931—1936年，独自或与钱崇澍合作发表了普陀鹅耳枥、浙江柳 Salix chekiangensis、杭州榆 Ulmus changii 等31个新分类群。

耿以礼（Keng Yili），字仲彬，江苏江宁人。禾本科植物分类学家。1927年毕业于国立东南大学。美国乔治·华盛顿大学博士。曾任职于中国科学社生物研究所、国立中央大学等机构。1926—1930年曾到宁波、天台、泰顺、青田、金华、诸暨和杭州等地开展考察和植物标本采集，采得天台铁线莲 Clematis patens subsp. tientaiensis（即 C. tientaiensis）、天台鹅耳枥 Carpinus tientaiensis、浙江叶下珠 Phyllanthus chekiangensis 等23种植物的模式标本。1935年发表论文"New Bamboos and Grasses from Chekiang and Kiangsi Provinces"，有产自杭州的新种3个。

裴鉴（P'ei Chien），字季衡，四川华阳人。美国斯坦福大学博士。1931—1944年任中国科

二　采集和研究简史

学社生物研究所研究员。1931年在浙闽沿海考察。1932—1935年相继发表一系列专科专属的论文，如"The Verbenaceae of China""Notes on Pinella of China""Chloranthus of China"等，多有浙江植物论及。1936年与钱崇澍、郑万钧合作发表"An Enumeration of Vascular Plants from Chekiang IV"，记载了浙江山木通 Clematis chekiangensis、舟柄铁线莲 C. dilatata 等新种。

贺贤育（Ho Yienyoh），浙江镇海人。先后在西湖博物馆、中国科学社生物研究所、总理陵园纪念植物园任采集员，1930年开始在浙江广泛采集植物标本，"An Enumeration of Vascular Plants from Chekiang"收录的有400余号，1949年之前采得浙江的植物模式标本有浙江新木姜子 Neolitsea chekiangensis（现修订为 N. aurata var. chekiangensis）、出蕊四轮香 Hanceola exserta、中间假糙苏 Paraphlomis intermedia（现修订为中间髯药草 Sinopogonanthera intermedia）等9种。

陈诗（Chen Shi），字光勋，浙江诸暨人。曾任国立浙江大学农学院植物组、中国科学社生物研究所采集员。1931—1935年在浙江广泛采集植物标本，"An Enumeration of Vascular Plants from Chekiang"收录的有700余号。陈诗采得的植物模式标本有浙江柳、普陀樟 Cinnamomum chenii（现修订为 C. japonicum var. chenii）和盾叶半夏 Pinellia peltata 等38种。

除国立东南大学、中国科学社生物研究所外，同在南京的教会学校金陵大学也致力于浙江植物标本的采集。金陵大学于1911年创设植物标本室，1922年在 E.D. Merrill 的帮助下重新规划建立。收藏的浙江植物标本，主要采集人有 A.N. Steward（史德蔚）、焦启源、林刚、周鹤昌和陈嵘等。

美国人 A.N. Steward 在金陵大学长期担任植物学教授。曾于1922年和1925年在杭州采集植物标本，1949年后返回美国，1958年著有 Manual of Vascular Plants of the Lower Yangtze Valley China 一书，收录了1959种植物，其中采自浙江的植物有948种，主要是浙北地区植物。

周鹤昌（Cheo Hochang）和 W.F. Wilson 于1926年在德清莫干山开展植物标本采集。焦启源（Chiao Chiyuen）于1927年在天台、雁荡山开展植物标本采集，发现新种2个。

林刚（Ling Kang），1919—1923年在温州、湖州、杭州、绍兴等地开展植物标本采集。1929年在金陵大学任职，1931年在浙江省建德林场任职。多次调查浙江森林及经济树木的造林技术，发表《浙江龙泉之森林状况及杉木之造林法》（1930）《浙江木本植物名录》（1936）等论文。

陈嵘（Chen Yung），字宗一，浙江安吉人。我国近代林业科学奠基人之一。1907年赴日本留学，1913年毕业于北海道帝国大学林科，回国后曾任浙江省立甲种农业学校（浙江大学农学院前身）校长，江苏第一农校林科主任，金陵大学教授、森林系主任等。1923—1924年在哈佛大学阿诺德树木园研究树木学，获硕士学位。1916年发起成立中华农学会。1917—1923年在《中华农学会丛刊》（后改为《中华农学会报》）发表《中国树木志略》29篇，论及400种中国树木，后以此扩充为《中国树木分类学》一书，于1937年9月出版，收录中国树木2550种，其中记录产于浙江的约450种。陈嵘采集的模式标本有小叶栎 Quercus chenii，种加词以其姓命名。

国立浙江大学对植物标本的采集则是钟观光1927年从国立北京大学转到国立浙江大学后进行的。主要采集人还有钟补勤、钟稼勤、张东旭、陈谋等。

钟补勤（Tsoong Puchin），钟观光长子。1918年开始即作为钟观光助手随同采集植物，1924年任北京大学助教，后转任国立浙江大学教员。于1929年在《农业丛刊》上发表《天目山采集旅行记》和《普陀雁荡采集旅行记》(1928年曾在《国立浙江大学农学院周刊》上部分发表)。1935—1936年国民政府实业部先后组织浙赣闽(一期)、湘黔川(二期)林垦调查团,钟补勤任林垦调查专员,负责采集各省重要树木标本,以作林政及林学的参考,并在1936年发表了《浙赣闽三省林木调查报告》。在浙江主要调查了天目山、四明山、天台山、仙居仙姑山、雁荡山、丽水白云山等地的植物资源,采得钟氏柳 Salix tsoongii(即 S. mesnyi var. tsoongii)、毛果绣球绣线菊 Spiraea blumei var. pubicarpa、舟柄铁线莲等植物的模式标本。

钟稼勤(Tsoong Chiachin),钟观光次子。1934年在镇海、天目山采集植物标本。

张东旭(Chang Tunghsu),1918年开始随钟观光采集植物标本。1927年钟观光在杭州笕桥建立国立浙江大学农学院植物园,技术工作由钟补勤、陈谋和张东旭负责。同年西湖博物馆成立,张东旭与钟补勤一起任该馆植物部参事。张东旭于1926—1936年间曾10多次随钟观光或单独赴天目山调查采集植物标本,并在1936年撰写了《天目山植物名录》(手写稿今存于浙江农林大学植物标本馆),共收录植物127科,959种。张东旭采得独花兰 Changnienia amoena 和浙江蝎子草 Girardinia chingiana 的模式标本。

陈谋(Chen Mou),字尊三,浙江诸暨人。1926年5月任浙江公立农业专门学校仪器标本室助理员,1928—1929年任国立浙江大学农学院标本部技术员。1930年3月,陈谋受国立浙江大学农学院指派,前往舟山、海门、乐清、永嘉、平阳、瑞安、青田、丽水、云和、遂昌、松阳、缙云等地,采集鱼类、鸟类以及植物标本数百种,供西湖博物馆使用。1932—1933年在诸暨、临安西天目山、杭州北高峰等地采集植物标本,采得浙江紫薇 Lagerstroemia chekiangensis(现归并于福建紫薇 L. limii)、浙江马鞍树 Maackia chekiangensis 等植物的模式标本。1935年,陈谋任国立中央大学农学院森林系助教,带领中国科学社练习生吴中伦在云南采集标本时,不幸在墨江病故,时年32岁。陈谋卫矛 Euonymus chenmoui、陈谋悬钩子 Rubus chenmouanus 的种加词即为纪念他而命名。

1927年,国立北京农业大学唐进(Tang Tsin)、夏纬瑛(Hsia Weiying)受日本早川植物研究所资助,赴杭州和东、西天目山采集植物标本,获标本800余号,其中有杭州鳞毛蕨 Dryopteris hangchowensis、南方兔儿伞 Syneilesis australis、疏花太平花 Philadelphus pekinensis var. laxiflorus(现归并于浙江山梅花 P. zhejiangensis)等植物的模式标本。

1929年,上海同济大学 H. Stübel(哈·史图博)和助手李化民来景宁敕木山区进行民族调查,撰写了《浙江景宁敕木山畲民调查记》,在"农业"一节记录了敕木山村周围野生和种植的有用植物24种。

1930年7—9月,国立北平研究院植物学研究所刘慎谔(Liou Tchenngo)和王作宾在江苏、浙江、福建、广东访问学术机构并做植物标本采集,到过海宁尖山及临安天目山,采得矮飘拂草 Fimbristylis nanofusca、宽鳞耳蕨 Polystichum latilepis 等植物的模式标本。

钟补求(Tsoong Puchiu),钟观光三子(《中国植物志》误作次子),桔梗科、玄参科马先蒿属专家。1928年开始先后任职于西湖博物馆、国立中央研究院自然历史博物馆、国立北平研究院植物学研究所。1936年曾赴天目山采集植物标本。

1935年6月，中国科学社生物研究所郑万钧与总理陵园纪念植物园叶培忠率队前往天目山采集森林植物，中央大学农学院森林系学生张楚宝同行。1936年，张楚宝在《农学杂志》上发表《天目山森林植物采集纪事》。

此外，日本学者御江久夫（H. Migo），1933—1945年间在上海自然科学研究所任职。曾于1933—1936年到杭州、湖州、临安（昌化、西天目山）、天台、海门、普陀、宁波和金华等地考察，并发表 "Notes On the Flora of Southeastern China I-V"（1934—1939）、"New or Noteworthy Plants from China I-II"（1942）、"On some plants from eastern China"（1937）等论文。御江久夫在浙江采得的植物模式标本有白花土元胡 *Corydalis humosa*、天目珍珠菜 *Lysimachia tienmushanensis*、凹叶景天 *Sedum emarginatum* 等34种，其中采自天目山的有14种。

1937年抗日战争全面爆发，大学被迫内迁，科研机构停顿，标本和设备损失惨重。如浙江大学植物标本室在杭州失守前，不及转移，标本竟悉数散失。西湖博物馆数万件标本在迁移途中被日军焚毁。而日本人趁军事入侵借机采集标本，1937年9月9—14日，日本人渡边正一（M. Watanabe）乘日本海军驱逐舰在温州虎头岛（今洞头大门岛）登陆，采集植物。1942年7月，前川文夫（F. Maekawa）借日军侵入衢州，在上塘等地采集植物标本。

抗日战争胜利后，采集活动稍有恢复。1947年10月，总理陵园纪念植物园盛诚桂偕技士周锡勋，技佐潘祖衡，工人张燕亭、张来宾等，前往浙江天目山一带采集标本1月余。

1920—1936年，借助在浙江采集的大量植物标本，胡先骕、钱崇澍、陈焕镛、郑万钧、耿以礼、裴鉴、方文培、孙雄才、蒋英、E. Diels、F. Pilger、H. Wolff、A. Rehder、韩马迪（Handel-Mazzetti）、F.P. Metcalf、御江久夫、木村康一（K. Kimura）、中井猛之进（T. Nakai）等相关学者发表了新分类群154个。1937—1945年采集调查工作几乎停止，但之前所采标本仍在各研究机构获得广泛研究，其间发表的新分类群有62个。主要研究者有林镕、汪发缵、唐进、秦仁昌、胡先骕、曲桂龄、郝景盛、李惠林、F.A. McClure、Handel-Mazzetti、F.P. Metcalf、御江久夫、中井猛之进、北村四郎（S. Kitamura）等人。1946—1949年发表新分类群8个，主要研究者是陈焕镛、胡秀英、周太炎、李惠林、北村四郎和A.C. Smith等。

（三）中华人民共和国成立以来的全面发展时期（1949—2020）

中华人民共和国成立后，政府十分重视科学文化事业的发展与经济建设。浙江省科技、林业、环保等管理部门，相关高等院校和科研单位，以及浙江省植物学会等陆续组织力量进行了规模不等的植物资源考察和调查，采集了大量植物标本，研究资料迅速增加。同时还紧密结合生产，使植物资源直接应用于工农业发展。科研、教学机构也得到调整并陆续增设，使浙江的植物资源调查和分类研究得以全面开展并取得丰硕成果。此外，江苏省中国科学院植物研究所（南京中山植物园）、华东师范大学、上海师范大学、南京林业大学、上海自然博物馆、复旦大学等院校也在浙江做过多次植物资源调查和标本采集，收藏了大量的植物标本，为浙江的植物调查和分类研究做出了很大贡献。现分八个方面，综述如下（为节省篇幅，文中提到的植物种数通常包含种下分类群，采集人采集的标本数量通常包括与其合作或带队采集的，命名人发表新分类群数目包括与其合作的，单位名称按事件发生时的名称）。

1. 全省性的植物资源调查研究和植物志编著

（1）野生植物资源调查

1958年，根据国务院批转中国科学院和商业部"关于开展野生经济植物资源普查、利用及编写经济植物志工作的报告"的精神要求，浙江省商业厅于1958—1959年组织有关科研、教学和生产单位以及中国科学院上海药物研究所成立了"浙江植物资源普查队"，邀请江苏省中国科学院植物研究所的专家做指导，在各县（市、区）的配合下进行了一次大规模的调查、采集工作。重点调查地有临安、淳安、建德、宁波（鄞州）、开化、天台、仙居、遂昌（含松阳）、龙泉（含庆元）、平阳（含苍南）、泰顺等地。省内外主要参与单位（人员）有浙江省供销社（陈道川）、江苏省中国科学院植物研究所（左大勋、佘孟兰、袁昌齐、王铁僧、刘守炉、蒋善钧、岳晋三）、杭州植物园（章绍尧、贺贤育、毛宗国、杨锡章、姚昌豫）、浙江省林业科学研究所（林协）、杭州大学（方云亿、项斯端）、浙江省立卫生实验院（伏炜华、阚良寿、金联城）等，以及杭州大学的学生和调查地区当地的科技人员、民工等，一共有数百人，共采集植物标本7820号，6万余份（大部分标本采集人标注为"浙江植物资源普查队"）。该调查是浙江省规模最大，采集标本最多的一次大型调查采集活动。经鉴定此次采集的标本有1940种，其中有利用价值的1430种，撰写了温州、宁波、金华、台州和杭州等地区的有用野生植物参考资料，后汇集成《浙江经济植物志》（初稿）。采集的标本经鉴定后发表的新种有浙江过路黄 Lysimachia chekiangensis、短茎萼脊兰 Hygrochilus subparishii（现为 Sedirea subparishii）、拟粉背南蛇藤 Celastrus hypoleucoides 等15种。

（2）植物资源调查研究及《浙江植物志》编著

图1-5　《浙江植物志》编委会及相关人员
［前排（左起）：何冬泉、林泉、章绍尧、方云亿、裘宝林，后排（左起）：丁炳扬、张朝芳、王景祥、韦直、郑朝宗、何业祺］

1982年，由浙江省植物学会申报并获得浙江省科技计划重大项目的"植物资源调查研究及《浙江植物志》编著"立项，并组成由杭州大学、杭州植物园、浙江自然博物馆、浙江省药品检验所、浙江林学院、浙江省林业科学研究所、杭州师范学院、浙江医科大学、浙江医学科学院、浙江农业大学、杭州市药物研究所、浙江林业学校等19个单位55位专家参与的项目组。由王景祥、章绍尧、方云亿、韦直、张朝芳、郑朝宗、林泉、裘宝林、何业祺组成编辑委员会，方云亿担任编委会办公室主任，丁炳扬担任办公室秘书，何冬泉担任绘图主管（图1-5）。1983年开始工作，历时10年，于1989—1993年期间陆续出版《浙江

二 采集和研究简史

植物志》(1—7卷和总论卷)(浙江科学技术出版社,1989—1993)(图1-6)。编研过程中着重收集、研读近240多年间的植物分类学相关文献,查阅浙江省各植物标本馆及北京、南京、上海、广州等地收藏浙江植物标本较多的主要标本馆的标本,进行分类研究与鉴定。同时组织队伍对遂昌九龙山和大西坑、椒江大陈岛、庆元百山祖、松阳玉岩、龙泉宝溪等地进行了考察和标本采集。《浙江植物志》共记载浙江省野生或习见栽培的维管植物(蕨类植物、裸子植物、被子植物)231科,1372属,4444种,共570.3万字。其中包括新分类群174个,中国分布新记录14种,浙江分布新记录3科,72属,515种,订正误定99种,新组合72种。第一卷为蕨类植物及裸子植物(主编张朝芳、章绍尧,1993),第二卷为被子植物木麻黄科至樟科(主编王景祥,1992),第三卷为罂粟科至漆树科(主编韦直、何业祺,1993),第四卷为冬青科至山茱萸科(主编裘宝林,1993),第五卷为山柳科至茄科(主编方云亿,1989,第二版1992),第六卷为玄参科至菊科(主编郑朝宗,1993),第七卷为香蒲科至兰科(主编林泉,1993),总论卷内容包括研究简史、植物区系、植物资源的开发利用、主要资源植物的栽培技术、植物资源的调查与估量、珍稀濒危植物的保护与繁殖、古树名木的保护与复壮、采自浙江的模式植物标本、文献目录等(主编章绍尧、丁炳扬,1993)。该志的出版是对浙江省近百年现代植物分类学研究和资源调查的系统总结,为植物科学各分支学科尤其是植物多样性的研究提供了极其珍贵的基础资料,为农林牧副和医药等生产部门进行植物资源开发利用与保护提供了极其丰富的信息资源和鉴别技术,为大、中、小学相关专业的教学和自然科学知识的普及教育提供了理想的参考书。1993年年底,吴征镒院士、王伏雄院士、沈允钢院士、洪德元院士等15位我国植物系统分类学界著名专家参加浙江省"植物资源调查研究及《浙江植物志》编著成果鉴定会"(其中6位书面评审)(图1-7),给予了高度评价。该项目成果荣获浙江省科学技术进步奖一等奖(1994),《浙江植物志》获得了第二届国家图书奖(1995)(图1-8)和第七届全国优秀科技图书奖一等奖(1995)。浙江省植物学会原理事长余象煜为项目的立项和成果奖项申报起了重要的作用;原杭州大学生命科

图1-6 《浙江植物志》全套图书封面

图1-7 植物资源调查研究及《浙江植物志》
编著成果鉴定会
[里排左起:周光裕、贺善安、周重光、沈允钢、王伏雄、韦直(汇报人)、吴征镒、洪德元、宋永昌、林来官]

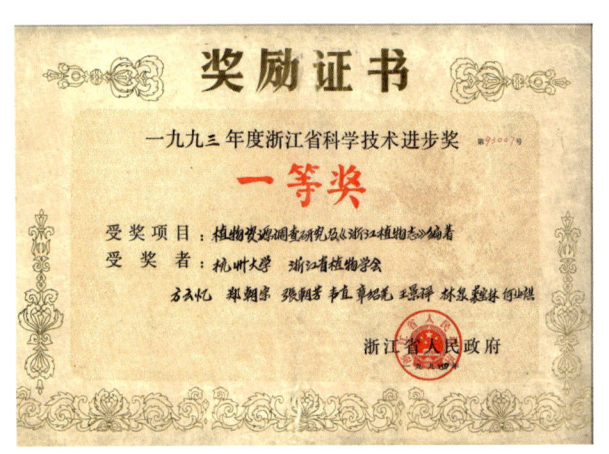
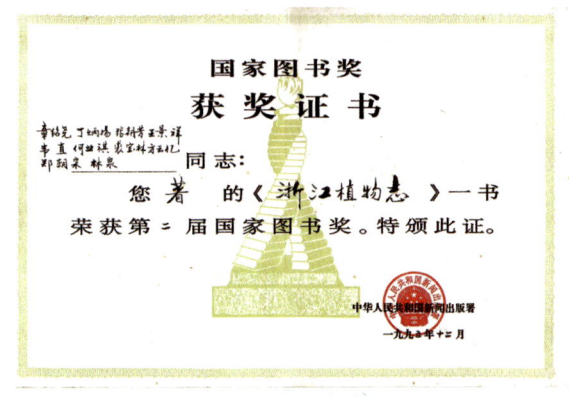

图 1-8　浙江省科学技术进步奖获奖证书和国家图书奖获奖证书
（方云忆应为方云亿）

学学院副院长陈启瑺为项目的成果鉴定和奖项申报发挥了重要作用；浙江省科协原副主席钱铭歧、原浙江省科委农业处处长许涵森对项目的立项和顺利实施发挥了至关重要的协调作用；责任编辑李卓凡自始至终参与了志书的策划、设计、审稿和奖项申报工作，为志书的出版和获奖做出了巨大贡献。

（3）浙江省植物资源调查、归档及《浙江植物志（新编）》编撰

2013年在浙江省植物学会举行的《浙江植物志》出版20周年纪念暨学术报告会上，主旨报告人根据学科发展和社会需求提出了编撰《浙江植物志》修订版的动议。同年12月，在浙江省植物学会与浙江省林业厅工作对接咨询会上，商议了此动议，并得到厅领导的认可。2014年，浙江省林业厅决定实施"浙江省植物资源调查、归档、编撰"项目，并获得省财政专项资助（项目编号335010-2015-0005）。浙江省林业厅和浙江省植物学会共同组织成立《浙江植物志（新编）》编辑委员会，浙江省林业科学研究院负责项目实施过程中的各项事务，主编全面负责业务工作。项目实施过程中组织了5次重点地区的大型考察，包括龙泉、遂昌、淳安、景宁、庆元、平阳、苍南等地，20多次由卷主编组织的中型考察和400多次由各参加单位或个人组织的小型考察，足迹遍及全省各地。采集植物标本5000余号，其中许多是珍稀植物和新发现植物。拍摄彩色照片100万余幅，取得了大量的地理分布和生物学、生态学资料。对杭州植物园、浙江农林大学、浙江自然博物院、浙江大学、杭州师范大学、温州大学等主要标本馆（室）历年收藏的标本做了查阅和鉴定，并查阅了（包括通过中国数字植物标本馆查阅）国内收藏浙江标本较多的主要标本馆的标本。在此基础上，编撰了《浙江植物志（新编）》（共10卷）。

2.专类资源植物调查

（1）全省药用植物调查

1960—1962年，浙江省卫生厅药政管理局、浙江省药材公司组织各教学和科研单位，并邀请上海第一医学院药学系共同开展了浙江省天然药物调查，组织成立了浙江省天然药物调查队

（或浙江省药源调查队），对全省药用植物进行了全面的调查。参加调查的有浙江省立卫生实验院、浙江省药品检验所、杭州药物试验场、杭州胡庆余堂制药厂，以及各地、县卫生局和医药公司等单位的共50余人。调查重点县是临安、建德、淳安、嵊县、余姚、鄞县、普陀、兰溪、永康、天台、丽水（莲都）、云和、景宁、龙泉、青田、温州（市区）、洞头、乐清、平阳（含苍南）、泰顺等。通过几年的调查，采集了大量植物标本，主要收藏于浙江卫生实验院（现浙江省医学科学院，1998年该馆所藏标本全部交由浙江自然博物馆保藏）。江苏省中国科学院植物研究所、华东师范大学等单位专家参加调查成果评审，并给出了高度评价。项目成果获浙江省科学技术三等奖（1978）。编写出版了《浙江中药资源名录》（浙江人民出版社，1960）《浙江中药手册》（浙江人民出版社，1960）《浙江天目山药用植物志·上集》（浙江人民出版社，1964），《浙江天目山药用植物志·上集》共收载民间药和中药原植物1184种，下集因故未能出版。

1971年12月，由浙江省卫生局主持，浙江人民卫生实验院牵头，浙江省卫生局和教育局、杭州市卫生局、浙江省人民卫生实验院、浙江医科大学、杭州大学等单位派员组成《浙江药用植物志》编写组。为进一步搞清本省野生和栽培药用植物资源情况，以编写组为核心，浙江省中医研究所、浙江省药品检验所、浙江省中医院、浙江省药材公司、杭州药物试验场、杭州市中草药服务部等单位参加，组织了各地区医药科技人员，深入全省各山区、海岛。调查地主要包括杭州、临安、建德、普陀、岱山、玉环、龙泉（含庆元）、洞头、文成、平阳（含苍南）等，做全面的药用植物资源普查，收集标本16500份，加上20世纪50—60年代全省药用植物资源调查时收集的30000份，编写组掌握了46500份植物标本，在此基础上，编写组经过全面鉴定，筛选出药用植物1655种，其中包括中药材原植物587种、有药用价值的民间草药1060种和药物原料植物8种，编写成《浙江药用植物志》（上、下册）（浙江科学技术出版社，1980）。该成果获浙江省优秀科学技术成果奖二等奖（1980）。

1986年，浙江省卫生厅、浙江省医药总公司等组织进行第三次中药资源的普查，成立浙江省中药资源普查领导小组办公室。主要参加单位有浙江省医学研究院、浙江省药品检验所、杭州大学、杭州植物园、浙江自然博物馆等，以及各地区、县卫生医药管理部门和生产单位。主要调查人员有陈锡坤、金永昌、林志华、何冬泉、金联城、来复根、夏志俊等，专家组人员有章绍尧、方云亿、韦直、林泉等。调查工作历时2年，参加人数达1200余人次，足迹涉及1200多个乡镇、1万余个行政村，共采集标本（包括部分动物）1700余种，计2.77万余份。于1987年12月编成《浙江省药用资源名录》，收录药物资源2369种，其中蕨类植物110种，种子植物1630种。

2014年开始，在国家科技部基础研究专项和国家中医药管理局的资助下，由中国中医科学院牵头组织了"第四次全国中药资源普查"。浙江省普查工作由浙江中医药大学牵头，参加单位有浙江大学、浙江农林大学、浙江省中医药研究院、浙江省中药研究所、浙江省亚热带作物研究所等。调查采用路线踏查法和样方（样线）法相结合，采集了大量的植物标本。目前该项调查还在进行之中，调查成果有待分析整理。

此外，1966—1969年，中国医学科学院下达任务，由浙江省卫生厅组织成立"薯蓣皂素资源调查组"在全省范围内进行调查，主要参加人员有浙江省林业科学研究所的林协和杭州植物园的裘宝林、俞志洲等。分析样品364个，基本摸清薯蓣属 Dioscorea 植物地下茎中薯蓣皂苷元的含量和纯度，对避孕药物的生产起了重要的作用。

(2) 海岛（海岸带）植物资源调查

1980—1985年，浙江省海岸带资源综合调查队开展了全省海岸带资源调查，其中第七专题为植被，由杭州大学负责。主要调查人有蔡壬侯、洪利兴、姚国兴。在调查植被的同时也调查记录了维管植物，编写的《浙江海岸带维管植物名录》记录蕨类植物29种、裸子植物16种、被子植物1003种。该名录列出了每种植物的习性、生境、用途、分布等信息。

1989—1993年，根据国家科委、国家计委、国家海洋局、农业部、总参谋部五部委的统一部署，浙江省林业厅组织浙江省林业勘察设计院、舟山市林业科学研究所、浙江省农业科学院区划所及嘉兴、舟山、宁波、台州、温州等市的25个县（市、区）的相关科技人员，对全省海岛植物资源、植被状况首次进行了全面而系统的调查研究，主要参加人有陈征海、张晓华、洪林等。共采集标本11760号，计2万余份。撰写了《浙江海岛植被资源调查研究报告》和《浙江省海岛维管束植物名录》。记录野生和栽培维管植物195科，909属，1998种，发现114个省级以上分布新记录植物，其中我国分布新记录14种，我国大陆分布新记录6种，浙江分布新记录1科，24属，69种。该成果获国家林业部科技进步奖三等奖（1994）。

2004年开始，国家海洋局部署启动了"中国近海海洋综合调查与评价"专项（以下称"908专项"）。受浙江省"908专项"办公室委托，浙江省森林资源监测中心与国家海洋局第二海洋研究所合作开展了全省海岛、海岸带植被调查。2006—2009年，陈征海、陈锋、谢文远、张芬耀、方炎杰、张宏伟、王国明等调查了全省滨海区域，沿线共布设调查了200个典型植被样地和111个观察记录样地。对1993年《浙江省海岛维管束植物名录》做了更新完善，并分别编制了《浙江省海岛维管植物名录》（记录196科，976属，2314种）和《浙江省海岸带维管植物名录》（记录118科，800属，1691种）。

2014—2017年，浙江省亚热带作物研究所受国家海洋局温州海洋环境监测中心和温州市海洋与渔业局的委托，开展了海岛植物资源调查和植被监测工作。共调查了温州和台州所属的80多个岛屿，较系统地掌握了植物种类与分布，调查成果由陈秋夏、王金旺编写成《温州海岛植物》（中国林业出版社，上册2017，中册2020）。

(3) 全省重点保护野生植物资源调查

1981年，杭州植物园章绍尧等承担国家环保局下达的"浙江濒危珍稀植物引种栽培试验研究"课题，考察了产于浙江省属于国家重点保护的56种珍稀濒危植物在省内的地理分布、生长现状、形态、生态、生物学等特性，取得了丰硕成果。于1986年通过专家鉴定，1989年发表《浙江省珍稀濒危植物研究初报》。将百山祖冷杉 Abies beshanzuensis、普陀鹅耳枥 Carpinus putoensis 等47种珍稀植物引种到杭州植物园迁地保存，其中22种已繁殖出后代。

浙江林学院张若蕙于1988年开始主持省教委项目"浙江植物红皮书及植物资源保护"。经过几年的调查研究，编写了《浙江珍稀濒危植物》（浙江科学技术出版社，1994），记载62种植物的分布、生物学特性、繁殖方法等。

1997—2001年，在国家林业部的统一部署下，浙江省林业厅下达了"浙江省国家重点保护野生植物资源调查与监测技术研究"项目。项目由浙江省森林资源监测中心牵头，浙江林学院、杭州植物园、浙江林业学校、浙江大学、浙江自然博物馆、浙江省林业科学研究院、丽水师范专科学校、舟山市林业科学研究所等9家单位和7个自然保护区共74名专业技术人员参加。组织成立了课题组和专家组，分浙西北、浙西南、浙东及沿海岛屿3个片区18个组，包括地方配合参加调查人员，总人数达290余人。调查对象包括国家调查监测种34种和浙江省调查监测种43种，共77种。对不同的调查对象，分别采用直接计数、样方法、综合估计法、系统抽样法、二阶抽样法等调查方法，采用GPS定点，调查目的植物的种群数量、分布面积、生态环境、所处群落类型、乔木树种木材蓄积量以及保护利用等情况；调查本省国家监测种的人工栽培和贸易情况；建立了77个调查物种的资源数据库和GIS框架；对百山祖冷杉、金钱松、白豆杉 *Pseudotaxus chienii* 等10个具有浙江特色或在全国乃至全球具有重要地位的物种进行了重点研究，并分别撰写了专项调查研究报告。提出了7个具有重要保护意义的关键区域。编著出版了《浙江林业自然资源·野生植物卷》（中国农业科学技术出版社，2002）。调查成果获浙江省科学技术进步奖三等奖（2002）。

2013—2018年，在国家林业局的统一部署下，浙江省开展了"第二次全国重点保护野生植物资源调查"工作。由浙江省森林资源监测中心负责，各自然保护区和相关县（市、区）林业局参与完成。调查对象包括国家调查监测物种45个和浙江省调查监测物种39个，共84个。通过调查发现目的物种新分布点488个，其中国家调查物种县级以上新分布94个，发表了新分类群13个，报道了省级以上分布新记录百余个。

（4）全省湿地植物资源调查

1994年，浙江省林业厅根据国家林业部统一部署，开展了首次全面、深入、系统的湿地资源调查研究。调查由浙江省森林资源监测中心牵头，浙江大学、浙江林学院等单位共220余人参加。1997年4月底前为前期准备阶段，1997年5月至2000年8月为外业调查阶段，2000年9—12月为内业成果总结阶段。通过3S一体化、系统抽样技术和样点（样线）法相结合的调查方法，对省内面积100 hm^{2}以上的湿地的高等植物种类、群落类型进行了系统调查。调查已知浙江湿地区域共有高等植物1182种，隶属于513属，158科，其中1属、4种为浙江省分布新记录。项目组汇编出版了《浙江林业自然资源·湿地卷》（中国农业科学技术出版社，2002）。调查成果获浙江省科学技术进步奖二等奖（2001）。

2011—2013年，由浙江省森林资源监测中心牵头，各县技术人员配合，调查全省面积8 hm^{2}及以上的湿地。记录有湿地高等植物181科，640属，1482种（含苔藓植物24科，36属，79种），并发现了若干省级新记录植物。汇编出版了《浙江林业生态资源·湿地卷》（浙江科学技术出版社，2019）。

（5）华东黄山-天目山脉及仙霞岭-武夷山脉生物多样性调查

2015—2020年，浙江大学傅承新主持国家科技部基础研究专项"华东黄山-天目山脉及仙霞岭-武夷山脉生物多样性调查"。上海辰山植物园、华东师范大学、杭州师范大学、杭州植物园等14家单位参与，主要内容为全面调查该区域生物多样性、采集及保存标本，建立华东生物多样性数据共享网络平台及种质资源库等，有望完成首部网络版《华东植物志》。其中浙江境内的范围是浙江的西北部至西南部，包括天目山脉的临安天目山和清凉峰、安吉龙王山、淳安金紫尖等，以及仙霞岭山脉的遂昌九龙山和白马山、江山仙霞岭和武义牛头山等。通过路线踏查和样方调查，对该区域生物多样性的历史变化进行分析和长期监测。目前外业调查和样方数据分析已经完成，采集标本6万余份（分别收藏在浙江大学植物标本馆和杭州植物园标本馆），种子2000余份，DNA材料近万份。

除此之外，1981—1983年，杭州植物园裘宝林、於玲珑对全省野生花卉种质资源进行系统调查，完成了"浙江省野生观赏植物资源调查"课题，获杭州市优秀科学技术成果奖三等奖（1984），并编写了《浙江野生花卉种质资源的调查》，其中列举可供观赏的野生植物500余种。1983年，杭州大学郑朝宗在多年调查和资料收集整理的基础上编写了《浙江种子植物检索表》（共4册），用于植物学实验和实习教学，后几经修订补充出版了《浙江种子植物检索鉴定手册》（浙江科学技术出版社，2005）。2006—2008年，浙江大学郑朝宗、杭州师范大学金孝锋合作开展了华东地区种子植物我国特有属的研究。结果表明华东地区有我国特有种子植物67属（含98种），其中华东特有11属。其特征可概括为单种特有属的比例大，具有相对原始性或古老性、珍稀濒危性，浙江西天目山和安徽黄山是分布中心。浙江农林大学（李根有）、浙江省森林资源监测中心（陈征海）等单位自2008年开始进行野生植物资源的调查，编写了《浙江野菜100种精选图谱》（科学出版社，2011）《浙江野花300种精选图谱》（科学出版社，2012）《浙江野果200种精选图谱》（科学出版社，2013）《浙江野生色叶树200种精选图谱》（科学出版社，2017）系列著作。

3. 区域性植物资源调查与植物志（图鉴）编写

(1) 温州野生植物资源调查研究及信息系统开发和《温州植物志》编著

21世纪前，温州的植物资源调查较有规模的有3次：1924年秦仁昌、1958—1959年浙江植物资源普查队、1972年《浙江药用植物志》编写组在平阳、苍南、泰顺、乐清、文成等地采集了大量标本，为后续研究打下了很好的基础。2010年7月开始，在温州市重大科技计划项目和温州市农发基金的资助下，温州大学、浙江省亚热带作物研究所、温州科技职业学院、温州市林业局等单位合作开展了温州野生植物资源调查研究及信息系统开发和《温州植物志》编著工作。参加项目的有11个单位，31人。用4年时间对温州市11个县（市、区）的野生植物资源进行了系统的调查研究，共组织了12次大型或中型的重点区域考察和230多次由各单位或个人自行组织的小型考察，参加人员达786人次。共采集植物标本37800号，拍摄照片57600余幅。发现植物新种5个，浙江新记录属9个，浙江新记录种32个，温州新记录属29个，温州新记录种192个。发现了桫椤等国家重点保护的珍稀植物，填补了浙江树状蕨类分布的空白。项目组编写出版了《温州野生维管束植物名录》（浙江科学技术出版社，2016）；开发了浙江省首个地级市资源植物信息系统，获温州市科学技术进步奖二等奖（2017）；丁炳扬、金川主编出版了《温州植物志》（5卷）（中国林业出版社，2017），共收录210科，1035属，2758种（不包括栽培种）。成果获浙江省自然科学奖三等奖（2020）和国家林业局梁希科学技术奖二等奖（2021）。

温州市工业科学研究院蔡延骄和浙江省亚热带作物研究所李林等在温州地区多年采集、鉴定和30多年引种工作的基础上，编写出版了《浙江南部维管束植物名录》（中国科学技术出版社，2005）。书中记载浙江南部（基本上是温州市范围）野生或栽培的维管植物220科，1171属，3267种，其中许多种类是浙江省亚热带作物研究所引种的热带经济植物。2005—2007年，温州大学丁炳扬主持温州市科技计划项目，对温州市境内的外来入侵植物进行了调查研究，由丁炳扬、胡仁勇担任主编，将调查结果汇编成《温州外来入侵植物及其研究》（浙江科学技术出版社，2009）。

（2）杭州植物资源调查及《杭州植物志》编著

杭州市区的植物调查研究起步较早，在中华人民共和国成立前就有较好基础，而中华人民共和国成立后更是借助地域优势得到更多学者的关注，开展了大量的研究。浙江师范学院、浙江农学院等都以杭州西湖周边山区作为植物学实践教学的场所，采集了数量可观的标本。杭州植物园建园初期，贺贤育、章绍尧等分别带队在杭州西湖周边山区采集了大量标本。1962年杭州大学生物系植物组编写了《杭州种子植物实习手册》（含种子植物名录），在此基础上，郑朝宗于1982年根据该系师生历年采集的标本，并查阅杭州植物园的标本，编写了《杭州西湖山区及近郊地区野生和常见栽培种子植物名录》（1986年作了修订）。1981年杭州植物园标本室在章绍尧主持下，裘宝林负责编写了《杭州维管束植物名录》。2004—2006年，由杭州植物园牵头，联合浙江大学、浙江自然博物馆、杭州师范学院等单位开展了"西湖风景区生物多样性生态功能研究及保护示范区建设"，对植物又做了进一步的调查，研究成果获杭州市科学技术进步奖二等奖（2009）。2012年开始，由杭州植物园、浙江大学、杭州师范大学等单位合作，在杭州市科委和杭州市西湖风景名胜区管委会的资助下，启动了《杭州植物志》的编纂工作。区域范围包括杭州市区的上城、下城、江干、西湖、拱墅、滨江、萧山、余杭8区。经过项目组几年的调查采集和分类鉴定，以余金良、卢毅军、金孝锋、傅承新为主编出版了《杭州植物志》（3卷）（浙江大学出版社，2017），共记载野生或习见栽培的维管植物184科，845属，1798种。

（3）宁波植物资源调查研究及系列丛书的编著

宁波的植物采集调查起步很早，1840年第一次鸦片战争后，陆续有多名外国人到宁波采集植物标本。20世纪初，钟观光、张之铭等我国植物标本采集先行者在宁波采集植物标本，随后中国植物分类学家的采集逐渐增多，至中华人民共和国成立后植物资源调查得以更快发展。1958—1959年的浙江植物资源普查和1960—1963年的浙江省天然药物普查将鄞州、余姚和奉化作为重点，采集了大量标本，获得丰富的调查资料。2012年开始，宁波市林业局与浙江农林大学、浙江省森林资源监测中心等单位合作，外业调查历时6年，记录野生、栽培及归化维管植物214科，1172属，3256种，发现新分类群14个；发现省级以上新记录2科，9属，58种。李根有、陈征海、李修鹏为主编，编著出版了宁波植物系列图书，共8卷，均由科学出版社出版，包括《宁波珍稀植物》《宁波滨海植物》《宁波植物研究》《宁波植物图鉴》（5卷）。

(4) 舟山群岛植物多样性调查

1954年开始，浙江师范学院生物系选取舟山普陀山岛为生物学野外实习场所。经过3年的采集调查，于1956年由《浙江师范学院学报》结集出版了《舟山生物调查研究报告专辑》，其中吴长春撰写了《普陀维管束植物标本的鉴定报告（一）》。1982—1987年，舟山市林业科学研究所卢小根等对普陀山的木本植物做了调查，记载了342种。1986—1988年，浙江林学院张若蕙、李根有、周世良、徐耀良、陈大钊等人与舟山市林业局金佩聿、张晓华联合对普陀山、朱家尖、桃花岛进行了历时3年的植物和植被调查，采集标本2072号，编制了维管植物名录，记录了890种。1987—1988年，王定耀对舟山群岛及邻近的象山部分海岛进行了木本植物调查。1989—1991年杭州大学郑朝宗主持省基金项目"舟山群岛种子植物区系的研究"，盛束军、史美中、丁炳扬等参加，编写了《浙江北部沿海岛屿种子植物名录》，记录野生种子植物772种。2002—2003年，李根有、金水虎受普陀山园林管理处委托，对普陀山、洛迦山、豁沙山的植物资源进行了8次调查，采集标本1500余号，拍摄照片8000余幅，经鉴定，共有维管植物1484种，隶属于168科，719属，发现了一些新分类群和分布新记录，编写出版了《普陀山植物》（中国科学文化出版社，2012）。近年来，舟山市林业科学研究所王国明在收集前人调查研究资料的基础上，对舟山群岛的植物种类和分布进行了补充调查，编写了《舟山海岛种子植物》，共记录野生（包括归化和逸生）种子植物141科，612属，1318种。

(5) 其他区域性调查

丽水野生动植物资源编目：1986年，丽水地区林业局根据历年调查结果编写了《丽水地区山地生物资源》（共3册），记录维管植物206科，933属，2830种。其中蕨类植物名录由张朝芳整理汇编，种子植物名录由程秋波整理汇编。2018—2020年，丽水市自然资源与规划局委托浙江省森林资源监测中心完成了《丽水市野生动植物资源编目调查》，已知全市野生和习见栽培的维管植物217科，1196属，3623种。

泰顺植物资源调查：1986—1993年，泰顺县林业局与浙江林学院等单位合作开展泰顺县植物资源调查。主要参加人有楼炉焕、李根有、丁陈森、吕正水、杨才进、徐柳杨、徐耀良等。前后共组织大小考察12次，参加人员50余人次；其中包括杭州大学组织的5次考察（1979—1982年），主要参加人有郑朝宗、张朝芳、蔡延骐、楼炉焕、陈启瑺、丁炳扬等。共采集标本8900余号，经鉴定共有维管植物215科，1063属，2748种（包括栽培种）。项目组将调查成果汇集编写发表了《浙江泰顺县维管束植物资源研究专辑》（浙江林学院学报，1994）。

开化植物资源调查：1984—1986年，开化县林业局刘新初和浙江省林业勘察设计院陈征海合作开展了木本植物资源调查，编写了《开化县木本植物名录》，记载98科，291属，742种。1986—1987年，衢州市科学技术委员会下达"开化植物资源调查"项目，由浙江省农业科学院农业区划研究所与开化县农业区划办公室、开化县林业局合作开展了开化县植物资源的全面调查，主要完成人是洪林、虞宝法、洪金亮等，采集标本上千号（主要收藏于浙江大学标本馆），经鉴定已知有维管植物192科，848属，1902种。于1989年由洪林执笔编写了《开化植物》。

磐安植物资源调查：1988年，由浙江省农业科学院农业区划研究所与磐安县农业区划办公室合作开展了磐安植物资源调查,主要完成人是洪林、泮望霖、许铭生等,采集标本上千号(主要收藏于杭州植物园标本馆),经鉴定有维管植物193科,821属,1621种。以此调查为基础,参考1986年磐安县医药公司的"中草药调查"资料,于1996年编写了《磐安植物》。

苍南木本植物调查:1991—1992年,苍南县林业局联合浙江林学院李根有、华东林业规划设计院施德法、浙江省林业勘察设计院陈征海等开展了苍南县森林植被及木本植物资源调查。历时2年,采集标本800余号,经鉴定共有木本植物1015种,隶属于114科,391属。于1992年编写了《浙江省苍南县森林植被及木本植物资源调查报告》。

温岭植物资源调查:2005—2006年,温岭市林业技术推广站与浙江林学院植物资源研究所合作,对全市范围内的植物资源进行了系统调查,参加调查的有颜福彬、李根有、曲金中、梁景彬、奚小华等,采集标本700余号。编写出版了《浙江温岭植物资源》(中国农业出版社,2007),共记载维管植物1767种,隶属于195科,871属。

台州乡土树种资源调查:2007—2010年,基于文献资料收集和历时3年的野外调查,台州市林业局王冬米和浙江省森林资源监测中心陈征海编写了《台州乡土树种识别与应用》(浙江科学技术出版社,2010),记载台州市乡土树种859种,隶属于86科,275属。

慈溪植物资源调查:自1999年开始,慈溪市林特技术推广中心徐绍清,利用业余时间对全市范围内的植物进行调查,2014年与浙江省森林资源监测中心陈征海共同主编了《慈溪乡土树种彩色图鉴》(中国林业出版社,2014),记录慈溪乡土树种77科,362种,其中野生300种。目前草本植物也已完成外业调查。

玉环木本植物调查:自1990年始,玉环县林业技术推广站池方河利用下乡和业余时间,对玉环的木本植物进行了全面调查。编写了《玉环木本植物图谱》(浙江大学出版社,2015),记录玉环野生和常见栽培木本植物92科,490种。

莫干山区乡土树种资源调查:2015—2016年,德清县林业局与浙江农林大学暨阳学院合作,联合浙江省森林资源监测中心及吴兴区、长兴县、安吉县的林业技术人员,对莫干山区的乡土树种资源进行了十余次调查,参加调查的主要人员有白洪青、马丹丹、李根有、陈征海、毛美红、朱炜、刘振勇、高百龙、沈泉、刘军、吴燕芬等。采集标本300余号,拍摄照片4000多幅。由白洪青、马丹丹主编了《莫干山区乡土树种》(浙江大学出版社,2018),记载501种,隶属于81科,210属。

4.自然保护地的植物调查研究

自1956年国家林业部划定天目山为森林禁伐区,浙江省自然保护区建设的序幕得以揭开。1975年浙江省人民政府发文,正式确定临安天目山、开化古田山、龙泉凤阳山、泰顺乌岩岭4个省级自然保护区。60多年来,浙江省的自然保护区建设取得了很大的成就。至今全省已建有国家级自然保护区11个、省级自然保护区16个。各保护区在创建或在建设过程中与相关科研院校合作开展了多次规模不等的植物资源调查,积累了丰富的调查资料和植物标本,发表了若干论文,出版了若干著作。1983年7月至1984年12月,浙江省林业厅抽调省内自然保护区科技人员,组成"浙江省自然保护区考察组",对天目山、凤阳山、古田山、乌岩岭和九龙山5个省级自然保护区的木本植物做了考察。参加考察的有王永明、陈豪庭、俞勤民、吴春芳、李志云、周洪青、郑卿洲、周仁爱等。编写了《浙江自然保护区》,其中有各个保护区的考察报告和木本植物名录。章绍尧的《论保护自然资源的重大意义与浙江省建立自然保护区的布局问题》(《植物生态学与地植物学丛刊》,1981)、张朝芳的《试论浙江省自然保护区的功能》(《自然保护区学术讨论会论文选集》,1985)等论文均有一定的指导意义。迄今,本省建有国家级森林公园43个,省级森林公园85个,国家级湿地公园13个,省级湿地公园54个。这些森林公园和湿地公园在建立时都进行了植物种类或树木种类的调查,但大多比较粗浅,而比较系统、权威的调查较少。

(1) 天目山国家级自然保护区

1956年国家林业部划定天目山为禁伐区,1975年浙江省人民政府发文成立天目山省级自然保护区,1986年升级为国家级自然保护区,1996年加入联合国教科文组织的"人与生物圈"保护区网。中华人民共和国成立后,天目山成为多学科的科研教学基地,复旦大学、华东师范大学、杭州大学、浙江林学院等众多大专院校和科研机构来此开展实习或研究工作,发表了若干学术论文,为天目山的植物资源调查打下了很好的基础。1980年杭州大学郑朝宗编写了《浙江西天目山自然保护区种子植物名录》,并于1983年、1988年、1995年分别做了修订。1983—1984年浙江省自然保护区考察组对保护区的木本植物做了考察,并编写了《天目山自然保护区考察报告》。1986年,杭州大学生物系根据历年来考察和教学实习获得的资料,以《杭州大学学报》增刊的形式汇编出版了《天目山专辑》,其中包括植物名录和区系特点分析。依据多年的调查积累,临安县林业科学研究所徐荣章编著了《天目山木本植物图鉴》(中国林业出版社,1989)。为进一步查清天目山的自然资源和生物资源,1987年由浙江省林业厅牵头,邀请16所大专院校和科研单位专家30余人,组成天目山自然保护区自然资源综合考察队。植物方面参加的有杭州大学张朝芳、郑朝宗,浙江林学院李根有、方伟,天目山自然保护区陶银周、赵明水等。经过2年多的调查,鉴定标本1万余份,编写专题报告30多篇,并汇编出版了《天目山自然资源综合考察报告》(浙江科学技术出版社,1992)。2006年,天目山国家级自然保护区管理局立项开展新一轮的植物专项调查和编著《天目山植物志》,浙江大学、浙江林学院、温州大学、杭州师范大学、浙江省森林资源监测中心、浙江自然博物馆、浙江省林业科学研究院、浙江中医药大学、浙江师范大学等13家单位40余人参加。通过野外考察、标本查阅和分类研究,由丁炳扬、李根有、傅承新、杨淑贞担任总主编,出版了《天目山植物志》(4卷)(浙江大学出版社,2010)。全书记载野生或习见栽培的维管植物190科,899属,2066种。2019年浙江大学植物课题组在多年植物学实习基础上,编写了《天目山常见药用植物图鉴》(浙江大学出版社,2019),收录了463种。

(2) 凤阳山-百山祖国家级自然保护区

1975年浙江省人民政府发文成立凤阳山省级自然保护区,1985年批准成立百山祖省级自然保护区。1992年经国务院批准,两个省级保护区合并成立凤阳山-百山祖国家级自然保护区。丰富的植物资源吸引了许多知名专家学者来此进行考察研究,20世纪70年代,上海师范大学欧善华、华东师范大学王金诺等根据考察编写了《浙南百山祖、凤阳山、昂山种子植物名录》，1980年后更是组织了3次较大规模的考察。

1980年3月开始，杭州大学生物系（含浙江省生物资源考察队）与凤阳山自然保护区管理处合作，由张朝芳和陈豪庭带队开展动植物资源调查，其中动物组的调查在5月结束，而植物组的调查一直延续至10月底，采集植物标本3000多号。同年4月底至5月初，丽水地区科委组织成立自然资源综合考察队，参加植物资源考察的有杭州大学（张朝芳、叶亦聪、楼炉焕、李平、丁炳扬、洪利兴）、浙江林业学校（王景祥、陈根荣）、杭州植物园（章绍尧）、浙江自然博物馆（韦直）、浙江省林业科学研究所（周家骏、郑富元）、浙江林学院（丁陈森）、上海师范学院（钱明、吴世福）、丽水地区林业局及下属县林科所（程秋波、陈豪庭、吴鸣翔、汤兆成、李志云）、凤阳山省级自然保护区管理处（陈豪庭、郑卿洲、樊子才、杨万云）等。采集标本1500多号，9000多份，编写了《凤阳山自然保护区综合科学考察报告》和植物名录，对该区植物资源的本底有了比较全面的了解。1983—1984年浙江省自然保护区考察组对保护区的木本植物做了考察，编写了《凤阳山自然保护区考察报告》。1998年，杭州大学丁炳扬、浙江林业学校陈根荣、丽水地区林业局程秋波和龙泉市林业局陈豪庭收集历年调查结果编写了《凤阳山种子植物名录》。2003年，保护区管理处为更充分掌握生物资源的本底资料，再次组织了较大规模的考察，参加植物调查的有浙江大学、浙江林学院、浙江中医学院、丽水市林业局、浙江自然博物馆等。考察成果见洪起平、丁平、丁炳扬主编的《凤阳山自然资源考察与研究》（中国林业出版社，2007）。已知该区有蕨类植物37科，74属，203种，种子植物164科，666属，1464种。2018年开始，保护区管理处与杭州师范大学、浙江自然博物馆、浙江省森林资源监测中心等单位合作，开展进一步的植物资源调查，摸清区内植物物种多样性的本底，计划编著出版4卷《凤阳山植物图说》，目前外业调查已基本结束，已完成单子叶植物卷的初稿，其余各卷正在编写之中。

1980年前，杭州大学（张朝芳、黄正璋、郑朝宗）、杭州植物园（章绍尧）、上海师范学院（欧善华）和华东师范大学（裴佩熹、王金诺）、庆元县林科所（吴鸣翔）等到百山祖及周边做过调查和采集。发现了百山祖植物的丰富性，并发表了新种百山祖冷杉 Abies beshanzuensis。1981年，丽水地区科委组织丽水地区科协、林业局、林学会等单位参加了百山祖自然资源综合考察，编写了《百山祖自然资源考察报告》，为1985年成立自然保护区打下了基础。1985—1986年，《浙江植物志》编委会、浙江自然博物馆、上海师范学院、丽水地区科委、丽水地区林业局、庆元林业技术推广站等又对保护区的植物做了补充调查，积累了丰富的资料。2002—2003年保护区管理处与浙江大学合作建立5 hm²森林动态监测样地。经过2008年和2013年两次复查，与温州大学合作编著出版了《浙江百山祖森林动态样地——树种及其分布格局》（中国林业出版社，2013）。2014—2015年，中山大学等单位合作将该样地面积扩大为25 hm²，2020—2021年做了复查。2004年，浙江大学金孝锋等在收集、整理以往调查资料的基础上，经过补充调查整理成《百山祖野生种子植物名录》，包含167科，700属，1545种，并作了区系分析（金孝锋等，2004）。2012年，保护区管理处与温州大学、浙江自然博物馆、丽水学院、浙江中医药研究院、杭州师范大学、浙江省林业科学研究院合作，开展百山祖野生植物的深入调查，并编写了《百山祖的野生植物》（共5卷），包括蕨类植物、裸子植物和被子植物。目前木本植物2卷和草本植物I已经出版（浙江科学技术出版社，2014，2018，2021），其余2卷已经完成外业调查，正在编写之中。

（3）古田山国家级自然保护区

1975年浙江省人民政府发文成立古田山省级自然保护区，2001年国务院批准升级为国家级自然保护区。20世纪60—80年代，先后有浙江林业学校（王景祥、陈根荣）、杭州大学（郑朝宗、张朝芳、丁炳扬、洪利兴）、浙江师范学院（潘炉平、何琪杨）、华东师范大学（胡人亮、冯志坚、田春元、陈建华）等对古田山的植物做过调查和标本采集。1983—1984年，浙江省自然保护区考察组对保护区的木本植物做了考察，编写了《古田山自然保护区考察报告》。1984—1986年，开化县林业局委托浙江林学院承担古田山植物资源调查项目。丁陈森、李根有、楼炉焕、周世良、张方钢、郑根明、钱百胜、吴中堂等人参加，历时3年，采集标本2006号，6576份。由李根有、丁陈森执笔编写了《浙江开化古田山自然保护区植物名录》。1999年，开化县林业局和自然保护区管理处组织浙江大学、浙江林学院、浙江师范大学、浙江自然博物馆等合作开展了自然资源综合考察，参与植物调查的有郑朝宗、楼炉焕、丁炳扬、于明坚、方腾、陈声文等。综合以往考察的研究成果编写了自然资源考察报告，为晋升国家级自然保护区提供了科学依据。2002—2003年，中国科学院植物研究所、浙江大学、保护区管理局联合建立了5 hm²森林动态监测样地，2004—2005年扩大建立了24hm²样地，进行长期动态监测，并编著了《浙江古田山森林动态样地——树种及其分布格局》（中国林业出版社，2009）。2013年古田山国家级自然保护区管理局方腾和浙江师范大学陈建华合作编写了《中国常见植物野外识别手册　古田山册》（高等教育出版社，2013）。2014—2016年，保护区管理局与浙江大学、浙江师范大学合作开展生物多样性调查，其中植物种类方面由陈建华、姚燊豪、于明坚等在整理前人调查成果的基础上做了补充调查。该项调查成果由于明坚、钱海源、余建平主编成《古田山生物多样性研究》（浙江科学技术出版社，2019），其中蕨类植物名录包含23科，64属，165种，野生或习见栽培的种子植物155科，734属，1556种。

（4）乌岩岭国家级自然保护区

1975年浙江省人民政府发文成立乌岩岭省级自然保护区，1994年国务院批准升级为国家级自然保护区。从20世纪50年代初，华东师范大学对乌岩岭进行了植被调查，发现这里有华东较为典型的常绿阔叶林。从此以后，国内有关学者逐渐注意到乌岩岭的科学研究价值。1958年浙江植物资源普查队在此采集了大量标本。20世纪60年代杭州植物园章绍尧等与浙江林业学校王景祥、陈根荣等分别做过多次调查采集。杭州大学郑朝宗（1979和1982）、张朝芳（1980）、陈启瑺（1980）带队进行4次调查采集。郑朝宗据此编写了《浙江泰顺乌岩岭自然保护区种子植物名录》（1983）。1980—1983年，温州地区乔灌木树种资源考察队做过调查采集；1981—1982年，华东师范大学裴佩熹带队开展蕨类植物调查，撰写了《乌岩岭蕨类植物区系的初步研究》；1983—1984年，由温州市科委立项，温州市科协和温州市林业局牵头，泰顺县林业局和乌岩岭自然保护区管理处承担，邀请北京师范大学、华东师范大学、杭州大学、浙江林学院、杭州植物园、泰顺县环保局等17个单位的专家、学者组成乌岩岭自然保护区综合考察队，分成植物区系、植被等10个考察小组,对乌岩岭的自然资源进行全面系统的考察,取得了丰硕成果。于1985年编印了《乌岩岭自然保护区自然资源综合考察报告》。其中参加植物考察的有陈根荣、章绍尧、胡人亮、丁陈森、楼炉焕、周洪青、吕正水、毛宗国等。同一时期,浙江省自然保护区考察组对保护区的木本植物做了考察,并编写了《乌岩岭自然保护区综合考察总结》。之后,1992—1994年浙江林学院开展泰顺县植物资源调查、2010—2013年《温州植物志》编委会开展的野外调查都把乌岩岭作为调查重点。2009—2010年,为配合保护区功能区调整和总体规划修编,保护区管理局联合浙江林学院和浙江省林业调查规划设计院开展了植物资源补充调查。在整合历史资料的基础上,编制了植物名录,记载蕨类植物45科,94属,287种;种子植物158科,775属,1863种。

（5）九龙山国家级自然保护区

1983年浙江省人民政府批准建立九龙山省级自然保护区,2003年国务院批准升级为国家级自然保护区。1979年,丽水地区科委组织省、地、县有关科研人员和华东师范大学首次深入九龙山进行科学考察,其中参加植物考察的单位有浙江省林业科学研究所(周家骏、郑富源)、华东师范大学(周秀佳、高长久等)、浙江林业学校(陈根荣)、丽水地区及下属林科所(林华刚、吴鸣翔、汤兆成、李志云)等。1980年,浙江省科协又组织了林学、植物、动物等8个学会进行了大规模多学科综合考察。参加植物考察的除上述单位外,还有杭州大学(张朝芳、楼炉焕、丁炳扬、洪利兴)、浙江林学院(王景祥)、临安林业科学研究所(徐荣章)、凤阳山自然保护区(陈豪庭)、乌岩岭自然保护区(周洪青)等。1980年5—6月和10—11月,华东师范大学裘佩熹和姚关琥到九龙山采集蕨类植物标本,其中有15个新种。1983—1984年,浙江省自然保护区考察组对保护区的木本植物作了考察,编写了《九龙山自然保护区考察报告》。1985年,丽水地区科委和科协还组织省内外有关单位60余人对九龙山保护区外围大西坑地区做了生物资源调查,参加植物考察的单位有浙江省林业科学研究所(王景祥、洪利兴)、杭州大学(张朝芳)、浙江自然博物馆(韦直、张韵冰、范俊涛、张方钢)、丽水地区林业局及下属县林科所(程秋波、李志云、吴鸣翔)等。1991年,浙江省林业厅、浙江自然博物馆、遂昌县林业局和九龙山自然保护区管理处共同对以前的调查结果进行分析整理,并用2年时间分批做实地复核和补充调查,参加这次植物考察的有韦直、李志云、张方钢、徐耀良、潘成椿等,取得了丰硕的成果。由潘金贵和韦直主编了《浙江省九龙山自然保护区自然资源研究》(中国林业出版社,1996),收录蕨类植物35科,73属,211种;种子植物144科,611属,1341种。2019年开始,自然保护区管理局与浙江自然博物院、杭州师范大学、浙江省森林资源监测中心等单位合作,开展了更深入的调查,计划编写出版《九龙山植物图说》(4卷)。另外,保护区管理局为了更有效保护生态系统和野生动植物,准备扩大面积。2020年委托浙江大学牵头进行大西坑片区自然资源综合调查,其中植物种类部分由浙江自然博物院承担,现已完成外业调查工作。

（6）清凉峰国家级自然保护区

1985年浙江省人民政府批准成立龙塘山省级自然保护区,1997年改名为清凉峰自然保护区,1998年经国务院批准升级为清凉峰国家级自然保护区。自然保护区成立前,已经有华东师范大学、上海师范大学、杭州大学、浙江林学院等单位开展了多次小规模的植物资源调查和标本采集。1986年，浙江省林业厅委托浙江自然博物馆组成专家组对龙塘山自然资源进行摸底调查，明确自然保护区的保护对象。1993年，自然保护区管理处组织杭州大学、中国林业科学研究院、浙江林学院、浙江自然博物馆、浙江省林业科学研究所等10余家单位成立自然资源综合考察队。参加植物考察的有郑朝宗、张朝芳、韦直、徐荣章、张方钢、徐耀良、金明龙、张宏伟等。经4年的考察研究，由宋朝枢主编了《浙江清凉峰自然保护区科学考察集》（中国林业出版社，1997）。2007年开始，由杭州师范大学与清凉峰自然保护区管理局共同主持，浙江林学院、杭州植物园等单位参加，开展更深入的植物资源调查，由金孝锋、翁东明主编了《清凉峰植物》（浙江大学出版社，2009），由金孝锋、金水虎、翁东明、张宏伟主编了《清凉峰木本植物志》（2卷）（浙江大学出版社，2014）。记载清凉峰自然保护区木本种子植物90科，297属，715种。2014年，浙江大学等与清凉峰保护区管理局合作对浙江清凉峰国家级自然保护区的生物多样性进行了编目和各类群物种组成特征、珍稀濒危与保护物种现状分析。参加植物编目调查的有杭州师范大学金孝锋、陈伟杰、鲁益飞、蔡鑫等。研究结果由丁平、童彩亮、翁东明整理编写成《浙江清凉峰生物多样性研究》（中国林业出版社，2020），记录浙江清凉峰野生种子植物157科，748属，1758种。

（7）大盘山国家级自然保护区

1993年磐安县人民政府公布大盘山地区为县级自然保护区，1994年金华市人民政府将大盘山升级为市级自然保护区，2002年大盘山自然保护区被浙江省人民政府批准为省级自然保护区，同年经国务院批准升级为国家级自然保护区。1988年，浙江省农业科学院区划研究所洪林等人在调查磐安县植物资源时发现大盘山植物种类丰富，特别是有众多的野生药用植物（已知有1074种），为大盘山建立保护区提供了科学依据。2005—2006年，保护区管理局与浙江自然博物馆张方钢等合作开展了生物多样性基础调查与研究，采集了大量标本。2005年开始，在浙江省科技厅重大科技专项的资助下，大盘山自然保护区管理局与浙江中医药大学、浙江自然博物馆、浙江省中医药研究院等单位合作开展了"大盘山野生中药材资源保护和可持续利用研究"，参加项目的共有30多人。经过3年的调查，采集中药材标本3000余份，拍摄照片10万余张。由陈远志、陈锡林、张方钢主编了《浙江大盘山药材志》（上、下册）（浙江科学技术出版社，2011）。全书共记载中药材492种，来源于433种植物、53种动物和6种矿物。研究成果获得浙江省林业厅科技兴林奖二等奖（2013）、浙江省科学技术进步奖三等奖（2013）。

（8）安吉小鲵国家级自然保护区

1985年经浙江省人民政府批准建立龙王山省级自然保护区，2017年经国务院批准新建为安吉小鲵国家级自然保护区。1957—1959年杭州植物园贺贤育采集队和浙江植物资源普查队到安吉采集了大量标本，其中很大部分是采自龙王山。1981—1982年，安吉县科协组织林业、农业等部门科技人员对龙王山进行了首次自然资源综合考察，编写了《安吉县龙王山自然资源综合考察报告》，其中植物调查由县林业局负责。保护区建立后，1986—1991年浙江自然博物馆徐耀良多次到龙王山与保护区管理处邹云合作采集了大量标本。之后又有多个科研院校的学者多次到此调查并采集标本，如浙江大学周毅、杭州大学楼炉焕等。1995年浙江省林业厅立项，由南京林业大学、安吉县林业局、江苏省中国科学院植物研究所和龙王山自然保护区管理处协作开展了"龙王山自然保护区野生植物资源调查和濒危植物保护繁育技术等研究",参加植物调查的主要有方炎明、陈建寅、邓懋彬等。经过5年的调查和研究,共采集标本3400余份,汇编的《龙王山维管植物名录》收录了156科,654属,1400余种,其中珍稀濒危植物23种。2013—2014年,为配合自然保护区晋级工作,由浙江省森林资源监测中心牵头,联合浙江农林大学对保护区植物进行了补充调查,参加调查的有陈征海、张芬耀、谢文远、吴丞昊、李根有、马丹丹、叶喜阳等。记录维管植物156科,684属,1478种。最近,俞立鹏、张芬耀、何莹主编了《安吉小鲵国家级自然保护区珍稀濒危植物图鉴》(浙江大学出版社,2020)。

(9) 其他自然保护区

随着生态文明建设的推进,"绿水青山就是金山银山"理念的践行,各地政府十分重视保护区建设,使浙江省的保护区建设快速发展。除上述以外,其他一些自然保护区也开展了植物资源的调查。

南麂列岛国家级海洋自然保护区:1989年8—9月,浙江省环境保护局组织相关专家对南麂列岛进行多学科的大型科学考察。中国科学院植物研究所王献溥、杭州大学郑朝宗负责植被和植物资源的调查。编写了《南麂列岛自然保护区综合考察文集》(中国环境科学出版社,1995),记录种子植物89科,253属,317种。这次考察为1990年建立南麂列岛国家级海洋自然保护区提供了科学依据。

仙居括苍山省级自然保护区:1991年成立仙居县俞坑常绿阔叶林自然保护区,2011年升级并改名为括苍山省级自然保护区。早在1924年,原东南大学的秦仁昌就在仙居采集了大量植物标本,其中新种的模式标本就有19号。2006—2009年,仙居县林业局等单位联合组织了自然资源综合考察,参加植物调查的主要人员有张汝忠、彭加龙、王坚娅等,杭州师范大学金孝锋给予技术指导。共记录维管植物158科,641属,1399种(不包括栽培植物)。

泰顺承天氡泉省级自然保护区:1995年,浙江省环境保护局组织了自然资源考察,参加植物和植被考察的有浙江自然博物馆韦直、杭州大学郑朝宗、泰顺县林业局杨金龙等。考察成果编写成《浙江省泰顺县承天氡泉自然保护区科学考察论文集》(1996)。2015—2017年,由浙江大学、浙江师范大学、保护区管理处等单位合作进行了生物多样性调查。参加植物调查的主要有陈建华、李铭红、于明坚、巫东豪、袁金凤、楼剑飞、芦伟、唐战胜、唐裕、姚燊豪等。编写了《浙江温州承天氡泉自然保护区生物多样性调查报告》,现知有种子植物140科,589属,1092种(含常见栽培植物)。

诸暨东白山省级自然保护区:2002年,受诸暨市林业局委托,浙江林学院李根有、陈锋、叶喜阳等人对拟建东白山省级自然保护区开展了植物资源调查。经鉴定共有维管植物1530种,隶属于179科,749属。为2003年建立省级自然保护区提供了科学依据。

景宁望东垟高山湿地省级自然保护区和大仰湖湿地群省级自然保护区:分别于2007年和2013年批准建立。为创建这两个保护区并摸清植物资源家底,景宁畲族自治县林业局和科技局与浙江省森林资源监测中心、浙江农林大学、丽水市林业科学研究院等合作,历时十余年进行了数十次考察调查。由刘日林、陈征海主编了《浙江景宁望东垟、大仰湖湿地自然保护区植物与植被调查研究》（浙江大学出版社，2016）。记载维管植物191科，820属，1867种，其中湿地植物82科，200属，330种。接着，由刘日林、林坚、陈征海、季必浩主编了《浙江景宁望东垟、大仰湖湿地自然保护区湿地植物图鉴》（浙江大学出版社，2020）。

衢江千里岗省级自然保护区：2008年9月，浙江农林大学李根有和浙江省森林资源监测中心陈征海带队对千里岗山区进行了首次植物资源调查。2014年，由浙江省森林资源监测中心牵头（陈征海、陈锋、张芬耀、谢文远），联合浙江农林大学（李根有及其学生）对拟建保护区的植物资源进行专项考察，共记录维管植物166科，620属，1214种。为2015年衢江千里岗省级自然保护区的建立提供了科学依据。

洞头南北爿山省级海洋特别保护区：保护区自2011年建立以来，保护区管理中心与温州大学合作开展了多年的鸟类、两栖爬行动物和植物的长期监测调查，获得了翔实的本底资料。参加植物调查的有胡仁勇、周化斌等。记录陆生维管植物66科，168属，214种。调查结果由张永普、李昌达、周化斌等整理编写成《南北爿山保护区动植物资源》（浙江科学技术出版社，2020）。

江山仙霞岭省级自然保护区：2015年，由浙江省森林资源监测中心牵头（陈征海、陈锋、张芬耀、谢文远、许济南），联合浙江农林大学（李根有）、浙江中医药大学（王江波、余各、钟建平）进行科学考察，记录了维管植物169科，571属，1064种，为2016年江山仙霞岭省级自然保护区的建立提供了科学依据。由陈征海、余著成、金伟主编了《江山仙霞岭自然保护区珍稀濒危动植物》（科学出版社，2020）。

莲都峰源省级自然保护区：2016年丽水市人民政府启动创建工作，组织开展自然资源综合考察，植物方面主要参加单位有浙江省森林资源监测中心（陈征海、陈锋、张芬耀、谢文远、钟建平）、浙江农林大学（李根有、叶喜阳）、浙江中医药大学（张水利等）、丽水市林业科学研究院（王军峰）、中国计量大学（孙骏威）等。调查已知有维管植物183科，726属，1475种。为2017年莲都峰源省级自然保护区的建立提供了科学依据。

东阳东江源省级自然保护区：2017年，东阳市人民政府与浙江省森林资源监测中心合作开展综合科学考察，参加植物考察的有浙江省森林资源监测中心（陈征海、陈锋、张芬耀、谢文远、钟建平、李会松）、浙江中医药大学（倪孔正、金晓青、林王敏）等。调查结果有维管植物156科，544属，1012种。为2018年东阳东江源省级自然保护区的建立提供了科学依据。

拟建淳安磨心尖自然保护区：1984年，淳安县科委与杭州大学生物系合作进行了11天的动植物资源调查。参加植物调查的有余象煜、郑朝宗、张朝芳、陈宛如、丁炳扬等，采集标本1073号，计3000余份，经鉴定有维管植物154科，549属，928种。2016年，淳安县林业局与浙江省森林资源监测中心合作开展了2年的自然资源综合科学考察。参加植物调查的有浙江省森林资源监测中心陈征海、张芬耀、谢文远、陈锋、钟建平，浙江农林大学李根有、马丹丹，浙江中医药大学张水利，慈溪林特技术推广中心徐绍清等。调查已知有维管植物172科，691属，1369种。

拟建苍南莒溪自然保护区：2017年，苍南县人民政府与浙江省森林资源监测中心合作，对苍南县莒溪区域进行综合科学考察，确认有维管植物185科，704属，1487种。参加人员有浙江省森林资源监测中心陈征海、陈锋、张芬耀、谢文远等，浙江农林大学李根有、马丹丹，江苏省中国科学院植物研究所刘兴剑、孙起梦、姚青菊，杭州师范大学吴玉环、黄文专等20多人。

婺城南山省级自然保护区：2018—2019年，由浙江省森林资源监测中心牵头，联合浙江农林大学、浙江中医药大学对拟建婺城区南山省级自然保护区进行综合科学考察。参加此次植物考察的有陈征海、陈锋、张芬耀、谢文远、许济南、钟建平、李根有、王江波、余各等。调查结果已知有维管植物171科，710属，1495种。为2020年建立婺城南山省级自然保护区提供了科学依据。

拟建武义三笋坑（牛头山）省级自然保护区：2018年，浙江省森林资源监测中心牵头组织了科学考察。参加植物调查的有浙江省森林资源监测中心陈征海、陈锋、谢文远、张芬耀、张培林、钟建平、李会松，浙江农林大学李根有，丽水市林业科学研究院王军峰等20多人。调查记录了维管植物174科，695属，1448种。

（10）森林公园

浙江天童国家森林公园：1983年华东师范大学将其作为植物生态学专业研究生的教学和科研基地，至1992年正式建立华东师范大学环境科学研究所天童生态实验站，经过十来年的调查研究，编写出版了《浙江天童国家森林公园的植被和区系》（上海科学技术出版社，1995）。其中蕨类植物及附录二由张朝芳执笔，种子植物及附录三由钱士心、冯志坚、蔡飞执笔，记录蕨类植物24科、49属、105种，种子植物148科、506属、968种。2010年建成20hm²亚热带森林动态样地，杨庆松、刘何铭、杨海波等编著了《天童亚热带森林动态样地　树种及其分布格局》（中国林业出版社，2019），收录了天童常绿阔叶林胸径大于1cm的常见木本植物154种。

千岛湖国家森林公园：1984—1988年，新安江开发公司的陈煜初开展了千岛湖植被和植物调查，采集标本1350号，结合1984年淳安县科协和杭州大学生物系磨心尖植物资源调查的成果，编写了《淳安县植物名录》。2009年开始，浙江大学生态研究所丁平、于明坚生态学团队在此建立科教基地，长期开展岛屿生物地理学的监测研究，进行了植物种类的本底调查，已知有维管植物143科，483属，801种。编写了《千岛湖植物》（高等教育出版社，2012）。

瑞安花岩国家森林公园（大洋坑县级自然保护区）：1989年浙江林学院受瑞安市林业局委托进行了植物资源调查研究，参加的有李根有、钱百胜、金水虎等。编写了《瑞安市红双林场维管束植物名录》，收录维管束植物157科，487属，884种。2008年为申报省级自然保护区，瑞安市林业局又委托浙江大学、浙江师范大学、温州大学等单位开展了自然资源的综合考察。参加植物调查的有温州大学丁炳扬、陈贤兴、胡仁勇等和学生若干人，采集标本1050号，记录维管植物167科，538属，1055种。

文成铜铃山国家森林公园：2012—2014年，文成铜铃山国家森林公园与杭州师范大学合作，对该森林公园开展了植物资源和植被的调查研究，参加调查的有杭州师范大学金孝锋、陈伟杰、杨王伟、熊先华等，铜铃山国家森林公园王荣伟、郑立新等。编写的《文成铜铃山国家森林公园植物名录》记载了种子植物146科，456属，827种。

永嘉四海山省级森林公园：1989年永嘉县林业局与浙江林学院合作，四海山林场等单位参加，进行了永嘉四海山林场植物资源的调查，参加人员主要有丁陈森、李根有、周世良等。编写了《永嘉四海山林场维管植物名录》，收录维管植物162科，568属，1061种。

缙云大洋山省级森林公园：1982—1983年缙云县科委与浙江林学院等合作，缙云县林业局、林场、林业科学研究所等单位参加，组织了自然资源综合科学考察。参加植物资源调查的主要有丁陈森、楼炉焕、张方钢等，杭州大学丁炳扬、金维杉参加了1983年8月的考察。采集标本2920余号，编写了《缙云大洋山维管束植物名录》，收录维管植物136科，540属，1126种。

宁波瑞岩寺省级森林公园：杭州大学与宁波瑞岩寺林场合作，于1990—1992年进行了6次野外植物和植被调查，参加的有郑朝宗、陈启瑺、丁炳扬、史美中、李铭红、于明坚、王卫东、宓雪聪、宁波市林业科学研究所徐维坤等，调查结果被编写成《宁波瑞岩寺国家森林公园种子植物区系和植被研究》。其中种子植物名录收录128科，419属，745种。

缙云括苍山省级森林公园：2006年为配合总体规划编制，浙江省林业调查规划设计院张履勤、陈军、陈征海、陈锋等，进行了维管植物资源调查，发现了国家一级重点保护野生植物东方水韭，编写的《缙云括苍山森林公园植物名录》收录野生和常见栽培维管植物156科，1249种。

永康历山省级森林公园：2018—2019年，永康市林场邀请浙江省森林资源监测中心对该森林公园的植物资源进行系统调查。调查人员有谢文远、张芬耀、张培林、钟建平等，编写的《永康历山省级森林公园植物名录》共记录维管植物143科，488属，922种。

松阳箬寮岘森林公园（县级自然保护区）：1992年浙江林学院与松阳县林业局合作开展植物资源调查，参加的主要有楼炉焕、李根有、汤兆成等，发现了水韭属 *Isoëtes* 植物的分布（后发表新种东方水韭 *I. orientalis*）。2002年，松阳县环境保护局和林业局为申报省级自然保护区，与浙江大学合作对植物资源做了进一步的调查，郑朝宗、丁炳扬、金孝锋等参加，编写了考察报告，收录维管植物181科，785属，1750种。

(11) 湿地公园

各地湿地公园也开展了植物资源的调查，其中比较系统的主要有：

杭州西溪国家湿地公园：2005—2007年，公园管委会委托浙江大学、浙江自然博物馆等单位进行生物多样性本底调查。主要参加人员有傅承新、于明坚、张方钢等。调查结果被编写成《西溪湿地维管束植物名录》，并出版了《西溪湿地的植物》（中国社会科学出版社，2007）。之后，浙江自然博物馆继续对其进行植物多样性和植物群落的监测。2020年，杭州植物园对西溪湿地开展了新一轮调查。

衢州乌溪江国家湿地公园：2009年公园管理处（筹）组织浙江大学、浙江林学院、浙江省森林资源监测中心等单位进行自然资源综合调查，参加植物调查的主要有李根有、马丹丹、陈征海、陈锋、谢文远、张芬耀等。江永华主编了《乌溪江国家湿地公园资源与规划》（浙江科学技术出版社，2014），记录维管植物178科，647属，1193种。

诸暨白塔湖国家湿地公园：2014—2015年，诸暨市林业局与杭州师范大学、浙江农林大学、浙江省森林资源监测中心合作，开展了植物和植被系统调查。参加调查的有金孝锋、陈征海、李根有、丁炳扬等。调查结果被汇编成《诸暨白塔湖湿地公园维管束植物名录》，记录131科，621种。由吴建人、金孝锋编著了《白塔湖植物》（浙江大学出版社，2016）。

天台始丰溪国家湿地公园：2018年，天台县自然资源和规划局与浙江省森林资源监测中心、浙江中医药大学等合作，对天台县始丰溪国家湿地公园进行综合科学考察。参加植物调查的主要有陈锋、张芬耀、谢文远、张培林、钟建平、李会松、林王敏、董荧荧、吴玉芳等。记录有高等植物188科，612属，1093种（包括苔藓植物25科，37属，50种）。

中华人民共和国成立70多年来，浙江省的植物资源调查与研究工作蓬勃开展，大大小小的考察调查层出不穷，研究工作无以计数。由于篇幅有限，许多调查和研究工作未能归纳入上述几个方面，但都为浙江植物资源的开发利用与保护做出了贡献。

5.植物分类的专科专属研究

专科专属研究也称专著性研究，是分类学研究的深入阶段，是对某科或属（或组）整个分布区范围（或较大的范围）进行调查取样分析的研究。

（1）中国山核桃属的分类研究

山核桃属 *Carya* 有些种类是重要的木本油料树种，其果实也是著名干果，呈现东亚-北美间断分布。浙江农业大学林学系张若蕙与中国科学院植物研究所路安民合作，在查阅文献和标本的基础上，在《植物分类学报》发表了《中国山核桃属的研究》，文中发表了2个新种，连同引种的1种，我国共有5个种，分成2组，其中1个为新组（张若蕙和路安民，1979）。研究成果被1979年出版的《中国植物志》第二十一卷采纳。

（2）中国虎皮楠科的分类研究

虎皮楠科 Daphniphyllaceae 是一个单属的科，分布于亚洲东南部至澳大利亚，以东亚和东南亚为分布中心。本科的种数虽然不多，但系统地位存在争议，而且有些种类形态变异较大，种间界限不明确。浙江林业学校王景祥承担《中国树木志》虎皮楠科的编写，通过全面查阅文献和标本，分析形态性状的稳定性和分类学意义，在《植物分类学报》发表《中国虎皮楠科植物校订》，对国产该科植物作了分类修订，发表新种和新变种各1个，新等级3个，新异名1个，确认国产13种，1亚种，3变种（王景祥，1981）。

（3）中国红豆属的分类研究

红豆属 *Ormosia* 植物分布于美洲热带地区、亚洲东南部和澳大利亚北部，是蝶形花科中较大的属，有许多优良的材用和观赏树种。浙江林学院张若蕙承担《中国植物志》红豆属的编写任务，自1978年开始对该属进行分类学研究。通过查阅文献和标本，以及形态性状的分类学意义的分析，对国产红豆属进行了分类学梳理，在《植物分类学报》发表了论文《中国红豆属的研究》，承认35种，2变种和2变型，其中包括7个新种和2个新变种，属下划分为3个组，6个系（张若蕙，1984）。研究成果收载于1994年出版的《中国植物志》第四十卷。

（4）中国木蓝属的分类和系统学研究

木蓝属 *Indigofera* 是蝶形花科的一个大属，约700种，广泛分布于热带和亚热带地区，其分布中心为非洲热带地区。杭州大学方云亿和郑朝宗承担《中国植物志》木蓝属的编写任务，自 1978 年开始开展该属的分类和系统学研究。他们全面研读了 100 多年来该属的研究文献，查阅国内主要标本馆的标本，在《植物分类学报》发表了论文《国产木蓝属新分类群》（方云亿和郑朝宗，1983），发表新种 10 个，新变种 4 个。他们又对该属形态特征的分类学意义及演化趋势进行了分析，并根据植物习性、叶的特征、果实形态及含种子数，对国产该属作了分类学修订，提出新的分类系统，在《植物分类学报》发表了《国产木蓝属的系统研究》，将国产木蓝属 80 种，1 变种归纳为 3 个亚属，并将木蓝亚属 Subgen. *indigofera* 分为 14 个亚组，其中包括 9 个新亚组，对一些种作异名处理，编写了分种检索表（方云亿和郑朝宗，1989）。研究成果收载于 1994 年出版的《中国植物志》第四十卷。

(5) 中国崖豆藤属的分类研究

浙江自然博物馆韦直承担《中国植物志》和 *Flora of China* 崖豆藤属的编写任务，自 1978 年开始开展国产崖豆藤属 *Millettia* 的分类和系统研究。他全面查阅了 1 个多世纪以来该属的研究文献，对 Dunn 系统作了评价，运用数值分类方法对 26 个形态性状的分类学意义和种系发生进行了分析，对一些种的分种标准和地理分布作了界定。并在《植物分类学报》发表论文《我国崖豆藤属的整理》，对国产该属作了全面的分类学修订，发表新种 5 个，发现我国分布新记录 8 个，归并 7 种，降级 1 种，承认 35 种，11 变种，并提出了分组的系统方案（韦直，1985）。研究成果收载于 1994 年出版的《中国植物志》第四十卷。此后，他经过进一步研究，并吸收近年来蝶形花科的系统学研究成果，在 2010 年出版的 *Flora of China* 中将广义的崖豆藤属分为崖豆藤属 *Millettia*（共约 100 种，国产 18 种）和鸡血藤属 *Callerya*（共约 30 种，国产 18 种）。

(6) 泡果荠属和棒毛荠属的分类学研究

浙江医学科学院张渝华承担《浙江植物志》十字花科部分的编写任务，1985 年根据采自遂昌九龙山的林泉等编号为 3154 标本为模式发表了棒毛荠 *Cochleariopsis zhejiangensis* 新种，同时以此为模式建立了新属棒毛荠属 *Cochleariopsis*（即 *Cochleariella*）。1986 年，她将岩荠属 *Cochlearia* 泡果荠组 Sect. *Hilliella* 提升为泡果荠属 *Hilliella*。此后，又于 1987 年和 1995 年各发表 5 个新种和 1 个新种。但分类学界对棒毛荠属和泡果荠属的建立存在不同意见（赵一之等，1992；陆莲立，1993；Zhou Taiyan et al.，2001）。对此，张渝华对上述各属进行了多方面的形态比较，包括果实形状及表皮形态、种子形状及表皮形态、叶形状和叶表皮、茎叶毛被、花粉形态、染色体数目、地理分布及生境等观察，先后发表了 7 篇论文。最后，她在《植物分类学报》发表了论文 "Delimitation and revision of Hilliella and Yinshania (Brassicaceae)"，做了全面的分类修订。保留阴山荠属和泡果荠属的划分，将棒毛荠属作为泡果荠属的异名，棒毛荠作为棒毛泡果荠 *Hilliella fumarioides* 的异名。泡果荠属划分为 11 种，4 变种；阴山荠属划分为 2 组，8 种，2 变种（Zhang Yu-hua，2003）。

(7) 蜡梅科的研究

1998 年，浙江林学院张若蕙、刘洪谔等编著的《世界蜡梅》（中国科学技术出版社，1998）出版。书中依据大量的资料信息和作者最新研究成果，包括幼苗形态、花粉形态、染色体、叶表皮特征、同工酶等,对蜡梅科Calycanthaceae进行了系统的分类和精确的描述。全面论证了该科的演化趋势,探讨了其在被子植物中的系统位置和亲缘关系,在不同期刊上发表论文8篇。

(8)国产刚竹属的分类研究

刚竹属Phyllostachys植物是我国竹亚科的一个大属,该属所有竹种几乎全部原产于我国。20世纪70年代前,刚竹属植物计24种。从20世纪70年代初开始,南京大学、南京林产工业学院、浙江省林业科学研究所、杭州植物园等参加《中国植物志》编写,对刚竹属进行了大规模的调查分类研究,浙江省参加此项工作的有温太辉、陈绍云、姚昌豫等,陆续发表了50余个新种,其中模式标本采自浙江的有28种(不包括种下分类群)。中国林业科学研究院亚热带林业研究所马乃训等在《竹子研究汇刊》上发表《国产刚竹属植物初步整理》,对刚竹属进行分类学整理,承认国产刚竹属植物计有50个,另有24个竹种学名先后被认定为无效发表或错误发表,应予摒弃,发现2个分布新记录(马乃训等,2006)。根据国产竹类的现状,提出国产竹类植物生物多样性及保护策略(马乃训等,2007),参与毛竹基因组大小和序列构成的比较分析(桂毅杰等,2007)。

(9)菝葜属(科)的系统进化研究

浙江大学傅承新研究团队,在国家自然科学基金和中国科学院重大专项的资助下,自1990年开始潜心研究菝葜属Smilax及菝葜科Smilacaceae的系统演化和分类。从国内逐渐扩大到世界范围,基于形态、细胞染色体、DNA分子序列和地理分布对世界菝葜科的系统进化、生物地理和分类开展了深入的研究,取得一系列研究成果。2005年首先揭示草本菝葜的东亚–北美间断分布和演化趋势。2007年揭示了世界菝葜科存在新旧大陆两大谱系,分布于西南的穗菝葜 *S. aspera* 是旧大陆基部类群,我国西南地区是菝葜科现代分布中心(Monocots,2007)。2013年发表了世界菝葜科的分子系统树,提出了菝葜科仅1属,属下可分为5个亚属。在上述研究基础上,2017年基于形态和DNA条形码方法提出了亚洲菝葜的分类修订,即1属,5亚属,19个组,共118种(全世界约200种),其间发表新种5个,新组合8个,合并4个种。参与《泛喜马拉雅植物志》菝葜科的编写,在国内外系统进化和分类主流刊物发表论文20余篇。

(10)中国菱属植物的分类研究

1993年开始,杭州大学丁炳扬等在国家自然科学基金和浙江省自然科学基金的资助下开展国产菱属Trapa物种生物学及分类研究,持续至2020年,先后参加人员有金孝锋、胡仁勇、黄涛、姜维梅、金明龙等。基于文献查阅、野外采集、标本鉴定和栽培观察,对菱属植物分类的主要形态性状作了系统评价。在此基础上,在《广西植物》发表《中国菱属(菱科)植物的分类研究》,对我国菱属作了分类处理,承认了细果野菱 *T. incisa* 和欧菱 *T. natans* 2个种,并将欧菱划分为6个变种,其中4个为新组合。将22个种或变种名处理为异名,并对5个名称做了后选模式标定(丁炳扬和金孝锋,2020)。参与 *Flora of China* 第13卷菱科的编写,先后发表论文9篇。

(11)杜鹃花属映山红亚属的分类研究

2004—2006年,浙江大学丁炳扬团队(2004年7月转至温州大学)承担国家基金项目"杜鹃花属映山红亚属 *Rhododendron* subgen. *Tsutsusi* 的分类研究",参加的主要人员有金孝锋、金水虎、胡仁勇等。以居群概念为指导，在野外采集（我国江南八省和日本九州的宫崎和鹿儿岛东部）、标本查阅（中国、日本、奥地利、德国和法国共29个标本馆）、形态性状的统计分析、花粉和种子微形态观察的基础上对世界映山红亚属进行了全面修订，承认了本亚属共59种。在亚属下，根据Sleumer的意见，分成映山红组 Sect. *Tsutsusi* 和轮叶杜鹃组 Sect. *Brachycalyx* 2个组，将映山红组分为3个系，包括岭南杜鹃系 Ser. *Kaempferi* 和短花杜鹃系 Ser. *Serpyllifolia* 2个新系。发表论文9篇，新种2种，新组合3个，出版专著1部《杜鹃花属映山红亚属的分类研究》（科学出版社，2009）。

(12) 莎草科薹草属的分类研究

杭州师范大学金孝锋（当时为浙江大学研究生）在郑朝宗和丁炳扬两位老师的指导下，于2002年开始薹草属 *Carex* 的野外采集和标本整理鉴定工作。自2008年至今，在国家自然科学基金和科技部平台项目的资助下持续开展研究，参加人员有金水虎、张宏伟、王泓、陈伟杰、鲁益飞等，重点对薹草亚属进行了分类修订，发表了49篇论文，共发表新组1个，28个新种及5个种下分类群。编著出版了 *Taxonomy of Carex sect. Rhomboides* (*Cyperaceae*)（科学出版社，2013）和 *Flora of Pan-Himalaya*（第12卷第2册）（科学出版社和剑桥大学出版社，2020）。

其他以浙江（或华东）范围内的专科专属研究有：浙江冬青属植物的研究（郑朝宗，1983）、浙江山矾属植物的研究（郑朝宗，1984）、浙江蓼属的分类研究（方云亿和郑朝宗，1986）、浙江山茶属植物的研究（裘宝林，1987）、浙江柃木属植物的研究（裘宝林和钟国荣，1987）、浙江商陆属植物的分类研究（范文涛，1987）、浙江悬钩子属植物的研究（郑朝宗和方云亿，1988）、浙江报春花科研究（方云亿和郑朝宗，1988）、浙江紫茎属植物小志（裘宝林和钟国荣，1988）、浙江荚蒾属植物小志（裘宝林，1988）、华东地区排草属植物的研究（方云亿和郑朝宗，1989）、浙江杜鹃花属植物的研究（丁炳扬和方云亿，1989）、浙江景天属的分类研究（何业祺，1990）、浙江胡枝子属植物的研究（楼炉焕，1990）、浙江的假麦苞叶属植物（李根有等，1991）、浙江薹草属植物的研究（郑朝宗和史美中，1992）、浙江野古草属的分类研究（朱秋桂等，1999）、浙江狭义景天属（景天科）植物小志（金孝锋等，2010）、中国特有植物诸葛菜属（十字花科）的分类研究（陈珍慧等，2017）、浙江山矾属的分类修订（陈征海等，2020）等。

6. 植物区系的分析研究

华东师范大学生物系从1952年开始对浙江山区植物进行考察，郑勉在《华东师范大学学报（自然科学版）》发表了《皖浙两省主要山区植物分布概况》，对浙江的西天目山、杭州市郊山区、四明山、天台山、雁荡山、龙泉凤阳山和昂山的植物分布进行了简括叙述，探讨了各山植物彼此间及与邻区植物间的关系，并讨论了我国东南部植被分布问题（郑勉，1958）。后又在《植物分类学报》发表了《我国东部植物与日本植物的关系》（郑勉，1984），为浙江植物区系研究做了开创性工作。

(1) 浙江森林植物区系的研究

1986年，浙江林学院王景祥在《植物分类学报》发表《试论浙江省森林植物区系》，分析了浙江森林植物区系，已知有木本植物1300余种，隶属于109科，423属。论述了浙江森林植物区系的发展过程，认为现代森林植被主要源自新生代，也有少数的古老种早于中生代就已产生。浙江的森林植物区系具有如下特点：起源古老，孑遗种多；种类丰富，地理成分复杂，热带成分占优势；拥有较多数量的特有种和单型属及少型属；引栽树种日益增多，区系内容更趋丰富。浙江森林植物的区系地理：浙江南部处于华东、华南两个植物区系的交汇地带，其东部已达华南区系的北缘，其西部靠近华东区系的南缘；浙江北部受华北区系的弱度影响，随着海拔的升高，其影响可及浙江中部。1988年，王景祥在《武汉植物学研究》发表了《我国浙江与日本和我国台湾森林植物区系的联系》，结果表明台湾脱离大陆时间较晚，森林植物区系受大陆影响较深。1995年，杭州植物园裘宝林在《植物资源与环境》发表的《关于浙江南部森林植物华南、华东两个区系的划分问题》中进一步明确了华南、华东两个区系在浙江南部的界线划分。

（2）浙江植物区系的研究

1987年，杭州大学郑朝宗在《杭州大学学报（自然科学版）》上发表了《浙江植物区系的特点》，分析了浙江植物区系的特点：植物种类丰富，已知有维管植物231科，1331属，3796种；特有属种及珍稀植物较多，含有我国单种特有属29个，少种特有属10个，多种特有属8个，本区特有种60个，珍稀植物48种；古老植物成分丰富、孑遗植物种类多，有许多古老的科、属以及残遗种；热带、亚热带和温带成分多，区系成分复杂、来源于多种地理成分，有15个分布区类型；浙江植物区系特别与亚洲热带、北美和东亚的区系关系密切，东亚区系中以与日本关系更密切。1990年，郑朝宗在《武汉植物学研究》发表的《浙江珍稀濒危保护植物的地理分布及其区系特征》中分析了浙江珍稀濒危保护植物56种的地理分布和51属的分布区类型及其区系特征，进一步说明浙江省的珍稀濒危植物区系的古老性和相对原始性，且与华中亚热带植物区系关系密切。

（3）浙江省珍稀濒危植物物种多样性保护的关键区域

2002年，杭州植物园胡绍庆与浙江大学丁炳扬和浙江省森林资源监测中心陈征海合作，分析浙江省珍稀濒危植物物种多样性保护的关键区域。在《生物多样性》发表《浙江省珍稀濒危植物物种多样性保护的关键区域》，根据维管植物物种多样性、珍稀濒危植物的物种数量、个体数量特征、受威胁状况，以及浙江省特有植物的分布情况，提出了浙江省珍稀濒危植物保护的7个关键区域：以西天目山为中心的浙西北山区，以古田山为中心的浙西山区，以九龙山为中心的浙西南山区，以凤阳山-百山祖为中心的浙南山区，以括苍山为中心的浙东山区，以天台山为中心的浙东丘陵，以普陀山为中心的舟山群岛。

（4）其他的区域性植物区系研究

其他区域性的植物区系分析有：杭州西湖山区（郑朝宗，1990；金明龙等，2012）；舟山群岛（金佩聿等，1991；郑朝宗等，1992；盛束军等，1998；万利琴等，2008）；泰顺县（楼炉焕等，1994）；浙江海岛（陈征海等，1995；彭华等，2019）；宁波北仑山区（史美中等，1995）；温岭市（马丹丹等，2006）；温州（熊先华等，2017）等。

（5）自然保护区或森林公园的植物区系分析

在自然保护区或森林公园开展植物资源调查后，通常也会进行植物区系的分析。主要有西天目山（郑朝宗，1986，1992）、天台山（金则新，1994）、雁荡山（胡仁勇，1994；陈伟杰等，2018）、龙塘山（郑朝宗，1996，1997）、九龙山（张朝芳，1996；徐跃良等，1996）、凤阳山（丁炳扬等，2000，2007；梅笑漫等，2005，2007）、古田山（楼炉焕和金水虎，2000；丁炳扬等，2001；陈建华和冯志坚，2002；陈建华等，2019）、百山祖（金孝锋等，2004）、平阳岭根峡谷（胡仁勇和蔡延骄，2004）、乌岩岭（裘佩熹和关依平，1985；陈根荣等，1985；雷祖培等，2009）、石垟森林公园（吴庆玲等，2010）、红双林场（谢小燕等，2010）、望东垟和大仰湖（刘日林等，2017）等。

7. 植物标本馆（室）的建设

植物标本包含着一个物种的大量信息，诸如形态特征、地理分布、生态环境和物候期等，是植物分类和植物区系研究必不可少的科学依据，也是植物资源调查、开发利用和保护的重要资料。植物标本馆（室）是专门保存植物标本并对外开放的场所。因此，植物标本馆（室）建设不仅是一个国家（或地区）植物分类研究学术水平的体现，也是其综合实力的体现。

（1）浙江大学植物标本馆（HZU）

1949年前，原浙江大学理学院植物标本室（HU）、农学院植物标本室（未申请代码）和原之江大学理学院植物标本室（HC）都收藏了相当数量的标本，但大部分在抗日战争时期被毁，到中华人民共和国成立时留下不超过1000份。1952年全国高校院系调整，浙江师范学院继承了原浙江大学理学院植物标本室的大部分标本。1958年浙江师范学院更名为杭州大学，标本室随之更名为杭州大学植物标本室（HZU），经过40多年的建设发展，到1998年四校合并时，标本馆面积120m²，木质标本柜60多只，标本收藏量8万多份。浙江农学院（后更名为浙江农业大学）继承了原浙江大学农学院的标本，1960年其标本室随学校调整更名为浙江农业大学植物标本室（ZAU），至1998年四校合并时，标本室面积60m²，木质标本柜36只，标本收藏量约2万份。1998年四校合并成立新的浙江大学，杭州大学植物标本室和浙江农业大学植物标本室合并为浙江大学植物标本馆（沿用代码HZU）。近20多年来，随着国家科技部基础工作专项"华东黄山-天目山脉及仙霞岭-武夷山脉生物多样性调查""第四次全国中药资源普查"，以及国家自然科学基金项目"世界菝葜科系统发育与生物地理学研究""杜鹃花属映山红亚属的分类研究"的开展，标本数量有较大增加。现有馆舍面积200m²，金属移动密集柜27列，收藏腊叶标本约16万份，其中采自浙江的主模式标本32份。藏品以浙江省内植物标本为主，以浙西北、浙东及舟山、浙西南、浙东南的标本为多，最早的标本是吴元涤1916年采集的标本。馆藏标本中也有一定数量采自国内其他省（区、市）（广东、陕西、贵州、安徽、福建、广西、湖南、江西、云南等地）和国外的标本，其中抗日战争期间浙江大学西迁时在贵州湄潭采集的近200份标本，尤具历史意义。该馆主要采集人有吴长春、陆廷琦、金维坚、方云亿、郑朝宗、张朝芳、黄正璋、丁炳扬、陈启瑞、傅承新、楼炉焕、盛束军、洪林、金孝锋、赵云鹏、李攀、邱英雄、郑小明、林汉扬、祁哲晨、卢瑞森、朱珊珊等。已完成标本信息数字化15.2万份。但目前该标本馆没有专职管理员，也没有稳定的经费。原浙江医科大学植物标本室（ZMU）曾馆藏约2万份植物标本，四校合并后未妥善保管，大部分标本被弃，现仅剩少量标本，令人痛心。

(2) 杭州植物园植物标本馆(HHBG)

杭州植物园于1951年开始筹建,1956年正式建园,并建立植物标本室和各个专类植物区。1982年建造了资源馆,扩充了馆舍,标本馆面积约300m²。2004年用金属密集柜替代了木质柜。收藏的省内标本包括建园前后在杭州西湖山区及周边采集的标本,以及浙江植物资源普查队、杭州植物园科技人员承担相关科研项目和历年为充实藏品按计划采集的标本,采集地较多集中于宁波、舟山及杭州市区、临安、淳安、天台、遂昌、庆元、景宁、乐清、文成、平阳、泰顺、苍南等;省外标本主要有四川、江苏、江西、广东、福建、安徽、甘肃和陕西等地的标本。主要采集人有章绍尧、贺贤育、毛宗国、裘宝林、姚昌豫、周惠鑫、於玲珑、陈绍云、曾新宇、高亚红、王挺、陈晓玲、邓懋彬、刘昉勋、洪林、黄茂先、李学根、刘英光、魏志平等。2010年来,随着《杭州植物志》的编写和"华东黄山-天目山脉及仙霞岭-武夷山脉生物多样性调查"项目的开展,增加了标本3万余份,包括大量黄山-牯牛降、武夷山-仙霞岭的标本。现馆藏标本15万余份,在省内采集的标本13万余份,省外采集或交换所得标本2万余份,包括采于浙江的主模式标本65份。现有专职管理员3人,也有稳定的经费,标本管理和维护比较到位,至2020年完成标本信息数字化6.3万余份,已可供专业人员和大众共享。

(3) 浙江农林大学植物标本馆(ZJFC)

浙江农林大学前身是1958年建校的天目林学院,1966年更名为浙江林学院,2010年升格为浙江农林大学。建校之初,林学系就建立了植物标本室,后经多次扩建,至东湖新校区建设之前,标本馆面积约200m²,木质标本柜120只,收藏标本8万余份。2000年随着东湖新校区建设,标本馆面积扩展到350m²,添置金属密集柜296只,配备兼职管理人员1人。随着森林资源调查陆续开展,标本数量增长较快,至今收藏标本11万余份,其中采自浙江的主模式标本约50份。收藏的标本主要是历年的树木学与植物学野外实习、师生参加各地科学考察以及教师承担的相关科研项目所采集的标本。截至2013年,已完成9.36万份标本的信息数字化工作,部分标本信息已在中国国家标本资源平台(NSII)共享。主要采集地有临安、缙云、泰顺、开化、永嘉、普陀、安吉、瑞安、武义、上虞、松阳、杭州市区、淳安,主要采集人有张若蕙、丁陈森、楼炉焕、李根有、刘茂春、周世良、贺贤育、陈征海、沈湘林、张方钢、徐跃良、王景祥、钱百胜、金水虎、马丹丹、刘彬彬、闫道良、夏国华等。标本馆还收藏采自安徽、福建、江苏、江西、云南等地的标本。

(4) 浙江自然博物院植物标本馆(ZM)

浙江自然博物院前身是在1929年西湖博览会基础上创建的浙江省西湖博物馆,是浙江创建最早的标本馆,收藏了浙江省内采集较早的植物标本(如1927年7月采自浙江东阳的紫柳和粟米草标本)。抗日战争前已经积累了3万余份植物标本,1937年抗日战争全面爆发,全部植物标本虽被运往余杭林牧公司密藏,但仍被日军轰炸焚毁殆尽。抗日战争期间,浙江西湖博物馆辗转迁移至永康方岩、丽水三岩寺、松阳南洲村及龙泉等地。1952年更名为浙江省博物馆。1984年7月,浙江省博物馆的自然部分单独建制,成立了浙江自然博物馆。1991年,浙江自然博物馆从西湖边孤山整体搬迁至教工路71号,植物标本馆面积扩大至200m²。1998年11月接受了浙江省医学科学院（前身为浙江省人民卫生实验院）标本馆（ZJMA）捐赠的植物标本2.2万份，主要包括1958—1959年浙江植物资源普查、1960—1963年天然药物普查（或药源调查）、1972—1974年药用植物调查与《浙江药用植物志》编写、1986—1987年第三次中药资源调查采集的标本。2009年，浙江自然博物馆进驻新建的西湖文化广场，馆舍面积进一步扩充到440m^2，金属密集标本柜30列，固定柜31只，具备良好的恒温恒湿保藏条件。2019年，浙江自然博物馆安吉馆区建成使用，浙江自然博物馆更名为浙江自然博物院。两个馆区植物标本馆舍总面积达到630m^2，收藏腊叶标本6.4万份，药材植物800余份，其中采自浙江的主模式标本有65份。已完成2万多份标本的信息数字化工作，方便专业人员和大众查阅。主要采集人包括吴炳、金维坚、韦直、韦思奇、黄以芝、林志华、金联城、何冬泉、伏炜华、阙良寿、张渝华、张方钢、徐跃良、夏志俊、张洋、陈征海、金孝锋、丁炳扬、彭炎松等。标本主要采集于浙西北、浙东、浙中、浙西南和浙东南等地，还有江西、四川、广西、青海等地。该馆是省内面积最大、保藏条件最好的标本馆，有专职管理员和稳定的维护经费。近年浙江省发表新种的多数作者都愿意将模式标本保存于此。

（5）杭州师范大学植物标本馆（HTC）

杭州师范大学前身为浙江师范学院杭州分校，1978年更名并成立杭州师范学院，2007年升格为杭州师范大学。自1978年创建生物系开始建立植物标本室，主要收藏植物学野外实习时师生采集的标本（标本采集信息大多缺乏），相关专业教师在承担科研项目时采集的标本也收藏于此。近20多年来，随着国家自然科学基金项目"杜鹃花属映山红亚属的分类研究""薹草属分类研究"和《泛喜马拉雅植物志》编写"等，以及清凉峰、大盘山、凤阳山、九龙山等国家级自然保护区植物资源调查项目的开展，标本数量有较大增加。标本馆现有面积110m^2，金属密集柜8列，收藏标本3万余份，其中采自浙江的主模式标本30余份。主要采自杭州市区、临安、磐安、龙泉、遂昌，以及全国的薹草属、杜鹃花属标本，也有少量来自国外的标本。主要采集人有何业祺、毛雪莹、金则新、金孝锋、陈伟杰、王泓、鲁益飞、杨王伟等。2009年已完成约2.5万份标本的信息数字化。

（6）温州大学植物标本馆（WZU）

温州师范学院生物系创建于1983年，同时也建立了植物标本室，收藏历年植物学野外实习、教师相关研究项目采集的标本。2004年起随着"杜鹃花属映山红亚属的分类研究"（国家基金项目）、"温州外来入侵植物的研究"、"温州野生植物资源研究及信息系统开发"和"温州野生植物资源调查与《温州植物志》编撰"的开展，标本数量有较大增加。2006年温州师范学院与温州大学合并成立新的温州大学，2009年茶山新校区生物实验楼启用，植物标本馆面积增加到180m^2，金属密集标本柜20多列，收藏标本3万多份。采集地主要以温州地区为主，也有部分采自浙江西南丽水地区和浙西北天目山等地的标本，以及福建、广西等地的杜鹃花属标本。采集人主要有叶升儒、陈贤兴、胡仁勇、丁炳扬、高末、吴庆玲、熊先华、张永华等。

（7）浙江省林业科学研究院植物标本馆（ZJFI）

浙江省林业科学研究院的前身是浙江省林业科学研究所，自1958年创立之初就建立了植物标本室，收藏了浙江植物资源普查队采集的1套标本。经过几代科研人员的建设和采集积累，现有标本馆及展示厅面积246 m²，收藏腊叶标本2万多份，主要是本省木本植物1万多份，国内外竹子标本7000多份。另外，还有竹杆标本1500多号、竹笋标本（浸渍）84号、竹果标本32号，竹子模式标本100多份，其中采自浙江的50余份，是目前我国收集竹子标本种类最齐全的标本馆之一。标本主要采集地有杭州市区、临安、建德、鄞州、开化、天台、遂昌、龙泉、平阳、泰顺等。主要采集人有林协、温太辉、周文伟、华锡奇、洪利兴、朱光权、杨少宗、陈友吾等。

（8）丽水职业技术学院植物标本馆

浙江林业学校创立于1953年，原来是林业部直属重点中等专业学校，具有较强的植物分类力量，20世纪50—80年代在浙南（温州和丽水地区）、浙西（开化）和浙东（鄞州、天台）山区采集了约3万份的树木标本，成为浙江南部收藏标本最多的学校。2000年，浙江丽水商业学校与浙江林业学校合并成立丽水职业技术学院，专业人员减少，标本馆建设未得到应有的重视，1990年后采集的标本基本上没有装订上台纸入柜。标本馆现有面积164 m²，木质标本柜7列，收藏标本2.2万份（不包括未上台纸的）。主要采集人有陈根荣、王景祥、柳新红、胡绍庆、李国斌、傅金尧、王昌腾、潘温文等。

（9）浙江省食品药品检验研究院植物标本馆（ZDC）

浙江省食品药品检验研究院的前身为浙江省药品检验所，建立于1958年。其标本馆主要收藏中药原植物腊叶标本和药材标本，腊叶标本以20世纪70年代林泉从温州（瑞安、乐清、龙湾）采集的标本为多，还收藏了1960—1963年和1986—1987年中药资源普查及1983—1984年《浙江植物志》编委会组织采集的标本。2012年建立浙江省食品药品检验研究院，近年开展了全国法定药用植物标本的收集和数字化工作，2019年5月21日完成上线，已出版《法定药用植物志·华东篇》（共6册）（科学出版社，2018—2021）。标本馆现有标本柜34只，收藏腊叶标本1万余份，药材标本3000多份。主要采集地有瑞安、临安、遂昌等，主要采集人有林泉、赵维良、郭增喜等。有兼职管理人员进行日常维护。

除上述标本馆外，省内其他高校、科研机构及自然保护区也保藏了一定数量的植物标本。上述标本馆收藏的标本和中国科学院各植物研究所（园）、其他高校植物标本馆收藏的浙江标本均是《浙江植物志（新编）》的重要基础资料。

8. 为浙江省植物分类做出重要贡献的学者

浙江省植物资源调查研究取得的成就与老一辈植物学家艰苦奋斗打下的坚实基础密不可分。下面简要记述14位中华人民共和国成立以来为浙江植物资源调查和分类研究做出杰出贡献的学者。

吴长春（Wu Changchun，1905—1974），山东惠民人。1929年毕业于国立中央大学（南京大学的前身），先后在沈阳东北大学、北京师范大学和浙江大学任教（理学院生物系教授），1952年院系调整后至浙江师范学院（后为杭州大学）任教直至病逝，兼任浙江省植物学会第二届副理事长。1956年前后曾参与杭州植物园的筹建。为浙江大学植物分类学科和植物标本馆做了开创性工作。主要从事植物分类学的教学和研究，尤其以禾本科和报春花科排草属 *Lysimachia* 的分类研究较为深入，发表了浙江过路黄 *Lysimachia chekiangensis* 等新种。致力于浙江维管植物标本的鉴定和分类文献的收集整理，1950年编写了《浙江维管束植物名录》（活页手稿），此后陆续补充修改，于1981年由郑朝宗将其中种子植物部分刻印成《浙江种子植物名录》。翻译出版了《颈卵器植物分类学》（高等教育出版社，1959）。

贺贤育（Ho Yienyoh，1913—1993），浙江镇海人。20世纪30年代，作为中国科学社生物研究所标本采集员，在华东及周边地区、四川等地采集植物标本，到过浙江的镇海、奉化、天台、龙泉、云和、平阳等地。1951—1956年就职于杭州西湖园林管理处，带队在杭州市区、临安（西天目山）等地采集标本。1956—1976年就职于杭州植物园，在此期间（主要是1956—1957年），带队在临安、昌化、安吉、建德、湖州、嘉兴、天台、宁波等地采集大量标本。仅根据中国国家标本资源平台NSII统计，带队采集的标本有3.8万多份，其中采自浙江的有3.2万余份，采自浙江的模式标本有47号，46种，如夏蜡梅 *Sinocalycanthus chinensis*、浙江安息香 *Styrax zhejiangensis*、浙皖粗筒苣苔 *Briggsia chienii* 等。浙江柳叶箬 *Isachne hoi*、贺氏景天 *Sedum hoi* 等的种加词为纪念他而命名。

章绍尧（Chang Shaoyao，1914—2001），浙江诸暨人。1935—1948年分别就职于浙江大学农学院、镇江医政学院药物试植场、浙江省农业改进所、浙江丽水林场和台湾嘉义农业试验支所。1949—1956年先后担任西湖林场场长、杭州园文管理处副股长等职务，1956年后担任杭州植物园副主任，兼任浙江省植物学会第二届理事、第三～五届副理事长，浙江省药学会第五届副理事长。长期从事植物资源的调查、研究和迁地保护工作。在1956年前后杭州植物园创建期间、1958—1959年的浙江植物资源普查和20世纪80年代省内各自然保护区综合考察中，带队在杭州、龙泉、泰顺、乐清、景宁、平阳、丽水、瑞安、仙居、天台、宁波等地采集植物标本2.1万多份（仅据中国国家标本资源平台NSII），其中有30号为模式标本。1982—1993年担任《浙江植物志》的编委及总论卷和第一卷的主编，该项目成果获浙江省科学技术进步奖一等奖。与郑万钧合作发表了夏蜡梅新种，章氏猕猴桃 *Actinidia changii* 种加词为纪念他而命名。

方云亿（Fang Yunyi，1921—2003），浙江宁波人。1944年毕业于国立中央大学园艺系，1956年进入浙江师范学院（后为杭州大学）工作，1984年晋升教授，兼任浙江省植物学会第二～四届理事。长期从事植物分类学教学与研究，尤其对我国豆科木蓝属 *Indigofera* 和报春花科珍珠菜属 *Lysimachia* 有系统研究。先后发表学术论文20多篇，发表建德獐牙菜 *Swertia jiendeensis*、红毛过路黄 *Lysimachia rufipilosa*、长总梗木蓝 *Indigofera longipedunculata* 等新分类群20多个。1958—1980年参加浙江植物资源普查、中草药调查和《浙江药用植物志》的编写。1972—1994年参与《中国植物志》（第四十卷豆科木蓝属、瓜儿豆属和第五十九卷报春花科珍珠菜属）的编著。1982—1993担任《浙江植物志》的编委和第五卷主编，兼任编委会办公室主任，主持完成了整套志书的编研工作，该项目成果获浙江省科学技术进步奖一等奖（作为第一完成人）。云亿杜鹃 *Rhododendron yunyianum*、云亿黄芩 *Scutellaria yunyiana* 和云亿薹草 *Carex yunyiana* 的种加词为纪念她而命名。

张朝芳（Zhang Chaofang，1923—2002），浙江东阳人。1955年毕业于华东师范大学，1956年进入浙江师范学院（后为杭州大学）任教，1994年晋升教授。长期从事植物分类学教学与研究，承担大量的野外调查和标本采集工作，在多个自然保护区综合科学考察中担任副队长，采集标本8000多号，2万多份，其中蕨类植物标本逾万份，包括35种植物的模式标本。1982—1993年担任《浙江植物志》编委和第一卷的主编，承担蕨类植物49个科的编研，该项目成果获浙江省科学技术进步奖一等奖，并与秦仁昌等合作发表蕨类植物新种31个。1980年发表《江南贫水议》论文，体现出对生态环境变化的超前意识。退休后仍然致力于蕨类植物资源的开发和科普教育，制作成套适用于中小学的教学标本。1987年筹备成立中国花卉协会蕨类植物分会并担任第一～二届会长，为我国蕨类植物科学事业的发展做出突出贡献。朝芳薹草 Carex chaofangii、朝芳毛蕨 Cyclosorus zhangii 和光柄鳞毛蕨 Dryopteris zhangii 的种加词为纪念他而命名。

温太辉（Wen Taihui，1923—1993），浙江平阳人。世界著名竹类专家、原浙江省林业科学研究所研究员。1951年于浙江大学农学院森林系毕业，到浙江省林业局森保组工作，1958年调到浙江省林业科学研究所工作。毕生从事竹类科学研究工作，在竹类分类、营林和生态研究等方面有重大建树。著有《中国竹类彩色图鉴》（淑馨出版社，1993），发表论文25篇；建立了3个新属，为井冈寒竹属 Gelidocalamus、肿节竹属 Clavinodum、悬竹属 Ampelocalamus；将华箬竹属 Sasamorpha 和支笹竹属 Sasaella 并入赤竹属 Sasa；发表了59个新种和若干种下分类群；提出了云南是竹子唯一起源中心的观点；丰富了竹子维管束形态在分类上的应用；建立了竹子标本馆和竹类植物园；创办了《竹子研究汇刊》；参与了《浙江植物志·第七卷》和《中国植物志》（第九卷第一分册竹亚科）的编著。

王景祥（Wang Jingxiang，1924— ），浙江义乌人。研究员。1947年毕业于国立中正大学。1947—1949年，在台湾省林业试验所、中央林业实验所任职。1950—1981年，先后在浙江省金华农业学校、衢州林业学校、浙江林业学校执教，1981—1988年，先后在浙江省林业厅、浙江林学院、原浙江省林业科学研究所工作，历任副厅长、副院长、顾问等职，兼任浙江省植物学会第二～六届理事、第四届副理事长、中国林学会第五～六届理事，浙江省林学会常务副理事长，《浙江林业科技》主编。1988年享受国务院政府特殊津贴。对中国虎皮楠科 Daphniphyllaceae、清风藤科 Sabiaceae、浙江省森林植物区系方面有专门的研究。承担《中国树木志》（虎皮楠科和清风藤科）的编著。1982—1993年担任《浙江植物志》编委和第二卷主编，该项目成果获浙江省科学技术进步奖一等奖。主编出版了《浙江森林》（中国林业出版社，1993）。

韦直（Wei Zhi，1929— ），浙江东阳人。浙江自然博物院研究员。1950年安徽大学森林系毕业后到杭州西湖博物馆工作，历任浙江省博物馆自然科学部组长、副馆长，浙江自然博物馆馆长，兼任浙江省植物学会第三～五届理事、第六～八届副理事长，至1994年退休，享受国务院政府特殊津贴。长期从事植物分类研究和行政管理工作，以及自然保护区植物的调查研究。1978—2004年担任《中国植物志》编委和第四十卷主编，并承担豆科崖豆藤族 Trib. Millettieae、百脉根族 Trib. Loteae、车轴草族 Trib. Trifolieae 等和第六十一卷木犀科梣属 Fraxinus 的编著工作。1982—1993年担任《浙江植物志》编委和第三卷主编，该项目成果获浙江省科学技术进步奖一等奖。与遂昌县林业局合作开展九龙山自然保护区的科学考察，与潘金贵合作主编了《浙江九龙山自然保护区自然资源研究》（中国林业出版社，1996）。参与 Flora of China 的编写，承担第15卷木犀科梣属和第10卷豆科崖豆族、野决明族 Trib. Thermopsideae 等的编著工作。发表植物新分类群20多个。

陈根荣（Chen Genrong，1930—2008），浙江新昌人。1952年于浙江大学林学专业毕业后到原浙江林业学校工作，曾任校长，兼任浙江省植物学会第四届理事，于1990年退休。长期从事树木学的教学和研究，1953年与王景祥共同创建了浙江林业学校植物标本馆，前往浙西南、浙东和浙西采集了大量标本，将其建设成为浙江南部收藏标本数量最多的标本馆。作为队长或副队长参加了九龙山、凤阳山、百山祖、乌岩岭等自然保护区的考察，负责标本鉴定和植物名录的编写。参与《中国树木志》（第二卷八角枫科 Alangiaceae）和《浙江植物志·第四卷》的编著。在历年调查研究的基础上，编著了《浙江树木图鉴》（中国林业出版社，2009），收录木本植物100科，425属，1675种，全部插图均由作者本人按实际标本绘制。

张若蕙（Chang Rohhwei，1931—2001），安徽阜阳人。1953年于南京林学院毕业后留校任教，1958年到浙江林学院（现浙江农林大学）任教，担任树木学教研室主任，兼任中国林学会树木学分会理事和浙江省植物学会第三～七届理事，1996年获国务院政府特殊津贴。长期从事树木学教学和研究，对蜡梅科、红豆属、山核桃属、树木幼苗形态及珍稀濒危树木繁殖等方面的研究尤为深入。发表论文70篇，命名植物新分类群18个。参加《中国树木志》（第二卷和第四卷）、《浙江植物志·第二卷》《中国植物志》（第四十卷豆科红豆属、马鞍树属 Maackia）的编著；与刘洪谔、汪祖潭合作编著了《中国主要树木幼苗形态》（科学出版社，1993）；与楼炉焕、李根有等合作编著了《浙江珍稀濒危植物》（浙江科学技术出版社，1994）；与刘洪谔等合作编著了《世界蜡梅》（中国科学技术出版社，1998）。

何业祺（Ho Yechi，1933—），浙江宁波人。1957年于西北大学毕业，到中国科学院西北植物研究所工作，1980年调到杭州师范学院（现杭州师范大学），教授，1985—1995年任生物学系主任，兼任浙江省植物学会第六～八届理事。长期从事植物分类研究和教学，对豆科黄耆属 Astragalus 有深入研究，参加《秦岭植物志》的编研工作，担任编委和第二卷第三册主编。1973—1977年担任《中国植物志》的编委，并承担第四十二卷第一分册豆科黄耆属华黄耆亚属 Subgen. Astragalus、第五十五卷第一分册伞形科棱子芹属 Pleurospermum（与傅坤俊合作）的编著。1982—1993年担任《浙江植物志》的编委和第三卷主编，该项目成果获浙江省科学技术进步奖一等奖。发表天目山景天 Sedum tianmushanense、九龙山景天 Sedum jiulungshanense 等植物新分类群30多个。

郑朝宗（Zheng Chaozong，1934—），浙江松阳人。1957年于浙江师范学院毕业并留校（后为杭州大学）任教，1991年晋升教授，1986—1994年任植物学教研室主任，中国植物学会理事，浙江省植物学会第五～六届秘书长、第七届副理事长、第八～九届理事长，1989年获全国优秀教师称号，1994年享受国务院政府特殊津贴。主要从事植物学的教学和研究，对浙江种子植物的分类和区系有深入研究。在承担科研项目、参加自然保护区科学考察或利用假期采集了

7000多号标本，为《浙江植物志》的编著和植物区系研究积累了丰富的资料。1982—1993年担任《浙江植物志》的编委和第六卷主编，该项目成果获浙江省科学技术进步奖一等奖；参与《中国植物志》（第五十九卷报春花科珍珠菜属、第四十卷豆科木蓝属和瓜儿豆属 Cyamopsis）的编著，发表了浙江雪胆 Hemsleya zhejiangensis、羽叶马蓝 Strobilanthes pinnatifida、庆元冬青 Ilex qingyuanensis 等新分类群30多个。编著出版了《浙江种子植物鉴定检索手册》（浙江科学技术出版社，2005）。2014年开始担任《浙江植物志（新编）》顾问。

裘宝林（Chiu Paolin，1936—），浙江绍兴人。1956年入职杭州植物园从事植物引种驯化工作，1972年开始在植物分类室从事植物标本采集和分类研究工作，正高级工程师，1987年起任植物分类研究室主任，1994年享受国务院政府特殊津贴，1997年退休后被杭州植物园聘为高级顾问。毕生致力于植物园事业，在杭州植物园建园、科研、保育等方面做出了突出贡献，2016年获浙江省园林学会发展成就奖和中国植物园终身成就奖。潜心于植物分类研究，鉴定植物标本逾10万份，纠正了过去若干的鉴定错误，发现了众多的浙江分布新记录植物以及浙江石楠 Photinia zhejiangensis、江南牡丹草 Leontice kiangnanensis、尖萼紫茎 Stewartia acutisepala 等38个新分类群，发表论文90余篇。参加了《浙江药用植物志》和《中国树木志》（第二卷忍冬科）的编写。1982—1993年担任《浙江植物志》的编委和第四卷主编，该项目成果获浙江省科学技术进步奖一等奖。2014年开始担任《浙江植物志（新编）》顾问。裘氏石楠 Photinia chiuiana 的种加词就是为向他致敬而命名的。

林泉（Ling Chuan，Ling Quan，1937—2020），浙江温岭人。1962年于兰州大学毕业后到中国科学院植物研究所分类室工作，1971—1980年在浙江瑞安县（现瑞安市）医药卫生科技情报组，1980年调至浙江省药品检验所（现浙江省食品药品检验研究院）工作至1999年退休，主任技师，享受国务院政府特殊津贴。在瑞安工作期间，对温州地区进行了多次调查，采集标本6000多号，发表了温郁金 Curcuma wenyujin、菜头肾 Championella sarcorrhiza、温州葡萄 Vitis wenchowensis 等新种；参与《浙南本草新编》编写，负责标本鉴定、分类检索表编写和绘图。到浙江省药品检验所工作后，在扎实的分类学基础上，掌握了性状、显微、理化鉴定等方法，成为中药鉴定领域的翘楚，编写出版了《常用中药饮片鉴别检索手册》（浙江科学技术出版社，2014）。1982—1993年担任《浙江植物志》的编委和第七卷主编，该项目成果获浙江省科学技术进步奖一等奖。

本志的出版，将浙江植物资源调查和分类研究推向一个新的高峰。但未来浙江省的社会经济发展和生态文明建设将对植物资源调查和分类研究提出更高的要求，植物资源的开发利用和生物多样性的科学保护都需要有一支高水平的分类学队伍。浙江省植物学会根据社会需要，于2008年开始每年举办"植物分类与生物多样性保护高级研讨班"，至今已经连续举办14期。研讨班主要参加人员是植物学、林学、生态学等专业的研究生，自然保护区的科技人员，从事植物资源开发与保护的科技和管理人员。通过学术报告、经验交流、标本采集、分类鉴定实践的方式，对学员进行培训，以提高其业务水平和实际能力，为未来的植物资源调查和分类研究贮备人才。

三 植物区系

（一）植物区系起源与发展[1]

研究区域性植物区系的形成和发展，除考虑其特定的当代地理环境外，还应该考虑其历史发展因素。不同的历史时期会出现不同的地理条件，也会形成不同的植物区系及其发展趋势。现代植物区系的产生是通过漫长的地史年代历经沧桑演变之后而形成的。通过古植物学、地层孢粉资料的研究，对浙江地史时期植物区系原来的面貌有了一定的认识。

1. 古生代

浙江在地史上，可以江山-绍兴深大断裂为界，断裂以西原属扬子准地台（浙西），断裂以东称华南褶皱系（浙东）。这两个构造单元，在晚侏罗世（距今约1.6亿年）以前的漫长历史演化过程中，形成了两个不同的植物区系，直至目前，在浙东还未发现古生代的植物化石；在浙西由于构造运动而缺失早、中泥盆世的地层。

浙西自晚泥盆世起，较高级结构的石松纲Lycopodineae植物已大量出现，如原始鳞木目Protolepidodendrales广泛分布，有斜方薄皮木Leptophloeum rhombicum、拟鳞木属Lepidodendropsis和亚鳞木属Sublepidodendron等，它们与种子蕨中的太湖楔羊齿Sphenopteris taihuense和楔叶目Sphenophyllales中的西湖叶属Xihuphyllum、龙潭楔叶Sphenophyllum lungtanense、假纤弱楔叶S. pseudotenerrium等构成乔木、灌木和草本的植被景观。

石炭纪时，浙江的植物群可分两个阶段：早石炭世早期的植物群与晚泥盆世比较接近，仍以原始鳞木目如拟鳞木属、亚鳞木属、富阳窝木Bothrodendron fuyangense为主，而楔叶纲Sphenopsida的古芦木属Archaeocalamites和可能属于种子蕨的楔羊齿属Sphenopteris仅有少量的分子，石松纲中的鳞木目Lepidodendrales植物更是少见。早石炭世中晚期，石松纲鳞木目植物引人注目，有建德鳞木Lepidodendron jiandeense、方鳞木L. quadratum、椭圆窝木Bothrodendron ellipticum和偶见的封印木属Sigillaria等。这时的楔叶纲植物较少，仅有弱楔叶Sphenophyllum tenerrium及木贼目Equisetales中的古芦木属和中芦木属Mesocalamites等，而真蕨纲Filicopsida和种子蕨纲Pteridospermopsida的植物不但属种繁多，而且分布广，如古羊齿类Archaeopterides中有芹羊齿属Anisopteris、羽裂蕨属Aneimites、扇羊齿属Rhacopteris、铲羊齿属Cardiopteridium和似铁线蕨属Adiantites、心羊齿属Fryopsis；楔羊齿类Sphenopterides中以须羊齿属Rhodeopteridium特别发育，楔羊齿属Sphenopteris亦较为繁盛；脉羊齿类Neuropterides尤为繁盛；畸羊齿类Mariopterides也占有一定的数量。裸子植物门中的科达纲Cordaitinae等植物此

---

[1] 古植物学部分内容经中国科学院植物研究所李金锋博士参考《浙江植物志·总论》中相关内容，修改补充，特此致谢！

时尚未发现。

根据以上多种植物的出现情况，可以认为浙西石炭纪植物群是处于距海域不远的滨海河流沼泽地带，在温暖而潮湿的气候条件下孕育而形成的。

由于晚石炭世（黄龙期）的海浸，浙江几乎全被海水淹没，直到早二叠世晚期至晚二叠世早期，海水才退出，但时有小海浸。全国南北气候已有差异，北方有季节变化，而南方仍处于类似现在的热带-亚热带的气候，温暖湿润，雨量充足，沼泽发育，丛林密布。此时许多在石炭纪盛极一时的造煤植物，如高大的鳞木类、木贼类和一些树蕨等已趋于衰落和灭绝，仅有猫眼鳞木 Lepidodendron oculus-felis 及脐根座 Stigmaria ficoides 等极少数种存在。而以我国和东亚二叠纪时繁盛的大羽羊齿类 Gigantopterids 为代表的独特植物群称大羽羊齿植物群或华夏植物群，如大羽羊齿属 Gigantopteris、单网羊齿属 Gigantonoclea、种子蕨、芦木类等极其繁盛。真蕨纲也很发达。原始松柏类都已有一定程度的发育。许多植物均已发展成为乔木，组成了大片的沼泽森林。该时期是南方的主要成煤期。

2. 中生代

在中生代植被中，虽然真蕨植物是当时优势类群之一，但最高等、最占优势的是裸子植物，这时的苏铁类、银杏类和松柏类正处在兴旺发达、演化分异迅速的阶段，分布广泛，属种繁多，因此人们把中生代称为裸子植物时代。浙江也不例外，在晚三叠纪时，不仅真蕨类植物非常发育，系属南方植物区系（古地中海型）的网叶蕨属-格子蕨属 Dictyophyllum-Clathropteris 植物群，以双扇蕨科 Dipteridaceae 最为繁盛，有节类 Articulatae、紫萁科 Osmundaceae 及马通蕨科 Matoniaceae 也较多，还有少量的种子蕨，如丁菲羊齿属 Thinnfeldia 和叉羽叶属 Ptilozamites。而裸子植物中的苏铁类如侧羽叶属 Pterophyllum、中国篦羽叶属 Sinoctenis、尼尔桑属 Nilssonia，松柏类的苏铁杉属 Podozamites、准苏铁果属 Cycadocarpidium 都已相当茂盛；银杏类的似银杏属 Ginkgoites、拜拉属 Baiera 也有一定程度的发展。这些植物组成了热带-亚热带近海沼泽及内陆河湖沼泽的植被景观。该时期也是一次造煤期。

至早、中侏罗世，真蕨类中双扇蕨科和种子蕨植物已趋于衰亡，马通蕨科仍占有相当的比例，蚌壳蕨科 Dicksoniaceae 的锥叶蕨属 Coniopteris 及爱博拉契亚属 Eboracia 的出现是一大特色。木贼类中的新芦木属 Neocalamites、似木贼属 Equisetites 亦很茂盛。而裸子植物苏铁类中的毛羽叶属 Ptilophyllum、尼尔桑属、耳羽叶属 Otozamites，银杏类中的似银杏属、拜拉属、楔拜拉属 Sphenobaiera、拟刺葵属 Phoenicopsis 达到了鼎盛时期；松柏类中的苏铁杉属、枞型枝属 Elatocladus 也很发育，坚叶杉属 Pagiophyllum 已开始出现。

在早、中侏罗世，浙江明显地分布着两个植物群：浙西为耳羽叶属-锥叶蕨属 Otozamites-Coniopteris 植物群，以异脉蕨属 Phlebopteris、耳羽叶属、毛羽叶属、尼尔桑属、拜拉属和似银杏属等为代表，属南方植物地理区系，系古地中海的热带-亚热带湿热气候条件下生长的河湖沼泽森林植被景观；浙东主要为楔拜拉属-拟刺葵属 Sphenobaiera-Phoenicopsis 植物群，除这两属外，还有拟马通蕨属 Matonidium、舌叶属 Glossophyllum、尼尔桑属和鱼网叶属 Sagenopteris 等植物，属北方植物地理区系（内陆区）暖温带至暖温-亚热带干暖气候条件下生长的河湖沼泽森林。

从中侏罗世开始至晚侏罗世和早白垩世，浙江的气候发生了巨大的变化。火山大规模喷发以及强烈的地壳运动，不断改变了浙江的地貌特征，使气候变得炎热干燥并有地区性变化，原来繁盛于早、中侏罗世的裸子植物趋于衰退，大部分属种几乎消亡，仅有毛羽叶属、似查米亚属 *Zamites*、网羽叶属 *Dictyozamites* 还有一定的数量；只有松柏类中的短叶杉属 *Brachyphyllum*、坚叶杉属、柏型枝属 *Cupressinocladus* 还比较茂盛。在蕨类植物中，莎草蕨科 Schizacaceae 和水龙骨科 Polypodiaceae 几乎替代了其他真蕨类植物。到了晚白垩世早期，只有松柏类中的假拟节柏属 *Pseudofrenelopsis*、北美红杉属 *Sequoia*、水松属 *Glyptostrobus* 比较丰富，而被子植物如悬铃木属 *Platanus*、榕属 *Ficus* 等的出现，标志着植物界已开始进入被子植物时代，这是植物进化过程中的一次飞跃，是晚白垩世早期植物群的重要特征。直至晚白垩世晚期-早第三纪的海浸引起植物界的急剧改变。据报道，位于杭州湾南岸长河盆地白垩纪的植物群组成主要是以裸子植物为主的森林植被，构成该植物群的优势种是与南洋杉科 Araucariaceae 有关的克拉梭粉属 *Classopollis*，其次是无口器粉属 *Inaperturopollenites*，与皱球粉属 *Psophosphaera* 有关的苏铁杉科 Podozamitaceae，以及苏铁目 Cycadales、银杏属 *Ginkgo* 和一些被子植物，如木兰科 Magnoliaceae、桃金娘科 Myrtaceae、山龙眼科 Proteaceae 等，其林下生长着极为繁盛的莎草蕨科（希指蕨孢属 *Schizaeoisporites*）。浙中金衢盆地晚白垩纪早期的植被，南洋杉科的短叶杉属、坚叶杉属已大为减少，而以希指蕨孢属占绝对优势，以及少量的肋纹孢属 *Cicatricosisporites*、紫萁孢属 *Osmundacidites*、苏铁粉属 *Cycadopites*、银杏属、皱球粉属与无口器粉属等。应特别注意的是，整个孢粉组中，被子植物花粉已达5%～10%，反映了当时以希指蕨孢属为主的植被景观。浙东宁波盆地早白垩纪早期的植物群以短叶杉属、坚叶杉属为主的裸子植物占绝对优势，次为断续出现的皱球粉属、罗汉松科 Podocarpaceae 等；本内苏铁目 Bennettitales、苏铁粉属、银杏等较少；蕨类植物以肋纹孢为主，其次为皱纹徐氏孢 *Hsuisporites rugatus*、库兰德希指蕨孢 *Schizaeoisporites kulandyensis*、白垩希指蕨孢 *S. cretacius* 和希指蕨孢 *S. sp.*。此外，尚有一定数量的海金沙孢属 *Lygodioisporites* 与三缝孢类，如具唇孢属 *Toroisporis*，并零星见到被子植物花粉。

3. 新生代

新生代是现代植物区系产生的摇篮。这个时期，被子植物获得大量发展，而裸子植物和蕨类植物相应减少。

早第三纪的植物区系组成中，原始类型的被子植物仍占有较大比重，多属乔木、灌木。此时，全国基本上为亚热带气候，华东沿海一带湿润而温热。主要植被为亚热带常绿、落叶阔叶混交林和针叶林。据取自杭州湾南岸长河盆地古新世-始新世早期的古植物孢粉资料分析，当时的植被是以被子植物为主的针阔叶混交林，被子植物中榆科 Ulmaceae 植物最多，如榆属 *Ulmus*、朴属 *Celtis*；壳斗科 Fagaceae 的栎属 *Quercus*、栗属 *Castanea*、水青冈属 *Fagus* 等也很常见；除此之外，也有很多热带、亚热带地区常见的无患子科 Sapindaceae、漆树科 Anacardiaceae 漆树属 *Toxicodendron*、鼠李科 Rhamnaceae 鼠李属 *Rhamnus*、木兰科木兰属 *Magnolia* 等。裸子植物中松科Pinaceae松属*Pinus*植物较多，杉科Taxodiaceae和罗汉松科也有一定数量。整体植被面貌反映了炎热稍干的热带－亚热带气候。

始新世中、晚期，被子植物有了进一步发展。森林类型仍以常绿、落叶阔叶混交林为主，优势种为榆科植物，并也出现了以胡桃科Juglandaceae和松科等组成的针阔叶混交林，一些原始的松柏类、落叶松等夹杂生长其间。在低平地区生长有青冈属*Cyclobalanopsis*、桃金娘科、大戟科Euphorbiaceae、芸香科Rutaceae、忍冬科Caprifoliaceae、桑科Moraceae、漆树属等，低洼积水处或水域周围则生长着一些喜湿的杉科植物如落羽杉属*Taxodium*等。水中有睡莲科Nymphaeaceae、眼子菜科Potamogetonaceae植物生长。以上植物种类的出现，反映当时的气候具有暖热湿润的亚热带气候的特色。

渐新世早期，裸子植物是植被类型的主要组成成分，杉科植物占有较大优势，大量地生长在沼泽地带或常年积水的低洼地段；而被子植物中木本类型的如壳斗科、榆科、漆树科、木兰科、桦木科Betulaceae等则分布于周围较高的丘陵地。在海拔较高的山地则生长有古老的松科、柏科Cupressaceae植物组成的针叶林。以上植物群的存在，反映当时的气候仍具有温和湿润的亚热带气候的特色。

至渐新世中、晚期，森林植被以被子植物为主，植物区系中出现了榆属、栎属占优势的落叶阔叶林，以及有松属植物参与的针阔叶混交林。热带、亚热带植物种类较前大为减少，反映了当时的气候温和，具有暖温带－亚热带气候的特征。

中新世时期，浙东一带曾生长茂密的壳斗科青冈属（图1-9）和栲属*Castanopsis*为主的森林，伴生有一定数量的山核桃属*Carya*、榆属、枫香属*Liquidambar*，其次是水青冈属、栗属、朴属、栎属等以及少量的枫杨属*Pterocarya*、桦属*Betula*，同时还出现了桃金娘科、昆栏树属

图1-9　青冈属叶片印痕（浙江台州，晚中新世）

图1-10　菱属果实（浙江台州，晚中新世）

Trochodendron、木兰属、番荔枝科 Annonaceae、樟科 Lauraceae 等种类，水生植物菱属 *Trapa* 也较常见（图1-10）。裸子植物则以松属为主，油杉属 *Keteleeria* 次之，铁杉属 *Tsuga* 少量，也见杉科、柏科、罗汉松属 *Podocarpus* 等。可以推测，当时浙东一带的气候类似于南亚热带型，比现在温暖，植被类型以常绿阔叶树为主，掺杂了一定数量的落叶阔叶树以及少量针叶树的混交林。

第四纪时期，出现了全球性的气候波动，冰期、间冰期的互相更替影响了植物群落的南迁或北移，或是在同一地点产生了垂直方向的迁徙。毋庸置疑，浙江省在第四纪时也同样受到了冰期更替出现所产生的气候波动的影响。杭州湾沿岸及太湖地区以至整个长江三角洲第四纪沉积层中孢粉资料表明，自早更新世至晚全新世之间可划分为14个孢粉带，各孢粉带的孢粉组合特征变化与当时古气候的波动是可对比的。众所周知，更新世气候整体上表现为冰期和间冰期的旋回，反映在当时浙江省的古气候、古植被。当冰期来临时，气温比现代低7～8℃，其植被曾先后出现过：以松属、冷杉属 *Abies* 为主的针叶林；混有落叶阔叶树的针叶林；含冷杉属、云杉属 *Picea* 的松属、柏科针叶林-草原；混有落叶阔叶的冷杉属、云杉属针叶林；含云杉属、冷杉属的松属、柏科针叶林-草原5个阶段的更替变化。冰期过后，温度回升，出现了间冰期，气候则由寒冷或干冷转变为温和略湿、温暖潮湿以至热暖潮湿等几个阶段，与之相适应出现的植被则为落叶阔叶、针叶混交林，混有常绿阔叶树的落叶阔叶林，常绿落叶、阔叶混交林，以栎属、枫香属为主的落叶阔叶林等。例如，在晚更新世间冰期，气候特征为热暖潮湿，比现代的气温略高，杭州湾沿岸曾出现过以青冈栎 *Cyclobalanopsis glauca*、栲属为主，伴以樟科、杨梅属 *Myrica*、冬青属 *Ilex* 等常绿种类以及麻栎 *Quercus acutissima*、枫香树 *Liquidambar formosana*、山核桃属、榆属、胡桃属 *Juglans*、桤木属 *Alnus*、桑属 *Morus*、合欢属 *Albizzia*、化香树属 *Platycarya* 等落叶成分并含有相当数量的杉木属 *Cunninghamia*、落羽杉属等组成的常绿、落叶阔叶林。以上是第四纪更新世主要植被更替变化的轮廓面貌。

至全新世，全球气候波动减弱，已渐接近于现代的气候环境。但是从浙北地层的孢粉资料可以推知，当时的古气候也曾出现过温凉略干-温凉-热暖潮湿-温和略干-温暖湿润等几个较微弱的气候波动阶段，相应出现的森林植被为针叶落叶阔叶混交林-草原，落叶阔叶、针叶混交林，常绿阔叶林，混有常绿阔叶的落叶阔叶、针叶混交林，落叶阔叶、常绿阔叶混交林等，其中以距今4000～8000年的中全新世气温最高，比现代高2～3℃，此时，浙北杭州湾一带曾出现过相当于目前浙江南部的植被景观，构成植物群以青冈属、栲属为主，伴有樟科、杨梅属、栎属常绿种、冬青属、柃属 *Eurya*、石楠属 *Photinia* 等常绿树以及枫香树、麻栎、栗属、榆属等少量落叶树，滨海潮间地带还出现了红树林。与此同时，从杭州湾南岸距今约7000年的余姚河姆渡新石器时代遗址所获的植物遗存也同样得到佐证，在那里发现的植物遗存有赤皮青冈 *Cyclobalanopsis gilva*、苦槠 *Castanopsis sclerophylla*、天仙果 *Ficus erecta* var. *beecheyana*、樟树 *Cinnamomum camphora*、紫楠 *Phoebe sheareri*、山胡椒 *Lindera glauca*、江浙钓樟 *Lindera chienii*、金粟兰属 *Chloranthus*、山桃 *Amygdalus davidiana*、南酸枣 *Choerospondias axillaris* 和薏苡属 *Coix*、蓼属 *Polygonum*、芡属 *Euryale*、薹草属 *Carex* 等，足见当时浙东一带曾出现过中亚热带以常绿阔叶树为主的茂密森林。之后，气温又有所下降，略有波动，直延至今日。

（二）现代植物区系的特点

在漫长的地史年代中，历经沧海桑田的演变，加之浙江优越的自然条件，形成了现代植物区系，滋生了丰富的植物种类。经过几代人百年的调查、采集和分类研究，较清楚地摸清了浙江植物的"家底"。在以往研究和《浙江植物志（新编）》编研的基础上，全面整理了浙江种子植物名录，进而对现代植物区系进行了统计分析，总结归纳有如下特点。

1. 植物种类丰富，科属组成多样

根据《浙江植物志（新编）》的编研统计，全省共有维管植物262科，1587属，4866种（包括常见栽培种，种下等级不计入，但无模式亚种、变种或变型分布时计数）。其中蕨类植物50科，118属，436种；裸子植物10科，37属，81种；被子植物202科，1432属，4349种（双子叶植物167科，1078属，3253种；单子叶植物35科，354属，1096种）；分别占全国维管植物科、属、种的74.85%、38.12%、11.80%（表1）。现代植物区系主要以种子植物为对象进行统计分析，从中剔除栽培种和外来种（入侵、逸生或归化种），种下等级统计方法同上，浙江有种子植物190科，1085属，3347种。

表1　浙江维管植物科、属、种数与全国的比较*

类群	类别								
	科			属			种		
	浙江	全国	占比/%	浙江	全国	占比/%	浙江	全国	占比/%
蕨类植物	50	61	81.97	118	221	53.39	436（435+1）	2278	19.14
裸子植物	10	12	83.33	20+17**	36	55.56	29+52	207	14.01
被子植物	202	277	72.92	1065+367	2899	36.74	3318+1031	29611	11.21
合　计	262	350	74.85	1203+384	3156	38.12	3787+1083	32096	11.80

注：*统计数据尽可能采用一些新的数据，但不同志书采用分类系统不一致，很难达到统一。在此，从实际出发，科的统计数据按照《中国植物志》各卷册，将从裸子植物分出的金松科同时计入，被子植物则根据系统不同对各科调整后计数；属、种的计数考虑各科作者主要参考资料不同，以 Flora of China 出版后 Plants of China 的野生植物最新统计数据为准。

**本土属、种+外来属、种；外来属、种在计算百分占比时剔除。

种子植物共190个科，根据科内所含种数的多少，可以分成不同等级，详见表2。含200种以上的特大科有禾本科 Poaceae（图1-11）和莎草科 Cyperaceae（图1-12）2科，共有128属，501种；含101~200种的大型科有菊科 Asteraceae（图1-13）、蔷薇科 Rosaceae、兰科 Orchidaceae、蝶形花科 Fabaceae 和唇形科 Lamiaceae 5科，共236属，682种；含51~100种的科有百合科

Liliaceae、毛茛科 Ranunculaceae、茜草科 Rubiaceae、玄参科 Scrophulariaceae 和伞形科 Apiaceae 5科，共有121属，318种。这些含50种以上的科共12科，共含485属，1501种，分别占种子植物属总数和种数的44.70%、44.85%，是本区植物区系的主要组成部分。

表2　浙江种子植物科的组成统计

等级	数目	组成
200种以上	2科（共128属，501种）	禾本科 Poaceae（107/285）；莎草科 Cyperaceae（21/216）
101～200种	5科（共236属，681种）	菊科 Asteraceae（74/186）；蔷薇科 Rosaceae（30/150）；兰科 Orchidaceae（55/128）；蝶形花科 Fabaceae（41/109）；唇形科 Lamiaceae（36/108）
51～100种	5科（共121属，318种）	百合科 Liliaceae（29/79）；毛茛科 Ranunculaceae（13/66）；茜草科 Rubiaceae（27/61）；玄参科 Scrophulariaceae（27/58）；伞形科 Apiaceae（25/54）
21～50种	29科（共212属，944种）	忍冬科 Caprifoliaceae（8/50）；蓼科 Polygonaceae（6/48）；樟科 Lauraceae（8/47）；大戟科 Euphorbiaceae（14/45）；荨麻科 Urticaceae（13/45）；壳斗科 Fagaceae（6/45）；葡萄科 Vitaceae（8/44）；十字花科 Brassicaceae（16/38）；山茶科 Theaceae（8/37）；卫矛科 Celastraceae（6/37）；报春花科 Primulaceae（5/37）；冬青科 Aquifoliaceae（1/35）；马鞭草科 Verbenaceae（8/34）；景天科 Crassulaceae（4/33）；石竹科 Caryophyllaceae（12/32）；杜鹃花科 Ericaceae（5/29）；绣球花科 Hydrangeaceae（9/26）；鼠李科 Rhamnaceae（8/26）；槭树科 Aceraceae（1/26）；萝藦科 Asclepiadaceae（9/25）；桑科 Moraceae（5/25）；五加科 Araliaceae（12/24）；芸香科 Rutaceae（10/24）；木犀科 Oleaceae（8/24）；榆科 Ulmaceae（7/22）；紫金牛科 Myrsinaceae（4/22）；堇菜科 Violaceae（1/22）；葫芦科 Cucurbitaceae（9/21）；山矾科 Symplocaceae（1/21）
11～20种	35科（共179属，509种）	苦苣苔科 Gesneriaceae（11/20）；菝葜科 Smilacaceae（1/20）；金缕梅科 Hamamelidaceae（11/19）；紫草科 Boraginaceae（9/18）；桦木科 Betulaceae（5/18）；桔梗科 Campanulaceae（10/17）；小檗科 Berberidaceae（7/17）；安息香科 Styracaceae（6/17）；龙胆科 Gentianaceae（5/17）；凤仙花科 Balsaminaceae（1/16）；虎耳草科 Saxifragaceae（7/15）；茄科 Solanaceae（7/15）；爵床科 Acanthaceae（7/15）；马兜铃科 Aristolochiaceae（2/15）；紫堇科 Fumariaceae（1/15）；旋花科 Convolvulaceae（8/14）；云实科 Caesalpiniaceae（7/14）；鸭跖草科 Commelinaceae（7/14）；山茱萸科 Cornaceae（6/14）；木兰科 Magnoliaceae（5/14）；清风藤科 Sabiaceae（2/14）；薯蓣科 Dioscoreaceae（1/14）；防己科 Menispermaceae（7/13）；藜科 Chenopodiaceae（5/13）；天南星科 Araceae（4/13）；柳叶菜科 Onagraceae（3/13）；杨柳科 Salicaceae（2/13）；猕猴桃科 Actinidiaceae（1/13）；野牡丹科 Melastomataceae（6/12）；瑞香科 Thymelaeaceae（3/12）；夹竹桃科 Apocynaceae（6/11）；漆树科 Anacardiaceae（5/11）；椴树科 Tiliaceae（5/11）；千屈菜科 Lythraceae（4/11）；藤黄科 Clusiaceae（2/11）

三　植物区系　　53

续表

等级	数目	组成
2～10 种	81 科（共 176 属，359 种）	灯心草科 Juncaceae（2/10）；胡颓子科 Elaeagnaceae（1/10）；红豆杉科 Taxaceae（4/9）；木通科 Lardizabalaceae（4/9）；泽泻科 Alismataceae（4/9）；远志科 Polygalaceae（2/9）；眼子菜科 Potamogetonaceae（2/9）；谷精草科 Eriocaulaceae（1/9）；胡桃科 Juglandaceae（6/8）；水鳖科 Hydrocharitaceae（5/8）；柿科 Ebenaceae（1/8）；松科 Pinaceae（6/7）；锦葵科 Malvaceae（5/7）；浮萍科 Lemnaceae（4/7）；狸藻科 Lentibulariaceae（1/7）；茨藻科 Najadaceae（1/7）；列当科 Orobanchaceae（5/6）；含羞草科 Mimosaceae（3/6）；桃金娘科 Myrtaceae（3/6）；金粟兰科 Chloranthaceae（2/6）；杜英科 Elaeocarpaceae（2/6）；败酱科 Valerianaceae（2/6）；鸢尾科 Iridaceae（2/6）；秋海棠科 Begoniaceae（1/6）；柏科 Cupressaceae（4/5）；省沽油科 Staphyleaceae（4/5）；苋科 Amaranthaceae（3/5）；姜科 Zingiberaceae（3/5）；五味子科 Schisandraceae（2/5）；桑寄生科 Loranthaceae（2/5）；槲寄生科 Viscaceae（2/5）；水玉簪科 Burmanniaceae（2/5）；梧桐科 Sterculiaceae（4/4）；睡莲科 Nymphaeaceae（3/4）；白花菜科 Capparidaceae（3/4）；黄杨科 Buxaceae（3/4）；胡椒科 Piperaceae（2/4）；蜡梅科 Calycanthaceae（2/4）；小二仙草科 Haloragaceae（2/4）；睡菜科 Menyanthaceae（2/4）；马钱科 Loganiaceae（2/4）；百部科 Stemonaceae（2/4）；海桐花科 Pittosporaceae（1/4）；酢浆草科 Oxalidaceae（1/4）；菟丝子科 Cuscutaceae（1/4）；罂粟科 Papaveraceae（3/3）；无患子科 Sapindaceae（3/3）；大风子科 Flacourtiaceae（3/3）；蓝雪科 Plumbaginaceae（3/3）；棕榈科 Arecaceae（3/3）；罗汉松科 Podocarpaceae（2/3）；粟米草科 Molluginaceae（2/3）；楝科 Meliaceae（2/3）；水晶兰科 Monotropaceae（2/3）；茶藨子科 Grossulariaceae（2/3）；茅膏菜科 Droseraceae（1/3）；牻牛儿苗科 Geraniaceae（1/3）；虎皮楠科 Daphniphyllaceae（1/3）；八角枫科 Alangiaceae（1/3）；杉科 Taxodiaceae（2/2）；三白草科 Saururaceae（2/2）；苦木科 Simaroubaceae（2/2）；茶茱萸科 Icacinaceae（2/2）；檀香科 Santalaceae（2/2）；紫葳科 Bignoniaceae（2/2）；三尖杉科 Cephalotaxaceae（1/2）；八角科 Illiciaceae（1/2）；金鱼藻科 Ceratophyllaceae（1/2）；商陆科 Phytolaccaceae（1/2）；山柳科 Clethraceae（1/2）；鹿蹄草科 Pyrolaceae（1/2）；菱科 Trapaceae（1/2）；醉鱼草科 Buddlejaceae（1/2）；蛇菰科 Balanophoraceae（1/2）；水马齿科 Callitrichaceae（1/2）；车前科 Plantaginaceae（1/2）；川续断科 Dipsacaceae（1/2）；霉草科 Triuridaceae（1/2）；菖蒲科 Acoraceae（1/2）；黑三棱科 Sparganiaceae（1/2）；香蒲科 Typhaceae（1/2）
1 种	33 科（共 33 属，33 种）	银杏科 Ginkgoaceae；番荔枝科 Annonaceae；莲科 Nelumbonaceae；莼菜科 Cabombaceae；芍药科 Paeoniaceae；大血藤科 Sargentodoxaceae；连香树科 Cercidiphyllaceae；领春木科 Eupteleaceae；杜仲科 Eucommiaceae；大麻科 Cannabaceae；杨梅科 Myricaceae；紫茉莉科 Nyctaginaceae；番杏科 Aizoaceae；马齿苋科 Portulacaceae；沟繁缕科 Elatinaceae；旌节花科 Stachyuraceae；柽柳科 Tamaricaceae；山龙眼科 Proteaceae；蓝果树科 Nyssaceae；铁青树科 Olacaceae；古柯科 Erythroxylaceae；钟萼木科 Bretschneideraceae；七叶树科 Hippocastanaceae；蒺藜科 Zygophyllaceae；胡麻科 Pedaliaceae；假繁缕科 Theligonaceae；水蕹科 Aponogetonaceae；川蔓藻科 Ruppiaceae；角果藻科 Zannichelliaceae；无叶莲科 Petrosaviaceae；田葱科 Philydraceae；雨久花科 Pontederiaceae；龙舌兰科 Agavaceae

图1-11 禾本科水稻

图1-12 莎草科浆果薹草

图1-13 菊科浙江垂头蓟

含21~50种的中等科共29科，常见的有樟科、壳斗科和山茶科Theaceae，常为本区常绿阔叶林的优势树种，森林树种还有槭树科Aceraceae、榆科、冬青科Aquifoliaceae、山矾科Symplocaceae等，林下常见的灌木有杜鹃花科Ericaceae、绣球花科Hydrangeaceae、五加科Araliaceae、忍冬科、卫矛科Celastraceae、紫金牛科Myrsinaceae等，草本植物的科有堇菜科Violaceae、十字花科Brassicaceae、石竹科Caryophyllaceae、蓼科Polygonaceae、报春花科Primulaceae等。

含11~20种的小型科有金缕梅科Hamamelidaceae、桦木科、安息香科Styracaceae、云实科Caesalpiniaceae、木兰科、杨柳科Salicaceae、猕猴桃科Actinidiaceae、夹竹桃科Apocynaceae、椴树科Tiliaceae、漆树科、菝葜科Smilacaceae、苦苣苔科Gesneriaceae、虎耳草科Saxifragaceae、凤仙花科Balsaminaceae、龙胆科Gentianaceae、薯蓣科Dioscoreaceae、野牡丹科Melastomataceae、天南星科Araceae、茄科Solanaceae等35科。

含2~10种的寡种科有81科，常见乔木树种的科有松科、柏科、红豆杉科Taxaceae、胡桃科、柿科Ebenaceae、含羞草科Mimosaceae、虎皮楠科Daphniphyllaceae、楝科Meliaceae等，灌木树种的科如桃金娘科、黄杨科Buxaceae、蜡梅科Calycanthaceae、茶藨子科Grossulariaceae、省沽油科Staphyleaceae、海桐花科Pittosporaceae等。草本植物的科如灯心草科Juncaceae、泽泻科Alismataceae、眼子菜科、狸藻科Lentibulariaceae、金粟兰科Chloranthaceae、鸢尾科Iridaceae、秋海棠科Begoniaceae、小二仙草科Haloragaceae、百部科Stemonaceae、茅膏菜科Droseraceae、金鱼藻科Ceratophyllaceae、商陆科Phytolaccaceae、菱科Trapaceae、水马齿科Callitrichaceae、车前科Plantaginaceae、菖蒲科Acoraceae等。也有为木质藤本的，如五味子科Schisandraceae、木通科Lardizabalaceae。有的为寄生植物，如桑寄生科Loranthaceae、槲寄生科Viscaceae、菟丝子科Cuscutaceae、列当科Orobanchaceae、蛇菰科Balanophoraceae，或为腐生植物如水玉簪科Burmanniaceae、水晶兰科Monotropaceae、霉草科Triuridaceae。

仅含1种的科有33科，如芍药科Paeoniaceae、番荔枝科、莼菜科Cabombaceae、杨梅科Myricaceae、大麻科Cannabaceae、旌节花科Stachyuraceae、山龙眼科、蓝果树科Nyssaceae、假繁缕科Theligonaceae、无叶莲科Petrosaviaceae、水蕹科Aponogetonaceae、七叶树科Hippocastanaceae等，其中单型科有银杏科Ginkgoaceae、大血藤科Sargentodoxaceae、杜仲科Eucommiaceae、连香树科Cercidiphyllaceae、钟萼木科Bretschneideraceae 5科。

含11～20种的小型科、含2～10种的寡种科和单种科共149科，占全省种子植物科总数的78.42%，充分体现了浙江种子植物在科组成上的多样性。

种子植物的1085属中，根据所含种数的多少，可分为6个等级（表3）。其中含50种以上的特大属仅薹草属；含21～50种的大型属有刚竹属Phyllostachys、悬钩子属Rubus、冬青属、蓼属、珍珠菜属Lysimachia、铁线莲属Clematis、飘拂草属Fimbristylis、荚蒾属Viburnum、蒿属Artemisia、堇菜属Viola等14属；含11～20种的中等属有33属，常见的有杜鹃属Rhododendron、樱属Cerasus、山胡椒属Lindera、柃属、栎属、柳属Salix、菝葜属Smilax、猕猴桃属Actinidia、忍冬属Lonicera、胡枝子属Lespedeza、莎草属Cyperus、紫堇属Corydalis、凤仙花属Impatiens、

表3 浙江种子植物属的组成统计

等级	属		种	
	数目	占比/%	数目	占比/%
50种以上	1	0.09	126	3.76
21～50种	14	1.29	415	12.40
11～20种	33	3.04	455	13.59
6～10种	85	7.83	644	19.24
2～5种	414	38.16	1169	34.93
1种	538	49.59	538	16.07
合计	1085	100.00	3347	100.00

图 1-14 白豆杉

图 1-15 青檀

图 1-16 猫儿屎

图 1-17 杜仲

薯蓣属 Dioscorea、紫菀属 Aster 等；含 6~10 种的小型属有 85 属，可构成本区地带性植被的有青冈属、樟属 Cinnamomum、栲属、石栎属 Lithocarpus，还有榆属、柿属 Diospyros、木兰属、木姜子属 Litsea、稠李属 Padus、椴树属 Tilia、野桐属 Mallotus 等也是森林乔木层的组成成分，林下或林缘常见灌木有蔷薇属 Rosa、鼠李属、越橘属 Vaccinium、绣球属 Hydrangea、绣线菊属 Spiraea，常见的草本植物有拉拉藤属 Galium、碎米荠属 Cardamine、野豌豆属 Vicia、酸模属 Rumex、毛茛属 Ranunculus、苎麻属 Boehmeria、画眉草属 Eragrostis、天南星属 Arisaema、细辛属 Asarum、通泉草属 Mazus、黄鹌菜属 Youngia 及水生植物茨藻属 Najas、狸藻属 Utricularia 等；含2～5种的寡种属有414属，共1169种；单种属538属，其中单型属有银杏属、杉木属、白豆杉属 Pseudotaxus（图1-14）、莼菜属 Brasenia、南天竹属 Nandina、黄山梅属 Kirengeshoma、蛛网萼属 Platycrater、棣棠花属 Kerria、狗筋蔓属 Cucubalus、血水草属 Eomecon、青檀属 Pteroceltis（图1-15）、猫儿屎属 Decaisnea（图1-16）、刺榆属 Hemiptelea、伯乐树属 Bretschneidera、杜仲属 Eucommia（图1-17）、银缕梅属 Parrotia、诸葛菜属 Orychophragmus、匙叶草属 Latouchea、香果树属 Emmenopterys、芙蓉菊属 Crossostephium、女菀属 Turczaninovia、黑藻属 Hydrilla 等52属。含5种以下的寡种属及单种属共952属，1707种，占全省种子植物总属数和种数的87.75%、51.00%，充分体现了属级水平组成的多样性，而且包含了我国特有或古老孑遗的大多数属种。

2. 作为避难所，留下较多孑遗植物

浙江地处我国华东地区，其地质历史古老。古植物学资料记载，在第三纪或第三纪前就有冷杉属、杉木属、榧属 Torreya、铁木属 Ostrya、榛属 Corylus、胡桃属等化石，第三纪有植物化石如槭属 Acer、蛇葡萄属 Ampelopsis、山茱萸属 Cornus、栲属、枫香属、木姜子属、朴属、卫矛属 Euonymus、杜鹃属、蔷薇属、荚蒾属等。这反映了现代种子植物区系与第三纪植物区系组成上的相似性。宁海县中新世地层中发现有福建柏属 Fokienia、臭椿属 Ailanthus、樟属、榕属、冬青属、山胡椒属、胡桃属、枫香属等化石，充分表明本区的种子植物区系起源不晚于早第三纪。

从现代植物区系成分看，浙江具有不少古老和原始类群。在中、晚侏罗纪至早白垩纪，地球上很多地方都有银杏属化石的分布，但目前可能残存的野生状态的银杏 Ginkgo biloba 在西天目山。鹅掌楸属 Liriodendron 也为孑遗植物，到新生代第三纪曾广布于北半球，现残存2种，鹅掌楸 L. chinense 在本省各地沟谷地带均有零星分布（图1-18）。裸子植物中，冷杉属、油杉属、金钱松属 Pseudolarix、罗汉松属、榧属等都是古老孑遗植物，竹柏 Nageia nagi、百日青 Podocarpus neriifolius 等是中生代孑遗成分，白豆杉 Pseudotaxus chienii 是第三纪的孑遗成分。被子植物中，青钱柳 Cyclocarya paliurus（图1-19）、连香树 Cercidiphyllum japonicum、猫儿屎 Decaisnea

图1-18　鹅掌楸

图 1-19　青钱柳

图 1-20　银缕梅

insignis、夏蜡梅 Sinocalycanthus chinensis、长柄双花木 Disanthus cercidifolius subsp. longipes、银缕梅 Parrotia subaequalis（图 1-20）、瘿椒树 Tapiscia sinensis、竹节参 Panax japonicus、银钟花 Halesia macgregorii、香果树 Emmenopterys henryi 等大多为第三纪孑遗植物，目前多以单型属或寡种属残存。根据"真花说"的观点，木本的多心皮类是被子植物的原始类型，浙江有木兰科和番荔枝科，而主要根据多基因序列建立的APG（The Angiosperm Phylogeny Group）系统则认为双子叶植物古草本群最为原始，浙江有莼菜科和睡莲科，还有一些原始的科如五味子科、马兜铃科 Aristolochiaceae 等，这些科在浙江的种类不多，都是单种属或寡种属。可见，浙江作为冰期避难所，保留下较多古老孑遗植物。

3. 区系成分复杂，地理组成多样

浙江种子植物属的分布区类型统计（表4）分析体现了浙江植物区系地理成分的复杂性和多样性。种子植物 1085 属，除了无中亚分布区类型以外，其他 14 个分布区类型在浙江均有代表。热带地区分布的属共 454 属（占 41.85%），略少于温带地区分布的属 530 属（占 48.84%），其中热带地区分布的属以泛热带分布和亚洲热带地区分布的类型为主，温带地区分布的属以北温带地区分布和东亚分布为主。通过比较发现，浙江地处中亚热带地区北缘，其植物区系也由热带向温带逐渐过渡，并具有丘陵山地的特点。

表4　浙江种子植物属的分布区类型统计

序号	分布类型	属数	占比 /%
1	世界分布	56	5.16
2	泛热带分布	163	15.02
3	亚洲和美洲热带地区间断分布	26	2.40

续表

序号	分布类型	属数	占比/%
4	欧洲、亚洲、非洲热带地区分布	76	7.00
5	亚洲至大洋洲热带地区间断分布	63	5.81
6	亚洲至非洲热带地区间断分布	27	2.49
7	亚洲热带地区分布	99	9.13
8	北温带地区分布	182	16.77
9	东亚和北美间断分布	87	8.02
10	欧洲、亚洲、非洲温带地区分布	70	6.45
11	亚洲温带地区分布	16	1.47
12	地中海区、西亚至中亚分布	4	0.37
13	中亚分布	—	—
14	东亚分布	171	15.76
15	我国特有分布	45	4.15
合计		1085	100.00

世界分布的有56属，占浙江种子植物属总数的5.16%，草本植物居多，如香蒲属 Typha、薹草属、莎草属、睡莲属 Nymphaea、金鱼藻属 Ceratophyllum、毛茛属、蓼属、碎米荠属、车前属 Plantago、鼠尾草属 Salvia、拉拉藤属、眼子菜属 Potamogeton、鼠麴草属 Gnaphalium、千里光属 Senecio 等，木本植物有槐属 Sophora 和铁线莲属。

热带地区分布（2～7项）的属有454属，占41.85%。泛热带分布的有163属，木本属有榕属、猴欢喜属 Sloanea、柞木属 Xylosma、羊蹄甲属 Bauhinia、云实属 Caesalpinia、黄檀属 Dalbergia、木蓝属 Indigofera、南蛇藤属 Celastrus、古柯属 Erythroxylum、乌桕属 Sapium、花椒属 Zanthoxylum 等，草本属有马兜铃属 Aristolochia、冷水花属 Pilea、商陆属 Phytolacca、牛膝属 Achyranthes、秋海棠属 Begonia、豇豆属 Vigna、茄属 Solanum、爵床属 Justicia、下田菊属 Adenostemma、水车前属 Ottelia、马唐属 Digitaria、稗属 Echinochloa、球柱草属 Bulbostylis、水蜈蚣属 Kyllinga、菝葜属、虾脊兰属 Calanthe、石豆兰属 Bulbophyllum 等，其中罗汉松属、山矾属 Symplocos、红豆属 Ormosia、蓝花参属 Wahlenbergia 等8属为亚洲热带地区、大洋洲和中美洲、南美洲间断分布，厚皮香属 Ternstroemia、凤仙花属、桂樱属 Laurocerasus、牛奶菜属 Marsdenia、卤地菊属 Melanthera 等8属为亚洲热带地区、非洲和中美洲、南美洲间断分布。亚洲和美洲热带地区间断分布的有26属，如樟属、楠木属 Phoebe、泡花树属 Meliosma、柃属、冬青属、雀梅藤属 Sageretia、黄连木属 Pistacia、树参属 Dendropanax、马鞭草属 Verbena、红丝线属 Lycianthes、山蚂蝗属 Desmodium、地榆属 Sanguisorba 等。欧洲、亚洲、非洲热带地区分布的共76属，如八角枫属 Alangium、杜英属 Elaeocarpus、海桐花属 Pittosporum、杜茎山属 Maesa、玉叶金花属 Mussaenda、狸尾豆属 Uraria、楼梯草属 Elatostema、蛇菰属 Balanophora、裸实属 Gymnosporia、娃儿藤属 Tylophora、虻眼属 Dopatrium、孩儿草属 Rungia、水竹叶属 Murdannia、杜若属 Pollia、金茅属 Eulalia、芒属 Miscanthus、类芦属 Neyraudia、天门冬属 Asparagus、鸢尾兰属 Oberonia 等，包括其变型亚洲热带地区、非洲和大洋洲间断分布的有瓜馥木属 Fissistigma、匙羹藤属 Gymnema、艾纳香属 Blumea、水鳖属 Hydrocharis、带叶兰属 Taeniophyllum 等9属。亚洲至大洋洲热带地区间断分布的有63属，常见的有紫薇属 Lagerstroemia、臭椿属、糯米团属 Gonostegia、大豆属 Glycine、乌蔹莓属 Causonis、通泉草属、蛇根草属 Ophiorrhiza、泥胡菜属 Hemisteptia、蜈蚣草属 Eremochloa、兰属 Cymbidium、百部属 Stemona 等。亚洲至非洲热带地区间断分布的有27属，如厚壳树属 Ehretia、豆腐柴属 Premna、铁仔属 Myrsine、獐牙菜属 Swertia、蝎子草属 Girardinia、白接骨属 Asystasia、观音草属 Peristrophe、白酒草属 Eschenbachia、玉山竹属 Yushania、线柱兰属 Zeuxine 等，其变型亚洲热带地区和东非或马达加斯加间断分布的有黄瑞木属 Adinandra 和蓝雪花属 Ceratostigma。亚洲热带地区分布的有99属，如青冈属、栲属、山茶属 Camellia、虎皮楠属 Daphniphyllum、含笑属 Michelia、构属 Broussonetia、紫珠属 Callicarpa、清风藤属 Sabia、蕺菜属 Houttuynia、葛属 Pueraria、蛇莓属 Duchesnea、赤车属 Pellionia、小苦荬属 Ixeridium、淡竹叶属 Lophatherum、绞股蓝属 Gynostemma 等，其中木荷属 Schima、假糙苏属 Paraphlomis、草珊瑚属 Sarcandra、山豆根属 Euchresta 等8属间断分布于爪哇岛、喜马拉雅地区至我国华南、西南，水丝梨属 Sycopsis、独蒜兰属 Pleione 等4属分布于印度热带地区至我国华南，伯乐树属、毛药藤属 Sindechites、香果树属等4属分布于缅甸、泰国至我国华南，而福建柏属、阴山荠属 Yinshania、盾果草属 Thyrocarpus、叠鞘兰属 Chamaegastrodia 分布于越南（中南半岛）至我国华南、西南。

温带地区分布（8～14项）的属共530属，占48.84%。北温带地区分布的有182属，是温带地区成分中最多的，如松属、冷杉属、刺柏属 Juniperus、水青冈属、榆属、铁木属、鹅耳枥属 Carpinus、杨属 Populus、杜鹃属、盐肤木属 Rhus、花楸属 Sorbus、紫堇属、堇菜属、珍珠菜属、鸭儿芹属 Cryptotaenia、蒿属、紫菀属、野青茅属 Deyeuxia、百合属 Lilium、杓兰属 Cypripedium、舌唇兰属 Platanthera 等，包括北温带和南温带地区间断分布的栎属、卫矛属、黄杨属 Buxus、杨梅属、茶藨子属 Ribes、槭属、悬钩子属、水毛茛属 Batrachium、翠雀属 Delphinium、卷耳属 Cerastium、景天属 Sedum、黄花茅属 Anthoxanthum、变豆菜属 Sanicula、葱属 Allium、棒头草属 Polypogon 等83属，欧亚和南美间断分布的有胡桃属、荚蒾属、小檗属 Berberis、虎耳草属 Saxifraga、点地梅属 Androsace、看麦娘属 Alopecurus 等12属。东亚和北美间断分布的有椴属、黄杉属 Pseudotsuga、鹅掌楸属、檫木属 Sassafras、五味子属 Schisandra、枫香树属 Liquidambar、山核桃属、石栎属、马醉木属 Pieris、银钟花属 Halesia、紫藤属 Wisteria、绣球属、落新妇属 Astilbe、勾儿茶属 Berchemia、爬山虎属 Parthenocissus、透骨草属 Phryma、蔓虎刺属 Mitchella、延龄草属 Trillium、金刚大属 Croomia、朱兰属 Pogonia 等85属及东亚和墨西哥间断分布的糯米条属 Abelia 和大丁草属 Leibnitzia 2属。欧洲、亚洲、非洲温带地区分布的有70属，如荞麦属

Fagopyrum、菱属 *Trapa*、山芹属 *Ostericum*、风轮菜属 *Clinopodium*、益母草属 *Leonurus*、沙参属 *Adenophora*、败酱属 *Patrinia*、贝母属 *Fritillaria*、顶冰花属 *Gagea*、枸子属 *Cotoneaster*、柽柳属 *Tamarix*，以草本植物居多，其变型地中海地区、西亚（或中亚）和东亚间断分布有银缕梅属、榉属 *Zelkova*、牡丹草属 *Gymnospermium*、鸦葱属 *Scorzonera*、绵枣儿属 *Barnardia* 和头蕊兰属 *Cephalanthera* 等19属，地中海地区和喜马拉雅间断分布的有淫羊藿属 *Epimedium* 和鹅绒藤属 *Cynanchum*，欧亚和南部非洲间断分布的有石竹属 *Dianthus*、前胡属 *Peucedanum*、天名精属 *Carpesium*、黑藻属等9属。亚洲温带地区分布的有16属，如枫杨属、虎杖属 *Reynoutria*、孩儿参属 *Pseudostellaria*、菊属 *Chrysanthemum*、马兰属 *Kalimeris*、蟹甲草属 *Parasenecio*、兜被兰属 *Neottianthe* 等。地中海区、西亚至中亚分布的属有木犀榄属 *Olea*、常春藤属 *Hedera*、獐毛属 *Aeluropus*、燕麦属 *Avena* 4属。东亚分布的共171属，其中全东亚分布的有78属，如三尖杉属 *Cephalotaxus*、檵木属 *Loropetalum*、石斑木属 *Rhaphiolepis*、猕猴桃属、旌节花属 *Stachyurus*、枳椇属 *Hovenia*、茵芋属 *Skimmia*、虎刺属 *Damnacanthus*、刚竹属、苦竹属 *Pleioblastus*、附地菜属 *Trigonotis*、铃子香属 *Chelonopsis*、紫苏属 *Perilla*、党参属 *Codonopsis*、帚菊属 *Pertya*、白及属 *Bletilla*、杜鹃兰属 *Cremastra*、山珊瑚属 *Galeola* 等，我国至喜马拉雅分布的有穗花杉属 *Amentotaxus*、八角莲属 *Dysosma*、雪胆属 *Hemsleya*、俞藤属 *Yua*、鞭打绣球属 *Hemiphragma*、蒲儿根属 *Sinosenecio*、开口箭属 *Campylandra* 等19属，我国至日本分布的有74属，如柳杉属 *Cryptomeria*、连香树属 *Cercidiphyllum*、双花木属 *Disanthus*、白辛树属 *Pterostyrax*、刺楸属 *Kalopanax*、赤竹属 *Sasa*、花点草属 *Nanocnide*、草绣球属 *Cardiandra*、涧边草属 *Peltoboykinia*、苦苣苔属 *Conandron*、假盖果草属 *Pseudopyxis*、假还阳参属 *Crepidiastrum* 等。

4. 特有、珍稀、濒危、保护植物众多

浙江种子植物中，为我国特有科的是银杏科和杜仲科。为我国特有属的共45属，其中单型属有银杏属、金钱松属、白豆杉属、青檀属、血水草属、华葱芥属 *Sinalliaria*、明党参属 *Changium*、杜仲属、香果树属、七子花属 *Heptacodium*、白穗花属 *Speirantha*、象鼻兰属 *Nothodoritis*、独花兰属 *Changnienia*、虾须草属 *Shearería* 等；仅分布于华东地区的属有夏蜡梅属 *Sinocalycanthus*、银缕梅属、明党参属、髯药草属 *Sinopogonanthera*、皿果草属 *Omphalotrigonotis*、车前紫草属 *Sinojohnstonia*；无浙江特有属。

有262种及种下等级特产于浙江，目前发现其分布区不超出省界，为浙江特有种。如百山祖冷杉 *Abies beshanzuensis*（图1-21）、九龙山榧 *Torreya jiulongshanensis*

图1-21　百山祖冷杉

（图1-22）、景宁木兰 *Magnolia sinostellata*、舟柄铁线莲 *Clematis dilatata*、天台小檗 *Berberis* lempergiana、普陀鹅耳枥 Carpinus putoensis、天台鹅耳枥 C. tientaiensis、天目铁木 Ostrya rehderiana（图1-23）、小花栝楼 Trichosanthes parviflora、华顶杜鹃 Rhododendron huadingense（图1-24）、崖壁杜鹃 R. saxatile、细果秤锤树 Sinojackia microcarpa、浙江安息香 Styrax zhejiangensis（图1-25）、浙江过路黄 Lysimachia chekiangensis、浙江溲疏 Deutzia faberi、九龙山景天 Sedum jiulungshanense、玉兰叶石楠 Photinia magnoliifolia、浙江石楠 P. zhejiangensis、尾叶山黧豆 Lathyrus caudatus、温州冬青 Ilex wenchowensis、浙

图1-22　九龙山榧

图1-23　天目铁木

图1-24　华顶杜鹃

图1-25　浙江安息香

江冬青 I. zhejiangensis、浙江鼠李 Rhamnus chekiangensis、温州葡萄 Vitis wenchowensis、羊角槭 Acer miaotaiense subsp. yangjuechi、遂昌凤仙花 Impatiens suichangensis、天目当归 Angelica tianmuensis、天目变豆菜 Sanicula tienmuensis、建德獐牙菜 Swertia jiendeensis、团花牛奶菜 Marsdenia glomerata、杭州荠苧 Mosla hangchowensis、云和假糙苏 Paraphlomis lancidentata、短梗母草 Lindernia brevipedunculata、天目山蓝 Peristrophe tianmuensis、羽裂马蓝 Strobilanthes pinnatifida、菜头肾 S. sarcorrhiza、温州长蒴苣苔 Didymocarpus cortusifolius、仙居紫菀 Aster xianjuensis、仙白草 A. chekiangensis、绵毛蒿 Artemisia lanaticapitula、钟观光蓟 Cirsium tsoongianum、天目风毛菊 Saussurea tienmoshanensis、九龙山黄鹌菜 Youngia jiulongshanensis、无毛条穗薹草 Carex subglabra、金华薹草 C. densipilosa、百山祖玉山竹 Yushania baishanzuensis、仙居油点草 Tricyrtis xianjuensis、大花无柱兰 Amitostigma pinguicula 等。

分布于华东，为准特有种的有长叶榧 Torreya jackii、夏蜡梅（图 1-26）、柳叶蜡梅 Chimonanthus salicifolius、浙江楠 Phoebe chekiangensis、福建细辛 Asarum fukienense、华东唐松草 Thalictrum fortunei、江南牡丹草 Gymnospermium kiangnanense、银缕梅、天目朴 Celtis chekiangensis、长序榆 Ulmus elongata、浙江蝎子草 Girardinia chingiana、浙江猕猴桃 Actinidia zhejiangensis、闪光红山茶 Camellia lucidissima、长柱紫茎 Stewartia rostrata、密花梭罗 Reevesia pycnantha、浙江雪胆 Hemsleya zhejiangensis（图 1-27）、槭叶秋海棠 Begonia digyna、华葱芥 Sinalliaria limprichtiana、武功山阴山荠 Yinshania hui、江西杜鹃 Rhododendron kiangsiense、婺源安息香 Styrax wuyuanensis、天目珍珠菜 Lysimachia tienmushanensis、江西珍珠菜 L. jiangxiensis、浙江山梅花 Philadelphus zhejiangensis、浙皖绣球 Hydrangea zhewanensis、江西绣球 H. jiangxiensis、龙泉景天 Sedum lungtsuanense、政和杏 Armeniaca zhengheensis、迎春樱 Cerasus discoidea、福建悬钩子 Rubus fujianensis、长总梗木蓝 Indigofera longipedunculata、浙江木蓝 I. parkesii、浙江马鞍树 Maackia chekiangensis、倒卵叶瑞香 Daphne grueningiana、方枝野海棠 Bredia quadrangularis、庆元冬青 Ilex qingyuanensis、华东拟乌蔹莓 Pseudocayratia

图 1-26　夏蜡梅

图 1-27　浙江雪胆

orientalisinensis、浙江蘡薁 *Vitis zhejiang-adstricta*、安徽槭 *Acer anhweiense*、黄岩凤仙花 *Impatiens huangyanensis*（图1-28）、浙皖凤仙花 *I. neglecta*、黄山龙胆 *Gentiana delicata*、浙江大青 *Clerodendrum kaichianum*、洪林龙头草 *Meehania hongliniana*、浙江铃子香 *Chelonopsis chekiangensis*、中华香简草 *Keiskea sinensis*、中间髯药草 *Sinopogonanthera intermedia*、九华山母草 *Lindernia jiuhuanica*、江西马先蒿 *Pedicularis kiangsiensis*、天目地黄 *Rehmannia chingii*、休宁小花苣苔 *Chiritopsis xiuningensis*、江西全唇苣苔 *Deinocheilos jiangxiense*、壮大聚花荚蒾 *Viburnum glomeratum* subsp. *magnificum*、天目山蟹甲草 *Parasenecio matsudae*、黄山风毛菊 *Saussurea hwangshanensis*、白背蒲儿根 *Sinosenecio latouchei*、天目早竹 *Phyllostachys tianmuensis*、浙皖菅 *Themeda unica*、江南荸荠 *Eleocharis migoana*、白穗花 *Speirantha gardenii*、皖浙老鸦瓣 *Amana wanzhensis* 等245种（及种下等级）。

图1-28 黄岩凤仙花

根据1999年国务院批准发布的《国家重点保护野生植物名录（第一批）》，浙江有一级保护植物12种，其中蕨类植物有中华水韭 *Isoëtes sinensis* 和东方水韭 *I. orientalis*，种子植物有银杏、百山祖冷杉、普陀鹅耳枥（图1-29）、天目铁木、莼菜 *Brasenia schreberi*（图1-30）、伯乐树 *Bretschneidera sinensis*、银缕梅、长喙毛茛泽泻 *Ranalisma rostrata*、南方红豆杉 *Taxus mairei*、红豆杉 *T. chinensis*；二级保护植物42种，如金钱松 *Pseudolarix amabilis*、福建柏 *Fokienia hodginsii*、白豆杉、长叶榧、巴山榧 *Torreya fargesii*、天台鹅耳枥、长序榆、连香树、浙江楠、黄山梅 *Kirengeshoma palmata*、舟山新木姜子 *Neolitsea sericea*、山豆根 *Euchresta japonica*、香果树（图1-31）、鹅掌楸、永瓣藤 *Monimopetalum chinense* 等，还有蕨类植物金毛狗 *Cibotium barometz*、水

图1-29 普陀鹅耳枥

图1-30 莼菜

图1-31 香果树

蕨 *Ceratopteris thalictroides*、桫椤 *Alsophila spinulosa*、笔筒树 *Sphaeropteris lepifera* 等。

2012年，浙江省人民政府公布了《浙江省重点保护野生植物名录(第一批)》，除蕨类植物6种以外，裸子植物有油杉 *Keteleeria fortunei*、圆柏 *Sabina chinensis*、竹柏、百日青、穗花杉 *Amentotaxus argotaenia* 5种；被子植物有128种(含11个种下等级)，如多脉铁木 *Ostrya multinervis*、华榛 *Corylus chinensis*、刺叶栎 *Quercus spinosa*、青檀 *Pteroceltis tatarinowii*、天目朴、短萼黄连 *Coptis chinensis* var. *brevisepala*、天台铁线莲 *Clematis tientaiensis*、八角莲 *Dysosma versipellis*、江南牡丹草、野含笑 *Michelia skinneriana*、夏蜡梅、延胡索 *Corydalis yanhusuo*、涧边草 *Peltoboykinia tellimoides*、秃叶黄檗 *Phellodendron chinense*、庆元冬青、安徽槭、毛柄小勾儿茶 *Berchemiella wilsonii* var. *pubipetiolata*、三叶崖爬藤 *Tetrastigma hemsleyanum*、竹节参、崖壁杜鹃(图1-32)、广西越橘 *Vaccinium sinicum*、堇叶紫金牛 *Ardisia violacea*、细果秤锤树、羽裂马蓝、菜头肾、肿节假盖果草 *Pseudopyxis heterophylla* subsp. *monilirhizoma*、曲轴黑三棱 *Sparganium fallax*、金刚大 *Croomia japonica*、天目贝母 *Fritillaria monantha*、延龄草 *Trillium tschonoskii* 等。

图1-32 崖壁杜鹃

2017年，覃海宁等发布了《中国高等植物受威胁物种名录》，主要分为极危(CR)、濒危(EN)和易危(VU)。浙江所产的种子植物列入极危等级的有银杏、百山祖冷杉、九龙山榧、长喙毛茛泽泻、珊瑚菜 *Glehnia littoralis*、普陀鹅耳枥、天台鹅耳枥、天目铁木、银缕梅、雁荡润楠 *Machilus minutiloba*、广东异型兰 *Chiloschista guangdongensis*、中华盆距兰 *Gastrochilus sinensis*、细果秤锤树、浙江安息香等23种；列入濒危等级的有长叶榧、乳源槭 *Acer chunii*、肾

图1-33 独花兰

叶细辛 *Asarum renicordatum*、夏蜡梅、江西杜鹃、浙江马鞍树、红豆树 *Ormosia hosiei*、长柄双花木、休宁小花苣苔、浙江金线兰 *Anoectochilus zhejiangensis*、独花兰 *Changnienia amoena*（图1-33）、落叶兰 *Cymbidium defoliatum*、风兰 *Neofinetia falcata*、象鼻兰 *Nothodoritis zhejiangensis*、短萼黄连、长序榆、温州葡萄等37种；列入易危等级的有福建柏、百日青、粗榧 *Cephalotaxus sinensis*、白豆杉、巴山榧、安息香猕猴桃 *Actinidia styracifolia*、天目当归、浙江冬青、八角莲、小花栝楼、泰顺杜鹃 *Rhododendron taishunense*、山豆根、牛鼻栓 *Fortunearia sinensis*、闽楠 *Phoebe bournei*、乐东拟单性木兰 *Parakmeria lotungensis*、旗唇兰 *Kuhlhasseltia yakushimensis*、大明山舌唇兰 *Platanthera damingshanica*、白花土元胡 *Corydalis humosa*、白花过路黄 *Lysimachia huitsunae*、毛茛叶报春 *Primula cicutariifolia*、浙江柳 *Salix chekiangensis*、江西马先蒿等94种。

5. 引种植物日趋增多，入侵风险较大

我国植物资源十分丰富，自古以来就有记载对植物的研究或利用的著作，如《诗经》（周）、《神农本草经》（东汉）、《齐民要术》（北魏，贾思勰）、《救荒本草》（明，朱橚）、《本草纲目》（明，李时珍）、《农政全书》（明，徐光启）等。我国作为农耕文明的代表，许多植物作为作物加以引种栽培，或被引种至国外，其中禾本科、蝶形花科、葫芦科 Cucurbitaceae、十字花科、蔷薇科和芸香科等就有不少。浙江虽然面积不大，但所处的地理环境使得南北之间、沿海和内陆气候条件存在一定的差异，如浙江南部温州至台州玉环（或沿海更北）成功引种了一些热带区系的种类，且生长较好，如降香 *Dalbergia odorifera*、银桦 *Grevillea robusta*、鳄梨 *Persea americana*、黑荆树 *Acacia mearnsii*、金合欢 *A. farnesiana*、银合欢 *Leucaena leucocephala*、大花紫薇 *Lagerstroemia speciosa*、秋茄树 *Kandelia candel*、萝芙木 *Rauvolfia verticillata*、黄花夹竹桃 *Thevetia peruviana*、摩尔大泽米 *Macrozamia moorei*、南洋杉属 *Araucaria*、桉属 *Eucalyptus*、棕榈科 Arecaceae等植物。一些适应于温寒性的种类，如来自我国北方或高寒地带的云杉 *Picea asperata*、华北落叶松 *Larix principis-rupprechtii*、白皮松 *Pinus bungeana*、侧柏 *Platycladus orientalis*等，来自华中至西南的峨眉含笑 *Michelia wilsonii*、云南含笑 *M. yunnanensis*、巴东木莲 *Manglietia patungensis*等，来自北美植物区系的松属的湿地松 *Pinus elliottii*、落羽杉属、北美红杉 *Sequoia sempervirens*、美

图 1-34　凤眼蓝群落

国山核桃 *Carya illinoensis*、荷花玉兰 *Magnolia grandiflora*、北美鹅掌楸 *Liriodendron tulipifera* 等，来自日本的日本冷杉 *Abies firma*、日本柳杉 *Cryptomeria japonica*、日本花柏 *Chamaecyparis pisifera*、星花木兰 *Magnolia stellata* 等，或被推广造林，或被栽培观赏，均能正常生长，有的能开花结果。随着社会经济的不断发展，引入栽培供观赏的植物更多，如木兰科、睡莲科、毛茛科、仙人掌科 Cactaceae、石竹科、锦葵科 Malvaceae、蔷薇科、唇形科、菊科、鸢尾科、天南星科、景天科 Crassulaceae 等，并形成了不少产业。

随着交流日益频繁，物种传播的机会大大增加，加上浙江适宜的气候、社会经济发展中土地利用方式的改变等因素，为入侵种的生长和繁殖提供了有利条件。喜旱莲子草 *Alternanthera philoxeroides*、凤眼蓝 *Eichhornia crassipes*（图 1-34）、互花米草 *Spartina alterniflora*、加拿大一枝黄花 *Solidago canadensis*（图 1-35）、大狼杷草 *Bidens frondosa*、藿香蓟 *Ageratum conyzoides*、

图 1-35　加拿大一枝黄花

豚草 *Ambrosia artemisiifolia*、水盾草 *Cabomba caroliniana*、北美独行菜 *Lepidium virginicum*、美洲商陆 *Phytolacca americana*、斑地锦 *Euphorbia maculata*、阿拉伯婆婆纳 *Veronica persica*、北美车前 *Plantago virginica*、飞蓬属 *Erigeron*、苋属 *Amaranthus*、番薯属 *Ipomoea*、异檐花属 *Triodanis* 等往往在旷野、荒地等生境疯狂扩散，大多已造成明显的生态破坏。据本志记载，浙江有外来植物共1083种，占总种数的24.47%。据严靖等（2021）对华东归化植物的调查研究，浙江共有归化植物162种，仅次于福建（236种），其中有111种已成为入侵种，其他种也很可能在不久的将来造成新的入侵风险，必须引起足够的重视。

（三）与邻近植物区系的联系

浙江植物区系与周围邻近的植物区系有着千丝万缕的联系，并非孤立。

1. 与日本及我国台湾的联系

据古地质资料，日本与我国大陆脱离始于新第三纪中新世，上新世日本诸岛尚与我国大陆相连，我国台湾与大陆脱离则晚于第四纪初。第四纪冰期降临，海平面升降，日本与我国大陆又几度相连，这使得植物区系成分相互交流。以往对于日本和我国华东、华东和台湾的植物区系联系已有不少报道，如郑勉（1984）、王景祥（1986，1988）、郑朝宗（1987）、郝思军等（1989）、刘昉勋等（1995）、陈征海等（1995）。

从现有的东亚分布的171个浙江种子植物属看，华东与日本共有的有152属，占比高达88.89%，我国至日本分布的有74属，而我国至喜马拉雅分布的仅19属。以往的研究也表明，浙江的沿海森林植物区系与日本及我国台湾相当密切。从种类上看，与我国台湾及日本（有时可达朝鲜半岛）共有的种如风藤 *Piper kadsura*、琉球虎皮楠 *Daphniphyllum luzonense*、矮小天仙果 *Ficus erecta*、日本金腰 *Chrysosplenium japonicum*、卵叶丁香蓼 *Ludwigia ovalis*、日本厚皮香 *Ternstroemia japonica*、柃木 *Eurya japonica*、大叶胡颓子 *Elaeagnus macrophylla*、腺萼南蛇藤 *Celastrus punctatus*、中日老鹳草 *Geranium thunbergii*、长梗天胡荽 *Hydrocotyle ramiflora*、南方紫珠 *Callicarpa australis*、苦苣苔 *Conandron ramondioides*、波状蔓虎刺 *Mitchella undulata*、珊瑚树 *Viburnum awabuki*、弯果茨藻 *Najas ancistrocarpa*、

图1-36　舟山新木姜子

根足薹草 *Carex rhizopoda*、三阳薹草 *C. duvaliana* 等，其中不少为沿海海岛分布型植物，如舟山新木姜子（图 1-36）、多枝紫金牛 *Ardisia sieboldii*、滨海珍珠菜 *Lysimachia mauritiana*、台湾景天 *Sedum formosanum*、厚叶石斑木 *Rhaphiolepis umbellata*、海岸卫矛 *Euonymus tanakae*、全缘冬青 *Ilex integra*、海岛荚蒾 *Viburnum japonicum*（图 1-37）、假还阳参 *Crepidiastrum lanceolatum*、滨艾 *Artemisia fukudo*、普陀南星 *Arisaema ringens* 等。浙江与日本共有，但我国台湾不产的有圆头叶桂 *Cinnamomum daphnoides*、滨海黄堇 *Corydalis heterocarpa*、海岛桑 *Morus bombycis*、京都冷水花 *Pilea kiotensis*、海滨木槿 *Hibiscus hamabo*、匍匐南芥 *Arabis flagellosa*、朝鲜白檀 *Symplocos coreana*、海桐 *Pittosporum tobira*、黄山梅、蛛网萼 *Platycrater arguta*、圆叶景天 *Sedum makinoi*、涧边草、圆叶小石积 *Osteomeles subrotunda*、箱根悬钩子 *Rubus hakonensis*、冬青卫矛

图 1-37 海岛荚蒾

Euonymus japonicus、日本野桐 *Mallotus japonicus*、日本花椒 *Zanthoxylum piperitum*、日本茵芋 *Skimmia japonica*、日本独活 *Heracleum sphondylium* var. *nipponicum*、长管香茶菜 *Isodon longitubus*、庐山桉 *Fraxinus sieboldiana*、日本女贞 *Ligustrum japonicum*、圆苞山萝花 *Melampyrum laxum*、中国野菰 *Aeginetia sinensis*、浙皖荚蒾 *Viburnum wrightii*、普陀狗娃花 *Heteropappus arenarius*、舌叶天名精 *Carpesium glossophyllum*、矮小稻槎菜 *Lapsanastrum humile*、圆叶苦荬菜 *Ixeris stolonifera*、中华淡竹叶 *Lophatherum sinense* 等；仅与台湾共有的如浙江黄堇 *Corydalis pallida* var. *sparsimamma*、台湾蚊母树 *Distylium gracile*、华东冷水花 *Pilea elliptifolia*、台湾赤爬 *Thladiantha punctata*、堇叶紫金牛、疏节过路黄 *Lysimachia remota*、台湾草绣球 *Cardiandra formosana*、红子佛甲草 *Sedum erythrospermum*、黑小豆 *Vigna stipulata*、浙江青荚叶 *Helwingia zhejiangensis*、福建假卫矛 *Microtropis fokienensis*、滨当归 *Angelica hirsutiflora*、台湾附地菜 *Trigonotis formosana*、滨海白绒草 *Leucas chinensis*、台闽苣苔 *Titanotrichum oldhamii*、早田氏爵床 *Justicia hayatai*、台湾斑鸠菊 *Vernonia gratiosa*、玉山竹 *Yushania niitakayamensis* 等。

除此以外，还出现了一些有趣的地理替代现象，如天竺桂 *Cinnamomum japonicum* 与普陀樟 *C. japonicum* var. *chenii*、土佐景天 *Sedum tosaense* 与中华景天 *S. tosaense* subsp. *sinense*、日本路边青 *Geum japonicum* 与柔毛路边青 *G. japonicum* var. *chinense*、日本黑鳗藤 *Jasminanthes japonica* 与黑鳗藤 *J. mucronata*、日本溲疏 *Deutzia sieboldii* 与浙江溲疏 *D. faberi*、毛瓣石楠 *Photinia lasiopetala* 与裘氏石楠 *P. chiuana*、色木槭 *Acer pictum* subsp. *mono* 与卷毛长柄槭 *A. pictum* subsp. *pubigerum*、高野山龙头草 *Meehania montis-koyae* 与浙闽龙头草 *M. zheminensis*、琴

柱草 Salvia nipponica 与台湾琴柱草 S. nipponica var. formosana 及浙江琴柱草 S. nipponica subsp. zhejiangensis、异叶假盖果草 Pseudopyxis heterophylla 与肿节假盖果草、狭叶双六道木 Diabelia ionostachya 与永嘉双六道木 D. ionostachya var. wenzhouensis 等。

2. 与华南植物区系的联系

以往将浙江东南一隅划入华南区系，此为华南区系的北缘，经王景祥（1986）和裘宝林（1995）的研究，大致在北雁荡山、洞宫山南支一线的东南较小范围。这里因为括苍山、仙霞岭、北雁荡山三重山脉阻挡北方寒流侵入，加上东南太平洋暖湿气流的调节，常年气温较高、变化较小、低温期短，分布有不少华南区系成分，如华南樟 Cinnamomum austrosinense、粪箕笃 Stephania longa、细柄蕈树 Altingia gracilipes、南岭栲 Castanopsis fordii、大萼黄瑞木 Adinandra glischroloma var. macrosepala、厚叶杨桐 Cleyera pachyphylla、尖萼毛柃 Eurya acutisepala、紫背天葵 Begonia fimbristipula、罗浮柿 Diospyros morrisiana、莲座紫金牛 Ardisia primulaefolia、星毛冠盖藤 Pileostegia tomentella、薄叶猴耳环 Archidendron utile、广东冬青 Ilex kwangtungensis、美丽拟乌蔹莓 Pseudocayratia speciosa、大叶金牛 Polygala latouchei、乳源槭、管茎凤仙花 Impatiens tubulosa、球兰 Hoya carnosa、裂叶鳞蕊藤 Lepistemon lobatum、全缘叶紫珠 Callicarpa integerrima、细脉木犀 Osmanthus gracilinervis、白舌紫菀 Aster baccharoides、绿竹 Dendrocalamopsis oldhami 等，有的种可分布至日本或我国台湾，如光叶木蓝 Indigofera venulosa、白花荛花 Wikstroemia trichotoma、裂叶铁线莲 Clematis parviloba、光叶铁仔 Myrsine stolonifera

图 1-38　瓜馥木

等。除此以外，一些热带成分，特别是亚洲热带地区分布的种经由我国华南分布至浙江东南部，有时可延伸到沿海岛屿、浙江南部至中部，如瓜馥木 Fissistigma oldhamii（图 1-38）、石蝉草 Peperomia blanda（图 1-39）、厚皮香 Ternstroemia gymnanthera、毛刺蒴麻 Triumfetta cana、山芝麻 Helicteres angustifolia、梵天花 Urena procumbens、钮子瓜 Zehneria bodinieri、粗喙秋海棠 Begonia longifolia、锐叶山柑 Capparis acutifolia、刺毛杜鹃 Rhododendron championiae、广西越橘、越南安息香 Styrax tonkinensis、腺叶桂樱 Laurocerasus phaeosticta、亮叶猴耳环 Archidendron lucidum、龙须藤 Bauhinia championii、厚果崖豆藤 Millettia pachycarpa、蔓茎葫芦茶 Tadehagi pseudotriquetrum、狭刀豆 Canavalia lineata、台闽算盘子 Glochidion rubrum、喙果黑面神 Breynia rostrata、大果俞藤 Yua austro-orientalis、

华南远志 *Polygala chinensis*、匙羹藤 *Gymnema sylvestre*、枇杷叶紫珠 *Callicarpa kochiana*、苦郎树 *Clerodendrum inerme*、玉叶金花 *Mussaenda pubescens*、上思粗叶木 *Lasianthus sikkimensis*、肉叶耳草 *Hedyotis strigulosa*、羊耳菊 *Duhaldea cappa*、褐冠小苦荬 *Ixeridium laevigatum*、毛鳞省藤 *Calamus thysanolepis*、华南谷精草 *Eriocaulon sexangulare*、台湾虎尾草 *Chloris formosana*、沟叶结缕草 *Zoysia matrella*、酸藤子属 *Embelia*、九节属 *Psychotria* 等。少数植物如帽儿瓜 *Mukia maderaspatana*、黄花草 *Cleome viscosa* 为欧洲、亚洲、非洲热带地区分布类型经华南分布至浙江南部，鱼藤 *Derris trifoliata*、密子豆 *Pycnospora lutescens*、黄花小二仙草 *Gonocarpus chinensis*、小果草 *Microcarpaea minima*、聚花草 *Floscopa scandens*、鳞籽莎 *Lepidosperma chinense* 等自大洋洲热带地区经东南亚和我国华南分布至浙江。

还有一些我国西南的热带成分，经华南主要是南岭山地分布至华东，或可东达日本，如乳源木莲 *Manglietia yuyuanensis*、黄绒润楠

图 1-39 石蝉草

Machilus grijsii、黄枝润楠 *M. versicolora*、豹皮樟 *Litsea rotundifolia* var. *oblongfolia*、硬壳桂 *Cryptocarya chingii*、通城虎 *Aristolochia fordiana*、假地枫皮 *Illicium jiadifengpi*、闽粤蚊母树 *Distylium chungii*、湿生冷水花 *Pilea aquarum*、少叶黄杞 *Engelhardia fenzelii*、刺毛越橘 *Vaccinium trichocladum*、鸦头梨 *Melliodendron xylocarpum*、羊舌树 *Symplocos glauca*、三裂叶蛇葡萄 *Ampelopsis delavayana*、两面针 *Zanthoxylum nitidum*、链珠藤 *Alyxia sinensis*、四棱草 *Schnabelia oligophylla*、云南木犀榄 *Olea tsoongii* 等，有时可达日本和我国台湾，如厚叶铁线莲 *Clematis crassifolia*。

3. 与华中植物区系的联系

喜马拉雅山脉东南端的横断山区是我国植物区系的摇篮，蕴含了丰富的第三纪遗留下来的我国古老特有科属，同时产生众多第四纪以来的新生进化科属，并向四方演化、扩散和迁移。根据王文采（1992）的详细研究，其中一条迁移路线是西南部向东，在北部沿秦岭和大别山走廊，在中部沿武陵山、幕府山等山脉，在南部沿南岭走廊到达华东沿海地区，或又继续向东延伸至日本和我国台湾。沿着这条路线迁移的植物在地理分布上充分表现出西南–华中（和华南或西北）–华东的格局，如巴山榧、野黄桂 *Cinnamomum jensenianum*、披针叶茴香 *Illicium* lanceolatum、二色五味子 Schisandra bicolor、还亮草 Delphinium anthriscifolium、华中铁线莲 Clematis pseudootophora、庐山小檗 Berberis virgetorum、八角莲、鹰爪枫 Holboellia coriacea、细花泡花树 Meliosma parviflora、缺萼枫香树 Liquidambar acalycina、金缕梅 Hamamelis mollis、杭州榆 Ulmus changii、西川朴 Celtis vandervoetiana、三角叶冷水花 Pilea swinglei、曲毛赤车 Pellionia retrohispida、庐山楼梯草 Elatostema stewardii、青钱柳、湖北枫杨 Pterocarya hupehensis、小叶栎 Quercus chenii、褐叶青冈 Cyclobalanopsis stewardiana、湖北鹅耳枥 Carpinus hupeana、多脉铁木、峨眉繁缕 Stellaria omeiensis、细叶短柱茶 Camellia microphylla、安息香猕猴桃、犁头叶堇菜 Viola magnifica、周裂秋海棠 Begonia circumlobata、老鼠屎 Symplocos stellaris、江南山柳 Clethra delavayi、灯笼树 Enkianthus chinensis、短尾越橘 Vaccinium carlesii、华空木 Stephanandra chinensis、金樱子 Rosa laevigata、肥皂荚 Gymnocladus chinensis、亮叶崖豆藤 Millettia nitida、牯岭勾儿茶 Berchemia kulingensis、山绿柴 Rhamnus brachypoda、拟粉背南蛇藤 Celastrus hypoleucoides、紫果冬青 Ilex tsoi、瘿椒树、三峡槭 Acer wilsonii、湘桂羊角芹 Aegopodium handelii、走茎龙头草 Meehania fargesii var. radicans、华中婆婆纳 Veronica henryi、巴东荚蒾 Viburnum henryi、台湾剪股颖 Agrostis sozanensis 等。再向东南分布至日本（及朝鲜半岛）的如扬子毛茛 Ranunculus sieboldii、樟叶泡花树 Meliosma squamulata、赤皮青冈、毛果槭 Acer nikoense、少花马蓝 Strobilanthes oligantha、交让木 Daphniphyllum macropodum、木荷 Schima superba、圆锥绣球 Hydrangea paniculata、日本景天 Sedum japonicum、翅荚香槐 Cladrastis platycarpa、马甲子 Paliurus ramosissimus、顶花板凳果 Pachysandra terminalis 等，或至我国台湾的如台湾水青冈 Fagus hayatae、刺果毒漆藤 Toxicodendron radicans subsp. hispidum、江南越橘 Vaccinium mandarinorum、罗浮柿、阿里山山矾 Symplocos arisanensis、矮茎紫金牛 Ardisia brevicaulis 等。

众所周知，我国西部海拔高，东部海拔低，地势呈三级阶梯状逐级下降，第二、三阶梯的分界线由北向南为大兴安岭－太行山脉－巫山－雪峰山，浙江位于第三阶梯的东部沿海，华东植物区系与同属第三阶梯的湖北和湖南东部关系非常密切，有不少仅局限性地分布于华东至华中的植物（有时稍向南可至华南），如黄山木兰 Magnolia cylindrica、江浙钓樟、马蹄细辛 Asarum ichangense、赣皖乌头 Aconitum finetianum、大叶唐松草 Thalictrum faberi、大花威灵仙 Clematis courtoisii、安徽小檗 Berberis anhweiensis、延胡索、黄山栎 Quercus stewardii、浙江红山茶 Camellia chekiangoleosa、喙果绞股蓝 Gynostemma yixingense、银叶柳 Salix chienii、安徽碎米荠 Cardamine anhuiensis、江西杜鹃、黄山杜鹃 Rhododendron maculiferum subsp. anwheiense（图1-40）、黑腺珍珠菜 Lysimachia heterogenea、毛茛叶报春（图1-41）、黄山溲疏 Deutzia glauca、薄叶景天 Sedum leptophyllum、白鹃梅 Exochorda racemosa、黄山花楸 Sorbus amabilis、福建紫薇 Lagerstroemia limii、永瓣藤、湖北算盘子 Glochidion wilsonii、小勾儿茶 Berchemiella wilsonii、浙江叶下珠 Phyllanthus chekiangensis、华东山芹 Ostericum huadongense、浙荆芥 Nepeta everardi、假鬃尾草 Leonurus chaituroides、林地通泉草 Mazus saltuarius、金剑草 Rubia alata 等，或可向东再延伸至日本或我国台湾，如浙江樟 Cinnamomum chekiangense、圆锥铁线莲 Clematis

图1-40 黄山杜鹃　　　　　　　　　　　　图1-41 毛茛叶报春

terniflora、湖州铁线莲 *C. huchouensis*、猫爪草 *Ranunculus ternatus*、马醉木 *Pieris japonica*、沙参 *Adenophora stricta*、条叶蓟 *Cirsium lineare* 等。华中与华东植物也出现了有趣的地理替代现象，如鞘柄泡花树 *Meliosma platypoda* 与金华泡花树 *M. platypoda* subsp. *jinhuaensis*、紫茎 *Stewartia sinensis* 与天目紫茎 *S. gemmata*、七子花 *Heptacodium miconioides* 与浙江七子花 *H. miconioides* subsp. *jasminoides*、华西忍冬 *Lonicera webbiana* 与倒卵叶忍冬 *L. hemsleyana*、蕊被忍冬 *L. gynochlamydea* 与大盘山忍冬 *L. gynochlamydea* subsp. *dapanshanensis* 等。

4. 与北方植物区系的联系

浙江北部为杭嘉湖平原，杭州湾南岸是宁绍平原。在平原地区的河网地带，除了农耕的水田和旱地以外，现无天然植被，大面积栽培的有桑，其叶主要用于饲蚕，常见栽培的有榉树 *Zelkova schneideriana*、榔榆 *Ulmus parvifolia*、白榆 *U. pumila*、紫弹树 *Celtis biondii*、构树 *Broussonetia papyrifera*、臭椿 *Ailanthus altissima*、毛泡桐 *Paulownia tomentosa*、楝树 *Melia azedarach*、柳属等，这些植物都是与华北等地共有的。

由于没有高山阻挡，北方的寒流长驱直入，温带成分植物明显渗入。在野生植物中，主要表现在一些种类往往仅局限于浙西北（有时至浙江东部）的较高海拔的山地，很少分布至浙江中部或南部，华北（有时至东北及亚洲东北部）与华东共有的种有纵肋人字果 *Dichocarpum fargesii*、瓣蕊唐松草 *Thalictrum petaloideum*、獐耳细辛 *Hepatica nobilis* var. *asiatica*

（图1-42）、荷青花 Hylomecon japonica、小黄紫堇 Corydalis raddeana、全叶延胡索 C. repens、宽叶荨麻 Urtica laetevirens、山芥 Barbarea orthoceras、葛枣猕猴桃 Actinidia polygama、胶东卫矛 Euonymus kiautschovicus、三角叶酢浆草 Oxalis obtriangulata、太行白前 Cynanchum taihangense、紫花野菊 Chrysanthemum zawadskii、羽叶风毛菊 Saussurea maximowiczii、朝鲜婆婆纳 Pseudolysimachion rotundum subsp. coreanum、宽叶山蒿 Artemisia stolonifera、少囊薹草 Carex egena、北重楼 Paris verticillata 等，有些种的分布呈现一定的间断，有些种类可以分布至华中，如连香树、杜仲 Eucommia ulmoides、刺叶栎、华千金榆 Carpinus cordata var. chinensis、赤胫散 Polygonum runcinatum var. sinense、玉铃花 Styrax obassis、黑蕊猕猴桃 Actinidia melanandra、有斑百合 Lilium concolor var. pulchellum 等。华东地区往往还通过华中与西北植物区系发生一定的联系，如拟豪猪刺 Berberis soulieana、鄂西清风藤 Sabia campanulata subsp. ritchieae、米心水青冈 Fagus engleriana、槲子栎 Quercus baronii、光叶马鞍树 Maackia tenuifolia、秋葡萄 Vitis romanetii、华榛、短蕊车前紫草 Sinojohnstonia moupinensis、壮大聚花荚蒾、鹿蹄草 Pyrola calliantha、疏毛绣线菊 Spiraea hirsuta、网脉葡萄 Vitis wilsoniae、青麸杨 Rhus potaninii、葛萝槭 Acer grosseri、松下兰 Monotropa hypopitys、紫斑风铃草 Campanula punctata、湖北黄精 Polygonatum zanlanscianense、象鼻兰等。

同样，少数亚热带成分的植物也由华东向北渗入，如天女花 Magnolia sieboldii（图1-43）、三桠乌药 Lindera obtusiloba、宽叶薹草 Carex siderosticta 往北则分布至辽宁南部及朝鲜半岛和日本，红楠 Machilus thunbergii、弱锈鳞飘拂草 Fimbristylis sieboldii 则可分布至山东及朝鲜半岛和日本，木姜子 Litsea pungens、华东木蓝 Indigofera fortunei、垂枝泡花树 Meliosma flexuosa、台湾盆距兰 Gastrochilus formosanus、旗唇兰等可达陕西、山西南部等。

图 1-42　獐耳细辛

图 1-43　天女花

四　资源植物

植物是一个地区乃至一个国家非常重要的战略资源，植物及由其形成的生态系统更是人类赖以生存发展的主要物质基础和环境基础。充分保护和利用好这些可再生资源，国家经济发展才有后劲，人民才可安居乐业，社会才能安定和谐。

浙江的地理位置和气候条件均十分优越，陆域面积虽仅占全国的约1%，但植物资源非常丰富，据本志记载，浙江共有维管植物4866种，种数约占全国的15%。

（一）浙江资源植物利用简史

浙江地处长江流域中下游，古代先民采集、种植和利用植物的历史十分悠久，是农业文明的起源地之一。大量的考古学证据表明，在距今7000—11400年的新石器时代早期即已形成了稻作农业的雏形，至距今约4200年的新石器晚期，与植物利用相关的农业、手工业及木制建筑业等方面已相当发达。如在距今8400—11400年的浦江上山遗址，就有稻作遗存出土；距今约9000年的嵊州小黄山遗址，出土有加工食物的石磨盘；距今9000年左右的义乌桥头遗址，出土有酿酒的陶罐；距今7800—8300年的余姚井头山遗址，不仅出土有稻作遗存，还有白栎、麻栎、核桃等坚果的遗存，以及芦苇编织物和漆树、黄连木、猕猴桃、紫苏、灰菜（藜）等植物的种子；距今7000—8000年的萧山跨湖桥遗址，出土有麻栎和白栎坚果等植物遗存；距今7200年左右的嘉兴马家浜遗址，出土有菱（果）；距今7000年左右的桐乡罗家角遗址，出土有纺织用的陶纺轮及156粒栽培稻谷；距今6000—7000年的余姚河姆渡遗址，出土的植物遗存十分丰富，有苦槠、麻栎、白栎的坚果和圆柏的球果，芡实、菱、薏苡的果实，枫香的果序，桃和南酸枣的果核，槐的种子，葫芦的果与种子，还有钩栲、青栲、赤皮青冈、天仙果、细叶香桂、山鸡椒、山胡椒、紫楠的叶片，以及漆木器和用芦苇秆编成的苇席等，并发现了国内迄今年代最早的榫卯结构、干栏式建筑以及木碗、木鱼等器物，说明那时的先民们不仅食物比较丰富，而且已能利用木材建造房屋和制作日用品了；距今约6500年的余姚田螺山遗址，出土有菱、丝织品与纺织工具等，并有专家认为，田螺山是迄今为止考古发现的我国最早人工种植茶树之地；距今4300—5200年的余杭良渚遗址，农业方面已进入犁耕稻作时代，并建有大型水利灌溉系统；距今4200—4400年的湖州钱山漾遗址，出土有丝、麻织物，苦槠果以及用青冈制作的木材和船桨等，其中丝织物经专家鉴定为家蚕丝，说明先民们当时已在有目的地养蚕用丝了。

在这之后的数千年中，浙江先民在食用植物、药用植物、观赏植物的栽培与利用等方面从未停止过探索和创新的脚步。而历史上发生的多次人口迁徙，中原人口大量南迁，不仅带来植物开发利用的新理念、新方法和新技术，更对浙江的农业生产经营活动起到了积极的促进作用，药材、蚕桑、茶叶、果蔬、花卉等方面历代繁盛不衰，栽培技术及品种改良也取得了卓著成效，令浙江一带的农业文明越来越灿烂辉煌。兹列举部分古籍记载，从中可窥探浙江人民利用植物资源之一斑。最早见于史料的当属春秋时代的《世本》一书，记载了浙江桐庐的桐君，据专家考证，桐君为我国的中药鼻祖，黄帝时人，距今4000多年前曾在桐庐研究药物，桐庐、桐江、桐溪、桐岭、桐君山皆因其而得名，后人据其医药实践成果汇编了《桐君采药录》。东汉（25—220年）袁康、吴平（生平无考）所著《越绝书》记载春秋时期越国已种植多种粮食和经济作物，并记载有常山、白术等药材的采集利用。东晋时期（317—420年），葛洪曾炼丹植药于吴兴、长兴一带，记述有黄精、白术等药材。东晋时河北高阳人许询南渡避难并客居萧山，采挖草药炼丹，晚年隐居在与富阳交界处的境台山（又名"笔架山"），广搜奇花异葩，种植名贵药材，故此山又名"百药山"，说明在1600多年前，浙江已有人开始栽培中药材。东晋时浙江的造纸业十分发达，余杭、嵊州一带利用野生藤本植物制造藤纸而素负盛名，并有药物防蛀技术。至唐时藤纸已成宫廷用品，唐李肇于《翰林志》记载："凡赐与、徵召、宣索、处分曰诏，用白藤纸……凡太清宫道观荐告词文，用青藤纸。"南朝梁武帝天监年间（502—519年）《述异志》记载："越多橘柚园。"说明那时已普遍种植柑橘等水果。唐四明人（宁波）陈藏器著有《本草拾遗》10卷（739年），说明在1000多年前浙东一带对药用植物的应用已相当广泛且多样。唐至德至乾元年间（756—760年），陆羽所著《茶经》中记载早在东汉时天台华顶已建有茶园，至唐时浙东一带已大规模开辟茶园生产茶叶，"茶，浙西以湖州上，杭州、睦州下；浙东以越州上，明州、婺州次，台州下"。北宋嘉定六年（1213年），宁海西溪以嫩竹制纸，曰"黄公"，又称"瑞青"，色白，久藏不蛀。宋代浙江人民在果树培育方面成效卓著，桃、梅、李、枇杷、杨梅等均有著名品种，令苏东坡有"闽广荔枝、西凉葡萄，未若吴越杨梅"的赞誉。南宋时期，临安（杭州）即建有花市，吴自牧《梦粱录》（卷二，成书年代不详）记载："是月春光将暮，百花尽开，如牡丹、芍药、棣棠、木香、蔷薇、金纱、玉绣球、小牡丹、海棠、锦李、徘徊、月季、粉团、杜鹃、宝相、千叶桃、徘桃、香梅、紫笑、长春、紫荆、金雀儿、香兰、水仙、映山红等，种种奇绝。卖花者以马头竹篮盛之，歌叫于市，买者纷然。当此之时，雕梁燕语，绮栏莺啼，静院明轩，溶溶泄泄，对景行乐，未易以一言尽也。"可见当时市售花卉品种丰富，百姓买卖花卉风气盛行。同时，余杭马塍的花农创建了人工温室栽培花艺"堂花术"，是商品花卉栽培技术方面的一大突破。南宋《乾道临安志》记载了药源84种。明洪武年间（1368—1398年），朱开、连理（现均属宁海县跃龙街道）等乡的村民采集松、樟、杉果，辟圃育苗，经1~2年起苗栽于村庄周围和山坡，是浙江成规模植树造林方面最早的记载。明嘉靖三十一年（1552年）李时珍所著的《本草纲目》记述了临安天目山区所产药材100余种。明万历年间（约1597年）王士性所著的《广志绎》记载："湖州所产，丝绵之多之精，甲于天下。"清康熙二十七年（1688年），陈淏子所著的《花镜》记载："又一种名金豆者，树只尺许，结实如樱桃大，皮光而味甜，植于盆内，冬月可观，多产于江南太仓，与浙之宁波。"是宁波花农在野生花木开发利用方面的典型案例。清乾隆年间（约1757年）吴仪洛所著的《本草从新》记载："铁皮石斛，味甘者良，老雁山为上。"自唐代至清代，浙江人对兰花情有独钟，余姚、兰溪、绍兴等地植兰成风，出产的兰花名品众多，享誉国内外，其中'龙字''汪字''集圆''万字'四大名兰被日本人尊为兰花"四大天王"。凡此种种都说明浙江的花木、果蔬、蚕桑、药材等方面的开发利用在历史上均一直处于全国乃至世界的前列。但在清朝后期至民国的100多年间，由于外敌入侵，战乱四起，国力衰微，民生凋敝，在植物资源开发利用方面进展甚微。与此同时，西方列强则派遣各类人员肆意进入我国各地，其中宁波作为重要通商口岸，是外国人进入最多的地方之一，采集了大量包括蔬菜、花卉、林木、药材、茶的标本、种子及苗木带回欧洲及印度等地，培育了大量的植物新品种，成就了欧美国家先进、繁荣的园艺景象。而浙江与全国一样，却在此期间远远落后于西方。

中华人民共和国成立后，国家和浙江省委、省人民政府对植物资源的开发利用与保护工作十分重视，先后组织了多次大型普查，通过数十年的努力，基本摸清了"家底"，出版了多种植物志书；成立了一批大、中专科院校和科研单位，设立了各种与植物相关的学科、专业，培养了众多植物资源研究与开发利用的人才，在老一辈植物学家的培养和引领下，植物资源的开发利用达到了空前的规模和水平。但同时因各种外部原因以及农林业政策改革方面存在的疏漏与偏颇，数次植被和植物资源被严重破坏的情况。中华人民共和国成立70多年来，计划经济与市场经济犹如一道分水岭，在植物资源保护和开发利用方面发生了截然不同的变化。从资源保护角度看，由于社会对林业的需求已从生产木材为主转变为以生态服务为主，因此，对包括天然林、湿地等在内的资源保护工作得到了政府和社会的高度重视，林业的中心工作已发生了从经营木材为主向保护生态为主的重大转变。从植物资源培育与利用的角度看，也已从政府根据经济建设需要的计划性种植转变为以市场为导向、效益为中心的自主性种植，产业经营目标已从"高产"为主转变为"安全、优质、高效、多样"为主。如用材林培育方面，在树种选择上已由松、杉为主转变为榉树、南方红豆杉、浙江楠、红豆树等珍贵树种为主，在培育模式上则由营造纯林、培育单一用材林为主转变为营造混交林结合发展林下经济等多树种、多目标、长短结合的复合经营模式。果树培育方面，一些传统但劣质低效的果树品种被逐步淘汰，更多的名特优水果成了大众日常消费品，如蓝莓、草莓、火龙果、葡萄及一些柑橘新品种等。蔬菜培育方面亦是如此，如引进或培育了水果笋、秋葵、四棱豆、樱桃番茄、食用仙人掌、冰菜、日本南瓜等名特优新颖蔬菜，极大地丰富了百姓餐桌。药用植物培育方面，一些原本由政府计划种植的周期长、效益低的种类已逐步失去管理，如厚朴、杜仲、山茱萸等，转而发展一些周期短、效益高的种类，如三叶青（三叶崖爬藤）、金线莲（花叶开唇兰）、铁皮石斛、青钱柳、多花黄精、独蒜兰等。茶产业已从普通低档的珠茶（炒青绿茶）转变为发展效益较高的白茶、黄茶等品种及制作红茶、抹茶等。油料作物培育方面，在计划经济时代，油茶、乌桕、油桐曾是浙江大力发展的"三大木本油料树种"，但目前除油茶尚有部分经营外，乌桕和油桐基本上已退出历史舞台；曾在温州大力发展用于提取栲胶的黑荆树也因失去管理而所剩无几。花木培育方面，种类单一的局面被彻底打破，自20世纪90年代从国外大量引进新品种开始，发展到重视野生特色花木的开发与驯化，而后逐步走上自主培育新品种的道路，从野生到驯化成功并大量应用于园林的植物众多，典型的如黄山栾树、南方红豆杉、珊瑚朴、南酸枣、秃瓣杜英、鹅掌楸、深山含笑、木莲、常春油麻藤、滨柃、浙江蜡梅、尾叶紫薇、秀丽四照花、大吴风草、吉祥草等；从外地引进应用的有棕榈科、木兰科、槭树科、冬青科、榕属、羊蹄甲属、红千层属、山茶属、樱属、杜鹃花属、鼠尾草属等大量种类；近年来由浙江人自主培育成功的园艺新品种之多是历史上少有的，如'飞黄'玉兰、'红运'玉兰、'御黄'香樟、'涌金'香樟、'绯红'秀丽槭、'金钰'枫香、'亮叶橘红'杜鹃、'御金香'茶以及全缘冬青的品种'利剑''幸福公主''大龟甲'等；新引进的一大批优美特异的花灌木、彩叶树种、花境植物、观赏草、湿地植物、水生花卉、多肉植物已成为园林新宠。

近40年来，浙江在植物资源开发利用方面成效卓著，形成了不少具有特色的产业和产地，如临安的雷笋和山核桃，萧山、金华的花木，磐安的中药材，仙居、余姚、慈溪的杨梅，松阳的茶叶，泰顺和江山的猕猴桃，诸暨和东阳的香榧，乐清的铁皮石斛，海宁、嘉善的新潮花卉，临安、新昌的杨桐，安吉的观赏竹，嵊州的木兰，北仑的杜鹃，象山和临海的柑橘等，在国内外均享有较高的美誉。

然而在市场经济中，信息不对称、市场行情掌握不够、生产规模过小、盲目跟风、专家预测不准确、政府指导不科学或干预不及时、部分不良企业大肆炒作等因素也造成了市场价格大起大落，有时导致花木、药材、果品等生产过剩而价格暴跌，如龙柏、茶梅、秃瓣杜英、南方红豆杉、乐昌含笑、山茱萸、掌叶复盆子、香榧等。

（二）浙江资源植物分类概述

鉴于一些栽培植物的更新换代速度越来越快，具体讨论它们的利用情况意义不大。为节省篇幅，本文重点列举一些在当前农业、林业及园林建设和在大众生活中具有较高开发利用价值的野生植物，并适当提及一些重要的引进植物和传统栽培植物。

1. 食用植物资源

（1）野菜资源

浙江有1200种，隶属于119科，418属。主要分布于菊科、禾本科、蝶形花科、唇形科、百合科、伞形科、十字花科、蔷薇科、蓼科、堇菜科、五加科、玄参科中，其他重要的有苋科、败酱科等。具有较高开发利用价值的如蕺菜（鱼腥草）、桑、云南山蓣菜、牯岭野豌豆、紫藤、木槿、省沽油、树参、五加、棘茎楤木、鸭儿芹、明党参、大青、三脉紫菀、白花败酱、绞股蓝、铜锤玉带草、沙参、桔梗、棕榈、毛方竹、玉竹等，其中有些种类可培育为新的蔬菜，如桑、云南山蓣菜、树参、鸭儿芹、大青等。具体请参见《浙江野菜100种精选图谱》。

（2）野果资源

浙江有290种，隶属于47科，79属。主要分布于蔷薇科、葡萄科、壳斗科、桑科、猕猴桃科、胡颓子科、木通科、杜鹃花科、榆科、红豆杉科、柿树科、忍冬科、鼠李科、五味子科、杜英科、桃金娘科等。重要种类有木通、三叶木通、鹰爪枫、猫儿屎、短药野木瓜、尾叶挪藤、五指挪藤、日本野木瓜、掌叶复盆子、山莓、蓬蘽、南酸枣、桃金娘、杨梅、杜英、瓜馥木、南五味子、枳椇、飞龙掌血、矮小天仙果、海岛薜荔（小果薜荔）等。其中木通科的果实大型，通常紫色或黄色，味甜可食；不仅可用于园林观赏，而且是培育新型水果的重要材料，因其处于野生状态，存在皮厚、籽多、肉少的缺点，若采取一些现代育种手段加以改良，有望成为新一代水果。其他具有开发为新颖水果潜质的如掌叶覆盆子、蓬蘽、浙江猕猴桃、软枣猕猴桃、长叶猕猴桃、毛花猕猴桃、刺葡萄、东南葡萄、广西越橘、矮小天仙果、海岛薜荔等。具体请参见《浙江野果200种精选图谱》。

（3）食用淀粉植物资源

淀粉是植物体内贮藏的碳水化合物，食用淀粉是人类生活的重要物质，可直接食用、酿酒、制醋或加工成各种食用产品，如糖浆、淀粉糖、葡萄糖等。食用淀粉植物浙江有120余种，主要分布于壳斗科、禾本科、蓼科、百合科、天南星科、蝶形花科、桔梗科、菱科、旋花科、茄科等。除广泛栽培的水稻、大麦、小麦、高粱、马铃薯、番薯、板栗、香榧、菱等农作物外，食用淀粉含量较高的野生植物有葛、蕨、银杏、川榛、华榛、台湾水青冈、亮叶水青冈、白栎、短柄枹、枹栎、锥栗、茅栗、甜槠、苦槠、野荞麦、芡实、萍蓬草、莲、桔梗、华东魔芋、显子草、砂钻薹草、浆果薹草、百合、菝葜、光叶菝葜、肖菝葜、薯蓣、白及（白芨）等。

（4）食用油脂植物资源

食用油脂是人类生活的必需品，过多食用动物油脂常造成肥胖，易患高血压、冠心病等病症，而食用植物油脂对人体健康相对有益。该类植物浙江有60余种，主要分布于十字花科、蝶形花科、胡麻科、山茶科、木犀科、胡桃科、山茱萸科、苋科、松科、罗汉松科、红豆杉科、菊科、禾本科、棕榈科等。目前食用的植物油脂主要来源于油棕、油橄榄、大豆、花生、芝麻、油菜、油茶、向日葵、亚麻、玉米、棉籽、牡丹等。浙江的野生植物中含油量较高且可食用的有接骨木、梾木、光皮梾木、青荚、茶、浙江红山茶、闪光红山茶、山核桃、华东野核桃、野大豆、竹柏、榧属、黑莎草等。

（5）食用蛋白植物资源

蛋白质是人体不可或缺的，但人体自身不能合成，只能从食物中获取。获取途径有两条：一是用植物饲养家禽、家畜，间接获得动物蛋白；二是用物理、生物或化学方法将植物的叶子或果实加工成蛋白质食品。蛋白质广泛存在于藻类、大型真菌和维管植物中。一些维管植物的叶片含有丰富的蛋白质，如桑科、蓼科、苋科、十字花科、蝶形花科、旋花科、茄科、菊科、葫芦科植物的叶蛋白含量较高；一些蝶形花科植物的种子中蛋白质含量最为丰富，但有些种类的种子毒性较强，不能直接食用，必须经脱毒后方可。维管植物中，蛋白质含量较高的植物浙江有100余种。

（6）维生素植物资源

维生素可分为脂溶性和水溶性两大类，均为天然有机化合物，人体自身几乎不能合成，须从植物体中摄取。维生素是维持人体正常生理活动不可或缺的营养物质，若缺乏会引起代谢紊乱，生长停滞，以至罹患各种疾病。近年来研究发现，维生素还可预防癌症和冠心病等疾病。植物中含有各类维生素，如维生素B_1、维生素B_2、维生素B_3、维生素C、维生素E、维生素K、维生素P以及由胡萝卜素、β胡萝卜素转变而成的维生素A等，它们对维持人体健康的功效各不相同。维生素类通常存在于植物的果实、种子、叶片、嫩茎、花及块根中。浙江的维生素植物资源极为丰富，主要分布于蔷薇科、猕猴桃科、胡颓子科、芸香科、酢浆草科、柿树科、茄科、旋花科、十字花科、茶藨子科、蝶形花科、鼠李科、葡萄科、葫芦科、菊科、藜科、杜鹃花科、木犀科、百合科、禾本科等科中。具有较高利用价值的野生植物有猕猴桃属、蔷薇属、悬钩子属、苹果属、山楂属、柿属、芸苔属、葡萄属、胡颓子属、酢浆草属、枣属、柑橘属、樱属、茶藨子属、越橘属、荚蒾属、葱属以及杨梅、南五味子、飞龙掌血、酸味子、南酸枣、杜英、蓝果树等。

(7) 食用色素植物资源

食用色素主要有化学合成色素和天然植物色素两类。研究表明，过多食用化学合成色素会导致人体易患皮下肉瘤、肝癌、肠癌、恶性淋巴癌等疾病，还会导致儿童正常行为发生改变。因此应提倡使用安全无毒的天然植物食用色素，这类植物浙江有70余种。利用叶子的有柃木类(叶片烧灰，黄色)、山矾(叶片烧灰，黄色)、马尾松(针叶，绿色)、枫香(嫩叶，紫黑色)、乌饭树(嫩叶，紫黑色)、紫苏(叶，紫色)、多穗石栎(嫩叶，棕色)、菠菜(叶，绿色)等；利用花、花序或花萼的有鸡冠花(花序，玫瑰红色)、黄蜀葵(花，橙黄色)、大花金鸡菊(花，黄色)、玫瑰茄(果时花萼，红色或橙色)等；利用果实的有栀子(果，黄色)、商陆(果，红色)、绿叶五味子(果，红色)、金樱子(果，红色)、山莓(果，红色)、高粱泡(果，红色)、蓬蘽(果，红色)、茅莓(果，红色)、闽赣葡萄(果，红色)、荚蒾(果，红色)等；利用根或根状茎的有蕨(根状茎，黄色)、紫草(根，玫瑰红色)、姜黄(肉质根，黄色)、胡萝卜(肉质根，橙红色)等；利用全株的有虎杖(全株，黄色)、水稻(秆烧灰，黄色)等。

(8) 食用调料植物资源

浙江有70余种，主要分布于胡椒科、樟科、桑科、芸香科、唇形科、伞形科、百合科、姜科中。重要种类有山蒟、风藤、条叶榕、花椒类、月桂、香叶树、浙江樟、细叶香桂、山鸡椒、棘茎楤木、莳萝、芫荽、茴香、紫苏、薄荷、石菖蒲、蒜、韭、葱、小根蒜、薤头、姜、山姜、蘘荷等。在临安、杭州市区、长兴、淳安等地石灰岩山地分布的小花花椒树体高大，树形优美，结实量大，是一重要的优良调料树种，且其果实红艳，不仅可供观赏，也是石灰岩山地绿化美化的优良材料；在象山、普陀一带分布的日本花椒也是优良的调味树种。条叶榕的根、茎在浙南至闽南一带，是民间常用的肉类调味料，可令荤菜油而不腻，并有降脂减肥的功效；棘茎楤木的根皮在金华一带用于炖猪蹄或炖鸡，味道鲜美，并有强身健体的功效。

(9) 饮料植物资源

除茶(含白茶、黄茶品种)外，其他非茶类植物在浙江民间用作茶饮的有80余种，统称为"非茶之茶"。如以叶作茶的有茶条槭、枸骨、大叶冬青、杜仲、显齿蛇葡萄(腾龙茶)、银杏、侧柏、甜叶菊、多穗石栎、阿里山山矾、光叶山矾、青钱柳、桑、盐肤木、矩形叶鼠刺、毛豹皮樟、柿、丹参、荷、掌叶复盆子、球核荚蒾、枇杷、大青、柳叶蜡梅、浙江蜡梅、三叶青(三叶崖爬藤)等；以全草作饮用的有淡竹叶、斑叶兰、花叶开唇兰(金线兰)、铁皮石斛、铜锤玉带草、夏枯草、车前、奇蒿(刘寄奴、六月霜)、蒲公英、草珊瑚、虎耳草、紫花地丁、天胡荽、菟丝子、兰香草、薄荷、紫苏、半枝莲、白花蛇舌草、绞股蓝、鬼针草等；用花作茶的如茉莉、紫玉兰、红花、菊、野菊、甘菊、紫花野菊、月季、玫瑰、玫瑰茄、睡莲、忍冬、玉米（须）等；以果、果皮、种子入茶的有荞麦、柠檬、橘（皮）、山楂、决明、望江南、枸杞等；以根或根状茎入茶的如太子参（孩儿参）、淫羊藿类、何首乌、条叶榕、乌药、葛根（野葛）、五加、丹参、党参、白茅、多花黄精、姜、山姜等。这些非茶之茶，通常具有一定的养生保健功效，有的可解暑，有的可消食，有的可养颜，有的可强身，有的可降糖、降压，有的具清热解毒的作用。

（10）制酒植物资源

制酒植物是指民间用于酿制酒、蒸馏酒或浸制药酒的植物。理论上讲凡富含食用淀粉、葡萄糖的植物均可用于酿酒或蒸馏酒；具一定保健功效且无毒或低毒的植物全草或某一器官均可用于浸制药酒。浙江常用于制酒的栽培植物有稻米、荞麦、米仁（薏苡）、玉米、大麦、小麦、莲籽（荷）、高粱、番薯等；常用的野生植物有苦槠（果）、菝葜属（根状茎）、金樱子（肉质花托）、葡萄属（果）、荚蒾属（果）等。民间常用于浸制药酒的植物众多，用根、根状茎或块茎的有黄精属（根状茎）、淫羊藿属（根状茎）、太子参（肉质根）、牛膝（根）、川牛膝（根）、芍药（根）、人参（肉质根）、竹节人参（根状茎）、食用土当归（根状茎）、党参（根）、重齿当归（根）、明党参（肉质根）、川芎（根状茎）、短毛独活（根）、珊瑚菜（北沙参，根）、防风（根）、地黄（根）、山药（薯蓣，肉质根）、野葛（根）、丹参（根）、羊乳（肉质根）、党参（肉质根）、浙玄参（肉质根）、白术（根状茎）、麦冬（肉质根）、天门冬（肉质根）、五加（根）、何首乌（根）、仙茅（根）、天麻（块茎）；用果、种子或肉质假种皮的有南五味子、华中五味子、山茱萸、女贞、猕猴桃属、枸杞、梅、杨梅、桑、掌叶复盆子、蛇床、构树、南方红豆杉（肉质假种皮）、补骨脂（种子）、芡实（种子）、韭（种子）等；用全草的有菟丝子属、铜锤玉带草、铁皮石斛、斑叶兰等；用花的有睡莲、红花、西红花等；用树皮的有杜仲、厚朴、白杜等。

2.药用植物资源

浙江自古以来即是全国重点中药材主产区之一，1986年全国中药资源调查规划中，重点调查363种，浙江即产253种，占了近70%。浙贝母、元胡（延胡索）、白术、玄参、杭白菊（菊花）、温郁金、杭白芍（芍药）、浙麦冬（麦冬）历史上号称为"浙八味"，闻名天下；近年又将铁皮石斛、衢枳壳（常山胡柚）、乌药、三叶青（三叶崖爬藤）、覆盆子（掌叶复盆子）、白花前胡、灵芝、西红花列为新"浙八味"。

近10年来，浙江省中药材种植面积、产量及效益均稳步增长。据资料，2010年中药材种植总面积3.058万公顷，总产量13.2万吨，总产值27.8亿元；2015年种植总面积3.86万公顷，总产量17.86万吨，总产值52.91亿元；2019年种植总面积7.5663万公顷，总产量14.64万吨，总产值达62.3亿元，其中产值过亿元的12种药材（未含真菌类）依次为：铁皮石斛（24.3亿元）、浙贝母（5.47亿元）、杭白菊（4.69亿元）、黄精（主要为多花黄精，3.5亿元）、覆盆子（掌叶复盆子，2.55亿元）、三叶青（三叶崖爬藤，2.4亿元）、元胡（2.12亿元）、白及（1.7亿元）、西红花（1.36亿元）、栝楼（1.3亿元）、衢枳壳（1.16亿元）、栀子（1.13亿元）。产值上千万元但未过亿元的27种药材依次为：温郁金、莲籽（莲）、大黄菊（菊花品种，也称皇菊、金丝黄菊）、白花前胡、白术、金银花（忍冬）、山茱萸、吴茱萸、厚朴、米仁、卷丹、玉竹、菊米（野菊、甘菊花蕾）、青钱柳、南方红豆杉、益母草、鸢尾、太子参、华重楼、杭白芍、玫瑰、浙麦冬、川黄柏、山药（薯蓣）、杜仲、何首乌、栀子。由此可见当前浙江种植的热门药材种类繁多。

据《浙江药用植物资源志要》，全省共有植物药3143种，隶属于285科，1270属，其中维管植物药2897种。药用植物主要分布于菊科、蝶形花科、蔷薇科、禾本科、唇形科、五加科、伞形科、兰科、百合科、毛茛科、莎草科、玄参科、茜草科、蓼科、大戟科、忍冬科、芸香科、马鞭草科、十字花科、樟科、石竹科、荨麻科等。特色药有青钱柳、细辛、野荞麦、太子参、短萼黄连、江南牡丹草、乌药、凹叶厚朴、浙江蜡梅、伏生紫堇、杜仲、佛手、吴茱萸、三叶青、雷公藤、大籽猕猴桃、喜树、大叶三七、白花前胡、山茱萸、鹿蹄草、羊踯躅（闹羊花）、女贞、龙胆、益母草、香茶菜、白英、栀子、白花蛇舌草、钩藤、绞股蓝、栝楼、桔梗、奇蒿、野菊、千里光、一枝黄花、淡竹叶、香附子、天门冬、卷丹、多花黄精、玉竹、穿龙薯蓣、广东石豆兰等。

位于磐安县境内的大盘山于2002年被国务院批准为以野生药用生物资源为主要保护对象的国家级自然保护区，区内拥有药用植物1092种，隶属于202科，643属。这是我国迄今唯一的以保护药用植物为主的国家级自然保护区。

畲族是浙江省内人口最多的少数民族。畲族人民在长期的生产、生活实践中，积累并形成了一套既兼容百家，又独具特色的民族医药体系，成为中华民族传统医药的重要组成部分。浙江的畲药种类非常丰富，经梅旭东、沈晓霞、王志安、江建铭等人多年调查研究，编辑出版了《中国畲药植物图鉴》（上、下册）（浙江科学技术出版社，2018—2019），全书共记述传统畲药及相似种近900种。

浙江省近年来对中药材生产越来越重视，陆续建成了一批中药材基地、药材市场和以中药材养生保健为主要特色的特色小镇，如磐安县的中国药材城——磐安"浙八味"市场，义乌市的森山健康小镇，武义县的寿仙谷中药材基地，兰溪市汇康药材有限公司的杭白菊基地，淳安县的屏门中药材基地和临岐镇农业产业（中药材）强镇，桐庐县凤川街道的桐阁堂中药材农业合作社，余杭区的杭州三叶青农业科技有限公司基地，临安市的天目仙草小镇以及乐清市的雁荡山铁皮石斛种植基地等。其中雁荡山铁皮石斛基地2017年种植面积达800公顷，年产铁皮石斛鲜条1200吨，铁皮枫斗400吨；2017年，国家农业部正式批准对"雁荡山铁皮石斛"实施农产品地理标志登记保护；2019年，雁荡山铁皮石斛入选中国农业品牌目录。近些年浙江被国家有关部门评为著名药材产地的还有：桐乡（1999年被命名为"中国杭白菊之乡"）、鄞州（2002年被命名为"中国浙贝之乡"）、磐安（1996年被命名为"中国药材之乡"）。

3. 工业用植物资源

（1）珍贵用材树种资源

过去以杉木、马尾松为主的用材生产格局已完全改变，目前提倡种植珍贵用材树种。浙江省林业厅组织专家反复论证，于2008年出台了《浙江省珍贵树种资源发展纲要》，提出了适宜于浙江发展的79个树种。其中优先推荐的树种有银杏、江南油杉、南方红豆杉、榧树、赤皮青冈、红花香椿（原误定为毛红椿）、榉树、红豆树、浙江楠、闽楠、楠木（桢楠）、浙江樟、光皮桦等20种；一般推荐的树种有黄杉、金钱松、少叶黄杞、长序榆、光叶榉、香樟、连香树、舟山新木姜子、天目木姜子、乳源木莲、花榈木、伯乐树、细柄蕈树、华东稠李、南酸枣、浙江柿等55种；引进推广的树种有紫檀、印度黄檀、降香等4种。近十余年中，南方红豆杉、榉树、浙江楠、浙江樟、红豆树、楠木等均已大量实施造林，可以预期浙江的用材种类和材质结构将有较大的改观和提升。其实，2008年作者在临安发现的华榛也是优良的珍贵用材树种，落叶大乔木，高可达20m以上，胸径达50cm，树干通直，不仅生长较快，出材率高，材质优良，且其坚果亦可食用，在欧洲已用作行道树。

（2）香料植物资源

香料植物指植物的花、果、根、枝叶等部位含有芳香油，提取后可用于香皂、化妆品、香烟等产业，有些可作饮料、食品的香料，有的树脂可作香料、医用或定香剂。浙江的香料植物资源比较丰富，有300余种，主要分布于樟科、唇形科、伞形科、松科、柏科、芸香科、八角科等。以鲜花提取芳香油的种类如金粟兰、茉莉花、含笑、深山含笑、黄心夜合、玉兰、白兰花、蜡梅、月季、玫瑰、刺槐、柑橘类、椴树类、瑞香、桂花、栀子、菊花类、水仙、姜花、春兰、蕙兰、建兰等；其中用果或果皮提取芳香油的有山鸡椒、樟类、柑橘类等；用枝叶提取芳香油的有松类、香柏、柏木、风藤、草珊瑚、杨梅、樟类、黄连木、黄花草木樨、桉类、薄荷、留兰香、罗勒、牛至、荠苧、紫苏、藿香、荆芥、迷迭香、蒿类、泽兰、佩兰、香茅等；用根提取芳香油的有五加类、黄芩、缬草、苍术、香附子、菖蒲、山姜、蘘荷等；用树脂提取芳香油的有枫香、越南安息香等。

（3）纤维植物资源

植物纤维主要用于制造麻、布、纸张，编织各种生活用具及工艺制品。优良的纤维植物主要分布于荨麻科、瑞香科、榆科、桑科、大戟科、锦葵科、椴树科、梧桐科、禾本科、莎草科、棕榈科中，浙江有500余种。其中韧皮纤维发达、质量优良并有较高利用价值的种类有苎麻、大叶苎麻、浙江蝎子草、构树、小构树、青檀、糙叶树、杭州榆、多脉榆、结香、荛花属、大麻、椴树属、扁担杆、木槿属、梵天花属、山麻杆、白背叶、梧桐、杠柳、五节芒、互花米草、毛竹等。目前五节芒、互花米草、毛竹等因气候及人为等因素，在本省已严重威胁到生态安全，宜重点开发用于造纸或做活性炭等，既可充分利用资源，又可控制其泛滥成灾，降低生态风险。

（4）工业油脂植物资源

工业用油脂是指一类含蜡质、黏蛋白、游离酸、酚类的化合物，具有异味、粗涩或对人体有害而不能食用的植物油，浙江有30余种。其中油桐、木油桐、乌桕、山乌桕、重阳木、七叶树、山桐子、枫杨、苍耳等可提取含桐酸、亚油酸或亚麻油酸较高的干性油，主要用于油漆、印染、日化、塑料、涂料、模具制造、黏合剂及医药等方面；檫木、山鸡椒、山胡椒、香叶树、香樟、黑壳楠、榉树、白榆等树种含有壬酸、癸酸和月桂酸等成分，可用于塑料工业；蓖麻可提取含蓖麻酸较高的不干性油，主要用于高速、高压、高温润滑油。

(5) 工业淀粉植物资源

工业用淀粉是指不宜食用，但可加工成如淀粉糖、葡萄糖、糖浆、糊精、黏胶剂、酒精等工业产品的淀粉。这类植物资源浙江有40余种，主要有青冈属、石栎属及麻栎、栓皮栎、小叶栎、石蒜属等。

(6) 工业色素植物资源

工业色素植物可用于纺织印染。浙江有10余种，主要种类有蓼蓝（全株，靛蓝色）、菘蓝（叶，靛蓝色）、木蓝（叶，靛蓝色）、冻绿（茎皮，绿色）、南方靛蓝豆（叶，靛蓝色）、茜草（根，鲜红色）、红花（花，红色）、红叶小檗（叶，红色）、枫杨（果，金黄色）、紫茉莉（紫色花，紫红色）、紫草（根，紫色）等。

(7) 鞣料植物资源

鞣料也称单宁或栲胶，主要用于制革和锅炉用水软化处理，与高价铁盐可合成各种染料，在石油钻探、矿物冶炼、陶瓷制造中也有较多应用。浙江有100余种，在壳斗科的壳斗、化香的果序、蔷薇科、蓼科一些植物的根，柿树的未熟果实，胡桃科、金缕梅科、豆科、楝科、苦木科一些植物的树皮，盐肤木的虫瘿中含量较高。

(8) 植物农药资源

植物农药不同于化学农药，通常对人畜安全，易分解，无残毒，特别适用于果树、蔬菜及粮食作物。此类植物浙江有80余种。可分为两类：一类是含有毒性的植物农药，可直接杀灭昆虫；另一类是含有昆虫激素的植物农药，可控制昆虫的蜕皮与变态。前者如银杏、莽草、胡桃、枫杨、水蓼、驴蹄草、升麻、打破碗花花、威灵仙、乌头、博落回、白屈菜、蛇莓、皂荚、山皂荚、鱼藤、中南鱼藤、厚果崖豆藤、臭椿、苦楝、川楝、巴豆、泽漆、狼毒、蓖麻、雷公藤、无患子、油茶、羊踯躅、杠柳、烟草、曼陀罗、透骨草、除虫菊、菖蒲、百部、对叶百部、藜芦等；后者如水龙骨、罗汉松、百日青、南方红豆杉、檫木、牛膝、土牛膝、车轴草、中国旌节花、牡荆、华麻花头、筋骨草、野芝麻、水竹叶、延龄草、大滨菊等。

4. 野生观赏植物资源

据统计，浙江具较高观赏价值的野生植物有1480种，其中乔木320种，灌木420种，藤本（含草质藤本）140种，草本600种。这些植物中，有的可观花，有的可赏果，有的可观形，有的可赏叶，有的可观干。在园林用途上，有的宜作景观树种，有的可作行道树种，有的是优良的庇荫树，有的是美丽的花灌木，有的是重要的垂直绿化美化材料，有的是极好的湿地花卉，有的可用于边坡美化，有的可制作盆景，有的可供室内盆栽观赏，有的可用于花坛、花境或地被，有的可用于插花。这些植物完全能够满足园林中各种配置需求。有些种类是浙江特产或主产，或目前仅见于浙江，若能适度开发利用，可形成良好的地方园林特色。

(1) 乔木树种

重要的乔木树种有桫椤、笔筒树、银杏、金钱松、油杉、黄杉、柱冠罗汉松、百日青、南方红豆杉、九龙山榧、粤柳、华榛、赤皮青冈、卷斗青冈、乌冈栎、长序榆、榉树、雅榕、笔管榕、连香树、鹅掌楸、乳源木莲、灰毛含笑、紫花天目木兰、乐东拟单性木兰、浙江樟、沉水樟、圆头叶桂、天目木姜子、红楠、黄枝润楠、薄叶润楠、刨花楠、浙江润楠、浙江楠、闽楠、舟山新木姜子、檫木、细柄蕈树、政和杏、迎春樱、浙闽樱、大叶桂樱、合欢、亮叶猴耳环、湖北紫荆、肥皂荚、马鞍树、红豆树、花榈木、小花花椒、粗糠柴、山乌桕、木油桐、交让木、琉球虎皮楠、全缘冬青、铁冬青、大叶冬青、浙江冬青、枸骨、大柄冬青、海岸卫矛、鸡爪槭、毛鸡爪槭、三角枫、毛脉槭、樟叶槭、毛果槭、色木槭、临安槭、黄山栾树、无患子、小勾儿茶、杜英属、猴欢喜、梧桐、厚皮香、日本厚皮香、尖萼紫茎、柽柳、山桐子、尾叶紫薇、蓝果树、树参、吴茱萸五加、短梗幌伞枫、灯台树、秀丽四照花、东瀛四照花、四照花、山茱萸、灯笼花、云锦杜鹃、泰顺杜鹃、浙江柿、浙江光叶柿、红花野柿、鸦头梨、华东泡桐、香果树、浙江七子花、刺葵、方竹等。

另外，近年从外省引进的红花凹叶厚朴、红花深山含笑等也具有良好的发展前景。

（2）灌木树种

重要的灌木树种有白豆杉、天台小檗、樟叶木防己、景宁木兰、蜡瓣花、长柄双花木、小叶蚊母树、金缕梅、沼生矮樱、平枝栒子、圆叶小石积、厚叶石斑木、鸡麻、粉团蔷薇、钝叶蔷薇、波叶红果树、黄山紫荆、莸子梢、胡枝子、多花木蓝、金豆、茵芋、山麻杆、浙江叶下珠、顶花板凳果、东方野扇花、毛黄栌、温州冬青、疏花卫矛、冬青卫矛、无刺裸实、猫乳、海滨木槿、浙江红山茶、闪光红山茶、滨柃、金丝桃、金丝梅、倒卵叶瑞香、红花毛瑞香、荛花、岗松、桃金娘、轮叶赤楠、秀丽野海棠、中华野海棠、地菍、野牡丹、短梗大参、喜马拉雅珊瑚、倒心叶珊瑚、羊踯躅、华顶杜鹃、齿缘吊钟花、美丽马醉木、紫金牛属、老鸦柿、细果秤锤树、金钟花、紫珠属、兰香草、虎刺、栀子、六月雪、荚蒾属、水马桑、大盘山忍冬、糯米条、茵陈蒿、芙蓉菊、寒竹、鹅毛竹、箬竹、紫竹等。

（3）藤本植物

藤本植物包括木质藤本和草质藤本。木质藤本主要有藤石松、风藤、爱玉子、舟柄铁线莲、重瓣铁线莲、毛叶铁线莲、天台铁线莲、大花威灵仙、鹰爪枫、尾叶挪藤、老虎刺、粉叶羊蹄甲、紫藤、常春油麻藤、扶芳藤、常春卫矛、尼泊尔鼠李、爬山虎属、毛花猕猴桃、菱叶常春藤、酸藤子属、大花帘子藤、紫花络石、球兰、单叶蔓荆、蔓九节、玉叶金花、盘叶忍冬等；草质藤本主要有海刀豆、旋花、肾叶打碗花、田旋花、厚藤、北鱼黄草等。

（4）草本植物

重要的草本植物有翠云草、卷柏、松叶蕨、福建观音座莲、金毛狗、灰背铁线蕨、昌化铁线蕨、乌毛蕨、荚囊蕨、肾蕨、丝穗金粟兰、草珊瑚、蓼子草、剪秋罗、草芍药、乌头、秋牡丹、驴蹄草、大叶唐松草、瓣蕊唐松草、白花六角莲、江南牡丹草、珠芽尖距紫堇、匙叶茅膏菜、紫花八宝、晚红瓦松、海滨山黧豆、红花苦参、凤仙花属、秋海棠属、千屈菜、圆叶节节菜、锦香草（短毛熊巴掌）、金锦香、黄花水龙、荇菜、毛药花、浙江铃子香、紫花香薷、水虎尾、走茎龙头草、洪林龙头草、舌瓣鼠尾草、印度黄芩、光紫黄芩、水苏、江西马先蒿、天目地黄、大花旋蒴苣苔、浙皖粗筒苣苔、红花温州长蒴苣苔、闽赣长蒴苣苔、绢毛马铃苣苔、吊石苣苔、蚂蝗

七、羽裂唇柱苣苔、西子报春苣苔(牛耳朵)、台闽苣苔、蓬子菜、球花马蓝、少花马蓝、沙参、桔梗、江南山梗菜、山梗菜、半边莲、普陀狗娃花、匙叶紫菀、菊属、蓟属、华东蓝刺头、大吴风草、橐吾属、华麻花头、芦竹、卡开芦、日本苇、狗牙根、结缕草、假俭草、水禾、荻、普陀南星、宽叶泽苔草、水车前、浆果薹草、露水草、羊齿天门冬、朝鲜韭、荞麦叶大百合、云南大百合、天目贝母、萱草、百合属、华重楼、吉祥草、仙居油点草、石蒜属、水仙、鸢尾属、艳山姜、蘘荷、山姜、华山姜、大花无柱兰、竹叶兰、白及、反瓣虾脊兰、兰属、独花兰、扇脉杓兰、梵净山石斛、鹅毛玉凤花、风兰、象鼻兰、斑叶鹤顶兰、台湾独蒜兰等。

具体可参见《浙江野花300种精选图谱》及《浙江野果200种精选图谱》。

5.特别用途或特殊生境植物资源

(1)防火树种资源

指叶片含水量较高，或不易起燃，或能阻止火势蔓延的树种。通常用于营建生物防火林带。华东地区较好的树种有木荷、日本珊瑚树、红山茶、浙江红山茶、闪光红山茶、油茶、冬青、枸骨冬青、大叶冬青、黄连木、醉香含笑(火力楠)、细柄蕈树、交让木、海桐、蚊母树、杨梅、栓皮栎等。可根据立地条件酌情选用并科学配置。

(2)林下经济植物资源

近些年提倡的林下经济发展模式正在浙江蓬勃兴起，此举不仅可以充分利用林地资源，还可提高单位面积产出效益，无疑是一条山区农民增收致富的优良发展道路，若种植模式设计合理，还可起到防止水土流失、维护生态平衡的作用。适宜作林下栽培的种类较多，优良药用植物有三叶青、独蒜兰、天麻、铁皮石斛、花叶开唇兰(金线莲)、云南独蒜兰、多花黄精、桔梗、芍药、白花前胡、浙玄参、仙茅、天门冬、虎刺、杭白菊、药用百合、百部、对叶百部等，高海拔山地可种植竹节人参等；花卉类有石蒜属、鸢尾属、紫金牛属、观赏百合、水仙属、荷包牡丹等，高海拔山地可种植郁金香等；蔬菜类除种植一些家常蔬菜外，也可种植一些优良野菜，如白花败酱、紫萼、苍葜、鸭儿芹、牯岭野豌豆、省沽油、五加、大青等；水果类可在疏林下套种或林缘种植的有蓬藟、鹰爪枫、红心猕猴桃、中华猕猴桃、毛花猕猴桃、蓝莓等；其他可种植的还有魔芋、番薯、马铃薯、辣椒等。

(3)石灰岩绿化美化植物资源

石灰岩在浙江主要分布于绍兴-江山一线以西的丘陵山地，面积近18万公顷。根据作者调查统计，浙江境内在石灰岩上能正常生长并具一定经济价值的植物有275种，包括乔木65种，灌木50种，藤本40种，草本120种。其中有的在浙江通常仅见于石灰岩山地，如山核桃、宝华鹅耳枥、蒙桑、蜡梅、青檀、少花桂、檵子栎、小花花椒、大果冬青、陕西荚蒾、浙江荚蒾、苦皮藤、剑叶虾脊兰、铁线蕨、白垩铁线蕨、昌化铁线蕨、灰背铁线蕨、平羽碎米蕨、腺毛肿足蕨、卵叶铁角蕨等；有的则在石灰岩山地更为常见，如柏木、黑弹树、黑壳楠、毛萼铁线莲、皂荚、肥皂荚、常春油麻藤、野花椒、铜钱树、山茱萸、光皮梾木、膀胱果、鸡仔木、蜈蚣草、西子报春苣苔、大花旋蒴苣苔、闽赣长蒴苣苔、明党参等；更多的种类则是能很好地适应石灰岩生境，如榧树、三尖杉、粗榧、刺榆、天目木兰、粗糠柴、光枝刺叶冬青、湖北紫荆、多花胡枝子、尼泊尔鼠李、糯米条、石蒜、中国石蒜、乳白石蒜等。它们均可用于石灰岩山地造林或美化。

有些种类属于优良的药用植物，如何首乌、云实、忍冬、夏枯草、南丹参、丹参、射干、羊乳、箭叶淫羊藿、长梗黄精、多花黄精、黄精、浙荆芥、白及、元宝草、天门冬、天目贝母、白花前胡等。可用于石灰岩山地美化并生产药材。

有些是优良的食用植物，野果类如鹰爪枫、三叶木通、木通、毛葡萄、桑叶葡萄、莨芝、胡颓子、南酸枣等；调料植物如小花花椒、野花椒、竹叶椒、青花椒、石菖蒲等；野菜类如明党参、桔梗、沙参、萱草、紫萁等。

有些可供园林观赏，如猫乳、白花六角莲、流苏树、珍珠绣线菊、莸子梢、多花木蓝、百两金、兰香草、沙参、宁波溲疏、江西绣球、大花旋蒴苣苔、吊石苣苔、白接骨、少花马蓝、球花马蓝、密花孩儿草、秋牡丹、丝穗金粟兰、秋海棠、河八王、紫藤、紫花络石、天目地黄、紫珠、老鸦柿、下江忍冬、紫花八宝、倒卵叶瑞香、毛瑞香等。

（4）海岸带绿化美化植物资源

①岩质海岸。可供选择的乔木有黄连木、全缘冬青、朴树、普陀樟、椿叶花椒、乌桕等；灌木或小乔木有圆头叶桂、海桐、厚叶石斑木、圆叶小石积、光叶蔷薇、毛柱郁李、日本女贞、黄杨、红山茶、金豆、常春卫矛、平翅三角枫、马甲子、车桑子、滨枥、单刺仙人掌、菱叶常春藤、多枝紫金牛、九节、芙蓉菊、刺葵等；藤本植物有风藤、爱玉子、海刀豆、两面针、青江藤、爬山虎、菱叶常春藤、鳝藤、匙羹藤、蔓九节等；草本植物有全缘贯众、石竹、长萼瞿麦、异果紫堇、晚红瓦松、小叶野决明、滨海前胡、大吴风草、匙叶紫菀、假还阳参、普陀狗娃花、华克拉莎、绵枣儿、山菅、换锦花、风兰、纤叶钗子股等。

②泥质海岸。可供选择的植物有木麻黄、旱柳、乌桕、黄连木、苦楝、刺槐、香花槐、紫穗槐、绒毛白蜡、美国蜡杨梅、弗吉尼亚栎、桉树类、南方碱蓬、海滨木槿、日本女贞、椤木石楠、珊瑚树、柽柳、苦槛蓝、秋茄、中华补血草、夹竹桃、木芙蓉、凤尾兰、芦苇、海三棱藨草、碱蓬、南方碱蓬、盐角草等。含盐量较低的可用植物有女贞、罗汉松、榉树、椰榆、黄樟、构树、国槐、臭椿、香椿、中山杉、墨西哥落羽杉、无患子、常青白蜡、桤木、紫叶李、无花果、桑树、石榴、枣、杨树、白哺鸡竹、冬青卫矛、火棘、木槿等。

③沙质海岸。可供选择的木本植物有木麻黄、黄连木、小叶蜡子树、缩刺仙人掌、单叶蔓荆、凤尾兰等；草本植物有蓝花子、滨海野豌豆、珊瑚菜、厚藤、砂引草、滨旋花、茵陈蒿、沙苦荬、砂钻薹草、矮生薹草、绢毛飘拂草等。

④滨海丘陵山地。可供选择的常绿乔木有竹柏、香樟、普陀樟、红楠、舟山新木姜子、越南山龙眼、笔罗子、日本珊瑚树、台湾蚊母树、琉球虎皮楠、全缘冬青、铁冬青、海岸卫矛、红山茶、台湾相思、大叶桂樱、密花树等；落叶乔木有朴树、海岛桑、合欢、山合欢、黄连木、椿叶花椒、日本野桐、东瀛四照花、南方紫珠等；常绿灌木有樟叶木防己、黄杨、台闽算盘子、钝齿冬青、冬青卫矛、柃木、乌饭树、普陀杜鹃、日本女贞、海岛荚蒾、栀子、凤尾兰等；落叶灌木有天台溲疏、日本花椒、矮小天仙果、天仙果、海州常山等；藤本植物有薜荔、小果薜荔、爱玉

子、风藤、日本野木瓜、龙须藤、飞龙掌血、大叶胡颓子等；草本植物有短毛独活、大吴风草、普陀南星、朝鲜韭、黄花百合、山菅、阔叶沿阶草、水仙、白及等。

海岸带绿化美化植物选择可参见《宁波滨海植物》。

(5) 堤岸防护植物资源

堤岸防护植物指根系发达，固土能力强，并能耐水浸淹的植物。适用于河岸、溪边、湖畔、湿地等处的美化绿化。木本植物有池杉、落羽杉、墨西哥落羽杉、中山杉、水杉、水松、湿地松、江南桤木、垂柳、旱柳、南川柳、银叶柳、粤柳、构树、枫杨、乌桕、苦楝、海滨木槿、木槿、木芙蓉、细叶水团花、水团花、圆头蚊母树、紫穗槐、金钟花、箬竹、鹅毛竹等；草本植物有溪黄草、芦苇、日本苇、卡开芦、荻、斑茅、白茅、香根草、狗牙根、假俭草、结缕草、麦冬、山麦冬、阔叶山麦冬、萱草、菖蒲、石菖蒲、水烛、香蒲、梭鱼草、再力花、黄菖蒲（黄花鸢尾）等。

(6) 边坡绿化植物资源

适用于高速公路、铁路等处边坡绿化、美化的木本植物有盐肤木、胡枝子类、马棘、多花木蓝、菥子梢、火棘、窄叶火棘、刺槐、香花槐、紫穗槐、黄槐、双荚槐、银合欢、锦鸡儿、云南黄馨、迎春花、铺地柏、沙地柏、毛黄栌、枸杞、夹竹桃、糯米条、秀丽野海棠、海桐等；藤本植物有常春藤、常春油麻藤、爬山虎、美国地锦、扶芳藤、凌霄、络石等；草本植物有芒萁、紫花苜蓿、猪屎豆、石竹类、石蒜类、黑麦草、高羊茅、狗牙根、野菊、甘菊、火炭母草、朝鲜韭等。

(7) 抗污染植物资源

在城镇、矿区、公路两侧、垃圾场、污水处理厂、五金加工厂、化学制品厂及医院附近等地段，由于汽车尾气及厂矿污染物排放、建筑工地施工及土方运输中的扬尘等，产生环境污染。有些植物对一些污染物质不仅具有较强的抗性，有的还能阻滞并吸附灰尘，缓解放射性物质的强度，降低有害气体或臭气的浓度。在实践中可以有针对性地选择植物绿化、美化，以减轻污染程度。如构树、臭椿、悬铃木、蜡梅、响叶杨、珊瑚朴等树冠浓密，叶面粗糙被毛或能分泌油脂、黏液，具较强的阻滞尘埃的作用；冬青、杜鹃、杨树等对铅、镉、锌等具有较强的富集能力；狗牙根、高羊茅等禾本科植物对砷、锌、铜等有较强的吸收能力；柳树、臭椿、卫矛、大丽菊、蜀葵、百日草、千日红、醉蝶花、紫茉莉等对氯气抗性较强；对二氧化硫具有吸附能力或抗性较强的植物有忍冬、卫矛、旱柳、臭椿、水蜡、美人蕉、紫茉莉、九里香、唐菖蒲、郁金香、菊、玉簪、仙人掌、雏菊、三色堇、金盏菊、福禄考、金鱼草、蜀葵、半枝莲、垂盆草等；对氟吸附能力较强的树种有泡桐、梧桐、冬青卫矛、女贞、榉树、垂柳等；松类、柏类、香樟、柚、柑橘等可分泌抑菌物质，从而抑制或杀灭空气中的细菌。这些植物都能调节空气中氧气和二氧化碳的浓度，净化空气，释放负氧离子，令空气清新，身体愉悦，并能有效减弱噪音和光污染。

（三）浙江资源植物的保护与利用建议

1. 继承传统，推陈出新

对传统名特优产业要在继承的基础上，进一步发扬光大。如茶叶，近些年开发出了白化茶树、黄化茶树、紫色茶树等品种，实现了从传统的绿茶制作到多品种茶类开发，这些品种除可用于茶饮外，也可用于园林美化。再如桑，历史上用叶养蚕，有时结合药材（桑白）、桑耳生产。近些年，在各地兴起种植果桑，桑果成为一种新型水果，酸甜可口，除直接食用外，也可制作饮料或泡酒，具补肾健体等功效；肥嫩的桑叶含有丰富的营养，并有美容功效，做菜具有独特的风味，今后也可发展菜桑种植。

2. 善于发现，勇于创新

自然界中，在多种环境因素的综合影响下，植物常常会发生一些个体形态变异，如树形、干色、叶形、叶色、花形、花色、果色等，当发现有价值的形态变异时，要引起高度关注，并及时采集活体，采用科学方法扩繁，培育新品种，进而推向市场。对一些价值较高的野生植物，应重视优良个体选择，采用现代育种手段，培育出符合市场需求的优良种系，变野生为栽培。如余姚四明山有1个个体特别大的云南山蓟菜居群，具有开发为新颖野菜的潜质；产于台州等地的黄花百合，具有花黄色、花被片质厚、花量多、鳞茎大等特质，是一种可以开发为观赏兼食用、药用的优良植物；目前园林中栽培的色叶树种大多引自国外，如红叶石楠、红叶李、火焰南天竹、金叶小檗、紫叶小檗等，而作者曾在浙江野外见有金叶的四照花、红叶和金叶的黄杨等变异个体，还在不少地方见到窄基红褐柃、毛枝连蕊茶、乌饭树等的一些个体新叶十分艳丽，这些都是选育新优色叶树种的重要材料；在岱山长涂分布有一个雀麦的特殊类型，小穗呈粉红色或红色，非常美丽，可培育为园林观赏草。

3. 综合利用，扩大效益

对一些多用途植物，要充分进行综合利用，避免资源浪费和市场风险。如华榛可培育为材用和果用树种，还可作为行道树或园林景观树；野葛目前已成为一种严重危害生态安全的物种，但其用途很广，根富含优质食用淀粉，叶富含蛋白质，为优质饲料，茎藤富含优质纤维，可用于制作葛布，根部还含有黄酮类物质，可供药用，花也可入药，如能开展综合利用，既可创造较高的经济效益，又可控制其泛滥危害，可谓一举两得。

4. 生态经营，确保安全

提倡复层种植，充分利用土地、光照等自然资源。如在上层种植珍稀用材树种、果树或优良观赏树种，下层种植耐阴花卉、药材或野菜，使单位面积土地经济效益、生态效益最大化。

当前的农业经营中，仍存在大量使用化学农药、化肥、激素和除草剂等现象，不仅造成土壤污染日益严重，而且产品中常残留有害成分，尤其是食用产品，如竹笋、杨梅、香榧、山核桃、蓝莓、草莓及蔬菜、粮食作物等，既影响了消费者的健康，也毁坏了自身的声誉。其中除草剂的使用虽然能降低生产成本，但对植物生长发育的影响是巨大的，对此政府必须严格加以控制。必须意识到：植被健康，生态才能平衡；植物健康，人类才能安全。

5. 科学引导，有序发展

政府职能部门要充分发挥专家的作用，根据各地气候资源、立地条件等因素，认真做好中长期规划，着力培育地方特色产业，并及时发布信息，提醒广大群众不要盲目跟风，坚决打击个别不良企业的炒作行为，避免出现产品价格大起大落而伤农的现象。引导并鼓励企事业单位对乡土植物资源开展科学合理的开发利用。

6. 重视保护，永续利用

由于植物资源的保护力度不够，加上民众的保护意识淡薄，一些过去极为常见的植物被滥采乱挖，有的已处于濒危状态，如春兰、蕙兰、建兰、寒兰、斑叶兰、天麻、独花兰、铁皮石斛、金线兰、短萼黄连、大叶三七、华重楼、多花黄精等。

故对一些价值较高但数量稀少的植物，决不可直接采集野生资源进行利用，而应在保护好资源的前提下，科学合理地加以开发利用。草本植物可采集种子或营养体进行组培繁育，木本植物则可采少量枝条，扦插或嫁接于近缘种上，再进行组培繁殖。如近年来发现于庆元的政和杏，为高大乔木，兼具观赏、果用及材用价值，是一值得重点开发利用的树种；又如近年来发现于象山的圆头叶桂，为常绿小乔木，枝叶密集，非常适应海岛气候和立地条件，是既能用于海岛，也可应用于内陆地区的优良观赏树种。

政府要制订或完善相关的地方性法规、规章、政策措施，强化执法力度。利用多种媒体渠道加强宣传，提高公民对野生资源植物和生态环境的保护意识，要鼓励民间成立野生植物保护团体，让大众自发地参与保护工作。

此外，由于近些年过于追求产量、经济效益和贪图方便，加上国外一些种子公司的垄断经营，农户自己不再制种、留种，一些传统、特色明显、风味纯正但产量、效益较低的种质资源，如粮食、蔬菜、药材、花卉、果树等一些老品种、土品种逐渐被弃种，造成基因资源大量丧失，这对今后的经济发展和生态平衡都将带来难以估量的严重后果，更关系到食品、药品和国家战略安全，故有关部门对此应引起高度重视。建议建立一座全省性的种质资源库，全面收集保存优良、传统、特有及稀有的种质资源，采用活体种植保存及种子低温保存的方式，并建好档案，以备今后的作物改良、替代和挽救，为后代多留存一些珍贵的基因资源。

第二编 各论

蕨类植物门 Pteridophyta

蕨类植物既是高等的孢子植物，又是原始的维管植物，是介于苔藓植物和种子植物之间的植物。蕨类植物具颈卵器结构，有明显的世代交替；具有根、茎、叶器官和维管系统的分化，但无种子形成，而以孢子囊产生孢子进行繁殖。

蕨类植物的孢子囊通常着生于叶的背面、边缘和叶腋中，单生或集生。着生孢子囊的叶片称为孢子叶（也称能育叶）。在原始的类群中，孢子叶通常聚生于枝顶组成穗状的孢子叶球或孢子叶穗；较进化类群的孢子囊通常集生于一个孢子叶上，整个孢子叶特化成穗状，称为孢子囊穗；进化类群的孢子囊通常成群聚生于一个特化的囊托上，称为孢子囊群，少数类群的孢子囊群是裸露的，多数类群通常有各种形状的囊群盖保护。孢子囊内的孢子母细胞通常减数分裂后形成单倍（n）染色体的孢子，而进入有性世代。孢子有同型和异型之分，后者是较进化的类型。成熟的孢子散落在适宜的环境条件中萌发，生长发育成配子体（又称原叶体），配子体的体形微小，结构简单，生命期较短。同型孢子发育的配子体为两性，其上产有颈卵器和精子器；异型孢子发育的配子体为单性，分别产有颈卵器和精子器。颈卵器产有卵子，精子器产有精子。精子有鞭毛，能游动，凭水为媒介以及化学物质（主要是苹果酸及其盐类）的吸引，进入颈卵器与卵子结合形成受精卵。受精卵发育成幼胚，在配子体上继续发育生长，继而随着配子体的衰亡而成长为独立生活的孢子体，即通常的绿色蕨类植物。

蕨类植物大多为土生、石生或附生，少数为水生或湿生，直立或少有呈缠绕攀缘的多年生草本，少为高大树形。大多喜生于温暖阴湿的林下、溪边或岩石上，是森林植被草本层的重要组成。许多种类可供药用，部分种类可作蔬菜或制食用淀粉，还有一些可作为绿肥、饲料以及观赏、指示植物等。

现代蕨类植物有12000余种，以热带、亚热带地区最为丰富。据《中国植物志》，我国有63科，231属，2600余种。浙江有50科，118属，436种。

分科检索表

1. 叶通常小型，仅具1中肋或无脉；孢子囊着生于叶腋或茎上，或偶聚成顶生孢子叶穗。
  2. 茎圆柱形，中空，具明显的节，表面有纵沟；孢子叶穗生于茎顶端 ……… 五　木贼科 Equisetaceae
  2. 茎不同上述；孢子囊腋生或孢子叶穗顶生。

3. 水生；叶狭长条形，丛生于基部块茎上；孢子囊二型，单生，深藏于叶基部腹面的凹穴内 ·· 四　水韭科 Isoëtaceae
3. 陆生；叶非长条形，或退化。
　4. 枝三棱形；叶腋的孢子囊常融合为三角形的聚合囊 ···················· 六　松叶蕨科 Psilotaceae
　4. 枝圆柱形；孢子囊扁肾形。
　　5. 叶钻形或披针形，螺旋状排列，无叶舌；孢子囊一型。
　　　6. 茎直立或斜展，有规律地等位二歧分叉；孢子囊生于叶腋内；孢子叶与营养叶同型或多少异型 ·· 一　石杉科 Huperziaceae
　　　6. 主茎匍匐，侧枝攀缘或较短而直立，不等位二叉分枝或近合轴分枝；孢子囊着生于顶生的孢子叶穗内；孢子叶不同于营养叶 ··· 二　石松科 Lycopodiaceae
　　5. 叶通常鳞片形，二型；中叶基部具有1小叶舌；孢子囊二型 ······· 三　卷柏科 Selaginellaceae
1. 叶大型，叶脉多条；孢子囊着生于叶背或叶缘，常形成孢子囊群、孢子囊穗，或孢子囊位于孢子果中。
　7. 孢子囊厚囊型，由多层细胞组成；植物体肉质状，具鞘状叶托；陆生植物（厚囊蕨类）。
　　8. 叶二型，小，不育叶和能育叶出自同一总柄；能育叶形成穗状或圆锥形的复穗状孢子囊穗。
　　　9. 不育叶为单叶，能育叶形成穗状孢子囊穗；幼时不具拳卷叶 ·· 八　瓶尔小草科 Ophioglossaceae
　　　9. 不育叶为复叶，能育叶形成圆锥形的复穗状孢子囊穗；幼时具拳卷叶 ·· 七　阴地蕨科 Botrychiaceae
　　8. 叶一型，大型复叶；孢子囊壳形，纵裂成两瓣，生于叶缘 ····· 九　观音座莲科 Angiopteridaceae
　7. 孢子囊薄囊型，由1层细胞组成；植物体革质、纸质、草纸或膜质，不具叶托；陆生或水生植物（薄囊蕨类）。
　　10. 土生、附生或湿生，极少挺水水生。
　　　11. 叶二型，或同一叶片上羽片二型；孢子囊圆球形，顶端具由几个增厚细胞组成的不发育环带 ·· 一〇　紫萁科 Osmundaceae
　　　11. 叶一型或二型；孢子囊多为扁圆形，少为梨形或圆球形，具明显环带。
　　　　12. 植物体无鳞片或无毛，或仅在幼时有脱落性绒毛；叶柄基部隆起，两侧有疣状气囊体，叶一回羽状，或羽状深裂至叶轴，二型 ····················· 一一　瘤足蕨科 Plagiogyriaceae
　　　　12. 植物体具鳞片或具毛；叶柄基部无气囊体。
　　　　　13. 叶二型或近二型。
　　　　　　14. 孢子囊群为能育羽片或其边缘反转而成的囊群盖包被。
　　　　　　　15. 叶近二型，不育叶与能育叶相似；能育叶扁平，边缘反转变成膜质的囊群盖。
　　　　　　　　16. 叶一回至二回羽状，或叉状；孢子囊群条形，沿叶缘着生，通常为连续的汇生孢子囊群 ·· 二二　凤尾蕨科 Pteridaceae
　　　　　　　　16. 叶二回或三回至四回羽状细裂；孢子囊群圆球形，沿叶边着生于小脉顶端或顶部的一段，少有沿叶缘的边脉上呈条形 ·· 二三　中国蕨科 Sinopteridaceae
　　　　　　　15. 叶为明显的二型，不育叶与能育叶极不相同；能育叶的羽片强烈反卷成筒状 ··· 三三　球子蕨科 Onocleaceae
　　　　　　14. 孢子囊群不为能育羽片包被，也无囊群盖。
　　　　　　　17. 叶柄与根状茎间无关节；孢子囊群沿叶脉着生，布满能育叶的背面。

18. 不育叶片革质，单叶。
    19. 不育叶片较长，披针形至椭圆形 ·· 四〇　舌蕨科 Elaphoglossaceae
    19. 不育叶片短而宽，卵形至近圆形，先端二裂缺刻宽广，或不裂，全缘 ·····························
       ·· 四三　燕尾蕨科 Cheiropleuriaceae
18. 不育叶片纸质，一回羽状 ·· 三九　实蕨科 Bolbitidaceae
17. 叶柄与根状茎间有关节；孢子囊群圆形或椭圆形，彼此分离。
    20. 根状茎纤细；单叶，不育叶片革质或纸质 ···················· 四四　水龙骨科 Polypodiaceae
    20. 根状茎粗壮；能育叶一回羽状分裂，不育叶片干膜质 ········· 四五　槲蕨科 Drynariaceae
13. 叶多一型，偶近二型。
  21. 孢子囊群生于叶边或靠近叶边。
    22. 叶轴伸长，攀缘状；孢子囊群生于突出叶边的齿上；孢子囊梨形，具顶生环带 ·············
       ·· 一三　海金沙科 Lygodiaceae
    22. 叶轴不为攀缘状；孢子囊群生于叶边或近叶边处。
      23. 孢子囊群几乎无盖，生于近叶边处，略被微反卷的叶边遮盖 ·······························
         ·· 二〇　姬蕨科 Hypolepidaceae
      23. 孢子囊群有盖。
        24. 孢子囊群为反卷的羽片边缘形成的囊群盖包被，向内开。
          25. 羽片的反卷部分无叶脉，末回羽片不为扇形、倒卵形、倒三角形。
            26. 孢子囊群生于羽片边缘联结各小脉的边脉上；叶柄常为禾秆色。
              27. 叶一回至四回羽状，有时掌状或叶轴二叉状；孢子囊聚生成长的汇生孢子囊群。
                28. 根状茎长而横走；叶三回羽状；孢子囊群外侧被羽片边缘形成的假盖包被，
                   内侧有膜质的内盖 ··· 二一　蕨科 Pteridiaceae
                28. 根状茎通常较短；叶一回羽状，或二回至三回羽裂，有时掌状或叶轴叉状；
                   孢子囊群仅外侧有盖，内侧无内盖 ············ 二二　凤尾蕨科 Pteridaceae
              27. 叶二回羽状或二回至四回羽状细裂；孢子囊群较短小 ··································
                 ·· 二三　中国蕨科 Sinopteridaceae
            26. 孢子囊群生于羽片边缘各小脉的顶端，成熟后靠合成汇生状；叶柄通常为栗色、
               褐色或红棕色，有光泽 ·························· 二三　中国蕨科 Sinopteridaceae
          25. 羽片的反折部分有叶脉，孢子囊群生在其上；末回羽片扇形、倒卵形或倒三角形；叶
             柄紫黑色或黑褐色，有光泽 ······················ 二四　铁线蕨科 Adiantaceae
        24. 孢子囊群具有向外开裂的盖，或具有向外开裂的二瓣状或管状囊苞。
          29. 孢子囊的环带斜生，完整。
            30. 小型蕨类；叶片膜质，半透明，通常由1层细胞组成；孢子囊生于突出羽片边缘的
               条形囊群托周围，具二瓣状或管状的囊 ·············· 一四　膜蕨科 Hymenophyllaceae
            30. 大型蕨类；叶片革质，由多层细胞组成；孢子囊无囊托，囊苞二瓣呈蚌壳状 ·········
               ·· 一五　蚌壳蕨科 Dicksoniaceae
          29. 孢子囊的环带直生，不完整，被囊柄隔断。
            31. 孢子囊群生于叶缘的边脉上，少数生于小脉顶端，囊群盖条形、矩圆形或杯形；
               末回羽片呈对开式扇形、近圆形或楔形；根状茎具狭长的或钻形的鳞片 ···············
               ·· 一九　鳞始蕨科 Lindsaeaceae

31. 孢子囊群位于叶片背面近边缘处，单生于小细脉的顶端；囊群盖杯形、碗形或肾形；末回羽片不为上述形状。
    32. 植株被多细胞刚毛；叶柄与根状茎间无关节 ················ **一八　碗蕨科 Dennstaedtiaceae**
    32. 植株尤其在茎上被鳞片；叶柄与根状茎间有关节 ············ **四二　骨碎补科 Davalliaceae**
21. 孢子囊群生于叶背，不靠近叶边缘。
  33. 孢子囊群有盖。
    34. 孢子囊群较长或弯曲；囊群盖矩圆形、条形、钩形、马蹄形。
      35. 孢子囊群及囊群盖与主脉成斜角；叶柄基部内有2条维管束。
        36. 孢子囊群及囊群盖条形，通常沿小脉上侧着生；根状茎的鳞片粗筛孔型 ············
················ **三一　铁角蕨科 Aspleniaceae**
        36. 孢子囊群及囊群盖条形、钩形、肾形、马蹄形等，生于小脉的一侧或两侧；根状茎的鳞片密网型 ············ **二八　蹄盖蕨科 Athyriaceae**
      35. 孢子囊群及囊群盖与主脉平行，矩圆形或极长的条形，向内（主脉）开裂；叶柄基部内有数条维管束 ············ **三五　乌毛蕨科 Blechnaceae**
    34. 孢子囊群圆形；囊群盖圆肾形、圆形、圆盾形、球形，或为肾形、卵形。
      37. 孢子囊群盖球形，从底部向上包被囊群，顶端开裂，或为肾形、卵形，以基部着生。
        38. 小型蕨类；叶一回至二回羽状，叶柄有时具关节；孢子囊群球形，孢子囊球形 ············ **三四　岩蕨科 Woodsiaceae**
        38. 中型至大型蕨类，或为树形蕨；叶二回至多回羽状，叶柄无关节；有隆起的囊托。
          39. 中型至大型蕨类，地面无主干；孢子囊群盖较厚，不为膜质；囊群托有时伸长成柄状（孢子囊群有柄）；孢子囊的环带直生，不完整，被孢子囊柄隔断 ············ **三六　柄盖蕨科 Peranemaceae**
          39. 树形蕨，茎秆高大；孢子囊群盖膜质，囊托不伸长成柄状；孢子囊的环带斜生，完整 ············ **一六　桫椤科 Cyatheaceae**
      37. 孢子囊群盖肾形、圆肾形、圆盾形，周围开裂。
        40. 无匍匐茎；叶一回羽状，或多回羽状。
          41. 叶柄基部内有2条扁平的维管束。
            42. 植体（尤其根状茎）有鳞片，有时在叶上有多细胞的节状毛或短毛 ············ **二八　蹄盖蕨科 Athyriaceae**
            42. 植体有单细胞的白色针状柔毛，有时在根状茎上兼有鳞片。
              43. 叶柄基部膨大成纺锤形，连同根状茎密生鳞片 ············ **二九　肿足蕨科 Hypodematiaceae**
              43. 叶柄基部不膨大，略被鳞片，根状茎无鳞片或疏被具刚毛的厚鳞片 ············ **三〇　金星蕨科 Thelypteridaceae**
          41. 叶柄基部内有数条圆形维管束。
            44. 各回羽轴腹面有沟，相互连通；叶片纸质或革质，有小鳞片 ············ **三七　鳞毛蕨科 Dryopteridaceae**
            44. 各回羽轴腹面无沟；叶片薄草质或厚纸质，常有多细胞的节状毛 ············ **三八　三叉蕨科 Tectariaceae**

  40.具匍匐茎；叶一回羽状 ·· 四一 肾蕨科 Nephrolepidaceae
33.孢子囊群无盖。
  45.孢子囊的环带横生或斜生，完整。
    46.叶柄光滑，无气囊体，叶轴可连续生长；孢子囊群的孢子囊少，环带横生 ··················
      ·· 一二 里白科 Gleicheniaceae
    46.叶柄两侧具有淡白色条状气囊体，排列成行，叶一次长成；孢子囊群的孢子囊多，环带斜生····
      ·· 一六 桫椤科 Cyatheaceae
  45.孢子囊的环带直生，不完整，被孢子囊的柄隔断。
    47.孢子囊群较长，矩圆形、条形或长条形，有时沿叶脉分叉。
      48.单叶不分裂，或羽状分裂。
        49.孢子囊群圆形、椭圆形或条形，与主脉成斜角，两侧各1行。
          50.叶狭长椭圆形或羽状分裂；叶柄基部有关节 ··········· 四四 水龙骨科 Polypodiaceae
          50.叶倒披针形或线状倒披针形；叶柄基部无关节 ··· 四七 剑蕨科 Loxogrammaceae
        49.孢子囊群长条形，与主脉平行，两侧各1条。
          51.小型蕨类，植株高不超过12cm；叶幼时被星状毛；幼时孢子囊群略被反卷的叶缘遮盖 ················ 四四 水龙骨科 Polypodiaceae（石蕨属 Saxiglossum）
          51.植株略大；叶无星状毛；孢子囊群生于多少下陷的沟内或生于叶缘夹缝内。
            52.叶狭长条形；孢子囊群幼时覆盖盾状隔丝 ·····························
            ··············· 四四 水龙骨科 Polypodiaceae（丝带蕨属 Drymotaenium）
            52.叶略扁平；孢子囊群具头状或丝状隔丝 ·········· 二七 书带蕨科 Vittariaceae
      48.一回至多回羽状复叶。
        53.叶被白色针状毛 ································· 三〇 金星蕨科 Thelypteridaceae
        53.叶无针状毛。
          54.孢子囊群矩圆形或短条形；各回羽轴腹面基部有斜角状的刺 ·····················
            ························ 二八 蹄盖蕨科 Athyriaceae（角蕨属 Cornopteris）
          54.孢子囊群粗条形，并沿叶脉分叉或呈网状着生。
            55.小型蕨类，植株高不及10cm；叶片有较多的棕色线状毛，但未覆盖孢子囊群 ·····
              ······················· 三二 睫毛蕨科 Pleurosoriopsidaceae
            55.中型蕨类；叶片无棕色节状毛，或背面密生棕色鳞片，或节状毛覆盖孢子囊群····
              ···························· 二六 裸子蕨科 Hemionitidaceae
    47.孢子囊群较短，圆形或长圆形。
      56.叶有白色、淡黄色或红棕色毛。
        57.多中型蕨类；叶常为二回深羽裂，被单细胞白色针状毛 ·····························
          ······································ 三〇 金星蕨科 Thelypteridaceae
        57.小型蕨类，植株高约10cm；单叶或一回至二回羽状分裂，被单细胞单一的红色或花白色针状毛 ·· 四六 禾叶蕨科 Grammitidaceae
      56.叶无毛或密被鳞片。
        58.叶脉分离，一回至三回羽状复叶。

59. 孢子囊群由少数(10～20个)孢子囊组成；羽轴与叶轴间无关节 ………………………………………………………………………………………… 一七　稀子蕨科 Monachosoraceae
59. 孢子囊群由多数孢子囊组成；羽片有柄，以关节着生于叶轴 ………………………………………………………………… 二八　蹄盖蕨科 Athyriaceae（羽节蕨属 Gymnocarpium）
58. 叶脉网状；单叶，一回羽裂或叉状分裂。
　　60. 叶柄基部无关节；叶片一回羽裂，基部扩大成阔耳状或有膜质的不育叶 ………………………………………………………………………… 四五　槲蕨科 Drynariaceae
　　60. 叶柄基部有关节；单叶至一回羽裂，基部不扩大，也无不育叶 ………………………………………………………………………………… 四四　水龙骨科 Polypodiaceae
10. 漂浮、浮叶根生或挺水植物。
　　61. 浮叶根生或挺水植物；根部着土生长。
　　　　62. 根状茎短而直立；叶二回至三回羽裂 …………………………… 二五　水蕨科 Parkeriaceae
　　　　62. 根状茎细长横走；叶片由四片倒三角形的小叶组成"十"字形…… 四八　蘋科 Marsileaceae
　　61. 漂浮植物；根部不着土生长。
　　　　63. 叶矩圆形，长于0.5cm，三叶轮生 ………………………………… 四九　槐叶蘋科 Salviniaceae
　　　　63. 叶微小如鳞片，短于0.1cm，互生 ……………………………………… 五〇　满江红科 Azollaceae

一　石杉科 Huperziaceae

常为小型植物，土生、附生或生于苔藓层中，直立或下垂。根着生于主茎基部，伸入土中或基质中。主茎短，常具星芒状中柱；枝有规律地等位二歧分叉成等长分枝。叶螺旋状排列，小型，无叶舌，仅有1条中肋。孢子叶与营养叶同型或多少异型，并含叶绿体，质厚，呈龙骨状。孢子囊有小柄，扁肾形，顶缝开裂，着生于茎、全枝的叶腋，或仅聚生于枝顶部叶腋，有时成长为多回二叉分枝下垂的条形孢子叶穗。孢子具孔穴状的纹饰。原叶体地下生，圆柱状长圆形或条形，长达数厘米，单一或分枝，具菌根，能活数年，菌丝生于原叶体的外部细胞层内，也生于腐殖土中，为全腐寄生。精子器和颈卵器生于原叶体背面，并有节状隔毛混生。

2属，约150种，广泛分布于全球，尤以中、南美洲热带地区为最多。我国有2属，近50种，广泛分布于全国；浙江有2属，6种。

1 石杉属 Huperzia Bernh.

土生或生于苔藓层中，植株通常矮小，直立，多少二叉分枝，顶端常有芽胞。叶通常草质，无光泽，全缘或具锯齿，螺旋状排列。孢子叶与营养叶同大同型。孢子囊分布于茎、全枝或枝上部，通常不分枝，也不形成孢子叶穗，多有成层现象，即茎、枝上孢子囊的分布常被营养叶分隔成段。孢子三棱形。

约100种，广泛分布于全球，尤以中、南美洲为最多。我国约有30种；浙江有3种。

分种检索表

1. 茎顶端常具芽胞；叶边缘具齿。
    2. 叶椭圆状披针形，向基部明显变狭并有柄，边缘有不规则的粗尖牙齿 …… **1. 长柄石杉 H. javanica**
    2. 叶披针形，向基部略变宽，无柄，边缘有疏锯齿 ……………… **2. 四川石杉 H. sutchueniana**
1. 茎顶端不具芽胞；叶边缘全缘 ……………………………………… **3. 伏贴石杉 H. selago** var. **appressa**

1. 长柄石杉 蛇足草 千层塔 （图1-44）

Huperzia javanica (Sw.) Chun-yu Yang — *H. serrata* auct. non (Thunb.) Trew

植株高10～30cm。茎直立或下部平卧，单一或数回二叉分枝，顶端常具芽胞。叶螺旋状排列，略呈4行疏生，具短柄，椭圆状披针形，长1～2cm，宽3～4mm，短尖头，向基部明显变狭并有柄，边缘有不规则的尖牙齿；中脉明显。孢子叶与营养叶同大同型。孢子囊肾形，生于叶腋，两端露出，几乎每叶都有。孢子同型，极面观为钝三角形，3裂缝，具穴状纹饰。

产于全省各地。生于海拔50～1300m的阔叶林或针阔叶混交林下阴湿处。分布于全国各地，北达黑龙江，南达海南，西达西藏，向东至沿海各地。亚洲其他地区、大洋洲及古巴、墨西哥也有。

全草可入药，能散瘀消肿、止血生肌、消炎解毒、麻醉镇痛及灭虱。为浙江省重点保护野生植物。

浙江的蛇足石杉系长柄石杉的误定。

图1-44 长柄石杉

2. 四川石杉 （图1-45）

Huperzia sutchueniana (Herter) Ching

植株高10～20cm。茎单一或一回至二回二叉分枝，直立，老时基部仰卧，上部弯弓，斜升，顶端有芽胞。叶螺旋状排列，近平展，基部的常形如蛇足石杉，但远较小，其上的叶无柄，披针形，通直或略呈镰刀形，长5～10mm，宽约1mm，渐尖头，基部略较宽，无柄，边缘有疏锯齿；

干后呈淡绿色或黄绿色，质硬，略有光泽。孢子囊肾形，两端超出叶缘。孢子一型。

产于临安、桐庐、淳安、遂昌、龙泉、庆元、景宁。生于海拔900～1700m的中山灌草丛中或苔藓层中。分布于安徽、江西、湖北、湖南、广东、四川、贵州。

图 1-45　四川石杉

3. 伏贴石杉（变种）

Huperzia selago (L.) Bernh. ex Schrank et Mart. var. **appressa** (Desv.) Ching —— *H. appressa* (Desv.) Á. Löve et D. Löve

植株高10～12cm。茎直立，一回至二回二叉分枝或不分枝，顶端不具芽胞。叶螺旋状排列，斜展，贴伏枝上，披针形，下部较宽，长4～5mm，宽约1mm，基部圆楔形，先端渐尖，全缘；中脉不明显；叶片薄革质。孢子囊生于枝上部的叶腋，肾形，黄色，成熟后呈褐色。

产于天台。生于海拔约700m的灌丛中。分布于吉林、台湾、四川、云南、西藏。欧洲、亚洲、美洲北部也有。

❷ 马尾杉属　Phlegmariurus Holub

附生植物。茎短而簇生，初直立，伸长后多少下垂。叶螺旋状排列，基部扭曲而常呈2列，革质，有光泽，全缘。孢子叶不同于营养叶，聚生于顶部组成孢子叶穗，与植物的营养部分有明显差别，长条形，下垂，通常多回二叉分枝。孢子近三角形，各边突起。

本属与石杉属的主要区别在于后者植株通常矮小，土生或生于苔藓层中；孢子叶与营养叶同大同型，不形成孢子叶穗。

约50种，广泛分布于热带地区，大多产于南太平洋诸岛屿。我国有近20种；浙江有3种。

分种检索表

1. 孢子叶与营养叶同大同型，不形成明显的孢子叶穗 ················ **1. 柳杉叶马尾杉 P. cryptomerianus**
1. 孢子叶与营养叶同型或不同型，即使同型，也比后者远较小，形成明显的孢子叶穗。
    2. 营养叶披针形，指向外；孢子叶排列稀疏 ················ **2. 闽浙马尾杉 P. mingcheensis**
    2. 营养叶椭圆状披针形，指向上；孢子叶排列紧密 ················ **3. 华南马尾杉 P. fordii**

1. 柳杉叶马尾杉 （图1-46）

Phlegmariurus cryptomerianus (Maxim.) Ching ex H.S. Kung et L.B. Zhang

植株高20～25cm。茎簇生，直立，上部倾斜至下垂，一回至四回二叉分枝，广开展，茎直径2～3mm，连叶宽3～3.5cm。叶螺旋状排列，斜展而指向外，披针形，长1.5～2.2cm，宽1.5～2mm，先端锐尖，基部缩狭下延，无柄；叶片革质，有光泽，中脉背面隆起，干后呈绿色。孢子叶与营养叶同大同型，斜展而指向外。孢子囊圆肾形，两侧突出叶缘外。

图1-46 柳杉叶马尾杉

产于遂昌、龙泉、庆元、景宁、文成、泰顺。附生于海拔500～800m的山地林下阴湿岩石上的苔藓丛中。分布于江西、台湾。日本、朝鲜半岛、菲律宾、印度也有。

2. 闽浙马尾杉 （图1-47）
Phlegmariurus mingcheensis Ching

植株高17～33cm。茎直立或老时顶部倾斜，直径约3mm。一回至数回二叉分枝或单一，连叶宽2～2.3cm，向上部略变狭。叶螺旋状排列，斜展，营养叶披针形，指向外，长1.5cm，宽1.8mm，先端渐尖，基部无柄，不反折；质坚厚，有光泽，干后呈黄绿色。孢子叶排列稀疏，与营养叶同型，但远较小，长约1cm，宽0.7～0.8mm，斜展，极稀疏，穗轴外露。孢子囊肾形。孢子球状四面形。

产于全省各地。附生于海拔500～1000m的林下阴湿岩石上。分布于安徽、江西、福建、湖南、广东、海南、广西、四川。模式标本采自江山。

图1-47 闽浙马尾杉

3. 华南马尾杉　福氏马尾杉 （图1-48）
Phlegmariurus fordii (Baker) Ching —— *P. yandongensis* Ching et C.F. Zhang

植株高15～20cm。茎簇生，直立，倾斜或下垂，一回至二回二叉分枝或单一，连叶宽1～1.7cm。叶螺旋状排列，斜展；营养叶椭圆状披针形，指向上，长1.2cm，中部最宽，约3mm，急尖头，基部渐变狭，中脉可见，茎下部的叶渐变短，上部的叶向孢子叶逐渐变小。孢子叶条状披针形，排列紧密，长约5mm，宽约1mm，先端钝。孢子叶穗单一，长3.5～4.5cm，宽6～8mm。孢子囊圆肾形。

产于庆元、景宁、乐清、永嘉、瑞安、泰顺。生于海拔100～700m的林下阴湿岩石或树干上。分布于华南及江西、福建、湖南、四川、贵州、云南。日本、印度也有。

全草可入药，有消肿止痛、祛风止血、清热解毒的功效。

图1-48　华南马尾杉

二　石松科 Lycopodiaceae

　　小型至大型陆生或附生的多年生植物。主茎长而匍匐地面或地下生，具星状和编织中柱；侧枝攀缘或较短而直立，二叉或近合轴分枝，极少为单轴分枝。单叶，小型，条形、披针形、钻形或似鳞片形，具1中脉，螺旋状排列。孢子叶穗明显，顶生或侧生，棍棒状、圆柱形或柔黄花序状，生于有苞片的长总柄上或无柄直接生于枝顶；孢子叶的形状、大小不同于营养叶，叶片干膜质，边缘有锯齿。孢子囊无柄，圆球状肾形，略扁平，顶端或前方开裂。孢子近球圆形，3裂缝，具网状或拟网状等纹饰，少有细密颗粒。

　　7属，约60种，广泛分布于全球。我国有5属，约18种；浙江有4属，5种。

分属检索表

1. 不为攀缘的藤本植物，地上侧枝直立，高通常不超过1m；孢子叶穗单生或呈总状；孢子表面光滑，具网状或拟网状纹饰。
    2. 小枝扁平，有腹背之分；叶二型或三型，交互对生，多少为鳞片形，有时为钻形，近同型，5～6行螺旋状排列，略扁平，下部与小枝贴生………………………………………………**1.扁枝石松属 Diphasiastrum**
    2. 小枝圆柱形，辐射对称。
        3. 地上枝高可达2m，直立，分枝细密，呈树状；叶钻形，有棱角，向上弯弓；孢子叶穗卵状长圆形，无柄，下垂或外折………………………………………………………………**2.灯笼草属 Palhinhaea**
        3. 地上枝较低矮，分枝较稀疏；叶多形；孢子叶穗圆柱形，顶生、单一、无柄，或2～8个排成总状……………………………………………………………………………**3.石松属 Lycopodium**
1. 攀缘的藤本植物，地上的主枝高可达数米；孢子叶穗多数，排成复圆锥状；孢子表面粗糙，具有细密的颗粒纹饰………………………………………………………………………**4.藤石松属 Lycopodiastrum**

① 扁枝石松属　Diphasiastrum Holub

　　土生植物。植株高通常不超过1m。主茎和侧枝都分枝，主茎匍匐，沿地面或近地下生，具互生的叶；侧枝直立，二歧分枝成不育小枝和能育小枝；不育小枝近圆柱形或近扁平，有腹背之分，小枝上的叶基部贴生，4列，二型或三型，在平面上背叶、腹叶和侧叶并行排列，交互对生；2侧叶与2表面生叶（1背生叶，1腹生叶）互生，少有不育小枝辐射对称，叶一型，多行（5～6行），多少为螺旋状排列；能育枝明显不同于不育枝，顶生。孢子叶近全缘。孢子囊肾形，深黄色，顶缝开裂，缝边光滑，裂片同型。孢子钝三角形至近圆形，表面具网状纹饰，网眼大小略不等。原叶体近地下生，异养，多年生，芜菁状，被顶部以下的1条水平沟分成上下两部分，下部为营养体，上部为生殖部分，顶端具1冠状附属物，产生精子器和具有长颈的颈卵器。

约25种，主要分布于北半球温带和热带地区，仅有1种分布于非洲。我国有3种；浙江有1种。

扁枝石松　地刷子　（图1-49）
Diphasiastrum complanatum (L.) Holub — *Lycopodium complanatum* L.

主茎匍匐，地下生，无叶，长1m或较长，黄棕色，向地上生出侧枝，侧枝高15～25cm，多回分枝，常呈扇形，主枝上的叶疏生或密生，钻形；末回小枝扁平，叶4列，交互对生，紧贴，指向上，二型；侧叶近菱形，顶端具内弯的尖头；腹背的叶披针形。孢子叶穗圆柱形，长2～3cm，2～4个，有或长或短的柄，着生于枝腋的1疏生钻形叶的总柄上；孢子叶阔卵形，顶端渐尖，边缘有不规则细齿。孢子囊肾形。

产于临安、龙泉、庆元。生于海拔1500～1900m的林缘或山顶灌草丛中。分布于东北、华中、华南、西南及江苏、江西、福建、新疆。广泛分布于全球温带及亚热带地区。

全草可入药，有舒筋活血、祛湿散寒、通经、消炎的功效。

图1-49　扁枝石松

❷ 灯笼草属 Palhinhaea Franco et Vasc.

地下主茎横走，向地上发出疏生的树状直立气生茎，高可达2m。主枝粗壮，圆柱状，淡绿色，有较多纵棱角，下部不分枝，向上分枝密，小枝一回至二回不等位二叉分枝，有时顶端弯曲向下，着地生根，生出伏地小枝，继续生长成独立植株。叶一型，钻状，螺旋状排列，基部长，下延成明显的棱角。孢子叶穗生于末回小枝顶端，单一，小，卵形至长圆形，无柄，成熟后下垂或外折；孢子叶边缘条裂。孢子囊横生，椭圆状圆球形，在远轴边开裂，裂片不等大，裂缝边缘条裂。孢子三角形至三角状圆形，具不规则的拟网状纹饰。原叶体半自养，顶端不具冠状附属物，通常有裂片。

本属有1种，广泛分布于热带和亚热带地区。我国有1种；浙江也有。

灯笼草 垂穗石松（图1-50）
Palhinhaea cernua (L.) Franco et Vasc. ―― *Lycopodium cernuum* L.

地上的主枝直立，单一，高30～50（100）cm，树状，淡绿色，顶端往往着地生根，生出新枝，上部多回分枝，小枝较短，细弱，有时顶端弯弓。叶一型，螺旋状排列，线状钻形，全缘，有棱，质软，弯弓，外展或斜向上，长3～4mm，宽0.2～0.3mm，向上渐变狭，顶端芒刺状。孢子叶穗生于小枝顶端，单一，无柄，成熟时指向下，卵形至长圆形，具密生的孢子叶，长5～10（12）mm，直

图1-50 灯笼草

径约3mm；孢子叶三角形，先端呈芒刺状，边缘流苏状。孢子囊生于孢子叶叶腋，黄色。

产于杭州及宁波市区（镇海）以南的低山丘陵。生于海拔10～500m的林缘、路边等。分布于安徽、江西、福建、湖南、台湾、广东、广西、四川、贵州、云南。广泛分布于热带及亚热带地区。

全草可入药，有舒筋活络、消炎解毒、收敛止血、止咳的功效；可作插花配置的材料。

3 石松属 Lycopodium L.

主茎长而匍匐，生于地面或地下，有疏生的叶，向上发出斜上、直立的气生茎；侧枝二回至三回分枝（少有不分枝），小枝密，直立、斜展或广叉开。叶螺旋状排列或轮生，扁平，披针形、条形或钻形，伏生、张开或外折，全缘，少有锯齿。孢子叶穗圆柱状，顶生，单一，无柄，或2～8个以小柄生于总柄的顶部，排成总状孢子叶穗序；孢子叶不同于营养叶，阔卵形至阔披针形，边缘干膜质并有锯齿。孢子囊球圆状肾形，顶端开裂，裂片等大。孢子钝三角状圆形至近圆形，有网状纹饰，网眼大小不等，呈较规则的多角形。原叶体全寄生，具菌根，碟形或盘形，不具附属物。

约14种，广泛分布于全球。我国有11种；浙江有2种。

1. 笔直石松

Lycopodium verticale L.B. Zhang — *L. obscurum* L. form. *strictum* (Milde) Nakai ex H. Hara

匍匐茎地下生，淡棕色，光滑或有少数叶，发出直立的主枝，高20～40cm，下部不分枝，上部分枝。侧枝斜升或近直立，二叉分枝。叶螺旋状排列，条状披针形，长约3mm，宽约0.6mm，稀疏，斜展，先端渐尖；质坚。孢子叶穗圆柱形，单生于枝顶，直立，无柄；孢子叶呈苞片状，阔卵形，先端长渐尖，边缘有钝齿。孢子囊圆肾形，黄色。

产于遂昌。生于海拔约900m的林下。分布于西南及安徽、江西、湖北、湖南、台湾。日本也有。

2. 石松 （图1-51）

Lycopodium japonicum Thunb. — *L. simulans* Ching et H.S. Kung

匍匐主茎地上生，长可达数米，向下生出根托，向上生出侧枝；侧枝斜升，高15～30cm，二回至三回以钝角作广二叉分枝，小枝连叶扁平，宽通常8～10mm。叶螺旋状排列，往往向两侧平展，稀疏，线状钻形或针形，长5～6mm，顶端具灰白色透明长发丝（往往易脱落），全缘，背面扁平；质薄而软。孢子叶穗2～6（8）个，生于出自小枝的具疏叶的高总柄顶部，通常有明显的

二　石松科 Lycopodiaceae

小柄，圆柱形，长2.5～5cm；孢子叶卵状三角形，先端锐尖具长尾，边缘有不规则锯齿。孢子囊肾形。

产于全省各地，但因采集过度，在浙东、浙西已不常见。多生于海拔20～1900m的灌草丛中或林间湿地。分布于东北、长江以南各地及内蒙古、河南、西藏、新疆。亚洲其他亚热带地区也有。

全草可入药，有祛风活血、舒筋散寒、利尿通经等功效；可提蓝色染料；孢子可作翻砂工业上的脱模剂、闪光粉等；茎、枝为极好的插花材料。

本种与笔直石松的主要区别在于后者直立气生枝上半部分出多而密的小枝，呈树冠状；孢子叶穗单生于小枝顶端。

图1-51　石松

4 藤石松属 Lycopodiastrum Holub

主茎地下生，长而匍匐，地上主枝攀缘于树冠上，高可达十余米，圆柱状，粗铁丝形，多回分枝，分化为不育部分和簇生孢子叶穗的能育部分；末回小枝条形，压扁状，宽约1mm，有时长达15～20cm，下垂，常呈红色；下部不育枝上的叶形变异极大，明显下延，绿色或紫红色，钻形，先端具透明的长发丝；能育枝上叶二型，侧生叶鳞片状，合生，先端尖而分离并具发丝，腹背生的叶条形，完全合生，隆起。孢子叶穗每簇6～12个，排成复圆锥状,长2~4cm,顶生,往往弯向下或向侧,有直立小柄。孢子表面粗糙,具颗粒状纹饰。

单种属,广泛分布于亚洲热带地区。我国也有,分布于长江以南各地(除江苏和安徽);浙江也有。

藤石松 石子藤石松 (图1-52)
Lycopodiastrum casuarinoides (Spring) Holub ex Dixit

木质攀缘藤本,植株高可达5~6m。地上主枝极伸长,高攀于树冠上,圆柱状。叶贴生,稀疏,卵形至长圆形,长2~3mm,先端具1无色、膜质、披针形的尖尾,尾长5~7mm,通常早落。不育枝略呈背腹性,具绿色、紧密互生、明显下延的钻形叶,先端具早落的透明长发丝;能育枝明显有背腹性,叶片干后呈红褐色,排成3列,侧生2列较大,鳞片状,交互并行,基部下延紧贴小枝,腹背上的1列条形,完全与小枝合生,3列叶的先端都有早落的膜质、透明发丝。孢子叶阔卵形,先端具易落的膜质发丝,边缘具膜质白边。孢子囊近圆形。

产于遂昌、龙泉、庆元、云和、景宁、温州市区(瓯海)、乐清、永嘉、瑞安、文成、平阳、苍南、泰顺。生于海拔100~1000m的林中。分布于华南及江西、福建、湖北、湖南、四川、贵州、云南。

全草可入药,有祛风活血、消炎镇痛的功效。

图1-52 藤石松

三 卷柏科 Selaginellaceae

一年生或多年生陆生草本植物。茎通常背腹扁平，直立、匍匐或上部斜升，多分枝，茎基部或全茎具根托。叶小型，二型，单叶，有中脉，中叶基部有1小叶舌，呈扇状，常在成熟时脱落。孢子叶穗四棱柱形或扁圆形，偶呈圆柱形，生于茎或枝的先端，或侧生于小枝上，紧密或疏松。孢子囊二型，单生于叶腋的基部，1室。孢子异型，每个大孢子囊内大孢子通常4枚，每个小孢子囊内小孢子多数，孢子表面纹饰多样。

单属科，约700种，广泛分布于全球。我国有60~70种；浙江有15种。

卷柏属 Selaginella Spring

属特征同科。

分种检索表

1. 孢子叶一型，大多为卵形，不同于营养叶。
   2. 主茎短粗成主干；分枝集生于顶端，排成莲座状，干旱时向内拳曲·········· **12. 卷柏 S. tamariscina**
   2. 主茎无短粗主干；枝疏生，不排成莲座状。
      3. 主茎匍匐地上，凡分枝处几全具根托或生根。
         4. 中叶边缘具细齿。
            5. 主茎上叶排列紧密，中叶先端具芒，边缘有清晰的膜质白边 ·········· **2. 蔓出卷柏 S. davidii**
            5. 主茎上叶排列疏远，中叶先端渐尖，边缘无清晰的膜质白边···· **11. 疏叶卷柏 S. remotifolia**
         4. 中叶全缘。
            6. 中叶基部耳形·· **8. 具边卷柏 S. linbata**
            6. 中叶基部非耳形·· **13. 翠云草 S. uncinata**
      3. 主茎直立或基部匍匐或斜升，仅下部具根托或基部生根。
         7. 茎枝被毛。
            8. 主茎直立；侧叶基部两侧近相等·································· **1. 布朗卷柏 S. braunii**
            8. 主茎下部伏生或斜升；侧叶基部上侧有膜质长耳·············· **14. 毛枝卷柏 S. trichoclada**
         7. 茎枝无毛。
            9. 分枝以下的主茎部分的叶多少为二型。
               10. 中叶全缘·· **3. 薄叶卷柏 S. delicatula**
               10. 中叶具细齿·· **4. 深绿卷柏 S. doederleinii**
            9. 分枝以下的主茎部分的叶均为一型。
               11. 分枝以下主茎上的叶排列稀疏；中叶不具白边 ············· **9. 江南卷柏 S. moellendorffii**

11. 分枝以下主茎上的叶排列紧密而抱茎；中叶具白边 ················· **6. 兖州卷柏 S. involvens**
1. 能育叶二型，半数为卵形或阔卵形，半数为卵状披针形。
　12. 主茎斜升而后直立。
　　13. 中叶基部深心形或基部斜，顶端具芒刺。
　　　14. 中叶基部深心形 ················· **7. 细叶卷柏 S. labordei**
　　　14. 中叶基部倾斜，非心形 ················· **15. 膜叶卷柏 S. leptophylla**
　　13. 中叶基部圆楔形，渐尖头 ················· **5. 异穗卷柏 S. heterostachys**
　12. 植株伏地蔓生；能育叶排列疏松，不形成明显的囊穗 ················· **10. 伏地卷柏 S. nipponica**

1. 布朗卷柏 （图1-53）
Selaginella braunii Baker

常绿或夏绿植物。主茎直立，无短粗主干；枝疏生，上部羽状，不排成莲座状，仅下部具根托或基部生根。茎通常近四棱柱形或偶呈圆柱形，不具纵沟，常被毛。叶除主茎上的外，全部交互排列，二型；不分枝的主茎的叶长远离，一型，长圆形，贴生，主茎下部和横走的根状茎及游走茎上的叶盾状着生，边缘撕裂或撕裂并具睫毛；分枝部分主茎上的中叶不明显大于分枝上的，侧叶基部两侧近相等。孢子叶穗紧密，四棱柱形；孢子叶一型，大多为卵形，不同于营养叶；大孢子叶分布于孢子叶穗的下侧。大孢子白色，小孢子淡黄色。

产于温州及杭州市区、临安、淳安、象山、宁海、开化、江山、磐安、天台、仙居、温岭、遂昌、龙泉、景宁。多生于岩石缝隙中或带

图1-53　布朗卷柏

土的岩石上,也成片见于田埂边或林下。分布于安徽、江西、湖北、湖南、海南、四川、贵州、云南。马来西亚也有。

2. 蔓出卷柏 (图1-54)

Selaginella davidii Franch.

主茎无短粗主干,匍匐地上,蔓生;枝疏生,多回分枝,不排成莲座状,凡分枝处几全具根托或生根。营养叶二型,草质,背腹各2列;中叶指向枝顶,边缘具细齿,主茎上叶排列紧密,中叶先端具芒,边缘有清晰的膜质白边;侧叶向两侧平展,卵状披针形,钝尖头,基部为不对称的心形,边缘膜质,白色,多少有睫毛状齿。孢子囊穗生于小枝顶端;孢子叶一型,大多为卵形,

图1-54 蔓出卷柏

不同于营养叶,长渐尖头,边缘有微齿;孢子囊圆形。孢子二型。

产于龙泉、庆元、景宁、永嘉、泰顺。生于水边草丛中、林下或林缘的阴湿岩石上。分布于华中、西北及河北、山西、山东、江苏、安徽、福建、广东、广西、四川、云南。

3. 薄叶卷柏 （图1-55）
Selaginella delicatula (Desv. ex Poir.) Alston

图1-55 薄叶卷柏

主茎无短粗主干,直立或基部匍匐或斜升,仅下部具根托或基部生根,根少分叉,被毛;主茎自中下部羽状分枝,侧枝5~8对,一回羽状分枝,或基部二回;枝疏生,不排成莲座状,无毛。分枝以下的主茎部分的叶多少为二型,中叶全缘,交互排列;不分枝主茎上的叶排列稀疏,不比分枝上的大,一型,绿色,卵形,背腹压扁状,全缘。孢子叶穗紧密,四棱柱形,单生于小枝末端;孢子叶一型,大多为卵形,不同于营养叶;大孢子叶分布于孢子叶穗中部的下侧。大孢子白色或褐色,小孢子橘红色或淡黄色。

产于临安、开化、江山、缙云、松阳、景宁、乐清、瑞安、文成和泰顺。生于林下阴湿处、林缘岩石上。分布于华南及安徽、江西、福建、湖北、湖南、四川、贵州、云南。东南亚和南亚也有。

4. 深绿卷柏 （图1-56）
Selaginella doederleinii Hieron.

主茎有棱,无短粗主干,直立或基部匍匐或斜升,仅下部具根托或基部生根;枝疏生,无毛,不排成莲座状;侧枝密,多回分枝。营养叶上面深绿色,下面灰绿色,二型,背腹各2列;分枝以下的主茎部分的中叶矩圆形,龙骨状,具短刺头,中叶具细齿;侧叶卵状矩圆形,钝头,上缘有微齿,下缘全缘,向枝的两侧斜展,连枝宽5~7mm。孢子囊穗四棱形,生于枝顶。孢子叶一型,大多为卵形,不同于营养叶。孢子二型。

产于丽水、温州及宁海、开化、江山、仙居。生于海拔30~1000m的林下湿地或溪边的阴

三 卷柏科 Selaginellaceae

湿环境中。分布于华南及安徽、江西、福建、湖北、湖南、四川、贵州、云南。日本、越南、泰国、马来西亚、印度也有。

图 1-56 深绿卷柏

5. 异穗卷柏（图 1-57）
Selaginella heterostachys Baker

主茎斜升而后直立。根托只生于直立茎下部，自茎分叉处下方生出，根少分叉，被毛。茎羽状分枝，不呈"之"字形，无关节，维管束1条；直立能育茎自下部开始分枝，侧枝3～5对，一回至二回羽状分枝，背腹压扁状。叶全部交互排列，二型，无虹彩，边缘不为全缘，不具白边；中叶不对称，背部不呈龙骨状，边缘具微齿，基部圆楔形，渐尖头；侧叶不对称，主茎上的明显大于侧枝上的。孢子叶穗紧密，背腹压扁；孢子叶二型，倒置，半数为卵形或阔卵形，半数为卵状披针形；大孢子叶分布于孢子叶穗上下两侧的基部，或相间排列。大孢子和小孢子均为橘黄色。

产于全省各地。多生于阴湿的岩石和

图 1-57 异穗卷柏

土壤上。分布于华南及安徽、江西、福建、河南、湖南、四川、贵州、云南、甘肃。日本及中南半岛也有。

6. 兖州卷柏（图1-58）

Selaginella involvens (Sw.) Spring

主茎无短粗主干，直立或基部匍匐或斜升，仅下部具根托或基部生根，根少分叉。主茎自中部向上羽状分枝，枝疏生，不排成莲座状，无毛。分枝以下主茎上的叶排列紧密而抱茎；叶（除不分枝的主茎上的外）交互排列，二型，边缘略有锯齿，不具白边；主茎上的腋叶不明显大于侧枝上的；

中叶多少对称，主茎上的大于分枝上的，覆瓦状排列，具白边；侧叶不对称。孢子叶穗紧密，四棱柱形；孢子叶一型，大多为卵形，不同于营养叶，先端渐尖，锐龙骨状；大、小孢子叶相间排列，或大孢子叶位于中部的下侧。大孢子白色或褐色，小孢子橘黄色。

产于淳安、余姚、遂昌、庆元、景宁、乐清、永嘉、文成、苍南和泰顺等地。多生于岩石缝隙中或带土的岩石上。分布于华中、华南、西南、西北及安徽、江西、福建。东亚、东南亚和南亚也有。

图1-58　兖州卷柏

7. 细叶卷柏（图1-59）

Selaginella labordei Hieron. ex Christ

主茎斜升后直立，有棱；具横走的地下根状茎和游走茎；主茎基部无块茎，自中下部开始羽状分枝，禾秆色或红色，圆柱状，具沟槽，无毛。叶全部交互排列，二型，草质，表面光滑，无虹彩，边缘不为全缘，具白边；不分枝主茎上的叶排列较疏，比分枝上的叶大，绿色；地下根状茎和游走茎上的叶褐色，背部不呈龙骨状，边缘具短睫毛；主茎上的中叶基部深心形，顶端具芒刺，腋叶较分枝上的大，卵圆形，基部钝，不对称。孢子叶二型，半数为卵形或阔卵形，半数为卵状披针形。孢子囊圆肾形。孢子二型。

产于临安、淳安、江山、缙云、遂昌、龙泉、庆元、景宁、永嘉。生于海拔800m以下的溪边林下、林缘。分布于华中、西南及安徽、江西、福建、台湾、广西、陕西、甘肃。缅甸也有。

全草可入药，有清热利湿、止血、定喘的功效。

图1-59 细叶卷柏

8. 具边卷柏 耳基卷柏（图1-60）

Selaginella linbata Alston

土生，匍匐地上，分枝斜升。根托在主茎上断续着生，自分叉处下方生出，分叉。主茎疏生，通体分枝，维管束1条；侧枝2～5对，2～3次分叉，分枝稀疏，无毛，背腹压扁状。叶（主茎上的除外）交互排列，二型，肉质，较硬，表面光滑，全缘，具白边；主茎上的叶排列较疏，一型；中叶全缘，基部耳形。孢子叶穗紧密，四棱柱形，单生于小枝末端；孢子叶一型，大多为卵形，不同于营养叶，呈龙骨状；大、小孢子叶在孢子叶穗上相间排列，或仅在下侧基部或中部有1个大孢子叶。大孢子深褐色，小孢子浅黄色。

产于永嘉（大箬岩）、泰顺（垟溪）。生于林下和路边岩石旁。分布于江西、福建、湖南、广东、广西。日本（奄美大岛）也有。

图1-60　具边卷柏

9. 江南卷柏 （图1-61）

Selaginella moellendorffii Hieron.

主茎直立，或基部匍匐或斜升，仅下部具根托或基部生根；茎圆柱状，主茎中上部羽状分枝，背腹压扁状；无毛。分枝以上主茎上的叶二型，分枝以下主茎上的叶一型，排列稀疏；中叶不具白边。孢子叶穗紧密，四棱柱形，单生于小枝末端；大孢子叶分布于孢子叶穗中部的下侧，一型，大多为卵形，不同于营养叶。大孢子浅黄色，小孢子橘黄色。

全省各地常见。生于海拔900m以下的林下、林缘、岩石上、水沟边等。分布于华东、华中、华南、西南及陕西、甘肃。日本、越南、菲律宾、柬埔寨也有。合模式标本采自天台和宁波。

三　卷柏科 Selaginellaceae

图 1-61　江南卷柏

10. 伏地卷柏　日本卷柏 （图 1-62）
Selaginella nipponica Baker

植株伏地蔓生；能育枝直立，无游走茎。根托沿匍匐茎和枝断续生长，自茎分叉处下方生出。叶交互排列，二型；叶片草质，表面光滑，边缘非全缘，不具白边；分枝上的腋叶对称或不对称，边缘有细齿；中叶多少对称，长圆状卵形，或卵形，或卵状披针形，或椭圆形，紧接到覆瓦状（在先端部分）排列，背部不呈龙骨状，边缘具不明显细齿；侧叶不对称；能育叶排列疏松，不形成明显的囊穗。孢子叶穗疏松，单生于小枝末端；能育叶二型或近二型，半数为卵形或阔卵形，半数为卵状披针形。大孢子橘黄色，小孢子橘红色。

产于全省各地。多生于阴湿的岩石表面和腐殖质丰富的土壤表面。分布于华东、华中、华南、西南及山西、山东、甘肃、青海。日本、越南也有。

图 1-62 伏地卷柏

11. 疏叶卷柏 （图1-63）
Selaginella remotifolia Spring

土生。主茎无短粗主干，匍匐地上；根托沿匍匐茎和枝断续生长；茎卵圆柱状或圆柱状，具沟槽，无毛，维管束1条。枝疏生，不排成莲座状；能育枝直立，无横走地下茎。主茎上叶排列疏远，中叶不对称，主茎上的略大于分枝上的，先端渐尖，边缘无清晰的膜质白边，具细齿。孢子叶穗紧密，四棱柱形；孢子叶一型，大多为卵形，不同于营养叶；只有1个大孢子叶位于孢子叶穗基部的下侧，其余均为小孢子叶。大孢子灰白色，小孢子淡黄色。

产于淳安、江山、磐安、遂昌、龙泉、庆元、景宁、乐清、平阳、苍南、泰顺。生于路边、林下阴湿处。分布于江苏、江西、福建、湖北、湖南、台湾、广东、广西、四川、贵州、云南。日本、印度尼西亚、菲律宾、印度东北部、尼泊尔也有。

图 1-63　疏叶卷柏

12. 卷柏　九死还魂草　还阳草 （图1-64）
Selaginella tamariscina (P. Beauv.) Spring

多年生复苏植物。主茎短粗成主干，基部着生多数须根，呈垫状；分枝集生于顶端，上部轮状丛生，多数分枝，枝上再作数次二叉状分枝，排成莲座状，干旱时向内拳曲。叶鳞状，有中叶与侧叶之分，密集覆瓦状排列，中叶两行较侧叶略窄小，表面绿色，叶边具无色膜质缘，先端渐尖，呈无色长芒。孢子叶一型，不同于营养叶。孢子囊单生于孢子叶腋部，雌雄同株，不规则排列；大孢子囊黄色，内有4个黄色大孢子；小孢子囊橘黄色，内含多数橘黄色小孢子。

全省丘陵山地广泛分布。多生于四季旱湿交替、略带薄层腐殖质或岩衣的岩石上。分布于全国各地。俄罗斯、日本、朝鲜半岛、泰国、菲律宾、印度也有。

全草可药用。

图1-64 卷柏

13. 翠云草 （图1-65）
Selaginella uncinata (Desv. ex Poir.) Spring

主茎匍匐地上，分枝处几全具根托或生根；无短粗主干，长可达1m，圆柱状，具沟槽，无毛，维管束1条；自近基部羽状分枝，分枝疏生，不排成莲座状。营养叶二型，背腹各2列；中叶长卵形，侧叶矩圆形，全缘，向两侧平展；中叶全缘不对称，基部非耳形，主茎上的叶明显大于侧枝上的，侧枝上的叶卵圆形；侧叶不对称，主茎上的明显大于侧枝上的。孢子囊穗四棱形；孢子叶一型，大多为卵形，不同于营养叶。大孢子灰白色或暗褐色，小孢子淡黄色。

产于温州及杭州市区、临安、淳安、宁波市区(北仑)、鄞州、余姚、奉化、象山、宁海、开化、常山、磐安、天台、仙居、温岭、缙云、遂昌、龙泉、庆元、景宁。多蔓生于林下、崖下阴湿处。分布于安徽、江西、福建、湖北、湖南、台湾、广东、广西、四川、贵州、云南、陕西。

图 1-65　翠云草

14. 毛枝卷柏 （图1-66）
Selaginella trichoclada Alston

植株高可达0.5m以上。主茎无短粗主干，下部伏生或斜升，仅下部具根托或基部生根；枝疏生，不排成莲座状，上部直立，四回至五回分叉，被黄白色细短毛。主茎和主枝上的叶极稀疏，卵形，先端钝尖，基部近心形，全缘具白边；小枝上的叶二型，背腹各2列，全缘有白边；中叶指向上，中脉明显；侧叶略疏离，近平展，常呈镰刀状，基部上侧有膜质长耳；叶片草质，光滑。孢子叶穗着生于小枝顶端，四棱柱形，长小于5cm；孢子叶一型，广卵形，不同于营养叶，先短渐尖，全缘，有白边。孢子囊圆肾形。孢子二型。

产于金华及江山、莲都、遂昌、文成。生于海拔80～500m的林下灌木丛中。分布于安徽、江西、福建、湖南、广东、广西。

图 1-66　毛枝卷柏

15. 膜叶卷柏 （图 1-67）
Selaginella leptophylla Baker

土生。主茎斜升后直立，高不超过 25 cm；根托只生于茎的下部，多分叉，被毛。无匍匐根状茎或游走茎；主茎自近基部羽状分枝，圆柱状，具沟槽，无毛，维管束 1 条；侧枝一回至二回羽状分枝。叶全部交互排列，二型，膜质，绿色；中叶长达 3 mm，顶端具芒刺，基部倾斜，非心形；侧叶不对称。孢子叶穗紧密，背腹压扁状，单生于小枝末端；孢子叶具小齿，二型，倒置，上侧的孢子叶长圆状镰形，较下侧的长；大孢子叶分布于孢子叶穗下部的下侧。大孢子红褐色，小孢子橘红色。

产于临安（清凉峰）。生于阴处岩石上。分布于台湾、广西、四川、贵州、云南。日本南部、越南、泰国、缅甸、印度也有。

图 1-67　膜叶卷柏

四 水韭科 Isoëtaceae

多年生沉水或挺水草本。茎粗短，块状或伸长而分枝，具原生中柱，下部生根，有根托。叶螺旋状排成丛生状，一型，狭长条形，基部扩大，腹面有叶舌；内部有分隔的气室及1条叶脉；叶内有1条维管束和4条纵向、具横隔的通气道。孢子囊单生，深藏于叶基部腹面的凹穴内，椭圆形，外有盖膜覆盖，二型；大孢子囊生于外部的叶基，小孢子囊生于内部的叶基。孢子二型，大孢子球状四面形，小孢子肾状二面形。配子体有雌雄之分，退化；精子有多数鞭毛。

共2属，约250种。我国有1属，6种；浙江有1属，2种。

水韭属 Isoëtes L.

根状茎短，块状，不分枝，底部2~4浅裂；其他特征同科。

约60种，全球广泛分布，但多生长在北半球的温带沼泽湿地中。我国有6种；浙江有2种。

1. 中华水韭 （图1-68）
Isoëtes sinensis Palmer

多年生挺水或沉水草本。根状茎块状3裂。叶多数，淡绿色至深绿色，覆瓦状密生于茎端，长15~50cm，基部宽3mm，条形，尖头，基部变阔，呈膜质鞘，腹面凹陷，凹入处生孢子囊，其上生叶舌，叶内具纵向通气道，并有多数加厚的横隔膜；气孔多数，上部尤多；叶舌心形渐尖，

图 1-68 中华水韭

厚，长2mm，宽1.5mm。孢子囊椭圆形，长7～9mm，宽3mm，其上无囊幕，表面通常白色，具1条由密的暗褐色细胞组成宽300μm的完全周边。大孢子白色，小孢子灰色。

产于安吉、杭州市区、临安、建德、诸暨、宁波市区、鄞州、奉化、宁海、天台、莲都、缙云等地。生于海拔10～900m的静水池塘、荒芜水田或苗圃沟渠中。分布于江苏、安徽、江西、湖北、湖南、广西等地。日本也有。

通过对叶绿体基因组、染色体和孢子形态观察和分析，浙江产的中华水韭可能包括多个水韭属新分类群，有待深入研究。

为国家Ⅰ级重点保护野生植物。

2. 东方水韭 （图1-69）
Isoëtes orientalis H. Liu et Q.F. Wang

多年生挺水草本。根状茎块状3裂，基部须根多数，二叉分枝。叶多数，螺旋状排列于根状茎上，扁柱形，近轴面较平坦，远轴面圆形突起，长10～30cm，中部宽2～4mm（干后宽1～3mm），向上渐细；叶横切面呈半圆形，内具4条纵向气道围绕中肋，气道内具有横隔膜；叶基部扩大成鞘状，膜质，黄白色，腹部凹入形成1凹穴，其上有三角形或三角形渐尖的叶舌，长1.5～4mm，宽1～1.5mm。孢子囊着生于凹穴内，长7～13mm，宽3.5～5mm，具白色膜质盖；大孢子囊常生于外围叶片基部的向轴面，内有多数白色和灰色球状四面形的大孢子，其表面具有明显的脊状突起，且连接成网络状；小孢子囊生于内部叶片基部的向轴面，内有多数白色的小孢子，其表面的突起不甚明显。

产于松阳（安民）。生于海拔约1400m的沼泽湿地中。福建也有分布。模式标本采于松阳（安民）。

为国家Ⅰ级重点保护野生植物。

本种与中华水韭的主要区别在于后者叶中部宽1.5mm，叶横切面无4个薄壁腔室；大孢子圆球形，小孢子表面具刺棘状突起。

图1-69　东方水韭

五　木贼科 Equisetaceae

多年生草本。根状茎长而横走，黑色，分枝，有节，多少被绒毛，有时具块茎，节上有具齿的鞘和有绒毛的根。地上茎圆柱形，有能育和不育之分或不分；有节，节上有具齿的鞘，节间中空，表面有纵行的沟、脊、气孔线和硅质的疣状突起，不分枝或少有分枝至轮生多侧枝。孢子叶穗松球果形，着生于主茎或分枝顶端；孢子叶通常为盾状六角形，具柄，轮生于穗轴。孢子囊囊状，纵裂，通常6个，围绕孢子叶叶柄着生。孢子圆球形，绿色，无槽，有4条长条形、顶端棍棒状、螺旋状缠绕孢子着生的弹丝，孢子成熟后，弹丝遇湿，突破囊壁，弹出孢子。孢子周壁薄而透明，表面具细颗粒状纹饰。

1属，约25种。我国约有10种；浙江有2种。

木贼属 Equisetum L.

属特征同科。

1. 问荆　（图1-70）
Equisetum arvense L.

多年生湿生草本。根状茎长而横走，不定根深入地下，具暗黑色球茎。气生茎软，草质，二型；能育茎在春季先于不育茎出土，无叶绿素，淡褐色，肉质，不分枝，高可达20cm，粗2～4mm，具12～14条棱脊；叶鞘筒状漏斗形，长10～20mm，鞘齿棕褐色，厚膜质，阔三角形。

图1-70　问荆

孢子叶穗顶生，长椭圆形，钝头；孢子叶六角形，盾状着生，每个孢子叶下生孢子囊6~8个。孢子一型。当孢子成熟时，能育茎随即枯萎，再由同一根状茎上长出绿色的不育茎，茎上有轮生的分枝，植株高可达35~40cm，具6~12条棱脊，下部光滑，上部具微小的疣状突起；叶鞘筒长6~8mm，鞘齿披针形，黑褐色，边缘具膜质白边。

产于富阳、临安。生于海拔20~900m的湿润沙地上或沟谷水边。分布于东北、华北、华东、西南、西北等地。广泛分布于北温带地区。

全草可入药，味苦涩，性凉，有清热利尿、止血、平喘止咳、平肝明目的功效。

2. 节节草 （图1-71）

Equisetum ramosissimum Desf. — *Hippochaete ramosissima* (Desf.) Milde ex Bruhin

植株高30~60cm。根状茎横走，在节和根上疏生黄棕色长毛。气生茎多年生，一型，直径2~3mm，多在下部分枝。主枝有脊8~16条，脊上有1行小疣状突起，或有小横纹，沟中有气孔线1~4行；鞘筒狭长，略呈漏斗状，顶部有时棕色；鞘齿三角形，边缘薄膜质有时上半部也为薄膜质，背部隆起，部分宿存；侧枝有脊5~6条，背部平滑或有小疣状突起，鞘齿三角形，部分宿存。孢子叶穗着生于枝顶端，椭圆形，长约1cm，顶端有小尖突，无柄。

产于湖州、嘉兴、绍兴、宁波、舟山、金华、台州及杭州市区、莲都、松阳、龙泉、景宁、

图 1-71 节节草

青田、乐清、平阳、泰顺等地。生于海拔10～300m的山涧、溪边沙滩上或石堆中。全国均有分布。广泛分布于温带地区。

全草可入药，味甘、微苦，性平，有祛风清热、除湿利尿、明目退翳、止咳平喘的功效。

本种与问荆的主要区别在于后者气生茎软，草质，冬枯，能育茎和不育茎二型，不育茎分枝密而轮生。

2a. 笔管草（亚种）（图1-72）

subsp. **debile** (Roxb. ex Vauch.) Hauke —— *Hippochaete debilis* (Roxb. ex Vauch.) Holub

本亚种与节节草的主要区别在于植株高可达2m，气生茎直径4～6mm，主枝有脊16～24条。

产于杭州市区、临安、淳安、台州市区、天台、温岭、龙泉、景宁、苍南等地。生于海拔10～500m的水边沙滩上或林缘灌木丛中，也生于草地上。我国长江以南各地及台湾均有分布，向西至西藏。亚洲其他热带地区也有。

全草可入药，味甘、微苦，性平，有清肝明目、祛湿疏风、止血利尿、退翳的功效。

图 1-72　笔管草

六 松叶蕨科 Psilotaceae

小型偶中型的附生、土生或石生植物。根状茎横走，具原生中柱或管状中柱，多回二叉分枝，褐色，无根，仅有毛状吸收构造和假根；地上茎直立或下垂，绿色，不分枝或下部不分枝，上部二叉或多回二叉分枝，三棱形。叶小型，仅具中脉或无脉，散生，二型；营养叶钻状、鳞片状或宽披针形；孢子叶二叉，无叶脉。孢子囊着生在孢子叶的叶腋，纵裂，常3枚融合为三角形的聚合囊。孢子一型，长椭圆形，具单裂缝。

2属，4种，广泛分布于热带和亚热带地区。我国有1属，1种；浙江也有。

松叶蕨属 Psilotum Sw.

通常附生，少有土生或石生的多年生植物。根状茎横走，圆柱形，仅有假根，数回二叉分枝；地上茎直立或下垂，有棱常扁平，下部不分枝，上部数回二叉分枝。叶微小，互生，无柄，无中脉；营养叶三角形，鳞片状；孢子叶广二叉形。孢子囊腋生，常3枚，囊壁彼此融合，成为3室的蒴果状，纵裂。孢子极面观为长椭圆形，赤道面观为豆形，具细长的单裂缝，外壁具穴状纹饰。

2种，分布于热带及亚热带地区。我国有1种；浙江也有。

松叶蕨 松叶兰 （图1-73）
Psilotum nudum (L.) P. Beauv.

植株高15~50cm。根状茎横走，圆柱形，二叉分枝，褐色，仅有毛状吸收构造和菌根；地上茎直立或下垂，绿色，下部不分枝，上部数回二叉分枝，小枝三棱形，密生白色气孔。营养叶散生，钻状或鳞片状，长2~3mm，宽2~2.5mm，先端钝尖，基部近心形，草质，无叶脉，无叶绿素，无毛；孢子叶卵圆形，先端二分叉。孢子囊着生于叶腋，常3枚聚生，囊壁彼此融合，成为3室的蒴果状，成熟后纵裂。孢子长椭圆形。

产于象山、宁海、仙居、缙云、景宁、青田、永嘉、乐清、瑞安、文成、泰顺。生于海拔300m以下的岩石缝隙中或附生于树干上。分布于江苏、安徽、福建、台湾、广东、广西、四川、贵州、云南、陕西。日本、朝鲜半岛也有。

全草可入药，味甘、辛，性温，有祛风通络、消炎解毒、利水止血的功效；可栽培供室内观赏。

为浙江省重点保护野生植物。

六 松叶蕨科 Psilotaceae

图 1-73 松叶蕨

七　阴地蕨科 Botrychiaceae

中小型陆生植物。根状茎短而直立，有一簇肉质粗根。叶二型，均出自1个总柄，总柄基部包有褐色、全缘的鞘状托叶；不育叶片三角形或五角形（少有披针形），草质，光滑或叶轴、羽轴上有绒毛，一回至多回羽裂；叶脉分离；能育叶出自总柄或不育叶的基部或叶轴，有长柄。能育叶形成圆锥形的复穗状孢子囊穗。孢子囊球形，无柄，沿小穗轴排成两行，横裂。孢子半圆形或钝三角形，外壁表面具疣状纹饰。

3属，30余种，广泛分布于温带地区。我国有3属，10余种；浙江有2属，4种。

1 假阴地蕨属 Botrychium Sw.

中型陆生植物。植株遍体常有长绒毛。不育叶片三回至四回羽裂，往往无柄，宽超过长，叶基部的鞘状托叶一侧开口，因此次年的芽部分裸露；能育叶自不育叶叶轴的基部或基部以上生出。原叶体短圆柱状。

10余种，广泛分布于温带地区。我国有8种；浙江有1种。

蕨萁 （图1-74）

Botrychium virginianum (L.) Sw. —— *Botrypus virginianus* (L.) Holub

植株高50~65cm。根状茎短而直立，生有一簇不分枝的肉质粗根。总柄长20~25cm，几光滑无毛，或略有长毛疏生，基部的鞘状托叶棕色；营养叶片阔三角形，长13~18cm，基部宽20~30cm，短尖头，三回羽状（基部羽片的下侧为四回羽裂）；羽片6~8对，互生或近对生，斜展或几水平开展，基部1对最大，长卵形，长10~15cm，中部宽8~11cm，基部稍狭，短尖头，二回羽状（基部下侧三回羽裂）；一回小羽片8~10对，互生，上先生，长圆状披针形，二回羽状深裂；末回小羽片长卵形，羽状深裂；裂片长圆形，边缘有粗而尖的锯齿；叶脉羽状，每齿有小脉1条，伸达叶边；叶片薄草质，各回羽轴有翅，叶轴及各回羽轴疏生长毛；能育叶出自不育叶片基部，柄长18~25cm，高出不育叶。孢子囊穗松散，长10~15cm，复圆锥状。

产于临安（清凉峰）、景宁（草鱼塘）。生于海拔约1100m的山地林下。分布于山西、湖北、云南、西藏、陕西。亚洲温带地区、欧洲、北美洲及巴西也有。

全草可入药，有消热解毒、平肝散结、补虚润肺、止咳化痰的功效。

七　阴地蕨科 Botrychiaceae　　　　131

图 1-74　蕨萁

❷ 阴地蕨属 Sceptridium Lyon

小型或中型的陆生植物。植株有毛或无毛，芽有毛。不育叶片二回至三回羽裂，宽超过长，具长3cm以上的长柄，叶基部的鞘状托叶闭合，芽不外露；能育叶自总柄近基部或基部以上生出。

本属与假阴地蕨属的主要区别在于后者植株遍体常有长绒毛；不育叶片三回至四回羽裂，能育叶自不育叶叶轴的基部或基部以上生出。

10余种，广泛分布于温带地区。我国有8种；浙江有3种。

分种检索表

1. 不育叶片厚草质，干后表面皱缩不平，叶脉不见或偶可见，遍体无毛 ············ **1.阴地蕨　S. ternatum**
1. 不育叶片草质、薄草质，表面平滑，叶脉明显。
    2. 叶片草质，能育叶自总柄近基部生出，不育叶的叶轴和羽柄上几无毛 ··· **2.华东阴地蕨　S. japonicum**
    2. 叶片薄草质，能育叶自总柄的近中部生出，不育叶的叶轴和羽柄上有较多的长白毛 ··············
     ·· **3.薄叶阴地蕨　S. daucifolium**

1. 阴地蕨 （图1-75）

Sceptridium ternatum (Thunb.) Lyon — *Botrychium ternatum* (Thunb.) Sw.

植株高18～60cm。根状茎短而直立，有1簇肉质粗根。总柄长2～6cm，宽2～3mm；不育叶的柄长3～14cm，直径2～3mm，光滑无毛；叶片阔三角形，长8～10cm，宽10～15cm，短尖头，三回羽裂；羽片3～4对，互生或几对生，有柄（长2～2.5cm），略张开，基部1对最大，长宽各为5～6cm，阔三角形，短尖头，二回羽裂；小羽片3～4对，有柄，互生或几对生，卵状长圆形或长圆形，一回羽裂；裂片长卵形至卵形，先端急尖，边缘有不整齐的尖锯齿；叶脉不明显；叶片厚草质，表面皱缩不平，无毛；能育叶有长柄，长12～40cm，远高出不育叶。孢子囊穗圆锥状，长4～13cm，宽2～6cm，二回至三回羽状，无毛。

产于安吉、杭州市区、临安、淳安、诸暨、嵊州、象山、开化、磐安、武义、天台、莲都、缙云、遂昌、庆元、景宁、文成。生于海拔50～900m的林下。分布于华东及湖北、湖南、台湾、四川、贵州。日本、朝鲜、越南也有。

图 1-75 阴地蕨

全草可入药，味甘淡，性微寒，有清热解毒、平肝散结、润肺止咳、补肾散瘀的功效。

2. 华东阴地蕨 （图1-76）

Sceptridium japonicum (Prantl) Lyon — *Botrychium japonicum* (Prantl) Underw.

植株高20~30cm。根状茎短而直立，有1簇肉质粗根。总柄长2~6cm。不育叶叶柄长5~15cm，无毛或向顶端略有毛；叶片略呈五角形，长11~15cm，宽16~20cm，先端渐尖，三回羽状；羽片4~6对，对生或近对生，下部2~3对且有柄（长1.5~2.5cm），基部1对最大，略呈不等边阔三角形，长8~10cm，宽5~8cm，渐尖头，基部心形，二回羽状深裂；小羽片4~5对，长圆形，渐尖头，羽状深裂或浅裂；裂片椭圆形，急尖头，边缘有整齐的前伸尖锯齿；叶脉明显，直达锯齿；叶片草质，表面平滑；能育叶叶柄长20~25cm，自总柄近基部生出，二回羽状。孢子囊穗圆锥状，长5~10cm，宽3~5cm，无毛。

产于宁海、常山、金华市区、武义、遂昌、龙泉、庆元、景宁。生于海拔300~1600m的林下或灌草丛中。分布于江苏、江西、福建、台湾、广东。日本也有。

全草可入药，有清热解毒、镇静、平肝散结、消肿止痛、润肺祛痰的功效。

图1-76 华东阴地蕨

3. 薄叶阴地蕨 （图1-77）

Sceptridium daucifolium Wall. ex Hook. et Grev. — *Botrychium daucifolium* Wall. ex Hook. et Grev.

植株高40～55cm。根状茎短粗，直立。有粗的肉质根。总柄长8～13cm，多汁草质，干后扁平，宽4～6mm，无毛或有疏毛。不育叶的柄长7～10cm；叶片长12～15cm，五角形，短渐尖头，下部三回羽状；羽片4～6对，互生，下部2对有柄，基部1对最大，三角形，长9～12cm，宽7～9cm，有长柄（长2～2.5cm），短渐尖头，二回羽状（上侧为一回）；小羽片4～5对，互生，下先出，基部下侧1片较大，阔披针形，有柄，长6～8cm，宽3cm，短渐尖头，深羽裂；裂片长圆形，急尖头，基部合生并下延，边缘有前伸的三角形锯齿；叶脉明显；叶片薄草质，表面光滑，叶轴和羽柄上疏生有较多长白毛；能育叶自总柄近中部生出，长33～40cm，二回至三回羽状。孢子囊穗长9～13cm，宽3～5cm，圆锥状，开展，有长毛；孢子囊圆球形，黄色。

产于临安、淳安、开化、云和、景宁。生于海拔500～900m的林下。分布于江西、湖南、广东、广西、四川、贵州、云南。印度尼西亚、马来西亚、菲律宾、印度、斯里兰卡、斐济也有。

全草可入药，味甘、辛，性温，有补虚润肺、止咳化痰、清热解毒、消肿止痛、平肝散结的功效。

图1-77　薄叶阴地蕨

八 瓶尔小草科 Ophioglossaceae

小型陆生植物，少为附生，直立或少为悬垂。根状茎短而直立，有少数肉质粗根。叶二型；不育叶与能育叶出自同一总柄，幼时不具拳卷叶；不育叶为单叶，全缘，1~2，少有较多，披针形或卵形，具网状脉，中脉不明显；能育叶具柄，自总柄或不育叶基部生出。孢子囊壁厚，形大，无柄，沿囊托两侧排列，下陷，形成穗状的孢子囊穗，成熟时横裂。孢子四面体形，外壁具网状纹饰。

4属，80余种，广泛分布于全球。我国有3属，22种；浙江有1属，2种。

瓶尔小草属 Ophioglossum L.

小型草本。根状茎短，直立，具1簇肉质粗根。不育叶1~2枚，少有更多或不发育，常为单叶，全缘，披针形、卵形至椭圆形或近圆形，叶脉网状，无内藏小脉，中脉不明显；能育叶自不育叶片基部生出，有长柄，穗状。孢子外壁具明显的网状纹饰。

约28种，主要分布于北半球。我国有9种；浙江有2种。

1. 瓶尔小草 （图1-78）
Ophioglossum vulgatum L.

多年生草本，植株高9~14cm。根状茎短而直立，具1簇肉质粗根。叶通常单生，总柄长4~6cm；不育叶无柄，卵形或

图1-78 瓶尔小草

狭卵形，长1.8～4cm，宽0.8～2cm，先端钝圆或锐尖，基部渐狭，呈楔形，全缘；网状脉明显；叶片草质或略带肉质；能育叶自不育叶基部生出，柄长3.5～7cm。孢子囊穗长1～1.5cm，宽1.5～2mm，条形，顶端有小突尖。

产于杭州市区、富阳、临安、诸暨、宁海、定海、衢州市区（衢江）、开化、金华市区、永康、武义、天台、三门、温岭、龙泉、景宁、温州市区、文成等地。生于海拔10～500m的灌丛或灌草丛中。分布于西南及长江中、下游流域和吉林、河南、台湾、陕西、甘肃等地。亚洲北部、欧洲、北美洲也有分布。

全草可入药，味微甘、酸，性凉，有清热解毒、消肿止痛、活血散瘀、凉血退翳、止咳的功效。

2. 心脏叶瓶尔小草 （图1-79）
Ophioglossum reticulatum L.

多年生草本，植株高5～15cm。根状茎短细，直立，有少数粗长的肉质根。总叶柄长4～8cm，淡绿色，近基部为灰白色；营养叶片长3～4cm，宽3.5～6cm，卵形或卵圆形，先端圆或近于钝头，基部深心形，有短柄，边缘多少呈波状，草质，网状脉明显；孢子叶自营养叶柄的基部生出，长10～15cm，细长。孢子囊穗长3～3.5cm，纤细。

产于象山（墙头）、宁海、天台、遂昌、景宁等地。生于林下灌草丛中。分布于华中、西南及江西、福建、台湾、陕西、甘肃等地。非洲、南美洲及日本、朝鲜半岛、越南、印度等地也有。

本种与瓶尔小草的主要区别在于后者不育叶无柄，卵形至狭卵形，基部渐狭，呈楔形。

图1-79 心脏叶瓶尔小草

九　观音座莲科 Angiopteridaceae

大中型陆生植物。叶一型，大型复叶。叶柄多浆汁，无厚壁组织，干后呈压扁状，具沟槽或小瘤，基部有肉质托叶状附属物，组成莲座状的根状茎，辐射对称或不对称；叶一回至二回羽状；小羽片披针形，边缘有细锯齿；叶脉分离，直达叶边，有时在脉间有倒行假脉。孢子囊群通常生于叶脉顶部靠近叶边，条形、长圆形，少有近圆形，由7~160个孢子囊沿叶脉排成紧密的2行；孢子囊大，质厚，顶端有不发育的环带，腹面纵缝开裂。孢子四面体形，具周壁或不具周壁。

3属，200余种，广泛分布于亚洲热带地区和大洋洲。我国有2属，近60种；浙江有1属，1种。

观音座莲属　Angiopteris Hoffm.

大型陆生植物，植株高1~2m或更高。根状茎肉质，肥大，圆球形，辐射对称。叶柄粗长，有纵沟或小瘤，基部有肉质托叶状的附属物；叶片二回羽状，少有一回，末回小羽片披针形，有短柄或无柄；叶脉分离，二叉分歧或单一，自叶边往往生出向主脉延伸的倒行假脉，长短不一。孢子囊群靠近叶边，以2列生于叶脉上，通常由7~34个孢子囊组成。

100余种，分布于欧洲、亚洲、非洲热带和亚热带地区。我国约有50种；浙江有1种。

福建观音座莲　（图1-80）
Angiopteris fokiensis Hieron. — *A. officinalis* Ching — *A. lingii* Ching

植株高大，高达1.5~2m。根状茎块状，露出地面。叶簇生；叶柄长50~70cm或更长，直径1.5~2cm，干后呈褐色，基部有褐色狭披针形鳞片，腹面有浅纵沟，沟两侧有大小不等的瘤状突起；叶片阔卵形，长与宽均在80cm以上，二回羽状；羽片5~7对，互生，狭长圆形，长50~60cm，宽15~20cm，基部不缩狭或略缩狭；小羽片35~40对，对生或互生，平展，上部的略斜向上，披针形，长7~10cm，宽1~1.3cm，先端渐尖，基部近截形或圆形，边缘有浅三角形锯齿，下部小羽片渐短缩，有短柄，顶生小羽片与侧生的同型，有柄；叶脉单一或二叉；叶片草质，两面光滑。孢子囊群长圆形，长约1mm，着生于距叶边0.5~1mm处，通常由8~10个孢子囊组成。

产于遂昌、松阳、庆元、景宁、乐清、永嘉、文成、平阳、苍南、泰顺。生于海拔250~300m的阔叶林下。分布于江西、福建、湖北、湖南、广东、海南、广西、四川、贵州、云南。日本也有。

为优良的观赏蕨类,宜大盆栽培等;根状茎有疏风祛瘀、清热解毒、凉血止血、安神的功效。

为浙江省重点保护野生植物。

图 1-80　福建观音座莲

一〇 紫萁科 Osmundaceae

陆生中型植物。根状茎粗壮，匍匐或直立呈树干状，为宿存的叶柄基部所包被，无鳞片，也无真正的毛，仅幼叶上被棕色黏质腺状长绒毛，老时脱落，几光滑。叶柄长而坚硬，基部膨大，两侧有托叶状的狭翅；叶片大，一回至二回羽状，一型或二型，或同一叶片上羽片二型；叶脉分离，二叉分歧。孢子囊大，囊壁由1层细胞构成，圆球形，大都具柄，裸露，着生于强烈收缩的孢子羽片边缘，顶端具由几个增厚细胞组成的不发育环带。孢子四面体形，辐射对称。

3属，约20种。我国有1属，8种；浙江有1属，4种。

紫萁属 Osmunda L.

根状茎粗壮，直立或斜生，往往形成树干状主轴，外面密被宿存的膨大叶柄基部。叶大，簇生，二型或同一叶的羽片二型，一回至二回羽状，幼时被棕色黏质的绒毛；不育叶或不育羽片绿色；能育叶或能育羽片紧缩，棕色。孢子囊圆球形，有柄，着生羽片边缘，自顶端向下纵裂。孢子四面体形。

约15种，分布于北温带至热带地区，少数达南半球。我国有8种；浙江有4种。

分种检索表

1. 叶二型，不育叶片二回羽状或二回羽裂。
    2. 不育叶二回羽状，小羽片长圆形或长圆状披针形 ·················· 1.紫萁 O. japonica
    2. 不育叶二回羽裂，小羽片条状披针形 ·················· 2.福建紫萁 O. cinnamomea var. fokiense
1. 叶片一回羽状，羽片二型，不育羽片披针形。
    3. 羽片全缘 ·················· 3.华南紫萁 O. vachellii
    3. 羽片边缘有粗大的三角形尖齿 ·················· 4.粗齿紫萁 O. banksiifolia

1. 紫萁 （图1-81）

Osmunda japonica Thunb. — *O. japonica* var. *sublancea* (Christ) Nakai

植株高可达1m。根状茎粗短，斜生。叶二型，簇生；不育叶叶柄长20～50cm，禾秆色；叶片阔卵形，长30～50cm，宽20～40cm，二回羽状；羽片5～7对，对生，长圆形，基部1对最大，长15～25cm，基部宽8～13cm，其余向上各对渐小；小羽片无柄，长圆形或长圆状披针形，长4～7cm，宽1.5～2cm，先端钝或短尖，基部圆形或斜截形，边缘密生细齿。侧脉二叉分歧，小脉近平行，直达锯齿；叶片纸质，幼时被绒毛，后变光滑；能育叶二回羽状，小羽片强烈紧缩成条形，长1.5~2cm，沿下面中脉两侧密生孢子囊。孢子囊棕色。

产于全省各地。生于海拔10~1500m的林缘及林下较湿润处。分布于长江流域及以南，东至台湾，西北至陕西、甘肃。俄罗斯、日本、朝鲜半岛、越南、泰国、缅甸、印度北部、巴基斯坦、不丹也有。

根状茎可入药，有清热解毒、祛湿散瘀、止血杀虫的功效。

图1-81 紫萁

2. 福建紫萁(变种)（图1-82）

Osmunda cinnamomea L. var. **fokiense** Copel

植株高可达1m。根状茎粗短，直立，露出地面的树干状轴犹如苏铁的干，高可达数十厘米。叶簇生，二型；不育叶叶柄长20~35cm，禾秆色，基部尖削，两侧具翅，腹面有浅纵沟，幼时被绒毛；叶片椭圆形至狭椭圆形，长40~70cm，宽12~20cm，先端渐尖，基部略缩狭，二回羽裂；羽片22~30对，与叶轴相连处有关节，条状披针形，中部的最大，长7~11cm，宽1.5~2cm，先端渐尖，基部两侧不等，一回深羽裂；裂片12~16对，互生，近平展，矩圆形，略斜向上，长7~10mm，宽4~6mm，先端圆形，基部与狭翅相连，全缘；叶脉羽状，侧脉二叉；叶片纸质，幼

一〇　紫萁科 Osmundaceae

时连同叶柄有淡棕色绒毛；能育叶叶柄长25～45cm，叶片长35～50cm，宽2.5～4cm，二回羽状；末回裂片条形，幼时全体被棕色绒毛。孢子囊着生于小羽轴两侧，常夹有亮黑褐色绒毛。

产于金华、温州及安吉、杭州市区、临安、淳安、余姚、遂昌、松阳、龙泉、庆元、云和、景宁等地。生于海拔50～1500m的山地沼泽及林缘或林下湿润处。分布于安徽、江西、福建、湖南、台湾、广东、广西、四川、贵州。

可制作盆景供观赏；根状茎可药用，有清热解毒、止血杀虫的功效。

图1-82　福建紫萁

3. 华南紫萁 （图1-83）
Osmunda vachellii Hook.

植株高可达1m以上。根状茎粗壮，形成圆柱状主轴。叶簇生，叶柄长25～35cm，坚硬，棕禾秆色，基部尖削，两侧有翅；叶片长圆形，长30～60cm，中部宽12～25cm，一回羽状；羽片16～26对，互生，有柄，以关节着生于叶轴，二型；中部以上羽片披针形或条状披针形，长8～17cm，宽0.8～1.3cm，先端长渐尖，基部狭楔形，全缘或略呈波浪状，着生于叶片上部；侧脉通常二次分叉，小脉近平行，直达叶边；叶片厚纸质，两面无毛，略有光泽；能育羽片着生于叶片下部，4～11对，强烈缩狭成条形，宽约4mm，深棕色。孢子囊着生于羽轴两侧。

产于龙泉、庆元、景宁。生于海拔约700m的山地溪沟边。分布于江西、福建、湖南、广东、海南、广西、四川、贵州、云南。越南、缅甸、印度及中南半岛也有。

根状茎可入药，有清热解毒、舒筋活络、止血生肌、杀虫的功效。

图1-83　华南紫萁

4. 粗齿紫萁 （图1-84）
Osmunda banksiifolia (C. Presl) Kuhn

植株高可达1.5m。根状茎粗壮，直立，短树干状，外面密被宿存的叶柄基部。叶簇生；

一〇　紫萁科 Osmundaceae

图 1-84　粗齿紫萁

叶柄长30～50cm，深禾秆色或棕禾秆色，略有光泽，坚硬；叶片长圆形，长40～100cm，宽20～35cm，一回羽状；羽片12～24对，互生或近对生，有短柄，以关节着生于叶轴上，二型；中部以上的羽片狭披针形，长15～20cm，宽1.5～2cm，先端渐尖，基部楔形，边缘有粗大的三角形尖齿，顶生羽片与侧生羽片同型，具长柄；叶脉粗，两面隆起，侧脉三回至四回分叉；叶片革质，光滑。通常能育羽片着生于叶片下部，2～6对（其中偶有1～2对不育羽片），条状披针形、条形，深棕色，孢子囊着生于羽轴两侧。

产于温州及庆元、景宁。生于海拔20～600m的常绿阔叶林下或林缘。分布于江西、福建、台湾、广东。爪哇岛、新几内亚岛及日本、菲律宾也有。

一 瘤足蕨科 Plagiogyriaceae

中型陆生植物。根状茎粗短,直立。叶簇生,二型;叶柄近基部处膨大,腹面扁平,背面隆起,基部尖削,隆起两侧有1~2个或多个成一纵列的疣状气囊体,幼时通体有黏性腺状密绒毛覆被,但不久脱落,少有残存;不育叶片位于外围,一回羽状或羽状深裂至叶轴,顶部羽裂合生,或具1顶生分离羽片;羽片多对,披针形;叶脉分离,单一或分叉,伸达叶边或锯齿;能育叶具较长的柄,直立于植株中央,羽状;羽片强烈收缩成条形。孢子囊群近边生,位于分叉叶脉的加粗小脉上;孢子囊具细而长的柄,环带完整而斜生,由20~24个加厚细胞组成。孢子四面体形。

1属,约10种,主要分布于东亚和东南亚,1种产于美洲热带地区。我国有8种;浙江有5种。

瘤足蕨属 Plagiogyria (Kunze) Mett.

属特征同科。

分种检索表

1. 不育叶片一回,或下部一回羽状,上部一回羽裂;叶柄坚硬,上部及叶轴下部圆柱形或近四棱形。
   2. 叶片奇数羽状,即具1片分离的顶生羽片;羽片具短柄·················· **1.华中瘤足蕨 P. euphlebia**
   2. 叶片顶部羽状分裂,渐尖,或具1片和侧生羽片合生的长裂片;羽片近无柄,其基部至少上侧上延于叶轴。
      3. 叶片顶部羽裂,渐尖头·· **2.瘤足蕨 P. adnata**
      3. 叶片顶端具1片特长顶生羽片,与其下的较短的侧生羽片合生 ········ **3.华东瘤足蕨 P. japonica**
1. 不育叶片羽状深裂几达叶轴;叶柄草质,不坚硬,全部连同叶轴为锐三角。
   4. 基部数对羽片与上部的同型;不育叶柄长,通常长超10cm··················· **4.镰羽瘤足蕨 P. falcata**
   4. 基部数对羽片突变为小耳片;不育叶柄短,通常长5cm··················· **5.耳形瘤足蕨 P. stenoptera**

1. 华中瘤足蕨 (图1-85)

Plagiogyria euphlebia (Kunze) Mett. — *P. grandis* Copel. — *P. chinensis* Ching

植株高50~110cm。根状茎粗大,斜生。叶二型;不育叶的柄长25~35cm,基部两侧各有1~2对气囊体;叶片长圆形,长30~60cm,宽15~20cm,奇数一回羽状;羽片9~13对,有短柄,披针状镰刀形,下部的较大,长10~15cm,宽1.5~1.8cm,先端渐尖,基部短楔形,边缘具疏钝齿,基部数对羽片不短缩,顶生羽片与侧生羽片同型,几同大,但基部常有1~2个圆形

瘤足蕨科 Plagiogyriaceae

裂片，其下方的2~3枚侧生羽片的基部常多少与叶轴合生。侧脉二叉，直达叶边；叶片纸质，无毛；能育叶叶柄长达55cm，叶片长30~50cm；羽片紧缩成条形，长8~13cm，具柄。孢子囊群着生于小脉顶端，成熟时满布羽片下面。

产于遂昌、龙泉、庆元、景宁、文成、平阳、苍南、泰顺。生于海拔500~1500m的林下、林缘、沟边。分布于长江以南各地及甘肃。日本、朝鲜半岛、越南、缅甸、菲律宾、印度、尼泊尔、不丹也有。

图 1-85 华中瘤足蕨

2. 瘤足蕨 （图1-86）

Plagiogyria adnata (Blume) Bedd. — *P. distinctissima* Ching

植株高70~95cm。根状茎粗短。叶簇生，二型；不育叶叶柄长20~40cm，近四棱形；叶片长圆状披针形,长25~40cm,宽12~14cm,先端渐尖并为深羽裂;羽片13~20对,近无柄,披针形,下部的较大,长7~9cm,宽1.1~1.5cm,先端短渐尖,基部下侧圆形,与叶轴分离,中部以上数对多少与叶轴合生,上侧上延,至顶部数对则基部相连,边缘有锯齿。侧脉二叉;叶片草质或薄纸质。能育叶叶柄长50~70cm,叶片长约25cm;羽片条形,长6~8cm,具短柄。孢子囊群着生于小脉顶端,成熟时满布羽片下面。

产于杭州市区、临安、宁波市区、鄞州、余姚、象山、宁海、开化、松阳、庆元、景宁、永嘉、瑞安、文成、平阳、泰顺。生于海拔400~600m的林下。分布于长江以南各地。日本、越南、泰国、缅甸、马来西亚、印度尼西亚、菲律宾、印度东北部也有。

全草可入药,味辛,有清热散寒、发表的功效。

图1-86 瘤足蕨

3.华东瘤足蕨 (图1-87)

Plagiogyria japonica Nakai

植株高60~90cm。根状茎粗短,直立。叶簇生,二型;不育叶叶柄长15~35cm,近四方形,暗褐色;叶片长圆形,先端尾状,长25~35cm,宽12~18cm,一回羽状;羽片13~15对,互生,近开展,相距1~1.5cm,披针形,或为近镰刀形,长7~10cm,宽1~1.5cm,基部的不短缩或略短缩，无柄，短渐尖，基部近圆楔形，下侧楔形，分离，上侧与叶轴合生，上延，基部几对为短楔形，几分离，向顶部的略短缩，合生，顶生羽片特长，与其下的较短羽片合生，叶边有疏钝锯齿，向顶部较粗。小脉明显，二叉分歧，极少为单一，直达锯齿；能育叶叶柄长40～60cm，叶片长25～30cm；羽片紧缩成条形，长6.5～9cm，宽约3mm，有短柄。

产于杭州市区、临安、淳安、宁波市区、鄞州、余姚、奉化、宁海、衢州市区、开化、江山、武义、天台、遂昌、龙泉、庆元、景宁、永嘉、文成、苍南、泰顺。生于海拔50～1800m的常绿阔叶林下。广泛分布于华南及长江流域和贵州。日本、朝鲜半岛、印度北部和东北部也有。

根状茎可入药，味微苦，有清热解毒、消肿止痛的功效。

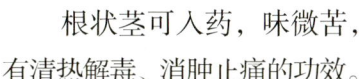

图1-87　华东瘤足蕨

4. 镰羽瘤足蕨（图1-88）

Plagiogyria falcata Copel. — *P. chekiangensis* P.L. Chiu — *P. dentimarginata* J.F. Cheng — *P. dunnii* Copel.

植株高75～95cm。根状茎粗短，通常斜生。叶近簇生，二型；不育叶叶柄草质，长15～36cm，连同叶轴横切面为锐三角形，腹面两侧边有淡棕色狭翅，干后多少撕裂剥落，无毛；叶片长圆状披针形，长35～65cm，宽8～13cm，先端渐尖，基部渐缩狭，与上部羽片同型，羽状深裂几达叶轴；裂片30~50对，平展，狭披针形，中部的裂片较大，长4~8cm，宽8~11mm，基部不对称，下侧略圆，上侧阔而上延，或以狭翅与叶轴相连，边缘略有钝齿，基部数对羽片稍短缩，斜向下；侧脉二叉，直达叶边；叶片草质；能育叶较高，柄长35~40cm，叶片长30~40cm，羽片紧缩成条形，长3~4cm，无柄。孢子囊群生于小脉顶端，成熟时满布羽片下面。

产于丽水、温州及临安、淳安、鄞州、衢州市区、开化、武义。生于海拔400~1500m的林下或林缘。分布于华南及安徽、江西、福建、湖南、贵州。菲律宾也有。

盆栽或地栽，可供观赏。

图1-88　镰羽瘤足蕨

5. 耳形瘤足蕨 （图1-89）
Plagiogyria stenoptera (Hance) Diels

植株高30~40cm。根状茎短。叶近簇生，二型；不育叶叶柄长5cm，草质，横切面为尖三角形；叶片为披针形，长22~32cm，中部宽6~8cm，向两端渐变狭，顶端为尾头，基部突然变狭，羽状深裂几达叶轴；羽片（或裂片）30~37对，几平展，中部的长3~4cm或更长，基部宽约为1cm，披针形，顶部渐尖，边缘下部为全缘，上半部有较细锯齿；羽片向基部逐渐短缩到长约1cm，自此向下有3~10对羽片突然收缩成为长半圆形的小耳片；叶脉几开展，纤细，二叉或单一，近叶边略向上弯弓，达于锯齿，两面可见。能育叶和不育叶同型，但柄较长，14~17cm；羽片12~16对，强缩成条形，宽约2cm，长约2.5cm，彼此远分开，有短柄，顶端为尖头，下面满

一一 瘤足蕨科 Plagiogyriaceae

布孢子囊群。

产于龙泉（凤阳山）。生于海拔约1500m的林下路旁。分布于湖北、湖南、台湾、广西、四川、贵州、云南。日本、越南、菲律宾也有。

盆栽或地栽，可供观赏。

图1-89　耳形瘤足蕨

一二　里白科 Gleicheniaceae

大中型陆生植物。根状茎长而横走，具原始中柱，被鳞片或节状毛。叶远生，一型，具长柄；叶片一回羽状，或顶芽不发育，主轴为一回至多回二叉分枝或假二叉分枝，每一分枝处的腋间具1被毛或为鳞片和叶状苞片所包裹的休眠芽，可连续生长，有时在其两侧有1对篦齿状的托叶；羽片为一回至二回羽状；小羽片为条形；叶片纸质或薄革质；叶轴及叶下面幼时被星状毛或有睫毛的鳞片或二者混生，老时脱落。孢子囊群小，圆形，无盖，由2～6（10）个无柄孢子囊组成，生于叶下面小脉的背上，主脉和叶边之间排成1行，稀2～3行；孢子囊陀螺形，有1条横绕中部的完整环带，从一侧以纵缝开裂。孢子为四面形或两面形。

6属，150余种，主要分布于热带和亚热带地区。我国有3属，15种；浙江有2属，4种。

1 芒萁属 Dicranopteris Bernh.

根状茎长而横走，密被红棕色节状毛。叶远生；主轴常为多回二叉分枝，末回主轴顶端有1对一回羽状的羽片；每回叶轴分叉处有1个休眠状态的小腋芽，密被绒毛，外面包有1对叶状小苞片；羽状深裂，裂片平展，条形或条状披针形，全缘，叶脉分离，二回至三回分枝。孢子囊群生于叶下面小脉的背上，圆形，无盖，通常由6～10个无柄的孢子囊组成。孢子四面形，白色透明。

约10种，主要分布于热带和亚热带地区。我国有5种，广泛分布于长江以南各地，均为酸性土的指示植物；浙江有1种。

芒萁（图1-90）
Dicranopteris pedata (Houtt.) Nakaike

植株高40～120cm。根状茎长而横走，密被深棕色节状毛。叶远生，叶柄长20～60cm，棕色，基部以上光滑无毛；叶轴一回至三回二叉分枝，多数为二回，各回分叉的腋间有1个休眠芽，密被绒毛，并有1对叶状苞片，基部两侧有1对平展的篦齿状托叶；末回羽片长15～25cm，宽4～6cm，披针形或宽披针形，顶端尾状，基部上侧变狭，篦齿状深裂达羽轴；裂片平展，35～50对，条状披针形，长1.5～3cm，宽3～4mm，先端钝，常微凹，羽片基部上侧的数对极短，三角形或三角状长圆形，长4～10mm，各裂片基部汇合，有尖狭的缺刻，全缘，具软骨质的狭边；侧脉两面隆起，斜展，每组有3～5条并行小脉，直达叶缘。孢子囊群圆形，排成1列，着生于基部上侧或上下两侧小脉的弯弓处，由5～8个孢子囊组成。

一二　里白科 Gleicheniaceae　　151

产于全省各地。生于无林或疏林的丘陵山地上。分布于华东、华中及台湾、广东、广西、四川、贵州、云南、陕西、甘肃。东南亚、南亚及日本、朝鲜半岛、澳大利亚也有。

图 1-90　芒萁

❷ 里白属　Diplopterygium (Diels) Nakai

根状茎长而横走，分枝，密被红棕色披针形鳞片。叶远生，具长柄；主轴粗壮，单一，仅由其顶芽一次或多次地生出 1 对二叉的二回羽状的羽片；分叉点的腋间有 1 个大的休眠芽，密被深褐色厚鳞片，其外包有 1 对叶状苞片；顶生 1 对羽片往往长达 1m 以上，二回羽状；小羽片多数，披针形；叶脉一次分叉，达叶边。孢子囊群小，圆形，无盖，由 2~4 个无柄的孢子囊组成。孢子为四面体形，透明。

约25种，广泛分布于全球热带及亚热带地区，亚洲热带地区为其分布中心。我国有9种；浙江有3种。

本属与芒萁属的主要区别在于后者根状茎密被红棕色节状毛；主轴常为多回二叉分枝；叶脉分离。

分种检索表

1. 叶轴密被鳞片；羽轴、小羽轴和裂片下面密被鳞片和星状毛 ·················· **1. 中华里白 D. chinense**
1. 叶轴光滑；羽轴、小羽轴和裂片下面不具鳞片，仅疏被星状毛或无毛。
　2. 小羽片、裂片明显斜向上，分别与羽轴、小羽轴成锐角；叶片下面灰绿色，无毛 ·················· **2. 光里白 D. laevissimum**
　2. 小羽片、裂片近平展，分别与羽轴、小羽轴成直角；叶片下面灰白色，疏被星状毛 ·················· **3. 里白 D. glaucum**

1. 中华里白 （图1-91）

Diplopterygium chinense (Rosenst.) De Vol

植株高可逾3m。根状茎横走，连同叶柄和叶轴密被棕色、具长缘毛的鳞片。叶远生，叶柄长达50cm或更长；叶片巨大，羽片对生，长圆形，长达1m以上，宽20～50cm；小羽片互生，披针形，长14～18cm，宽1.8～2.4cm，羽状深裂几达小羽轴；裂片50～60对，稍向上斜，互生，狭披针形，长1～1.5cm，宽2～3mm，先端钝圆，常微凹，全缘，中脉上面平，下面突起，侧脉两面突起，叉状，近水平状斜展；

图1-91　中华里白

叶片纸质，上面绿色，沿小羽轴被分叉的毛，下面灰绿色，沿中脉、侧脉及边缘密被星状柔毛，后脱落。孢子囊群圆形，1列，位于中脉和叶缘之间，稍近中脉，着生于基部上侧小脉上，被夹毛，由3～4个孢子囊组成。

产于温岭、庆元、景宁、温州市区(瓯海)、瑞安、平阳、苍南、泰顺。生于海拔500m以下的山谷溪边或林中。分布于华南、西南及江西、福建、湖南。越南北部也有。

2. 光里白 （图1-92）

Diplopterygium laevissimum (Christ) Nakai

植株高1～1.5m。根状茎横走，连同叶柄基部密被棕色、全缘的鳞片。叶远生，叶柄长30～50cm，无毛；羽片对生，卵状长圆形，长30～60cm，宽20～30cm；小羽片20～30对，互生，斜向上，与羽轴斜交成一锐角，狭披针形，长达15cm，宽1.5～2.5cm，羽状全裂；裂片25～40对，互生，向上斜展，与小羽轴斜交成锐角，披针形，长1.2～1.5cm，宽1.5～2.5mm，先端锐尖，边缘微反卷，中脉上面平，下面突起，侧脉两面明显，叉状，斜展；叶片薄革质，无毛，上面绿色，下面灰绿色。孢子囊群圆形，位于中脉及叶缘之间，着生于上侧小脉上，由4～5个孢子囊组成。

产于临安、宁波市区(北仑)、鄞州、余姚、象山、开化、武义、天台、莲都、遂昌、松阳、庆元、龙泉、景宁、永嘉、文成、平阳、苍南、泰顺。生于海拔100～1000m的沟谷溪边林下或林缘。分布于华南、西南及安徽、江西、福建、湖北、湖南。日本、越南、菲律宾也有。

图1-92 光里白

3. 里白 (图1-93)

Diplopterygium glaucum (Thunb. ex Houtt.) Nakai

植株高可达5m。根状茎横走，连同叶柄基部密被棕褐色、边缘具锯齿或缘毛的鳞片。叶远生，柄长50~60cm或更长；羽片对生，卵状长圆形，长55~75cm，宽20~25cm；小羽片22~35对，近对生或互生，近平展，与羽轴几成直角，条状披针形，长10~14cm，宽1.5~2cm，羽状深裂；裂片20~35对，互生，几平展，与小羽轴几成直角，宽披针形，长7~12mm，宽2~3mm，先端钝，边缘全缘，中脉上面平，下面突起，侧脉两面可见，10~11对，叉状分枝，直达叶缘；叶片纸质，上面绿色，下面灰白色，沿小羽轴及中脉疏被锈色短星状毛，后变无毛。孢子囊群圆形，中生，着生于上侧小脉上，由3~4个孢子囊组成。

产于全省各地。生于海拔700m以下的山坡林中，或在多风而干燥的低山上形成群落。分布于华东及湖北、湖南、台湾、广东、广西、四川、贵州、云南。日本、印度也有。

一三　海金沙科 Lygodiaceae

陆生攀缘植物。根状茎细长而横走，被毛，无鳞片；具原始中柱。叶一型或近二型，远生或近生；叶轴无限生长，细长，缠绕攀缘，长达数米，沿叶轴相隔一定距离有互生的短枝，短枝顶端有1个不发育而被毛茸的休眠小芽，两侧各生出1羽片；羽片一回至二回二叉掌状或一回至三回羽状；不育羽片通常生于叶轴下部，不育小羽片边缘有细锯齿或全缘；能育羽片位于叶轴上部，通常比不育羽片较狭，边缘生有流苏状的孢子囊群。孢子囊大，梨形，横生于短柄上，具顶生环带，由几个厚壁细胞组成，以纵缝开裂。孢子四面形，具周壁。

1属，26种，分布于热带和亚热带地区。我国有9种；浙江有3种。

海金沙属　Lygodium Sw.

属特征同科。

分种检索表

1. 末回小羽片的基部无关节。
   2. 不育叶的末回小羽片通常掌状深裂；裂片狭长，中央裂片长5～8cm，宽4mm ·· 2. 狭叶海金沙 L. microstachyum
   2. 不育叶的末回小羽片3裂；裂片短而阔，中央裂片长1.5～3cm，宽6～8mm ·· 1. 海金沙 L. japonicum
1. 末回小羽片以基部膨大的关节着生于小羽柄顶端 ·················· 3. 小叶海金沙 L. microphyllum

1. 海金沙　（图1-94）
Lygodium japonicum (Thunb.) Sw.

植株攀缘，长达5m。叶二型，三回羽状，羽片多数，对生于茎上的短枝两侧。不育羽片三角形，长宽几相等，10～18cm，二回羽状；一回小羽片2～4对，互生，卵圆形，长5～11cm，宽2～6cm；二回小羽片1～3对，互生，卵状三角形，掌状3裂，中间裂片短而宽，长1.5～3cm，宽6～8mm，先端钝，基部近心形，边缘有不规则的浅锯齿；主脉明显，侧脉一回至二回二叉分歧，直达锯齿，两面沿中肋及脉上略有短毛；能育羽片卵状三角形，长宽几相等，10～20cm，二回羽状，在末回小羽片或裂片边缘疏生流苏状的孢子囊穗，穗长2～4mm，暗褐色，无毛。

产于全省各地。生于海拔10～1000m的林中、林缘、灌草丛中、田头地角、房前屋后及有多年生植物群落之处。分布于华东、华中、华南、西南及陕西、甘肃。东南亚、北美洲、爪哇岛及日本、朝鲜半岛、印度、尼泊尔、斯里兰卡、澳大利亚也有。

全草或孢子可入药，有清热解毒、利胆消肿的功效。

图 1-94　海金沙

2. 狭叶海金沙 （图 1-95）

Lygodium microstachyum Desv.

植株攀缘，长达 3m。叶二型，二回至三回羽裂或羽状，羽片多数，对生于叶轴的短枝上，枝顶端有 1 簇淡棕色柔毛。不育羽片三角状卵形，长 7~15cm，基部长宽几相等，一回至二回羽状；

图 1-95　狭叶海金沙

小羽片2~3对，互生，有短柄，长5~10cm，掌状深裂，中央裂片最长，长5~8cm，宽约4mm，基部心形，两侧有1~2片短裂片，边缘有细尖锯齿；主脉明显，侧脉二回至三回二叉分歧，直达锯齿，两面沿中肋及侧脉有稀疏短毛；能育羽片卵状三角形，长5~12cm，宽5~11cm，先端长尾状，末回小羽片边缘着生流苏状的孢子囊穗，穗长3~7mm，褐色。

产于宁波市区（北仑）、象山、宁海、温州市区、洞头、乐清、瑞安、平阳、苍南。生于海拔200m以下的灌草丛中，多在水沟边或路边。分布于福建、台湾、广东、广西、云南。日本、越南、菲律宾也有。

3. 小叶海金沙（图1-96）
Lygodium microphyllum (Cav.) R. Br. — *L. scandens* (L.) Sw.

植株蔓攀，长达5m。叶二型，二回羽状，羽片多数，对生于叶轴的短枝上，顶端密生红棕色毛；不育羽片生于叶轴下部，长圆形，长7~8cm，宽4~7cm，奇数羽状，或顶生小羽片有时二叉；小羽片4对，互生，具2~4mm的柄，柄端有关节，卵状三角形、阔披针形或长圆形，先端钝，基部较阔，心形，近平截或圆形，边缘具钝齿；叶脉清晰，侧脉二回至三回二叉分歧，直达锯齿，两面无毛；能育羽片长圆形，长8~10cm，宽4~6cm，奇数羽状；小羽片的柄长2~4mm，柄端具关节，9~11片，互生，三角形或卵状三角形，钝头，长1.5~3cm，宽1.5~2cm。孢子囊穗生于叶缘，5~8对，条形，一般长3~5mm，最长可达10mm，黄褐色，光滑。

产于温州市区（鹿城、瓯海）。生于海拔100m以下的山坡林缘。产于华南及江西、福建、云南。东南亚、南亚及澳大利亚也有。

图1-96 小叶海金沙

一四 膜蕨科 Hymenophyllaceae

附生或少为陆生植物。根状茎通常横走。叶通常很小，多型，由全缘的单叶至扇形分裂，或为多回二歧分叉至多回羽裂，直立或有时下垂；叶片膜质，几乎都只由1层细胞组成，不具气孔；叶脉分离，二叉或羽状，每个末回裂片有1小脉，有时沿叶缘有连续不断的近边生的假脉，叶肉内有时也有断续的假脉。囊苞坛状、管状或两唇瓣状；孢子囊着生于由叶脉延伸到叶边以外而成的往往突出于囊苞外的圆柱形囊群托的周围。

约34属，700种，以泛热带为分布中心。我国有19属，51种；浙江有5属，11种。

分属检索表

1. 囊苞管状、漏斗状或倒圆锥状，即使口部裂成两唇瓣形，分裂也不达基部。
    2. 叶片沿叶边或叶边以内的薄壁组织内有假脉 ·················· **1.假脉蕨属 Crepidomanes**
    2. 叶片无假脉。
        3. 叶片扇形，单一，或二叉分裂；囊苞一般不突出叶边 ·················· **2.团扇蕨属 Gonocormus**
        3. 叶为羽状复叶；囊苞突出叶边之外 ·················· **5.瓶蕨属 Vandenboschia**
1. 囊苞两唇瓣形，分裂至基部或接近基部。
    4. 叶缘和囊苞的唇瓣全缘 ·················· **4.蕗蕨属 Mecodium**
    4. 叶缘和囊苞的唇瓣有锯齿 ·················· **3.膜蕨属 Hymenophyllum**

1 假脉蕨属 Crepidomanes C. Presl

根状茎细长。叶片末回裂片有1条叶脉，沿叶边或叶边以内的薄壁组织内有假脉，假脉与叶缘之间通常有1~3行细胞相隔，边内假脉和叶脉之间还有断续的假脉，不整齐地分散于叶肉中；叶轴全部有翅。囊苞管状、漏斗状或倒圆锥状，即使口部裂成两唇瓣形，分裂也不达基部，先端圆或具尖头，两侧有翅；孢子囊群生于裂片的腋间或着生于向轴的短裂片顶端。

约30种，分布于欧洲、亚洲、非洲热带与亚热带地区。我国约有16种；浙江有1种。

长柄假脉蕨　多脉假脉蕨　天童假脉蕨（图1-97）

Crepidomanes latealatum (Bosch) Copel. — *C. insigne* (U. d. B.) Fu — *C. tiendongense* Ching et C.F. Zhang — *C. racemulosum* (Bosch) Ching

植株高3～5cm。根状茎密被黑褐色分枝短毛。叶片长1.5～3.5cm，披针形至矩圆形，二回羽裂；末回裂片狭条形，宽0.6～0.8mm，钝头，全缘，在叶边和叶脉之间有和叶脉近并行的断续假脉，沿羽轴及叶轴直达叶柄基部都有翅，叶柄翅的边缘有易脱落的黑褐色毛，其余无毛。孢子囊群生于叶片中部以上的短裂片顶端；囊苞倒矩圆锥形，长约1.5mm，宽约1mm，两侧有翅，口部浅裂为两群；囊群托突出口外。

产于诸暨、鄞州、余姚、奉化、宁海、遂昌、庆元、景宁、乐清、文成、泰顺。生于山谷阴湿岩石上。分布于华南、西南及安徽、江西、福建、湖南。日本、越南、马来西亚、印度、尼泊尔、不丹、斯里兰卡、澳大利亚也有。

图1-97　长柄假脉蕨

2 团扇蕨属 Gonocormus Bosch

通常为小型附生植物。根状茎纤细，丝状，横走，被短毛，分枝。根状茎、叶柄和叶轴不易区别，三者都是多育的(都能生出叶片)。叶片小，扇形，单一，或二叉分裂，光滑无毛，扇状深裂或有时近羽裂，细胞壁薄，不呈洼点状；叶脉扇状分枝，叶片无假脉。囊苞常顶生于短裂片上，一般不突出叶边，管状、漏斗状或倒圆锥状，口部膨大，全缘，即使口部裂成两唇瓣形，分裂也不达基部；囊群托突出。

约10种，分布于非洲经波利尼西亚至日本、澳大利亚(昆士兰州)及夏威夷群岛。我国有5种；浙江有1种。

Flora of China 将团扇蕨属并入假脉蕨属，本志仍保留团扇蕨属。

团扇蕨 （图1-98）

Gonocormus minutus (Blume) Bosch —— *Crepidomanes minutum* (Blume) K. Iwatsuki

根状茎纤细，丝状，互相交织，横走，黑褐色，密被暗褐色短毛。叶远生，具细柄，叶柄长6～10mm，下部被暗褐色短毛；叶片团扇形至圆状肾形，直径5～12mm，基部心形、截形或短楔形，掌状分裂，裂片条形，钝头或有缺刻；生囊苞的裂片通常较不育裂片短或近等长；叶脉多回分叉，每小裂片有小脉各1条；叶质薄，半透明，干后呈暗绿色，两面光滑无毛。孢子囊群生于短裂片顶端；囊苞瓶状，两侧有翅，口部膨大而外翻，成熟时囊托突出囊苞口外。

产于温州及杭州市区、临安、宁波市区（北仑）、鄞州、余姚、奉化、宁海、江山、仙居、遂昌、龙泉、景宁。生于林下阴湿的岩石或树干上。分布于东北、华南及安徽、江西、福建、湖北、湖南、四川、贵州、云南、甘肃。东亚、东南亚、南亚、俄罗斯及非洲、澳大利亚、太平洋群岛也有。

可作为各类盆景的表面覆盖植物。

图1-98 团扇蕨

❸ 膜蕨属 Hymenophyllum Sm.

小型附生或石生膜质植物。根状茎纤细，丝状，横走。叶小型，羽裂，半透明，细胞壁不加厚，边缘有小锯齿或尖齿牙，叶轴上面通常有红棕色的细长毛疏生，少为无毛。囊苞两唇瓣形，分裂至基部或近基部，唇瓣有锯齿，瓣顶也有锯齿；囊群托内藏或稍突出；孢子囊大，无柄。

约30种，主要分布于南半球。我国约有12种；浙江有2种。

1. 华东膜蕨 黄山膜蕨 顶果膜蕨 尾叶膜蕨 （图1-99）
Hymenophyllum barbatum (Bosch) Baker — *H. oxyodon* Baker — *H. whangshanense* Ching et Chiu — *H. khasyanum* Hook. et Baker — *H. caudifrons* Ching et C.F. Zhang

小型石生或附生植物，植株高2～3cm。根状茎纤细如丝，暗褐色，疏生淡褐色绒毛，下面疏生纤维状根。叶远生；叶柄丝状，全部或大部具狭翅，疏被淡褐色柔毛；叶片薄膜质，半透明，干后呈褐色或鲜绿色，卵形，先端钝圆，基部近心形，二回羽裂；羽片3～5对，长圆形，互生，羽裂几达有宽翅的羽轴；末回裂片条形，4～6对，边缘有小尖齿；叶脉叉状分枝，暗褐色，与叶轴及羽轴上面均被褐色柔毛，末回裂片有小脉1～2条。孢子囊群生于叶片顶部，位于短裂片上；囊苞二瓣状，通常为卵形，圆头，先端有少数小尖齿；囊群托内藏，不伸出囊苞之外。

产于安吉、杭州市区、临安、淳安、宁波市区(北仑)、鄞州、余姚、象山、宁海、东阳、武义、遂昌、龙泉、庆元、景宁、温州市区(瓯海)、乐清、永嘉、瑞安、文成和泰顺。生于林下湿润岩石上。分布于华中、华南及安徽、江西、福建、四川、贵州、云南、陕西。日本、朝鲜半岛、越南、老挝、柬埔寨、泰国、缅甸、印度等也有。

全草可药用。

图1-99 华东膜蕨

2. 华南膜蕨 毛蕗蕨 （图1-100）
Hymenophyllum exsertum Wall. ex Hook. — *H. austrosinicum* Ching — *Mecodium exsertum* (Wall.) Copel.

植株高5.5～8cm。根状茎细长，横走。叶远生；叶柄长2～3.5cm，两侧有狭翅几达基部；

叶片阔卵形或卵状长圆形，长3.5~5cm，基部心形，三回羽裂；羽片无柄，斜向上或近平展；末回羽片条形，先端圆钝，边缘有小尖齿；叶脉二歧分叉，两面隆起。叶轴全部有翅，与羽轴同被节状毛。孢子囊群生于叶片顶部；囊苞圆形或扁圆形，顶端几呈截形并有锐尖齿。

产于遂昌、龙泉、庆元、景宁。生于海拔500~1600m的林下岩石上。分布于福建、台湾、广东、海南、四川、云南、西藏。越南、泰国、老挝、马来西亚、柬埔寨、印度、不丹也有。

本种与华东膜蕨的主要区别在于后者植株高2~3cm；叶片二回羽裂；囊苞先端有少数锐尖齿。

图 1-100　华南膜蕨

❹ 蓨蕨属 Mecodium C. Presl ex Copel.

附生植物。根状茎丝状，长而横走。叶远生，中型或较大，多回羽裂，全缘，细胞壁薄。孢子囊群生于可从各小脉伸出的囊群托的顶端；囊苞两唇瓣形，卵状三角形或圆形，分裂至基部或近基部，唇瓣全缘；囊群托不突出于囊苞之外。

约120种，广泛分布于泛热带及南半球。我国约有21种；浙江有4种。

Flora of China 将本属并入膜蕨属，本志依据秦仁昌系统保留蓨蕨属。

分种检索表

1. 叶柄、叶轴、叶脉下面有长毛 ··· 3. 长毛蕗蕨 M. oligosorum
1. 叶柄、叶轴、叶脉下面无毛。
   2. 叶柄具阔翅，连柄宽达2mm以上 ·· 1. 蕗蕨 M. badium
   2. 叶柄不具翅，或具狭翅，连柄宽不超过1m。
      3. 叶片非条形，二回至四回羽裂 ···································· 2. 长柄蕗蕨 M. polyanthos
      3. 叶片条形，仅二回羽裂 ·· 4. 线叶蕗蕨 M. lineatum

1. 蕗蕨 波纹蕗蕨 （图1-101）

Mecodium badium (Hook. et Grev.) Copel. — *Hymenophyllum badium* Hook. et Grev. — *M. crispatum* (Hook. et Grev.) Copel.

植株高15～25cm。根状茎铁丝状，长而横走，褐色，下面疏生粗纤维状的根。叶柄、叶轴、叶脉下面无毛；叶柄具阔翅，连柄宽达2mm以上；叶脉叉状分枝，两面明显隆起，褐色，光滑无毛，末回裂片有小脉1条；叶片薄膜质；叶轴及各回羽轴均全部有阔翅，稍曲折。孢子囊群大，多数，位于全部羽片上，着生于向轴的短裂片顶端；囊苞

图1-101 蕗蕨

近圆形或扁圆形，唇瓣深裂达基部，全缘或上边缘有微齿牙。

产于开化、武义、遂昌、龙泉、庆元、景宁、乐清、永嘉、瑞安、文成、苍南和泰顺。生于林下湿润岩石上。分布于华南、西南及安徽、江西、福建、湖南。日本、朝鲜半岛、越南、泰国、缅甸、马来西亚、印度、斯里兰卡也有。

2. 长柄蕗蕨　庐山蕗蕨　小果蕗蕨　罗浮蕗蕨　（图1-102）

Mecodium polyanthos (Sw.) Copel. — *Hymenophyllum polyanthos* (Sw.) Sw. — *M. osmundoides* (Bosch) Ching — *M. lushanense* Ching et Chiu — *M. microsorum* (Bosch) Ching — *M. lofoushanense* Ching et Chiu

附生植物，植株高15~18cm。根状茎褐色，纤细如丝，长而横走，下面疏生纤维状根。叶远生；叶柄、叶轴、叶脉下面无毛；叶柄深褐色，不具翅，或具狭翅，连柄宽不超过1mm，狭翅易脱落；叶片薄膜质，半透明，二回至四回羽裂；羽片10~15对，互生，有短柄，三角状卵形至长圆形；小羽片4~6对，互生，无柄；末回裂片2~6个，互生，条形至长圆状条形，先端钝头或有浅缺刻，全缘，单一或分叉；叶脉叉状分枝，末回裂片有小脉1条；叶轴及羽轴褐色，均有翅。孢

图1-102　长柄蕗蕨

子囊群多数，各裂片均能育，位于叶片上部1/3～1/2处；囊苞为等边三角状卵形。

产于临安、遂昌、龙泉、庆元、景宁、永嘉、瑞安、文成、泰顺。生于林下湿润岩石上。分布于安徽、江西、福建、湖南、台湾、广东、广西、四川、贵州、甘肃。全球热带和亚热带地区也有。

全草可药用。

3. 长毛蕗蕨 （图1-103）

Mecodium oligosorum (Makino) H. Itô. — *Hymenophyllum oligosorum* Makino

根状茎匍匐线状，近无毛。叶柄5～10cm，除基部外，无翅；叶轴具翅达基部，翅平，全缘；叶片卵形到披针形，长1～5cm；羽裂，多至三回羽状；叶柄、叶轴、叶脉下面有长毛。囊苞卵形或圆形，先端具微齿；囊群托圆柱形。

产于庆元、景宁。附生于海拔约1200m的林下岩石上。分布于江西、台湾。日本、朝鲜半岛、越南、泰国、老挝、马来西亚、柬埔寨、印度、不丹也有。

图1-103 长毛蕗蕨

4. 线叶蕗蕨 （图1-104）

Mecodium lineatum Ching et Chiu

植株高10～15cm。根状茎纤细，丝状，长而横走，深褐色，疏被浅褐色的短节状毛或几光滑，下面疏生纤维状的根。叶远生，叶柄长1.5～4cm，纤细，丝状，褐色，基部被浅褐色的节状毛；叶片狭条形，长6～15cm，宽1～1.5cm，两端渐狭，二回羽裂；羽片10～16对，互生，无柄，斜向上，先端钝，基部下侧下延；裂片6～8个，互生，极斜向上，长圆形；叶脉叉状分枝，两面明显隆起，褐色。孢子囊群位于叶片上部，少数，每羽片只有1个，着生于向轴的短裂片顶端；唇瓣深裂达基部，其下的裂片不缩狭。

产于临安、景宁。生于林缘湿润的岩石上。分布于湖北、四川、云南和西藏。

图1-104 线叶蕗蕨

5 瓶蕨属 Vandenboschia Copel.

多为附生植物。根状茎粗壮，通常很长，横走，常被褐色、多细胞的节状毛。叶为羽状复叶，2列生，全缘，细胞壁薄而均匀一致，叶边不增厚；叶脉一般多回叉状分枝，叶片无假脉。囊苞管状、漏斗状或倒圆锥状，即使口部裂成两唇瓣形，分裂也不达基部，口部全缘。孢子囊群可从各脉先端生出；囊苞突出叶边之外；囊群托长而纤细；孢子囊细小。

约40种，分布于热带、亚热带地区。我国有12种；浙江有3种。

有报道称浙江产墨兰瓶蕨 *V. cystoseiroides*，因未见确切标本，从地理分布考虑，暂不予收录。

分种检索表

1. 叶片条形或线状披针形，一回羽状或二回羽裂，无柄或柄甚短；囊苞长管状 …… **1. 瓶蕨 V. auriculata**
1. 叶片长圆状披针形至长圆形，二回羽状至三回羽状深裂，有长柄；囊苞管状。
   2. 植株较大，通常高达40cm；叶轴无翅或具狭翅，叶片干后呈黑褐色………… **2. 南海瓶蕨 V. striata**
   2. 植株远较小，通常高20cm左右；叶轴具阔翅，叶片干后呈褐绿色…… **3. 管苞瓶蕨 V. kalamocarpa**

一四　膜蕨科 Hymenophyllaceae

1. 瓶蕨 （图1-105）

Vandenboschia auriculata (Blume) Copel. — *Trichomanes auriculatum* Blume

植株高15~30cm。根状茎长而横走，被黑褐色、有光泽的多细胞节状毛。叶柄腋间有1个密被节状毛的芽。叶远生，沿根状茎在同一平面上排成两行；叶柄短，灰褐色，基部被节状毛；叶片条形或线状披针形，一回羽状或二回羽裂；羽片18~25对，互生，无柄，边缘为不整齐的羽裂达1/2；不育裂片狭长圆形，先端有钝圆齿，每齿有小脉1条；能育裂片通常缩狭或仅有1单脉；叶脉多回二叉分歧；叶片厚膜质；叶轴灰褐色，上面有浅沟。孢子囊群顶生于向轴的短裂片上，每羽片有10~14枚；囊苞长管状，长2~2.5mm，口部截形；囊群托突出，长约4mm。

产于杭州市区、临安、武义、临海、松阳、景宁、乐清、平阳、泰顺。生于林下、林缘岩石上。分布于华南、西南及江西、湖南。东南亚、中南半岛、太平洋群岛、新几内亚岛及日本、印度东北部、尼泊尔、不丹也有。

全草可药用。

图1-105　瓶蕨

2. 南海瓶蕨　漏斗瓶蕨 （图1-106）

Vandenboschia striata (D. Don) Ebihara — *Trichomanes striatum* Don

植株高达40cm。根状茎长，横走，直径1~1.5mm，暗褐色，密被黑褐色的多细胞节状毛。叶远生；叶柄长3~5cm，直径不及1mm，淡褐色，上面有浅沟，两侧有阔翅几达基部，基部被节状毛；叶片长圆状披针形至长圆形，二回羽状至三回羽状深裂；羽片8~12对，互生，几无柄或具有翅的短柄,下部的开展,上部的斜向上,最下部的3对最大,三角状长圆形至斜卵形;叶脉叉状分枝,暗绿褐色,两面明显隆起,无毛;叶片薄膜质,光滑无毛,干后呈黑褐色;叶轴无翅或具狭翅,上面有浅沟。孢子囊群通常生于小羽片下半部向轴的短裂片顶端;囊苞管状,两侧有狭翅,口部稍膨大;囊群托细长突出,稍弯。

产于杭州市区、临安、淳安、鄞州、武义、庆元、景宁、乐清、瑞安、文成、苍南、泰顺。生于溪边阴湿的岩石上或树干上。分布于江西、台湾、广东、四川、云南、西藏。东南亚、日本也有。

全草可入药;可制作微型盆景。

图1-106 南海瓶蕨

3. 管苞瓶蕨 (图1-107)

Vandenboschia kalamocarpa (Hayata) Ebihara —— *Trichomanes orientale* auct. non C. Chr.

植株高约20cm。根状茎深棕色,直径1~1.5mm,具紧密的深棕色多细胞毛,具稀疏的有毛

一四 膜蕨科 Hymenophyllaceae

的小根。叶远生，相距2~4cm，浅棕色，无毛，宽翅近基部；叶轴和肋具宽翅，有时稍皱曲，无毛；叶片二回羽状到三回羽裂，宽披针形，膜质，无毛；羽片10~12对，互生，无梗，平展，长圆形卵形；末级裂片简单或分叉，狭条形，具1或2细脉，边缘全缘，先端圆形；脉二歧，深绿棕色，在叶表面明显突起，无毛。孢子囊在叶的上部；囊苞管状，约1.5mm，先端稍膨，呈截形，具狭翅，裂片稍缢缩在总苞基部以下；囊托突出，棕色。

产于景宁（鹤溪）等地。生于海拔500m以上的林下溪旁潮湿的岩石上，或峡谷的陡坡上。分布于江西、台湾。

浙江的华东瓶蕨系管苞瓶蕨的误定。

图1-107 管苞瓶蕨

一五　蚌壳蕨科 Dicksoniaceae

树形蕨类，常有粗大而高耸的主干或主干短而平卧（产于我国种），有复杂的网状中柱，密被垫状长柔茸毛，不具鳞片，顶端生出冠状叶丛。叶有粗健的长柄；叶片大型，长宽能达数米，三回至四回羽状复叶，革质；叶脉分离。孢子囊群边缘生，生于叶脉顶端；囊群盖分成内外两瓣，形如蚌壳，内凹，革质，外瓣为叶边锯齿变成，较大，内瓣自叶的下面生出，同型而较小。孢子囊梨形，有柄，环带稍斜生，完整，侧裂。孢子四面形，不具周壁，每囊48～64枚。

5属，30～40种，分布于泛热带。我国有1属，1种；浙江也有。

金毛狗属 Cibotium Kaulf.

形似树蕨，根状茎平卧、粗大，端部上翘，露出地面部分密被金黄色长茸毛，状似伏地的金毛狗头。叶簇生于茎顶端，形成冠状，叶片大，三回羽裂，幼叶刚长出时呈拳状，密被金色茸毛。孢子囊群生于小脉顶端；囊群盖坚硬，两瓣，成熟时张开，形如蚌壳。

约20种，分布于东南亚热带地区、夏威夷群岛及中美洲。我国有1种；浙江也有。

金毛狗 （图1-108）
Cibotium barometz (L.) J. Sm.

植株高达数米。根状茎卧生，粗大；顶端生出一丛大叶，基部被有一大丛垫状的金黄色茸毛，有光泽。叶片大，长达180cm，三回羽裂；中脉两面突出，侧脉两面隆起，斜出，单一，但在不育羽片上分为二叉；叶片薄革质或厚纸质，小羽轴上下两面略有短褐毛疏生。孢子囊群在每一末回能育裂片上1～5对，生于下部的小脉顶端；囊群盖坚硬，棕褐色，成熟时张开如蚌壳，露出孢子囊群。孢子三角状四面形，透明。

产于景宁、乐清、瑞安、文成、平阳、苍南和泰顺。生于溪边、林下阴湿处。分布于华中、华南、西南及江西、福建。东南亚、南亚、中南半岛及日本也有。

全草可药用。

为国家Ⅱ级重点保护野生植物。

一五 蚌壳蕨科 Dicksoniaceae

图 1-108　金毛狗

一六 桫椤科 Cyatheaceae

树形蕨类，乔木状或灌木状。茎粗壮，圆柱形，直立，通常不分枝，被鳞片。叶大型，多数，簇生于茎干顶端，呈对称的树冠；叶柄两侧具有淡白色气囊体，排成1~2行；叶片通常二回至三回羽状，或四回羽状；叶脉通常分离，单一或分叉。孢子囊群圆形，生于隆起的囊托上，生于小脉背上；囊群盖形状不一；孢子囊卵形，具有1条完整而斜生的环带（即不被囊柄隔断）；孢子囊柄细瘦，长短不一，有4（或更多）行细胞。

6属，约500种，分布于热带、亚热带山地。我国有2属，14种，分布于西南和华南；浙江有2属，4种。

桫椤科植物均被列为国家重点保护野生植物。

1 桫椤属 Alsophila R. Br.

叶大型，叶柄平滑或有刺及疣突，通常乌木色、深禾秆色或红棕色，中部棕色或黑棕色，由长形厚壁细胞组成，边缘淡棕色，由较短的薄壁细胞组成，这些细胞以扇形向外开展，并具有较长、不整齐、左右曲折的厚细胞壁刚毛，老时脱落。孢子囊群背生于叶脉上；无囊群盖，或囊群盖圆球形，全部或部分包被着孢子囊群；隔丝丝状。

约230种，分布于热带及亚热带地区。我国有11种；浙江有3种。

分种检索表

1. 叶柄具刺；具囊群盖，成熟后开裂反折向中脉 ·················· **3. 桫椤 A. spinulosa**
1. 叶柄不具刺；无囊群盖。
  2. 叶片基部鳞片金黄色；小羽片主脉及裂片中脉背面被泡状鳞片 ········ **1. 粗齿桫椤 A. denticulata**
  2. 叶片基部鳞片暗棕色，有较宽的浅色薄边；小羽片主脉背面被勺状鳞片，沿主脉远端变为针状长毛 ·· **2. 小黑桫椤 A. metteniana**

1. 粗齿桫椤（图1-109）

Alsophila denticulata Baker

主茎短而横卧。叶柄不具刺。叶簇生；叶柄红褐色，稍有疣状突起，基部生金黄色鳞片，向上光滑；鳞片条形，边缘有疏长刚毛；叶片披针形，二回至三回羽状；羽片12~16对，互生，斜向上，有短柄，长圆形，基部1对羽片稍短缩；小羽片先端短渐尖，无柄，深羽裂近达小羽轴，基部1或2对裂片分离；基部下侧1小脉出自主脉；羽轴红棕色；小羽轴及主脉密生鳞片；小羽片

一六　桫椤科 Cyatheaceae

图 1-109　粗齿桫椤

主脉及裂片中脉背面被泡状鳞片，边缘有黑棕色刚毛。孢子囊群圆形，生于小脉中部或分叉上；囊群盖缺；隔丝多，稍短于孢子囊。

产于景宁、乐清、平阳、苍南和泰顺。半阴性植物，喜温暖潮湿气候，喜生于冲积土中或山谷溪边林下。分布于江西、福建、湖南、台湾、广东、广西、四川、贵州、云南。日本南部也有。

为国家Ⅱ级重点保护野生植物。

2. 小黑桫椤　光叶小黑桫椤
Alsophila metteniana Hance — *A. metteniana* var. *subglabra* Ching et Q. Xia

植株高115～145cm。根状茎粗壮，木质；鳞片暗棕色，边缘近全缘，少有刚毛。叶簇生；叶柄栗棕色，疣状突起有浅纵沟，沟中密被毛；叶片长卵形，三回羽裂；羽片9～11对，互生，二回羽裂；小羽片13～15对，先端短渐尖，基部近平截，基部无分离裂片；裂片长圆形，先端圆钝，边缘具小锯齿；叶脉羽状，分离，有侧脉4～5对，基部1对侧脉着生于中脉的基部以上，不靠近小羽轴；叶片纸质，叶片基部鳞片暗棕色，有较宽的浅色薄边；小羽片主脉背面被勺状鳞片，沿主脉远端变为针状长毛，两面均无毛。孢子囊群圆形，着生于侧脉中部隆起的囊托上；无囊群盖而有隔丝。

产于平阳（顺溪、南雁荡山）、苍南。生于常绿阔叶林下。分布于江西、福建、湖南、台湾、广东、广西、四川、贵州、云南。日本也有。

为国家Ⅱ级重点保护野生植物。

3. 桫椤　（图1-110）
Alsophila spinulosa (Wall. ex Hook.) R.M. Tryon

树形蕨类。叶螺旋状排列于茎顶端；茎段端和拳卷叶以及叶柄基部密被鳞片和糠秕状鳞毛，鳞片暗棕色，有光泽，狭披针形，先端呈褐棕色刚毛状，两侧有窄而色淡的啮齿状薄边；通常棕色或上面较淡，连同叶轴和羽轴有刺状突起；背面两侧各有1条不连续的皮孔线，向上延至叶轴；叶片大，长矩圆形，三回羽状深裂；羽片17～20对，二回羽状深裂；小羽片18～20对，羽状深裂；裂片18～20对；叶片纸质，干后呈绿色。孢子囊群孢生于侧脉分叉处，靠近中脉，有隔丝，囊托突起；囊群盖球形，膜质，成熟时反折覆盖于主脉上面。

产于温州市区（龙湾瑶溪）、平阳（怀溪）、苍南（赤溪）。生于山地溪旁或疏林中。分布于华南、西南及江西、福建和湖南。日本、越南、泰国、缅甸、柬埔寨、印度、尼泊尔、不丹、斯里兰卡、孟加拉国也有。

为国家Ⅱ级重点保护野生植物。

一六　桫椤科 Cyatheaceae

图 1-110　桫椤

❷ 白桫椤属 Sphaeropteris Bernh.

树形蕨类。茎干粗壮，直立。叶大型，叶柄平滑、有疣突或皮刺，有时被毛，基部鳞片的细胞一式，即鳞片质薄，淡棕色，除边生刚毛外，由大小大致相同和形状、颜色以及排列方向相同的细胞组成；叶下面灰白色，羽轴上面通常被柔毛；叶脉分离，二叉至三叉。无囊群盖。

约120种，大部分产于欧洲、亚洲、非洲热带地区；我国有2种；浙江有1种，仅产于温州。本属与桫椤属的主要区别在于后者叶柄、叶轴及羽轴常不具白粉；鳞片颜色较深。

笔筒树 （图1-111）
Sphaeropteris lepifera (J. Sm. ex Hook.) R.M. Tryon

茎干高可达5m，胸径约13cm。叶柄上面绿色，下面淡紫色，密被鳞片，有疣突；鳞片苍白色，质薄；叶轴和羽轴禾秆色，密被显著的疣突，突头亮黑色；主脉具间隔，侧脉二叉至三叉；裂片纸质，全缘或近全缘，下面灰白色；羽轴下面多少被鳞片，灰白色，边缘具棕色刚毛，上部的鳞片较小，具灰白色边毛，均平坦贴伏，至少在羽轴顶部具有灰白色硬毛；小羽轴及主脉下面除具有平坦的卵形至长卵形、边缘具短毛的灰白色小鳞片之外，还被有较多灰白色开展的粗长毛，小羽轴上面无毛。孢子囊群近主脉着生；无囊群盖；隔丝长过于孢子囊。

产于温州市区（龙湾瑶溪）、苍南（金乡）、泰顺（雅阳）。生于水沟边缘、溪流边缘山坡地及路边。分布于福建、台湾、海南、广西、云南。新几内亚岛及日本、菲律宾也有。

为国家Ⅱ级重点保护野生植物。

图1-111　笔筒树

一七 稀子蕨科 Monachosoraceae

喜阴植物。根状茎短粗而平卧，斜生，具简单类型的网状中柱，有易落的锈棕色黏质腺状毛或腺体。叶簇生；有柄，基部不以关节着生，有1条呈"八"字形的长圆形维管束，向上部融合成"U"字形；叶片一型，膜质或薄草质，一回至五回羽状细裂，各回分枝式为上先出型；幼时各部疏被纤细易落的锈棕色腺状毛；叶脉纤细，分离，不达叶边。孢子囊群小，圆形，叶下着生，位于稍加厚的小脉顶部或接近顶端，但不为顶生，由少数（10~20个）同时发生的孢子囊组成，含有腺状夹丝，无囊群盖；孢子囊梨形，有短柄，由3列细胞组成；环带由14~20个加厚细胞组成，侧面开裂，囊托小而不突起。孢子四面形，表面有小疣状突起。

2属，6种，分布于亚洲热带及亚热带地区，主要产于我国南方及日本。我国有2属，3种；浙江有2属，2种。

Flora of China 将岩穴蕨属 *Ptilopteris* 并入稀子蕨属 *Monachosorum*。

1 岩穴蕨属 Ptilopteris Hance

小型阴生植物。根状茎短而斜生，有原始型的网状中柱。叶簇生，倒伏；叶柄红棕色至黑褐色；叶片披针形，一回羽状，叶轴顶部常伸长成一鞭状，先端着地生根；羽片披针形，无柄，中脉明显，侧脉纤细，单一，平行斜向上，直达圆齿的基部，下面疏生伏贴的棍棒形细腺毛。孢子囊群圆形，生于侧脉顶部，每齿内1个。孢子球圆四面形，表面有微粒状突起。

单种属，分布于我国和日本。

岩穴蕨 穴子蕨 （图1-112）
Ptilopteris maximowiczii (Baker) Hance —— *Polypodium maximowiczii* Baker

根状茎短而平卧，斜生，密生须根。叶多数簇生，常向四面倒伏；叶柄长5~10cm，红棕色，光滑，有光泽，草质，干后压扁状，宽1.5~2mm；叶片长条状披针形，向基部变狭，长15~30cm，宽2~3cm，叶轴顶端常伸长成一鞭形，顶端着地生根，一回羽状；羽片30~60对，长1~1.5cm，宽3~4mm，开展，几对生，相距5mm，披针形，钝头，无柄，基部不对称，下侧楔形，上侧近截形，有小耳形突起，边缘有均匀排列的粗钝锯齿；下部的羽片逐渐短缩，或呈耳形，下向，顶部的羽片向上也逐渐缩小，彼此略变疏远；中脉下面明显，上面隐约，侧脉通直，斜出，单一（在上基部的耳片内为分叉），13~16对，下面明显，不达齿顶；叶片膜质，干后变褐色或褐绿色，光滑，下面疏被细微的伏生腺毛；叶轴细长，草质，灰棕色。孢子囊群圆形，小，生于侧脉顶部，位于锯齿之中，接近叶边；无囊群盖。

产于临安、淳安和松阳。生于海拔800~1300m的密林下阴湿石缝中或洞口崖壁上。分布于安徽、江西、湖北、湖南、台湾、四川、贵州、云南。日本也有。

图1-112　岩穴蕨

❷ 稀子蕨属　Monachosorum Kunze

陆生植物。根状茎短而平卧，斜生，顶部被有分泌黏质的腺状毛。叶簇生；有长柄，淡绿色，被锈棕色腺毛；叶片中等大小或较大，卵状三角形至长圆形，二回至五回羽状细裂，有小而圆、深裂的末回小羽片；叶脉分离，上先出，每个小裂片有纤细的小脉1条，不达叶边；叶片膜质，光滑无毛，无鳞片，疏生由少数细胞组成的圆柱形腺状毛，尤以叶轴及羽轴上较多，锈棕色，后几变为光滑；在叶轴中部附近常有生于1羽片基部的锈黄色珠芽，直径可达1cm。孢子囊群小，圆形，顶生或几顶生于小脉上，无盖，有腺状毛混生。孢子钝三角状四面形，表面有小疣状突起。

约6种，分布于我国和日本、缅甸、马来群岛、印度尼西亚、印度等地。我国有4种；浙江有1种。

本属与岩穴蕨属的主要区别在于后者叶片一回羽状。

尾叶稀子蕨　（图1-113）

Monachosorum flagellare (Maxim. ex Makino) Hayata. — *M. flagellaris* var. *nipponicum* (Makino) Tagawa

根状茎短，平卧，斜生，密生须根。叶簇生，直立；叶柄直径1~1.5mm，禾秆色或棕禾

一七　稀子蕨科 Monachosoraceae

秆色，下面圆，上面有1深狭的沟，沟内密生腺状毛，长7~13cm；叶片长20~30cm，下部最宽，8~10cm，长圆卵形，顶部长渐尖或长尾形，有时着地生根，基部阔圆形，二回羽状；羽片40~50对，互生或下部近对生，开展，有短柄，相距约1cm，基部1对通常略短，平展，第2对起长5~8cm，宽1.5~2cm，披针形，或多少近镰刀状，渐尖头，基部对称，近截形，一回羽状；小羽片10~14对，平展，无柄，顶部以下的有狭翅汇合，略呈三角形，长6~10mm，宽4~5mm，急尖头或近钝头，基部不等，下侧楔形，上侧斜截形，浅羽裂为三角状小裂片，或有少数锯齿；叶脉不明显，在小羽片上为羽状，小脉单一或二叉，每齿有1条小脉；叶片膜质，干后变褐色，下面疏生有微细腺状毛。孢子囊群圆而小，每小羽片2~3个，生于向顶的一边，下边无或少数。

产于临安、淳安、衢州市区（衢江）、武义、遂昌、松阳、龙泉、庆元和景宁。生于海拔600~1600m的密林下岩石缝中或石壁上。分布于江西、湖南、广西、贵州。日本也有。

图 1-113　尾叶稀子蕨

一八　碗蕨科 Dennstaedtiaceae

中型陆生植物。根状茎横走，被灰白色针状多细胞刚毛。单叶或复叶；一型或二型，如二型，则能育叶比不育叶仅为不同程度的狭缩，不为蜷缩；叶柄基部无关节。孢子囊群近叶缘着生，位于小脉顶端，长圆形、条形、肾形等，稀生于特化的孢子叶上呈穗状或圆锥状，或生于孢子果内；孢子囊壁薄，由1层细胞组成；囊群盖自叶缘内生出，并向外开（开向叶缘）。孢子一型。

10属，约170种，主要分布于热带及亚热带地区。我国有4属，60余种；浙江有2属，11种。

1 碗蕨属 Dennstaedtia Bernh.

中型陆生植物。根状茎横走，颇粗壮。叶一型；叶柄基部不以关节着生，上面有1纵沟，幼时有毛，老则脱落，多少粗糙；叶片三角形至长圆形，多回羽状细裂，通体多少有毛；叶脉分离，先端有水囊。孢子囊群顶生于每条小脉，分离；囊群盖为碗形，由2层（1层内瓣及1层外瓣）融合而成。囊托短，孢子囊有细长柄。

约80种，主要分布于热带和亚热带地区。我国约有8种；浙江有3种。

分种检索表

1. 中型植物，植株高30cm左右；叶片二回至三回羽裂，羽片通常长2~6cm。
   2. 叶片草质，遍体密被灰棕色长毛，叶柄无光泽，通常为淡禾秆色 ················ **1. 细毛碗蕨 D. hirsuta**
   2. 叶片薄草质，全部几光滑无毛，叶柄有光泽，上部红棕色，下部栗色 ············ **3. 溪洞碗蕨 D. wilfordii**
1. 植物体远高大；叶片三回至四回羽状，羽片远较长 ································ **2. 碗蕨 D. scabra**

1. 细毛碗蕨 （图1-114）
Dennstaedtia hirsuta (Sw.) Mett. ex Miq. — *D. pilosella* (Hook.) Ching

植株高约30cm。根状茎横走或斜生，密被灰棕色节状长毛。叶近簇生；叶柄基部淡禾秆色，密被灰棕色多细胞长毛；叶片长圆状披针形，先端长渐尖并为羽裂，基部不缩狭，中部以下的为二回羽状；羽片15~18对，卵状披针形，下部的较大，长2~4cm，宽约1.2cm，羽状至羽状深裂；小羽片4~6对，长圆形，长约为宽的2倍，基部上侧1片较长且与叶轴并行，下侧近楔形，下延至羽轴，边缘浅裂；裂片倒卵形，先端有2~3个小尖齿；叶脉羽状，顶端水囊体不明显；叶片草质，遍体密被灰棕色多细胞长毛。孢子囊群顶生于小脉上，沿叶缘着生；囊群盖浅碗形，有毛。

产于金华、温州及安吉、杭州市区、临安、淳安、宁波市区（北仑）、余姚、鄞州、象山、宁海、普陀、天台、缙云、遂昌、龙泉、庆元、景宁。生于林缘或石缝中。分布于东北及江西、湖北、湖南、台湾、广东、广西、四川、贵州、陕西、甘肃。俄罗斯（远东）、日本、朝鲜半岛也有。

图 1-114　细毛碗蕨

2. 碗蕨（图1-115）

Dennstaedtia scabra (Wall. et Hook.) T. Moore

植株高达75cm。根状茎长而横走，红棕色，密被棕色透明的节状毛。叶疏生；叶柄红棕色或淡栗色，稍有光泽，下面圆形，上面有沟，和叶轴密被与根状茎同样的长毛；叶片三角状披针形或长圆形，下部三回至四回羽状深裂，中部以上三回羽状深裂；羽片10~20对，基部1对最大，长达20cm，二回至三回羽状深裂；一回小羽片14~16对，具有狭翅的短柄，基部上方1片几与叶轴并行或覆盖叶轴，二回羽状深裂；二回小羽片羽状深裂达中肋1/2~2/3处；叶脉羽状分

图 1-115　碗蕨

叉，小脉不达叶边，每个小裂片有小脉1条，先端有纺锤形水囊。孢子囊群圆形，位于裂片的小脉顶端；囊群盖碗形，灰绿色。

产于龙泉、庆元、景宁、瑞安(高楼)。生于竹林下。分布于华南、西南及江西、福建、湖南。日本、朝鲜半岛、越南、老挝、马来西亚、菲律宾、印度、不丹、斯里兰卡也有。

全草可入药，有清热发表的功效；可栽培作地被植物等。

2a. 光叶碗蕨（变种）（图1-116）
var. glabrescens (Ching) C. Chr.

本变种与碗蕨的主要区别在于叶片光滑，无毛或略有疏毛。

产于温州及杭州市区、淳安、鄞州、余姚、象山、宁海、开化、江山、遂昌、龙泉、庆元、景宁。生于林下、林缘湿润地上。分布于华南、西南及江西、福建、湖南。日本、朝鲜半岛、越南、老挝、马来西亚、菲律宾、印度、斯里兰卡也有。

用途同碗蕨。

图1-116 光叶碗蕨

3. 溪洞碗蕨 （图1-117）
Dennstaedtia wilfordii (T. Moore) Christ

根状茎细长，横走，黑色，疏被棕色节状长毛。叶二列疏生或近生；叶柄长约14cm，直径仅1.5mm，基部栗色，被与根状茎同样的长毛，向上为红棕色，或淡禾秆色，无毛，光滑，有光泽；叶片长圆状披针形，长约27cm，宽6～8cm，先端渐尖或尾尖，二回至三回羽状深裂；

羽片12～14对，长2～6cm，宽1～2.5cm，卵状阔披针形或披针形，先端渐尖或尾尖，羽柄长3～5mm，互生，相距2～3cm，斜向上，一回至二回羽状深裂；一回小羽片长1～1.5cm，宽不及1cm，长圆状卵形，上先出，基部楔形，下延，斜向上，羽状深裂或为粗锯齿状；末回羽片先端为二叉至三叉的短尖头，边缘全缘；中脉不显，侧脉纤细明显，羽状分叉，每小裂片有小脉1条，不达叶边，先端有明显的纺锤形水囊；叶片薄草质，干后呈淡绿色或草绿色，通体光滑无毛；叶轴上面有沟，下面圆形，禾秆色。孢子囊群圆形，生于末回羽片的腋中，或上侧小裂片先端；囊群盖半盅形，淡绿色，口边多少为啮蚀状，无毛。

产于安吉、临安。生于林下阴湿处。分布于东北、华东、华中及河北、山西、山东、四川、贵州、陕西。

图1-117 溪洞碗蕨

❷ 鳞盖蕨属 Microlepia C. Presl

中型陆生植物。根状茎横走。叶中等大小至大型；叶柄基部不以关节着生，有毛，上面有纵浅沟；叶片长圆形至长圆状卵形，一回至四回羽状复叶，通常被淡灰色刚毛或软毛，尤以叶轴和羽轴为多；叶脉分离。孢子囊群圆形，边内（即离叶边稍远）着生于1条小脉的顶端，常接近裂片间的缺刻；囊群盖半杯形，仅以基部着生；囊托短。

约70种，主要分布于东半球热带及亚热带地区。我国约有50种，为本属的分布中心；

浙江有8种。

本属与碗蕨属的主要区别在于后者囊群盖为碗形，由内瓣及外瓣融合而成。

分种检索表

1. 叶为一回羽状，羽片不分裂或边缘浅裂至深裂。
　2. 羽片边缘除先端有锯齿外，其余具波状圆齿；叶脉二叉 ············ **2.虎克鳞盖蕨 M. hookeriana**
　2. 羽片浅裂或深裂，或至少有粗大圆齿或锯齿；叶脉三叉或羽状。
　　3. 叶片纸质，叶轴密被硬毛；囊群盖有毛 ············ **3.边缘鳞盖蕨 M. marginata**
　　3. 叶片厚纸质；通体无毛 ············ **7.光叶鳞盖蕨 M. calvescens**
1. 叶为二回羽状，或三回羽裂。
　4. 叶二回羽状；小羽片长圆形或近菱形，基部通常不等。
　　5. 羽轴两侧有狭翅，小羽片长圆形 ············ **4.皖南鳞盖蕨 M. modesta**
　　5. 羽轴两侧无翅，小羽片近菱形。
　　　6. 囊群盖杯形，被棕色短毛 ············ **5.粗毛鳞盖蕨 M. strigosa**
　　　6. 囊群盖肾形，无毛 ············ **6.假粗毛鳞盖蕨 M. pseudostrigosa**
　4. 叶三回羽状深裂。
　　7. 一回羽片阔披针形 ············ **1.华南鳞盖蕨 M. hancei**
　　7. 一回羽片狭披针形 ············ **8. 羽叶鳞盖蕨 M. × intramarginalis**

1. 华南鳞盖蕨 （图1-118）

Microlepia hancei Prantl

根状茎横走，灰棕色，密被透明节状长茸毛。叶远生，除基部外无毛，略粗糙，稍有光泽，三回羽状深裂；羽片10～16对，互生，柄长约3mm，两侧有狭翅；一回羽片14～18对，阔披针形，舒展；叶脉上面不太明显，下面稍隆起，侧脉纤细，羽状分枝，不达叶边；叶片草质，干后呈绿色或黄绿色，两面沿叶脉疏生刚毛；叶轴、羽轴和叶柄同色，粗糙，略有灰色细毛（羽轴上较多）。孢子囊群圆形，生于小裂片基部上侧近缺刻处；囊群盖近肾形，膜质，灰棕色，偶有毛。

产于景宁、乐清、平阳、苍南、泰顺（垟溪）。生于林下灌丛中。分布于华南及江西、福建、湖南、贵州和云南。中南半岛及日本、印度、尼泊尔、不丹也有。

全草可药用。

图1-118　华南鳞盖蕨

2. 虎克鳞盖蕨 波缘鳞盖蕨 （图1-119）
Microlepia hookeriana (Wall. ex Hook.) C. Presl

植株高达80cm。根状茎长而横走，密被红棕色或棕色钻状的长毛。叶远生；叶柄全部被灰棕色长软毛；叶片广披针形，一回羽状；羽片23～28对，对生或上部互生，或上部的无柄，披针形，近镰刀状，先端渐尖，基部圆截形，或为不对称的戟形，上下两侧多少为耳形，上侧的耳片较大，边缘先端有锯齿外，其余具波状圆齿；叶脉自中肋斜出，一回二叉分歧，每齿有小脉1条；叶片草质；叶轴被与叶柄相同的毛。孢子囊群生于细脉顶端，近边缘着生；囊群盖杯形，长宽相等或略宽，坚实，光滑，上边截形或波形，近于叶边，排成有规则的1行，宿存。

产于平阳（南雁荡山和顺溪）、苍南、泰顺。生于水边岩石下阴湿处。分布于华南及江西、福建、湖南、贵州、云南。日本、越南、马来西亚、印度尼西亚、印度北部、尼泊尔、加里曼丹岛也有。

可栽培供观赏。

图1-119 虎克鳞盖蕨

3. 边缘磷盖蕨 二回边缘鳞盖蕨 毛叶边缘鳞盖蕨 （图1-120）
Microlepia marginata (Panz.) C. Chr. — *M. marginata* var. *bipinnata* Makino — *M. marginata* var. *villosa* (C. Presl) Wu

植株高约60cm。根状茎长而横走，密被锈色长柔毛。叶远生；叶柄上面有纵沟，几光滑；叶片长圆三角形,先端渐尖,羽状深裂,基部不变狭,一回羽状;羽片20~25对,基部对生,远离,上部互生,接近,平展,有短柄,披针形,近镰刀状,上侧钝耳状,下侧楔形,边缘浅裂至深裂;小裂片三角形;侧脉明显,在裂片上为羽状,2~3对,上先出,斜出,到达边缘以内;叶片纸质,干后呈绿色,叶下面灰绿色,叶轴密被锈色开展的硬毛。孢子囊群圆形,每小裂片上1~6个,向边缘着生;囊群盖杯形,多少被短硬毛,距叶缘较远。

广泛分布于全省各地。生于林下、林缘、溪边。分布于华东、华中、华南及四川、贵州、云南、甘肃。日本、越南、泰国、印度尼西亚、印度、尼泊尔、斯里兰卡和巴布亚新几内亚也有。

《浙江植物志》记载本种下的两个变种二回边缘鳞盖蕨(var. *bipinnata* Makino)和毛叶边缘鳞盖蕨[var. *villosa* (Presl) Wu],作者在野外观察时发现二者的1条茎上有多型叶,故归并为同一种。

图 1-120 边缘磷盖蕨

4. 皖南鳞盖蕨 (图1-121)

Microlepia modesta Ching

植株高约60cm。根状茎横走,密被灰褐色针状毛。叶近生;叶柄上面有沟棱,疏被灰色针状毛;叶片长圆形,先端渐尖,二回羽状;羽片8~12对,互生,平展,柄长1mm,远离,基部的稍短缩,略向下,披针形,渐尖头,基部近截形,羽轴两侧有狭翅;小羽片11对,长圆形,下侧楔形,上侧截形,略呈耳状,几无柄,两边浅裂达1/3~1/2处,小裂片阔,顶端有小钝齿;叶脉下面明显，上面可见，小脉单一；叶片草质。孢子囊群小，每小羽片上边3～5枚，下边2～4枚，位于缺刻的基部；囊群盖极小，圆形，疏生毛。

产于平阳。生于山涧边灌丛中。分布于安徽、江西。

图1-121　皖南鳞盖蕨

5. 粗毛鳞盖蕨 （图1-122）
Microlepia strigosa (Thunb.) C. Presl

植株高达1m以上。根状茎长而横走，密被灰棕色长针状毛。叶远生；叶柄下部被灰棕色长针状毛；叶片长圆形，上面光滑，下面沿各细脉疏被灰棕色短硬毛，二回羽状；羽片25～35对，近互生，斜展，有长2～3mm的柄，条状披针形；小羽片25～28对，近菱形，边缘有粗而不整齐的锯齿；叶脉在上侧基部1～2对为羽状，其余各脉二叉分歧；叶片纸质；叶轴及羽轴上面光滑，下面密被褐色短毛。孢子囊群小，每小羽片上8～9枚，位于裂片基部；囊群盖杯形，棕色，被棕色短毛。

产于温州及宁波市区（镇海、北仑）、余姚、象山、普陀、开化、龙泉、景宁。生于林下或近水边灌丛中。分布于华南及江西、福建、湖北、湖南、四川、贵州、云南。日本、泰国、印度尼西亚、菲律宾、斯里兰卡和太平洋群岛也有。

全草可药用。

图 1-122 粗毛鳞盖蕨

6. 假粗毛鳞盖蕨　中华鳞盖蕨

Microlepia pseudostrigosa Makino —— *M. sinostrigosa* Ching

植株高80cm。根状茎长而横走，密被红棕色长针状毛。叶远生；叶柄长35cm，下部多少被刚毛；叶片长圆形，长42cm，宽22cm，先端长渐尖，基部稍短缩，二回羽状；羽片25对以上，先端长渐尖，基部不对称，上侧截形而略呈耳状，下侧楔形，中部羽片最宽，向上渐变狭，基部下侧2~3对羽片稍短缩，一回羽状；小羽片20~22对，近菱形，有齿牙，基部不对称，下侧狭楔形，上侧截形，与羽轴并行，羽状深裂；叶片坚草质；叶轴及羽轴下面密被褐色短毛，上面光滑。孢子囊群小形，每裂片上3枚；囊群盖棕色，肾形，无毛。

产于杭州市区、景宁。生于海拔约200m的疏林林缘。分布于江苏、湖北、湖南、广东、广西、四川、贵州、云南、陕西、甘肃。日本、越南也有。

7. 光叶鳞盖蕨

Microlepia calvescens (Wall. ex. Hook.) C. Presl —— *M. marginata* var. *calvescens* (Wall. ex Hook.) C. Chr.

植株高80~95cm。根状茎粗，密被褐红色钻状毛。叶远生；叶柄粗壮，通体光滑；叶片长圆形，先端长尾状，一回羽状；羽片22~25对，基部近对生，远离，上部的互生，斜展，柄长7mm，长披针形，镰刀状，先端长渐尖，基部不等，下侧略短，楔形，羽状深裂；裂片斜长圆形，边缘有

一八　碗蕨科 Dennstaedtiaceae

锯齿；叶脉在裂片上呈羽状，粗而隆起，4～5对，单一或二叉，斜出；叶片厚纸质，无毛。孢子囊群圆形，每裂片上5～7个；囊群盖杯形，无毛。

产于鄞州。生于海拔约100m的林下。分布于华南及福建、湖南、四川、贵州、云南。越南、泰国、印度尼西亚和印度也有。

8. 羽叶鳞盖蕨 （图1-123）
Microlepia × intramarginalis (Tagawa) Seriz. (*M. calvescens* × *M. strigosa*) — *M. strigosa* var. *intramarginalis* Tagawa — *M. marginata* var. *intramarginalis* (Tagawa) Y.H. Yan

植株坚挺，草本。叶柄长30～40cm；叶片披针形，长40～80cm，宽20～30cm，叶轴禾秆色，上面无毛，下面具短柔毛；羽片多数，一回羽状，狭披针形，具短柄，逐渐向先端渐狭，长15～20cm，宽2～3cm，上面无毛或具少数疏生的短柔毛，下面的主脉和细脉上疏生短柔毛；裂片紧密，斜卵状长圆形或三角状卵形，钝或锐尖，或有时先端的圆形，基部的斜楔形，有锯齿、齿状或褶皱具锐锯齿。孢子囊边缘内具长柔毛。

产于文成（铜铃山）。分布于我国台湾。

图1-123　羽叶鳞盖蕨

一九　鳞始蕨科 Lindsaeaceae

根状茎短而横走，或长而蔓生，具原始中柱，有陵齿蕨型的"鳞片"（即仅由2～4行大而有厚壁的细胞组成，或基部为鳞片状，上面变为长针毛状）。叶一型，稀二型，草质，光滑；叶脉多分离。孢子囊群为叶缘生的汇生囊群，着生在2至多条细脉的结合线上，或单独生于脉顶，位于叶边或边内；囊群盖两层；孢子囊为水龙骨型，柄长而细，有3行细胞。每孢子囊含32枚孢子，孢子四面形或两面形。

6属，约200种，分布于热带及亚热带地区。我国有3属，20余种；浙江有2属，5种。

1 鳞始蕨属 Lindsaea Dryand. ex Sm.

中型陆生或附生植物。根状茎有原始中柱。叶近生或远生，叶柄基部不具关节；叶片一回或二回羽状，不具主脉（实际主脉靠近下缘）；叶脉分离或少有稀疏连接。孢子囊群沿上缘及外缘着生，连接2至多条细脉顶端而为条形，或少有顶生于1条细脉上而为圆形；孢子囊有细柄，环带直立，有12～15个增厚细胞。孢子长圆形或四面形。

约150种，分布于泛热带。我国约有20种；浙江有3种。

分种检索表

1. 能育叶一回羽状；羽片为对开式，斜三角形 ·· 2.鳞始蕨 L. odorata
1. 能育叶二回或上部一回、下部二回羽状。
   2. 能育叶呈三角形，向上部羽片逐渐变小；囊群盖长圆形 ························· 1.钱氏鳞始蕨 L. chienii
   2. 能育叶呈条状披针形，上部羽片略变小；囊群盖条形 ························· 3.团叶鳞始蕨 L. orbiculata

1. 钱氏鳞始蕨 （图1-124）
Lindsaea chienii Ching

叶几近生；叶柄圆形，栗红色，有光泽；叶片三角形，上部一回羽状，下部二回羽状；上半部羽片4～8对，近长方形，下半部羽片1～4对，长圆状披针形；小羽片5～10对，几无柄，对开式，近长方形，先端圆钝，基部楔形，下缘及内缘平直，上缘及外缘圆弧形，边缘有浅缺刻或偶有细齿；叶脉二叉，纤细；叶片薄草质，干后呈棕绿色；叶轴下面圆，上面有浅沟，栗色。孢子囊群长圆条形，生于1～2条细脉顶端；囊群盖长圆形，膜质，灰绿色，离边缘近。

产于景宁、平阳（顺溪）、泰顺（垟溪）。生于海拔约300m的林下。分布于华南及江西、福建、贵州、云南。浙江南部为本种分布北界。日本、越南、泰国也有。

可供制作微型盆景。

图 1-124　钱氏鳞始蕨

2. 鳞始蕨　香鳞始蕨（图 1-125）

Lindsaea odorata Roxb. — *Osmolindsaea odorata* (Roxb.) Lehtonen et Christenh.

植株高 9~13cm。根状茎长而横走，密被栗红色线状钻形鳞片。叶近生或疏生；叶柄长 2~4cm 或更长，基部栗色，被鳞片，向上为禾秆色，光滑；叶片下部红褐色，上部渐变为浅禾秆色，光亮，狭条形，长 8~12cm，宽 8~12mm，中部较宽，先端渐尖，一回羽状；羽片 14~17 对，斜三角形，对开式，互生，有短柄；中脉贴近下缘，下缘与外缘相连而形成一向上弯的弧形，也有二叉；叶片草质，干后呈绿褐色，两面光滑无毛。孢子囊群沿着羽片上缘着生，每缺刻 1 个；囊群盖长方形或横条形，边缘啮蚀状。

产于苍南（莒溪）。生于瀑布旁岩石上。分布于华南、西南及江西、福建、湖南。东南亚、南亚、太平洋群岛及日本、孟加拉国、巴布亚新几内亚也有。

图1-125　鳞始蕨

3. 团叶鳞始蕨　海岛鳞始蕨　卵叶鳞始蕨　（图1-126）

Lindsaea orbiculata (Lam.) Mett. ex Kuhn — *L. orbiculata* var. *commixta* (Tagawa) K.U. Kramer — *L. intertexta* (Ching) Ching

植株高达30cm。根状茎短，横走，密生红棕色狭小少细胞的鳞片。叶近生，草质，无毛；叶柄长5~11cm，基部以上栗色；能育叶片条状披针形，二回或上部一回、下部二回羽状；羽片或小羽片近长方形或团扇形，上部羽片略变小，顶部1片菱形；叶脉多回二叉；分枝呈扇形。孢子囊群生于小脉顶端的连接脉上，靠近叶缘，连续分布，或偶被缺刻中断；囊群盖条形，向外开。

产于温州及鄞州（天童）、象山、庆元、景宁。生于海拔50~1100m的疏林灌草丛中或岩石缝隙中。分布于华南、西南及江西、福建、湖南。日本、越南、泰国、缅甸、马来西亚、新加坡、印度尼西亚、菲律宾、印度、尼泊尔、斯里兰卡也有。

全草可药用。

一九　鳞始蕨科 Lindsaeaceae

图 1-126　团叶鳞始蕨

❷ 乌蕨属 Sphenomeris Maxon

根状茎短而横走，密被深褐色的钻状鳞片。叶近生，光滑，三回至五回羽状；末回小羽片楔形或条形；叶脉分离。孢子囊群近叶缘着生，顶生脉端，每个囊群下有1条细脉，或有时融合2～3条细脉；囊群盖卵形，以基部及两侧的下部着生，向叶缘开口，通常不达叶的边缘；孢子囊有细柄，环带宽，有14～18个加厚的细胞。孢子长圆形或球状长圆形，少为球状四面形。

11种，泛热带分布。我国有3种；浙江有2种。

本属与鳞始蕨属的主要区别在于后者叶一回或二回羽状，孢子囊群沿上缘及外缘着生，连接2至多条细脉顶端而为条形，或少有顶生于1条细脉上而为圆形。

Flora of China 采用属名 *Odontosoria* Fée Mém.，《中国植物志》用 *Stenoloma* Fée，本志沿用《浙江植物志》属名 *Sphenomeris* Maxon。

1. 阔片乌蕨 （图1-127）

Sphenomeris biflora (Kaulf.) Tagawa — *Stenoloma biflora* (Kaulf.) Ching — *Odontosoria biflora* (Kaulf.) C. Chr.

根状茎粗壮，短而横走，密被赤褐色钻状鳞片。叶近生；叶柄禾秆色，有光泽，直径2mm，下面圆，上面有纵沟，除基部外通体光滑；叶片三角状卵圆形，先端渐尖，基部不变狭，三回羽状；羽片10对；下部二回羽状；小羽片近菱状长圆形，先端钝，基部楔形，下部羽裂成1~2对裂片；裂片近扇形，先端有齿牙，基部楔形；叶脉不明显，每裂片上4~6枚，二叉分歧；叶片干后棕褐色。孢子囊群杯形，边缘着生，顶生于1~2条细脉上，每裂片上有1~2枚；囊群盖圆形。

产于象山、普陀、洞头、瑞安（铜盘山岛）和平阳（南麂岛）。生于海岛岩石下、海边园地边。分布于福建、台湾、广东、海南。日本、菲律宾及太平洋群岛也有。

图1-127　阔片乌蕨

2. 乌蕨 （图1-128）

Sphenomeris chinensis (L.) Maxon — *Stenoloma chusanum* Ching

根状茎短而横走，粗壮，密被赤褐色的钻状鳞片。叶近生；叶柄禾秆色，有光泽，通体光滑；叶片披针形，四回羽状；羽片15~20对，互生，密接；一回小羽片在一回羽状的顶部下有10~15对，连接，有短柄，近菱形，一回羽状或基部二回羽状；二回（或末回）小羽片小，倒披针形，先端截形，有齿牙，基部楔形，下延，其下部小羽片常再分裂成具有1~2条细脉的短而同形的裂片；叶脉下面明显，在小裂片上为二叉分歧。孢子囊群边缘着生，每裂片上1~2枚，顶生于1~2条细

一九　鳞始蕨科 Lindsaeaceae

脉上；囊群盖灰棕色，宿存。

产于全省各地。生于林缘、路旁、梯田、梯地旁，也有生于林下或灌丛阴湿处。分布于华南、西南及江苏、安徽、江西、福建、湖北、湖南、甘肃。日本、朝鲜半岛、越南、泰国、缅甸、马来西亚、菲律宾、印度、尼泊尔、不丹、斯里兰卡、孟加拉国、马达加斯加、太平洋岛屿也有。

全草可药用。

本种与阔片乌蕨的主要区别在于后者叶片三回羽状；每裂片上有1～2个孢子囊，边缘着生。

图 1-128　乌蕨

二〇　姬蕨科 Hypolepidaceae

陆生中型直立，少为蔓性植物。根状茎横走。叶同型；叶柄基部不以关节着生；叶片一回至四回羽状细裂，叶轴上面有一纵沟，两侧为圆形；小羽片或末回裂片偏斜，基部不对称，下侧楔形，上侧截形，多少为耳形突出；叶脉分离，羽状分枝；叶片草质或厚纸质，有粗糙感觉。孢子囊群圆形，生于叶缘；囊群几无盖，碗状，或为不齐的半杯形、小口袋形，或具多少变质、向下反折的锯齿（或小裂片）；孢子囊为梨形。孢子四面形或少为两面形。

1属，约50种，广泛分布于热带和亚热带地区。我国有6种；浙江有1种。

姬蕨属 Hypolepis Bernh

属特征同科。

姬蕨 （图1-129）

Hypolepis punctata (Thunb.) Mett. ex Kuhn

植株高达1m。根状茎长而横走，密被棕色有节长毛。叶疏生；坚草质，粗糙，两面沿叶脉有短刚毛；叶柄长22～25cm，棕禾秆色，被毛；叶片长卵状三角形，长35～100cm，宽20～28cm，顶部一回羽状，中部以下三回至四回羽状深裂；羽片卵状披针形，有柄；一回小羽片上先出，无柄，或具有狭翅的短柄；末回裂片长约5mm，矩圆形，钝头，边缘有钝锯齿。孢子囊群生于末回裂片基部两侧或上侧的近缺刻处，多少被不变质的叶边锯齿反卷覆盖。

产于全省各地。生于潮湿草地或灌丛中；有嗜肥习性，农村房前屋后常见。分布于华南、西南及江苏、安徽、江西、福建、湖北、湖南。夏威夷群岛和美洲热带地区及日本、朝鲜半岛、越南、老挝、马来西亚、菲律宾、柬埔寨、印度、斯里兰卡、澳大利亚、新西兰也有。

全草可药用。

二〇　姬蕨科 Hypolepidaceae

图 1-129　姬蕨

二一　蕨科 Pteridiaceae

陆生大中型植物。根状茎长而横走，有穿孔的双轮管状中柱，密被锈黄色或有节长柔毛，无鳞片。叶远生；三回羽状；叶脉分离，侧脉通常二叉；叶片革质或纸质，上面无毛，下面多被柔毛。孢子囊群条形，沿叶缘生于连结小脉顶端的1条边脉上；囊群盖内外两层，内层薄而不明显的真盖，外层为反折变质的膜质叶边而形成的假盖。孢子四面型或两面型，光滑或有细微的乳头状突起。

2属，近30种，泛热带分布。我国有2属，7种；浙江有1属，2种。

蕨属　Pteridium Scop.

大型植物。根状茎长而横走，外密被锈黄色柔毛，无鳞片。叶疏生，有长柄；三回羽状；叶脉羽状，侧脉多为二叉；叶上面光滑，背面有茸毛。囊群盖内外两层，内层薄而不明显，外层为膜质假盖。孢子囊的环带由13个增厚细胞组成。孢子辐射对称，具3裂缝，周壁表面具颗粒与小刺状纹饰。

约15种，分布于世界各地，以泛热带为中心。我国有6种，产于全国各地；浙江有2种。

1. 蕨（变种）（图1-130）

Pteridium aquilinum var. **latiusculum** (Desv.) Underw. ex Heller — *P. aquilinum* subsp. *japonicum* (Nakai) A. Love et D. Love

植株高可达1m。根状茎长而横走，有黑褐色茸毛。叶远生；叶柄长40～70cm，深禾秆色，基部常呈黑褐色；叶片卵状三角形，基部圆楔形，三回羽状；羽片10～15对，先端渐尖，基部近截形；小羽片10～15对，互生，斜展；叶脉羽状；叶片薄革质。孢子囊沿羽片边缘着生在边脉上；囊群盖条形，外盖厚膜质，近全缘，内盖薄膜质，边缘不齐。

产于全省各地。广泛分布于各种生境。分布于全国各地，但主要分布于长江流域及以北各地。也广泛分布于世界其他热带及温带地区。

根状茎富含淀粉，嫩叶可加工食用；全草药用；生食有致癌可能，但煮沸后可安全食用。

二一 蕨科 Pteridiaceae

图 1-130 蕨

2. 毛轴蕨 密毛蕨（图 1-131）

Pteridium revolutum (Blume) Nakai — *P. aquilinum* subsp. *wightianum* (J. Agardh) W. C. Shieh

植株高达 1m 以上。根状茎长而横走，有锈黄色细长毛。叶远生；叶柄禾秆色，长 25～50 cm，基部有锈黄色细长毛，向上光滑，连同叶轴及羽轴有纵沟，均被毛，老时渐疏；叶片三角形，渐尖头，三回羽状，顶部二回羽状；羽片 4～6 对，先端渐尖，基部几平截，下部略呈三角形，二回羽状；小羽片 12～18 对，羽裂深；裂片约 20 对，先端钝或急尖，向基部渐宽，通常全缘，下面被密毛；叶脉上凹下隆；叶片干后薄革质，边缘常反卷。孢子囊沿羽片边缘着生在边脉上；囊群盖条形，外盖厚膜质，边缘有齿，内盖薄膜质，边缘撕裂状。

产于庆元、景宁、文成和泰顺。生于海拔约 1000m 的林缘。分布于华中、华南、西南及江西、陕西、甘肃。亚洲热带和亚热带地区也有。

为十分优美的观赏蕨类；根状茎可入药，有祛风湿、利尿的功效。

本种与蕨的主要区别在于后者根状茎有茸毛，羽片10~15对。

图1-131　毛轴蕨

二二　凤尾蕨科 Pteridaceae

大中型土生植物。根状茎短而直立，少有长而横走，通常有复式管状中柱或网状中柱，疏生鳞片。叶簇生，一型或近二型；一回羽状或二回至三回羽裂，偶有单叶或三叉，罕为掌状，从不细裂，很少被毛；叶脉分离或连成网状；叶片草质至革质，无毛或少被毛。孢子囊群条形，沿叶缘着生，通常为连续的汇生囊群；囊群仅外侧有盖，条形，膜质，向内开口；孢子囊有长柄。孢子四面体型或有时两面型。

约10属，300余种，分布于热带和亚热带地区。我国有2属，79种；浙江有2属，19种。

1 凤尾蕨属 Pteris L.

多年生草本，根状茎直立或斜生，被鳞片，鳞片狭披针形，棕色，边缘常有睫毛。叶簇生；叶柄上面有沟，自基部向上有"V"形维管束1条；叶片一回羽状或为篦齿状的二回至三回羽裂或有时三叉，少有二回羽状，基部羽片下侧常分叉，羽轴或主脉上面有沟；叶脉分离，或罕有沿羽轴两侧连接成1行狭长网眼。孢子囊群条形，着生于叶缘内连接脉上，为反卷的膜质叶缘所覆盖。

约250种，分布于热带和亚热带地区。我国有78种，主要分布于长江以南各地，北达秦岭南坡；浙江有18种。

本属有许多植物具有药用价值，多数种类具有观赏价值。

分种检索表

1.叶脉分离。
　2.叶通常二型或近二型，3出或一回羽状，偶有二回羽状，羽片通常条形或披针形。
　　3.叶常为三叉或复三叉。
　　　4.不育叶羽片常为3，侧生小羽片为卵形或卵状披针形 ················ **1.岩凤尾蕨　P. deltodon**
　　　4.不育叶羽片常为5~7，侧生小羽片为长圆形或卵状长圆形。
　　　　5.叶柄栗色，幼时禾秆色；羽片宽10~14mm ················ **2.栗柄凤尾蕨　P. plumbea**
　　　　5.叶柄禾秆色或褐禾秆色；羽片宽6~10mm ················ **3.城户凤尾蕨　P. kidoi**
　　3.叶为一回羽状或下部1至数对二叉，偶二回羽状。
　　　6.叶一回羽状。
　　　　7.羽片宽0.5~1cm，先端不育部分有锯齿 ················ **4.蜈蚣草　P. vittata**
　　　　7.羽片宽2~3.5cm，先端不育部分全缘 ················ **5.全缘凤尾蕨　P. insignis**
　　　6.叶二回羽状或仅下部数对分叉。

8. 叶仅下部数对分叉。
   9. 上部的侧生羽片及顶生羽片的基部下延，叶轴上有翅 ················ **6. 井栏边草 P. multifida**
   9. 上部的侧生羽片及顶生羽片的基部不下延，叶轴上无翅 ················ **7. 欧洲凤尾蕨 P. cretica**
8. 叶为二回羽状 ·· **8. 剑叶凤尾蕨 P. ensiformis**
2. 叶一型，二回羽状深裂或三回羽状深裂，羽片披针形，有规则篦齿状深裂。
   10. 叶二回羽状深裂。
       11. 叶柄栗红色或深栗色；沿羽轴上面纵沟两侧具啮齿状或小齿状突起。
           12. 能育叶顶生羽片的裂片长2.5~5cm，宽0.6~1cm，基部下延 ················
               ·· **9. 半边旗 P. semipinnata**
           12. 能育叶顶生羽片的裂片长1~2cm，宽0.3~0.5cm，基部下延不明显 ················
               ·· **10. 刺齿凤尾蕨 P. dispar**
       11. 叶柄基部栗褐色，向上禾秆色；沿羽轴上面纵沟两侧具粗长刺 ···· **11. 溪边凤尾蕨 P. excelsa**
   10. 叶三回羽状深裂。
       13. 植株粗壮，高120~220cm ·· **11. 溪边凤尾蕨 P. excelsa**
       13. 植株纤细，高在115cm以下。
           14. 侧生羽片仅下侧为篦齿状深裂，上侧浅裂或近全缘 ·········· **10. 刺齿凤尾蕨 P. dispar**
           14. 侧生羽片（至少在不育叶上）的羽轴两侧均为篦齿状深裂。
               15. 叶二型，侧生羽片1~2对 ·· **12. 条纹凤尾蕨 P. cadieri**
               15. 叶一型，侧生羽片3对以上。
                   16. 侧生羽片斜向上。
                       17. 侧生羽片基部最宽，或基部与中部等宽 ·········· **13. 斜羽凤尾蕨 P. oshimensis**
                       17. 侧生羽片中部最宽，基部羽片多少短缩 ·········· **14. 傅氏凤尾蕨 P. fauriei**
                   16. 侧生羽片斜展或平展。
                       18. 侧生羽片（特别是下部羽片）以直角或近直角向两侧伸展 ················
                           ·· **15. 平羽凤尾蕨 P. kiuschiuensis**
                       18. 侧生羽片斜展 ·· **16. 江西凤尾蕨 P. obtusiloba**
1. 叶脉在小羽轴两侧多少结成网眼。
   19. 叶柄顶端不分枝，二回深羽裂 ·· **17. 两广凤尾蕨 P. maclurei**
   19. 叶柄顶端分3大枝，三回深羽裂 ·· **18. 华南凤尾蕨 P. austrosinica**

1. 岩凤尾蕨 （图1-132）

Pteris deltodon Baker

植株高6~24cm。根状茎短而直立，顶端密被褐棕色线状钻形鳞片。叶一型，簇生；叶柄长3~18cm，下部栗褐色，上部禾秆色，光滑；叶片卵形或三角状卵形，长3.5~6cm，宽3~5cm，奇数一回羽状；羽片常为3，侧生羽片1对，对生，斜展，卵形或卵状披针形，无柄，先端急尖，基部圆形，不育部分有三角形锯齿，能育部分全缘，顶生羽片有短柄，阔披针形，先端渐尖，基部圆楔形,边缘同侧生羽片;叶脉明显,两面均突起,侧脉单一或分叉;叶片纸质。孢子囊群和囊群盖条形,沿叶边着生,不达基部和先端。

产于淳安、衢州市区(衢江)、景宁等地。生于海拔500～680m的瀑布下或溶洞口边的石灰岩崖壁上。分布于湖北、湖南、台湾、广东、广西、四川、贵州、云南。日本、越南、老挝也有。

全草可入药,味甘,性平,有清热解表、止泻的功效。

图1-132 岩凤尾蕨

2. 栗柄凤尾蕨 (图1-133)

Pteris plumbea Christ

植株高20～45cm。根状茎短,斜生,顶部被深褐色,钻形鳞片。叶簇生,近二型;叶片厚纸质或薄革质;叶柄四棱形,栗色,幼时禾杆色,无毛;叶片长圆形或卵状长圆形,长6～25cm,三叉或奇数一回羽状,羽片5～7片,宽10～14mm,有短柄或近无柄;侧生羽片2～4对,对生,斜上,基部1对羽片常三叉,第2对羽片常二叉,顶生羽片通常与其下的1对侧生羽片合生而呈三叉;不育羽片长8～15cm,宽1～2cm,先端长渐尖,基部楔形,边缘有尖锯齿;能育叶与不育叶同型,但较狭;叶脉分叉,分离。孢子囊群条形,沿叶缘连续伸长,仅顶部不育;囊群盖条形,膜质,全缘。

产于桐庐、淳安、衢州市区、江山、婺城、景宁、乐清、永嘉等地。生于海拔50～700m的石灰岩林下岩石缝中。分布于江苏、江西、福建、湖南、广东、广西、贵州。日本、越南、菲律宾、柬埔寨、印度也有。

全草可用于治疗痢疾、刀伤出血及跌打损伤；也可栽培供观赏。

图1-133　栗柄凤尾蕨

3. 城户凤尾蕨 （图1-134）

Pteris kidoi Kurata

植株高12～30cm。根状茎短而斜生，顶端密被栗褐色、线状钻形、全缘的鳞片。叶簇生，二型；叶柄禾秆色，或褐禾秆色，不育叶柄长2～8cm，能育叶柄长8～15cm，基部疏被与根状茎上相同的鳞片，向上光滑，上面有沟；叶片广卵形或长卵形，长10～15cm，宽6～12cm，常为鸟足状7裂三叉；侧生羽片1～2对，无柄或有柄，对生，向上弯弓，条形，基部1对二叉，侧生羽片或小羽片长2.5～9cm，宽

图1-134　城户凤尾蕨

6～10mm，顶生羽片无柄或有柄，长10～20cm，宽5～9mm，先端长渐尖，羽片或小羽片边缘能育部分全缘，不育部分具锯齿。叶脉单一或分叉，通常有假脉；叶片草质或近纸质，干后呈黄绿色或深绿色；羽轴两面隆起，上面有浅沟。孢子囊群条形，沿叶边着生；囊群盖条形，膜质。

产于诸暨、乐清、文成。生于海拔50～400m的岩石缝隙中。分布于我国台湾。日本也有。

4. 蜈蚣草（图1-135）
Pteris vittata L.

植株高20～110cm。根状茎短，直立，密被淡棕色、条状披针形鳞片。叶簇生；叶柄长5～22cm，禾秆色，近基部密被鳞片，向上渐疏；叶片阔倒披针形，长15～88cm，宽5～20cm，一回羽状，羽片多数，互生或近对生，无柄，条状披针形，宽0.5～1cm，上部的最大，先端渐尖，基部截形或心形，两侧多少呈耳形，全缘，仅先顶不育部分有锯齿，下部羽片逐渐短缩，基部1对有时呈耳形；侧脉细密，二叉或少有单一；叶片薄革质，两面无毛。孢子囊群条形，沿能育羽片边缘着生，但基部和顶部不育；囊群盖条形，膜质。

产于全省各地。多生于海拔40～600m的石灰岩山地，也有生于马尾松林下。广泛分布于长江以南各地，北达河南、陕西、甘肃。亚洲其他热带、亚热带地区也有。

根状茎可入药，味淡、苦，性温，有小毒，有解毒、祛风除湿、止血、止泻的功效；为江南广泛栽培的观赏蕨类，多用于配置山石盆景和假山。

图1-135　蜈蚣草

5. 全缘凤尾蕨 （图1-136）
Pteris insignis Mett. ex Kuhn

植株高1～1.4m。根状茎粗短，斜生，顶部被红棕色、条状披针形鳞片。叶簇生；叶柄长40～60cm，禾秆色，圆柱形，上面有沟，无毛；叶片卵形或卵状长圆形，长45～80cm，基部宽20～30cm，一回羽状，羽片6～16对，宽2～3.5cm，对生，疏离，斜向上，下部的有柄，条状披针形，先端渐尖，基部圆楔形，全缘，有软骨质的边，向上各羽片渐短，上部的长约10cm，宽1～1.5cm，顶生羽片和侧生羽片同型但略小；侧脉二叉或单一不分叉，明显，斜展；叶片厚纸质，无毛。孢子囊群条形，沿叶缘连续延伸，仅羽片基部及顶部不育；囊群盖条形，灰白色，全缘。

产于莲都、遂昌、龙泉、庆元、景宁、温州市区（瓯海）、瑞安、文成、平阳、苍南、泰顺。生于海拔100～700m的林下或溪沟边。分布于江西、福建、湖南、广东、海南、广西、四川、贵州、云南。越南、马来西亚也有。

全草可入药，味微苦，性凉，有清热解毒、活血祛癣的功效；可栽培供观赏，宜盆栽，也适于庭园内栽培。

图1-136　全缘凤尾蕨

6. 井栏边草　凤尾草　（图1-137）
Pteris multifida Poir.

植株高可达70cm。根状茎短，直立，顶端密被栗褐色线状钻形鳞片。叶簇生，二型；叶柄长可达30cm，禾秆色，有4棱，光滑，上面有沟；叶片长卵形至长圆形，长40cm，宽20cm，一回羽状，但下部1至数对羽片往往二叉或三叉，不育叶有侧生羽片2~4对，无柄，顶生羽片和上部羽片单一，条状披针形或披针形，长15cm，宽2~10mm，先端短尖或长渐尖，边缘有不整齐的锯齿并有软骨质的边，下部羽片常有1或2片斜卵形或长倒卵形的小羽片，能育叶有侧生羽片4~6对，与顶生羽片同为条形，最长可达30cm，宽3~7mm，先端长渐尖，全缘，基部数对羽片常二叉至三叉；上部的侧生羽片及顶生羽片的基部下延；叶脉明显，侧脉单一或二叉；不育叶片草质，能育叶片坚纸质，两面无毛，叶轴禾秆色，两侧有由羽片的基部下延而成的翅。孢子囊群条形；囊群盖条形，膜质，全缘。

产于全省各地。山地丘陵、平原、海岛或城市、乡村聚落内均有生长。除云南外，广泛分布于长江以南各地，向北到河南南部。日本、朝鲜半岛、越南、泰国、菲律宾也有。

全草可入药，味甘淡、微苦，性凉，有消肿解毒、清热利湿、凉血止血、生肌的功效；可在庭园或绿化地中作为地被植物栽培。

图1-137　井栏边草

7. 欧洲凤尾蕨（图1-138）

Pteris cretica L. — *P. cretica* var. *nervosa* Ching et S.H. Wu

植株高50～80cm。根状茎粗短，斜生，被鳞片，鳞片棕褐色，披针形，全缘或有疏缘毛。叶近簇生，二型；叶柄长30～50cm，禾秆色，上面有1条深沟，光滑；不育叶片卵形或卵状长圆形，长20～30cm，宽5～20cm，一回羽状，不育羽片4～6对，对生，有短柄或无柄，条形，长15～20cm，宽1～2cm，先端渐尖，基部近楔形而不下延，边缘有尖刺锯齿，基部1～2对羽片常分叉，能育叶片与不育叶片同型，但较狭，能育羽片或小羽片条形，长15～25cm，顶端渐尖，基部楔形而不下延，全缘，仅顶部不育部分有尖锯齿；叶脉羽状，明显，侧脉二叉或单一，小脉伸达叶边；叶片坚革质，无毛；叶轴两侧无翅。孢子囊群条形，沿能育羽片的叶缘延伸，顶部不育；囊群盖条形。

产于丽水及临安、桐庐、余姚、衢州市区、开化、金华市区、武义、乐清、文成、苍南。生于海拔100～1200m的疏林下、林缘，有时生在岩石缝。广泛分布于秦岭以南，西达西藏。非洲、欧洲、夏威夷群岛及日本、越南、老挝、缅甸、菲律宾、柬埔寨、印度、尼泊尔、不丹、斯里兰卡也有。

全草入药，味甘淡，性凉，有清热利湿、消肿解毒、利水的功效；可在庭园中栽培供观赏。

图1-138 欧洲凤尾蕨

8. 剑叶凤尾蕨（图1-139）

Pteris ensiformis Burm.

植株高20～70cm。根状茎斜生，被深棕色、线状、披针形鳞片。叶簇生，二型；不育叶叶柄长5～10cm，禾秆色，有4棱，无毛，能育叶叶柄较长；不育叶片卵状长圆形，长10～15cm，宽5～10cm，先端渐尖，基部心形，二回羽状；羽片4～6对，对生，下部的有柄，上部无柄，下部2～4对羽片较大，三角形，一回羽状，上部羽片通常不分裂，长圆状，长6～12mm，宽3～6mm，先端圆钝，基部下侧略下延，边缘有尖齿；能育叶片与不育叶片同型，但较大，羽片3～6对，对生，斜向上，除顶部1～2对外均有短柄，最下的两对羽状，向上的2～3对常二叉至三叉，小羽片条形，长5～12cm，宽2～5mm，先端渐尖，基部下侧下延，边缘仅顶部不育部分有细齿；侧脉通常二叉；叶片草质，无毛；叶轴及羽轴淡禾秆色，无毛。孢子囊群条形，沿能育小羽片的叶缘着生；囊群盖条形，膜质，全缘。

产于台州市区（黄岩）、玉环、景宁、青田、温州市区、乐清、永嘉、瑞安、文成、平阳、苍南、泰顺。生于海拔20～200m的林下、路边石缝中。分布于江西、福建、湖南、台湾、广东、海南、广西、四川、贵州、云南。亚洲其他地方及澳大利亚也有。

全草可入药，味甘淡、微苦，性寒，有清热解毒、止血生肌、利水通淋的功效。

图1-139　剑叶凤尾蕨

8a. 银脉凤尾蕨　白羽凤尾蕨（变种）（图1-140）

var. **victoriae** Baker

本变种与剑叶凤尾蕨的主要区别在于羽片中央沿主脉两侧各有1条纵行的灰白色带。

产于鹿城。生于林下。分布于福建、广西、海南。缅甸、马来西亚、印度、斯里兰卡也有。

图1-140　银脉凤尾蕨

9. 半边旗 (图1-141)

Pteris semipinnata L.

图1-141 半边旗

植株高40~90cm。根状茎斜生或近横走，顶部密被深棕色披针形鳞片。叶近簇生，多少二型；叶柄长13~50cm，连同叶轴均为深栗色，偶为禾秆色，基部有鳞片，上面有沟，并有4棱；叶片长圆状披针形或卵状披针形，长27~40cm，宽10~15cm，下侧二回深羽裂，侧生羽片4~7对，半三角形而略呈镰刀状，长6~13cm，宽4~6cm，先端长尾状，下侧篦齿状深羽裂几达羽轴，上侧全缘，不分裂，裂片条状披针形或镰刀形，先端短尖或钝，基部下延，顶生羽片长三角形至阔披针形，有柄，长8~15cm，基部宽4~8cm，先端尾状渐尖，两侧篦齿状深裂达羽轴，裂片条形，长2.5~5cm，宽0.6~1cm，疏离，基部下延，不育叶叶缘有细锯齿；侧脉单一或分叉，明显，斜向上；叶片近草质或纸质，无毛；羽轴上面沟两侧有啮蚀状的狭边。孢子囊群条形，沿能育羽片叶缘着生，顶部常不育；囊群盖条形，膜质，全缘。

产于景宁、温州市区、永嘉、平阳、苍南。生于海拔10~100m的林下。分布于华中、华南及江西、福建、四川、贵州、云南。日本、越南、泰国、老挝、缅甸、马来西亚、菲律宾、印度、斯里兰卡也有。

全草可入药，味苦涩，性凉，有清热解毒、止血、止泻、消肿止痛、息风镇惊的功效；可栽培供观赏。

10. 刺齿凤尾蕨 （图1-142）
Pteris dispar Kunze

植株的能育叶高30～70 cm。根状茎斜生，顶端连同叶柄基部被棕色钻形鳞片。叶簇生，二型；叶柄近四棱形，长16～27 cm，与叶轴同为栗色，偶禾秆色，上面有沟；叶片长圆形或长圆状披针形，长14～43 cm，宽6～18 cm，下侧二回深羽裂，或为三回深羽裂。不育叶远比能育叶小，有羽片2～5对，对生，斜三角形或三角状披针形，长3～8 cm，先端长尾状，下侧深羽裂几达羽轴，其基部下侧1片裂片较长，上侧几乎不裂或仅有几个耳状突起，顶生羽片大，两侧相同，篦齿状深裂，裂片长1～2 cm，宽3～5 mm，边缘有尖锯齿，能育叶与不育叶同型而远较长大，羽片5～7对，长可达13 cm，边缘除小羽片顶部不育部分有锯齿外，其余全缘；侧脉分叉，小脉伸入锯齿；叶片草质，在羽轴两侧隆起的狭边上有啮蚀状的小突起，其余光滑。孢子囊群条形，沿能育羽片的叶缘着生；囊群盖条形，全缘。

产于全省各地。生于海拔10～800 m的林下、林缘、岩石和石坎缝隙。分布于山东、江苏、安徽、江西、福建、湖北、湖南、台湾、广东、广西、四川、贵州。日本、朝鲜半岛、越南、马来西亚、菲律宾也有。

可用于盆栽，也可作为庭园和绿化地中的地被植物，同时尚可作为切叶。

图1-142 刺齿凤尾蕨

11. 溪边凤尾蕨 变异凤尾蕨 （图1-143）

Pteris excelsa Gaudich. — *P. terminalis* Wall. ex J. Agardh — *P. inaequalis* Baker

植株高120~220cm。根状茎横卧，木质化，顶端密被棕色条状披针形鳞片。叶簇生或近生，叶柄长40~70cm，粗8~11mm，下部栗褐色，上部禾秆色，基部几无鳞片，向上光滑，上面有沟，叶片广三角形，长60~90cm，宽与长几相等，二回或三回羽状深裂，侧生羽片7~11对，近对生或互生，开展，斜上，下部几对间隔达6~8cm，下部几对有短柄，基部1对略大，下侧分叉或与其上的等大，长圆状阔披针形，长20~30cm或更长，下部宽7~12cm，篦齿状深羽裂几达羽轴，裂片镰状长披针形，长3.5~9cm，宽8~10mm，先端渐尖，基部两侧扩大，能育部分全缘，不育部分有锯齿，羽轴上面与主脉交会处有短刺，顶生羽片和侧生羽片相似，有柄，长2~2.5cm；叶脉下面突起，上面凹陷，侧脉二叉，裂片基部下侧一脉出自羽轴，二次分叉；叶片纸质，沿羽轴上面纵沟两侧具粗长刺。孢子囊群和囊群盖条形，自裂片基部沿叶边着生，长达裂片长度的4/5~6/7。

产于建德、衢州市区（衢江）、开化、遂昌、龙泉、庆元、景宁、文成、泰顺等地。生于海拔300~900m的林缘或林下湿润地。分布于江西、湖北、湖南、台湾、广东、广西、四川、贵州、云南、西藏、甘肃。日本、越南、老挝、马来西亚、菲律宾、印度、尼泊尔、斯里兰卡、夏威夷群岛、斐济群岛也有。

可栽培供观赏。

《浙江植物志》记载有变异凤尾蕨 *P. inaequalis* Baker，作者通过野外观察和原凭证标本的对比，发现其形态变化系溪边凤尾蕨的不同生长期，故将其归并。

图1-143　溪边凤尾蕨

12. 条纹凤尾蕨 （图1-144）
Pteris cadieri Christ

植株高15～30cm。根茎短而直立，被黑褐色鳞片。叶簇生，二型；不育叶柄长5～12cm，下部栗褐色，向上禾秆色，顶部有浅绿色窄翅；叶片卵状三角形，长4～10cm，二回深羽裂，三叉状；顶生羽片宽披针形，长10～15cm，基部楔形，篦齿状深羽裂，裂片长圆形，略镰刀状，3～8对；侧生羽片1对，稀2对，贴近顶生羽片，镰状三角形，两侧或下侧羽裂，长4～6cm，各裂片具尖齿；能育叶柄长达25cm，叶片一回羽状或近掌状，基部下延叶轴成窄翅，侧生羽片1～2对，条形，长8～12cm，渐尖头，不育的边缘有锯齿，与顶生羽片同型或稍短，羽轴两侧均为篦齿状深裂；主脉下面隆起，上面有浅纵沟并有疏刺，侧脉明显，侧脉间下面有较多斜行细条纹；叶片干后草质，暗绿色，无毛。

产于乐清、平阳等地。生于海拔100m左右的林下潮湿岩石旁。分布于江西、福建、湖北、台湾、广东、广西、贵州、云南等地。越南北部及日本南部也有。

叶形优美，色深绿，可盆栽供观赏。

图1-144　条纹凤尾蕨

13. 斜羽凤尾蕨 （图1-145）
Pteris oshimensis Hieron.

植株高67～80cm。根状茎短，直立，顶部及叶柄基部被栗褐色、条状披针形、边缘膜质的啮蚀状鳞片。叶簇生；叶柄长27～39cm，基部粗3mm，栗褐色，向上连同叶轴及羽轴均为禾秆色，光滑，上面有沟；叶片卵状长圆形，长40～44cm，宽约20cm，二回羽状深裂或基部三回羽状深裂，侧生羽片6～8对，对生或近对生，基部最宽，斜向上，疏离，间隔宽1.5～6cm，披针形，下部的较大，长15～18cm，宽2～3.5cm，先端渐狭长尾状渐尖，基部稍变狭，宽楔形，篦齿状深羽裂几达羽轴，基部1对羽片常二叉，小羽片篦齿状深羽裂，裂片近20对，略呈镰刀状，条状披针形，长1～2.3cm，先端圆，基部扩大，全缘，顶生羽片与侧生羽片同型，有柄；叶脉明显，自基部以上二叉，裂片基部下侧一脉出自羽轴，上侧一脉出自中脉；叶片纸质，干后绿色，两面无毛，羽轴光滑，上面沟边和中脉有刺。孢子囊群条形，沿裂片边缘着生，先端不育；囊群盖条形，膜质，全缘。

产于景宁、乐清、文成、平阳、苍南、泰顺等地。生于海拔250～300m的竹林下。分布于江西、福建、湖南、广东、广西、四川、贵州。日本、越南也有。

可栽培供观赏。

图1-145　斜羽凤尾蕨

14. 傅氏凤尾蕨　金钗凤尾蕨　（图1-146）

Pteris fauriei Hieron. — *P. guizhouensis* Ching ex S.H. Wu

植株高40～100cm。根状茎短而斜生，连同叶柄下部被栗褐色、条状披针形、有棕色边缘的鳞片。叶簇生；叶柄长20～60cm，下面淡褐色，上面禾秆色，上面有沟；叶片三角状卵形，长29～40cm，宽20～25cm，二回羽状深裂，基部三回羽裂，侧生羽片4～9对，近对生，中部最宽，斜向上，无柄或近无柄，披针形，略呈镰刀状，下侧常比上侧略宽，下部的较大，长15～20cm，宽3～4cm，先端渐尖长尾状(尾条形，长3～5cm)，基部缩狭，宽楔形，篦齿状羽状深裂，顶生羽片与侧生羽片同型，有1.5～2cm长的柄，基部羽片多少短缩，基部二叉；裂片可达28对，互生或对生，斜展，间隔约2mm，条状披针形镰刀状；叶脉羽状，分离，两面明显，侧脉二叉，裂片基部下侧1脉通常出自羽轴，上侧1脉出自中脉基部，小脉伸达叶边；叶片纸质，无毛，在羽轴上面两侧的狭边和中脉基部交接处有针状刺。孢子囊群条形，沿裂片边缘着生，可达基部，不达先端；囊群盖条形，膜质。

产于宁海、衢江、开化、金华市区（婺城）、天台、龙泉、庆元、景宁、青田、温州市区等地。生于海拔100～600m的林下。分布于安徽、江西、福建、湖南、台湾、广东、广西、四川、贵州、云南。日本及越南北部也有。

叶入药，味淡，性凉，有收敛止血的功效；可栽培供观赏。

《浙江植物志》记载有龙泉凤尾蕨 P. laurisilvicola Kurata 和泰顺凤尾蕨 P. natiensis Tagawa，通过野外的观察和原凭证标本的对比，发现系本种的误定。

图1-146　傅氏凤尾蕨

14a. 百越凤尾蕨（变种）（图1-147）
var. **chinensis** Ching ex S.H. Wu

本变种与傅氏凤尾蕨的主要区别在于侧生羽片阔披针形，长16～21cm，中部宽5～7cm，羽片中部的小裂片长3～4cm，宽6～8mm。

产于乐清、永嘉等地。生于海拔100～300m的山谷林下。分布于福建、台湾、广东、海南、广西、贵州。

图 1-147　百越凤尾蕨

14b. 小金钗凤尾蕨 （图1-148）

var. minor Hieron.

本变种与傅氏凤尾蕨的主要区别在于叶片质地厚，基部下侧羽片有1~3枚小羽片。

产于洞头、瑞安、平阳和苍南的沿海岛屿。生于岛屿岩石边或沟谷的阴湿处。分布于我国台湾。

图 1-148　小金钗凤尾蕨

15. 平羽凤尾蕨 （图1-149）

Pteris kiuschiuensis Hieron.

植株高60~80cm。根状茎短而直立，先端被褐色鳞片。叶簇生；叶柄长25~55cm，粗2~3mm，基部红棕色，向上与叶轴均为禾秆色，无毛；叶片卵形，长25~40cm，宽20~30cm，二回深羽裂；侧生羽片4~9对，对生，下部的相距3~4cm，无柄，以近直角从叶轴向两侧伸展，条状披针形，长12～18cm，先端渐尖或具尖尾，顶生羽片的形状、大小及分裂度与下部羽片相同，但略宽，有长1～2cm的柄，最下1对羽片的基部下侧有1～2片小羽片篦齿状深羽裂；裂片23～28对，互生或近对生，彼此接近，略斜展，长圆形，长1～1.5cm，全缘；羽轴下面隆起，光滑，上面有狭纵沟，沟两旁的狭边上有短扁刺，主脉上面有少数针状刺或近无刺；侧脉两面均明显，自基部以上二叉，裂片基部1对小脉向外斜行达到缺刻上面的边缘。

产于衢州。生于海拔550～800m的疏林下。分布于江西、福建、湖南、广东、海南、广西、贵州。日本也有。

图1-149 平羽凤尾蕨

16. 江西凤尾蕨 （图1-150）
Pteris obtusiloba Ching et S.H. Wu

植株高65～70cm。根状茎横走，被中间栗褐色、边缘深棕色、膜质不整齐的披针形鳞片。叶近生；叶柄长35～38cm，粗2mm，下面栗褐色，上面禾秆色，基部略被鳞片，向上光滑，上面有沟；叶片长圆卵形，长30～32cm，中部宽15～20cm，二回羽状深裂，基部三回羽裂，侧生羽片4～5（7）对，对生，斜展，下部的间隔3.1～4.2cm，基部1对有短柄，披针形，长10～16cm，中部宽1.8～2.6cm，先端尾状渐尖，基部宽楔形，羽轴两侧有狭翅，篦齿状羽裂，下侧比上侧宽，顶生羽片与侧生羽片相似，柄长1～2cm，基部1对羽片分叉，其基部下侧的小羽片篦齿状羽裂，裂片16～23对，互生或对生，斜展，间距约1mm，条形，近镰刀状，宽4～5mm，两侧边缘平行，先端圆形不变狭，基部略扩大，全缘，裂片上的叶脉明显，分叉，斜展，下侧基部的叶脉出自羽轴;叶片干后草质、绿色、光滑;羽轴上而有针状长刺,裂片中脉上也有刺。孢子囊群和囊群盖条形,长达裂片长度的3/4。

产于衢州市区、开化、庆元、景宁、文成等地。生于海拔约600m的林下。分布于江西。

可栽培供观赏。

图1-150 江西凤尾蕨

17. 两广凤尾蕨 (图1-151)

Pteris maclurei Ching — *P. nakasiare* Tagawa

植株高50~70cm。根状茎横走,密被鳞片,鳞片棕色、有光泽、披针形、先端长渐尖,近全缘。叶近生,相距4~8mm;叶柄长30~35cm,粗约2.5mm,光亮,下部深栗褐色,上部及叶轴栗红褐色,无毛;叶片三角状卵形,长20~35cm,宽11~20cm,二回深羽裂或下部三回羽裂;侧生羽片5~7对,对生,中部羽片披针形,长9~19cm,在狭缩的基部的上宽2.5~4cm,先端尾状渐尖,基部圆楔形,羽状深裂不达羽轴;裂片10~13对,互生,斜出,篦齿状长圆形,长1~2cm,基部略宽而下延,先端钝而有锯齿,下部1~3对羽片的基部下侧有一篦齿状分裂的小羽片;叶脉在每片裂片上有7~11对,两面明显,极斜出,下部的1~2对在中部以下分叉,近顶

二二 凤尾蕨科 Pteridaceae

的3～4对单一，裂片基部下侧一脉出自羽轴，并与相邻裂片基部上侧一脉在缺刻与羽轴之间的阔翅上相连，形成长三角形的网眼，网眼以外的小脉均分离；叶片草质，两面光滑，干后褐绿色，羽轴上面在主脉基部有1枚粗大的刺。孢子囊群条形，不达裂片的基部与顶部；囊群盖条形。

产于苍南（莒溪）、泰顺（氡泉）。生于海拔400～600m的林下。分布于江西、福建、湖南、广东、广西。日本也有。

图1-151 两广凤尾蕨

18. 华南凤尾蕨 （图1-152）

Pteris austrosinica (Ching) Ching

图1-152 华南凤尾蕨

植株高达1.5m。根状茎短粗，顶端及叶柄下部被褐色片鳞片。叶簇生；柄长达1m，光滑；叶片五角状宽卵形，长80～100cm，三回深羽裂，自叶柄顶端分为三大枝，中央一枝长圆状卵形，长60～70cm，柄长8～10cm，侧生两枝较小；侧生小羽片14～20对，互生，斜向上，无柄或略有短柄，中部的小羽片披针形，长15～20cm，小羽片篦齿状深羽裂达到小羽轴两侧的阔翅，顶生小羽片的形状、大小及分裂度与中部的侧生小羽片相同，但有长约1cm的柄；裂片基部上侧一脉与其上一片裂片的基部下侧一脉连接成1条弧形脉，沿小羽轴两侧形成1列狭长的并与小羽轴平行的网眼，在弧形脉外缘有几条外行到缺刻上面叶缘的单一小脉，小脉上有细长的红棕色节状毛伏生。

产于平阳（明王峰）。生于海拔600～700m的阴湿林下沟谷上。分布于江西、湖南、广东、广西等地。

存疑种

红秆凤尾蕨

Pteris amoena Blume — *P. tokioi* Masamune

叶柄栗褐色；叶片卵形，二回深羽裂，或基部为三回深羽裂；侧生羽片4~8对，篦齿状深羽裂达羽轴两侧的狭翅，顶生羽片较宽；裂片25~30对，近镰刀状披针形；羽轴下面隆起，上面有狭纵沟，沟两旁具刺；侧脉明显，斜向上，顶部的几对单一，其余的二叉。

分布于台湾、海南、云南、西藏（墨脱）等地。缅甸、印度尼西亚、印度也有。

据 *Flora of China* 记载，浙江苍南有分布，作者未见标本，有待进一步研究。

❷ 栗蕨属 Histiopteris J. Sm.

陆生植物。根状茎长而横走，有管状中柱，密被栗褐色狭披针形鳞片。叶远生；叶柄栗色，有光泽，光滑，基部有时有瘤状突起；叶片三角形，二回至三回羽状，羽片对生，常无柄而有托叶状的小羽片；叶脉连接，网眼内无内藏小脉；叶片草质至薄革质，通常下面呈灰白色。孢子囊群条形，沿叶缘着生。

约7种，广泛分布于泛热带，向南达非洲好望角和澳大利亚的塔斯马尼亚等地。我国有1种；浙江也有。

本属与凤尾蕨属的主要区别在于后者根状茎直立或斜生；叶簇生；叶脉分离，或罕有沿羽轴两侧连接成1行狭长网眼。

栗蕨（图1-153）

Histiopteris incisa (Thunb.) J. Sm.

植株高约55cm。根状茎长而横走，密被深棕色、条状披针形、伸展或旋卷成鬃毛状、有光泽的鳞片。叶远生；叶柄粗壮，长15~25cm，连同叶轴和羽轴亮栗红色，无毛；叶片长圆状三角形，长40~125cm，宽25~60cm，先端羽裂，二回至三回羽状；羽片12~17对，对生，无柄，三角状披针形，下部的较大，长18~45cm，宽9~25cm，先端渐尖，基部截形；小羽片多对，对生，平展，无柄，披针形，先端尾状渐尖，基部圆截形，一回羽状或羽裂，末回小羽片或裂片披针形或长圆形，先端钝或短渐尖，基部稍扩大并多少与小羽轴合生，全缘或浅羽裂，中下部羽片的基部1对小羽片明显缩小；叶脉网状，网眼五角形或六角形，无内藏小脉；叶片草质或纸质，无毛，下面为灰绿色或淡灰色。孢子囊群条形，沿裂片边缘着生，连续或中断；囊群盖狭条形，由叶缘反折而成，全缘，膜质，宿存。

产于瓯海（仙岩）、平阳（南雁）、苍南（矾山）。生于海拔50m的疏林林缘或岩石旁湿地。分布于江西、福建、湖南、贵州、云南、西藏。马来半岛、非洲、大洋洲、美洲热带地区及日本也有。

为优良的观赏植物。

图 1-153　栗蕨

二三　中国蕨科 Sinopteridaceae

中小型常绿或夏绿植物。根状茎短，直立、斜生、横卧或长而横走，具管状中柱，少为简单的网状中柱，外被鳞片；鳞片披针形或卵状披针形，棕色或中部黑褐色，边缘棕色，透明或半透明。叶簇生，少为远生；一型，少为明显二型；叶柄圆柱形，上面扁平或有纵沟，通常为栗色、褐色、红棕色，少有禾秆色；叶片二回羽状或三回至四回羽状细裂，椭圆形、卵形、披针形或五角形等，下面绿色或往往被白色或黄色蜡粉或无粉；叶脉分离，少有具和叶缘的边脉连接，但无内藏小脉；叶片草质或纸质。孢子囊群圆球形，较小，沿叶边着生于小脉顶端或顶部的一段，少有沿叶缘的边脉上呈条形；囊群有由变质的叶边反折而成的膜质假囊群盖，连续或断裂，罕无盖。孢子球形四面体，表面光滑，或具颗粒状突起或网状褶皱的纹饰。

14属，分布于热带及亚热带地区，少数达温带地区。我国有9属，约60种；浙江有3属，9种。

分属检索表

1. 叶柄和叶轴禾秆色（偶为栗棕色），叶片三回至五回羽状细裂，着生孢子囊群的末回裂片形如荚果；孢子囊群着生于连接小脉顶端的边脉上 ················· **1. 金粉蕨属 Onychium**
1. 叶柄栗色、乌木色或红棕色，叶片二回至三回羽裂，着生孢子囊群的末回裂片不呈荚果状；孢子囊群生于小脉顶端，成熟时彼此汇合。
    2. 叶下面常具白色或黄色的蜡质粉末 ················· **2. 粉背蕨属 Aleuritopteris**
    2. 叶下面不具蜡质粉末 ················· **3. 碎米蕨属 Cheilanthes**

1 金粉蕨属 Onychium Kaulf.

小型或中型陆生植物。根状茎长而横走，被鳞片。叶远生或近生；叶柄禾秆色，有时带栗棕色或黑色；叶片卵形或披针形，三回至四回羽状细裂，末回裂片小而狭，着生孢子囊群的形若荚果；叶脉在不育裂片上分离，在能育裂片上的小脉其顶端和边脉相连；叶片纸质或坚草质。孢子囊群生于边脉上，被反折变质的叶缘所覆盖；囊群盖膜质，条形，宽几达中脉，形如荚果；孢子囊大，环带具20个增厚细胞。孢子球状四面形，周壁薄面不透明，表面具颗粒状纹饰，外壁具块状纹饰。

约10种，分布于亚洲、非洲热带及亚热带地区。我国约有8种；浙江有2种。

1. 蚀盖金粉蕨 （图1-154）
Onychium tenuzfrons Ching

植株高20~40cm。根状茎粗短，横卧，被灰棕色披针形鳞片。叶近簇生，二型或近二型；不育叶片薄草质，较能育叶短而狭，四回羽裂；末回裂片彼此密接，倒卵形或长圆形，顶部有锐齿；能育叶的柄长15~20cm，粗2mm，禾秆色，光滑；叶片长15~25cm，宽8~15cm，椭圆状披针形，渐尖头，三回至四回羽状；羽片8~10对，披针形，斜上，中部以下的长5~10cm，宽2.5~3cm，二回至三回羽状；各回小羽片均为上先出，末回小羽片无柄，或下延而与小羽轴相连，渐尖头或短尖头；叶脉微突，侧脉斜上，在叶缘汇合。孢子囊群生于侧脉顶端的连接脉上；囊群盖狭，膜质，灰白色，边缘啮蚀状。

产于乐清、瑞安（铜盘岛）。生于林缘或灌丛中。分布于四川、贵州、云南。缅甸、印度、菲律宾、尼泊尔、不丹也有。

图1-154　蚀盖金粉蕨

2. 野雉尾 日本金粉蕨 （图1-155）
Onychium japonicum (Thunb.) Kunze

植株高40~60cm。根状茎长而横走，疏被鳞片，鳞片棕色或红棕色，披针形。叶散生；叶柄长15~25cm，基部褐棕色，略有鳞片，向上禾秆色，光滑；叶片卵状三角形或卵状披针形，渐尖头，四回羽状细裂；羽片12~15对，互生，基部1对最大，长9~17cm，宽5~6cm，长圆状披针形或三角状披针形，先端渐尖，并具羽裂尾头，三回羽裂；各回小羽片彼此接近；末回能育小羽片或裂片条状披针形，有不育的急尖头；末回不育裂片短而狭，条形或短披针形，短尖头；叶轴和各回羽轴上面有浅沟，下面突起，不育裂片仅有中脉1条，能育裂片有斜上侧脉和叶缘的边脉汇合；叶片干后坚草质或纸质，灰绿色或绿色，遍体无毛。孢子囊群长2~8mm；囊群盖条形或短长圆形，膜质，灰白色，全缘。

产于全省各地。多生于林缘、山坡路旁、溪沟边。分布于华东、华中、华南、西南，向北达河北西部，西北达陕西（秦岭）、甘肃。南亚、日本、朝鲜半岛、印度尼西亚、菲律宾及波利尼西亚也有。

全草有解毒作用。

本种与蚀盖金粉蕨的主要区别在于后者根状茎粗短而横卧，叶近簇生，囊群盖边缘啮蚀状。

图1-155 野雉尾

2a. 栗柄金粉蕨（变种）（图1-156）

var. **lucidum** (D. Don) Christ —— *O. lucidum* (D. Don) Spring

本变种与野雉尾的主要区别在于形体较高大而粗壮；叶柄栗色或棕色，叶质较厚，裂片较狭长。

产于临安、淳安、开化、金华市区、温岭、遂昌、龙泉、庆元。

全草药用，有清热解毒、祛风除湿的功效。

图1-156　栗柄金粉蕨

❷ 粉背蕨属 Aleuritopteris Fée

中小型旱生植物。根状茎短，直立或斜生，被栗黑色或褐红色、披针形至卵状披针形鳞片。叶簇生；叶柄和叶轴均为黑色、栗色或棕色，无毛或被鳞片，有光泽；叶片五角形、卵形或长圆形，二回至三回羽裂；羽片对生或近对生，有柄或无柄，通常基部1对较大，斜卵状三角形至五角形，一回至二回羽裂；叶脉羽状，分离，通常不甚明显；叶常为纸质，下面常被乳白色、淡黄色或橙黄色蜡质粉末。孢子囊群圆形，着生于小脉顶端，幼时分离，成熟后常彼此汇合成条形；囊群盖膜质，由变质的叶缘反卷构成，通常连续，内缘往往呈不规则的啮蚀状或撕裂成缘毛状。孢子圆形或圆球状四面型，深褐色，表面有粗疣状突起或平滑而透明。

约50种，分布于亚洲、非洲及墨西哥。多生于干旱的石灰岩或含石灰质的土壤中。我国约有40种，主要分布于西部地区。浙江有2种。

1. 粉背蕨 (图1-157)

Aleuritopteris anceps (Blanf.) Panigrahi —— *A. pseudofarinosa* Ching et S.K. Wu

植株高20~50cm。根状茎短而直立，顶端密被鳞片。叶簇生；叶柄长10~30cm，栗褐色，有光泽，基部疏被宽披针形鳞片，向上光滑；叶片卵圆状披针形，长10~25cm，宽5~10cm，基部最宽，基部三回羽裂，中部二回羽裂，向顶部羽裂；侧生羽片5~10对，对生或近对生，斜向上伸展，以无翅叶轴分开，下部1~2对羽片相距2~4cm；基部1对羽片斜三角形，二回羽裂；叶片干后纸质或薄革质，上面淡褐绿色，光滑，下面被白色粉末；羽轴、小羽轴与叶轴同色，光滑。孢子囊群由多个孢子囊组成，汇合成条形；囊群盖断裂，膜质，棕色，边缘撕裂成睫毛状。

产于江山、温岭、景宁、乐清、永嘉、瑞安、泰顺。生于林缘石缝中或岩石上。分布于江西、福建、湖南、广西、四川、贵州、云南。印度、尼泊尔也有。

全草可入药，味淡、微涩、性温，有止咳化痰、健脾补虚、舒筋活血、利湿止痛、止血的功效；也可供观赏。

图1-157　粉背蕨

2. 银粉背蕨 (图1-158)

Aleuritopteris argentea (S.G. Gmel.) Fée

植株高14~25cm。根状茎短，直立或斜生，被带有棕色狭边的黑色、披针形鳞片。叶簇生；叶柄长6～20cm，栗红色，基部被鳞片，向上光滑；叶片五角形，长宽均为5～7cm，三回羽裂，羽片3～5对，对生，基部1对最大，有时以无翅的短叶轴与上面1对分离，近三角形，长2～4cm，宽1.5～3cm，二回羽裂，小羽片3～5对，条状披针形至短条形，羽轴下侧的较上侧的为大，基部下侧1片特大，羽裂，其余向上各小羽片渐短，不裂或少有浅裂，裂片长圆形或阔条形，顶端钝或尖，基部彼此以狭翅相连，边缘常有小圆齿；叶脉羽状，不明显，侧脉二叉；叶片厚纸质，下面被乳白色粉末。孢子囊群条形，着生于小脉顶端，沿叶缘连续延伸；囊群盖条形，膜质，远离中脉，不间断，全缘或略有细圆齿。

产于金华及杭州市区、诸暨、新昌、北仑、鄞州、奉化、象山、宁海、开化、常山、磐安、天台、景宁。多生于石墙缝隙，岩石洞边。广泛分布于东北、华北、华东、华南、西南、西北。俄罗斯、蒙古、日本、朝鲜半岛、缅甸、印度、尼泊尔也有。

全草可入药，味淡、微涩、性温，有活血调经、补虚止咳、解毒消肿的功效。

本种与粉背蕨的主要区别在于后者的叶片卵圆状披针形，长约为宽的2倍；囊群盖断裂，边缘撕裂成睫毛状。

图1-158　银粉背蕨

2a. 陕西粉背蕨　无银粉背蕨（变种）
var. **obscula** (Christ) Ching

本变种与银粉背蕨的主要区别在于叶片下面淡绿色，可见叶脉，无蜡质粉末。

产于桐庐。生于江边岩石上。分布于西北及内蒙古、河北、山西、山东、江苏、安徽、江西、河南、湖北、湖南、台湾、广东、广西。

全草可药用，有清热活血的功效。

❸ 碎米蕨属　Cheilanthes Sw.

中小型陆生植物。根状茎短，直立或斜生，具管状中柱，被棕色或褐色、狭披针形鳞片。叶簇生；叶柄细长，栗褐色，圆形，上面通常有1条纵沟，基部疏被鳞片，向上光滑，有光泽；叶片披针形、长圆形或卵状五角形，二回至三回羽裂，末回小羽片或裂片小，全缘，通常无毛或被短节状毛或腺毛；叶脉分离，小脉单一或二叉，顶端稍膨大，不达叶边；叶片薄草质或草质，通常无毛，很少被短节状毛或腺毛。孢子囊群小，圆形，着生于小脉顶端，分离或成熟时彼此汇合；囊群盖由多少变质的叶缘反卷构成，通常断裂、分离或稍连续，圆肾形或三角形，内缘多少啮蚀状，或有锯齿或有缘毛，环带有14~24个增厚细胞。孢子球状四面型，不透明，表面稍有疣状突起。

约10种，分布于亚洲热带及亚热带地区，少数达大洋洲及南美洲。我国约有6种；浙江有5种。

分种检索表

1. 小羽片有短柄。
    2. 叶片上面有短毛，叶轴非左右曲折 ·················· **1. 薄叶碎米蕨　C. tenuifolia**
    2. 叶片两面无毛，叶轴多少左右曲折 ·················· **2. 平羽碎米蕨　C. patula**
1. 小羽片无短柄。
    3. 叶片长圆形至长圆三角形，长4~12cm；羽片3~5对，基部1对最大 ·················· **3. 旱蕨　C. nitidula**
    3. 叶片披针形，长8~25cm；羽片10~20对，中部羽片最大。
        4. 叶柄和叶轴上面两侧隆起的狭边上有粗短缘毛 ·················· **4. 毛轴碎米蕨　C. chusana**
        4. 叶柄和叶轴上面两侧隆起的狭边上无毛 ·················· **5. 碎米蕨　C. opposita**

1. 薄叶碎米蕨（图1-159）
Cheilanthes tenuifolia (Burm. f.) Sw.

植株高10~40cm。根状茎短而直立，连同叶柄基部密被棕黄色柔软的钻状鳞片。叶簇生；叶柄长6~25cm，栗色，下面圆，上面有沟，下部略被鳞片，向上光滑；叶片远短于叶柄，长

4～18cm，宽4～12cm，五角状卵形、三角形或阔卵状披针形，渐尖头，三回羽状；羽片6～8对，基部1对最大，卵状三角形或卵状披针形，长2～9cm，宽2.5～4.5cm，先端渐尖，基部上侧与叶轴并行，下侧斜出，柄长0.3～1cm，二回羽状；小羽片5～6对，具有狭翅的短柄，下侧基部1片最大，长1～3cm，一回羽状；末回小羽片以极狭翅相连，羽状半裂；裂片椭圆形；小脉单一或分叉；叶片干后薄草质，褐绿色，上面略有短毛，叶轴非左右曲折。孢子囊群生于裂片上半部的叶脉顶端；囊群盖连续或断裂。

产于永嘉、瑞安、平阳、苍南。生于农田阡陌草地或山地草丛中。分布于华南及江西、福建、湖南、云南。亚洲热带地区以及波利尼西亚、澳大利亚等地也有。

全草可入药，味苦，性凉，有活血散瘀、止痢的功效；也可供观赏。

图1-159　薄叶碎米蕨

2. 平羽碎米蕨 （图1-160）

Cheilanthes patula Baker — *Cheilosoria patula* (Baker) P.S. Wang — *Pellaea patula* (Baker) Ching

植株高20～30cm。根状茎短而直立。叶簇生；叶柄长8～15cm，栗色或栗褐色，下面圆，上面平而有2条隆起的锐边，基部密被黑色钻状披针形鳞片，向上光滑；叶片长三角形，长12～20cm，宽6～11cm，渐尖，二回至三回羽状；羽片8～10对，平展或略向上弯弓，柄长2～4mm，基部1对稍大，长圆状三角形，长3～6cm，宽1.6～2cm，短尖，一回至二回羽状；小羽片5～6对，三角形，长8～12mm，宽4～6mm，钝头，基部圆截形，有极短柄，羽状或深羽裂；末回小羽片或裂片长圆形，钝头，全缘；第2对羽片向上略渐短缩；叶脉在裂片上羽状分叉，两面均不明显；叶片干后纸质，褐绿色，两面无毛，叶轴多少左右曲折，连同羽轴均为栗色。孢子囊群沿叶缘生于小脉顶端；囊群盖棕色，由部分变质的叶边沿小脉顶端反折而成，连续或少有断裂，全缘。

产于建德、淳安、常山。生于石灰岩缝中。分布于湖北、湖南、四川、贵州。

图 1-160　平羽碎米蕨

3. 旱蕨 （图 1-161）

Cheilanthes nitidula Wall. ex Hook. — *Pellaea nitidula* (Wall. ex Hook.) Baker

植株高 10～30cm。根状茎短而直立，密被亮黑色有棕色狭边的钻状披针形小鳞片。叶多数，簇生；叶柄长6～20cm，栗色或栗黑色，有光泽，基部疏被深棕色小鳞片，向上全体密被红棕色短刚毛；叶片长圆形至长圆三角形，长4～12cm，基部宽3～6cm，顶部羽裂渐尖，中部以下三回羽裂；羽片3～5对，基部1对最大，三角形，长2.5～3.5cm，基部宽2～2.5cm，二回深羽裂；小羽片4～6对，羽轴上侧的长约1cm，宽2～3cm，披针形，钝尖，基部与羽轴合生，全缘，羽轴下侧的远较上侧的长，基部1片尤长，长1.5～2cm，宽1.5cm，长圆形，短尾尖，基部上侧平截，与羽轴并行，下侧斜出，羽状深裂达羽轴阔翅；裂片5～7对，披针形，第2片小羽片浅羽裂或仅下侧有1～2短裂片，向上均为全缘；基部以上羽片略渐短缩。孢子囊群生于小脉顶部；囊群盖由叶在小脉顶部以下反折而成，在反折处形成隆起的绿色边沿，盖膜质，褐棕色，边缘为不整齐的粗齿牙状。

产于萧山、江山、龙泉、庆元、景宁、文成、泰顺。生于干旱河谷中疏林下、岩石上。分布于华中、华南、西南。日本、越南北部、尼泊尔、不丹也有。

图 1-161　旱蕨

4. 毛轴碎米蕨 （图 1-162）
Cheilanthes chusana Hook. — *Cheiosoria chusana* (Hook.) Ching et K.H. Shing

植株高 10～48cm。根状茎短而直立，被栗黑色披针形鳞片。叶簇生；叶柄长 2～5cm，亮栗色，密被红棕色披针形和钻状披针形鳞片以及少数短毛，叶柄及叶轴有纵沟，沟两侧有隆起的锐边，上有粗短缘毛；叶片长 8～25cm，中部宽（2）4～6cm，披针形，短渐尖，向基部略变狭，二回羽状全裂；羽片 10～20 对，斜展，几无柄，中部羽片最大，长 1.5～3.5cm，基部宽 1～1.5cm，三角状披针形，先端短尖或钝，基部上侧与羽轴并行，下侧斜出，深羽裂；裂片长圆形或长舌形，无柄，或基部下延而有狭翅相连，钝头，边缘有圆齿；下部羽片略渐短缩，彼此疏离，有阔的间隔，基部 1 对三角形。孢子囊群圆形，生于小脉顶端，位于裂片的圆齿上，每齿 1～2 枚；囊群盖椭圆肾形或圆肾形，黄绿色，彼此分离。

产于全省各地。多生于墙缝或石壁上，少有生于林下或灌草丛中。分布于华东、华中、华南、西南及陕西、甘肃。日本、越南、菲律宾也有。模式标本采自舟山。

二三 中国蕨科 Sinopteridaceae　　　　233

全草可入药，味微苦，性寒，有止泻利湿、清热解毒、止血的功效；也可供观赏。

图1-162　毛轴碎米蕨

5. 碎米蕨（图1-163）
Cheilanthes opposita Kaulfuss

植株高10~25cm。根状茎短而直立，密被栗棕色或栗黑色钻形鳞片。叶簇生；叶柄长2~7cm，基部以上疏被钻形小鳞片；叶轴栗黑色或栗色，下面圆形，上面有阔浅沟，沟两旁有隆起的锐边，无毛；叶片狭披针形，长8~18cm，宽1~2cm，渐尖，向基部变狭，二回羽状；羽片10~20对，中部羽片长1~1.5cm，基部宽0.5~0.8mm，三角形或三角状披针形，短尖头，基部上侧与叶轴并行，下侧斜出，几无柄，羽状或深羽裂，小羽片有3~4对圆裂片，下部羽片逐渐短缩，三角形，基部1对变成小耳形。孢子囊群每裂片1~2枚；囊群盖小，肾形或近圆肾形，边缘淡棕色。

产于景宁、泰顺（竹里）。生于林缘路旁阴湿石壁上。分布于福建、台湾、广东、海南。越南、印度、斯里兰卡及其他亚热带地区也有。

图1-163　碎米蕨

二四　铁线蕨科 Adiantaceae

中小型陆生植物。根状茎短而直立，或长而横走，具管状中柱或原始型的网状中柱，被鳞片；鳞片棕褐色，质厚，披针形，全缘。叶簇生或二列散生，一型；叶柄紫黑色或黑褐色，有光泽，通常细圆，不具关节；叶片一回至四回羽状或为一回至三回二叉掌状分歧，很少为团扇形单叶（我国不产）；末回小羽片为对开式的斜方形，或扇形、团扇形，或长方形，有小羽柄，常以关节与小羽柄相连，干后常脱落；叶脉扇状分叉，分离，很少为网状，纤细而密接，伸达叶边；叶片草质或纸质，无毛或有时被毛。孢子囊群长圆形或条形，生于近叶缘；孢子囊球状梨形，有长柄，着生于反卷的叶缘下面的小脉顶端，有时生于小脉之间；无真正囊群盖，假囊群盖由反卷的叶缘构成。孢子四面型，透明，淡黄色，平滑。

1属，200余种，广泛分布于温带、亚热带和热带地区，以南美洲为发展中心。我国有40余种，多数分布于西南；浙江有10种。

铁线蕨属 Adiantum L.

属特征同科。

分种检索表

1. 叶片一回羽状，叶轴顶端有羽片1枚，或延伸成鞭状着地生根，行无性繁殖。
   2. 叶轴顶端常延伸成鞭状，着地生根，行营养繁殖 …………………… **1.鞭叶铁线蕨 A. caudatum**
   2. 叶轴顶端具1枚羽片，但不延伸成鞭状。
      3. 羽片斜方形，外缘与上缘具钝锯齿 …………………………………… **2.长尾铁线蕨 A. diaphanum**
      3. 羽片全缘或略呈微波状。
         4. 顶生羽片菱形，长不超过8mm，孢子囊群每羽片1~2枚 ………… **3.白垩铁线蕨 A. gravesii**
         4. 羽片近圆形，长达1cm，孢子囊群每羽片常3~4枚 …………… **4.仙霞铁线蕨 A. juxtapositum**
1. 叶片二回羽状或1~3次二叉分歧，叶轴顶端不延伸成鞭状。
   5. 叶轴二叉分歧，或2~3次不对称的二叉分歧，羽片排成掌状。
      6. 叶轴二叉分歧，羽片着生于分枝羽轴上方，各羽片几并行，指向上。
         7. 叶下面绿色，小羽片长方形或扇形，先端圆，上缘具尖牙齿；孢子囊群每小羽片通常1~2枚，偶至4枚 ……………………………………………………………………… **5.昌化铁线蕨 A. subpedatum**
         7. 叶下面灰白色，小羽片斜长方形或斜长三角形，急尖头或钝头而具几个三角形尖牙齿，上缘具圆齿；孢子囊群每小羽片通常4~5枚，偶至8枚 ……………… **6.灰背铁线蕨 A. myriosorum**

6.叶轴2～3次不对称的二叉分歧，羽片指向各方 ·················· **7.扇叶铁线蕨 A. flabellulatum**
5.叶二回至三回羽裂，羽片排列不成掌状。
　8.叶二回羽状，小羽片狭长倒三角形，不分裂，通常每小羽片只有1枚孢子囊群 ·················
　··· **8.单盖铁线蕨 A. monochlamys**
　8.叶多少三回羽裂，上缘通常分裂成几枚小裂片。
　　9.小羽片银杏叶形，基部近圆形或短楔形，边缘近全缘 ·············· **9.月芽铁线蕨 A. refractum**
　　9.小羽片斜扇形，基部多为长楔形，裂片上侧边缘有啮蚀状锯齿 ···· **10.铁线蕨 A. capillus-veneris**

1. 鞭叶铁线蕨
Adiantum caudatum L.

植株高15～40cm。根状茎短而直立，被褐色披针形的鳞片。叶簇生；叶柄长5～8cm，黑褐色，坚硬，略有光泽，被褐色多细胞的硬毛；叶片披针形，长10～25cm，宽2～4cm，向基部略变狭，一回羽状；羽片28～32对，互生，或下部的近对生，平展或略斜展，基部常反折下斜，相距5～8mm；下部的羽片逐渐缩小，中部羽片半开式，长1～2cm，宽6～10mm，近长圆形，上缘及外缘深裂或条裂成许多狭裂片，下缘几通直而全缘，基部不对称，上侧截形；裂片条形，先端平截，边缘全缘，上部再撕裂为条形的细裂片，细裂片先端平截并具少数齿牙，上部羽片与下部羽片同型，但向顶部逐渐变小，几无柄；叶脉多回二歧分叉，两面可见；叶片干后纸质，褐绿色或棕绿色，两面均疏被棕色多细胞长硬毛和密而短的柔毛；叶轴先端常延长成鞭状，能着地生根。孢子囊群每羽片5～12枚；囊群盖圆形或长圆形，全缘，被疏毛。

《浙江植物志》记载产于舟山，作者未见标本。生于林下或山谷岩石上及石缝中。分布于福建、台湾、广东、广西、贵州、云南。亚洲其他热带及亚热带地区也有。

2. 长尾铁线蕨 （图1-164）
Adiantum diaphanum Blume.

植株高15～30cm。根状茎短而直立，被褐色披针形鳞片。叶簇生；柄长4～20cm，纤细，栗色，有光泽，基部疏被鳞片，向上光滑，上面有1条纵沟；叶片线状披针形，长6～11cm，宽2～3cm，奇数一回羽状，在叶片基部往往具有1～3条同型而较短的侧枝；羽片8～16对，互生，斜展或下部的近平展，中部以下的羽片大小相等，长1～1.8cm，宽5～9mm，顶部羽片与下部羽片同型而略小，顶生羽片菱形，稍大于其下的侧生羽片；叶脉扇形分叉，直达边缘，两面均明显。孢子囊群除沿小脉着生外，还生于脉间的叶肉上，每羽片2～10枚；囊群盖圆形，上缘呈深缺刻状，被有单细胞的棕褐色针状刚毛，褐色，革质，全缘，宿存。

产于庆元（五岭坑）、景宁。生于路旁沟边。分布于江西、福建、台湾、广东、海南。越南、马来西亚、印度尼西亚、澳大利亚、新西兰等地也有。

图 1-164　长尾铁线蕨

3. 白垩铁线蕨（图 1-165）
Adiantum gravesii Hance

植株高 4～14cm。根状茎短小，直立，被黑色钻状披针形鳞片。叶簇生；叶柄长 2～7cm，纤细，黑褐色，有光泽，光滑；叶片长圆形或卵状披针形，长 3～7cm，宽 1.2～2.5cm，奇数一回羽状；侧生羽片 3～5 对，互生，倒卵形，斜展，疏离，有柄，长 5～8mm，柄端有关节，全缘；顶生羽片同型；叶片纸质，干后羽片易从关节脱落而柄宿存，叶上面淡灰绿色，下面灰白色，两面均无毛。孢子囊群每羽片 1 枚或在较宽的羽片上 2 枚；囊群盖肾形或新月形，稀近圆形，上缘呈弯凹，棕色，革质，宿存。

产于建德、淳安、衢州市区（衢江）、常山。生于水沟边湿润的石灰质岩壁、石缝中。分布于湖北、湖南、广东、广西、贵州及云南。越南也有。

图 1-165　白垩铁线蕨

4. 仙霞铁线蕨 （图1-166）

Adiantum juxtapositum Ching

植株高20～40cm。根状茎短而直立，先端被黑棕色的披针形鳞片。叶簇生；叶柄长6～10cm，栗色，有光泽，光滑；叶片披针形，长4～11cm，宽1.5～3cm，奇数一回羽状，羽片5～9对，近圆形，长达1cm，对生，向顶端近互生，平展，下部的相距2cm，上部的相距1cm；小羽片近圆形、阔团扇形，稀倒三角形，上缘圆形，略呈波状，基部圆楔形，稀楔形，具短柄，柄端具关节，干后羽片易从关节脱落而柄宿存，上部略小，倒三角形或扇形；叶脉多回二歧分叉，两面均明显；叶片干后薄草质，上面淡草绿色，下面淡灰白色，无毛；羽轴、小羽柄均与叶柄同色，有光泽，光滑。孢子囊群每羽片通常3～4枚，稀1、2或6枚；囊群盖圆形或圆肾形，稀长形，上缘平直或稍凹陷，黑色，革质，全缘或呈微波状，宿存。

产于江山。生于石灰质岩山地。分布于福建。

图1-166　仙霞铁线蕨

5. 昌化铁线蕨 （图1-167）

Adiantum subpedatum Ching

植株高24～28cm。根状茎短而直立，顶端密被棕色、阔披针形的鳞片。叶簇生；叶柄长10～15cm，乌木色，有光泽，光滑；叶片掌状，长约15cm，宽11～20cm，叶轴在叶柄顶端二叉分枝；每枝的上侧有羽片2～4枚，直立，条状披针形，中部的较长，达13cm，两侧的稍短缩，奇数一回羽状；小羽片约24对，互生，平展，长方形或扇形，中部的较大，先端圆，上缘具尖牙齿，下缘全缘，基部楔形，具短柄，下部小羽片较小，扇形，具较长的柄；顶生小羽片倒三角形；叶脉纤细，下面明显，伸达锯齿顶端；叶片干后半膜质，下面绿色，叶轴和羽轴乌木色，有光泽。孢子囊群小，每小羽片1～2枚，偶4枚；囊群盖圆形或圆肾形，膜质，灰绿色，宿存。

产于临安（昌化）。生于林缘石灰岩壁。模式标本采自临安昌化。

图 1-167　昌化铁线蕨

6. 灰背铁线蕨 （图1-168）
Adiantum myriosorum Baker

植株高45～50 cm。根状茎短而直立，被深棕色的阔披针形鳞片。叶簇生；叶柄长20～25 cm，乌木色，有光泽；叶片掌状，叶轴于叶柄顶部向两侧二叉分枝；每枝的上侧有羽片4～6片，相距约1.5 cm，基部1片较大；小羽片20～45对，斜长方形或斜长三角形，互生，排列紧密，平展，较短，长约1.1 cm，宽约0.5 cm，急尖或钝头；远轴的羽片渐变小，顶端1片最小；叶脉自小羽片基部向上缘二叉分歧，直达叶缘；叶片薄草质，下面灰白色。孢子囊群圆形或圆肾形，每小羽片通常4～5枚，生于小羽片上缘的弯缺下；囊群盖同形，淡棕色，膜质，全缘。孢子具明显的网状纹饰。

产于安吉、淳安、衢州市区(衢江)。生于海拔约600 m的林下岩石边。分布于华中及台湾、四川、贵州、云南、陕西、甘肃。缅甸也有。

全草可入药，味淡、苦，性平，有清热通淋、行气活血的功效；也可供观赏。

图 1-168　灰背铁线蕨

6a. 下弯铁线蕨（变种）
var. recurvatum Ching et Y.X. Lin

本变种与灰背铁线蕨的主要区别在于小羽片较长（约1.7cm），排列紧密，平展，向下弯弓。产于桐庐、建德、淳安。生于海拔200～600m的林缘湿润处或林下岩石边。分布于四川。用途同灰背铁线蕨。

7. 扇叶铁线蕨 （图1-169）
Adiantum flabellulatum L.

植株高20～70cm。根状茎短而直立，密被棕色、有光泽的钻状披针形鳞片。叶簇生；柄长10～50cm，紫黑色，有光泽，基部被有鳞片，向上光滑，上面有纵沟1条，沟内有棕色短硬毛；叶片扇形，长10～25cm，二回至三回不对称的二叉分歧，羽片指向各方，通常中央的羽片较长，条状披针形，长10～15cm，宽约2cm，先端钝，羽状；小羽片8～15对，互生，平展，具短柄，彼此接近或稍疏离，中部以下的小羽片大小几相等，对开式的半圆形（能育的），或为斜方形（不育的），内缘及下缘直而全缘，基部为阔楔形或扇状楔形，外缘和上缘近圆形或圆截形，能育部分具浅缺刻，裂片全缘，不育部分具细锯齿，顶部小羽片与下部的同型而略小；叶脉多回二歧分叉，直达边缘，两面均明显；叶片干后薄革质，绿色或常为褐色；各回羽轴及小羽柄上面均密被红棕色短刚毛，下面光滑。孢子囊群每羽片2～5枚；囊群盖半圆形或长圆形，革质，褐黑色。孢子具不明显的颗粒状纹饰。

产于舟山、金华、丽水、温州及象山、天台、玉环等地。生于疏林下或林缘灌丛中。分布于长江以南各地，东至台湾，南达海南。日本、越南、缅甸、印度、斯里兰卡及马来群岛也有。

全草可入药，有清热解毒、舒筋活络、祛瘀消肿、止血散结、止咳平喘的功效；也可供观赏。

图1-169 扇叶铁线蕨

8. 单盖铁线蕨 （图1-170）

Adiantum monochlamys D.C. Eaton

植株高25～55cm。根状茎长而横走，密被栗黑色、有光泽的狭长披针形鳞片。叶近生或散生；叶柄长15～28cm，粗1～2mm，栗黑色或栗色，有光泽，基部被鳞片，向上光滑；叶片狭长卵状三角形，长20～30cm，基部宽4～10cm，基部阔楔形，顶部渐尖；叶片二回羽状，末回小羽片狭长倒三角形，长6～10mm，上部宽5～8mm，排列稀疏，基部楔形，顶部圆截形，不育的末回小羽片具有三角形的尖锯齿，能育的中部深陷，两侧具有三角形的尖锯齿，两侧边缘直而全缘；叶脉多回二歧分叉，直达小羽片的锯齿尖端，两面均明显；叶片干后草质，下面灰绿色，两面均无毛；叶轴、各回羽轴和小羽柄均与叶柄同色，光滑有光泽。孢子囊群每羽片常1枚，偶有2枚，横生于末回小羽片上缘的缺刻内；囊群盖肾形，上缘呈深缺刻状，薄纸质，红褐色，全缘或呈微波状，宿存。

产于宁波市区（镇海）。生于山地林下。分布于我国台湾。日本、朝鲜半岛也有。

根状茎可入药，味咸，微寒，有小毒，有清热解毒、化痰的功效。

图1-170 单盖铁线蕨

9. 月芽铁线蕨 （图1-171）

Adiantum refractum Christ —— *A. edentulum* Christ

植株高约25cm。根状茎横走，密被棕色、披针形、有光泽的鳞片。叶柄长6～12cm；叶2列散生，二回羽状，基部偶为三回；羽片4～5对，基部1对长4～5cm，宽不及2cm；侧生小羽片多为4对，长宽近相等，最大达1.2cm，两侧不等大，银杏叶形，基部近圆形或短楔形，边缘全缘或

图1-171 月芽铁线蕨

为不明显的浅波状,常浅裂或深裂成3～5裂片;叶片草质,干后褐色,两面光滑。孢子囊群每小羽片2～3(4)枚,生于浅阔的弯缺下;囊群盖长圆形,幼时上缘通直,成熟时呈新月形。

产于淳安。生于山坡湿润处。分布于湖北、湖南、四川、贵州、云南、陕西。

可供观赏。

10. 铁线蕨 (图1-172)
Adiantum capillus-veneris L.

植株高15～40cm。根状茎细长横走,密被棕色披针形鳞片。叶疏生;叶柄长5～25cm,纤细,栗黑色,有光泽,基部被鳞片,向上光滑;叶片卵状三角形,长10～25cm,宽6～16cm,中部以下多为二回羽状,多少三回羽裂,中部以上为一回奇数羽状;羽片3～6对,互生,有柄,基部1对较大,长达9cm,一回羽裂至羽状,小羽片2～4对,互生,斜扇形或斜方形,外缘常浅裂成4～5阔裂片,裂片上侧边缘有啮蚀状钝齿,两侧近截形,向上的各对羽片渐短;叶脉扇形分叉,两面稍明显,伸达叶缘;叶片草质,草绿色或褐绿色,两面均无毛。孢子囊群每羽片3～10枚,横生于能育的末回小羽片的上缘;囊群盖长形、长肾形或圆肾形,褐色,全缘。孢子周壁具粗颗粒状纹饰。

产于湖州、杭州、绍兴、衢州、金华。常生于流水溪旁石灰岩上或石灰岩洞底和滴水岩壁上,为钙质土的指示植物。分布于全球各地。

全草可入药,味淡、微苦,性凉,有清热解毒、利湿消肿、排石通乳、止血的功效;也可供观赏。

本种尚有变型条裂铁线蕨 form. **dissectum** (Mart. et Galeot) Ching,末回小羽片顶端深裂至1/2,裂片条状。产于衢州及临安。生于流水溪旁石灰岩上或石灰岩洞底和滴水岩壁上。分布于福建、湖南、广东、广西、四川、贵州、云南、陕西。日本、越南也有。

图1-172 铁线蕨

二五　水蕨科 Parkeriaceae

一年生水生植物。根状茎短而直立，具网状中柱，顶端疏被鳞片；鳞片阔卵形，基部心形，透明，全缘。叶簇生，二型；叶柄绿色，肉质，光滑，上面扁平，下面圆柱形并有多条纵脊；不育叶片卵状三角形，二回或三回羽状深裂，末回裂片阔披针形，先端尖，基部下延，全缘；能育叶片与不育叶片同型，但较长，分裂较深且细，末回裂片条形，边缘淡棕色，反卷达中脉；叶脉网状，网眼纵行，无内藏小脉；叶片为多汁的薄草质，无毛；叶轴绿色，上面有纵沟，干后压扁，在羽片基部的上侧腋间常有小芽胞，成熟后脱落，行无性繁殖。孢子囊大，近无柄，沿能育叶小脉散生，幼时全为反卷的叶边所覆盖，环带有30~70个增厚细胞，每孢子囊有16或32个孢子。孢子四面体形，粗大，具3裂缝，不具周壁，外壁具排列有一定方向的肋条状纹饰。

单属科，6~7种；广泛分布于热带和亚热带地区，现知亚洲东部有2种，非洲1种，美洲2~3种。我国有3种；浙江有1种。

水蕨属　Ceratopteris Brongn.

属特征同科。

水蕨（图1-173）

Ceratopteris thalictroides (L.) Brongn.

挺水植物，幼苗期可沉水，也常见于潮湿低洼地，但植株较矮小。植株高10~80cm，植株高度与水深相关。叶二型；叶柄长10~40cm，不育叶直立或幼时漂浮，叶片狭长圆形，长10~30cm，宽7~20cm，二回或三回羽裂；羽片4~6对，互生或近对生，斜向上，有柄，卵形至阔卵形，长4~12cm，宽2.5~8cm，二回羽裂；小羽片2~4对，互生，斜向上，斜卵形或长圆形，长4~6cm，宽2~4cm，两侧有长圆形的裂片1~4；能育叶长圆形或卵状三角形，略较不育叶为长，长15~40cm，宽10~25cm，二回或三回深羽裂；末回裂片条形，角果状，长5~6.5cm，宽1~2mm，先端渐尖，边缘薄而透明，强度反卷到达中脉。孢子囊群沿网脉疏生，幼时为反卷的叶边覆盖，成熟后多少张开。

产于湖州、嘉兴、宁波及杭州市区、富阳、诸暨、嵊州、临海、温州市区、乐清、瑞安等地。生于海拔近10m的池塘、水沟、阡陌、农田等处。分布于山东、江苏、安徽、福建、湖北、台湾、广东、广西、四川、云南等地。广泛分布于热带和亚热带地区。

全草可入药，味甘淡，性凉，有散瘀拔毒、镇咳化痰、止痢、消积、止血的功效；嫩叶可作蔬菜或饲料。

为国家Ⅱ级重点保护野生植物。

图1-173 水蕨

二六　裸子蕨科 Hemionitidaceae

中型陆生植物。根状茎短而直立或长而横走，内具网状或管状中柱，外被鳞片或毛。叶远生、近生或近簇生；叶柄禾秆色或栗色；叶片一回至三回羽状（少为基部心形或戟形的单叶），常多少被毛或鳞片；叶脉分离，少为不完全的网状，或仅近叶边连接，网眼无内藏小脉。孢子囊群沿小脉着生，无盖或被节状毛覆盖。

约17属，主要分布于热带和亚热带地区，少数达北温带。我国有5属，约48种；浙江有1属，8种。

Flora of China 将该科归入凤尾蕨科，本志按秦仁昌系统以裸子蕨科处理。

凤了蕨属 Coniogramme Fée

陆生喜阴植物。叶远生或近生；叶柄上面具纵沟，禾秆色，有时带红紫色或少为栗棕色，有光泽，维管束2条，常连结；叶片卵形至椭圆形，一回或二回少为三回奇数羽状；羽片有锯齿，边缘常呈透明软骨质；叶脉羽状，分离，少数在主脉两侧连接成1~3行网眼，小脉顶端有水囊体。叶片多草质，两面无毛或下面（偶上面）具淡灰色有节短毛或具乳头的短刚毛。孢子囊群条形，沿侧脉着生，无盖。

40余种，分布于亚洲东部至东南部，北美和非洲也有。我国约有39种；浙江有8种。

分种检索表

1. 羽片的侧脉分离，不连接成网眼。
    2. 羽片有毛。
        3. 羽片上面沿羽柄、小羽柄及主脉下部被毛，下面密被短细毛 ············ **1. 紫柄凤了蕨　C. sinensis**
        3. 羽片仅下面被毛。
            4. 侧生小羽片对生，先端突尖尾状 ············ **2. 尾尖凤了蕨　C. caudiformis**
            4. 侧生小羽片互生，先端渐尖或长渐尖 ············ **3. 普通凤了蕨　C. intermedia**
    2. 羽片无毛。
        5. 叶远生；叶片一回奇数羽状或下部1~2对羽片三出或二叉 ············ **4. 镰羽凤了蕨　C. falcipinna**
        5. 叶近生；叶片二回奇数羽状 ············ **5. 峨眉凤了蕨　C. emeiensis**
1. 羽片的侧脉多少连接成网眼。
    6. 主脉两侧只有为数不多的网眼。
        7. 主脉两侧有1行不连续网眼；叶柄禾秆色 ············ **6. 疏网凤了蕨　C. wilsonii**
        7. 主脉两侧偶有1或2网眼；叶柄褐紫色至棕色 ············ **7. 井冈山凤了蕨　C. jinggangshanensis**
    6. 主脉两侧有连续的1~3行网眼，叶片中部的羽片及小羽片狭长披针形 ······ **8. 凤了蕨　C. japonica**

1. 紫柄凤了蕨 （图1-174）

Coniogramme sinensis Ching

植株高60~80cm。叶柄连同叶轴为红紫色，有光泽，基部略被披针形淡棕色鳞片；叶片长圆状卵形，二回羽状；羽片4~5对，基部1对最大，近互生，长圆形，一回羽状或二叉；侧生小羽片2~3对，阔披针形至长圆形，长7~10cm，宽1.5~3.6cm，先端渐尖，基部圆形；顶生小羽片较大；第2对羽片单一或三出，向上的羽片单一，阔披针形，先端尾状渐尖，基部圆楔形；顶生羽片较侧生羽片大，具长约1.7cm的柄；叶脉分离，二回分叉，小脉顶端的水囊伸入前倾的细锯齿；叶片草质，下面密被短细毛，上面仅沿主脉下部、羽柄及小羽柄下部被毛，其基部腋间具1~2淡棕色卵形鳞片。孢子囊群沿侧脉向外伸展到羽片宽的3/4处。

产于开化。生于海拔约400m的林下。分布于河南、湖南、四川、陕西、甘肃。

图1-174 紫柄凤了蕨

2. 尾尖凤了蕨 （图1-175）

Coniogramme caudiformis Ching et K.H. Shing

植株高达1m。根状茎粗壮横走，顶端被鳞片。叶近生；叶柄上面具纵沟，向上达叶轴基部为禾秆色带紫棕色斑晕，下部常为紫棕色；叶片矩圆卵形，先端渐尖，基部近圆形，二回奇数羽状（有时仅基部1对二叉）；侧生羽片5~6对，有短柄，基部1对最大，卵形，奇数羽状或二叉状；侧生小羽片1~2对，对生，有极短柄，先端突尖尾状，基部近圆形，边缘有尖锯齿；顶生小羽片同型而较大；第2对羽片二叉状或单一，向上各对羽片单一，先端突尖尾状，基部偏斜、圆形至宽楔形，边缘有尖锯齿；顶生羽片与侧生的同型而较大；叶脉羽状，侧脉分离，一回至二回二叉分歧，小脉顶端的水囊伸入锯齿；叶片草质，上面无毛，下面有卷曲的节状毛；叶轴及羽轴禾秆色。孢子囊群条形，沿侧脉伸达离叶边3~4mm处。

产于松阳、龙泉。生于海拔630～860m的林缘路旁水沟边。分布于海南、四川、云南、陕西、甘肃。

图1-175 尾尖凤了蕨

3.普通凤了蕨 （图1-176）

Coniogramme intermedia Hieron. — *C. intermedia* var. *pulchra* Ching et K.H. Shing — *C. maxima* Ching et K.H. Shing

植株高达1m。根状茎粗壮横走，顶端密被披针形鳞片。叶近生；叶柄长30～50cm，上面有纵沟，禾秆色，有时带紫棕色斑晕；叶片卵形，长26～60cm，宽20～33cm，二回奇数羽状；侧生羽片4～8对，互生；基部1对最大，卵形，长12～30cm，宽8～16cm，奇数羽状；侧生小羽片2～3对，互生，狭卵形至带状披针形，先端渐尖或长渐尖，基部宽楔形至圆形，边缘有尖锯齿；顶生小羽片同型而较大；第2对羽片三叉、二叉或单一，向上各羽片单一，披针形，先端渐尖，少为尾状渐尖，顶生羽片与侧生羽片同型；叶脉羽状，侧脉分离，一回至二回二叉分歧，小脉顶端的水囊条形，略加厚，伸入锯齿，不达叶边；叶片草质，上面无毛，下面有卷曲的节状毛；叶轴、羽轴禾秆色。孢子囊群条形，沿侧脉着生，向外延伸达距叶边3～4mm处。

产于临安、淳安、北仑、象山、磐安、龙泉、庆元、景宁。生于海拔650～800m的林缘沟边。分布于东北、华东、华中、西南、西北及广西。俄罗斯、日本、朝鲜半岛、越南、印度、巴基斯坦、尼泊尔、不丹也有。

根状茎入药，有祛风湿、强筋骨、理气活血的功效；也可供观赏。

图 1-176 普通凤了蕨

3a. 光叶凤了蕨(变种)（图 1-177）
var. glabra Ching

本变种与普通凤了蕨的主要区别在于叶下面无毛。

产于安吉、临安。生于海拔约700m的林下。分布同普通凤了蕨。

图 1-177 光叶凤了蕨

4. 镰羽凤了蕨 （图1-178）

Coniogramme falcipinna Ching et K.H. Shing

图1-178 镰羽凤了蕨

植株高50~80cm。根状茎粗而横走，顶端密被棕色鳞片。叶远生；叶柄上面具纵沟，禾秆色，常带紫红色斑晕；叶片狭卵形，长40~60cm，宽25~30cm，先端渐尖，基部圆形，一回奇数羽状或下部1~2对羽片三出或二叉；侧生羽片6~8对，互生，略斜向上，有柄，基部1对最大，狭卵形，长12~26cm，宽10~16cm，先端尾状，基部偏斜圆形，有时具1~2片侧生小羽片；第2对羽片单一或二叉；向上各羽片单一，狭卵形，长12~18cm，宽2.5~4cm，略弯曲呈镰刀状，先端尾状，基部近圆形，边缘有向前贴伏的锯齿；顶生羽片与侧生羽片同型而略大；叶脉羽状，侧脉分离，一回至二回二叉分歧，小脉顶端的水囊伸达锯齿基部；叶片草质，无毛；叶轴及羽轴禾秆色。孢子囊群条形，沿侧脉着生到达距叶边2~3mm处。

产于遂昌（九龙山）、龙泉。生于海拔约100m的林下。分布于四川。

5. 峨眉凤了蕨 （图1-179）

Coniogramme emeiensis Ching et K.H. Shing — *C. longissima* Ching et H.S. Kung ex K.H. Shing

植株高约1m。根状茎粗壮横走，顶端密被棕色披针形鳞片。叶近生；叶柄上面有纵沟，禾秆色，常带紫红色斑晕，基部被鳞片；叶片卵形，二回奇数羽状；侧生羽片4～10对，基部1对最大，矩圆状卵形，奇数羽状；小羽片1～3对，近对生，有短柄，披针形，先端长渐尖，基部宽楔形至圆形，边缘有向前贴伏的锯齿；顶生小羽片与侧生的同型而较大；第2～3对羽片奇数羽状或三出；向上各对羽片单一，披针形，先端长渐尖，基部楔形至圆形；顶生羽片与侧生的同型而略大，基部有时叉裂出1片小羽片；叶脉羽状，侧脉分离，一回至二回二叉分歧，小脉顶端的水囊伸达锯齿基部；叶片草质，侧脉间常有不规则的黄色条纹，两面无毛。孢子囊群条形，沿侧脉着生伸达距叶边2～3mm处。

产于临安、开化等地。生于海拔600～1200m的林缘沟边较湿润地。分布于湖北、湖南、广东、广西、四川、贵州、云南。

图1-179 峨眉凤了蕨

6. 疏网凤了蕨
Coniogramme wilsonii Hieron.

植株高60~100cm。根状茎横走，顶端被鳞片。叶远生；叶柄上面有纵沟，禾秆色，基部被鳞片；叶片宽卵形，长36~60cm，宽20~60cm，二回奇数羽状；侧生羽片3~5对，基部1对最大，卵形，长16~42cm，宽10~27cm，奇数羽状或三出；侧生小羽片1~3对，边缘具不明显疏齿；顶生小羽片与侧生的同型而较大；第2对羽片三出或单一，向上各羽片单一，披针形，先端渐尖或突尖尾状，基部呈不对称心形至圆楔形；顶生羽片与侧生羽片同型而略大；叶脉羽状，侧脉一回至二回二叉，部分小脉在主脉两侧各形成不连续的一行网眼，小脉顶端的水囊仅伸达疏齿基部以下；叶片草质，无毛；叶轴及羽轴禾秆色。孢子囊群条形，沿侧脉着生，分叉或呈网状。

产于临安、建德、淳安、鄞州、余姚、奉化、象山、宁海、景宁。生于海拔150~600m的林缘水边或林下。分布于华中及江苏、安徽、四川、贵州、陕西、甘肃。

7. 井冈山凤了蕨
Coniogramme jinggangshanensis Ching et K.H. Shing

植株高0.8~1.5m。叶柄褐紫色至棕色，基部以上光滑；叶片卵状长圆形，长50~85cm，宽25~30cm，奇数二回羽状；侧生羽片5~8对，基部1对最大，卵状三角形，长27~35cm，宽12~15cm，奇数一回羽状；侧生小羽片3对，彼此远离，披针形，先端长渐尖，基部阔楔形，顶生小羽片远较大，第2对羽片一回羽状或3出，第3对二叉，第4对以上的羽片单一，羽柄长约1cm，条状披针形，向上各羽片渐短缩；顶生羽片较其下侧的为大；羽片和小羽片边缘有缺刻状浅齿；叶脉羽状，侧脉1~3回分叉，在中脉两侧各连接成1或2少数网眼，小脉顶端的水囊体粗短，伸达锯齿基部；叶片草质，两面无毛。孢子囊群细条形，沿侧脉延伸达近叶边。

产于临安。生于海拔约600m的林下。分布于江西、福建、湖南、贵州。作者未见标本。

8. 凤了蕨 （图1-180）
Coniogramme japonica (Thunb.) Diels — *C. centrochinensis* Ching

植株高70~110cm。根状茎横走，被棕色披针形鳞片。叶远生；叶柄上面有纵沟，禾秆色，基部疏被鳞片；叶片长圆状三角形，长35~60cm，宽20~35cm，二回奇数羽状；侧生羽片4~6对，互生，基部1对最大，柄长1~3cm，卵状长圆形或阔卵形，一回奇数羽状或三出；中部的羽片及小羽片狭长披针形，侧生小羽片1~5对；顶生小羽片与侧生小羽片同型，但远较宽大；第2对小羽片三出或单一，向上各对均单一；顶生羽片与侧生羽片同型或略小，单一或偶在基部叉裂出1片小羽片；叶脉网状，沿主脉两侧各形成连续的1~3行网眼，网眼外的小脉分离，小脉顶端的水囊纺锤形，不达锯齿基部；叶片草质，两面无毛。孢子囊群沿侧脉延伸到近叶边。

产于全省山区、半山区。多生于海拔1000m以下的近水区域。分布于华东、华中、华南、西南。日本、朝鲜半岛也有。

图1-180 凤了蕨

二七 书带蕨科 Vittariaceae

附生植物。根状茎横走至近直立，具原始中柱或网状中柱，被粗筛孔状的鳞片。单叶，禾草状，全缘或很少从顶端开裂，无毛，表皮有骨针状细胞，中脉明显，侧脉在叶缘连接成网状。孢子囊群沿叶脉延伸为长的汇生囊群，或细小而呈圆形，若生于叶片下面或稍下陷于叶肉中，或生于近叶边的夹沟内；无囊群盖，有隔丝，孢子囊的环带纵行，中断。孢子四面型或两面型，平滑，透明，无周壁。

4属，50种，分布于热带和亚热带地区。我国有2属，约15种；浙江有1属，3种。

书带蕨属 Haplopteris C. Presl

附生植物。根状茎稍短，横走，密被鳞片；鳞片褐色，狭长，条形或条状披针形，顶端渐尖，粗筛孔状，常有虹色光泽。叶簇生；有柄或无柄，叶片狭条形，全缘，中脉明显，侧脉斜向上，与近叶缘的边脉连接成网状；叶片草质，无毛。孢子囊群着生于近叶边的小脉上，连续，沿中脉两侧各排成1行，下陷于叶肉中或生于叶缘内，或叶缘的夹缝内，有隔丝；无囊群盖；孢子囊的环带有14~18或20个增厚细胞。孢子两面型，很少为四面型，透明，平滑。

约40种，分布于热带和亚热带地区。我国有13种；浙江有3种。

分种检索表

1. 孢子囊群满布于叶边至中脉之间，在囊群与中脉之间无露出之叶肉；叶片长35~50cm，宽约5mm，中脉上面狭而不甚明显，两侧各有1条纵沟，下面远较宽而平坦 ………… **1.平肋书带蕨 H. fudzinoi**
1. 孢子囊群沿叶边缘着生，在囊群与中脉之间明显有叶肉露出。
   2. 根状茎和叶柄基部的鳞片淡褐色，长10~15mm，宽约1mm；叶片下面中脉不隆起 …………………………………………………………………… **2.广叶书带蕨 H. taeniophylla**
   2. 根状茎和叶柄基部的鳞片黑褐色，长2~3mm，宽约0.3mm；叶片下面中脉隆起 …………………………………………………………………………… **3.书带蕨 H. flexuosa**

1.平肋书带蕨

Haplopteris fudzinoi (Makino) E.H. Crane —— *Vittaria fudzinoi* Makino

根状茎短，横走或斜生，密被鳞片；鳞片黄褐色，具虹色光泽，蓬松，略卷曲，宽短者长约5mm，基部宽约1mm，钻状长三角形，边缘具睫毛状齿；狭长者长约8mm，基部宽0.1~0.2mm，条状披针形，先端尾状长渐尖，扭曲，边缘近全缘。叶近生，密集呈簇生状；叶柄色较深，长1~6cm，或近无柄；叶片条形或狭带形，长35~50cm，宽约5mm，先端渐尖，基部长下延，叶片反卷；中脉上面狭而不甚明显，两侧各有1条纵沟，下面远较宽而平坦；叶片薄革质。孢子囊群条形，着生于近叶边的沟槽中，外侧被反卷的叶边遮盖；无囊群盖，隔丝杯状。孢子长椭圆形。

产于临安、淳安、遂昌、庆元、龙泉。附生于常绿阔叶林中树干上或岩石上。分布于华东、华中、华南及西南等地。日本也有。

2. 广叶书带蕨
Haplopteris taeniophylla (Copel.) Crane — *Vittaria taeniophylla* Copel.

植株高20～55cm。根状茎短，横走或斜生，密被鳞片；鳞片浅褐色，钻状，长10～15mm，宽约1mm。叶簇生；近无柄，基部密被与根状茎上同样的鳞片。叶长30～60cm，宽0.6～1.2cm，中部或中部以上最宽，先端尖或锐尖，基部下延到底；中脉明显，宽而扁，宽达1～1.5mm；上面中脉两侧叶肉多下凹，下面中脉不隆起，两侧叶肉平坦，侧脉不明显；叶片薄革质。孢子囊群着生于叶缘内，条形，连续或间断，近表面着生或着生于浅沟内，离中脉远，露出的叶肉宽，沟的内缘无隆起的棱脊。

产于临安、淳安、遂昌、龙泉。生于林下岩石、树干基部。分布于我国台湾。菲律宾也有。

3. 书带蕨 （图1-181）
Haplopteris flexuosa (Fée) Crane — *Vittaria modesta* Hand.-Mazz. — *V. filipes* Christ

根状茎横走，密被鳞片；鳞片黑褐色，具光泽，钻状披针形，长2～3mm，基部宽约0.3mm，先端纤毛状，边缘具睫毛状齿。叶近生，常密集成丛；叶柄短，纤细，下部浅褐色，基部被纤细的小鳞片；叶片条形，长15～40cm或更长，宽4～8mm，亦有小型个体，其叶片长仅6～12cm，宽1～2.5mm；中脉在叶片下面隆起，纤细，其上面凹陷呈一狭缝，侧脉不明显；叶片薄草质，叶边反卷，遮盖孢子囊群。孢子囊群条形，沿叶边缘着生，生于叶缘内的浅沟中，远离中脉而露出叶肉。孢子长椭圆形，无色透明，单裂缝。

产于杭州市区、临安、淳安、北仑、鄞州、余姚、奉化、象山、宁海、开化、武义、临海、遂昌、松阳、龙泉、庆元、景宁、乐清、瑞安、平阳、泰顺。生于林中树干上或岩石上。分布于华东、华中、华南、西南。东南亚、南亚及日本、朝鲜半岛也有。

全草可入药，有清热息风、舒筋活络、补虚的功效；也可供观赏。

二七　书带蕨科 Vittariaceae

图 1-181　书带蕨

二八　蹄盖蕨科 Athyriaceae

中小型土生植物，少有大型。根状茎细长横走，或粗长横卧，或粗短斜生至直立；鳞片披针形、卵状披针形、卵形、心形，或为狭长披针形及先端毛发状的细条形，全缘或边缘有细齿，构成鳞片的细胞狭长，鳞片的孔细密，不透明，鳞片基部着生或近中部盾状着生。叶簇生、近生或远生；叶柄上面有1～2条纵沟，下面圆。孢子囊群圆形、椭圆形、条形、新月形，或上端向后弯曲越过叶脉呈不同程度的弯钩形乃至马蹄形或圆肾形，通常生于叶脉背部或上侧，有时新月形或条形孢子囊群成对双生于一脉上下两侧（双盖蕨型），有或无囊群盖；囊群盖多形。

约20属，500种，主产于温带和热带、亚热带山区。我国有20属，约300种；浙江有14属，55种。

Flora of China 将我国产蹄盖蕨科划分为安蕨属 *Anisocampium*、蹄盖蕨属 *Athyrium*、角蕨属 *Cornopteris*、对囊蕨属 *Deparia* 和双盖蕨属 *Diplazium*，并进行较多的归并和重新组合。为方便使用，本志仍采用《中国植物志》的属级划分。

分属检索表

1. 孢子囊群成熟时囊群盖全部或下部呈下位鳞片状（被压于囊群下）；囊群盖卵形、小；叶通体被单行细胞透明长节毛 ·· **1. 亮毛蕨属 Acystopteris**
1. 孢子囊群成熟时囊群盖不呈下位鳞片状，或无囊群盖。
   2. 孢子囊群通常生于叶脉背部，圆形，有圆肾形囊群盖，以弯缺处着生；或生于叶脉背部的圆形及椭圆形孢子囊群无囊群盖。
      3. 叶片以关节着生于叶柄先端，或羽片以关节着生于叶轴；孢子囊群无囊群盖 ·· **2. 羽节蕨属 Gymnocarpium**
      3. 叶柄先端及羽片基部均无关节；孢子囊群有圆肾形的囊群盖 ·········· **3. 安蕨属 Anisocampium**
   2. 孢子囊群通常生于叶脉上侧或成对双生于一脉上下两侧，新月形或条形，囊群盖与孢子囊群同形，以内侧着生；或呈弯钩形乃至马蹄形；罕有新月形、弯钩形及马蹄形的孢子囊群无盖。
      4. 孢子囊群及囊群盖通常新月形、弯钩形、马蹄形或圆肾形，单生于叶脉上侧或背部，有时在一组叶脉基部上侧一脉的上下两侧成对双生，罕见新月形、弯钩形及马蹄形孢子囊群无囊群盖。
         5. 孢子囊群从不成对双生于一脉上下两侧；叶无单行细胞的粗长节毛。
            6. 叶轴、羽轴及叶脉有小鳞片，罕见混生单行细胞的短节毛；叶轴与羽轴或小羽片中肋上面的纵沟彼此不相通 ·· **4. 介蕨属 Dryoathyrium**
            6. 叶无毛或有单细胞短毛或腺毛；叶轴与羽轴及小羽片中肋上面的纵沟彼此相通。
               7. 孢子囊群及囊群盖兼有新月形、弯钩形、马蹄形乃至圆肾形等多种形态，或新月形、弯钩形、马蹄形的孢子囊群无囊群盖，成熟时呈椭圆形或圆形；叶柄基部常加厚变尖削呈纺锤形 ·· **5. 蹄盖蕨属 Athyrium**

7.孢子囊群及囊群盖新月形，生于叶脉上侧下部，靠近小羽片中肋或裂片主脉，成熟时厚膜质的囊群盖略拱胀；叶柄基部不加厚变尖削呈纺锤形··················**6.轴果蕨属 Rhachidosorus**

5.孢子囊群及囊群盖或多或少成对双生于羽片或裂片一组叶脉基部上侧一脉的上下两侧；叶有单行细胞的粗长节毛。

  8.叶柄基部不加厚变尖削呈纺锤形；根状茎细长横走，少有斜生或直立；叶远生；叶柄通常与叶片近等长或较长··················**7.假蹄盖蕨属 Athyriopsis**

  8.叶柄基部加厚变尖削呈纺锤形；根状茎粗壮，斜生或直立；叶簇生；叶柄通常远较叶片短··················**8.蛾眉蕨属 Lunathyrium**

4.孢子囊群及囊群盖通常条形，通直或微弯，罕为卵圆形，从不弯曲呈钩形、马蹄形，或多或少成对双生于一脉上下两侧(双盖蕨型)，或孢子囊群无囊群盖，粗短条形、椭圆形或圆形，生于叶脉背部。

  9.叶有单行细胞的粗长节毛；羽片中肋上面不凹陷成纵沟 ········ **9.毛轴线盖蕨属 Monomelangium**

  9.叶无单行细胞的粗长节毛；叶轴、羽轴、羽片及小羽片中肋上面均有纵沟。

    10.叶片顶部羽裂渐尖。

      11.孢子囊群生于叶脉背部，无囊群盖··················**10.角蕨属 Cornopteris**

      11.孢子囊群生于叶脉上侧或一脉上下两侧，有囊群盖。

        12.叶脉分离，罕见在羽片及小羽片中肋每侧连接形成2～3行三角形及狭长多角形网孔··················**11.短肠蕨属 Allantodia**

        12.相邻裂片下部的1至多对小脉先端靠合或连接成斜方形网孔，并有1短脉从连接点外行，略呈星毛蕨型··················**12.菜蕨属 Callipteris**

    10.叶片奇数一回羽状，顶生羽片与侧生羽片同型，罕为三出复叶或披针形单叶。

      13.叶脉在羽片中肋每侧连接成2～4行多角形网孔；羽片薄草质；囊群盖拱胀呈短腊肠形，成熟时从外侧张开或从拱胀的背部不规则破裂··················**13.肠蕨属 Diplaziopsis**

      13.叶脉分离；叶片或羽片通常厚纸质或革质，罕为草质；囊群盖条形，扁平，成熟时从外侧张开··················**14.双盖蕨属 Diplazium**

1 亮毛蕨属 Acystopteris Nakai

中型陆生植物。根状茎具网状中柱，横走，疏被披针形或卵状披针形鳞片；鳞片边缘有腺毛状的疏锯齿。叶近生，通体被单行细胞透明长节毛；叶柄及叶片被鳞片和有节的透明长毛或短毛，并混有一些鳞片状毛(即基部由2～4列细胞组成，向上由1列细胞组成的长节毛)；叶片阔卵形至卵状披针形，二回至三回羽状；羽片多数，基部1对不短缩；小羽片卵状披针形或披针形，无柄，仅基部1对近对生，稍短；末回小羽片长方形或长圆形，锐裂或深裂。孢子囊群圆形生于小脉背部，小；囊群盖小，卵形，成熟后全部或下部呈下位鳞片状(被压于囊群下)。

3种，我国热带、亚热带地区均有，向东分布至日本，向西至印度北部，向南达中南半岛及印度尼西亚。我国有3种；浙江有1种。

Flora of China 将本属从蹄盖蕨科中分出，并入新成立的冷蕨科 **Cystopteridaceae**。

亮毛蕨 （图1-182）

Acystopteris japonica (Luerss.) Nakai

植株高30~65cm。根状茎匍匐，直径2~4mm，具稀疏的黄棕色、宽披针形、薄膜质鳞片。叶柄栗黑色或紫棕色，基部具稀疏鳞片，向上光秃，发亮；叶片二回或三回羽状，宽卵形到三角状卵形；羽片10~15对，对生或近对生，间隔3~4cm，平展或上升，近无柄或具很短柄，基部1对不短缩，长圆形或宽披针形，上部羽片披针形；小羽片10~24对，无梗，互生，近等边，基部的小羽片稍长于顶端的小羽片，基部1对稍短，近对生，长圆形，基部截形或宽楔形，先端钝。孢子豆形或长圆球形，黄色，表面具密集的棒状突起。

产于临安、淳安、遂昌、松阳、龙泉、庆元、泰顺。生于海拔900~1500m的山谷林下。分布于江西、福建、湖北、湖南、台湾、广西、四川、贵州、云南。日本也有。

图1-182 亮毛蕨

2 羽节蕨属 Gymnocarpium Newman

中小型陆生夏绿植物。根状茎细长横走，黑褐色，几光滑，有网状中柱，先端和叶柄基部被褐色、质薄、阔披针形或卵状披针形鳞片。叶远生；叶柄纤细，远较叶片长，基部深褐色，向上禾秆色，上面有1条"U"字形纵沟；叶片三角状卵形至五角状广卵形，先端渐尖，基部以关节着生于叶柄先端，并与叶柄呈倾斜面，单叶羽状深裂至三回羽状，顶部羽裂；羽片有柄或无柄，以关节着生于叶轴，基部1对不短缩；叶脉分离，在末回裂片上为羽状，侧脉单一或偶为二叉，达叶边；叶片草质或薄草质，叶柄上部、叶轴、羽轴及叶片两面常多少具有透明或淡黄色的头状腺体。孢子囊群通常生于叶脉背部,圆形,有圆肾形囊群盖,以弯缺处着生;或生于叶脉背部的圆形及椭圆形孢子囊群无囊群盖。孢子圆肾形,表面呈裂片状,上有小穴状纹饰或网状纹饰。

10种,分布于北半球的温带和亚洲的亚热带山地林下。我国有5种;浙江有1种。

东亚羽节蕨(图1-183)
Gymnocarpium oyamense (Baker) Ching

根状茎细长横走,被阔披针形鳞片,老时几光滑。叶远生;能育叶长不超过50 cm;叶柄禾秆色,有光泽,先端以关节和叶片相连;叶片卵状三角形,阔披针状镰刀形;基部1对裂片常为阔披针形,向下斜展,顶部弯向上,第2对裂片较第1对略长,或几相等,顶部也向上弯;叶片干后草质,上面绿色,下面呈灰绿色;叶轴基部与叶柄先端之间具有明显的关节。孢子囊群长圆形,生于裂片上的小脉中部。

产于安吉、临安、遂昌、景宁。生于海拔300～900m的林下湿地或石上苔藓中。分布于华中、西南及安徽、江西、台湾、陕西、甘肃。印度东北部、新几内亚岛及日本、菲律宾、尼泊尔也有。

图1-183 东亚羽节蕨

3 安蕨属 Anisocampium C. Presl

中小型陆生植物。根状茎长而横走或短而直立。叶远生或簇生；叶柄长，先端及羽片基部均无关节，被鳞片；叶片卵状长圆形或三角状卵形，一回羽状；羽片2～7对；叶脉在裂片上为羽状；叶片干后纸质，上面光滑，下面羽轴或主脉上被褐色条状披针形小鳞片和灰白色短毛。孢子囊群通常生于叶脉背部，有圆肾形囊群盖，以弯缺处着生；或生于叶脉背部的圆形及椭圆形孢子囊群无囊群盖；囊群盖小，圆肾形，或无囊群盖。孢子两面型，具周壁，表面有脊状纹饰。

现知3种，分布于亚洲东南部热带和亚热带地区。我国有2种，分布于长江流域及其以南地区；浙江有1种。

华东安蕨 （图1-184）
Anisocampium sheareri (Baker) Ching

根状茎长而横走，疏被浅褐色披针形鳞片。叶近生或远生，长25～60cm；叶柄疏被与根状茎上同样的鳞片；叶片卵状长圆形或卵状三角形，一回羽状，顶部羽裂；侧生羽片2～7对，镰刀状披针形，基部1～2对羽片的基部下侧往往呈斜楔形；叶脉分离；叶片干后纸质。孢子囊群圆形，每裂片3～4对，在主脉两侧各排成1行，在羽片顶部的排列不规则；囊群盖圆肾形，褐色，膜质，边缘有睫毛，早落。

产于全省各地。生于海拔20～1850m的山谷林下溪边或阴山坡上。分布于华中及江苏、安徽、江西、福建、台湾、广东、广西、四川、贵州、云南、甘肃等地。日本和朝鲜半岛也有。

图1-184 华东安蕨

4 介蕨属 Dryoathyrium Ching

中型陆生植物。根状茎粗壮，长而横走、斜生或近直立。叶远生或近生；叶柄长，基部被鳞片，叶轴、羽轴及叶脉或多或少生有下部2~3（4）行上部1行方形或多角形细胞构成的蠕虫状或粗毛状小鳞片，罕见混生单行细胞的短节毛，内具维管束2条，相对排列，向上连合呈"U"字形；叶片长圆形或卵状长圆形，渐尖头，一回至二回羽状，末小羽片羽状深裂；叶轴、羽轴和小羽轴上面有纵沟1条；羽轴、小羽轴和主脉上通常被蠕虫状的腺毛；叶轴与羽轴或小羽片中肋上面的纵沟彼此不相通。孢子囊群背生于小脉中部，孢子囊群及囊群盖多为圆肾形，但兼有马蹄形、弯钩形、新月形等多种形态。

约20种，分布于东半球的温带和亚热带地区。我国有12种；浙江有5种。

《中国石松类和蕨类植物》和 *Flora of China* 将本属归入对囊蕨属 *Deparia*。

分种检索表

1. 叶一回羽状二回羽裂。
    2. 叶片两面光滑；孢子囊群圆形，囊群盖圆肾形 ·················· **1. 峨眉介蕨 D. unifurcatum**
    2. 叶片上面疏被刺状粗毛；孢子囊群长圆形或条形，囊群盖新月形或长条形 ··· **2. 刺毛介蕨 D. setigerum**
1. 叶二回羽状或三回羽裂。
    3. 小羽片基部多少与羽轴合生，无柄。
        4. 羽片8~10对；小羽片羽裂深达2/3以上，裂片边缘钝锯齿，小羽片基部阔形，一侧与羽轴合生 ··· **3. 绿叶介蕨 D. viridifrons**
        4. 羽片10~14对；小羽片羽裂达1/2，裂片全缘或有波状，小羽片基部平截与羽轴合生 ··· **4. 华中介蕨 D. okuboanum**
    3. 小羽片基部与羽轴分离，具柄 ··· **5. 介蕨 D. boryanum**

1. 峨眉介蕨 单叉对囊蕨（图1-185）
Dryoathyrium unifurcatum (Baker) Ching — *Deparia unifurcata* (Baker) M. Kato

根状茎长而横走。叶远生；能育叶长50cm；叶柄长15cm，疏被黑褐色阔披针形或条形鳞片，向上禾秆色，近光滑；叶片卵状长圆形，一回羽状二回羽裂，两面光滑；羽片12~14对，近无柄，斜展，披针形；裂片12~15对，长圆形或近方形，钝圆头或截头，基部1对短缩，深羽裂至半裂；叶脉在裂片上为羽状，侧脉二叉，少有三叉；叶片干后草质，淡绿色；叶轴、羽轴和主脉上疏被蠕虫状毛。孢子囊群小，圆形，背生于小脉中部，略靠近叶缘；囊群盖小，圆肾形，全缘，宿存。

产于开化、景宁。生于林下。分布于湖北、湖南、台湾、广西、四川、贵州、云南、陕西。日本也有。

图 1-185 峨眉介蕨

2. 刺毛介蕨 刺毛对囊蕨

Dryoathyrium setigerum Ching ex Y.T. Hsieh — *Deparia setigera* (Ching ex Y.T. Hsieh) Z.R. Wang

植株高50～60cm。根状茎横走，先端斜生。叶簇生；叶柄密被深褐色披针形鳞片，向上禾秆色，近光滑；叶片长圆形，一回羽状二回羽裂；羽片10～14对，无柄，近平展，披针形；裂片长圆形，长8～10mm，宽4～5mm，钝圆头或截头，全缘或边缘略有波状齿；叶脉在裂片上为羽状，侧脉约5对，小脉单一或二叉；叶片干后草质，绿色，上面疏被刺状粗毛；叶轴和羽轴上被浅褐色阔披针形小鳞片和2～3列细胞组成的蠕虫状毛。孢子囊群长圆形或条形、弯钩形或马蹄形，生于小脉中部或基部，每裂片4～6对；囊群盖长条形、弯钩形（新月形）或马蹄形。

产于临安、淳安、遂昌。生于海拔400～1800 m的山谷林下阴湿处。分布于湖南、四川、贵州。

3. 绿叶介蕨 绿叶对囊蕨 （图1-186）

Dryoathyrium viridifrons (Makino) Ching — *Deparia viridifrons* (Makino) M. Kato

根状茎横走，粗壮。叶近生；能育叶长达1.2 m；叶柄疏被浅褐色阔披针形鳞片；叶片长圆形，二回羽状或三回羽裂；羽片8～10对；小羽片12～14对，羽裂深达2/3以上，基部阔形，基部多少与羽轴合生，无柄；裂片10～12对，边缘锐裂成粗锯齿；叶脉在裂片上为羽状，侧脉单一或二叉；叶片干后草质，绿色，疏被浅褐色披针形小鳞片和2～3列细胞组成的蠕虫状毛。孢子囊群小，圆形或近圆形，背生于小脉上，每裂片1～3对；囊群盖圆肾形，近全缘，宿存。

产于丽水及安吉、临安、诸暨、北仑、余姚、磐安、文成。生于海拔250～900 m的密林下或林缘。分布于江西、福建、湖南、四川、贵州和云南。日本和朝鲜半岛也有。

图1-186　绿叶介蕨

4. 华中介蕨　大久保对囊蕨　（图1-187）

Dryoathyrium okuboanum (Makino) Ching —— *Athyrium okuboanum* Makino —— *Deparia okuboana* (Makino) M. Kato

根状茎横走，先端斜生。叶近簇生；能育叶长达1.2m；叶柄疏被褐色披针形鳞片；叶片阔卵形或卵状长圆形，二回羽状或三回羽裂；羽片10～14对；小羽片羽裂达1/2，基部平截、多少与羽轴合生，无柄；裂片全缘或有波状；叶脉在裂片上为羽状，侧脉2～4对，单一。孢子囊群圆形，背生于小脉上，通常每裂片1枚，偶有2～4枚；囊群盖圆肾形或略呈马蹄形。

产于杭州市区、临安、淳安、诸暨、北仑、鄞州、缙云、遂昌、松阳、龙泉、庆元、景宁、乐清、文成、平阳、泰顺。生于灌丛或林下、林缘水边。分布于华中及江苏、安徽、江西、福建、广东、广西、四川、贵州、云南、陕西、甘肃。日本、越南也有。

全草可药用。

图1-187　华中介蕨

5. 介蕨 对囊蕨
Dryoathyrium boryanum (Willd.) Ching —— *Deparia boryana* (Willd.) M. Kato

根状茎横走，先端斜生。叶近簇生；能育叶长100~200 cm；叶柄长40~80 cm，基部直径达1 cm；叶片阔卵形，二回羽状或三回羽裂；羽片12~15对，基部1对长，一回羽状；小羽片14~16对，具柄，基部与羽轴分离，边缘深羽裂；裂片约12对，近长方形，钝圆头，边缘有钝圆锯齿；叶脉在裂片上为羽状，侧脉单一或二叉；叶片干后草质，黄绿色，疏被褐色披针形小鳞片和2~3列细胞组成的蠕虫状毛。孢子囊群小，圆形，每裂片3~5对；囊群盖圆肾形，往往不发育或早落。

产于临安。生于海拔约800 m的林下。分布于华南、西南及福建、湖南、陕西。越南、缅甸、马来西亚、印度尼西亚、菲律宾、印度、尼泊尔、斯里兰卡及非洲也有。

5 蹄盖蕨属 Athyrium Roth

中型陆生草本植物。根状茎短，多为直立，少有横走或斜生。叶多簇生；叶柄长，基部常加厚变尖削呈纺锤形，背面隆起腹面凹陷，两侧边缘有瘤状气囊体各一行，上面有1条纵沟，沟内常被短腺毛；叶片卵形、长圆形或阔披针形，一回至三回羽状，无毛或有单细胞短毛或腺毛；羽轴及小羽片中肋上面常有硬刺状或软针状突起；叶轴与羽轴及小羽片中肋上面的纵沟彼此相通。孢子囊群圆形、圆肾形、马蹄形、弯钩形、长圆形或短条形，背生、侧生或横跨小脉上；囊群盖圆肾形、马蹄形、弯钩形、新月形、长圆形或短条形，边缘啮蚀状或有睫毛，少为全缘，常宿存，罕无囊群盖或囊群盖不发育。孢子两面型。

约260种，主产于温带和亚热带地区。我国约有180多种，以西南山地为分布中心；浙江有14种。

分种检索表

1. 孢子周壁表面有明显的褶皱；囊群盖宿存；根状茎细长横走或短横卧；羽轴及小羽片中肋上面无刺状突起。
　2. 叶片卵形至长卵形，顶部急缩，下部羽片仅1~2对稍短缩；羽片有柄；叶柄仅稍短于叶片；孢子囊群长圆形或长弯钩形 ·· **1. 华东蹄盖蕨 A. niponicum**
　2. 叶片披针形、长圆状披针形或倒披针形，顶部渐尖；羽片无柄或偶有极短柄（不超过5 mm）；叶柄远较叶片短；孢子囊群近圆形、椭圆形 ·················· **2. 禾秆蹄盖蕨 A. yokoscense**
1. 孢子周壁表面无褶皱；根状茎直立；羽轴或连同小羽轴、中肋上面或长或短具有刺状突起。
　3. 叶片一回羽状，叶片狭披针形，羽片在20对以上 ·················· **3. 多羽蹄盖蕨 A. multipinnum**
　3. 叶片一回至三回羽状，叶片较阔，不为狭披针形，羽片在20对以下。
　　4. 囊群盖呈弯钩、马蹄、圆肾、椭圆、短线等多种形状，侧生、横跨或背生于叶脉上；叶柄基部鳞片常为黄褐色、褐色或深褐色。

5. 叶中部以上羽片的小羽片或羽裂片上先出,偶下先出或近对生;叶轴及羽轴禾秆色,偶有带淡紫红色,下面无毛或具极疏毛;羽轴两侧狭翅边缘或羽裂片间缺刻处无毛。
 6. 羽片(尤其叶片顶部)或小羽片斜向下反折。
  7. 孢子囊群马蹄形;小羽片披针形,几无柄 ·················· **4. 湿生蹄盖蕨 A. devolii**
  7. 孢子囊群长圆形或弯钩形;小羽片卵状三角形或长圆形,有明显柄或基部以狭翅和羽轴相连。
   8. 小羽片卵状三角形,急尖头,有明显柄(长约1mm)··· **5. 百山祖蹄盖蕨 A. baishanzuense**
   8. 小羽片长圆形,圆钝头,基部以狭翅和羽轴相连 ······ **6. 昂山蹄盖蕨 A. maoshanense**
 6. 羽片(尤其叶片顶部)或小羽片向上伸展或至多近平伸。
  9. 植株稍壮;小羽片篦齿状未达羽轴,基部上侧第1裂片明显较粗大·················· **7. 溪边蹄盖蕨 A. deltoidofrons**
  9. 植株纤弱;小羽片篦齿状几达羽轴,篦齿分离明显,基部上侧第1裂片有时长于其余但不粗壮··· **8. 修株蹄盖蕨 A. giganteum**
5. 叶中部以上羽片的小羽片或羽裂片下先出或近对生;叶轴及羽轴通常带淡紫红色,少有禾秆色,下面有毛;羽轴两侧狭翅边缘或羽裂片间缺刻处有毛或无毛。
 10. 羽片20对;小羽片长圆形,圆钝头·················· **9. 中间蹄盖蕨 A. intermixtum**
 10. 羽片约12对或急狭缩顶部以下9对;小羽片卵形至长圆状披针形,尖头················· **10. 尖头蹄盖蕨 A. vidalii**
4. 囊群盖通常为短条形或长圆形,通直,侧生于叶脉上,常靠近中肋,至多在叶片顶部或小羽片基部上侧偶有弯弓;叶柄基部鳞片常为黑色或黑褐色。
 11. 羽轴上面的刺状突起钻形,较短。
  12. 叶片阔卵形或卵形,先端往往急缩,少为长卵形,先端短渐尖;羽片通常有2~3mm以上的柄。
   13. 叶下部2~3对羽片的小羽片上先出;叶轴与羽轴下面无毛··· **11. 坡生蹄盖蕨 A. clivicola**
   13. 叶下部除基部1对羽片的小羽片上先出外,其他羽片的小羽片均近对生或下先出;叶轴和羽轴下面被毛·················· **12. 华中蹄盖蕨 A. wardii**
  12. 叶片长圆状卵形或披针形,少有卵形,先短渐尖,少有急缩;羽片通常无柄,或有不及2mm短柄··· **13. 光蹄盖蕨 A. otophorum**
 11. 羽轴和小羽轴上面有长针形刺状突起,在末回裂片中肋上面也常有刺状突起··· **14. 长江蹄盖蕨 A. iseanum**

1. 华东蹄盖蕨 日本蹄盖蕨 日本安蕨 (图1-188)

Athyrium niponicum (Mett.) Hance — *Anisocampium niponicum* (Mett.) Y.C. Liu, W.L. Ciou et M. Kato

根状茎细长横走或短横卧,先端和叶柄基部密被浅褐色、狭披针形的鳞片。叶簇生,近直立;叶柄长,仅稍短于叶片,黑褐色,向上禾秆色,疏被较小的鳞片;叶片卵形至长卵形,顶部

二八 蹄盖蕨科 Athyriaceae

急缩；羽片有柄，基部上侧不呈耳状，与羽轴并行，下侧楔形，两侧有粗锯齿或羽裂几达小羽轴两侧的阔翅，下部1~2对羽片稍短缩；小羽片(8)12~15对；叶轴和羽轴下面带淡紫红色，略被浅褐色条形小鳞片，羽轴及小羽片中肋上面无刺状突起。孢子囊群长圆形、弯钩形或马蹄形，每末回裂片4~12对；囊群盖同形，褐色，膜质，边缘略呈啮蚀状，宿存或部分脱落。孢子周壁表面有明显的褶皱。

产于安吉、杭州市区、临安、桐庐、建德、淳安、北仑、余姚、开化、金华市区、天台、遂昌、龙泉、景宁、瓯海。生于海拔10~1200m的林下。分布于东北、华中、华南及河北、山西、山东、江苏、安徽、江西、四川、贵州、云南、陕西、宁夏、甘肃等地。日本、朝鲜半岛、越南、缅甸、马来西亚、印度、尼泊尔也有。

图1-188 华东蹄盖蕨

2. 禾秆蹄盖蕨 （图1-189）

Athyrium yokoscense (Franch. et Sav.) Christ

根状茎细长横走或短而横卧。叶簇生，近直立；能育叶长达60cm；叶柄远较叶片短，基部密被鳞片，鳞片深褐色或栗色，向上禾秆色；叶片披针形、长圆状披针形或倒披针形，顶部渐尖，一回羽状；羽片12～18对，无柄或偶有极短柄（不超过5mm），一回羽状，基部上侧不呈耳状；小羽片约12对，下侧下延，通常以狭翅与羽轴相连；裂片顶部有2～3个短尖锯齿；叶脉下面明显，在小羽片上为羽状，侧脉分叉；叶轴上面沿沟两侧边上有贴伏的短硬刺，羽轴及小羽片中肋上面无刺状突起。孢子囊群近圆形或椭圆形；囊群盖椭圆形、弯钩形或马蹄形，宿存。孢子周壁表面有明显的褶皱。

产于安吉、临安、金华市区、东阳、天台。多生于海拔100～1200m的山区林下岩石缝中。分布于东北及河北、山东、江苏、安徽、江西、河南、湖南、四川、贵州。俄罗斯、日本、朝鲜半岛也有。

图1-189 禾秆蹄盖蕨

3. 多羽蹄盖蕨 （图1-190）

Athyrium multipinnum Y.T. Hsieh et Z.R. Wang

根状茎直立，先端和叶柄基部密被鳞片。叶簇生；能育叶长18～35cm；叶柄禾秆色；叶片条状披针形或披针形，一回羽状；羽片20对以上，无柄，三角状卵形或卵状长圆形，两侧浅羽裂或深羽裂，中部羽片上侧截形有耳状突起，并与叶轴并行，下侧斜楔形，深羽裂；裂片5～8对；叶脉两面可见；叶片干后薄草质，黄绿色，两面无毛；叶轴上面略有贴伏的短硬刺，上面近顶部略有短硬刺，羽轴或连同小羽轴、中肋上面具刺状突起。孢子囊群椭圆形、弯钩形或马蹄形，每裂片1枚，但基部1对裂片往往3枚；囊群盖同形，宿存。孢子周壁表面无褶皱，有微颗粒状纹饰。

产于杭州市区、临安、龙游、景宁。生于海拔150～1500m的山谷林下或沟边阴湿岩缝。分布于江西、湖南和贵州。模式标本采自临安（昌化）。

图1-190 多羽蹄盖蕨

4. 湿生蹄盖蕨 福建蹄盖蕨 （图1-191）

Athyrium devolii Ching — *A. fukienense* Ching — *A. fujianense* Ching

根状茎短，近直立，先端被浅褐色、卵状披针形的鳞片。叶簇生；能育叶长45～85cm；叶柄疏被与根状茎上同样的鳞片；叶片狭长圆形，二回羽状；羽片12～15对，羽片（尤其叶片顶部）或小羽片斜向下反折，一回羽状；小羽片约12对，深羽裂，羽裂深达小羽轴两侧有阔翅，披针形，几无柄；裂片6～9对，长圆形，钝头，边缘有不整齐的尖锯齿；叶中部以上羽片的小羽片或羽裂片上先出，偶下先出或近对生，叶轴及羽轴禾秆色，偶有带淡紫红色，下面无毛或具极疏毛；羽轴两狭翅边缘或羽裂片间缺刻处无毛；叶脉下面明显，裂片上为羽状，侧脉2～3对，单一，伸达于锯齿顶。孢子囊群马蹄形，每裂片1～3枚（基部裂片上常有2～3对）；囊群盖弯钩、马蹄、圆肾、椭圆、短线等，侧生、横跨或背生于叶脉上，黄褐色、褐色或深褐色；厚膜质，边缘有睫毛，宿存。

产于金华及临安、开化、江山、遂昌、松阳、龙泉、庆元、景宁、泰顺。生于海拔500～1500m的疏林下溪边草丛或山地沼泽。分布于西南及江西、福建、湖南、广西。

图1-191　湿生蹄盖蕨

5.百山祖蹄盖蕨　（图1-192）

Athyrium baishanzuense Ching et Y.T. Hsieh

能育叶长50～75cm；叶柄基部被黄褐色、褐色或深褐色鳞片，向上禾秆色；叶片卵状披针形，二回羽状；羽片约12对，有柄（长约3mm）；小羽片9～12对，有柄（长约1mm），上先出，反折，卵状三角形或长圆形，有明显柄或基部以狭翅和羽轴相连，基部上侧1片较大，急尖头，基部近对称，圆楔形，羽裂几达尖羽轴；裂片4～6对，近长圆形，斜展，先端有2～3个钝齿牙；叶中部以上羽片的小羽片或羽裂片上先出，偶下先出或近对生，叶轴及羽轴禾秆色，偶有带淡紫红色，下面无毛或具极疏毛；叶脉两面可见，在裂片上为羽状，小脉2～3对，斜向上，单一；叶片干后草质；叶轴和羽轴上面有极短的钝刺。孢子囊群长圆形或弯钩形，成熟时往往满布小羽片下面；囊群盖呈弯钩、马蹄、圆肾、椭圆、短线等多种形状，侧生、横跨或背生于叶脉上，褐色，膜质，近全缘或略有睫毛，宿存。孢子周壁表面无褶皱。

特产于庆元（百山祖）。生于海拔约1000m的山谷林下。模式标本采自庆元（百山祖）。

图 1-192 百山祖蹄盖蕨

6. 昴山蹄盖蕨（图 1-193）

Athyrium maoshanense Ching et P.S. Chiu

根状茎直立。叶簇生；能育叶长达68cm；叶柄长30cm；叶柄基部鳞片常为黄褐色、褐色或深褐色；叶片卵形，长达38cm，宽约26cm，先端急狭缩，基部略变狭，二回羽状；急狭缩部以下有羽片9对，羽片（尤其叶片顶部）或小羽片斜向下反折；小羽片15～16对，长圆形，圆钝头，有数个三角形小尖齿，基部不对称，以狭翅和羽轴相连，上侧圆楔形，下侧斜楔形，边缘浅羽裂；裂片4～5对，先端有2～3个矮尖锯齿；叶片干后草质；羽轴或连同小羽轴、中肋上面具有或长或短的刺状突起。孢子囊群椭圆形或弯钩形，每小羽片4～5对，在主脉两侧各排成1行；囊群盖呈弯钩、马蹄、圆肾、椭圆、短线等多种形状，侧生、横跨或背生于叶脉上。孢子周壁表面无褶皱。

特产于龙泉（昴山）。生于海拔约1200m的山谷林下。模式标本采自龙泉昴山。

图 1-193　昂山蹄盖蕨

7. 溪边蹄盖蕨　九龙山蹄盖蕨（图 1-194）
Athyrium deltoidofrons Makino — *A. jiulungshanense* Ching

植株稍壮。根状茎短，直立，先端密被浅褐色、钻状披针形的鳞片。叶簇生；叶柄被与根状茎上同样的鳞片，向上禾秆色，略带淡紫红色；能育叶片阔卵形或卵状长圆形，二回羽状；羽片15~20对，基部上侧截形并与叶轴并行，下侧斜楔形，二回深羽裂；小羽片约14对，篦齿状未达羽轴，基部近对称，阔楔形，深羽裂；裂片约10对，两侧边缘有短尖齿，基部上侧第1裂片明显较粗大于其余；羽片（尤其叶片顶部）或小羽片向上伸展或至多近平伸；羽轴或连同小羽轴、中肋上面具或长或短刺状突起；叶脉下面明显，在裂片上为羽状，小脉单一或分叉；叶片干后草质。孢子囊群马蹄形、长圆形或弯钩形，每裂片1~5枚（基部上侧裂片通常有7枚）；囊群盖同形，灰褐色，膜质，边缘啮蚀

图 1-194　溪边蹄盖蕨

状，宿存。孢子周壁表面无褶皱。

产于临安、江山、遂昌、松阳、龙泉、庆元、景宁、文成和泰顺。生于林下阴湿处。分布于江西、福建、湖南、四川、贵州。日本和朝鲜半岛也有。

全草药用。

8. 修株蹄盖蕨 （图 1-195）
Athyrium giganteum De Vol

植株纤弱，高可逾1m。根状茎短而斜生，先端及叶柄基部均被淡棕色的膜质钻状披针形鳞片。叶簇生；叶柄长约60cm，除基部外光滑无鳞片，下部略带淡紫红色，向上为禾秆色；叶片长60～75cm，二回羽状至三回深羽裂；羽片15～20对，柄长3～5mm，斜向上，基部上侧与叶轴并行，下侧斜出，二回深羽裂；小羽片约14对，披针形，渐尖头，基部近对称，阔楔形，具有狭翅的短柄，篦齿状深裂达小羽轴两侧的狭翅，篦齿分离明显；裂片约10对，斜向上，有阔缺刻分开，基部上侧第1裂片有时长于其余，但不粗壮，其余的长4～6mm，宽约2mm，条状披针形，尖头；叶片干后草质，沿羽轴上面向顶部两侧有阔刺。孢子囊群马蹄形、长圆形或先端弯钩；囊群盖同形，宿存。孢子周壁表面无褶皱。

图 1-195　修株蹄盖蕨

产于临安、江山、松阳、龙泉、庆元和泰顺。生于海拔880～1300m的林下、灌丛或田边湿地。分布于安徽、江西、福建、湖南、四川、贵州、云南。

9. 中间蹄盖蕨
Athyrium intermixtum Ching

根状茎直立。叶簇生；能育叶长70～85cm；叶柄长28～33cm；叶片卵形，长28～30cm，宽20～26cm，先端略急缩，基部阔楔形，二回羽状；羽片13～20对，柄长约3mm，一回羽状，向上的羽片与下部的同型而渐变小；小羽片约20对，基部的有短柄，向上的无柄，长圆形，长约1.8cm，宽6～8mm，圆钝头，基部阔楔形，上侧耳状突起，先端钝圆，两侧浅羽裂；裂片4～6

对，近圆形，边缘有2～3个尖锯齿；叶片干后草质；羽轴或连同小羽轴、中肋上面具有或长或短的刺状突起。孢子囊群椭圆形；囊群盖同形，宿存。孢子周壁表面无褶皱，有颗粒状纹饰。

产于临安（天目山）、庆元、景宁。生于海拔900～1600m的山坡路旁。分布于安徽（黄山）。

10. 尖头蹄盖蕨 （图1-196）
Athyrium vidalii (Franch. et Sav.) Nakai

根状茎短，直立，先端密被深褐色、条状披针形、先端纤维状的鳞片。叶簇生；能育叶长50～65cm；叶柄密被与根状茎上同样的鳞片；叶片长卵形或三角状卵形，二回羽状；羽片约12对，一回羽状；小羽片约16对，卵形至长圆状披针形，尖头，上侧截形，并有钝圆的耳状突起，下侧楔形；叶中部以上羽片的小羽片或羽裂片下先出或近对生；叶轴及羽轴通常带淡紫红色，少有禾秆色，下面有毛；羽轴两侧狭翅边缘或羽裂片间缺刻处有毛或无毛；叶脉下面可见，在小羽片上为羽状，侧脉7对左右，耳片和裂片上的为羽状；叶片干后纸质；叶轴禾秆色，羽轴下面通常淡紫红色，羽轴或连同小羽轴、中肋上面具有或长或短的刺状突起。孢子囊群长圆形或短条形，每小羽片6～7对，在主脉两侧各排成1行，稍近主脉，叶耳上有1～2枚；囊群盖长圆形。孢子周壁表面无褶皱。

产于金华及临安、淳安、江山、遂昌、龙泉、庆元、景宁、文成、泰顺。生于海拔600～1400m的山谷林下或沟边阴湿处。分布于华中及安徽、江西、福建、台湾、广西、四川、贵州、云南、陕西、甘肃。日本和朝鲜半岛也有。

图1-196　尖头蹄盖蕨

10a. 松谷蹄盖蕨（变种）
var. **amabile** (Ching) Z.R. Wang —— *A. amabile* Ching

本变种与尖头蹄盖蕨的主要区别在于叶片阔卵形，羽片约9对；孢子囊群每小羽片3～4（6）对。

产于安吉、临安、遂昌、景宁和泰顺。生于海拔500～1500m的山谷松林下阴湿处。模式标本采自临安西天目山。

本变种形体颇似毛轴蹄盖蕨 *A. hirtirachis* Ching et Y.P. Hsu，但羽轴两侧狭翅边上无毛，叶片为阔卵形。

11. 坡生蹄盖蕨 羽裂蹄盖蕨 （图1-197）
Athyrium clivicola Tagawa

根状茎短，直立。叶簇生；能育叶长30～40cm；叶柄长15～25cm，向上禾秆色，光滑，叶柄基部鳞片常为黑色或黑褐色；叶片阔卵形或卵形，先端往往急缩，少为长卵形，先端短渐尖，二回羽状；羽片6～7对，羽片通常有明显的柄（一般在2～3mm以上），基部1对羽片不短缩，先端长渐尖，基部截形，对称，一回羽状；小羽片约12对，钝圆至钝尖头，基部上侧截形并有圆头的耳状突起，下侧楔形，向先端有小锯齿；下部2～3对羽片的小羽片上先出；叶脉下面可见，侧脉约7对，斜向上，在裂片上的均为羽

图1-197 坡生蹄盖蕨

状;叶片干后草质;叶轴和羽轴下面禾秆色,有时带淡紫红色,无毛,上面沿沟边两侧边上有贴伏的钻状短硬刺。孢子囊群长圆形或短条形;囊群盖同形,有时在小羽片基部的为肾形,宿存。孢子周壁表面无褶皱。

产于临安、淳安、龙泉、庆元、景宁。生于海拔500～1800m山谷林下阴湿处。分布于安徽、江西、福建、湖北、湖南、台湾、广西、四川、贵州。日本、朝鲜半岛也有。

12. 华中蹄盖蕨 (图1-198)
Athyrium wardii (Hook.) Makino

根状茎短直立。叶簇生;能育叶45～60cm;叶柄长25～30cm,基部鳞片常为黑色或黑褐色;叶片阔卵形或卵形,先端常急缩,少为长卵形,先端短渐尖;羽片5～8对,常有2mm以上的柄,阔披针形,一回羽状,上部的羽片无柄,长圆形,尖头或钝头,上侧截形或圆楔形,下侧稍下延,下部的半裂,中部的浅裂;小羽片10～14对,叶下部除基部1对羽片的小羽片上先出外,其他羽片的小羽片均近对生或下先出,向顶部略变狭,急尖头或

图1-198 华中蹄盖蕨

近钝头，基部偏斜，上侧截形，并稍成耳状突起，下侧下延，边缘有细锯齿，中部羽片的小羽片斜长方形，上部的不裂；侧脉8对左右；叶片干后纸质；叶轴禾秆色，和羽轴下面被毛。孢子囊群长圆形或短条形；囊群盖同形，宿存。孢子周壁表面无褶皱。

产于临安、余姚、江山、遂昌、龙泉、庆元、景宁。生于海拔700～1300m山谷林下或溪边阴湿处。分布于安徽、江西、福建、湖北、湖南、广西、四川、贵州和云南。日本和朝鲜半岛也有。

12a. 光叶华中蹄盖蕨　无毛华中蹄盖蕨（变种）（图1-199）
var. glabratum Y.T. Hsieh et Z.R. Wang

本变种与华中蹄盖蕨的主要区别在于小羽片中下部外侧具深缺刻，羽轴下面光滑无毛。

产于临安、天台、遂昌、龙泉。生于海拔900～1500m处。分布于福建和湖南。

图1-199　光叶华中蹄盖蕨

13. 光蹄盖蕨 （图1-200）
Athyrium otophorum (Miq.) Koidz.

根状茎短，直立。叶簇生；能育叶长60～70cm；叶柄基部鳞片常为黑色或黑褐色；叶片长圆状卵形或披针形，先短渐尖，少有急缩，二回羽状；羽片约15对，急狭缩部以下约有7对，通常无柄，或有长不及2mm短柄；小羽片14～17对，无柄，尖头，基部不对称，上侧截形，并有三角形的耳状突起，与羽轴并行，下侧楔形，近全缘或上侧边缘有小锯齿；叶轴和羽轴下面淡紫红色，光滑，无腺毛，上面沿沟两侧边上疏生有贴伏的钻状短硬刺。孢子囊群长圆形或短条形；囊群盖同形，浅褐色，膜质，全缘，宿存。孢子周壁表面无褶皱，有颗粒状纹饰。

产于临安、淳安、景宁。生于海拔700～900m的常绿阔叶林或竹林下阴湿处。分布于安徽、江西、福建、湖北、湖南、台湾、广东、广西、四川、贵州和云南。日本和朝鲜半岛也有。

图1-200 光蹄盖蕨

14. 长江蹄盖蕨 （图1-201）

Athyrium iseanum Rosenst. — *A. dissectifolium* Ching

植株高3~70cm。根状茎短，直立，先端和叶柄基部密被鳞片。叶簇生；叶柄基部黑褐色，向上淡绿禾秆色，光滑；叶片长圆形，二回羽状；羽片10~20对，互生，斜展，有柄，基部1对略短缩，第2对羽片披针形，一回羽状；小羽片深羽裂至二回羽状；叶脉下面较明显，在下部裂片上为羽状，侧脉2~3（5）对，向上的二叉；叶片干后草质，浅褐绿色，两面无毛；叶轴和羽轴下面禾秆色，交汇处密被短腺毛，上面有长针形刺状突起，在末回裂片中肋上面也常有刺状突起。孢子囊群长圆形、弯钩形、马蹄形或圆肾形，每裂片1枚，基部上侧的2~3枚；囊群盖同形，黄褐色，膜质。孢子周壁表面无褶皱。

产于杭州市区、临安、建德、淳安、北仑、鄞州、余姚、开化、天台、遂昌、松阳、龙泉、庆元、景宁、瓯

图1-201 长江蹄盖蕨

海、文成和泰顺。生于50～1500m的林下湿地。分布于华东、西南及湖北、湖南、台湾、广东、广西。日本和朝鲜半岛也有。

6 轴果蕨属 Rhachidosorus Ching

陆生中型常绿植物。根状茎直立或横卧至横走,先端和叶柄基部被长鳞片。叶簇生,少为远生至近生;能育叶长可达2m;叶柄淡禾杆色,基部不加厚,向上通体光滑;叶片大,草质,两面光滑;叶轴与羽轴及小羽片中肋上面的纵沟彼此相通;羽片互生,斜展,有柄;侧脉在末回裂片上多二叉或羽状,少为单一。孢子囊群及囊群盖新月形,生于叶脉上侧下部,靠近小羽片中肋或裂片主脉,不弯曲成钩形、马蹄形,成熟时厚膜质的囊群盖略拱胀;囊群盖与孢子囊群同形,宿存。孢子两面型。

约7种,主要分布于我国亚热带和热带地区,东至日本、菲律宾,南至越南和印度尼西亚(苏门答腊岛)。我国有5种;浙江有1种。

*Flora of China*将本属独立为轴果蕨科Rhachidosoraceae。

轴果蕨 (图1-202)
Rhachidosorus mesosorus (Makino) Ching

图1-202 轴果蕨

能育叶长65～80cm；叶柄长25～30cm，基部以上无鳞片；叶片阔卵形至三角形，长30～50cm，三回至四回羽裂；羽片10～12对，柄长1～3cm；一回小羽片13～15对，互生，近平展，卵状三角形，基部不对称（上侧近截形，下侧阔楔形）；裂片略斜展，卵状三角形或矩圆形，圆钝头，羽状浅裂至深裂或近羽状，彼此以狭翅相连；末回羽片钝头，边缘有浅锯齿。孢子囊群及囊群盖略呈新月状，成熟时为长椭圆形，单生于末回裂片基部上侧小脉下部，紧靠小羽片中肋或裂片主脉。孢子周壁具不规则的疣状纹饰。

产于安吉（龙王山）、临安（昌化）。生于海拔100～1000m的山地溪边阴湿林下。分布于江苏南部（宜兴）、湖北西部（巴东）、湖南。日本、朝鲜半岛也有。

7 假蹄盖蕨属 Athyriopsis Ching

中小型土生常绿或夏绿植物。根状茎细长而横走，少有斜生或直立，疏生各式膜质鳞片。叶远生；近二型；不育叶的叶柄常显著较短，叶柄基部不加厚，通常与叶片近等长或较长，具与根状茎上相同的鳞片；叶片长三角形、椭圆形或披针形，顶部以下一回羽状；叶脉在裂片上羽状，侧脉10对以下，单一或二叉；叶轴、羽片中脉及侧脉、脉间常疏生节状毛。孢子囊群条形或椭圆形，或多或少成对生于羽片或裂片一组叶脉基部上侧一脉的上下两侧，为双盖蕨型。

约15种，分布于亚洲的亚热带地区。我国约有10种，主要分布于长江以南；浙江有5种。*Flora of China* 将本属归入对囊蕨属 *Deparia*。

分种检索表

1.叶片狭披针形、披针形、阔披针形或长三角；羽片先端钝圆或急尖。
  2.叶片薄草质或近膜质；叶两面疏生节毛。
    3.叶片狭披针形、披针形、阔披针形，长为宽的3～5倍；囊群盖边缘啮蚀状，少见撕裂 ··· **1.钝羽假蹄盖蕨 A. conilii**
    3.叶片长三角形，长为宽的2～3倍；囊群盖边缘撕裂状，有睫毛，在囊群成熟前平展 ··· **5.阔基假蹄盖蕨 A. pseudoconilii**
  2.叶片草质；叶两面（尤其叶轴及羽片中肋下面）通常有甚多卷曲的长节毛；囊群盖背面有短节毛或无毛，边缘撕裂状，有睫毛 ··· **4.毛轴假蹄盖蕨 A. petersenii**
1.叶片卵形、矩圆形、三角形、阔披针形或矩圆阔披针形；羽片先端通常渐尖至长渐尖，少急尖。
  4.侧生分离羽片大多以60°的夹角向上斜展，其基部阔楔形至楔形；裂片也明显向上斜展；叶两面节毛稀少；囊群盖背面无毛 ··· **3.假蹄盖蕨 A. japonica**
  4.侧生分离羽片平展或通常以大于70°的夹角略向上斜展；裂片也近平展，或略向上斜展；叶下面（尤其叶轴和羽片中肋）通常有显著的较粗短而长的节毛，羽片上面均有细而尖的短节毛；囊群盖背面有毛 ··· **2.二型叶假蹄盖蕨 A. dimorphophylla**

1. 钝羽假蹄盖蕨 钝羽对囊蕨 （图1-203）
Athyriopsis conilli (Franch. et Sav.) Ching —— *Deparia conilii* (Franch. et Sav.) M. Kato

夏绿植物。根状茎细长横走，黑褐色，先端疏被浅褐色卵形至卵状披针形的膜质鳞片。叶近二型；不育叶的叶柄显著较短；能育叶长达50cm，叶柄疏被与根状茎上相同的鳞片，叶片狭披针形、披针形、阔披针形，长为宽的3～5倍，一回羽状；侧生羽片12～15对，上侧略呈耳状突起，下侧圆楔形；裂片4～8对；叶脉羽状；叶片薄草质，两面疏生节毛。孢子囊群短条形，在侧生羽片的裂片上1～3对，单生或在基部上出一脉双生；囊群盖褐色，膜质，边缘通常啮蚀状，有时呈撕裂状，孢子囊群成熟前大多不内弯，少见内弯。

产于杭州市区、富阳、江山、天台、景宁、乐清、永嘉、文成和泰顺。生于溪边阴湿处。分布于华中及山东、江苏、安徽、江西、台湾、甘肃。日本、朝鲜半岛也有。

图1-203 钝羽假蹄盖蕨

2. 二型叶假蹄盖蕨 二型叶对囊蕨 （图1-204）
Athyriopsis dimorphophylla (Koidz.) Ching ex W.M. Chu —— *Deparia dimorphophyllum* (Koidz.) M. Kato

植株高逾50cm。根状茎长而横走，深入土表，先端密被浅褐色、披针形及阔披针形、薄膜质的鳞片。叶近二型，能育叶较大或叶柄显著较长；叶柄禾秆色，长25～40cm，基部密生与根状茎上同样的鳞片，向上渐稀或近光滑；能育叶卵状长椭圆形、卵形或近长三角形；羽片上面有细而尖的短节毛，侧生分离羽片平展或通常以大于70°的夹角略向上斜展；裂片也近平展，或以大于50°（通常60°～70°）的夹角略向上斜展；不育叶顶部羽裂渐尖，侧生分离，羽片8对以下；裂片上羽状脉的小脉11对以下；叶片草质，干后绿色，上面色较深，下面（尤其叶轴和羽片中肋）

通常有显著的较粗短而长的节毛。孢子囊群条形；囊群盖膜质，黄褐色，背面有毛。

产于临安、淳安、普陀、开化、龙泉、庆元、景宁、乐清、苍南和泰顺。生于海拔10～1100m的林中湿润地。分布于安徽、江西、河南、湖南和贵州。日本也有。

图1-204 二型叶假蹄盖蕨

3. 假蹄盖蕨　东洋对囊蕨 （图1-205）

Athyriopsis japonica (Thunb.) Ching —— *Deparia japonica* (Thunb.) M. Kato

植株高30～50cm。根状茎长而横走，有疏的阔披针形鳞片。叶远生；叶柄长12～25cm，禾秆色，疏生红棕色卷曲的短毛和披针形小鳞片；叶片革质，长20～30cm，中部宽6～10cm，两面节毛稀少，仅沿叶轴和羽轴下面疏生棕色多细胞的短毛，二回深羽裂；羽片开展，披针形，中部宽1～2（3）cm，渐尖头，侧生分离羽片大多以60°的夹角向上斜展，基部阔楔形至楔形；裂片开展，也明显向上斜展，圆头并有浅圆齿，两侧几全缘。孢子囊群条形，通常单生于一脉；囊群盖同形，膜质，全缘或稍啮断状，背面无毛。

产于北仑、鄞州、余姚、象山、宁海、景宁、乐清、永嘉、苍南、泰顺。生于林下湿地及山谷溪沟边。分布于华东、华中、华南、西南及山东、甘肃。日本、朝鲜半岛、缅甸北部、印度、尼泊尔也有。

全草可药用。

图 1-205　假蹄盖蕨

3a. 斜羽假蹄盖蕨（变种）（图 1-206）
var. oshimensis (Christ) Ching

本变种与假蹄盖蕨的主要区别在于侧生羽片的裂片以约 30° 的夹角极斜向上，近尖头，羽片

图 1-206　斜羽假蹄盖蕨

通常也显著斜向上方；囊群盖边缘在孢子囊群成熟前平展，不内弯。

产于临安、淳安、宁海、江山、遂昌、乐清。生于山地溪边潮湿环境。分布于山东、安徽、江西、福建、湖南、广西和贵州。日本也有。

全草可药用。

4. 毛轴假蹄盖蕨　毛叶对囊蕨　（图1-207）
Athyriopsis petersenii (Kunze) Ching — *Deparia petersenii* (Kunze) M. Kato

根状茎细长横走。能育叶形态多样；叶柄禾秆色，具狭披针形的鳞片及节状短毛；一回羽状复叶；羽片平展或略向上斜展，羽状半裂至深裂；侧生分离羽片的裂片可达15对，裂片上羽状脉的小脉7对以下，斜向上，单一或二叉，两面可见；叶片草质，干后绿色或灰绿色至浅黄绿色，上面色较深，通常下面沿叶轴、羽片中肋及叶脉通常具长节毛，脉间无毛或有灰白色细短节毛。孢子囊群短条形或线状矩圆形，基部一脉常为双生囊群，其余多单生于小脉上侧，偶有双生，成熟时常布满裂片下面；囊群盖膜质，背面有短节毛或无毛，边缘撕裂状，有睫毛。

产于杭州市区、临安、镇海、普陀、开化、龙泉、庆元、景宁、乐清、平阳、泰顺。生于海拔100～900m的竹林下或灌丛中。分布于华东、华中、华南、西南及陕西、甘肃。东南亚、南亚、日本南部、朝鲜半岛、大洋洲、太平洋群岛也有。

图1-207　毛轴假蹄盖蕨

5. 阔基假蹄盖蕨 阔基对囊蕨 （图1-208）

Athyriopsis pseudoconilii (Seriz.) W.M. Chu — *Deparia pseudoconilii* (Seriz.) Seriz.

夏绿植物。根状茎细长横走，先端密被褐色披针形薄鳞片。叶近二型；叶片长三角形，长为宽的2~3倍，两面疏生节毛；叶柄基部疏被与根状茎上相同的鳞片；能育叶片披针形或狭长三角形；侧生分离羽片达7(10)对，基部不对称，上侧较宽，两侧羽状半裂至深裂；裂片上的叶脉大多羽状，小脉单一，达4(6)对；叶片干后薄草质，浅绿色，上面色较深；叶轴两面常密被浅褐色卷曲节毛，羽片两面中脉及侧脉上疏生短节毛。孢子囊群条形，通直或略向后弯，单生于小脉上侧，或在裂片基部上出小脉双生一脉上下两侧；囊群盖黄褐色，表面略有细短节毛，边缘撕裂状，有睫毛，在囊群成熟前平展。

产于杭州（秦望山）、温州（雪山）。生于林下。日本也有。

图1-208 阔基假蹄盖蕨

8 蛾眉蕨属 Lunathyrium Koidz.

中型林下植物。根状茎直立或斜生；鳞片卵状披针形或狭披针形，全缘。叶簇生；叶柄通常比叶片短，基部先端尖削，其上呈纺锤形加厚，沿两侧边缘各有1列呈齿牙状突起的小气囊体；叶片长圆状披针形、倒长圆状披针形，一回羽状；羽片深羽裂；叶片下部羽片的基部上侧第一裂片有时明显增大成耳状，无柄，有时基部1对短缩为小耳片状；叶轴及羽轴上面具有阔边的浅沟，在相交处彼此不互通；主脉明显，脉端有狭纺锤形水囊；叶片干后草质，多少被有节透明的粗软毛，有时亦具节状毛。孢子囊群短条形至椭圆形，或多或少成对双生于羽片或裂片一组叶脉基部上侧一脉的上下两侧；囊群盖通常为狭新月形或椭圆形。孢子二面型，肾状椭圆形或椭圆形。

约20种，主要分布于亚洲。我国均有；浙江有2种。

1. 华中蛾眉蕨　华中对囊蕨　（图1-209）

Lunathyrium centrochinense Ching — *L. shennongense* Ching, Boufford et K.H. Shing — *Deparia shennongensis* (Ching, Boufford et K.H. Shing) X.C. Zhang

根状茎粗短，斜生，先端和叶柄基部被阔披针形大鳞片。叶簇生；能育叶长35～80cm；叶柄明显短于叶片；叶片倒披针形或长圆状倒披针形，一回羽状；羽片20～22对，深羽裂，基部1对羽片往往短缩成长约1cm的三角状小耳片；裂片约22对，深裂，长圆形，边缘近全缘或具矮钝齿；叶脉两面可见，在裂片上为羽状，每裂片有5～7对侧脉；叶片干后草质，绿色；叶轴及羽轴下面疏被短节状毛或近无毛。孢子囊群椭圆形或短条形；囊群盖同形，在叶片和羽片顶部偶有弯钩形，灰褐色，边缘稍啮蚀状或近全缘。孢子二面型，周壁表面具耳状、裂片状或乳头状突起。

产于安吉（龙王山）、临安。生于山坡林下阴湿处。分布于华中及安徽、江西、四川、贵州、

图1-209　华中蛾眉蕨

云南、陕西。模式标本采自临安昌化。

可供观赏。

2. 九龙山蛾眉蕨 黄山蛾眉蕨 九龙对囊蕨
Lunathyrium jiulungense Ching — *L. orientale* var. *huangshanense* Z.R. Wang — *L. orientale* var. *jiulungense* (Ching) Z.R. Wang — *Deparia jiulungensis* (Ching) Z.R. Wang

根状茎直立或斜生，先端密被阔披针形鳞片。叶簇生；叶柄远较叶片短，叶柄及叶轴上密被节状或呈鳞片状毛；能育叶长达80cm；叶片倒披针形或长圆状披针形，顶部羽裂短渐尖，下部逐渐变狭，一回羽状；羽片深羽裂，约30对，下部多对逐渐短缩，基部1对长2.5cm；裂片约24对，长圆形，有时具浅圆齿；叶脉两面可见，在裂片上为羽状，侧脉5～7对；叶片干后草质。孢子囊群长圆形或新月形，在叶片和羽片顶部有时呈弯钩形，每裂片有3～5对；囊群盖同形，灰褐色，边缘稍啮蚀状或呈短睫毛状，宿存。孢子二面型，周壁表面具较密的耳廓状或乳头状突起。

产于临安（西天目山）、遂昌（九龙山）。生于海拔900～1500m的石缝或山坡林下阴湿处。分布于安徽、江西和四川。模式标本采自遂昌九龙山。

本种与华中蛾眉蕨的主要区别在于后者羽片20～22对，基部1对羽片往往短缩为长约1cm的三角状小耳片。

9 毛轴线盖蕨属 Monomelangium Hayata

常绿中型林下阴生植物；全株多处被节状长毛。根状茎短，直立或斜生。叶少数，簇生，有单行细胞的粗长节毛；叶轴下面圆，上面有纵沟，两边钝圆；羽片中脉两面隆起，侧脉明显，向上斜展，大多二叉至三叉。孢子囊群及囊群盖通常条形，通直或微弯，罕为卵圆形，从不弯曲成钩形、马蹄形，或多或少成对双生于一脉上下两侧（双盖蕨型），或孢子囊群无囊群盖，粗短条形、椭圆形或圆形，生于叶脉背部；囊群盖与孢子囊群同型。

2种，分布于我国、越南、马来西亚热带和亚热带地区。我国2种均产；浙江有1种。《中国石松类和蕨类植物》和 *Flora of China* 将本属并入双盖蕨属 *Diplazium*。

毛轴线盖蕨 毛子蕨 毛轴双盖蕨 （图1-210）
Monomelangium pullingeri (Baker) Tagawa — *Diplazium pullingeri* (Baker) J. Sm.

植株高35～60cm。根状茎短而斜生，近光滑。叶簇生，近草质，干后褐色；叶柄长12～20cm，褐色，连同叶轴和羽轴下面密被暗棕色有节的粗毛；叶片阔披针形，一回羽状，向顶端羽裂，渐尖头；羽片17～25对，平展，披针形，略呈镰形，下部的几不短缩，长5～7cm，宽1cm，渐尖头或锐尖头，基部上侧耳状突起，边缘全缘或呈波状；叶脉羽状，侧脉二叉至三叉（基

二八 蹄盖蕨科 Athyriaceae

部的羽状)。孢子囊群条形,每组叶脉有1条,生于上侧1脉,不达叶边;囊群盖条形,开向上方,膜质,宿存。

产于平阳(南雁荡山)。生于海拔约40 m的林缘水沟边岩石下、密林下阴湿处。分布于华南及江西、福建、湖南、贵州、云南。日本南部、越南北部也有。

图 1-210　毛轴线盖蕨

⑩ 角蕨属　Cornopteris Nakai

湿生常绿或夏绿植物。根状茎大多粗而横卧、斜生或直立,顶部及叶柄基部有披针形、卵状披针形或卵形的鳞片。叶多近生或簇生;顶部羽裂渐尖;叶轴和各回羽轴上面有阔纵深沟;叶片上面在裂片主脉基部或有时在羽片、各回小羽片中肋基部有一肉质扁平角状突;叶脉分离,在裂片上羽状,小脉单一或二叉至羽状,不达叶边;各回羽轴下面被多细胞的短节毛及稀疏的披针形褐色小鳞片。孢子囊群生于叶脉背部,粗短条形、椭圆形或圆形;无囊群盖。

约12种,主要分布于亚洲热带及亚热带地区。我国约有12种;浙江有3种。

分种检索表

1. 根状茎横卧或细长横走。
   2. 羽片浅裂至半裂或粗锯齿状;下部羽片的小羽片通常圆钝头,罕急尖头 ··· **1. 角蕨　C. decurrenti-alata**
   2. 羽片半裂至深裂;下部羽片的小羽片均为尖头 ················· **2. 尖羽角蕨　C. hakonensis**
1. 根状茎斜生至直立 ··· **3. 黑叶角蕨　C. opaca**

1. 角蕨 （图1-211）
Cornopteris decurrenti-alata (Hook.) Nakai

植株高35～70cm。根状茎横卧或细长横走，密被鳞片；鳞片披针形，先端纤维状。叶簇生；叶柄和叶轴通体密被红棕色薄鳞片；叶片披针形，一回至二回羽状；羽片10～15对，浅裂至半裂或粗锯齿状；下部羽片的小羽片通常圆钝头，罕急尖头；裂片2～4对，极斜向上；叶脉两面均明显，隆起呈沟脊状，呈现特殊的角；叶片革质。孢子囊群狭条形，极斜向上，彼此密接，生于小脉中部，在羽片上部的沿主脉两侧各成1行，并紧靠主脉，几与主脉平行，生于裂片上的则为不甚整齐的扇形排列，每裂片有2～5枚；囊群盖狭条形，灰白色，后变灰黄色，宿存。

产于安吉、杭州市区、临安、桐庐、淳安、北仑、鄞州、莲都、青田、遂昌、景宁。海拔30～900m。分布于华东及河南、湖南、台湾、广东、广西、四川、贵州、云南、甘肃。日本、朝鲜半岛、印度、尼泊尔、不丹也有。

图1-211 角蕨

1a. 毛叶角蕨 腺毛角蕨（变种）（图1-212）
var. pilosella H. Itô

本变种与角蕨的主要区别在于叶轴和叶片下面被毛。

产于临安、淳安、龙泉、庆元、泰顺。生境同角蕨。分布于江西、湖南、四川、贵州和云南。日本也有。

图 1-212　毛叶角蕨

2. 尖羽角蕨 （图 1-213）

Cornopteris hakonensis (Makino) Nakai

夏绿植物。根状茎横卧或细长横走。叶近生；能育叶长达95cm；叶柄长达45cm，浅绿色略带紫红色，通体被褐色全缘的披针形鳞片；叶片三角状卵形，羽片渐尖的顶部以下二回羽状；羽片约10对，半裂至深裂，基部1对有短柄，其余的无柄；小羽片可达12对，互生，近平展，无柄，下部羽片的小羽片尖头；裂片可达10对，近长方形，斜展，略向上弯，先端截形，有钝锯齿或近全缘；叶片薄草质，下面有较多单细胞短毛，罕见混生2～3个细胞的短节毛。孢子囊群长椭圆形,生于小脉中部。

产于安吉、临安、景宁。生于海拔约800m的林缘崖边湿地。日本、朝鲜半岛也有。

图1-213 尖羽角蕨

3. 黑叶角蕨 （图1-214）
Cornopteris opaca (Don) Tagawa

常绿植物。根状茎粗短,斜生至直立,先端被褐色、披针形或阔披针形鳞片。叶簇生;能育叶长达120cm;叶片长30～60cm,宽20～30cm,三角状卵形,基部圆楔形,羽裂渐尖的顶部以下一回至二回羽状;侧生羽片约10对,柄长达3mm,近对生,基部1对不短缩或略短缩,椭圆形;小羽片达10对,通常上侧的略短,基部1对特别短

图1-214 黑叶角蕨

小，圆钝头；裂片近椭圆形或长方形，全缘；中脉下面可见；叶片草质；叶轴、羽轴及中脉下面有多细胞短节毛。孢子囊群短条形或椭圆形，背生于小脉中部或较接近中脉，或生于小脉分叉处。孢子赤道面观近肾形，周壁明显，具少数褶皱。

产于景宁（鹤溪）。生于海拔360～420m的路边毛竹林下。分布于江西、台湾、云南。日本南部、缅甸北部、印度东北部、尼泊尔、不丹也有。

11 短肠蕨属 Allantodia R. Br. emend. Ching

中型至大型陆生植物。根状茎粗大直立（有时呈树干状）、斜生、横卧或横走，褐色或近黑色；鳞片形状各异，常有一条形黑边。叶簇生、远生或近生；叶片顶部羽裂渐尖；叶柄基部常为褐色或黑色；叶脉分离，罕见在羽片及小羽片中肋每侧连接形成2～3行三角形及狭长多角形网孔。孢子囊群生于叶脉上侧或一脉上下两侧，在每组小脉基部上出1脉往往双生，常短条形、罕为卵圆形；有囊群盖。

约200余种，产于热带和亚热带地区。我国约有100种，广泛分布于长江以南及西南的低山及中山山地；浙江有15种。

《中国石松类和蕨类植物》和 *Flora of China* 将本属并入双盖蕨属 *Diplazium*。

分种检索表

1. 孢子囊群卵圆形或柱状矩圆形，着生于小脉基部，被肠衣状的膜质囊群盖包围，膨胀呈卵圆形或短腊肠形，成熟时从背部不规则破裂 ·········· **1. 光脚短肠蕨 A. doederleinii**
1. 孢子囊群粗短矩圆形、长椭圆形、短条形或细长条形；囊群盖不膨胀（大多数）或膨胀（少数），成熟时从外侧张开。
    2. 孢子囊群通常粗短矩圆形，少为椭圆形或短柱形；囊群盖明显膨胀或极其膨胀，成熟时从外侧张开后易破裂。
        3. 孢子囊群生于小脉上部或近顶部，靠近小羽片或裂片边缘，成熟时囊群盖呈极膨胀的椭圆形或短柱形 ·········· **2. 边生短肠蕨 A. contermina**
        3. 孢子囊群生于小脉中部或下部，成熟时囊群盖呈稍膨胀的矩圆形 ···· **3. 淡绿短肠蕨 A. virescens**
    2. 孢子囊群及囊群盖短线至长条形；囊群盖不膨胀，成熟时从外侧张开，往往被压于孢子囊群下。
        4. 叶片一回羽状，通常披针形、阔披针形或卵状披针形；羽片全缘或羽状浅裂至深裂。
            5. 中小型植物；叶片矩圆阔披针形，或三角状阔披针形，少见卵状三角形或近三角形；羽片多为镰状披针形，基部不对称，上侧有明显的耳状突起，边缘通常仅有锯齿，至多浅圆裂。
                6. 叶柄基部以上几无鳞片；羽片边缘有重锯齿或单锯齿；除近顶部少数羽片，羽柄无狭翅 ·········· **4. 耳羽短肠蕨 A. wichurae**

6. 叶柄疏生鳞片，叶轴偶见有黑褐色、披针形小鳞片；羽片两侧有三角形浅裂片，裂片边缘有浅锯齿；羽柄全部（或除基部1对）有狭翅 ·············· 5.假耳羽短肠蕨 **A. okudairai**
5. 中型植物；叶片矩圆形；羽片矩圆状披针形，基部对称或近对称，上侧无耳状突起，边缘大多羽状浅裂 ·············· 6.江南短肠蕨 **A. metteniana**
4. 叶片二回羽状或基部近三回羽状（即基部羽片的小羽片羽状全裂，裂片以狭翅彼此相连），较少基部二回羽状（即基部羽片有1~2对有柄或无柄的分离小羽片），罕有基部近二回羽状（即基部羽片羽状全裂，形成以狭翅相连的裂片）。
  7. 植株形体较瘦小；小羽片及裂片多为卵形或长卵形，先端钝圆或急尖。
    8. 能育叶片一回羽状至基部近二回羽状；鳞片全缘 ············ 7.百山祖短肠蕨 **A. baishanzuensis**
    8. 叶片二回羽状；鳞片边缘有刺 ·············· 8.鳞柄短肠蕨 **A. squamigera**
  7. 植株形体大多较粗壮高大；小羽片通常披针形，先端渐尖或长渐尖。
    9. 叶片纸质、厚纸质或薄草质，有光泽；小羽片通常羽状浅裂至半裂，或边缘仅有浅锯齿乃至全缘，少有羽状深半裂。
      10. 鳞片一色，无黑边 ·············· 9.假镰羽短肠蕨 **A. petri**
      10. 鳞片二色，有明显的黑边 ·············· 10.膨大短肠蕨 **A. dilatata**
    9. 叶片多为草质，无光泽；小羽片大多羽状半裂至深裂，裂片大多密接呈篦齿状。
      11. 根状茎先端及叶柄基部被伏贴的鳞片或叶柄几无鳞片 ············ 11.异裂短肠蕨 **A. laxifrons**
      11. 根状茎先端及叶柄基部被松展的鳞片。
        12. 鳞片全缘。
          13. 叶片基部近三回羽状（即小羽片羽状全裂几达中肋，裂片以狭翅相连）；鳞片膜质；孢子囊群细短条形 ·············· 12.中华短肠蕨 **A. chinensis**
          13. 叶片二回羽状；小羽片羽状半裂至深裂；鳞片厚膜质；孢子囊群粗短条形。
            14. 叶片厚草质；小羽片羽状浅裂至深半裂；裂片呈先端向上弯的斜截形或圆截形；孢子周壁具较多褶皱 ·············· 13.薄盖短肠蕨 **A. hachijoensis**
            14. 叶片草质；小羽片羽状半裂至深裂；裂片先端圆形或圆截形，不向上弯；孢子周壁具少数褶皱 ·············· 14.短果短肠蕨 **A. wheeleri**
        12. 鳞片边缘有细齿 ·············· 15.日本短肠蕨 **A. nipponica**

1. 光脚短肠蕨　光脚双盖蕨　（图1-215）

Allantodia doederleinii (Luerss.) Ching — *Diplazium doederleinii* (Luerss.) Makino

中型林下植物。根状茎横走。叶疏生或近生；能育叶长达1.7m；叶柄长达80cm，常有少数小肉质突起，向上绿禾秆色或淡褐禾秆色，疏被易脱落的小鳞片，鳞片褐色，有时有明显的黑边；叶片三角形，羽裂渐尖的顶部以下二回羽状；羽片约10对，有柄，基部两对最大；小羽片约15对，羽裂；裂片约10对，略斜向上，矩圆形或近矩圆形，先端钝圆或圆截形，边缘近全缘或有稀疏的浅锯齿；叶片干后薄纸质或纸质。孢子囊群粗短条形或矩圆形；囊群盖膜质，成熟时膨胀成卵圆形或短腊肠形，从背部不规则破裂。

产于鄞州、景宁。生于海拔约200m的阴湿山谷阔叶林下。分布于华南及福建、湖南、四川、贵州、云南。日本、越南北部也有。

图1-215 光脚短肠蕨

2. 边生短肠蕨 无柄短肠蕨 边生双盖蕨 （图1-216）

Allantodia contermina (Christ) Ching —— *A. allantodioidea* (Ching) Ching —— *Diplazium conterminum* Christ

中大型常绿林下植物。根状茎横走至横卧或斜生；鳞片条状披针形，长达1cm以上，边缘有稀疏的细齿。叶远生至近生或簇生；能育叶长80cm；叶柄上面有浅沟槽；叶片三角形，羽裂渐尖的顶部以下二回羽状；侧生羽片5～10对；侧生小羽片约13对；裂片约15对，略斜向上，矩圆形，圆钝头，边缘有浅钝

图1-216 边生短肠蕨

齿或近于全缘；叶脉两面不明显或下面略可见，羽状，在小羽片的裂片上小脉可达7对，通常单一或偶有分叉，斜向上。孢子囊群椭圆形，多数生于小脉中部以上，较近边缘；囊群盖薄，呈极膨胀的椭圆形或柱状，成熟时由外侧张开，易破碎。

产于景宁、乐清、永嘉、瑞安、文成、平阳、苍南、泰顺。生于海拔40～300m的山谷密林下或林缘溪边。分布于江西、福建、湖南、广东、广西、四川、贵州和云南。日本、越南、泰国也有。

3. 淡绿短肠蕨　淡绿双盖蕨　（图1-217）
Allantodia virescens (Kunze) Ching — *Diplazium virescens* Kunze

中型常绿林下植物。根状茎短而直立，黑褐色，先端略被鳞片；鳞片深褐色。叶柄短于叶片，基部黑褐色并疏被与根状茎上相同的鳞片，上部与叶轴上面有浅纵沟；叶片卵状三角形，二回羽状；羽片达10对以上；小羽片约10对，平展，互生，通常披针形，偶为长卵圆形，对称或几对称，先端渐尖或钝圆，无柄或下部的有短柄；裂片约10对；叶脉下面明显，在小羽片的裂片上约达7对；叶片干后薄纸质或纸质。孢子囊群通常粗短矩圆形，生于小脉中部或下部（略接近主脉），长可达小脉长度的3/4，单生或在基部上侧小脉常为双生；囊群盖呈稍膨胀的矩圆形。

产于鄞州、庆元、景宁、乐清、瑞安、泰顺。生于山地林下。分布于华南及安徽、江西、福建、湖南、四川、贵州和云南。日本、朝鲜半岛、越南也有。

图1-217　淡绿短肠蕨

4. 耳羽短肠蕨　耳羽双盖蕨　（图1-218）

Allantodia wichurae (Mett.) Ching — *Diplazium wichurae* (Mett.) Diels

中小型常绿林下植物。根状茎细长横走，鳞片披针形。叶远生；能育叶长达60cm；叶柄上面有狭纵沟1条，基部以上几无鳞片；叶片阔披针形，羽裂尾状长渐尖的顶部以下一回羽状；羽片达18对，边缘有重锯齿或单锯齿，镰状披针形，两侧不对称，下侧楔形，上侧有三角形的耳状突起，边缘有重锯齿，除近顶部少数羽片羽柄无狭翅；叶脉羽状，下面隆起，上面凹入，每组侧脉有不分叉的小脉3~5条，上先出，极斜向上；叶片坚纸质或薄革质；叶轴绿禾秆色，上面有狭纵沟。孢子囊群粗条形，在1羽片上可达16对，各成1行排列于中肋两侧；与孢子囊群同形的囊群盖浅褐色，膜质，全缘，宿存。

产于杭州市区、桐庐、宁波市区、鄞州、奉化、象山、宁海、衢江、开化、东阳、仙居、景宁、乐清、瑞安和文成。生于海拔40~600m的山地林下溪边岩石旁或岩洞中。分布于华东及湖南、台湾、广东、广西、四川和贵州。日本、朝鲜半岛也有。

图1-218　耳羽短肠蕨

5. 假耳羽短肠蕨　假耳羽双盖蕨（图1-219）
Allantodia okudairai (Makino) Ching —— *Diplazium okudairai* Makino

常绿植物。根状茎长而横走，先端密被鳞片；鳞片褐色膜质全缘，阔披针形。叶远生；叶柄疏生鳞片，基部深褐色，向上绿禾秆色，上面有浅纵沟；叶片矩圆状阔披针形至长卵形，一回羽状；侧生羽片达12对，近平展，镰状披针形，两侧有三角形浅裂片；裂片三角形，边缘有浅锯齿；下部几对有短羽柄，多有狭翅。叶轴绿禾秆色，偶见有黑褐色、披针形小鳞片，上面有浅纵沟。孢子囊群粗条形，成1行排列于中肋两侧，每裂片有1枚，在耳片上有2~4对；囊群盖粗条形，膜质。孢子豆形。

产于景宁、泰顺（左溪、垟溪）。生于海拔约160m的沟谷林下。分布于江西、湖北、湖南、台湾、四川、贵州和云南。日本、朝鲜半岛也有。

图1-219　假耳羽短肠蕨

6. 江南短肠蕨　江南双盖蕨（图1-220）
Allantodia metteniana (Miq.) Ching —— *Asplenium menttenianum* Miq. —— *Diplazium menttenianum* (Miq.) C. Chr. —— *Allantodia metteniana* var. *isobasis* (Christ) Ching

根状茎横走，顶部密生披针形有小齿的鳞片。叶疏生，纸质，无毛；叶柄长30~40cm，青禾秆色，仅基部有鳞片；叶片矩圆形，一回羽状，顶部渐尖并为羽裂；羽片长8~11cm，中部宽1.5~2cm，矩圆状披针形，上侧无耳状突起，边缘大多羽状浅裂，基部稍狭，近截形；裂片有浅钝齿。每裂片有小脉5~7对，单一（基部偶有二叉）。孢子囊群条形，2~5（7）对生于裂片小脉中部，罕1枚，在基部上侧小脉上的通常双生，其余单一；囊群盖同形，薄膜质。

产于鄞州、慈溪、开化、遂昌、龙泉、庆元、景宁、乐清、永嘉、文成、平阳、苍南和泰顺。

生于海拔50～800m的山谷林下或岩石上。分布于华南及安徽、江西、福建、湖南、四川、贵州、云南。日本、越南北部、泰国东北部也有。

图1-220 江南短肠蕨

6a. 小叶短肠蕨 小叶双盖蕨（变种）

var. **fauriei** (Christ) Ching —— *Diplazium metteniana* (Miq.) Ching var. *fauriei* (Christ) Tagawa

本变种与江南短肠蕨的主要区别在于叶较小，叶片长15～20cm，宽7～10cm；羽片通常长4～7cm，宽1～1.5cm，边缘呈锯齿状或浅波状；每组小脉有2～3对，通常有孢子囊群1枚，偶有2～3枚，大多单生，偶有双生。

产于杭州及鄞州、普陀、遂昌、庆元、景宁、文成、苍南、泰顺。生于海拔30～650m的林下溪边阴湿处岩石上。分布于江西、福建、广东、广西。日本、越南北部也有。

7. 百山祖短肠蕨 百山祖双盖蕨

Allantodia baishanzuensis Ching et P.S. Chiu —— *Diplazium baishanzuense* (Ching et P.S. Chiu) Z.R. He

植株较瘦小。能育叶长达80cm；叶柄长达33cm，禾秆色，基部略被鳞片；鳞片褐色，披针形或条形，全缘；叶片卵状三角形，长达45cm，宽达30cm，顶部渐尖，基部近平截，羽裂渐尖的顶部以下一回羽状；侧生羽片达10对，互生或近对生，略斜展，下部的矩圆状披针形，基部略呈心形，柄长达1cm，上部的披针形，基部阔楔形，无柄或有短柄，基部1对较大，长达20cm，宽达7cm，羽状深裂至全裂，其中部下侧裂片较长；裂片卵形或长卵形，先端钝圆，边缘有圆钝齿，有时浅羽裂；叶脉上面略可见，下面明显，在侧生羽片的裂片上小脉达10对，单一或二叉，有时羽状；叶片干后近膜质，绿色，上面色较深，光滑，下面略有褐色小鳞片。孢子囊群短条形，大多单生于小脉中部；囊群盖褐色，膜质，全缘。

产于庆元（百山祖）。分布于福建。模式标本采自庆元百山祖。

8. 鳞柄短肠蕨 有鳞短肠蕨 鳞柄双盖蕨 （图1-221）
Allantodia squamigera (Mett.) Ching — *Diplazium squamigerum* (Mett.) Matsum

中型夏绿林下植物。根状茎横走；鳞片阔披针形，长7～10mm，边缘有刺。叶远生至簇生；能育叶长达80cm；叶片阔卵状三角形，羽裂渐尖的顶部以下常二回羽状；羽片5～10对，基部1对最大，无柄或几无柄；小羽片5～10对，无柄或略有短柄，卵形或长卵状，羽状浅裂或不分裂；裂片矩圆形，5～6对，略斜向上，先端钝圆，全缘或略有细锯齿。孢子囊群条形，略弯弓，大多生于小脉上侧中部，在基部上出1枚通常双生；囊群盖宿存。

图1-221　鳞柄短肠蕨

二八　蹄盖蕨科 Athyriaceae

产于安吉、临安、淳安、宁波市区（北仑）、余姚、奉化、缙云、遂昌、龙泉、庆元、景宁。生于海拔800～1500m的山地阔叶林下。分布于华东、华中、西南及山西、台湾、广西、陕西、甘肃。日本、朝鲜半岛、印度西北部及克什米尔地区也有。

9. 假镰羽短肠蕨　假镰羽双盖蕨　九龙山短肠蕨　（图1-222）

Allantodia petri (Tardieu) Ching — *Diplazium petri* Tardieu — *A. jiulungshanensis* P.S. Chiu et G. Yao ex Ching

中型常绿林下植物，植株大多较粗壮、高大。根状茎横走或横卧，鳞片一色，无黑边。叶近生；叶柄长达65cm；叶片三角形，长达65cm，宽达50cm，羽裂渐尖的顶部以下羽片一回羽状，或下部二回羽状；羽片通常8～12对，有短柄或无柄，羽状半裂至深裂；小羽片通常披针形，先端渐尖或长渐尖，可达5对，互生，通常羽状浅裂至半裂，或边缘仅有浅锯齿乃至全缘，少有羽状深半裂，无柄；叶片干后厚纸质。孢子囊群短条形；囊群盖从一侧张开，宿存。

产于遂昌（九龙山）。生于阔叶林下。分布于华南及湖南、贵州、云南。日本、越南、菲律宾也有。

图1-222　假镰羽短肠蕨

10. 膨大短肠蕨 毛柄短肠蕨 毛柄双盖蕨 （图1-223）
Allantodia dilatata (Blume) Ching — *Diplazium dilatatum* Blume

植株形体大多较粗壮、高大。根状茎横走、横卧至斜生或直立先端密被鳞片；鳞片二色，边缘黑色，并有小牙齿。叶疏生至簇生；能育叶长可达3m；叶柄粗壮，基部黑褐色，密被与根状茎上相同的鳞片；叶片三角形，二回羽状或二回羽状小羽片羽状半裂；羽片达14对；小羽片达15对，常披针形，先端渐尖或长渐尖，基部浅心形或阔楔形，常羽状浅裂至半裂，或边缘仅有浅锯齿乃至全缘，少有羽状深半裂；小羽片的裂片达15对，略斜向上，基部下侧的1片常显著较大；叶脉羽状，在小羽片的裂片上小脉可达8对；叶片干后纸质；叶轴和羽轴绿禾秆色，光滑。孢子囊群条形，在小羽片的裂片上可达7对；囊群盖褐色，膜质，边缘睫毛状。

图1-223　膨大短肠蕨

产于平阳、泰顺（左溪）。生于山地阴湿阔叶林下。分布于华南、西南及福建、湖南。东南亚、日本南部、印度、尼泊尔及大洋洲、波利尼西亚也有。

11. 异裂短肠蕨　异裂双盖蕨　（图1-224）
Allantodia laxifrons (Rosent.) Ching — *Diplazium laxifrons* Rosent.

植株形体大多较粗壮、高大。根状茎横走、横卧、斜生或直立，有时长成树干状，直径达10cm，先端略被紧贴的褐色薄鳞片。叶远生至簇生；叶柄可长达1m，上面有浅纵沟2条，几无鳞片；叶片三角形或卵状三角形，羽裂渐尖的顶部以下二回羽状；侧生羽片达20对；小羽片大多羽状半裂至深裂；裂片大多密接呈篦齿状；叶脉上面不明显，下面可见，羽状，在小羽片的裂片中小脉可达9对，通常二叉至羽状，少数单一，斜向上；叶片厚草质；叶轴及羽轴绿禾秆色或浅褐色，羽轴和中肋下面略被短

图1-224　异裂短肠蕨

细毛及小鳞片。孢子囊群条形，在小羽片的裂片上可达7对，接近主脉，长可达小脉长度的2/3；囊群盖成熟时呈褐色，膜质，宿存。

产于永嘉、苍南。生于海拔350～500 m的林下。分布于华南、西南及福建、湖南。印度、不丹也有。

12. 中华短肠蕨　中华双盖蕨　（图1-225）

Allantodia chinensis (Baker) Ching — *Diplazium chinensis* (Baker) C. Chr.

中型夏绿植物。根状茎横走，先端密被松展鳞片；鳞片褐色至黑褐色，披针形，膜质，全缘。叶近生；能育叶长约1 m；叶柄上面有浅沟；叶片三角形，二回羽状，基部近三回羽状（即小羽片羽状全裂几达中肋，裂片以狭翅相连）；侧生羽片达13对，基部1对最大；侧生小羽片约达13对，大多羽状半裂至深裂；小羽片的裂片达15对，多密接呈篦齿状；叶脉羽状，下面可见，在小羽片的裂片上小脉6～8对；叶片草质，无光泽；叶轴及羽轴禾秆色，光滑，上面有浅沟。孢子囊群细短条形，生于小脉中部或接近主脉，多数单生于小脉上侧，部分双生，其长多数超过小脉长度的1/2～2/3；囊群盖浅褐色，膜质，从一侧张开，宿存或部分残留。孢子近肾形，周壁不明显，表面具不规则的刺状纹饰。

产于杭州、金华、丽水及诸暨、宁波市区、鄞州、松阳、温州市区、乐清、永嘉、泰顺。生于海拔10～800 m的山谷林下、墙基下、石缝中。分布于华东、华南及湖北、湖南、四川、贵州。日本、朝鲜半岛、越南也有。

图 1-225　中华短肠蕨

13. 薄盖短肠蕨　薄盖双盖蕨　（图1-226）

Allantodia hachijoensis (Nakai) Ching — *Diplazium hachijoense* Nakai

中型至大型常绿林下植物。根状茎横走，先端及叶柄基部被松展的鳞片；鳞片褐色至黑褐色，披针形，厚膜质，全缘。叶通常近生；叶柄上面有浅纵沟；叶片三角形或卵状三角形，长达80cm，二回羽状；侧生羽片约10对；侧生小羽片约10对，基部阔楔形或近平截，两侧羽状浅裂至深半裂；小羽片的裂片可达10对以上，先端向上弯，斜截形或圆截形，全缘或有疏浅锯齿；叶脉羽状，下面明显，在小羽片的裂片上小脉达7~8对；叶片干后厚草质，叶轴和羽轴上面有浅纵沟，纵沟中生长甚多细小腺体，下面疏生有易脱落的多细胞短腺毛。孢子囊群粗条形或矩圆形，生于小脉中部，在基部上侧1条小脉常为双生；囊群盖浅褐色。孢子周壁明显，形成褶皱，无刺状纹饰。

产于临安、云和、景宁、乐清、泰顺。生于海拔50~200m的林下。分布于安徽、江西、福建、湖南、广东、广西、四川、贵州。日本、朝鲜半岛也有。

全草可药用；也可供观赏。

图1-226　薄盖短肠蕨

14. 短果短肠蕨　短果双盖蕨
Allantodia wheeleri (Baker) Ching — *Diplazium wheeleri* (Baker) Diels

中型常绿植物。根状茎横走，直径约1cm，先端和叶柄基部密被松展鳞片；鳞片条状披针形，厚膜质，全缘。叶近生；能育叶长约1m；叶柄长40~50cm，疏被鳞片，上面有浅纵沟；叶片三角状卵形，顶部以下二回羽状；羽片约8对，基部1对最大；小羽片10~12对，基部截形，有短柄，两侧羽状半裂至深裂；裂片8~10对，先端圆形或圆截形，不向上弯；叶脉下面清晰可见，在小羽片的裂片上羽状，每裂片有小脉约6对；叶片草质；叶轴和羽轴上面有浅纵沟。孢子囊群粗短条形，每裂片有4~5对，生于小脉中部，在基部上侧1条小脉偶为双生；囊群盖条形，褐色，膜质，宿存。孢子周壁明显，形成少数褶皱，无刺状纹饰。

产于乐清（雁荡山）。生于海拔100～1000m的山地林下沟旁。分布于广东、四川。日本也有。

15. 日本短肠蕨　日本双盖蕨　（图1-227）

Allantodia nipponica (Tagawa) Ching — *Diplazium nipponicum* Tagawa

中大型阴生植物。根状茎先端被松展的鳞片；鳞片狭披针形，黑褐色，边缘有细牙状齿。叶近生；叶柄密生与根状茎上同样的鳞片，光滑；叶片长60～100cm，基部宽约50cm，羽裂渐尖的顶部以下二回羽状；侧生羽片8～10对，基部1对最大，阔披针形，长达40cm，先端羽裂渐尖，基部圆楔形；侧生小羽片10～12对，大多羽状深裂至全裂；小羽片的裂片8对左右，多密接呈篦齿状，边缘有小齿，两侧近全缘；叶脉羽状不明显，在小羽片的裂片上小脉约达5对；叶片多草质，无光泽，两面均光滑；叶轴禾秆色。孢子囊群条形，长2～6mm，基部上侧1条通常双生；囊群盖条形，淡灰色，膜质，成熟时残留。孢子肾形。

产于临安（西天目山）、淳安、江山（仙霞岭）、景宁。生于海拔700～1000m的山谷阴湿林下或溪边草丛中。日本也有。

图1-227　日本短肠蕨

12 菜蕨属 Callipteris Bory

大型陆生常绿喜湿植物。根状茎粗壮，直立或斜生，常呈柱状主轴，被鳞片；鳞片褐色，边缘有睫毛状小齿。叶簇生；一回至二回羽状，顶部羽裂渐尖；主脉及侧脉明显，下部几对小脉斜向上，先端连接成斜长方形的网孔，并有1短脉从连接点外行。孢子囊群生于叶脉上侧或一脉上下两侧，常短条形，罕为卵圆形；囊群盖厚膜质，条形，黄褐色，全缘，宿存或最后消失。

约5种，分布于太平洋岛屿及亚洲东南部热带、亚热带地区。我国有3种；浙江有1种。*Flora of China* 将本属归并到双盖蕨属 *Diplazium*。

菜蕨 食用双盖蕨（图1-228）
Callipteris esculenta (Retz.) J. Sm. ex Moore et Houlst. — *Diplazium esculentum* (Retz.) Sw.

植株高30~140cm。根状茎直立或斜生，密被鳞片；鳞片狭披针形，边缘有细齿。叶簇生；厚草质，无毛或叶轴和羽轴下面有锈黄色绒毛；叶柄长50~60cm，棕禾秆色，仅基部有疏鳞片；叶片矩圆形，宽30~60cm，二回（少有一回）羽状；羽片开展，有柄；小羽片长4~6cm，宽

图1-228 菜蕨

6～10mm，披针形，渐尖头，基部近截形，两侧稍呈耳状，边缘有齿或浅裂；裂片有小锯齿；叶脉在裂片上为羽状，下部2～3对连接。孢子囊群条形，生于小脉上，伸达叶边；囊群盖同形，膜质，全缘。

产于杭州市区、桐庐、宁波市区（北仑）、鄞州、余姚、奉化、象山、宁海、龙泉、庆元、景宁、青田、乐清、永嘉、文成和平阳。生于海拔10～750m的山谷林下或水边湿地。分布于华中、华南、西南及安徽、江西、福建。亚洲热带和亚热带地区及波利尼西亚也有。

嫩叶可作野菜。

a. 毛轴菜蕨　毛轴食用双盖蕨（变种）（图1-229）
var. **pubescens** (Link) Ching

本变种与菜蕨的主要区别在于叶轴及羽片下面密被锈黄色短毛。

产于景宁、乐清（雁荡山）。生于海拔170～900m的林缘溪沟边湿地。分布于西南及江西、湖南、海南、广西。越南北部、缅甸、印度也有。

嫩叶可作野菜。

图1-229　毛轴菜蕨

13 肠蕨属 Diplaziopsis C. Chr.

中型陆生植物。根状茎粗而斜生或直立，略被深褐色阔披针形全缘的厚鳞片。叶簇生；奇数一回羽状，顶生羽片与侧生羽片同型，罕为三出复叶或披针形单叶，近无柄；侧脉网状，在主脉两侧各形成2～4行无内藏小脉的网孔，沿主脉两侧的1行网孔较大并呈长三角形，其余各行网孔较小并呈六角形；叶片薄草质，干后绿色或黄绿色。孢子囊群通常单生于侧脉上侧，在主脉两侧各列成整齐的一行，下端达到或接近主脉，上端斜向上不达叶边；囊群盖拱胀成短腊肠形，粗肥，成熟时从外侧张开或从拱胀的背部不规则破裂。孢子半圆形。

现知3种，分布于亚洲热带和亚热带地区。我国3种均有；浙江有1种。

川黔肠蕨 （图1-230）
Diplaziopsis cavaleriana (Christ) C. Chr.

根状茎短而直立，顶端连同叶柄基部有少数褐色披针形鳞片。叶簇生；能育叶长可达120cm；叶柄长25～45cm，基部疏被少数鳞片；侧生羽片4～15对，披针形，顶端渐尖，互生，无柄或基部的略有短柄，略斜展，基部1～3对常短缩，两侧全缘，顶生羽片比其下1对侧生羽片稍大；羽片的侧脉在粗壮的主脉两侧各连接成2～3行斜方形网孔；叶片干后绿色或黄绿色，下面色显著较浅。孢子囊群粗条形，通常出自侧脉基部上侧，紧接主脉，彼此接近，略斜向上，侧脉离基分叉点常位于孢子囊群中部附近；囊群盖腊肠形，褐色，成熟时从上侧边向轴张开，宿存。

产于桐庐、遂昌、景宁。生于海拔约1000m以上的山谷阔叶林下。分布于江西、福建、湖北、湖南、海南、四川、贵州、云南。日本、越南北部、印度东北部、尼泊尔、不丹也有。

图1-230 川黔肠蕨

14 双盖蕨属 Diplazium Sw.

中型陆生常绿植物。根状茎直立或斜生，先端被鳞片。叶通常簇生或近生；叶片或羽片通常厚纸质或革质，罕为草质；叶柄长，基部近黑色；叶片奇数一回羽状；羽片通常3~8对，顶生羽片与侧生羽片同型，罕为三出复叶或披针形单叶；叶脉分离，主脉明显，上面近圆形或略具浅纵沟；小脉分叉，纤细，每组3~5（7）条。孢子囊为水龙骨型，有长柄；囊群盖条形，扁平，成熟时从外侧张开。

约40种，广泛分布于亚洲、美洲的热带和亚热带地区。我国有23种；浙江有4种。

《浙江植物志》设假双盖蕨属 *Tribllemma*，《中国植物志》将其归并到双盖蕨属 *Diplazium*，*Flora of China* 将本属归入对囊蕨属 *Deparia*。本志采用《中国植物志》的处理意见。

分种检索表

1. 一回羽状复叶。
  2. 叶片薄革质；羽片边缘常仅中部以上有锯齿，下部近全缘或浅波状 ·· 1. 厚叶双盖蕨 **D. crassiusculum**
  2. 叶片近草质；羽片边缘自基部以上通常有尖锯齿，有时浅羽裂 ·········· 2. 薄叶双盖蕨 **D. pinfaense**
1. 单叶，叶片披针形或狭长条状披针形。
  3. 叶片两侧自上而下羽状浅裂至深裂 ·· 3. 锡兰假双盖蕨 **D. tomitaroanum**
  3. 叶片两侧边缘全缘或稍呈波状 ·· 4. 单叶双盖蕨 **D. subsinuatum**

1. 厚叶双盖蕨 （图1-231）

Diplazium crassiusculum Ching — *D. crassiusculum* Ching form. *simplex* Ching

根状茎直立或斜生，木质，先端密被鳞片；鳞片披

图1-231　厚叶双盖蕨

针形，边缘有小齿。叶簇生；叶柄密被与根状茎上相同的鳞片，上面有浅纵沟；奇数一回羽状复叶；叶片椭圆形，薄革质；侧生羽片通常2~4对，同大，互生或下部的近对生，斜向上，通常边缘下部近全缘或略呈浅波状，自中部以上向先端有锯齿，顶生羽片与其下的侧生羽片同大或略大；中脉明显，下部圆而隆起，上面有浅纵沟，侧生小脉两面均明显，每组有小脉3~4条，纤细，直达叶边；叶片薄革质，干后褐绿色。孢子囊群与囊群盖长条形，通常单生小脉上侧，自中脉向外行，每组叶脉有1条，生于基部上出1脉。

产于泰顺（司前、垟溪）。生于溪边密林下。分布于江西、福建、湖南、台湾、广东、广西、贵州。日本也有。

2. 薄叶双盖蕨 （图1-232）
Diplazium pinfaense Ching

根状茎斜生或直立，密生肉质粗根，先端被褐色、披针形、全缘的鳞片。叶簇生；能育叶长达65cm，叶柄长达30cm；叶片卵形，近草质，奇数一回羽状复叶；侧生羽片2~3对，斜展，镰状披针形，长渐尖，两侧自基部向上通体有较尖的锯齿或重锯齿，有时略呈浅羽裂，基部大多近对称，圆楔形，或基部1对的不对称，其上侧圆形，下侧楔形，有短柄，或上部的无柄且略与叶轴合生，顶生羽片披针形，基部通常为不对称的阔楔形；中脉下面圆而隆起，侧生小脉两面均明显，每组小脉可达6条，纤细，直达锯齿先端；叶片近草质，干后草绿色。孢子囊群与囊群盖长条形，通常生于每组叶脉基部上出1脉，大多单生，少数双生，但孢子囊群远较短。

产于遂昌（九龙山）、龙泉（昂山）、景宁。生于海拔400~1800m的山谷溪沟边常绿阔叶林或灌木林下。分布于江西、福建、湖北、湖南、广东、广西、四川、贵州、云南。日本也有。

图1-232 薄叶双盖蕨

3. 锡兰假双盖蕨 羽裂叶双盖蕨 羽裂叶对囊蕨 （图1-233）

Diplazium tomitaroanum Masam. — *Triblemma zeylanica* (Hook.) Ching — *Deparia tomitaroana* (Masam.) R Sano

根状茎细长横走，先端密被鳞片；鳞片披针形，边缘有稀疏小齿或近全缘。单叶，疏生；叶柄幼嫩时通体被与根状茎上相同的鳞片，其后中部以上的鳞片渐脱落而变稀疏或光滑，上面有浅纵沟；叶片披针形或狭长条状披针形，两侧自上而下羽状浅裂至深裂，基部常裂达中肋，形成1~4对基部贴生的分离裂片；裂片达30对；叶脉两面明显或略可见，在裂片上羽状，小脉单一或二叉，每裂片3~13对；叶片草质。孢子囊群短条形，单生于小脉上侧或双生于1条小脉上下两侧，在裂片上最多达13对；囊群盖与孢子囊群同形。

产于鄞州、景宁、苍南。生于海拔500~900m的路边阔叶林下溪旁石缝。分布于江西、福建、湖南、台湾、广东、海南、四川、云南。日本也有。

全草可入药，有清热凉血、利尿通淋的功效。

图1-233 锡兰假双盖蕨

4. 单叶双盖蕨　假双盖蕨　单叶对囊蕨　（图1-234）

Diplazium subsinuatum (Wall. ex Hook. et Grev.) Tagawa — *Triblemma lancea* (Thunb.) Ching — *Deparia lancea* (Thunb.) Fraser-Jenk.

根状茎细长，横走，被黑色或褐色披针形鳞片。单叶，远生；能育叶长达40 cm；叶柄长8～15 cm，淡灰色，基部被褐色鳞片；叶片披针形或条状披针形，长10～25 cm，宽2～3 cm，两端渐狭，边缘全缘或稍呈波状；中脉两面均明显，小脉斜展，每组3～4条，通直，平行，直达叶边；叶片干后纸质或薄革质。孢子囊群条形，通常多分布于叶片上半部，沿小脉斜展，在每组小脉上通常有1枚，生于基部上出小脉，距主脉较远，多单生；囊群盖成熟时膜质，浅褐色。孢子赤道面观圆肾形，周壁薄而透明，突起顶部具稀少而小的尖刺。

产于全省山区丘陵。生于海拔40～650 m的林缘或林下溪沟边带较大坡度有泥土的阴湿地。分布于华东、华南、华中、西南。日本、越南、缅甸、菲律宾、印度、尼泊尔、斯里兰卡也有。

全草可入药，有利尿通淋、清热解毒、排石健脾、止血镇痛的功效。

图1-234　单叶双盖蕨

二九　肿足蕨科 Hypodematiaceae

中小型旱生植物。根状茎粗短而横走，连同叶柄膨大的基部密被一大簇棕色的鳞片；鳞片披针形，宿存。叶近生；叶柄基部膨大成纺锤形，且隐没在鳞片中；叶片卵状披针形或阔卵状五角形，二回至四回羽裂；羽片三角状披针形，互生，斜展，有柄，基部1对最大，二回至三回羽裂；末回小羽片或裂片长圆形，上先出，锐裂几达小羽轴；叶脉羽状，分离，侧脉伸达叶边，通常下面隆起；叶片草质或纸质，通常密被单细胞灰白色柔毛或下面和羽轴有腺毛。孢子囊群圆形，着生于侧脉上；囊群盖圆肾形，灰色，膜质，多少被毛。孢子卵圆形，表面具小刺状或颗粒状纹饰。

单属科。约16种，分布于亚洲和非洲的亚热带至暖温带地区。我国约有12种，多生于干旱的石灰岩隙缝中；浙江有4种。

肿足蕨属 Hypodematium Kunze

属特征同科。

分种检索表

1. 叶片下面不具球杆状腺毛。
   2. 囊群盖背面密被长柔毛；叶轴及羽轴密被长柔毛 ·················· **1. 肿足蕨 H. crenatum**
   2. 囊群盖背面疏被短柔毛；叶轴及羽轴上面密被柔毛，且混生有少量红棕色条状披针形的小鳞片 ·················· **2. 鳞毛肿足蕨 H. squamuloso-pilosum**
1. 叶片下面多少被球杆状腺毛。
   3. 囊群盖背面疏被短柔毛，近中央有腺毛；下面沿叶轴疏被柔毛和金黄色球杆状腺毛 ·················· **3. 修株肿足蕨 H. gracile**
   3. 囊群盖背面密被短柔毛和金黄色球杆状短腺毛；下面沿叶轴密被柔毛和金黄色（偶为橙红色）球杆状腺毛 ·················· **4. 腺毛肿足蕨 H. glanduloso-pilosum**

1. 肿足蕨

Hypodematium crenatum (Forsk.) Kuhn et Decken

植株高33～50cm。根状茎横卧，密被红棕色鳞片。叶近生；叶柄禾秆色，基部膨大并密被鳞片；叶片卵状五角形，长18～20cm，宽15～18cm，先端渐尖并为羽裂，基部心形，四回羽裂；羽片约8对，互生，长圆状披针形，基部1对最大，长10～12cm，宽5～7cm，三回羽裂；一回小羽片长圆形，羽轴下侧的较上侧的大；裂片长圆形；叶脉在裂片上羽状，分离，侧脉单一或二叉；叶片草质，叶轴及羽轴密被灰白色长柔毛。孢子囊群圆形，背生于侧脉上；囊群盖圆肾形或马蹄形，灰色，背面密被长柔毛。

产于衢州市区（衢江）。生于石灰岩缝隙中。分布于河北、安徽、江西、河南、湖南、台湾、广东、广西、四川、贵州、云南、甘肃。亚洲西南部和亚热带地区、非洲及日本、缅甸、马来西亚、菲律宾、印度也有。

全草可入药，有拔毒消肿、止血生肌、祛风利尿的功效。

2. 鳞毛肿足蕨 （图1-235）
Hypodematium squamuloso-pilosum Ching

植株高8~42cm。根状茎横卧，连同叶柄基部膨大部分密被披针形鳞片。叶近生；柄长2~20cm，禾秆色，疏被少数红棕色条形鳞片；叶卵状长圆形，长6~22cm，三回至四回羽裂；羽片8~10对，互生，有柄，长圆状三角形，向上各对逐渐缩小，二回至三回羽裂；末回小羽片或裂片长

图1-235　鳞毛肿足蕨

圆形；叶脉在裂片上羽状分离，侧脉单一；叶片草质至纸质，两面密被灰白色柔毛；叶轴及羽轴上面密被柔毛，且混生有少数红棕色条状披针形的小鳞片。孢子囊群圆形，着生于侧脉中部；囊群盖大，灰白色，圆肾形或马蹄形，背面疏被短柔毛。

产于临安、建德、诸暨、金华市区等地。生于海拔300～500m的石灰岩缝隙中。分布于华东及河北、山西、山东、湖北、湖南、贵州。

3. 修株肿足蕨
Hypodematium gracile Ching

植株高22～40cm。根状茎长而横走，连同叶柄膨大的基部密被披针形鳞片。叶近生；柄长8～19cm；叶片三角状卵形，长14～20cm，先端渐尖并羽裂，四回羽裂；羽片8～12对，三角状披针形；一回小羽片10对，上先出；小羽片6～8对，羽状深裂；裂片长圆形，先端钝，基部阔楔形，全缘或具少数粗圆齿；第2对以上的羽片渐次缩小，二回羽裂；叶脉明显，侧脉单一或分叉，伸达叶边；叶片草质，下面连同叶脉和各回羽轴疏被柔毛，并混生金黄色球杆状腺毛。孢子囊群圆形，背生于侧脉中部，每裂片1～3枚；囊群盖圆肾形，背面疏被短柔毛，近中央有腺毛。

产于临安（天目山）。生于海拔300～600m的山谷岩石缝中。分布于河北、山东、安徽、江西、河南、湖南、陕西等地。

4. 腺毛肿足蕨 球腺肿足蕨 （图1-236）
Hypodematium glanduloso-pilosum (Tagawa) Ohwi — *H. glandulosum* Ching ex K.H. Shing

植株高12～40cm。根状茎横卧，连同叶柄基部密被红棕色披针形鳞片。叶近生；叶柄棕禾秆色，基部膨大，向上疏被灰白色短柔毛和金黄色球杆状腺毛；叶卵状五角形，长7～23cm，先端渐尖并羽裂，基部心形，三回至四回羽裂；羽片7～10对，互生，斜向上，有柄，基部1对最大，卵状长圆形；一回小羽片卵状长圆形；二回小羽片长圆形，基部楔形，下延；裂片长圆形，全缘或下部的具圆锯齿；叶脉羽状，两面明显；叶片纸质，上面疏被灰白色短柔毛，下面沿叶轴和各回羽轴密被柔毛和金黄色（偶为橙红色）球杆状腺毛。孢子囊群圆形，着生于小脉中部；囊群盖圆肾形，灰棕色，背面密被短柔毛和金黄色球杆状短腺毛。

产于淳安、鄞州、奉化、衢州市区（衢江）、开化、常山、乐清等地。生于岩石缝中。分布于山东、江苏、福建、河南、湖南、广西、贵州。日本、朝鲜半岛、泰国也有。

二九　肿足蕨科 Hypodematiaceae

图 1-236　腺毛肿足蕨

三〇 金星蕨科 Thelypteridaceae

中型多陆生植物。根状茎常疏被具刚毛的厚鳞片，并具单细胞毛。叶簇生、近生或远生；叶柄略被鳞片，多少被与根状茎同样的毛，毛先端有时呈钩状；叶多为长圆状披针形或倒披针形，常为二回深羽裂，遍体或至少叶轴和羽轴下面有针状毛；叶脉分离，单一或分叉，或各邻近裂片上相对的1至多对小脉连接，并自连接点有断续或延续的外行小脉，少呈无内藏小脉的网状。孢子囊群圆形或长圆形，背生于小脉中部或近顶部，分离或很少汇合，有盖或无盖，如有盖，则常为圆肾形，多被刚毛，宿存或早落；孢子囊具长柄，顶部有时具刚毛，基部稍下的柄上有时具橙色或金黄色球形腺体。孢子椭圆形，单裂缝，孢壁具网状、小瘤状或刺状纹饰。

约20属，1000余种，主产于热带、亚热带地区，少数产于温带地区。我国有18属，约200种，多产于长江以南的低山丘陵；浙江有12属，43种。

分属检索表

1. 叶脉分离。
    2. 孢子囊群无盖（或盖小而不易见，如针毛蕨属）。
        3. 孢子囊群圆形。
            4. 叶阔卵状三角形，三回羽状，遍体被多细胞的长毛；羽片基部下面叶轴上无疣状突起的褐色气囊体；小脉不达叶边；孢子囊顶部无毛 ·················· **4. 针毛蕨属 Macrothelypteris**
            4. 叶狭长圆形或阔披针形，二回羽状深裂，遍体被单细胞毛；羽片基部下面叶轴上具疣状突起的褐色气囊体；小脉伸达叶边；孢子囊顶部有钩状毛 ·················· **7. 钩毛蕨属 Cyclogramma**
        3. 孢子囊群长形或长圆形。
            5. 孢子囊群长形，沿侧脉着生，稍短于侧脉；侧脉单一，裂片全缘 ······ **8. 茯蕨属 Leptogramma**
            5. 孢子囊群长圆形或近圆形，常生于小脉上部，靠近叶边；小脉分叉，裂片或小羽片通常羽裂或有锯齿。
                6. 叶柄常呈淡禾秆色，无光泽；叶三角形或狭披针形，侧生羽片基部沿叶轴两侧下延，偶下部1~2对分离；叶脉伸达叶边 ·················· **5. 卵果蕨属 Phegopteris**
                6. 叶柄红棕色或禾秆色而基部棕色，有光泽；叶多长圆形，侧生羽片（至少下部的）彼此分离，基部也不沿叶轴两侧下延；叶脉不达叶边 ·················· **6. 紫柄蕨属 Pseudophegopteris**
    2. 孢子囊群有盖。
        7. 沼泽地或溪沟边生植物。
            8. 植株纤细；叶片下部的羽片不短缩，羽片在羽轴着生处的下面无瘤状突起的褐色气囊体 ·················· **1. 沼泽蕨属 Thelypteris**
            8. 植株粗壮；叶片下部的多对羽片通常短缩成小耳片或退化为瘤状，羽片在羽轴着生处的下面常有1个瘤状突起的褐色气囊体 ·················· **9. 假毛蕨属 Pseudocyclosorus**

7.陆生植物,稀沼生。
　　9.羽轴上面圆形隆起;叶脉不伸达叶边;叶下面无橙黄色腺体⋯⋯⋯ **3.凸轴蕨属 Metathelypteris**
　　9.羽轴上面凹陷成1条纵沟;叶脉伸达叶边;叶下面常有橙黄色腺体⋯**2.金星蕨属 Parathelypteris**
1.叶脉连接。
　10.叶脉连接成三角形网眼或成方形或斜方形网眼;孢子囊群圆形。
　　11.孢子囊群有盖;叶脉连接⋯⋯⋯⋯⋯⋯⋯⋯⋯⋯⋯⋯⋯⋯⋯⋯⋯ **10.毛蕨属 Cyclosorus**
　　11.孢子囊群常无盖或发育不良而早落;叶脉成三角形网眼连接成方形或斜方形网眼⋯⋯⋯⋯⋯⋯⋯⋯⋯⋯⋯⋯⋯⋯⋯⋯⋯⋯⋯⋯⋯⋯⋯⋯⋯⋯⋯⋯⋯ **11.新月蕨属 Pronephrium**
　10.叶脉网状;孢子囊群条形⋯⋯⋯⋯⋯⋯⋯⋯⋯⋯⋯⋯⋯⋯⋯⋯⋯⋯ **12.圣蕨属 Dictyocline**

1 沼泽蕨属 Thelypteris Schmidel

中小型沼泽及溪沟草甸植物,植株纤细。根状茎长而横走,黑色,光滑,顶部疏生鳞片。叶近生;有能育和不育之分,但外形相似,光滑;叶长圆状披针形,先端渐尖,二回深羽裂;羽片披针形,近平展,有短柄,渐尖头,基部平截,羽状深裂;裂片三角状舌形或长圆形,全缘或波状,能育叶的裂片边缘通常反折;叶脉羽状,侧脉分离,伸达叶边;叶片厚纸质或薄革质,两面近光滑,不具腺体。孢子囊群圆形,背生于小脉中部;囊群盖圆肾形,淡绿色,易脱落。

3种,多分布于温带地区。我国有3种;浙江有1种。

毛叶沼泽蕨(变种) (图1-237)
Thelypteris palustris var. **pubescens** (G. Lawson) Fernald

图1-237　毛叶沼泽蕨

植株高35～55cm。根状茎长而横走，顶部有少数红棕色卵形鳞片。叶有能育与不育之分，叶柄长20～30cm，基部黑褐色，疏生鳞片；叶阔披针形，长15～25cm，先端短渐尖，基部不变狭或渐变狭，二回深羽裂或二回羽状；羽片约15对，互生，几无柄，披针形或条状披针形，长2.5～5cm，宽4～12mm，羽状深裂几达羽轴；裂片卵圆形，全缘，能育裂片的叶缘通常反折；叶脉羽状，侧脉多为二叉，伸达叶边；叶片草质或坚纸质，两面光滑，叶轴上面、羽轴两面及主脉基部有柔毛。孢子囊群圆形，着生于小脉中部；囊群盖小，圆肾形，成熟后易脱落。

产于安吉（龙王山）、临安（昌化）。生于海拔800～900m的沼泽中。分布于东北及山东、江苏。亚洲温带地区及北美洲也有。

❷ 金星蕨属 Parathelypteris (H. Itô) Ching

中小型植物。根状茎稍被鳞片。叶柄基部无毛或有灰白色多细胞针状毛；叶片长圆状披针形，二回深羽裂；羽片多数，基部不缩狭或下部羽片渐缩成小耳形；裂片常多数；叶脉羽状，伸达叶边；叶片草质或纸质，下面常具橙黄色腺体，两面常多少被毛，羽轴上面有1条纵沟，密被刚毛，下面圆形隆起，多少被毛。孢子囊群圆形，着生于侧脉中部或上部；囊群盖圆肾形，棕色，有毛或无毛。

约60种，广泛分布于热带和亚热带地区。我国约有24种，主要分布于长江以南各地；浙江有8种。

分种检索表

1. 下部多对羽片逐渐短缩成蝶形或突然短缩成耳形，基部1～2对仅留痕迹。
  2. 根状茎细长横走；下部多对羽片逐渐短缩成蝶形；孢子囊群紧靠叶边 ⋯⋯ **1. 长根金星蕨 P. beddomei**
  2. 根状茎短，近直立；下部数对羽片突然短缩成耳形；孢子囊群较近中脉 ⋯ **2. 中日金星蕨 P. nipponica**
1. 下部各对羽片不短缩，偶有基部1对略短缩。
  3. 根状茎短而横卧；叶柄下部密被针状毛，叶片下面无腺体⋯⋯⋯⋯⋯⋯ **3. 钝角金星蕨 P. angulariloba**
  3. 根状茎长而横走；叶柄下部疏被毛状鳞片，叶片下面有腺体。
    4. 叶片纸质或厚草质，坚韧；孢子囊群靠近叶边或着生于侧脉上部。
      5. 叶二回羽状，至少羽片基部上侧常有1分离的小羽片；叶片宽3～5cm，羽片先端锐尖或短渐尖
         ⋯⋯⋯⋯⋯⋯⋯⋯⋯⋯⋯⋯⋯⋯⋯⋯⋯⋯⋯⋯⋯⋯⋯⋯⋯⋯⋯⋯ **4. 狭叶金星蕨 P. angustifrons**
      5. 叶二回羽裂，羽片基部上侧无分离的小羽片；叶片宽5～18cm，羽片先端长渐尖。
        6. 裂片边缘全缘⋯⋯⋯⋯⋯⋯⋯⋯⋯⋯⋯⋯⋯⋯⋯⋯⋯⋯⋯⋯⋯⋯ **5. 金星蕨 P. glanduligera**
        6. 裂片边缘有粗锯齿，至少下部羽片近基部的裂片上有粗锯齿 ⋯⋯ **6. 有齿金星蕨 P. serratula**
    4. 叶片草质，柔软；孢子囊群靠近中脉。
      7. 羽片宽约1cm，下面无毛；囊群盖近无毛⋯⋯⋯⋯⋯⋯⋯⋯⋯⋯⋯ **7. 中华金星蕨 P. chinensis**

7. 羽片宽1cm以上，最宽可达1.6cm，下面被疏柔毛；囊群盖密被柔毛 ·· 8. 光脚金星蕨 P. japonica

1. 长根金星蕨 （图1-238）
Parathelypteris beddomei (Baker) Ching

植株高35～55cm。根状茎细长横走。叶近生；叶柄淡禾秆色，基部疏被短毛和红棕色的阔卵形鳞片；叶片倒披针形，长28～37cm，先端渐尖并为羽裂，二回深羽裂；羽片约35对，下部多对逐渐短缩成蝶形，基部1～2对几退化，中部的长3～4.5cm，宽5～8mm，狭披针形，羽状深裂；裂片12～16对，长圆形，长约3mm，边缘具锯齿；叶脉在裂片上为羽状，侧脉单一，伸达叶边，基部1对出自中脉基部；叶片纸质，上面脉上有毛，下面有橙色腺体，叶轴、羽轴和中脉上及叶缘有较多的灰白色长毛。孢子囊群圆形，着生于侧脉上部，靠近叶边；囊群盖圆肾形，近无毛。

产于临安、龙泉、庆元、景宁、文成。生于海拔650～1300m的溪边和林缘。分布于福建、台湾。日本、马来西亚、印度尼西亚、菲律宾、印度也有。

图1-238　长根金星蕨

2. 中日金星蕨 （图1-239）

Parathelypteris nipponica (Franch. et Sav.) Ching

植株高约70cm。根状茎短，近直立，顶部被褐色的阔披针形鳞片。叶近簇生；叶柄长20～30cm，禾秆色，基部疏被褐色的卵形贴生鳞片；叶片披针形，长40～50cm，先端长渐尖并为羽裂，二回深羽裂；羽片约35对，下部4～7对突然短缩成耳形，基部1～2对退化，中部的长4～5cm，宽7～9mm，狭披针形，羽状深裂；裂片16～18对，长圆形，长约4mm，全缘；叶脉在裂片上为羽状，侧脉单一，伸达叶边，基部1对出自中脉基部；叶片草质，上面叶脉有伏生毛，下面仅中脉略有毛和橙色腺体，叶轴、羽轴上面及叶缘有密生的针状毛，下面较稀。孢子囊群圆形，着生于近中脉侧脉上部；囊群盖圆肾形，被灰白色刚毛。

产于温州及杭州市区、庆元、景宁。生于疏林下潮湿地。分布于华中及山东、江苏、江西、福建、广西、四川、贵州、云南、陕西、甘肃。日本、朝鲜半岛、尼泊尔也有。

叶可入药，有止血消炎的功效。

图1-239 中日金星蕨

3. 钝角金星蕨 （图1-240）

Parathelypteris angulariloba (Ching) Ching

植株高25～80cm。根状茎短而横卧。叶近生；叶柄长12～45cm，棕色或淡栗棕色，下部密被多细胞开展的针状长毛；叶片长圆形，长13～35cm，先端渐尖并为羽裂，基部不缩狭，二回羽裂；羽片8～15对，互生，长3～7cm，全缘，羽裂达1/3～1/2；裂片长圆形或近方形，先端圆钝，常有显著的钝棱角，基部下侧1片裂片略短；叶脉在裂片上为羽状，侧脉单一，伸达叶边；叶片

三〇　金星蕨科 Thelypteridaceae

厚草质，两面仅羽轴和叶脉被短针状毛。孢子囊群圆形，常着生于每裂片的基部1～2对侧脉的中部；囊群盖圆肾形，密生短毛。

产于遂昌、景宁。生于海拔650～700m的林下。分布于华南及江西、福建、湖南。日本也有。

图1-240　钝角金星蕨

4. 狭叶金星蕨（图1-241）

Parathelypteris angustifrons (Miq.) Ching

植株高15～40cm。根状茎长而横走，顶部略被深棕色鳞片。叶近生；叶柄禾秆色，近无毛或稍被灰白色柔毛，下部疏被鳞片；叶片披针形，长17～22cm，宽3～5cm，先端渐尖并为羽裂，基部不缩狭或略缩狭，二回羽状；羽片12～15对，互生，基部1对略短缩，中部的较大，先端锐尖或短渐尖，基部上侧1片与羽轴分离成小羽片；裂片5～8对，长圆形；叶脉在裂片上为羽状，下面明显，侧脉单一；叶片纸质，下面有橙黄色球形腺体，羽轴上面有针状毛，叶轴被较多的柔毛。孢子囊群圆形或圆肾形，着生于侧脉上部；囊群盖圆肾形，被针状毛。

产于普陀、龙泉、景宁、温州市区（瓯海）、洞头、乐清。生于林缘、草丛中或水边。分布于福建、台湾。日本也有。

图 1-241 狭叶金星蕨

5. 金星蕨 （图 1-242）

Parathelypteris glanduligera (Kunze) Ching

植株高 35~70 cm。根状茎长而横走，顶部疏被披针形鳞片。叶近生；叶柄禾秆色，基部棕褐色，疏被鳞片，上面有浅沟，密被灰白色短针状毛；叶片披针形或长圆状披针形，宽 5~18 cm，先端渐尖并为羽裂，基部不缩狭，二回深羽裂；羽片先端长渐尖，基部 1 对羽片不短缩或略短缩；裂片 12~20 对，全缘；叶脉在裂片上为羽状，侧脉伸达叶边，基部 1 对出自中脉基部以上；叶片厚草质，下面被橙黄色球形腺体及短柔毛，叶轴、羽轴两面有短针状毛。孢子囊群圆形，着生于侧脉近顶端，靠近叶边；囊群盖圆肾形，被灰白色刚毛。

产于全省各地。生于海拔1800m以下的林下、林缘等处。广泛分布于长江以南各地。日本、朝鲜半岛、越南、印度、尼泊尔也有。

叶可入药，有消炎止血、止痢的功效。

图1-242　金星蕨

6. 有齿金星蕨　齿叶金星蕨　（图1-243）
Parathelypteris serratula Ching

植株高55～70cm。根状茎长而横走，顶端密被棕色鳞片。叶近生；叶柄禾秆色，基部略呈

图1-243　有齿金星蕨

褐色，疏被褐色的披针形鳞片，上面有纵沟，被灰白色针状毛；叶片卵状披针形，长25～30cm，宽5～18cm，先端渐尖并为羽裂，二回深羽裂；羽片15～18对，互生或近对生，长圆状披针形，先端长渐尖，基部截形，羽裂；裂片17～20对，基部1对增大，上侧1片尤甚，边缘具粗锯齿；叶脉在裂片上羽状，侧脉单一，伸达叶边，基部1对出自中脉基部以上；叶片厚草质，下面疏被橙色球形腺体，叶脉疏被针状毛，叶轴、羽轴密被针状毛。孢子囊群圆形，着生于侧脉近顶端，靠近叶边；囊群盖圆肾形，被灰白色刚毛。

产于定海、普陀、景宁。生于沟边林下。分布于四川、贵州、云南。

7. 中华金星蕨 （图1-244）
Parathelypteris chinensis (Ching) Ching

植株高60～85cm。根状茎长而横走。叶近生；叶柄栗色或红棕色，基部有时近黑色，有光泽；叶片披针形，长30～40cm，先端渐尖并为羽裂，基部不缩狭，二回深羽裂；羽片近10对，宽约1cm，基部1对不短缩，但略斜向下，中部的较大，狭披针形，先端渐尖，羽裂达羽轴两侧的阔翅；裂片三角状长圆形，全缘，上部常不育；叶脉在裂片上羽状，明显，侧脉单一；叶片草质，柔软，下面被橙红色球形腺体，上面沿羽轴、中脉和侧脉有少数短毛。孢子囊群圆形，着生于靠近中脉侧脉中部；囊群盖圆肾形，近无毛。

产于杭州市区、临安、淳安、宁波市区（北仑）、鄞州、余姚、象山、宁海、开化、缙云、遂昌、景宁、泰顺。多生于1300m以下的林下。分布于安徽、江西、福建、湖南、广东、广西、四川、贵州、云南。

图1-244　中华金星蕨

8. 光脚金星蕨 日本金星蕨 （图1-245）
Parathelypteris japonica (Baker) Ching

植株高50～60cm。根状横卧或斜生，疏被棕色披针形鳞片。叶近生或簇生；叶柄栗褐色，基部近黑色，略被小鳞片；叶片卵状长圆形，长30～35cm，先端长渐尖并为羽裂，二回深羽裂；羽片8～14对，宽1cm以上，基部1对不短缩，斜向上，中部的较大，先端渐尖，羽裂深达羽轴两侧的狭翅；裂片披针形，先端钝，全缘，上部常不育；叶脉在裂片上羽状，侧脉单一，伸达叶边；叶片草质，上面沿羽轴密被针状毛；叶脉有疏短毛，下面沿羽轴和中脉（有时连同侧脉）均被灰白色疏柔毛和橙色球形腺体。孢子囊群圆形，着生于侧脉中部以上；囊群盖圆肾形，密被灰白色柔毛。

产于全省各地。生于林下和林缘。分布于华东、华南、西南及吉林、湖南。日本、朝鲜半岛也有。

图1-245 光脚金星蕨

③ 凸轴蕨属 Metathelypteris (H. Itô) Ching

陆生中小型植物。根状茎短，被鳞片和毛。叶簇生或近簇生；叶柄光滑或略有短柔毛；叶片长圆形或卵状三角形，多二回羽状深裂；羽轴或小羽轴上面隆起成圆形；叶脉分离，不达叶边；叶片草质，两面多少被单细胞（偶有2～4个细胞）的灰白色短柔毛，尤以各回羽轴上面较密，叶片下面偶有橙色球形腺体。孢子囊群小，圆形，常顶生于叶脉（有时近顶生）；囊群盖圆肾形，以缺刻着生，宿存。

约12种，主产于亚洲东南部的热带和亚热带地区，以我国南部为分布中心，西至喜马拉雅地区，南至印度尼西亚，向东至日本、菲律宾。我国有10种；浙江有5种。

分种检索表

1. 叶片披针状长圆形或长圆形。
    2. 叶二回羽状深裂。
        3. 叶两面被毛；囊群盖有毛 ··· 1. 疏羽凸轴蕨 M. laxa
        3. 叶两面无毛；囊群盖无毛 ··· 2. 光叶凸轴蕨 M. adscendens
    2. 叶二回羽状至三回羽裂 ··· 3. 武夷山凸轴蕨 M. wuyishanica
1. 叶片卵状三角形。
    4. 下部羽片无柄或具 0.5~1mm 的短柄，一回小羽片先端圆钝或急尖，无柄 ··· 4. 林下凸轴蕨 M. hattorii
    4. 下部羽片具长 3.5~5cm 的柄，一回小羽片先端尾状长渐尖，柄长 4~7mm ··· 5. 有柄凸轴蕨 M. petiolulata

1. 疏羽凸轴蕨 （图 1-246）
Metathelypteris laxa (Franch. et Sav.) Ching

植株高 35~75cm。根状茎长而横走，略被灰白色短毛和红棕色、阔披针形鳞片。叶远生；叶柄长 18~40cm，淡禾秆色；叶片披针状长圆形或长圆形，长 17~35cm，中部宽 7~14cm，先端渐尖并羽裂，基部几不缩狭，二回羽状

图 1-246　疏羽凸轴蕨

深裂；羽片10～14对，狭披针形，先端长渐尖，边缘深羽裂达羽轴两侧的狭翅；裂片先端渐尖或锐尖，全缘或有时有粗锯齿状缺刻；叶脉羽状，侧脉在裂片上二叉，基部1对出自中脉基部以上，不达叶边；叶片草质，两面被针状毛，羽轴上面圆形隆起，被针状毛。孢子囊群小，圆形，着生于侧脉上侧的小脉顶端，且靠近叶边；囊群盖圆肾形，被疏柔毛。

产于全省各地。生于林下、林缘。广泛分布于长江流域。日本、朝鲜半岛也有。

2. 光叶凸轴蕨（图1-247）
Metathelypteris adscendens (Ching) Ching

植株高55～70cm。根状茎短而横卧，被疏短毛和红棕色鳞片。叶簇生；叶柄长30～35cm，禾秆色，基部以上光滑；叶片长圆形或披针状长圆形，长25～35cm，宽6～12cm，先端渐尖并为羽裂，基部不缩狭，二回羽状深裂；羽片10～15对，互生或近对生，无柄，先端长渐尖，多呈尾状，边缘深羽裂达羽轴两侧的狭翅；裂片长圆状披针形，先端钝，全缘或下部略呈锐裂状；叶脉羽状，侧脉在裂片上通常二叉，基部1对出自中脉基部稍上处；叶片草质，两面无毛。孢子囊群小，圆形，着生于小脉近顶端，较靠近叶边；囊群盖圆肾形，无毛。

产于庆元、苍南、泰顺。生于海拔100～700m的林下或灌草丛。分布于江西、福建、湖南、台湾、广东、广西。

图1-247　光叶凸轴蕨

3. 武夷山凸轴蕨 （图1-248）

Metathelypteris wuyishanica Ching

植株高47~75cm。根状茎短而直立。叶簇生；叶柄长20~35cm，禾秆色，基部密被深棕色鳞片，向上光滑；叶片长圆形，长25~40cm，基部宽15~25cm，先端渐尖，二回至三回羽裂；羽片10~14对，开展，长圆状披针形，镰刀状，下部的远分开，基部1对与其上1对几同大，长7~14cm，宽3~3.5cm，有短柄，一回至二回羽裂；小羽片14~16对，向基部短缩，基部有狭翅相连，基部下侧的小羽片较上侧为长，羽裂；叶片草质，羽轴上面有长柔毛。孢子囊群小，中生，每小羽片4~6对；囊群盖小，无毛。

产于遂昌（九龙山）、庆元（百山祖）。生于海拔约1000m的林下。分布于福建。

图1-248 武夷山凸轴蕨

4. 林下凸轴蕨 （图1-249）

Metathelypteris hattorii (H. Itô) Ching

植株高40~95cm。根状茎短而横卧，顶部被红褐色鳞片和灰白色刚毛。叶近簇生；叶柄基部密生刚毛和红褐色鳞片；叶片卵状三角形，先端长渐尖并为羽裂，基部不缩狭，三回羽状深裂；羽片10～12对，基部1对较大，长13～20cm，宽5.5～8cm，卵状披针形，先端渐尖，边缘羽裂2/3，羽轴上侧的小羽片较下侧为短；小羽片长圆状披针形，先端渐尖，羽状浅裂；裂片长圆形，先端钝圆，全缘；叶脉羽状，侧脉在裂片上单一或二叉；叶片草质，两面被柔毛，羽轴上面圆形且隆起。孢子囊群小，圆形，着生在裂片基部上侧一脉的顶端；囊群盖圆肾形，被疏柔毛。

产于临安、淳安、鄞州、遂昌、龙泉、庆元、景宁、永嘉、文成、平阳、泰顺。生于海拔200～1300m的林下。分布于安徽、江西、福建、湖南、四川、贵州。日本也有。

图1-249 林下凸轴蕨

5. 有柄凸轴蕨 黄山凸轴蕨
Metathelypteris petiolulata Ching ex Shing — *M. hwangshanensis* Ching

植株高55～65cm。根状茎短横卧。叶近生；叶柄长23～30cm，基部密被灰白色的针状毛；叶片卵状三角形，先端渐尖并羽裂，基部阔心形，三回羽状或下部为四回羽裂；羽片10～12对，斜生，下部羽片具3.5～5cm的柄，基部1对最大，长17～22cm，三角状披针形，先端尾状长渐尖，二回羽状至三回羽状深裂；小羽片5～10对，互生或近对生，下部数对具长4～7mm的短柄，基部1对小羽片有时略缩短；二回小羽片约10对；裂片4~5对，三角形，钝尖头，全缘；叶脉不甚明显，侧脉通常二叉，不达叶边；叶片薄草质，两面疏被灰白色的短针毛。孢子囊群圆形，每末回小羽片或裂片1~5对，生于分叉侧脉的上侧一脉的近顶端，稍近叶边；囊群盖小，圆肾形，被短针毛，宿存。

产于遂昌（九龙山）。生于海拔850~1500m的山谷林下阴湿处。分布于安徽、江西、福建。

4 针毛蕨属 Macrothelypteris (H. Itô) Ching

大中型陆生植物。根状茎直立或短而横卧，被棕色披针形长鳞片，边缘有针状疏睫毛。叶簇生；叶柄禾秆色或棕色，光滑或有披针形鳞片；叶片阔卵状三角形，三回羽状或四回羽裂，末回羽片沿羽轴两侧以狭翅相连；叶片纸质或草质，两面沿各回羽轴常多少被毛，叶轴常有少数厚鳞片，脱落后留有突痕；叶脉羽状，侧脉单一，不达叶边。孢子囊群小，圆形，生于小脉近顶端，有极小而早落的囊群盖或无盖。

约10种，分布于亚洲热带和亚热带地区、大洋洲东北部和太平洋岛屿。我国有7种；浙江有4种。

分种检索表

1. 羽片下面光滑或偶具单细胞针状毛；小羽片斜上，与羽轴以锐角相交 ······ **1. 针毛蕨 M. oligophlebia**
1. 羽片下面被多细胞针状毛。
  2. 小羽片斜上，与羽轴以锐角相交 ······ **2. 普通针毛蕨 M. torresiana**
  2. 小羽片平展，与羽轴以直角相交。
    3. 羽片具柄，下面被较密针状毛 ······ **3. 翠绿针毛蕨 M. viridifrons**
    3. 羽片几无柄，下面被较稀针状毛 ······ **4. 细裂针毛蕨 M. contingens**

1. 针毛蕨 （图1-250）

Macrothelypteris oligophlebia (Baker) Ching

植株高60~150cm。根状茎连同叶柄基部被深棕色具疏毛的鳞片。叶簇生；叶柄长30~70cm；叶片几与叶柄等长，下部宽30~45cm，三角状卵形，先端渐尖并羽裂，三回羽裂；羽片约14对，基部1对较大，第2对以上渐次缩小，柄长1~4mm，二回羽裂；小羽片15~20对，斜上，与羽轴以锐角相交，深羽裂几达小羽轴；裂片10~15对，开展，长5~12mm，宽2~3.5mm，先端钝或钝尖，基部沿小羽轴彼此以狭翅相连，边缘全缘或锐裂；叶脉下面明显，侧脉单一或在具锐裂的裂片上二叉，每裂片4~8对；叶片草质，常光滑无毛或偶具单细胞针状毛。孢子囊群小，圆形，每裂片3~6对，生于侧脉的近顶部；囊群盖圆肾形，成熟时脱落或隐没于囊群中。

产于全省各地。多生于山谷沟边、林下或林缘。分布于华东、华中及广西。日本、朝鲜半岛也有。

图 1-250　针毛蕨

1a. 雅致针毛蕨（变种）
var. **elegans** (Koidz.) Ching

本变种与针毛蕨的主要区别在于叶轴和羽轴有时稍带红色，叶上面疏被短毛，有时还密生针状毛，叶下面偶具单细胞针状毛或淡黄色球形腺体。

产地及分布同针毛蕨。

2. 普通针毛蕨 （图 1-251）
Macrothelypteris torresiana (Gaudich.) Ching

植株高60～150 cm。根状茎粗短，直立或斜生，顶部密被条状披针形鳞片。叶簇生；叶柄长30～70 cm，基部被鳞片；叶片三角状卵形，先端尾状长渐尖并羽裂，三回深羽裂；羽片12～15对，长圆状披针形，基部羽片最大，二回深羽裂；小羽片15～20对，卵状披针形，斜上，与羽轴以锐角相交，有狭翅与羽轴相连；裂片长圆状条形，略呈镰刀状，先端钝圆或渐尖；叶脉羽状，小脉单一或偶有分叉；叶片草质或薄纸质，下面被多数白色、伏生的多细胞长针状毛，羽轴两面疏被白色的多细胞针状长毛，叶轴及一回羽轴上面密被刚毛。孢子囊群小，圆形，着生在小脉近顶端；囊群盖微小或无。

产于杭州市区、临安、宁波市区（北仑）、余姚、奉化、象山、定海、普陀、庆元、景宁、温州市区、平阳、苍南、泰顺。生于海拔800m以下的山谷林下、林缘。分布于长江以南各地。东南亚，美洲热带、亚热带地区，太平洋岛屿及日本也有。

图1-251　普通针毛蕨

3. 翠绿针毛蕨（图1-252）

Macrothelypteris viridifrons (Takawa) Ching

植株高达150cm。根状茎短，直立，顶端连同叶柄基部均被褐色鳞片。叶簇生；叶柄长25～70cm，深禾秆色；叶片三角状卵形，先端尾状长渐尖，四回羽裂；羽片12～15对，多具柄，卵状披针形，基部1～2对最大，三回羽裂；小羽片12～15对，互生，平展，与羽轴以直角相交，长圆状披针形，先端急尖或长渐尖，基部平截；末回小羽片7～12对，先端钝圆，基部平截，一回羽裂；裂片长圆形，长宽几相等，先端圆钝，近全缘；叶脉羽状，小脉单一，不达叶边；叶片薄草质，下面密被多数白色多细胞针状长毛，上面沿脉被白色针状毛。孢子囊群小，着生于小脉近顶端；无囊群盖。

产于宁波、金华、温州及杭州市区、诸暨、遂昌、景宁。生于海拔600 m以下的林下或林缘。分布于江苏、安徽、江西、福建、湖南、贵州。日本、朝鲜半岛也有。

图1-252 翠绿针毛蕨

4. 细裂针毛蕨 (图1-253)

Macrothelypteris contingens Ching

植株高约1m。根状茎短而直立，被棕褐色鳞片。叶簇生；叶柄禾秆色，基部被鳞片；叶片卵状长圆形，先端渐尖并羽裂，三回深羽裂；羽片约15对，几无柄，阔披针形，渐尖头，基部稍变狭，截形，二回深羽裂；小羽片15～20对，密接，平展，与羽轴以直角相交，基部沿羽轴两侧以狭翅相连，深羽裂；裂片12～15对，矩圆形，先端圆，基部下延，彼此以狭翅相连，边缘锐裂成3～4个浅圆齿；第2对以上的羽片和基部1对同大，但基部不变狭；叶脉可见，侧脉二叉至三叉，偶有单一，斜上，每裂片3～4对；叶片薄草质，下面疏生灰白色、多细胞针状毛，上面疏生同样而较短的针状毛。孢子囊群小，圆形，每裂片3～4对，生于分叉侧脉的上侧小脉的近顶部；囊群盖小，不甚发育。

产于遂昌（九龙山）。生于海拔900～1050m的山谷林下。分布于云南南部。

图1-253 细裂针毛蕨

三〇 金星蕨科 Thelypteridaceae

5 卵果蕨属 Phegopteris (C. Presl) Fée

中小型陆生植物。根状茎多细长横走，密被鳞片和毛。叶远生或簇生；叶柄基部密被披针形鳞片；叶片三角状卵形或披针形，二回羽裂；羽片与羽轴合生，彼此以狭翅相连，或下部1～2对分离，下部羽片不缩狭或逐渐短缩；叶脉单一或多少分叉，伸达叶边；叶片草质，两面多少具针状毛，有时具分叉状毛，下面被棕色披针形鳞片，边缘有疏长睫毛。孢子囊群近圆形或长圆形，无盖，生于小脉中部以上或近顶端；孢子囊上多具直立的针状毛。孢子椭圆形，单裂缝，表面近光滑和有刺状周壁。

约4种，主产于北半球温带和亚热带地区。我国有3种；浙江有1种。

延羽卵果蕨 （图1-254）
Phegopteris decursive-pinnata (H.C. Hall) Fée

植株高30～80 cm。根状茎短而直立，被狭披针形、有缘毛的鳞片。叶簇生；叶柄长5～25 cm，禾秆色，基部疏被小鳞片；叶片披针形或椭圆状披针形，长25～55 cm，先端渐尖并为羽裂，下部近缩狭，一回羽状至二回羽裂；羽片约30对，狭披针形，中部的最大，长2～9 cm，宽0.8～1.2 cm，先端渐尖，基部变阔并沿叶轴以耳状或钝三角的翅彼此相连，边缘齿状锐裂至半裂，下部数对逐渐短缩，基部1对常缩成耳形；裂片卵状三角形，先端钝，近全缘；叶脉羽状，小

图1-254 延羽卵果蕨

脉单一，伸达叶边；叶片草质，两面沿羽轴和叶脉疏被针状毛和分叉毛或星状毛。孢子囊群近圆形，着生于小脉近顶端，无盖。

产于全省各地。多生于海拔900m以下的山坡林下、溪边、岩石上、林缘潮湿处。分布于华东、华中、华南、西南及陕西西南部、甘肃。日本、朝鲜半岛、越南也有。

全草可入药，有清热解毒、消肿利尿的功效。

6 紫柄蕨属 Pseudophegopteris Ching

中型陆生植物。根状茎短而横卧或长而横走，疏被鳞片。叶远生或近生；叶柄常红棕色或禾秆色，有光泽，基部疏生阔披针形鳞片，鳞片边缘略有短睫毛；叶片长圆形，二回至三回羽裂；羽片对生，无柄，羽轴两面隆起，被单细胞灰白色针状毛；叶脉分离，单一或分叉，不达叶边；叶片草质，两面疏被针状毛。孢子囊群长圆形、卵圆形或近圆形，背生于小脉中部以上，无盖。

约25种，主产于亚洲热带和亚热带地区。我国有12种；浙江有3种。

分种检索表

1. 叶柄禾秆色；叶下面有针状毛并混生不规则的星状毛 ·················· **1. 星毛紫柄蕨 P. levingei**
1. 叶柄红棕色至栗褐色；叶下面光滑或有针状毛。
  2. 叶下面光滑；羽片戟状卵形或戟状披针形，基部1对小羽片最大 ·········· **2. 耳状紫柄蕨 P. aurita**
  2. 叶下面有针状毛；羽片披针形，基部1对小羽片与其上的同大 ································ **3. 紫柄蕨 P. pyrrhorhachis**

1. 星毛紫柄蕨 （图1-255）
Pseudophegopteris levingei (C.B. Clarke) Ching

植株高45～70cm。根状茎长而横走，连同叶柄基部疏被鳞片和灰白色针状细长毛。叶远生；叶柄禾秆色，下部被鳞片和不规则的星状分叉的单细胞毛；叶片倒披针形至长圆状披针形，长30～40cm，二回深羽裂；羽片12～15对，对生，披针形或卵状披针形，基部1～2对短缩成三角形，羽裂几达羽轴；裂片7～10对，长圆形，边缘全缘或圆齿状浅裂，少有基部下侧一片裂片增大；叶脉羽状，侧脉二叉，不达叶边；叶片草质，沿叶脉被单细胞针状毛，叶轴和羽轴上除有针状毛外，混生有不规则星状毛，下部偶有鳞片。孢子囊群近圆形，着生于侧脉近顶端，无盖；孢子囊顶部有2～3根针状毛。

产于龙泉、庆元。生于海拔1000～1500m的沟边林下、灌草丛和石缝中等。分布于西南及江西、台湾、广西、陕西、甘肃。印度、巴基斯坦、不丹、阿富汗也有。

图 1-255　星毛紫柄蕨

2. 耳状紫柄蕨（图 1-256）
Pseudophegopteris aurita (Hook.) Ching

植株高 50～90cm。根状茎长而横走，顶部密被长柔毛和棕色、狭披针形具缘毛的鳞片。叶疏生或远生；叶柄红棕色，有光泽，幼时基部疏被短毛或鳞片；叶片卵状披针形，长 25～50cm，二回深羽裂；羽片 9～12 对，戟状卵形或戟状披针形，基部下侧小羽片特长并成耳状，长可达 3cm，其余向上各羽片渐短；小羽片或裂片 10～15 对，基部 1 对最大，两侧不等大，其下侧 1 片特大，镰刀状披针形或近耳形，边缘有粗钝齿或浅裂，其余向上各对小羽片或裂片均较短，长圆形，全缘或呈波状；叶脉羽状，分离，侧脉分叉；叶片纸质，除羽轴和小羽轴上面密被短毛外，其余均无毛，叶轴和羽轴常为红棕色。孢子囊无毛，近圆形，着生于小脉近顶端，靠近叶边，无盖。

产于开化、龙泉、庆元、云和、景宁、泰顺。生于海拔 300～1400m 的沟边林下、灌草丛等地。分布于江西、福建、湖南、广东、广西、重庆、贵州、云南、西藏。中南半岛及日本也有。

图 1-256 耳状紫柄蕨

3. 紫柄蕨（图1-257）

Pseudophegopteris pyrrhorhachis (Kunze) Ching

植株高逾1m。根状茎长而横走，顶部密被棕色具缘毛的鳞片。叶近生或疏生；叶柄长15~45cm，红棕色至栗褐色，无毛或基部略被鳞片和短刚毛；叶片长圆形或长圆状披针形，长25~70cm，宽7~35cm，二回羽状；羽片12~20对，对生，披针形，中部的较大，下部1~2对略短缩或与其上的近等大；小羽片12~20对，披针形，略呈镰刀状，基部1对与其上的同大，多少以狭翅相连，边缘有锐齿或浅裂；叶脉羽状，侧脉二叉至四叉，伸达叶边；叶片草质，下面小羽轴和中脉有针状短刚毛，沿侧脉和羽轴较密，叶轴和羽轴常为红棕色。孢子囊无毛，囊群近圆形或卵形，着生于小脉中部以上，靠近叶边，无盖。

产于淳安、衢州市区（衢江）、开化、江山、遂昌、龙泉、庆元、云和、景宁、泰顺。生于海拔500~1400m的沟边林下或林缘。分布于长江流域及以南各地，东至我国台湾，西达甘肃。越南、缅甸、印度、尼泊尔、不丹、斯里兰卡也有。

三〇 金星蕨科 Thelypteridaceae

图 1-257 紫柄蕨

7 钩毛蕨属 Cyclogramma Tagawa

根状茎粗而直立或长而横走，被灰白色单细胞短毛和少数棕色具缘毛的鳞片。叶簇生或散生；叶片长圆形或阔披针形，草质或纸质，两面多少被灰白色短毛和少数钩状针毛，二回羽状深裂；羽片多对，下部数对有时短缩，基部与叶轴着生处的下面具1个褐色气囊体；裂片多数，长圆形或近方形，全缘，边缘疏被针状毛。羽状叶脉，伸达缺刻以上的叶边。孢子囊群小而圆形，背生于侧脉的中部以上，在主脉两侧各成1行，无盖；孢子囊小，近顶部有1～4根直立钩状刚毛。

约10种，主产于我国热带、亚热带山区，向西经缅甸至喜马拉雅地区，向东至日本南部。我国有9种；浙江有1种。

狭基钩毛蕨 （图1-258）
Cyclogramma leveillei (Christ) Ching

植株高45～70cm。根状茎长而横走，顶端密被灰白色短毛和淡棕色鳞片。叶远生或疏生；叶柄长20～30cm，灰禾秆色，基部密被短毛和少数鳞片，向上近光滑；叶片长圆形，长25～40cm，宽10～18cm，二回深羽裂；羽片11～14对，下部1～2对近对生，向上的互生，无柄，长圆形，中部的较大，羽状深裂几达羽轴，基部1对急短缩，长仅约1.5cm；裂片长圆形，边缘有针状毛；叶脉羽状，分离，侧脉单一；叶片草质，上面仅中脉有少数针状毛，下面被顶端呈钩状的长针状毛；叶轴和羽轴上面密生短毛和针状毛。孢子囊群圆形，无盖；孢子囊顶部常有1根钩状刚毛。

产于庆元、景宁、文成、泰顺。生于海拔600~900m的林下岩石沟壑或岩石上。分布于福建、台湾、广东、广西、四川、贵州、云南。日本也有。

图1-258 狭基钩毛蕨

❽ 茯蕨属 Leptogramma J. Jay Sm.

中型陆生植物。根状茎短而直立或斜生，疏被鳞片；鳞片卵状长圆形或披针形，红棕色，背面有毛。叶簇生；叶柄下部被鳞片，常被单细胞的针状长毛和短刚毛；叶片长圆形、

三〇 金星蕨科 Thelypteridaceae

戟形或披针形，二回羽裂；羽片7～14对，披针形，基部圆截形或截形，上部的多少与叶轴合生，基部1对不缩狭或略缩狭，羽轴上面凹陷成1纵沟，羽裂常达1/2～2/3，裂片长圆形，圆头，全缘；叶脉分离，每裂片有3～6，单一，斜出达叶边，稀伸达缺刻；叶片草质或纸质，两面常有针状刚毛。孢子囊群长形，沿侧脉着生，略短于侧脉，无盖；孢子囊上有2～6根直立刚毛。

约15种，主产于亚洲热带和亚热带地区，西达非洲。我国有9种；浙江有3种。

分种检索表

1. 叶片戟形、长圆状戟形或三角状卵形，基部1对羽片较其上的为长。
   2. 叶片戟形或长圆状戟形，宽2.5～5cm，基部1对羽片长2～4cm ············ 1. 小叶茯蕨 L. tottoides
   2. 叶片三角状卵形，宽8～20cm，基部1对羽片长4～10cm ············ 2. 中间茯蕨 L. intermedia
1. 叶片长圆形，基部1对羽片与其上的同大 ············ 3. 峨眉茯蕨 L. scallanii

1. 小叶茯蕨 （图1-259）
Leptogramma tottoides H. Itô

植株高20～45cm。根状茎短而直立，顶部被红棕色鳞片。叶簇生；叶柄长5～20cm，被灰白色针状长毛或短刚毛，基部被与

图1-259 小叶茯蕨

根状茎上同样的鳞片；叶片戟形或长圆状戟形，长15~25cm，宽2.5~5cm，先端长渐尖并为羽裂，基部不缩狭，二回羽裂；羽片10~15对，基部1对羽片较其上的为长，长可达2~4cm，宽9~12mm，其余向上各对羽片长渐短小，先端锐尖，基部截形；叶脉羽状，分离，小脉单一，伸达叶边；叶片草质，两面被灰白色针状长毛和短刚毛，叶轴和羽轴更密。孢子囊群长圆形，着生于小脉下部；无囊群盖。

产于余姚、象山、遂昌、松阳、龙泉、庆元、景宁、乐清、永嘉、瑞安、文成、泰顺。生于海拔60~1350m的林下湿地或石缝。分布于江西、福建、湖南、台湾、重庆、贵州。

2. 中间茯蕨　（图1-260）
Leptogramma intermedia Ching ex Y.H. Chang et L.Y. Kuo

植株高35cm以上。根状茎短而直立，连同叶柄基部疏被红棕色、卵状披针形、具毛的鳞片。叶簇生；叶柄长20~35cm，疏被易脱落的鳞片和针状毛；叶片三角状卵形，长15~30cm，宽8~20cm，先端渐尖并为深羽裂，一回羽状；羽片10~18对，互生，近平展，几无柄，基部1对最大，长4~10cm，宽1.5~2.5cm，镰刀状披针形，渐尖头，自第2对起向上羽片突然短缩，其上各对多少与叶轴合生；裂片12~15对，卵状三角形或长圆形，先端圆钝，全缘；叶脉羽状，分离，小脉伸达叶边；叶片草质，两面被灰白色刚毛和针状毛，叶轴和羽轴上更密。孢子囊群长圆形，沿小脉中部着生；无盖；孢子囊上疏生3~7根长毛。

产于桐庐、淳安、遂昌、龙泉、庆元、文成、泰顺。生于海拔400~1100m的林下或沟边湿地。分布于福建。

图1-260　中间茯蕨

3. 峨眉茯蕨 （图1-261）
Leptogramma scallanii (Christ) Ching

植株高13～40cm。根状茎短而直立，顶端密被红棕色鳞片；鳞片两面被毛。叶簇生；柄长5～21cm，密生针状长毛或短刚毛，下部疏被小鳞片；叶片长圆形，长8～19cm，宽4～12cm，先端长渐尖并为羽裂，基部不缩狭，二回羽裂；羽片8～12对，互生，近平展，下部1～2对略有短柄，向上各对均无柄，多少与叶轴合生，长圆形或长圆状披针形，基部1对羽片与其上的同大；裂片椭圆形至长圆形，先端钝，全缘；叶脉羽状，分离，小脉单一，伸达叶边；叶片薄纸质，两面被灰白色针状长毛或短刚毛，叶轴和羽轴上更密。孢子囊群长圆形，沿小脉着生，稍短于小脉；无盖。

产于临安、诸暨、宁波市区（北仑）、鄞州、缙云、遂昌、龙泉、庆元、景宁、温州市区（龙湾）、永嘉、文成、泰顺。多生于海拔800m以下的林下湿地或沟谷石缝中。分布于长江以南各地，西北达秦岭山区。越南也有。

图1-261 峨眉茯蕨

⑨ 假毛蕨属 Pseudocyclosorus Ching

中型湿生植物。根状茎粗短而坚韧，顶部被鳞片和柔毛。叶远生或近生；叶柄禾秆色；叶片长圆状披针形或披针形，二回羽状深裂；羽片狭披针形，羽裂深达近羽轴，下部的常短缩成耳形、蝶形或退化成瘤状，羽片在羽轴着生处的下面常有1个瘤状气囊体；裂片多为镰刀状披针形；叶脉羽状，小脉粗壮，单一，下面隆起，裂片基部1对小脉伸达软骨质的圆形缺刻；叶片纸质或薄革质，疏被柔毛或近无毛。孢子囊群圆形，着生于侧脉上；囊群盖圆肾形，无毛或少有被毛。孢子椭圆形，表面具刺状突起。

约50种，分布于热带和亚热带地区。我国有38种，主要分布于华南和西南；浙江有3种。

分种检索表

1. 根状茎直立；下部羽片突然短缩成耳形至条形；沿叶轴和羽轴下面密生针状毛 ································
································ **1. 镰片假毛蕨 P. falcilobus**
1. 根状茎横走；下部羽片逐渐短缩成蝶形；沿叶轴和羽轴下面近光滑或被短柔毛。
   2. 中部羽片较短而狭，长约11cm，宽约1cm；羽片两面有短柔毛，叶轴和羽轴更密 ································
   ································ **2. 普通假毛蕨 P. subochthodes**
   2. 中部羽片较长而阔，长15～18cm，宽1.5～2.2cm；羽片仅羽轴及叶脉下面疏被微柔毛，上面被针状毛 ································ **3. 景烈假毛蕨 P. tsoi**

1. 镰片假毛蕨　镰形假毛蕨
Pseudocyclosorus falcilobus (Hook.) Ching

植株高35～85cm。根状茎短而直立，顶部疏被黄褐色、卵状披针形鳞片。叶簇生；叶柄深禾秆色，疏被鳞片及灰白色柔毛；叶片长圆状披针形，先端尾状渐尖并为羽裂，基部缩狭，下部二回深羽裂；羽片15～30对，羽状深裂几达羽轴，在着生处的叶轴下面有1个褐色的瘤状气囊体，下部数对突然短缩成耳形至条形；裂片镰刀状长圆形；叶脉羽状，分离，侧脉单一，每裂片7～8对，基部上侧一脉伸达缺刻，下侧一脉伸达缺刻以上的叶边；叶片薄革质，上面仅羽轴及中脉上有毛，下面沿叶轴、羽轴及小羽轴密被针状毛。孢子囊群圆形，着生于侧脉中部；囊群盖圆肾形，无毛。

产于杭州市区、临安、淳安、诸暨、开化、武义、遂昌、松阳、龙泉、庆元、景宁、永嘉、文成、苍南、泰顺。生于海拔1000m以下的山谷水沟边。分布于江西、福建、湖南、广东、海南、广西、贵州、云南。日本、越南、泰国、老挝、缅甸、印度也有。

叶可入药，有清热解毒、收敛杀虫的功效；也可湿地栽培供观赏。

2. 普通假毛蕨 （图1-262）
Pseudocyclosorus subochthodes (Ching) Ching

植株高90～110cm。根状茎短而横走，顶部被棕色卵形鳞片。叶近生；叶柄深禾秆色，基部疏被鳞片，向上多少被灰白色柔毛或无毛；叶片长圆状披针形，先端锐尖，基部近缩狭，二回深羽裂；羽片20～25对，条状披针形，羽裂几达羽轴，中部羽片较短而狭，长约11cm，宽约1cm，下部羽片逐渐短缩成蝶形或最下的退化成瘤状；裂片斜向上，长圆状披针形，先端钝尖；叶脉在裂片上为羽状，侧脉单一，除基部上侧1条伸达缺刻外，其余全部伸达缺刻以上的叶边；叶片薄革质，两面有短柔毛，沿叶轴和羽轴更密。孢子囊群圆形，着生于侧脉中部稍上处；囊群盖圆肾形，无毛。

产于杭州市区、临安、龙泉、庆元、景宁、永嘉、平阳、苍南、泰顺。生于海拔800m以下的山谷林下、沟边等湿润处。分布于长江以南各地。日本、朝鲜半岛也有。

图 1-262 普通假毛蕨

3. 景烈假毛蕨 （图1-263）

Pseudocyclosorus tsoi Ching

图1-263 景烈假毛蕨

植株高75～120cm。根状茎横走，顶部疏被鳞片。叶近生；叶柄基部褐色，疏被鳞片，向上渐变为禾秆色，光滑；叶片长圆状披针形，先端渐尖，基部急缩狭，二回深羽裂；羽片15～20对，中部的较长而阔，长15～18cm，宽1.5～2.2cm，羽裂几达羽轴，下部4～5对逐渐缩小成蝶形耳片，基部1对几成瘤状；裂片22～28对，斜向上，条状披针形，基部1对略长；叶脉羽状，两面明显，侧脉单一，斜向上，每裂片有9～10对，基部上侧1脉伸达缺刻，下侧1脉伸达缺刻以上的叶边；叶片干后纸质，上面沿侧脉偶有极稀疏的针状毛，下面沿叶轴及羽轴疏被微柔毛。孢子囊群圆形，着生于侧脉中部以上，每裂片有6～7对；囊群盖圆肾形，宿存。

产于衢州市区（衢江）、开化、遂昌、庆元、景宁、瑞安、文成、苍南。生于海拔650m以下的林缘、沟边。分布于江西、福建、湖南、广东、广西。

⑩ 毛蕨属 Cyclosorus Link

常为中型陆生的林下植物。根状茎多横走，疏被鳞片。叶多近生；叶柄禾秆色或淡绿色，被灰白色毛；叶片先端渐尖，二回羽裂或一回羽状；下部羽片常短缩或变成耳形，有时退化成气囊体；叶脉在裂片上常单一，明显，斜上，相邻裂片间的基部1对侧脉顶端彼此交结，以羽轴为底边形成三角形网眼，第2对或多至4对（偶达5对）侧脉的顶端常伸达外行小脉，并与之连接；叶片草质至厚纸质，两面多少被毛，下面常具橙黄色腺体。孢子囊群圆形，背生于侧脉中部；囊群盖宿存。

约250种，广泛分布于热带和亚热带地区，大多分布于亚洲。我国约有40种；浙江有11种。

分种检索表

1. 中部羽片上的裂片缺刻底部以下仅有由基部1对侧脉交结而成的1三角形网眼。
    2. 下部羽片逐渐短缩。
        3. 羽片8~12对，下部2~3对略短缩 ·· **11. 短尖毛蕨 C. subacutus**
        3. 羽片约28对，下部多对短缩 ·· **8. 华南毛蕨 C. parasiticus**
    2. 下部羽片不短缩或基部1对略短缩。
        4. 叶下面无腺体，羽片对生，两面及囊群盖伏生有长针状毛 ············ **10. 矮毛蕨 C. pygmaeus**
        4. 叶下面叶脉上有腺体，羽片互生。
            5. 根状茎直立；羽片6~16对，下面密生柔毛 ···················· **9. 小叶毛蕨 C. parvifolius**
            5. 根状茎横走；羽片14~22对，下面密生针状毛 ············ **8. 华南毛蕨 C. parasiticus**
1. 中部羽片上的裂片缺刻底部以下有由基部1对及其余侧脉交结成1三角形和1至数个长方形网眼。
    6. 裂片基部1对侧脉交结。
        7. 下部羽片不短缩或基部1对略短缩。
            8. 羽片下面沿叶脉密生橙红色腺体 ·································· **8. 华南毛蕨 C. parasiticus**
            8. 羽片下面沿叶脉无腺体 ·· **1. 渐尖毛蕨 C. acuminatus**
        7. 下部羽片有1~6对短缩变形或不变形。
            9. 下部1~3对羽片逐渐短缩而不变形，叶片先端长渐尖 ············ **3. 齿牙毛蕨 C. dentatus**
            9. 下部2~6对羽片短缩而变形，叶片先端突然缩狭成1顶生羽片。
                10. 侧生羽片4~6对，下部2~3对略短缩，基部1对变成三角形耳片 ·· **6. 宽羽毛蕨 C. latipinnus**
                10. 侧生羽片13~18对，下部4~6对突然短缩变成蝶形 ············ **7. 蝶状毛蕨 C. papilio**
    6. 裂片下部2对侧脉（有时1对半或2对半）交结。
        11. 下部羽片有1~3对略短缩 ·· **4. 福建毛蕨 C. fukienensis**
        11. 下部羽片逐渐短缩，基部1对变成蝶形或基部截形。
            12. 叶片薄草质；羽片基部不对称，上侧1片裂片最长，呈耳形；囊群盖无毛 ·· **2. 干旱毛蕨 C. aridus**
            12. 叶片纸质；羽片基部近对称；囊群盖有毛 ················ **5. 闽台毛蕨 C. jaculosus**

1. 渐尖毛蕨 (图1-264)

Cyclosorus acuminatus (Houtt.) Nakai — *C. cangnanensis* K.H. Shing et C.F. Zhang — *C. subacuminatus* Ching ex K.H. Shing et J.F. Cheng

植株高75～140cm。根状茎长而横走，疏被棕色披针形鳞片。叶远生；叶柄长30～60cm，深禾秆色，基部疏被鳞片，向上略被柔毛或近无毛；叶片披针形，长40～100cm，二回羽裂；羽片15～30对，互生，或下部的近对生，条状披针形，下部数对不短缩或略短缩，常反折，中部的长8～15cm，宽22～30mm，先端渐尖，基部截形，羽裂达1/3～2/3；裂片长圆形，基部上侧1裂片常较长而与叶轴并行；叶脉羽状，侧脉每裂片7～8对，基部1对交结，第2对伸达缺刻底部的透明膜，第3对以上伸达缺刻以上的叶边，交结成1三角形和1至数个长方形网眼；叶片近纸质，上面被短粗毛，下面无腺体，仅脉上被短毛，叶轴和羽轴被刚毛或柔毛。孢子囊群圆形，着生于侧脉中部稍上处；囊群盖大，圆肾形，密生柔毛。

产于全省各地。常生于海拔1000m以下的丘陵山地、灌草丛、沟边湿地等处。分布于长江流域及以南各地，北达陕西南部。日本、朝鲜半岛、菲律宾也有。

全草可入药，有清热、健脾、镇惊解毒的功效。

图1-264 渐尖毛蕨

1a. 牯岭毛蕨(变种) (图1-265)
var. **kulingensis** Ching

本变种与渐尖毛蕨的主要区别在于植株较矮小，高不超30cm；侧生羽片5～7对，长圆形，长3～3.5cm，先端突尖至近钝圆，边缘具粗齿牙。

产地同渐尖毛蕨。分布于江西、台湾。

图1-265 牯岭毛蕨

2. 干旱毛蕨 (图1-266)
Cyclosorus aridus (Don) Tagawa

植株高80～120cm。根状茎长而横走，幼时疏被棕色鳞片，后变光滑。叶远生；叶柄长20～40cm，棕禾秆色，基部疏被鳞片，向上光滑或疏被柔毛；叶片阔披针形，长60～80cm，宽20～28cm，先端短渐尖，基部渐缩狭，二回羽裂；羽片约20对，互生，平展，无柄，条状披针形，下部多对逐渐短缩成耳形，中部的长10～18cm，宽1～1.8cm，先端渐尖，基部截形，不对称，上侧1裂片最长，呈耳形，边缘羽状浅裂；裂片斜展，三角形，先端尖，全缘；叶脉羽状，侧脉每裂片有9～10对，中部羽片下部2对(有时仅1对半)交结成1三角形和1至数个长方形网眼；叶片薄革质，上面及羽轴有短毛，下面沿叶脉有短针状毛和黄色棒状腺体。孢子囊群圆形，着生于侧脉中部；囊群盖小，圆肾形，无毛。

产于杭州市区、庆元、景宁、文成、平阳、苍南、泰顺。常生于海拔800m以下沟边、林下。分布于华东、华南、西南。东南亚、太平洋岛屿及澳大利亚也有。

图 1-266　干旱毛蕨

3. 齿牙毛蕨（图 1-267）

Cyclosorus dentatus (Frosk.) Ching — *C. jiulungshanensis* Chiu et Yao ex Ching — *C. proximus* Ching et C.H. Wang — *C. angustus* Ching

植株高 30～70cm。根状茎短，直立或近横卧，顶部密被棕色鳞片。叶近生或簇生；叶柄灰禾秆色，密被灰白色硬毛；叶片披针形至长圆状披针形，先端长渐尖，基部略缩狭，二回羽裂；羽片 12～18 对，互生，下部 1～3 对略短缩，但不变形；裂片略斜展，长圆形；叶脉羽状，侧脉每裂片 7～8 对，基部 1 对交结，第 2 对上侧 1 条脉伸达缺刻底部，并与第 1 对交结点的外行小脉相连，仅下侧 1 条伸达缺刻以上的叶边；叶片薄纸质，两面密被短毛，羽轴和中脉两面被短硬毛。孢子囊群圆形，着生于侧脉中部；囊群盖圆肾形，密被毛。

产于温州及遂昌、庆元、景宁。生于海拔 50～650m 的田边、沟边。分布于华南、西南及江西、福建、湖南。非洲南部、美洲热带地区及越南、泰国、缅甸、印度也有。

三〇 金星蕨科 Thelypteridaceae 353

图 1-267　齿牙毛蕨

4. 福建毛蕨 （图 1-268）

Cyclosorus fukienensis Ching — *C. dehuaensis* Ching et K.H. Shing — *C. fraxinifolius* Ching et K.H. Shing — *C. luoqingensis* Ching et C.F. Zhang — *C. paucipinnus* Ching et C.F. Zhang ex Shing

植株高 40～90 cm。根状茎长而横走，顶部密被短针毛和少数披针形鳞片。叶远生；叶柄长 15～35 cm，基部被短针毛和少数鳞片，向上近光滑；叶片长圆状披针形

图 1-268　福建毛蕨

或宽披针形,长35~55cm,先端长渐尖并为羽裂,基部略缩狭;羽片7~11对,互生,披针形至阔披针形,下部1~3对略短缩,但不变形,长4~6cm,先端短渐尖,中部羽片较长,先端渐尖,羽裂达1/3;裂片镰刀状长圆形,先端圆钝或近短尖;叶脉羽状,明显,侧脉每裂片6~8对,基部1对出自中脉基部稍上处,下部2对或2对半交结;叶片纸质,上面仅中脉被极稀疏短毛,下面沿叶脉疏生短柔毛和黄色棒状腺体。孢子囊群圆形,着生于侧脉中部;囊群盖圆肾形,密生柔毛。

产于乐清、平阳、苍南、泰顺。生于林下、林缘、沟边、荒地。分布于江西、福建、湖南、广东。

5. 闽台毛蕨 （图1-269）

Cyclosorus jaculosus (Christ) H. Itô

植株高逾1m。根状茎长而横走,疏被褐色鳞片。叶远生;叶柄棕禾秆色,基部疏被鳞片,向上被灰色短毛;叶片披针形或长圆状披针形,长85~95cm,宽25~30cm,二回羽裂;羽片23~25对,先端渐尖成尾状,基部近对称,近截形,羽裂达1/3~1/2,下部3~4对渐短缩,基部1对成蝶形;裂片长圆形,先端圆钝,边缘具浅锯齿或近全缘;叶脉羽状,侧脉每

图1-269 闽台毛蕨

裂片有8~10对，基部1对出自中脉基部，下部2对（有时1对半）交结，第3对侧脉伸达缺刻底部，第4对以上伸到缺刻以上的叶边；叶片纸质，上面仅羽轴有短毛，下面近无毛，叶轴有淡黄色腺体。孢子囊群圆形，着生于侧脉中部；囊群盖圆形，被短柔毛。

产于温州。生于海拔700m以下的草丛中或林缘。分布于江西、福建、湖南、台湾、广东、广西、云南。日本、越南、印度、尼泊尔、不丹也有。

6. 宽羽毛蕨 （图1-270）

Cyclosorus latipinnus (Benth.) Tardieu — *C. papilionaceus* K.H. Shing et C.F. Zhang — *C. oblanceolatus* K.H. Shing et C.F. Zhang

植株高20~25cm。根状茎短而直立，顶部及叶柄基部疏被深棕色披针形鳞片。叶簇生；叶柄长5~6cm，淡禾秆色，疏被短柔毛；叶片披针形或长圆状披针形，长15~22cm，先端尾状渐尖，基部渐缩狭，二回浅羽裂；羽片4~6对，顶生羽片最大，长11cm，基部宽2~2.5cm，下部2~3对羽片略短缩，基部1对变成三角形耳片，长仅1cm；裂片7~11对；叶脉羽状，明显，基部1对侧脉出自主脉基部以上，顶端交结，并有1条外行小脉伸达缺刻下透明膜，第2对侧脉伸达缺刻底部，第3对以上伸达缺刻以上的叶边；叶片纸质，下面密生短柔毛。孢子囊群圆形，着生于侧脉近顶端；囊群盖小，被短柔毛。

图1-270　宽羽毛蕨

产于庆元、景宁、永嘉、平阳、苍南、泰顺。生于海拔700m以下的林下水沟边。分布于华南、西南及福建、湖南。东南亚也有。

7. 蝶状毛蕨 缩羽毛蕨
Cyclosorus papilio (C. Hope) Ching

植株高达1m。根状茎直立，被褐色披针形鳞片。叶簇生；叶柄褐禾秆色，基部有鳞片，向上近光滑；叶片长圆状披针形，长50～55cm，先端突缩狭成1顶生羽片，基部突缩狭，二回羽状浅裂；羽片13～18对，下部4～6对突然短缩成蝶形，中部羽片长6～10cm，先端长渐尖，基部两侧略不等，羽状浅裂；裂片卵圆状三角形，全缘；叶脉羽状，两面隆起，侧脉每裂片5～6对，基部1对离中脉基部甚远，顶端交结成钝三角形网眼，有长的外行小脉，第2对上侧一脉伸达缺刻，下侧一脉达缺刻稍上处的叶边；叶片草质或近纸质，羽轴上面有针状毛，叶轴、叶脉上有短针状毛。孢子囊群圆形，背生于小脉中部，每裂片2～4对；囊群盖圆肾形，被毛，有时有红色腺体。

产于平阳、苍南。生于海拔800m以下的林下、林缘及水沟边。分布于台湾、四川、云南、西藏。印度、尼泊尔、斯里兰卡也有。

8. 华南毛蕨 （图1-271）
Cyclosorus parasiticus (L.) Farwell — *C. aureoglandulosus* Ching et K.H. Shing ex Ching et C.F. Zhang — *C. excelsior* Ching et K.H. Shing — *C. hainanensis* Ching — *C. orientalis* Ching ex K.H. Shing — *C. yandongensis* Ching et K.H. Shing — *C. pauciserratus* Ching et C.F. Zhang

植株高30～100cm。根状茎横走，顶部被深棕色披针形鳞片。叶近生；叶柄长15～45cm，棕禾秆色；叶片长圆状披

图1-271　华南毛蕨

针形，长30～50cm，先端渐尖并为羽裂，基部几不缩狭，二回羽裂；羽片14～22对，互生，下部1～2对有时略短缩，中部的长6～15cm，宽1～2cm，先端渐尖，基部截形，羽裂达1/2或更深；裂片长圆形，全缘；叶脉羽状，侧脉每裂片6～8对，基部1对出自中脉基部以上，顶端交结成三角形网眼，并自交结点有1条外行小脉伸达缺刻，第2对以上侧脉伸达缺刻以上的叶边；叶片纸质或草质，两面均被毛，下面沿叶脉密生橙红色腺体。孢子囊群圆形，着生于侧脉中部；囊群盖小，圆肾形，密生针状毛。

产于杭州市区、庆元、温州市区、洞头、乐清、瑞安、文成、平阳、苍南、泰顺。生于海拔700m以下的林下、林缘。分布于华南、西南及江西、福建、湖南。东亚、东南亚、南亚也有。

9. 小叶毛蕨
Cyclosorus parvifolius Ching

植株高25～40cm。根状茎直立，顶部略被披针形小鳞片。叶簇生；叶柄禾秆色，基部疏被鳞片，向上被长柔毛；叶片阔披针形，先端渐尖并为羽裂，基部几不缩狭，二回羽状浅裂；羽片6～16对，互生，长圆形或阔披针形，中部的长1.7～4cm，宽6～12mm，先端钝，基部阔楔形或近平截，羽裂达1/2；裂片5～9对，先端圆钝，全缘；叶脉羽状，下面明显，侧脉每裂片3～4对，基部1对自远离中脉基部以上生出，顶端通常在缺刻处交结成三角形网眼，仅羽片基部裂片上的1对侧脉在缺刻稍下处交结，并有1条短的外行小脉伸达缺刻，第2对侧脉伸达缺刻以上的叶边；叶片草质，上面叶脉疏被毛，下面密生柔毛，脉上有橙色腺体。孢子囊群小，圆形；囊群盖小，棕色，膜质，被宿存短柔毛。

产于洞头、泰顺，作者未见标本。生于海拔400m以下的沟边、林缘。分布于福建。

10. 矮毛蕨
Cyclosorus pygmaeus Ching et C.F. Zhang

植株高约32cm。叶簇生；叶柄淡禾秆色，光滑，上面略有1～2根长柔毛；叶片长圆形，长约15cm，宽约9cm，尾状渐尖，二回羽状半裂；羽片约15对，对生，平展，无柄，下部羽片不短缩，基部1对与其上各对同大同形，长4.5cm，宽6～7mm，披针形，渐尖头，基部平截，羽状半裂；裂片长圆形，先端略变狭，略向前；叶脉4～6对，基部1对出自主脉基部以上，在缺刻下交结，几无外行小脉，第2对伸达缺刻以上叶边；叶片干后草质，绿色，两面有同样的伏生长针状毛。孢子囊群小，每裂片2～3对，近边生；囊群盖棕色，被长针状毛。

产于温州市区、洞头、乐清、永嘉、苍南、泰顺。生于海拔300m以下的路边、石缝中。分布于江西。模式标本采自乐清（雁荡山）。

11. 短尖毛蕨 (图1-272)

Cyclosorus subacutus Ching

植株高15~45cm。根状茎短而直立，顶部密被深棕色鳞片。叶簇生；叶柄灰禾秆色，基部被鳞片；叶片披针形，二回羽裂；羽片8~12对，长圆状披针形，下部2~3对略短缩，中部的长2.2~5cm，宽1~1.3cm，先端短尖或尖，基部平截，羽裂达1/2~2/3；裂片7~12对，长圆形，先端圆或钝尖，全缘；叶脉羽状，两面明显，侧脉每裂片4~5对，基部1对出自中脉基部以上，顶端交结成1三角形网眼，并自交结点有1条外行小脉伸达缺刻，第2对侧脉伸向缺刻以上的叶边；叶片草质，上面脉间被短刚毛，脉上疏生针状长毛，下面脉上密生短柔毛或偶具腺体。孢子囊群小而密，圆形，着生于侧脉中部；囊群盖小，灰棕色，密生白色短柔毛，宿存。

产于安吉、杭州市区、普陀、金华市区、遂昌、龙泉、庆元、乐清、瑞安、平阳、苍南、泰顺。生于山坡林缘、沟边。分布于江西、福建、台湾、广东、广西。

图1-272　短尖毛蕨

存疑种

1. 温州毛蕨
Cyclosorus wenzhouensis Shing et C.F. Zhang

叶片纸质，中部羽片羽裂1/2或过之，下部多对羽片逐渐缩短；脉间无毛。《中国植物志》记载鹿城有分布，未见标本；*Flora of China*怀疑本种为渐尖毛蕨 *C. acuminatus* (Houtt.) Nakai ex Thunb. 和齿牙毛蕨 *C. dentatus* (Frosk.) Ching 的杂交种。

2. 大毛蕨
Cyclosorus grandissimus Ching

叶片纸质，仅羽轴下面疏被微柔毛；下部4对羽片逐渐短缩，基部1对变成蝶状；二回羽状浅裂；裂片21～30对，先端锐尖。《浙江植物志》记载平阳有分布；*Flora of China*怀疑本种为福建毛蕨 *C. fukienensis* Ching 和干旱毛蕨 *C. aridus* (D. Don) Ching 的杂交种。作者未见标本。

3. 毛脚毛蕨
Cyclosorus hirtipes K.H. Shing et C.F. Zhang

叶片纸质，两面仅羽轴和主脉有1～2针毛；下部2～3对略渐短缩，侧生羽片羽裂1/3。《中国植物志》记载乐清（雁荡山）有分布，未见标本；*Flora of China*怀疑本种为福建毛蕨 *C. fukienensis* Ching 和渐尖毛蕨 *C. acuminatus* (Houtt.) Nakai ex Thunb. 的杂交种。

4. 朝芳毛蕨
Cyclosorus zhangii K.H. Shing

叶片草质，侧生羽片羽裂过1/2，羽片边缘粗齿状；脉间无毛。《中国植物志》记载泰顺有分布，未见标本；*Flora of China*怀疑本种为渐尖毛蕨 *C. acuminatus* (Houtt.) Nakai ex Thunb. 和华南毛蕨 *C. parasiticus* 的杂交种。

11 新月蕨属 Pronephrium C. Presl

中型陆生蕨类。根状茎长而横走，疏具棕色被毛鳞片。叶远生或近生；叶柄基部疏被鳞片，向上多少被单细胞针状毛；叶片一型少有近二型，一回羽状或三出复叶或单叶；羽片1～10对，较大，披针形，先端渐尖，基部圆形或楔形全缘或仅有粗锯齿；叶脉除近叶缘的1～3对小脉分离外，其余的均在侧脉间网结成2行方形或斜方形的整齐网眼，锯齿间的缺刻内不具透明膜；叶片上面常有细而密的疣状突起。孢子囊群圆形，背生于小脉上，无盖或有发育不良而早落的盖，成熟时往往成对汇合成新月形。

61种，主要分布于亚洲热带和亚热带地区。我国有18种；浙江有1种。

披针新月蕨 （图1-273）

Pronephrium penangianum (Hook.) Holttum

植株高70～155cm。根状茎长而横走，具易脱落的棕色披针形鳞片。叶近生；叶柄长30～85cm，淡红棕色；叶片矩圆状披针形，长40～70cm，宽20～40cm，奇数一回羽状；羽片13～15对，互生，有短柄，条状披针形，长12～25cm，宽1.5～2.5cm，先端尾状渐尖，基部阔楔形，边缘具软骨质尖齿或大锯齿，顶生羽片同型，有长柄；叶脉连接，侧脉间的小脉除近叶缘的1～2对分离外，均连接成2行方形或斜长方形网眼；叶片纸质，光滑无毛。孢子囊群圆形，着生于小脉下部靠近主脉；无盖。

产于建德、淳安、开化。生于海拔150～200m的溪沟边林缘、灌草丛中。分布于华中、西南及江西、广东、广西、甘肃。南亚也有。

图1-273　披针新月蕨

12 圣蕨属　Dictyocline T. Moore

陆生中型蕨类。根状茎短，直立或斜生，疏被披针形鳞片；鳞片背面被针状刚毛。叶簇生；叶柄灰禾秆色，密被毛，基部疏被鳞片，上面有1条浅纵沟；叶片长圆形、三角形至截形，先端渐尖并多少羽裂，一回羽状或羽裂或单叶，基部心形；如为羽状，则有1～6对羽片；羽片斜展，阔披针形，全缘，分离或合生，羽轴两面隆起；侧脉斜向上，伸达叶边，侧脉之间的小脉网状；叶片纸质，两面被顶端呈钩状的粗毛。孢子囊群条形，着生于网脉上，连接成网状；无囊群盖。

约4种，分布于东亚、东南亚及南亚。我国有4种；浙江有2种。

1. 羽裂圣蕨 （图1-274）
Dictyocline wilfordii (Hook.) J. Sm.

植株高30～50cm。根状茎短而斜生，密被黑褐色具毛鳞片。叶簇生；叶柄禾秆色；叶片三角形或长圆状三角形，长15～25cm，先端短尖，基部心形，一回深羽裂几达叶轴，少有基部具1～2对近于分离的羽片；基部1对裂片最大，全缘或波状，略向上弯弓，向上的裂片渐短；叶脉网状，侧脉间的小脉连成2～3行斜方形或五角形网眼，内有内藏小脉；叶片纸质，粗糙，上面密生短刚毛，小羽轴上更密，下面沿叶脉有短刚毛或针状毛。孢子囊群条形，沿网脉着生；无盖。

产于鄞州、开化、常山、遂昌、庆元、景宁、瑞安、平阳、苍南、泰顺。生于海拔150～800m的林下或林缘湿地。分布于江西、福建、台湾、广东、广西、四川、贵州、云南。日本、越南也有。

图1-274 羽裂圣蕨

2. 闽浙圣蕨 （图1-275）
Dictyocline mingchegensis Ching

植株高40～70cm。根状茎短而斜生，密被红棕色鳞片和灰白色针状长毛。叶簇生；叶柄淡禾秆色；叶片长圆形或狭长圆形，长26～35cm，先端渐尖，基部不缩狭，一回羽状；羽片4～6

对，对生，近无柄，侧生羽片卵状披针形，长6～10cm，宽2～2.5cm，先端渐尖，基部圆形，全缘或多少呈波状，顶生羽片较大，三叉；中央裂片较基部裂片为大，边缘波状，基部裂片与侧生羽片同型而较小；侧脉斜向上，伸达近叶边，侧脉内的小脉网状，网眼2～3行，近四方形，无内藏小脉；叶片纸质，上面无毛或沿叶脉疏生短刚毛，下面沿叶脉有针状刚毛。孢子囊群条形，沿网脉着生；无盖。

产于常山、遂昌、龙泉、庆元、景宁、文成、平阳、苍南、泰顺。生于海拔300～800m的林下湿地。分布于江西、福建。模式标本采自平阳（南雁荡山）。

本种与羽裂圣蕨的主要区别在于后者叶片三角形或长圆状三角形，常一回深羽裂。

图1-275　闽浙圣蕨

三一 铁角蕨科 Aspleniaceae

多为中小型的石生或附生（少有土生）植物。根状茎横走、斜生或直立，外被具粗筛孔的披针形鳞片。叶片草质、肉质或薄革质，光滑或疏生小鳞片；叶柄基部无关节；叶片形状变异很大，单叶，深羽裂或一回至三回羽状细裂，复叶的分枝式为上先出，末回小羽片或裂片往往呈斜方形或不等边四边形，基部不对称，全缘或有锯齿或为撕裂；叶脉分离或偶有连接而无内藏小脉。孢子囊群常条形，通常沿小脉上侧着生；囊群盖与孢子囊群同形，稀无盖。

2属，700余种。我国有2属，108种；依 Flora of China，浙江有2属，27种。

1 铁角蕨属 Asplenium L.

根状茎密被小鳞片。叶柄多为绿色，上有1条纵沟，基部无关节；叶片单一或一回至三回羽状；羽片或小羽片往往沿着各回羽轴下延，末回小羽片或裂片基部不对称；叶脉分离，不达叶边，偶有网结；叶片草质至革质，有时近肉质，光滑。孢子囊群常条形，通常沿侧脉上侧着生，单一，稀双生；囊群盖棕色，膜质，全缘；孢子囊具长柄。

约700种，广泛分布于全球，以热带地区为最多。我国有90种；浙江有24种。

分种检索表

1. 单叶。
   2. 叶尖无芽胞 ··· **1. 剑叶铁角蕨 A. ensiforme**
   2. 叶尖有芽胞 ··· **2. 过山蕨 A. ruprechtii**
1. 复叶。
   3. 叶片一回羽状。
      4. 羽片主脉两侧（或上侧）各有1行孢子囊群，囊群盖均开向主脉；叶脉不隆起，叶面不呈沟脊状。
         5. 叶柄和叶轴（有时仅叶柄下部）红棕色或栗褐色。
            6. 仅叶柄（有时叶轴下部）红棕色；叶片草质 ················· **3. 虎尾铁角蕨 A. incisum**
            6. 叶柄、叶轴全为栗褐色；叶片纸质。
               7. 叶轴上面及两侧或有时下面有棕色的膜质全缘翅。
                  8. 叶轴上面纵沟两侧各有1条膜质翅 ···················· **4. 铁角蕨 A. trichomanes**
                  8. 除叶轴上面纵沟两侧外，下面也有1条膜质翅 ········ **5. 三翅铁角蕨 A. tripteropus**
               7. 叶轴上下两面均无翅。
                  9. 植株高12～40cm；叶轴顶端有芽胞；羽片三角状长圆形 ··· **6. 倒挂铁角蕨 A. normale**
                  9. 植株高4～15cm；叶轴顶端无芽胞；羽片卵形或斜方形 ··· **7. 江苏铁角蕨 A. kiangsuense**

5.叶柄和叶轴绿色、禾秆色，有时灰褐色 ··· 8.狭翅铁角蕨 A. wrightii
　4.羽片主脉两侧（或上侧）下部有多排孢子囊群，其盖开向主脉，或开向叶边；叶脉往往隆起呈沟脊状。
　　10.羽片不分裂，边缘仅有不规则锯齿或条裂。
　　　11.叶柄和叶轴上密生黑褐色、基部是变形虫状分叉的纤维状鳞片（老时渐脱落）；羽片腋间无芽胞 ·· 9.毛轴铁角蕨 A. crinicaule
　　　11.叶柄及叶轴近光滑或上面疏被红棕色小鳞片；羽片腋间常具1芽胞 ·· 10.胎生铁角蕨 A. indicum
　　10.羽片上侧不规则分裂。
　　　12.羽片边缘不规则撕裂或条裂 ·· 11.棕鳞铁角蕨 A. yoshinagae
　　　12.羽片常深裂达主脉 ··· 12.东南铁角蕨 A. oldhami
3.叶片二回至三回羽状。
　13.叶片草质或革质，干后不皱缩；末回小羽片（或裂片）不为狭条形，具多数叶脉和孢子囊群，囊群盖开向主脉或少数同时开向叶边。
　　14.叶片二回至三回羽裂。
　　　15.下部羽片逐渐短缩，基部的呈小耳形 ·· 3.虎尾铁角蕨 A. incisum
　　　15.下部羽片不短缩，基部羽片和其上的同型或稍长，或基部羽片最大，或多少短缩，绝不呈耳形。
　　　　16.基部羽片和其上的同型或稍长。
　　　　　17.植株通常高逾30cm；叶片草质或坚纸质。
　　　　　　18.叶片长圆形，中部羽片长于10cm ·· 13.四国铁角蕨 A. shikokianum
　　　　　　18.叶片披针形或线状披针形，中部羽片长不超过5cm ··· 14.华南铁角蕨 A. austrochinense
　　　　　17.小型植物，植株高10～20cm；叶片草质。
　　　　　　19.叶片干后坚草质。
　　　　　　　20.叶片披针形；叶柄下部密生深褐色的披针形鳞片；叶质较厚 ·· 15.北京铁角蕨 A. pekinense
　　　　　　　20.叶片长圆状披针形；叶柄下部近光滑；叶质较薄 ····· 16.华中铁角蕨 A. sarelii
　　　　　　19.叶片干后薄草质。
　　　　　　　21.小羽片顶端有少数钝齿 ·· 17.钝齿铁角蕨 A. subvarians
　　　　　　　21.小羽片顶端有少数尖齿 ·· 18.变异铁角蕨 A. varians
　　　　16.基部羽片最大 ·· 24.卵叶铁角蕨 A. ruta-muraria
　　14.叶片三回或四回羽裂。
　　　22.叶柄及叶轴乌木色 ··· 19.线裂铁角蕨 A. coenobiale
　　　22.叶柄为淡绿色或部分饰有棕色，少有红棕色。
　　　　23.叶片纸质；末回裂片条形，钝头 ··· 20.闽浙铁角蕨 A. wilfordii
　　　　23.叶片草质；末回裂片披针形或渐尖，非钝头。
　　　　　24.羽轴两侧有狭翅 ·· 21.骨碎补铁角蕨 A. ritoense
　　　　　24.羽轴两侧有阔翅 ·· 22.大盖铁角蕨 A. bullatum
　13.叶片近肉质，干后表面皱缩，略显细纵纹；末回小羽片或裂片条形，每裂片有小脉1条及孢子囊群1枚，囊群盖开向叶边 ·· 23.长生铁角蕨 A. prolongatum

三一　铁角蕨科 Aspleniaceae

1. 剑叶铁角蕨 （图1-276）

Asplenium ensiforme Wall. ex Hook. et Grev.

植株高14~22cm。根状茎短，直立，顶端密生褐棕色披针形、边缘有小齿的鳞片。叶簇生；单叶；叶柄淡禾秆色，长2~6cm，基部被淡棕色小鳞片；叶片倒披针形或线状披针形，长12~16cm，宽1~1.5cm，基部渐狭，先端渐尖，叶尖无芽胞，全缘或有时波状，干后内卷；主脉腹面微突，背面显著突出，侧脉二叉分歧，背面较明显；叶片革质。囊群盖条形，全缘或呈波状，厚膜质，灰黄色。

产于龙泉、永嘉、泰顺。附生于海拔500~1000m的林下石堆或苔藓丛中。分布于华南、西南及江苏、江西、湖南。日本、越南、泰国、缅甸、印度、尼泊尔、不丹、斯里兰卡也有。

图1-276　剑叶铁角蕨

2. 过山蕨 （图1-277）

Asplenium ruprechtii Sa. Kurata Enum. — *Camptosorus sibiricus* Rupr.

植株高达20cm。根状茎短小而直立，先端密被小鳞片，披针形，黑褐色膜质，全缘。叶簇生；单叶；基生叶不育，较小，椭圆形，钝头，基部阔楔形，略下延于叶柄；能育叶较大，柄长1~5cm，叶片长10~15cm，宽5~10mm，披针形，全缘或略呈波状，先端渐尖，且延伸成鞭状

（长3～8cm），叶尖有芽胞，能着地生根行无性繁殖；叶脉网状，网眼外的小脉分离，不达叶边；叶片草质。孢子囊群条形或椭圆形；囊群盖狭，同形，膜质，灰绿色或浅棕色。

产于余姚（四明山）。生于海拔约700m的林下岩石上。分布于东北、华北及江苏、江西、河南、陕西。俄罗斯、日本、朝鲜半岛也有。

图1-277　过山蕨

3. 虎尾铁角蕨　（图1-278）

Asplenium incisum Thunb. — *A. elegantulum* Hook.

根状茎短而直立，顶部被黑褐色狭披针形鳞片。叶簇生；叶柄亮栗色，上面有1纵沟，基部红棕色，疏被鳞片，向上光滑；叶片阔披针形，一回羽状，或二回至三回羽裂；羽片约20对；小羽片密接，下部羽片逐渐短缩（基部的呈小耳形）；叶脉羽状，不隆起，侧脉二叉，不达叶边；叶片薄草质，叶面不呈沟脊状，无毛；叶轴上面绿色，下面常为红棕色；羽片主脉两侧（或上侧）各有1行孢子囊群。孢子囊群长圆形，着生于小脉上侧分枝近基部，靠近中脉；囊群盖长圆形，均开向主脉，膜质，全缘。

产于全省山区、丘陵。生于海拔1000m以下的岩石、树干和石砧缝等处。分布于东北、华北、华东、华中、西南及台湾、广东、陕西、甘肃。俄罗斯、日本、朝鲜半岛也有。

全草可药用。

图 1-278　虎尾铁角蕨

4. 铁角蕨（图 1-279）
Asplenium trichomanes L.

植株高 5~38 cm。根状茎短，直立，顶部密被黑褐色线状披针形鳞片。叶簇生；叶柄栗褐色，有光泽，基部被鳞片，向上光滑，连同叶轴上面有 1 纵沟，沟的两侧各有 1 条全缘的膜质狭翅；叶片条形，一回羽状；羽片 18~35 对，互生或近对生，平展，长圆形或斜卵形，中部的较大，长达 1 cm，宽约 0.5 cm，先端圆，基部为不对称的圆楔形，边缘具圆齿，下部各对羽片渐缩小，基部 1 对常缩成耳状；叶脉羽状，不明显，侧脉二叉；叶片纸质，无毛，叶面不呈沟脊状；羽片主脉两侧（或上侧）各有 1 行孢子囊群。孢子囊群长圆形，着生于小脉上侧分枝的中部；囊群盖长圆形，均开向主脉，全缘。

产于杭州市区、临安、桐庐、建德、淳安、诸暨、宁波市区（北仑）、鄞州、余姚、象山、宁海、开化、金华市区、东阳、磐安、武义、临海、缙云、遂昌、龙泉、庆元、景宁、温州市区（瓯海）、乐清、永嘉、瑞安、泰顺。多生于海拔 150~1400 m 的山地丘陵岩石上。分布于华中、华南、西南、西北及山西、江苏、安徽、江西。

全草可药用。

图1-279 铁角蕨

5. 三翅铁角蕨 （图1-280）
Asplenium tripteropus Nakai

植株高15~30cm。根状茎短而直立，先端密被鳞片；鳞片线状披针形，褐棕色或深褐色而有棕色狭边，全缘。叶簇生；叶柄栗褐色，有光泽，三角形，在上面两侧和下面的棱脊上各有1条棕色的膜质全缘翅；叶片长条形，一回羽状；羽片23~35对，下部数对羽片向下逐渐远离并缩小，渐变为圆形、卵形或扇形；叶脉羽状，两面均不可见，小脉纤细，二叉；叶脉不隆起；叶片纸质，干后草绿色或褐绿色，叶面不呈沟脊状；叶轴乌木色，在上面两侧及下面的棱脊上各有1条棕色的膜质全缘阔翅，向顶部常有1~2腋生芽胞，能在母株上萌发；羽片主脉两侧（或上侧）各有1行孢子囊群。孢子囊群椭圆形，生于上侧小脉；囊群盖椭圆形，均开向主脉，膜质，灰绿色，全缘。

产于安吉、临安、桐庐、诸暨、开化、磐安、遂昌、庆元、景宁。生于海拔150~1350m的林下潮湿岩石上或酸性土上。分布于安徽、江西、福建、台湾、湖北、湖南、四川、贵州、云南、陕西、甘肃。日本、朝鲜半岛及缅甸北部也有。

本种颇近于铁角蕨 A. trichomanes L.，但本种叶柄和叶轴为三角形，上面不具阔纵沟，每个角上有1条棕色膜质阔翅，叶轴向顶部有1~2个腋生芽胞，易区别。

图 1-280　三翅铁角蕨

6. 倒挂铁角蕨 （图1-281）
Asplenium normale D. Don.

植株高12~40cm。根状茎短，直立或斜生，密被栗褐色鳞片。叶簇生；叶柄栗褐色，有光泽；叶片披针形，一回羽状；叶轴上下及两边无翅，叶轴顶端常有1枚被鳞片的芽胞；羽片18~30对，羽片三角状长圆形，互生，彼此密接，近无柄，中部羽片顶端钝或圆钝，基部不对称，上侧有耳状突起，截形，下侧长楔形，上侧及下侧叶缘有钝齿；叶脉不隆起；叶片草质或近纸质，叶面不呈沟脊状；羽片主脉两侧（或上侧）各有1行孢子囊群。孢子囊群长圆形，着生于小脉中部以上，靠近叶边；囊群盖长圆形，均开向主脉。

产于温州及杭州市区、临安、淳安、宁波市区（北仑）、鄞州、象山、宁海、开化、武义、台州市区（黄岩）、遂昌、松阳、龙泉、庆元、景宁。生于海拔50~800m的林下岩石上。分布于华南、西南及江苏、安徽、江西、湖南。东南亚、非洲、太平洋群岛及日本、印度、尼泊尔、不丹、斯里兰卡、澳大利亚也有。

全草可药用。

图 1-281　倒挂铁角蕨

7. 江苏铁角蕨　小叶铁角蕨　杭州铁角蕨　（图 1-282）

Asplenium kiangsuense Ching et Y.X. Jing — *A. parviusculum* Ching — *A. hangzhouense* Ching et C.F. Zhang

植株高 4～15cm。根状茎短而直立。叶多数簇生；叶柄长 1～3cm，细铁丝状，栗褐色，光滑；叶轴上下及两边无翅，顶端无芽胞；叶片线状披针形，长 9～12cm，中部宽 1cm，先端短渐

图 1-282　江苏铁角蕨

尖，一回羽状；羽片卵形或斜方形，16～25对，有短柄，上侧截形，紧靠叶轴，下侧稍斜切，圆钝头；叶脉不明显，不隆起，2～4对，基部上侧1脉二叉至三叉；叶片干后纸质，叶面不呈沟脊状；羽片主脉两侧（或上侧）各有1行孢子囊群，每行只有2～4个。孢子囊群长圆形；囊群盖新月形或长圆形，灰色，开向主脉。

产于杭州市区、磐安、龙泉、庆元、景宁。生于海拔50～1000m的林下岩石上。分布于华东及湖南、云南。

8. 狭翅铁角蕨 （图1-283）
Asplenium wrightii D.C. Eaton ex Hook.

植株高可达1m。根状茎短而直立，密被线状披针形鳞片。叶柄禾秆色，有时灰褐色，上面有纵沟，幼时密被鳞片；叶片椭圆形，先端尾状渐尖并为羽裂，基部不缩狭，一回羽状；羽片12～20对，互生，斜展，有具狭翅的短柄，下部的披针形或镰状披针形，尾状渐尖头，基部不对称，并以狭翅下延，上侧圆截形或稍呈耳状，下侧楔形，边缘密生粗锯齿或重锯齿；叶脉羽状，不隆起，分离，侧脉二回二叉，不达叶缘；叶片纸质，两面无毛，叶面不呈沟脊状，沿叶轴有狭翅，近顶部尤为明显。孢子囊群条形，生于小脉上侧，沿主脉两侧各排成1行；囊群盖条形，膜质，全缘，开向主脉。

产于桐庐、淳安、宁波市区（北仑）、鄞州、奉化、象山、宁海、衢州市区（衢江）、开化、磐安、莲都、遂昌、龙泉、庆元、云和、景宁、乐清、瑞安、文成、平阳、泰顺。生于海拔200～800m的林下岩石边。分布于华东、华南、西南及湖南。日本、朝鲜半岛、越南也有。

图1-283 狭翅铁角蕨

9. 毛轴铁角蕨 （图1-284）

Asplenium crinicaule Hance

中型草本。根状茎短而直立，密被栗褐色纤维状鳞片。叶簇生；叶柄深栗褐色，连同叶轴均被鳞片；叶片宽披针形，先端尾状渐尖，一回羽状；羽片18～25对或更多，互生，边缘仅有不规则锯齿或条裂，菱状披针形、菱状长圆形或镰刀状披针形，下部羽片逐渐短缩；叶脉两面隆起呈沟脊状，常二回二叉；叶片纸质；羽片主脉两侧（或上侧）下部有多排孢子囊。孢子囊群条形，着生于上侧小脉，不达叶缘；囊群盖坚膜质，全缘。

产于景宁、平阳（南雁）、苍南（鹤顶山）、泰顺（垟溪）。生于海拔30～200m的石隙。分布于华南、西南及江西、福建、湖南。越南、泰国、缅甸、马来西亚、菲律宾、印度及澳大利亚也有。

图1-284　毛轴铁角蕨

10. 胎生铁角蕨 （图1-285）
Asplenium indicum Sledge

根状茎短而直立，密被红棕色鳞片。叶簇生；叶柄及叶轴近光秃或仅有少数红棕色小鳞片；叶片披针形或阔披针形，一回羽状；羽片8～20对，菱形或菱状披针形，边缘仅有不规则锯齿或条裂，基部上侧平截，有耳状突起，下侧长楔形，在羽片腋间有1枚被鳞片的芽胞，在母株萌发；叶脉明显，隆起呈沟脊状，侧脉二回二叉，不达叶缘；羽片主脉两侧（或上侧）下部有多排孢子囊群。孢子囊群条形。

产于临安、淳安、诸暨、开化、武义、松阳、龙泉、景宁、泰顺。生于海拔300～900m的密林下潮湿岩石上或树干上。分布于华南、西南及江西、福建、湖南、甘肃。日本南部、越南、泰国、缅甸、菲律宾、印度、尼泊尔也有。

图1-285　胎生铁角蕨

11. 棕鳞铁角蕨 （图1-286）
Asplenium yoshinagae Makino —— *A. indicum* Sledge var. *yoshinagae* (Makino) Ching et S.H. Wu

中型草本。根状茎粗短而直立，密被红棕色有光泽具细筛孔的鳞片。叶簇生；叶柄禾秆色，上面有纵沟；叶片披针形或宽披针形，先端渐尖并为羽裂，基部不变狭或略变狭，一回羽状；羽片9～20对，互生，略斜展，有短柄，菱状披针形，边缘为不规则或条裂，羽片腋间能长出被小鳞片的芽胞；叶脉羽状，上面隆起呈沟脊状，小脉二回二叉，不达叶缘；叶片薄革质，无毛；羽片主脉两侧（或上侧）下部有多排孢子囊。孢子囊群条形，靠近主脉；囊群盖条形，其盖开向主脉，或开向叶边，膜质，全缘。

产于安吉、临安、建德、淳安、开化、武义、遂昌、龙泉、景宁、庆元、永嘉、瑞安、平阳、泰顺。生于海拔300～1000m的林下潮湿岩石上或树干下部。分布于江西、福建、湖北、湖南、广东、广西、四川、云南、西藏。日本也有。

图 1-286 棕鳞铁角蕨

12. 东南铁角蕨 （图 1-287）
Asplenium oldhami Hance — *A. jiulungense* Ching

中型草本。根状茎短而直立，密被红棕色鳞片。叶簇生；叶柄褐绿色，腹面扁平有浅纵沟，基部密生鳞片，向上稀少；叶片卵状披针形，长 9～28cm，先端渐尖并为羽裂，基部近平截，一回羽状；羽片 9～18 对，

图 1-287 东南铁角蕨

互生或近对生，羽片深裂常达主脉；叶脉羽状，多隆起呈沟脊状，侧脉二叉分歧；叶片纸质，干后绿色，两面光滑；羽片主脉两侧（或上侧）下部有多排孢子囊群。孢子囊群条形，近主脉；囊群盖条形。

产于安吉、临安、淳安、诸暨、开化、武义、遂昌、龙泉、庆元、景宁、泰顺。生于海拔30～900m的林下、林缘的岩石缝隙中。分布于安徽、江西、福建、台湾。日本南部也有。

13. 四国铁角蕨　稀羽铁角蕨

Asplenium shikokianum Makino — *A. bullatum* Wall. ex Mett. var. *shikokianum* (Makino) Ching et S.H. Wu

植株高50～65cm。根状茎短而直立，顶部密被黑褐色具粗筛孔的鳞片；鳞片披针形。叶簇生；叶柄长19～23cm，基部被鳞片，向上疏被深棕色卷曲的纤维状鳞片，上面有浅阔纵沟；叶片长椭圆形，长31～41cm，宽17～20cm，渐尖头，二回羽状；羽片14～17对，斜展，有柄，中部羽片长于10cm；小羽片8～10对，互生，菱状卵形；叶脉羽状，小脉单一或二叉，斜向上，每锯齿有小脉1条，先端有明显的水囊，不达边缘；叶片干后革质，草绿色，不皱缩；叶轴淡绿色，光滑无毛；羽轴两侧有狭翅。孢子囊群近椭圆形，生于小脉中部，每末回小羽片有1～4枚；囊群盖大，椭圆形，灰白色，膜质，全缘，开向主脉，宿存。

产于文成、泰顺。生于海拔100～400m的密林下岩石上。分布于湖北、台湾、四川、贵州。日本也有。

*Flora of China*认为本种是狭翅铁角蕨*A. wrightii*和骨碎补铁角蕨*A. ritoense*的自然杂交种，值得深入研究。

14. 华南铁角蕨 （图1-288）

Asplenium austrochinense Ching — *A. pseudo-wolfordii* Tagawa

中型草本。根状茎短，斜生，密被淡棕色披针形鳞片。叶簇生；叶柄灰褐色，基部密被鳞片，向上近光滑；叶片披针形或线状披针形，先端渐尖并为羽裂，基部不缩狭，二回羽状至三回羽裂；羽片9～11对，互生，斜向上，有柄，披针形，先端渐尖成长尾，一回羽状，中部羽片长不超过5cm；叶脉上面隆起，下面多少凹陷，侧脉二叉或单一；叶片革质，干后不皱缩，两面无毛；羽轴两侧有狭翅。孢子囊群条形，生于小脉中部，每裂片有1～3枚；囊群盖条形，厚膜质，全缘，开向主脉。

产于临安、淳安、北仑、鄞州、象山、宁海、磐安、遂昌、景宁、乐清、瑞安、文成、平阳、泰顺。生于海拔700m以下的林下石上。分布于安徽、江西、福建、湖北、湖南、广东、广西、四川、贵州、云南。日本、越南也有。

图 1-288　华南铁角蕨

15. 北京铁角蕨（图 1-289）

Asplenium pekinense Hance

小型植株。根状茎短而直立，密被锈褐色鳞毛和黑褐色鳞片。叶簇生；叶柄长 2~8cm，淡绿色，下部有深褐色的披针形鳞片密生；叶片披针形，先端渐尖并为羽裂，基部略短缩，二回羽状至三回羽裂；羽片 8~10 对，互生，三角状长圆形，中部的较长，下部的多少短缩，不呈小耳形；小羽片较长，末回裂片条形或短舌形，不为狭条形，先端有 2~3 个尖齿，具多数叶脉和孢子囊群；叶片干后坚草质，不皱缩；羽轴和叶轴两侧都有狭翅；叶脉羽状，侧脉二叉，直达齿尖。孢子囊条形或长圆形，着生于小脉中部以上，每小羽片有 2~4 个，成熟时往往满布叶下面；囊群盖长圆形，开向主脉或少数同时开向叶边。

产于温州及宁波市区（镇海、北仑）、鄞州、象山、宁海、台州市区（黄岩）、景宁。常生于海拔900m以下的树干、石块上或石缝中。分布于华中、华南、西南、西北及内蒙古、河北、山西、山东、江苏、福建。日本、朝鲜半岛也有。

全草可药用。

图1-289　北京铁角蕨

16. 华中铁角蕨（图1-290）

Asplenium sarelii Hook.

小型植株。根状茎短而直立，密被黑褐色鳞片。叶簇生；叶柄细弱，基部淡褐色，被纤维状小鳞片，下部绿色，近光滑；叶片长圆状披针形，先端渐尖并为羽裂，基部不缩狭，三回羽状；羽片4~8对，互生，基部1对略大，其余向上各羽片渐小；小羽片狭而短，末回小羽片倒卵形，边缘浅裂成深裂，具多数叶脉和孢子囊群；裂片条形，顶部有粗齿；叶脉羽状，侧脉二叉，每裂片有小脉1条，不达齿尖；叶片干后坚草质，不皱缩，较薄，两面无毛。孢子囊群长圆形，着生于小脉中部，每小羽片有1~2枚；囊群盖同形，全缘。

图 1-290 华中铁角蕨

产于金华及杭州市区、临安、桐庐、淳安、镇海、北仑、鄞州、象山、宁海、开化、天台、遂昌、龙泉、庆元、景宁、乐清、永嘉、瑞安、文成、泰顺。生于海拔80~900m的岩壁石缝中。分布于华中及江苏、安徽、四川、贵州、陕西。

本种与北京铁角蕨高度相似，*Flora of China*认为北京铁角蕨是其变种，有待进一步研究。

17. 钝齿铁角蕨　小铁角蕨　（图1-291）

Asplenium subvarians Ching —— *A. tenuicaule* Hayata var. *subvarians* (Ching) Viane —— *A. tianmushanense* Ching

植株高6~15cm。根状茎短而直立，先端密被鳞片；鳞片阔披针形，长1.5~2mm，膜质，深棕色，有虹色光泽，全缘。叶簇生；叶柄长1~5cm，基部粗约0.5mm，暗绿色，或基部为淡栗色并疏被与根状茎上同样的鳞片，向上近光滑，上面有浅阔纵沟，两侧有绿色的狭翅状边缘；叶片披针形，二回羽状；羽片8~10对，有短柄；小羽片2~3对，互生，上先出，顶端有少数钝齿；叶脉上面明显，下面隐约可见，小脉二叉或单一，纤细，斜向上，不达叶边；叶片干后薄草质，草绿色，不皱缩；叶轴暗绿色，上面有浅阔纵沟，光滑。孢子囊群椭圆形，每小羽片有1枚（基部小羽片有2~3枚）；囊群盖同形，宿存。

产于临安、遂昌。生于海拔500~1000m的林下阴处岩石上。分布于东北及内蒙古、河北、江苏、江西、河南、湖南、四川、陕西、甘肃、青海。日本、朝鲜半岛也有。

*Flora of China*记录细茎铁角蕨*A. tenuicaule*有3个变种：原变种、尖齿铁角蕨和钝齿铁角蕨，认为钝齿铁角蕨是其中的变种，需从细胞学与分子方面进一步探究。

图 1-291 钝齿铁角蕨

18. 变异铁角蕨 （图1-292）
Asplenium varians Wall. ex Hook. et Grev.

植株高8～20cm。根状茎短而直立，顶部密生有虹色光泽的披针形鳞片。叶簇生；叶柄下部亮栗色，向上到叶轴为灰绿色，幼时疏生纤维状鳞片；叶片披针形，长7～13cm，宽2.4～3.4cm，无毛，渐尖头，基部通常不变狭或略变狭；羽轴和叶轴两侧有狭翅，二回羽状；中部以下羽片长0.8～1.7cm，宽0.7～1.1cm，三角状卵形，钝头；小羽片倒卵形，圆头，有少数尖锯齿，每齿有小脉1条；叶片薄草质，干后不皱缩。孢子囊群每裂片1～3枚，生于小脉中部以下；囊群盖条形，全缘，同时开向叶边。

产于安吉、杭州市区、临安。生于海拔200～800m的湿润岩石上。分布于山西、广西、四川、云南、西藏和陕西。东南亚、非洲及印度、尼泊尔也有。

图1-292　变异铁角蕨

19. 线裂铁角蕨　细叶铁角蕨　紫柄铁角蕨　（图1-293）
Asplenium coenobiale Hance

植株高10~35cm。根状茎直立，先端密被鳞片；鳞片条形，长4~5mm，黑色，有棕色狭边和虹色光泽，厚膜质，边缘略有齿牙。叶簇生；叶柄及叶轴圆形，乌木色，有光泽，光滑；叶片长三角形，三回羽状细裂；羽片9~14对，下部的对生，向上互生，斜展，有短柄或近无柄，基部1对略长，上侧覆盖叶轴，二回羽状；小羽片互生，上先出，斜展，密集，基部1对（或仅上侧1片）较大，末回小羽片二回至三回深裂，分裂度极纤细；不育裂片为狭条形，宽约0.6mm，能育裂片较阔，长1.5~2.5mm，尖头，全缘；叶脉两面均明显；叶片薄草质，干后草绿色，不皱缩。孢子囊群椭圆形；囊群盖椭圆形，宿存。

产于建德、常山。生于海拔200~700m的石灰岩山丘。分布于福建、台湾、广东、广西、四川、贵州、云南。

图1-293　线裂铁角蕨

20. 闽浙铁角蕨　（图1-294）
Asplenium wilfordii Mett. ex Kuhn — *A. fengyangshanense* Ching et C.F. Zhang

中型植株。根状茎粗短，斜上，密被棕色鳞片。叶簇生；叶柄为淡绿色，或部分饰有棕色，下部有时为红棕色；叶片长圆状披针形，先端短渐尖并为羽裂，基部略变宽，三回羽状或四回羽裂；羽片8~12对，有柄，互生；裂片条形，顶部有2~3个不整齐钝齿；叶脉两面不甚明显，每一钝齿内有小脉1条；叶片坚纸质，干后不皱缩；叶轴、羽轴上面有纵沟。孢子囊群条形，着生于小脉中部，每裂片有2~4枚；囊群盖同形，淡褐色，厚膜质，全缘。

产于淳安、宁波市区（北仑）、鄞州、余姚、奉化、象山、宁海、武义、黄岩、莲都、遂昌、松阳、龙泉、庆元、景宁、乐清、苍南、泰顺。生于海拔800m以下的林下石缝中。分布于江西、福建、台湾。日本、朝鲜半岛也有。

图 1-294　闽浙铁角蕨

21. 骨碎补铁角蕨　尖叶铁角蕨（图 1-295）

Asplenium ritoense Hayata — *A. davallioides* Hook.

植株高20～40cm。根状茎短而斜生，顶端密被鳞片；鳞片披针形，褐色，有光泽，膜质，边缘有齿牙。叶簇生；叶柄基部密被与根状茎上同样的鳞片，向上略被褐棕色的纤维状小鳞片；叶片卵形或三角状卵形，三回羽状或四回深裂；羽片6～10对，有柄，二回至三回羽状深裂，末回裂片披针形，锐尖头；叶

图 1-295　骨碎补铁角蕨

脉羽状,每末回裂片有小脉1条,不达叶边;叶片近肉质,干后草质,绿色,不皱缩;叶柄上部、叶轴及羽轴两侧有狭翅。孢子囊群椭圆形,几与裂片等长,不达裂片先端,棕色,每裂片或末回小羽片1枚;囊群盖椭圆形,淡棕色,膜质,全缘,宿存。

产于诸暨、宁波市区(北仑)、鄞州、奉化、衢州市区(衢江)、景宁、乐清。生于林下岩石上。分布于江西、福建、台湾、广东。日本、朝鲜半岛也有。

22. 大盖铁角蕨 大铁角蕨 (图1-296)

Asplenium bullatum Wall. ex Mett.

植株高达60cm。根状茎直立,先端密被鳞片;鳞片大,膜质,边缘略具齿牙。叶簇生;叶柄上面有浅阔纵沟;叶片椭圆形,三回羽状;羽片16~19对,二回羽状;小羽片11~13对,互生,与小羽轴合生并以狭翅下延,边缘有三角形的矮阔锯齿;叶脉两面略可见,小脉单一或二叉,斜向上,每锯齿有小脉1条,先端有明显的水囊,不达边缘;叶片草质,略带肉质,干后不皱缩;叶轴淡绿色,光滑,上面有浅阔纵沟,下部无狭翅,上部两侧有狭翅;羽轴淡绿色,两面均隆起,两侧有阔翅。孢子囊群近椭圆形,长达4mm,生于小脉中部,每末回小羽片有1~3枚;囊群盖大,椭圆形,灰白色,宿存。

产于景宁、永嘉、苍南。生于海拔100~800m的林下溪边。分布于福建、台湾、四川、贵州、云南。越南、缅甸、印度北部也有。

*Flora of China*认为本种是四国铁角蕨的变种,两者之间的关系,值得进一步探究。

图1-296 大盖铁角蕨

23. 长生铁角蕨 （图1-297）
Asplenium prolongatum Hook.

植株高15~30cm。根状茎短而直立，顶部密被棕褐色披针形鳞片。叶簇生；叶柄绿色，基部被鳞片，向上光滑，上面有1条纵沟，直达叶轴顶部；叶片线状披针形，先端渐尖，基部不变狭，二回深羽裂；羽片12~15对，互生；末回小羽片或裂片条形；叶脉羽状，上面隆起，每裂片有小脉1条，不达叶边；叶片近肉质，干后草绿色，表面皱缩，略显细纵纹，两面无毛；叶轴顶端常延长成鞭状，顶端有1枚被鳞片的芽胞。孢子囊群条形，着生于小脉中部，每小羽片或裂片只有1枚；囊群盖硬膜质，开向叶边。

产于丽水、温州及象山、宁海。生于海拔1000m以下的林下石壁上。分布于华中、华南、西南及安徽、江西、福建、甘肃。日本、朝鲜半岛、越南、缅甸、马来西亚、印度、斯里兰卡、斐济也有。

图1-297　长生铁角蕨

24. 卵叶铁角蕨 （图1-298）

Asplenium ruta-muraria L.

植株高3～10cm。根状茎横走，先端斜上并密被鳞片；鳞片条形，有光泽，全缘。叶密集簇生；叶柄禾秆色或灰绿色，基部为栗色并疏被褐色纤维状小鳞片，向上光滑，干后压扁；叶片卵形，上部为奇数一回羽状，下部为二回羽状；羽片3～4对，基部1对最大，长8～10mm，基部宽8～12mm，三角形，尖头，简单的奇数一回羽状或三出；侧生小羽片2～3，第2对羽片与基部1对同型而较小，或为单一，向上各对羽片皆为单一；叶脉不明显；叶片薄革质。孢子囊群条形，成熟后满布羽片（或小羽片）下面；囊群盖条形，灰白色，后变淡棕色。

产于常山（三衢山）、台州市区（黄岩富山）。生于海拔约400m的石灰岩岩缝中。分布于辽宁、内蒙古、山西、湖南、台湾、四川、贵州、云南、甘肃、新疆。欧洲、北美洲、中亚和非洲西北部也有。

图1-298 卵叶铁角蕨

❷ 膜叶铁角蕨属 Hymenasplenium Hayata

石生、附生或陆生。根状茎有背腹，薄，直径约5mm，匍匐状，具笼状鳞片。叶片草质，远生；叶柄通常发亮，栗色到暗紫色或黑色，很少灰绿色，背面半圆柱状，正面具槽；叶片一回羽状；羽片不对称，基部逐渐变小，基部边缘全缘，顶部边缘具圆齿，波状，或有锯齿，有时具微凹齿；羽轴正面具槽，羽片的基部边缘通常下延，在轴上形成狭窄的翅；叶脉离生，很少网结。孢子囊群条形到近椭圆形，具硬毛；孢子囊柄长单列，具20～28个硬化细胞

三一 铁角蕨科 Aspleniaceae

的环，每个孢子囊有64个孢子。

约30种，泛热带分布。我国有18种；浙江有3种。

本属与铁角蕨属的主要区别在于后者根状茎密被小鳞片；叶片单一或一回至三回羽状。

分种检索表

1. 孢子囊群生于小脉上部，位于锯齿内 ··· **1. 齿果铁角蕨 H. cheilosorum**
1. 孢子囊群生于小脉中下部，位于锯齿以下。
　 2. 叶片向基部稍变宽；羽片菱形 ··· **2. 切边铁角蕨 H. excisum**
　 2. 叶片向基部不变宽；羽片略菱状披针形 ······························· **3. 半边铁角蕨 H. unilaterale**

1. 齿果铁角蕨　齿果膜叶铁角蕨　舌状铁角蕨 （图1-299）

Hymenasplenium cheilosorum (Kunze ex Mett.) Tagawa — *Asplenium cheilosorum* Kunze ex Mett.

图1-299　齿果铁角蕨

植株高25～60cm。根状茎长而横走，顶端密被棕褐色鳞片；鳞片披针形，膜质，全缘。叶近生，或疏生；叶柄上面有纵沟，栗褐色，有光泽，基部疏被鳞片，向上有纤维状小鳞片；叶片线状披针形，顶端短尖或渐尖，基部常缩狭，一回羽状；羽片25～40对，互生，近无柄，往往密接，对开式的斜长矩形，中部的较大，先端圆钝，基部斜楔形，两侧强烈不对称，上侧裂达2/5；侧脉二叉分歧；叶片薄草质，两面无毛。孢子囊群长圆形，着生于小脉上部，常紧靠叶边锯齿内，远离主脉；囊群盖宿存，黄棕色到深棕色，半椭圆形，膜质。

产于乐清、文成。生于海拔50～1000m的阴湿地或潮湿的岩石上。东南亚及日本、印度、尼泊尔、不丹、斯里兰卡也有。

可供观赏。

2. 切边铁角蕨　切边膜叶铁角蕨

Hymenasplenium excisum (C. Presl) S. Linds. — *Asplenium excisum* C. Presl

根状茎横走，顶端密被深棕色鳞片。叶远生；叶柄长19～23cm，栗褐色，有光泽，基部疏被鳞片，向上光滑，上面有纵沟；叶片长圆状宽披针形，长16～27cm，向基部稍变宽，宽6～11cm，一回羽状；羽片18～23对，菱形，基部的近对生，上部的互生，平展，最下部1～2对略向下反折，羽片基部不对称，其上侧截形与叶轴并行，下侧楔形并有近1/4的叶片沿中脉被切去，靠叶轴一侧及切去的叶缘全缘，其余具不整齐的粗锯齿；叶片薄草质，光滑；叶轴栗褐色，有光泽，上面有纵沟。孢子囊群条形，生于小脉中下部，位于锯齿以下，远离主脉，不达叶边；囊群盖条形，膜质。

产于景宁、乐清（雁荡山）。生于海拔约50m的岩洞中。产于华南、西南。非洲热带地区及越南、泰国、缅甸、马来西亚、印度尼西亚、菲律宾、印度、尼泊尔、不丹、斯里兰卡也有。

可供观赏。

3. 半边铁角蕨　单边铁角蕨
Hymenasplenium unilaterale (Lam.) Hayata —— *Asplenium unilaterale* Lam.

植株高25～40cm。根状茎长而横走，顶部有密披针形鳞片。叶远生；叶柄长11～20cm，基部有鳞片，向上直到叶轴栗褐色，光滑，上面有纵沟，两侧无翅；叶片披针形，草质，长15～23cm，中部宽3.2～6cm，长尾头，无毛，向基部不变宽，一回羽状；羽片20～25对，长2～3.5cm，基宽6～10mm，略菱状披针形，尖头，略向上弯弓，除基部外，边缘有尖锯齿；叶脉羽状分叉，每齿有小脉1条。孢子囊群生于小脉中下部，位于主脉和叶边之间；囊群盖条形，膜质，全缘。

产于开化、乐清、文成、泰顺。生于海拔50～500m的林下或溪边石岩上。分布于江西、福建、湖北、湖南、台湾、广东、广西、四川、贵州、云南。亚洲热带地区和非洲东部也有。

*Flora of China*记载半边铁角蕨在我国没有分布，有待进一步考证。

在雁荡山大居群中发现本属3个种的叶的形态均存在，很难区分为3个种，作者高度怀疑3个种为同一种。野外考察中发现的居群往往数量较少，叶子数量有限，经常被鉴定为3个种的其中1种。

三二　睫毛蕨科 Pleurosoriopsidaceae

小型草本，附生或石生。根状茎细长，横走，密被开展的红棕色单细胞线状毛，近顶部还被狭长的条形鳞片，鳞片基部也具有一些同样的毛。叶远生，小型；叶柄纤细，禾秆色，密被和根状茎上同样的毛，有圆柱状维管束1条；叶片披针形，长1~8cm，二回深羽裂；裂片近舌形，钝头，全缘或近全缘；叶脉分离，每裂片有小脉1条，不达叶边；叶片草质，两面均密被棕色节状毛，边缘有密睫毛。孢子囊群粗条形，沿叶脉着生，不达叶脉先端，无盖；孢子囊有短柄，环节由14~16个增厚细胞组成。孢子肾形，两侧对称，透明，平滑，不具周壁。

1属，1种，分布于亚洲东部及东北部。我国有1种；浙江也有。

睫毛蕨属　Pleurosoriopsis Fomin

属特征同科。

睫毛蕨 （图1-300）
Pleurosoriopsis makinoi (Maxim. ex Makino) Fomin

植株高3~10cm。根状茎细长横走，密被红棕色线状毛，近顶部被深棕色的条形小鳞片。叶远生；叶柄长1.5~3cm，纤细，禾秆色，连同叶轴及羽轴均密被棕色或红棕色的短节状毛；叶片披针形，长1~8cm，宽5~15mm，先端钝，基部阔楔形，二回羽状深裂；羽片4~7对，互生，疏离，斜向上，具短柄，卵圆形至三角状卵形，基部1对略短缩或不短缩，中部羽片较大，长5~15mm，宽4~8mm，先端圆钝，基部斜楔形，深羽裂；裂片1~3对，互生，斜向上，近舌形，圆头，长2~3mm，宽约1mm，全缘，罕有为不等的2浅裂；叶脉分离，每裂片有小脉1条，顶端膨大成纺锤形，不达叶边；叶片草质，干后棕绿色或暗绿色，两面均密被棕色节状毛，边缘密被睫毛。孢子囊群短条形，沿叶脉着生，不达叶脉先端，无囊群盖。

产于安吉（龙王山、南天目山）。生于海拔850~1000m的山谷潮湿岩石上或苔藓丛中。分布于东北、华中、西南及陕西、甘肃。俄罗斯、日本、朝鲜半岛也有。

图1-300 睫毛蕨

三三　球子蕨科 Onocleaceae

陆生中型植物。根状茎短而直立，被膜质、卵状披针形至披针形鳞片。叶簇生或疏生，有柄，二型；营养叶片长圆状披针形或卵状三角形，一回羽状至二回羽状半裂，羽片条状披针形至阔披针形，互生，无柄；叶脉羽状，分离或连接成网状，无内藏小脉。孢子叶片长圆形至条形，一回羽状，羽片强烈反卷成荚果状或分离的小球形，深紫色或黑褐色；叶脉分离。孢子囊群圆形，着生于囊托上；囊群盖下位或无盖，被反卷的变质叶边所包被。

4属，5种，分布于北半球温带和亚热带山区。我国有3属，4种；浙江有1属，1种。

东方荚果蕨属　Pentarhizidium Hayata

根状茎短而直立。营养叶二回羽状半裂，叶脉分离，孢子叶的羽片反卷成荚果状。其余特征同科。

2种，我国均有；浙江有1种。

东方荚果蕨　（图1-301）

Pentarhizidium orientale (Hook.) Hayata — *Matteuccia orientalis* (Hook.) Trev.

植株高大。根状茎短而直立，密被棕色、全缘的披针形鳞片。叶簇生，二型；营养叶叶柄长25~45cm，禾秆色，被与根状茎同样的鳞片；叶片长圆形，长35~65cm，宽20~40cm，先端渐尖并为深羽裂，基部不变狭，二回羽状半裂；羽片9~18对，互生，条状披针形，长12~22cm，先端渐尖；叶脉羽状，侧脉单一，伸达叶边；叶片纸质，沿叶轴和羽轴疏生狭披针形鳞片；能育叶与不育叶等长或略短，长圆形，长17~35cm，宽16~22cm，一回羽状；羽片两边向背面强度反卷并包住囊群而成荚果状，深紫色，有光泽。

产于金华及安吉、德清、临安、淳安、鄞州、余姚、临海、缙云、遂昌、龙泉、庆元、景宁、文成、泰顺。生于海拔260~1500m的林缘或林下。分布于华中、华南、西南及吉林、山西、安徽、江西、福建、陕西、甘肃。俄罗斯、日本、朝鲜半岛、印度、尼泊尔也有。

可供观赏；根状茎可供药用。

图 1-301 东方荚果蕨

三四　岩蕨科 Woodsiaceae

小型旱生植物。根状茎短而直立或横卧，外被鳞片；鳞片披针形，棕色、膜质、筛孔细密。叶簇生；叶柄多少被鳞片及节状长毛，基部以上不同部位具关节或无；叶片长圆状披针形至狭披针形，一回羽状至二回羽裂；叶脉羽状，分离，小脉先端往往有1水囊；叶片草质或纸质，多少被透明的节状长毛或粗毛，有时被腺毛或头状腺体，或沿羽轴下面有小鳞片，叶轴上面有浅纵沟，下面圆形。孢子囊群圆形，着生于囊群托上；囊群盖下位，膜质，碟形至杯形，边缘有流苏状睫毛，或为球形或为膀胱形，顶端有1圆孔，或为着生于囊托上的多细胞卷曲长毛所构成，或裸露；孢子囊球形，环带纵行，由16~22个加厚细胞组成。孢子长椭圆形，单裂缝，具周壁，表面具颗粒状、小刺状及小瘤状纹饰。

4属，50余种，主要分布于北半球温带及寒带地区，1种分布于南美洲。我国有4属，20多种；浙江有2属，3种。

1 岩蕨属 Woodsia R. Br.

小型石生植物。根状茎短而直立或斜生，被棕色、膜质、边缘流苏状的披针形鳞片。叶簇生；叶柄禾秆色至栗色，基部被鳞片，向上被毛或光滑，具一斜形关节或无，叶片常从关节处脱落；叶片狭披针形，下部常变狭，一回至二回羽状；羽片卵形至长圆状披针形，全缘至羽状深裂；叶脉羽状，分离，不达叶边；叶片草质或近纸质，光滑或有柔毛，或有短腺毛，或沿叶脉偶有鳞片疏生。孢子囊群圆形，顶生或背生于小脉；囊群盖下位，碟形、杯形，膜质，边缘睫毛状，或退化为卷曲状长毛；孢子囊球圆形。孢子长椭圆形，具单裂缝，周壁具褶皱，形成明显的大网状，表面有小刺。

约25种，广泛分布于北半球温带和寒带地区。我国有17种，广泛分布于东北、西北、华北、西南山区；浙江有2种。

1. 耳羽岩蕨 （图1-302）
Woodsia polystichoides D.C. Eaton

植株高12~27cm。根状茎短而直立，密被棕色、膜质、披针形鳞片。叶簇生；叶柄长3.5~5cm，深禾秆色，基部被鳞片，向上连同叶轴被小鳞片和密长毛，顶端或近顶端有一倾斜的关节；叶片狭披针形或倒披针形，长8.5~22cm，宽1.7~3cm，先端短尖并为羽裂，下部逐渐变狭，一回羽状；羽片13~30对，互生或下部的对生，平展或基部数对向下反折，以阔间隔彼此分开，镰状矩圆形，长8~15cm，宽4~7mm，先端钝尖，基部上侧截形并突出呈耳形，下侧楔形，全缘或呈波状；叶脉羽状分叉，在羽片上侧耳形突起上为羽状分枝，小脉顶端有水囊，不达叶边；叶片纸质，两面被长毛，沿主脉下面有小鳞片疏生。孢子囊群圆形，着生于二叉侧脉的上侧分枝顶部近叶边；囊群盖碗状，棕色，边缘浅裂并有长睫毛。

产于安吉、临安、淳安。生于海拔70～1200m的林下岩石上或石墙缝隙中。分布于东北、华北、华中、西南、西北及江苏、安徽、江西。俄罗斯、日本、朝鲜半岛也有。

根状茎可入药，有清热解毒的功效；可供观赏，用于配置山石盆景。

图 1-302　耳羽岩蕨

2. 大囊岩蕨　（图 1-303）
Woodsia macrochlaena Mett. ex Kuhn

植株高8～15cm。根状茎短而直立，顶端密生棕色、膜质、披针形鳞片。叶簇生；叶柄长3～6.5cm，深禾秆色，基部被鳞片，顶端具膨大成竹节状的关节；叶片长5～8.5cm，宽2.5～3cm，长圆状披针形，先端短尖并为羽裂，下部略缩或不缩狭，二回羽裂；羽片7～10对，对生，贴生，长1.3～1.5cm，宽8～12mm，卵状三角形或长卵形，先端钝尖，基部近平截，羽状浅裂；裂片圆卵形，边缘波状；叶脉羽状，侧脉单一，不达叶边；叶片草质或近纸质，两面被浅棕黄色的透明细长毛，上面尤密，叶轴也被毛。孢子囊群圆形，着生于侧脉顶端；囊群盖圆杯形，膜质，被毛，顶部开裂，具4～6齿。

产于临安（天目山）。生于海拔约700m的林下石缝中。分布于东北及河北、山西、山东。俄罗斯、日本、朝鲜半岛也有。

本种与耳羽岩蕨的主要区别在于后者叶片为一回羽状；羽片镰状矩圆形，基部上侧截形并突出成耳形，下侧楔形。

图 1-303　大囊岩蕨

❷ 膀胱蕨属　Protowoodsia Ching

小型石生植物。根状茎短而直立，被棕色的卵状披针形鳞片。叶簇生；叶柄短，无关节，棕禾秆色至亮栗色，疏被鳞片；叶片披针形，二回羽状深裂；羽片矩圆形，无柄，基部截形，先端钝，下部几对短缩；裂片矩圆状卵圆形，先端钝；叶脉分离，羽状，不达叶边；叶片膜质，两面无毛。孢子囊群圆球形，囊托突出，近脉端着生；囊群盖下位，球状囊形（膀胱状），顶端开小口，口缘不整齐，但绝无缘毛。孢子长椭圆形，具单裂缝，周壁具褶皱，形成明显的大网状，表面具稀疏的小刺。

1种，分布于亚洲东部温带、亚热带山地。浙江也有。

本属与岩蕨属的主要区别在于后者叶柄具关节；囊群盖碟形或杯形。

膀胱蕨（图1-304）
Protowoodsia manchuriensis (Hook.) Ching

植株高可达20cm。根状茎短而直立，连同叶柄基部密被棕色卵状披针形鳞片。叶簇生；叶柄长1～2cm，棕禾秆色至亮栗色，基部以上疏生鳞片及短毛；叶片披针形，长12～19cm，宽2.5～3.5cm，二回羽状深裂；羽片17～21对，互生，长1.5～1.8cm，宽6～8mm，矩圆形，先端圆或钝头，基部截形，羽状深裂，中部羽片最大，下部羽片渐缩成耳形；裂片长圆形，基部1对最大；叶脉羽状，侧脉单一，顶端有细长水囊，不达叶边；叶片薄草质，两面光滑。孢子囊群圆形，着生于侧脉顶端，位于羽片缺刻下面；囊群盖球状囊形，棕色，膜质，顶端有一小口。

产于临安（天目山）。生于海拔700～1100m的林下岩石上。分布于东北、华北及安徽、江西、河南、四川、贵州。俄罗斯、日本、朝鲜半岛也有。

可制作成微型盆景，供观赏。

图1-304　膀胱蕨

三五　乌毛蕨科 Blechnaceae

大中型陆生植物。根状茎粗短，直立，很少为细长横走，具网状中柱，密被鳞片。叶簇生；一型或二型，有柄，一回至二回羽状复叶，厚纸质至革质，无毛或常被鳞片；叶脉分离或沿中脉形成1～3行多角形的网眼，无内藏小脉，但近叶缘的网眼外侧有分离小脉，伸达叶边。孢子囊群椭圆形或为长条形汇生囊群，沿主脉两侧的网脉着生；囊群盖同形，少有无盖，成熟时开向主脉；孢子囊大，环带纵行而基部中断。孢子两面型，具单裂缝，具周壁，常形成褶皱，上面有颗粒状纹饰。

约14属，约250种，世界广泛分布，主产于南半球热带地区。我国有8属，14种，分布于华东、华中、华南、西南；浙江有3属，5种。

分属检索表

1. 孢子囊群呈不连续的粗条形或椭圆形 ·· 1.狗脊属 Woodwardia
1. 孢子囊群条形，连续，少有中断。
　　2. 叶一型；孢子囊群着生于主脉两侧 ·· 2.乌毛蕨属 Blechnum
　　2. 叶二型；孢子囊群着生于主脉与叶缘之间 ···································· 3.荚囊蕨属 Struthiopteris

1 狗脊属 Woodwardia Sm.

中等至大型陆生植物。根状茎粗壮，直立或斜生，有时匍匐，网状中柱，密被鳞片；鳞片披针形，棕色、膜质。叶簇生；叶片纸质或厚革质，具长柄；叶片椭圆形，二回羽状深裂，侧生羽片披针形，深羽裂，全缘或有锯齿；叶脉网状，沿羽轴及主脉两侧具2～3行能育网眼，叶缘部分小脉分离，单一或分叉。孢子囊群呈不连续的粗条形或椭圆形，沿主脉和羽轴两侧，着生于网眼外侧小脉上，多少陷入叶肉中；囊群盖厚纸质，深棕色，成熟时开向主脉，宿存。

约10种，分布于亚洲、欧洲、中美洲和北美洲的温带至热带地区。我国有5种，分布于长江以南各地，向西达喜马拉雅；浙江有3种。

分种检索表

1. 孢子囊群近新月形，先端略向外弯。
　　2. 羽片上面密生芽胞；下部羽片深羽裂达羽轴两侧的狭翅 ···················· 1.珠芽狗脊 W. prolifera
　　2. 羽片上面无芽胞；下部羽片深羽裂达羽轴两侧的阔翅 ······················ 2.东方狗脊 W. orientalis
1. 孢子囊群条形，先端直指向前 ·· 3.狗脊 W. japonica

1. 珠芽狗脊 胎生狗脊 （图1-305）

Woodwardia prolifera Hook. et Arn. — *W. prolifera* var. *formosana* (Rosenst.) Ching

植株高70～135cm或更高。根状茎粗短，斜生，密被红棕色、卵状披针形鳞片。叶近簇生；叶柄长35～50cm，深禾秆色，基部密被鳞片，向上幼时有鳞片，后变光滑；叶片卵状长圆形，长35～85cm，宽20～30cm，先端渐尖并为深羽裂，基部不缩狭，二回深羽裂达羽轴两侧的狭翅；羽片7～12对，互生，斜向上，披针形，基部不对称；裂片极斜向上，上先出，基部上侧的裂片较长，长3～5.5cm，下侧的裂片远离羽轴，仅以狭翅下延，形成凹缺，裂片向上渐短缩，条状披针形，先端渐尖，边缘通常在中部以上具有细尖锯齿；叶脉不明显，沿中脉两侧各有1～2行长圆形网眼，网眼外的小脉分离；叶片厚纸质，两面无毛，上面常密生有许多小芽胞，着生于裂片的主脉两侧网眼的交叉点上，芽胞萌发后脱离母体后能长成新植株。孢子囊群近新月形，先端略向外弯，着生于裂片的中脉两侧网脉上；囊群盖与囊群同形，开向中脉。

产于浙江的西部、中部、南部和东部（临安、宁波一线以南及普陀）。生于疏林下阴湿地或溪边。分布于安徽、江西、福建、湖南、台湾、广东、广西。日本也有。

根状茎可入药，味苦，性寒，有强腰膝、补肝肾、除风湿的功效；株形优美，可供观赏。

图1-305　珠芽狗脊

2. 东方狗脊（图1-306）

Woodwardia orientalis Sw. — *W. radicans* (L.) Sm. var. *orientalis* (Sw.) Sw.

植株高70～100cm。根状茎横卧，黑褐色，与叶柄下部密被深棕色、先端纤维状的披针形鳞片。叶簇生；叶柄长20～55cm，基部褐色，向上禾秆色，疏被与根状茎上同型但较宽的鳞片；叶片卵形，长35～45cm，宽15～43cm，先端渐尖，基部圆截形，二回深羽裂达羽轴两侧的阔翅；羽片6～8对，对生或下部的近对生，斜展，有短柄，基部1对有时略短缩，第2对羽片较大；裂片斜展，接近或略覆叠，边缘有细密尖锯齿，干后内卷；叶脉明显，羽轴及主脉均隆起，棕禾秆色或禾秆色，在羽轴及主脉两侧各有1行整齐的狭长网眼，其外尚有1～2行不连续的多角形小网眼，其余的小脉分离，单一或二叉，几达叶边或锯齿先端；叶片革质，干后棕色或淡绿色，无毛，在叶轴及羽轴的下面被少数褐色的阔披针形小鳞片。孢子囊群近新月形或长椭圆形，先端略向外弯，着生于羽轴两侧的狭长网眼上，排列整齐，深陷叶肉内；囊群盖同形，厚膜质，隆起，开向主脉，宿存。

产于普陀、龙泉、文成。生于海拔约500m的山坡或路旁。分布于安徽、江西、福建、湖南、台湾、广东、广西。日本、菲律宾也有。

图1-306 东方狗脊

3. 狗脊 （图1-307）

Woodwardia japonica (L. f.) Sm. — *W. affinis* Ching et P.S. Chiu — *W. intermedia* Christ — *W. japonica* var. *contigua* Ching et P.S. Chiu

植株高50～120cm。根状茎粗壮，横卧，深褐色，直径3～5cm，密被鳞片；鳞片深褐色，披针形或条状披针形，长约1.5cm，有时纤维状，膜质，全缘。叶柄长15～70cm，基部密被鳞片，叶柄上部和叶轴疏被棕色纤维状鳞片；叶片革质，长卵形，长25～80cm，宽18～45cm，先端渐尖，二回羽裂；侧生羽片7～15对，无柄或近无柄，阔披针形；中部羽片长12～25cm，宽2～4cm，先端长渐尖，基部圆楔形至圆截形，羽状半裂；裂片11～16对，基部1对缩小，下侧1片为圆形至耳形；叶脉连合成网状，沿羽轴及主脉两侧具2～3行网眼，远离的小脉分离，单一或分叉。孢子囊群条形，先端直指向前，着生于狭长的网眼上，不连续；囊群盖条形，棕褐色。

全省各地常见。生于疏林下、灌丛、山坡、路旁。分布于长江以南各地和台湾。日本、朝鲜半岛、越南也有。

根状茎可入药，味苦，性凉，有清热解毒、杀虫、散癖的功效。

图1-307 狗脊

② 乌毛蕨属 Blechnum L.

根状茎通常粗短，直立，具网状中柱，被深棕色、狭披针形鳞片。叶簇生，一型；叶柄粗硬；叶片通常革质，无毛，一回羽状；羽片条状披针形，两边平行，全缘或具锯齿；主脉粗壮，上面有纵沟，下面隆起，小脉分离，单一或二叉。孢子囊群条形，连续，少有中断，紧靠主脉并与之平行，着生于主脉两侧不甚明显的1条纵脉上，仅羽片先端（或有时基部）不育；囊群盖与孢子囊群同形，纸质，开向主脉，宿存；孢子囊有柄。

约35种，分布于泛热带地区，主产于南半球。我国有1种，浙江也有。

乌毛蕨 （图1-308）
Blechnum orientale L.

植株高60~150cm。根状茎粗壮，直立，木质，顶部密被褐色的钻状条形鳞片。叶簇生；叶柄长20~50cm，棕禾秆色，坚硬，基部密被鳞片，上面有纵沟，无毛；叶片长圆状披针形，长40~100cm，宽15~40cm，先端渐尖，基部不缩狭，一回羽状；羽片18~50对，互生，斜向上，无柄，条形，长11~24cm，宽6~10mm，先端长渐尖，基部圆形或楔形，全缘或呈微波状；叶脉羽状，分离，侧脉二叉或单一，近平行；叶片薄革质，两面无毛。孢子囊群条形，着生于中脉两侧，连续而不中断；囊群盖条形，开向中脉。

产于玉环、景宁、温州市区（龙湾）、永嘉、瑞安、文成、平阳、苍南、泰顺。生于海拔80~500m的林下、林缘水沟边或农田田边。分布于西南、华南及江西、福建、湖南。日本、马来西亚、印度北部、斯里兰卡、澳大利亚、波利尼西亚也有。

根状茎可入药，味微苦，性凉，有清热解毒、杀虫、止血的功效；株形优美，可供观赏。

图 1-308　乌毛蕨

3 荚囊蕨属 Struthiopteris Scopoli

中小型石生草本。根状茎粗短而直立，或长而斜生，被鳞片；鳞片披针形，全缘，棕色，质厚。叶簇生，略呈二型，有柄；叶片革质，披针形，向下渐变狭，一回羽状；羽片多数，篦齿状排列，平展，镰状披针形，基部与叶轴合生；能育叶与不育叶同型而略较狭；叶脉不明显，小脉分离，二叉，基部的往往三叉，不达叶边。孢子囊群条形，着生于主脉与叶缘之间，沿羽片主脉两侧各有1行，几与羽片等长，仅羽片的喙状先端不育；囊群盖纸质，与孢子囊群共同着生于主脉与叶缘间的囊托上,成熟时开向主脉。孢子椭圆形。

约10种,分布于北半球温带地区,向南至澳大利亚温带地区。我国有2种,产于华东、华中和西南;浙江有1种。

荚囊蕨（图1-309）
Struthiopteris eburnea (Christ) Ching

植株高18～60cm。根状茎直立,粗短,或长而斜生,密被鳞片;鳞片披针形,先端纤维状,边缘全缘或偶有少数小齿牙,棕色或中部为深褐色,有光泽,厚膜质。叶簇生,二型;叶柄长3～24cm,禾秆色,基部密被与根状茎上同样的鳞片,向上渐变光滑;叶片线状披针形,两端渐狭,长14～45cm,中部以上宽2～6cm,一回羽状;羽片多数,篦齿状排列,下部羽片向基部逐渐缩小,基部1对成为小耳形,向上的羽片为条状披针形,长1.5～3cm,宽4～6mm,尖头,基部与叶轴合生,边缘全缘,干后略内卷,平展,彼此接近或略疏离;叶脉不明显,在羽片上为羽状,小脉斜向上,二叉,不达叶边;叶片坚革质,干后暗绿色或带棕色,无毛,上面有时呈皱褶状;叶轴禾秆色,光滑,上面有浅纵沟;能育叶与不育叶同型而较狭。孢子囊群条形,着生于主脉与叶缘之间,沿主脉两侧各1行,几与羽片等长,但不达羽片基部及先端;囊群盖纸质,与孢子囊群同形并紧孢子囊群,开向主脉,宿存。

产于淳安(石林)。生于海拔约500m的路旁沟谷湿润陡壁。分布于安徽、福建、湖北、湖南、台湾、广西、四川、贵州。

为浙江省重点保护野生植物。

图1-309　荚囊蕨

三六　柄盖蕨科 Peranemaceae

大中型陆生植物。根状茎短，斜生或直立，具网状中柱，被栗色鳞片。叶簇生；叶柄禾秆色至深棕色，具鳞片；叶片三角状卵圆形或卵圆状披针形，三回至四回羽状细裂；羽片对生或互生，有柄；末回小羽片小，边缘具锯齿或缺刻；叶脉分离；叶片干后草质或坚纸质，上面略被棕色肉质刺，背面无毛或有紫红色腺体；叶轴及羽轴下面被鳞片或叶轴上部的鳞片渐次变小而呈鳞毛状。孢子囊群背生于侧脉顶端或中部；囊群托圆形而稍稍隆起；囊群盖肾形，在基部缺刻处附着，全缘或不整齐，或者圆球形而包被囊群，具柄或无柄，成熟时不裂或纵裂成2～3瓣；孢子囊球形。孢子椭圆形，具单裂缝。

3属，约20种，主产于亚洲东南部的热带及亚热带山地。我国有3属，约15种，主产于西南部及南部；浙江有2属，2种。

Flora of China 将本科归入鳞毛蕨科，本志仍作保留处理。

1 鱼鳞蕨属 Acrophorus C. Presl

根状茎直立或斜生，具网状中柱，被栗色鳞片。叶簇生；叶柄被鳞片，脱落后留下粗糙痕迹；叶片三角状卵圆形，四回羽裂；羽片对生；叶脉分离；叶片干后草质，上面被深棕色肉刺；叶轴下部被鳞片，羽片和小羽片基部着生点下面有1较大的棕色圆形大鳞片。孢子囊群背生于叶脉顶部，囊群托圆形，稍隆起；囊群盖半球形，在基部缺刻处着生；孢子囊圆形。孢子椭圆形，具单裂缝。

约8种，分布于亚洲东南部及大洋洲。我国有6种，主产于云南、四川，向西至喜马拉雅，向南至台湾及海南；浙江有1种。

鱼鳞蕨（图1-310）
Acrophorus stipellatus (Wall.) Moore

植株高达1.5 m。根状茎短而直立，顶部连同叶柄基部被鳞片；鳞片红橙色或栗色，宽披针形。叶簇生；叶柄禾秆色，鳞片早落，留下明显的痕迹；叶片三角状卵圆形，长可达80 cm，宽几相等，四回羽裂；羽片约10对，对生，具短柄；末回小羽片近卵圆形，羽状深裂，裂片近全缘；叶脉在末回小羽片上羽状，单一，不达叶边；叶片干后薄纸质，绿色，除羽轴及各回小羽轴基部被1圆心形大鳞片外，其余部分近光滑，叶片上面疏具肉质刺。孢子囊群小，圆形，生于小脉顶端；囊群盖近半球形或卵圆形，下位，膜质，仅基部一点着生。

产于松阳（箬寮岘）、苍南（莒溪）。生于海拔约700 m的常绿林下湿地。分布于华南、西南及江西、福建、湖南。日本南部、越南、缅甸、印度北部、尼泊尔、不丹也有。

株形优美，可供观赏。

图 1-310　鱼鳞蕨

❷ 红腺蕨属　Diacalpe Blume

根状茎直立，粗短，木质，密被栗色、质厚、全缘、筛孔细密的阔鳞片。叶簇生；叶柄长，上面有深纵沟，密被鳞片，鳞片脱落后往往留下隆起的褐色痕迹；叶片长圆状卵形，三回至四回羽状深裂，上面疏被粗短的节状毛，下面沿叶脉多少有红色或橙色球形腺体；羽轴及各回小羽轴被小鳞片或节状毛，上面有宽纵沟；叶脉分离，羽状，小脉斜向上，不达叶边；叶片干后纸质，褐棕色。孢子囊群圆球形，背生于小脉中部；囊群盖圆球形，幼时完全包被囊群，成熟时自顶端纵裂为2～3瓣；孢子长椭圆形，周壁具褶皱。

约9种，分布于东南亚。我国有8种，主产于西藏东南部、云南、四川、海南；浙江有1种。

本属与鱼鳞蕨属的主要区别在于后者各回羽片基部着生点下面有1较大的棕色圆形鳞片，下面沿叶脉无腺体；囊群盖膜质，半球形，不纵裂。

红腺蕨
Diacalpe aspidioides Blume

植株高30~70cm。根状茎短而直立，顶部连同叶柄基部密被卵状披针形鳞片。叶簇生；叶柄长25~33cm，褐棕色，上部有疏鳞片，脱落后留有斑痕；叶片卵形或卵状距圆形，长30~48cm，宽17~40cm，四回深羽裂；羽片约10对，互生，有柄，三回羽裂，各回小羽片以基部下侧1片较大；末回裂片圆头，具细齿或全缘。侧脉分叉；叶片干后纸质，上面略生有节的粗短毛，下面沿叶脉有腺体，腺体初时呈橙色，最后变枣红色；叶轴及各回羽轴略生棕色小鳞片及有节的粗毛。孢子囊群圆形，无柄，生于小脉基部或中部；囊群盖圆球形，下位，薄革质，包被整个孢子囊群，成熟时自顶端纵裂。

《浙江植物志》记载产于龙泉（昂山）。作者未见标本和实物。生于林下。分布于海南、广西和云南。越南、泰国、缅甸、马来西亚、印度尼西亚、菲律宾、印度、尼泊尔、不丹、斯里兰卡也有。

三七　鳞毛蕨科 Dryopteridaceae

中小型陆生植物。根状茎粗短，直立或斜生，偶有横走，连同叶柄（至少基部）密被鳞片；鳞片条形、披针形至卵形，棕色、褐色或黑色，质厚薄不一，全缘或具齿或有缘毛。叶簇生或近生，有柄，叶柄基部内有数条圆形维管束；叶片一回至五回羽状或羽裂，极少单叶，纸质或革质，少为草质；叶轴、各回羽轴和主脉下面多少被披针形或钻形鳞片；羽轴、小羽轴及主脉下面圆而隆起，上面具纵沟；叶脉通常分离，单一或二叉，或连接成网状。孢子囊群圆形，顶生或背生于小脉上；囊群盖圆肾形，以缺刻状着生，或圆形以中央盾状着生，少为椭圆形。

14属，1200余种，广泛分布于全球，主要分布于北半球温带和亚热带山地。我国有13属，470余种；浙江有6属，84种。

分属检索表

1.叶脉连接成网状……………………………………………………………………………**1.贯众属 Cyrtomium**
1.叶脉分离。
　2.孢子囊群无盖；从叶柄至叶轴密被有睫毛的阔卵形鳞片，叶轴顶端常延伸成鞭状着地生根，形成新植株……………………………………………………………………………**2.鞭叶蕨属 Cyrtomidictyum**
　2.孢子囊群有盖（偶无盖）；鳞片不如上述，叶轴顶端通常不延伸成鞭状（少有叶轴顶端延伸成鞭状着地生根）。
　　3.囊群盖圆形，盾状着生……………………………………………………………**3.耳蕨属 Polystichum**
　　3.囊群盖圆肾形，以缺刻着生。
　　　4.根状茎长而横走；叶远生或近生，各回小羽片均为上先出。
　　　　5.叶片通常坚纸质或革质，下面无毛，有时有纤维状鳞片………**4.复叶耳蕨属 Arachniodes**
　　　　5.叶片通常薄草质，下面沿各回羽轴及叶脉有单细胞短柔毛……**5.毛枝蕨属 Leptorumohra**
　　　4.根状茎粗短，直立或斜生；叶簇生，各回小羽片近对生或下先出，偶上先出……………………………………………………………………………………………**6.鳞毛蕨属 Dryopteris**

1 贯众属 Cyrtomium C. Presl

陆生中型植物。根状茎短，直立或斜生，连同叶柄基部密被鳞片；鳞片卵形或披针形，边缘有齿或流苏状。叶簇生；叶柄上面有浅纵沟；叶片长圆形至披针形，通常奇数一回羽状，少有单叶或具3小叶；侧生羽片多少上弯成镰状，基部两侧近对称或不对称，上侧或两侧具耳或无耳；叶脉网状，主脉明显，两侧各有2至多行的网眼，网眼有内藏小脉；叶片纸质至革质，少有草质，下面疏生鳞片或秃净。孢子囊群圆形，背生于内藏小脉上，在主脉两侧各1至多行；囊群盖圆形，盾状着生。

40余种，主要分布于亚洲东部，以我国西南为中心，极少种达印度南部和非洲东部。浙江有7种。

分种检索表

1. 叶片顶端羽裂，不具分离的顶生羽片。
　　2. 羽片镰刀状披针形，先端尖，基部上侧尖三角状耳形························· **1. 镰羽贯众 C. balansae**
　　2. 羽片三角卵形，先端钝，基部上侧弧形····································· **2. 斜基贯众 C. obliquum**
1. 叶片顶端有1片单一，或2～3分叉的顶生羽片。
　　3. 叶片革质或薄革质；羽片全缘，或有几个缺刻。
　　　　4. 叶片革质；羽片长达10cm，基部偏斜圆楔形····························· **3. 全缘贯众 C. falcatum**
　　　　4. 叶片薄革质；羽片长达15cm，基部略偏斜宽楔形························· **4. 披针贯众 C. devexiscapulae**
　　3. 叶片纸质或坚纸质；羽片全缘，或通体或至少向顶端有细尖锯齿。
　　　　5. 羽片基部不对称，上侧多少有耳状突起。
　　　　　　6. 囊群盖全缘；网状脉连接成2～3行网眼····························· **5. 贯众 C. fortunei**
　　　　　　6. 囊群盖有齿缺；网状脉连接成3～4行网眼··························· **6. 阔羽贯众 C. yamamotoi**
　　　　5. 羽片基部近对称，宽楔形或圆楔形；囊群盖边缘有细齿····················· **7. 齿盖贯众 C. tukusicola**

1. 镰羽贯众 （图1-311）

Cyrtomium balansae (Christ) C. Chr.

植株高25～60cm。根状茎直立，密被披针形、棕色鳞片。叶簇生；叶柄长12～35cm，禾秆

图1-311 镰羽贯众

色，上面有浅纵沟，被狭卵形及披针形、棕色鳞片，鳞片边缘有齿；叶片披针形或阔披针形，长16～42cm，宽6～15cm，先端渐尖，基部略狭，一回羽状；羽片12～18对，互生，略斜向上，柄极短，镰刀状披针形，下部的长3.5～9cm，宽1.2～2cm，先端尖或近尾状，基部偏斜，上侧呈尖三角状耳形，下侧楔形，边缘有前倾钝齿或罕为尖齿；具网状脉，小脉连接成2行网眼，上面不明显，下面微突起；叶片纸质，上面光滑，下面疏生披针形、棕色小鳞片或秃净；叶轴有浅纵沟，疏生披针形及条形卷曲的棕色鳞片。孢子囊群位于中脉两侧各成2行；囊群盖圆盾形，全缘。

产于杭州市区、临安、诸暨、宁波市区(北仑)、鄞州、余姚、象山、宁海、衢州市区(衢江)、开化、金华市区、武义、仙居、遂昌、松阳、龙泉、庆元、云和、景宁、乐清、文成、泰顺。生于海拔40～900m的溪沟边或林下岩石边。分布于华东、华南及湖南、贵州。日本、越南也有。

本种尚有变型无齿镰羽贯众form. edentatum Ching(图1-312)，羽片全缘或仅在顶部有极少缺刻状尖锯齿，产于杭州市区、临安、桐庐、开化、遂昌、庆元、景宁、乐清等地。

图1-312　无齿镰羽贯众

2. 斜基贯众 （图1-313）

Cyrtomium obliquum Ching et K.H. Shing

植株高20～35cm。根状茎直立，密被披针形、棕色鳞片。叶簇生；叶柄长6～10cm，禾秆色，上面有浅纵沟，密生卵形及披针形、棕色鳞片，鳞片边缘有齿；叶片披针形，长13～35cm，宽3～5cm，先端渐尖，基部略缩狭，一回羽状；侧生羽片12～21对，互生，平展，柄极短，三角卵形，中部的长2~3cm，宽1~1.5cm，先端钝，基部偏斜，上侧弧形，下侧宽楔形，全缘；具网状脉，上面略下凹，下面微突起；叶片革质，两面秃净；叶轴有浅纵沟，下面疏生披针形、边缘有齿的棕色鳞片。孢子囊群位于中脉两侧各成1~2行；囊群盖圆盾形，全缘。

产于遂昌、景宁。生于海拔约600m的林下或阴处岩石上。分布于湖南、广东、广西。

图1-313　斜基贯众

3.全缘贯众（图1-314）
Cyrtomium falcatum (L. f.) C. Presl

植株高30~40cm。根状茎直立，密被披针形、棕色鳞片。叶簇生；叶柄长15~27cm，禾秆色，上面有浅纵沟，下部密生卵形、棕色有时中间黑棕色鳞片，鳞片边缘流苏状，向上秃净；叶片宽披针形，长22~35cm，宽12~15cm，先端急尖，基部略缩狭，奇数一回羽状，顶端有1片单一或2~3分叉的顶生羽片；侧生羽片5~14对，互生，平展或略斜向上，有短柄，偏斜卵形或卵状披针形；中部的长6~10cm，宽2.5~3cm，先端长渐尖或呈尾状，基部偏斜圆楔形，上侧圆形，下侧宽楔形或弧形，边缘全缘常呈波状或多少具缺刻；具网状脉，小脉连接成3~4行网眼，上面不明显，下面微突起；顶生羽片卵状披针形，二叉至三叉，长4.5~8cm，宽2~4cm；叶片革质，两面光滑；叶轴有浅纵沟，被披针形、边缘有齿的棕色鳞片或秃净。孢子囊群遍布羽片下面；囊群盖圆盾形，边缘有小齿缺。

产于宁波市区、慈溪、象山、宁海、普陀、台州市区（椒江）、温岭、玉环、洞头、瑞安、平阳、苍南。生于海拔10~100m的大陆沿海地区和海岛草坡、滨海农地边。分布于华南及辽宁、山东、江苏、江西、四川、贵州。日本、朝鲜半岛、越南、印度及太平洋群岛也有。

可供观赏；根状茎可入药，味微苦涩，性寒，有清热解毒、止血、驱虫的功效。

图 1-314 全缘贯众

4. 披针贯众 （图1-315）

Cyrtomium devexiscapulae (Koidz.) Ching —— *C. integrum* Ching et K.H. Shing

植株高40～80cm。根状茎直立，密被披针形、棕色鳞片。叶簇生；叶柄长16～50cm，禾秆色，上面有浅纵沟，密生卵形及披针形、棕色有时中间带黑棕色的鳞片，鳞片边缘流苏状；叶片卵状披针形，长34～55cm，宽12～20cm，先端渐尖，基部不缩狭，有时略宽，奇数一回羽状；侧生羽片7～10对，互生，斜向上，有短柄，披针形，有时呈上弯的镰形，下部的长9～15cm，宽2～3.5cm，先端渐尖成尾状，基部略偏斜宽楔形，边缘全缘，有时波状具缺刻；具网状脉，小脉

图 1-315 披针贯众

连接成3～7行网眼，上面不明显，下面微突起；顶生羽片披针形，长9～10cm，宽2.5～3.5cm；叶片薄革质，两面光滑；叶轴有浅纵沟，被披针形及条形、棕色鳞片，常脱落。孢子囊群遍布羽片下面；囊群盖圆盾形，全缘。

产于宁波市区（北仑）、象山、宁海、普陀、温州市区、瑞安、平阳、泰顺。生于海拔10～400m的林下或灌丛中。分布于江西、福建、广东、广西、四川、贵州。日本、朝鲜半岛、越南北部也有。

5. 贯众 （图1-316）

Cyrtomium fortunei J. Sm. — *C. confertifolium* Ching et K.H. Shing

植株高25～50cm。根状茎直立，密被棕色鳞片。叶簇生；叶柄长12～26cm，禾秆色，上面有浅纵沟，密生卵形及披针形、棕色有时中间为深棕色鳞片，鳞片边缘有齿；叶片矩圆状披针形，长20～42cm，宽8～14cm，先端钝，基部不缩狭或略缩狭，奇数一回羽状；侧生羽片7～25对，互生，近平展，柄极短，披针形，或多少上弯成镰状，中部的长5～8cm，宽1.2～2cm，先端长渐尖，基部不对称，上侧近截形，有时略呈钝耳状突起，下侧楔形，边缘全缘有时有前倾小齿；具网状脉，小脉连接成2～3行网眼，上面不明显，下面微突起；顶生羽片狭卵形，下部有时有1～2个浅裂片，长3～6cm，宽1.5～3cm；叶片纸质，两面光滑；叶轴有浅纵沟，疏生披针形及条形、棕色鳞片。孢子囊群遍布羽片下面；囊群盖圆盾形，全缘。

产于全省各地。生于海拔10～1000m的林下。分布于华东、华中、华南、西南及河北、山西、山东、陕西、甘肃。欧洲、北美洲及日本、朝鲜半岛、越南、泰国也有。

图1-316 贯众

本种尚有变型宽羽贯众 form. **latipinna** Ching（图1-317），羽片卵状披针形，长6～9cm，宽2～3cm。产于安吉、临安。

图1-317　宽羽贯众

6. 阔羽贯众 （图1-318）

Cyrtomium yamamotoi Tagawa —— *C. yamamotoi* var. *intermedium* (Diels) Ching et K.H. Shing

植株高40～60cm。根状茎直立，密被披针形、黑棕色鳞片。叶簇生；叶柄长22～30cm，禾秆色，上面有浅纵沟，密生卵形及披针形、黑棕色或中间黑棕色边缘棕色的鳞片，鳞片边缘有齿；叶片卵形或卵状披针形，长24～44cm，宽12～18cm，先端钝，基部略狭，奇数一回羽状；侧生羽片4～14对，互生，略斜向上，有短柄，披针形或宽披针形，多少上弯成镰状，中部的长8～12cm，宽3～3.5cm，先端渐尖成尾状，基部圆楔形或宽楔形不对称，上侧半圆形或耳状突起，边缘全缘或近顶处有前倾小齿；具网状脉，小脉连接成3～4行网眼，上面不明显，下面微突起；顶生羽片卵形或菱状卵形，二叉至三叉，长8～12cm，宽6～8cm；叶片纸质，两面光滑；叶轴有浅纵沟，疏生披针形、黑棕色或棕色鳞片。孢子囊群遍布羽片下面；囊群盖圆盾形，边缘有齿缺。

产于鄞州、宁海、景宁。生于山谷岩缝中。分布于华中及安徽、江西、广东、广西、四川、贵州、陕西、甘肃。日本也有。

可供观赏；根状茎可入药，用途同贯众。

图 1-318　阔羽贯众

7. 齿盖贯众（图 1-319）
Cyrtomium tukusicola Tagawa

植株高 40～60cm。根状茎直立，密被披针形、黑棕色鳞片。叶簇生；叶柄长 18～28cm，禾秆色，上面有浅纵沟，密生卵形及披针形、黑棕色鳞片，鳞片边缘有齿，常扭曲；叶片矩圆状卵形至矩圆状披针形，长 24～40cm，宽 14～20cm，先端钝，基部不缩狭或略宽，奇数一回羽状；侧生羽片 2～8 对，互生，斜向上，有短柄，基部 1～2 对卵形较大，其他为矩圆状披针形或狭卵形，中部的长 11～15cm，宽 3～5cm，先端渐尖或成尾状，基部近对称，宽楔形或圆楔形，边缘全缘，有时上部有少数前倾小齿；叶脉网状，下面明显；顶生羽片倒卵形或菱状卵形，二叉至三叉，长 7～14cm，宽 4～10cm；叶片坚纸质，两面光滑；叶轴有浅纵沟，疏生披针形及条形、棕色鳞片。孢子囊群遍布羽片下面；囊群盖圆盾形，中央暗褐色，边缘有细齿。

产于宁海、缙云、庆元。生于林下岩石旁。分布于湖南、四川、贵州、云南。日本也有。

可供观赏。

图 1-319　齿盖贯众

❷ 鞭叶蕨属　Cyrtomidictyum Ching

中型陆生植物。根状茎短而直立，顶部连同叶柄密被鳞片。叶簇生，具长柄；叶片披针形或长圆状披针形，一型或近二型；能育叶先端羽裂，渐尖头；不育叶叶轴延伸成一无叶的鞭状匍匐茎，其顶端有1向地性的芽胞，着地生根成1幼株；叶脉羽状，中脉明显；叶片纸质或革质，下面密被贴伏、无定形、具睫毛的鳞片。孢子囊群小，圆形，背生于小脉上，在主脉两侧各排成1~2（3）行；无囊群盖。

共4种，我国均有，其中1种向东分布到朝鲜半岛和日本。浙江有3种。

分种检索表

1. 羽片阔卵形或长圆状卵形 ··· **1. 卵状鞭叶蕨　C. conjunctum**
1. 羽片镰状披针形。
   2. 叶片纸质；能育叶的羽片长6~10cm，每组侧脉的基部上侧1脉不达叶边；孢子囊群在主脉两侧各为2（3）行 ·· **2. 鞭叶蕨　C. lepidocaulon**
   2. 叶片革质；能育叶的羽片长4~5cm，每组侧脉的各脉均伸达叶边；孢子囊群在主脉两侧通常各为1行 ·· **3. 普陀鞭叶蕨　C. faberi**

1. 卵状鞭叶蕨 (图1-320)
Cyrtomidictyum conjunctum Ching

植株高20～45cm。根状茎短，直立，密被鳞片。叶簇生，近二型；不育叶排列稀疏，短而阔，斜卵形或阔卵形，叶轴顶端延伸成长鞭，着地生根长成新株；能育叶柄长7～10cm，被棕色、卵状披针形、边缘有睫毛的宿存大鳞片；叶片披针形，长10～20cm，宽2.2～5cm，先端渐尖，基部圆楔形，一回羽状；羽片约20对，互生，近平展，下部5～7对与叶轴分离，以上各对多少与叶轴合生，基部1对与其上各对等长或稍长，阔卵形或长圆状卵形，长1.5～2.5cm，急尖头，基部不对称，上侧截形并略呈钝三角形耳状突起，下侧近圆形，全缘；叶脉羽状，侧脉分叉，每组3～4条，小脉伸达叶边；叶片纸质。

产于松阳、景宁、泰顺。生于海拔500～800m的山脚石缝中或常绿阔叶林旁溪边。分布于江西。

作者一直未观察到该种孢子囊群，且常与鞭叶蕨混生，不能确定是否为鞭叶蕨的幼苗，但考虑到该种叶脉均达叶边而与鞭叶蕨不同，暂录于此。有待进一步研究。

图1-320 卵状鞭叶蕨

2. 鞭叶蕨 (图1-321)
Cyrtomidictyum lepidocaulon (Hook.) Ching

植株高28～48cm。根状茎短，直立，连同叶柄密被棕色、阔卵形、边缘有睫毛的鳞片。叶簇生，二型；不育叶叶片较狭，羽片稀疏，叶轴延伸成鞭状匍匐茎，顶端有1芽胞，着地生成新植株；能育叶柄长10～23cm，禾秆色；叶片阔披针形，长达25cm，宽约10cm，顶部羽裂，短尖头，基部不对称，近圆形，一回羽状；羽片7～8对，互生，有柄，近平展，镰状披针形，长6～10cm，渐尖头，基部不对称，上侧截形并呈尖三角形耳状突起，下侧圆形，两侧近全缘；叶脉羽状，每组5~6条,侧脉分叉,基部上侧1脉向外伸展,止于中途,不达叶边,其余小脉伸达叶边;叶片纸质。孢子囊群小,圆形,背生或顶生于小脉上,在主脉两侧各排成2(3)行;无囊群盖。

产于杭州市区、临安、桐庐、淳安、诸暨、嵊州、宁波市区(北仑)、鄞州、余姚、奉化、象山、宁海、普陀、开化、庆元、景宁、乐清、文成、平阳、泰顺。生于海拔20~500m的山谷岩缝阴湿处。分布于华东及湖南、台湾、广东、广西。日本、朝鲜半岛也有。

图1-321 鞭叶蕨

3.普陀鞭叶蕨 (图1-322)

Cyrtomidictyum faberi (Baker) Ching — *Nephrodium faberi* Baker — *Polystichum putuoense* L.B. Zhang

植株高达52cm。根状茎短,直立,连同叶柄和叶轴密被棕色、卵形、边缘有睫毛的鳞片。

三七　鳞毛蕨科 Dryopteridaceae

叶簇生，二型；不育叶叶片较狭长，羽片稀疏，叶轴延伸成鞭状匍匐茎，顶端有1芽胞，着地生成新植株；能育叶柄长10~28cm，禾秆色；叶片阔披针形，长13~24cm，宽5.5~10cm，短渐尖头，顶部羽裂，向下为一回羽状；羽片（5）7~12对，下部的近对生，向上互生，几无柄，斜展，镰状披针形，长4~5cm，渐尖头，基部不对称，上侧楔形并呈尖三角形耳状突起，下侧圆楔形，边缘全缘或有时有波状圆齿；叶脉羽状，每组3~4条，小脉均伸达叶边；叶片革质。孢子囊群圆形，在主脉两侧各排成1行，仅在基部上侧耳状突起处有时2行；无囊群盖。

图 1-322　普陀鞭叶蕨

浙江特有。产于杭州市区、临安、嵊州、宁波市区（镇海、北仑）、鄞州、奉化、象山、普陀、台州市区（黄岩）、龙泉、景宁、文成。生于海拔20~600m的山谷林下溪边。

③ 耳蕨属 Polystichum Roth

常为中小型陆生植物。根状茎短，直立或斜生，连同叶柄基部被鳞片，鳞片卵形、披针形、条形或纤毛状，边缘有齿或芒状。叶簇生；叶柄被鳞片；叶片条状披针形、卵状披针形、矩圆形；一回至二回羽状，少有三回羽状细裂，羽片或末回小羽片基部上侧常有耳状突起，叶脉羽状，分离；叶片革质、纸质或草质，通常披小鳞片。孢子囊群圆形，着生于小脉顶端，少数背生或近顶生；囊群盖圆形，盾状着生，少无囊群盖。

约300种，主产于北半球温带及亚热带山地，较集中地分布于我国西南部和喜马拉雅地区。我国约有170种；浙江有17种。

本属作为观赏蕨类有较大开发潜力，可供盆栽、林下栽培、配置山石盆景及作为切叶材料。

分种检索表

1. 叶片一回羽状。
　　2. 叶轴顶端常具芽胞或可延伸成鞭状顶端长芽胞。
　　　　3. 叶轴顶端常具芽胞；孢子囊群无盖 …………………………………… 1. 闽浙耳蕨 P. gymnocarpium
　　　　3. 叶轴顶端可延伸成鞭状，顶端长芽胞；孢子囊群有盖 ………… 2. 华北耳蕨 P. craspedosorum
　　2. 叶轴顶端不延伸，也不长芽胞。
　　　　4. 下部羽片逐渐缩狭并向下反折，幼时羽片下面有三角形小鳞片散生 ………………………………………………………………………………………… 3. 芒齿耳蕨 P. hecatopterum
　　　　4. 下部羽片不缩狭，即使略有缩狭但不向下反折，羽片下面有宿存的披针形小鳞片散生。
　　　　　　5. 羽片斜长方形或菱状三角形，先端短尖；叶片坚纸质 ………… 4. 对生耳蕨 P. deltodon
　　　　　　5. 羽片镰状披针形，先端渐尖；叶片薄纸质 …………………… 5. 尖齿耳蕨 P. acutidens
1. 叶片二回羽状，或三出而具3枚羽片。
　　6. 叶片三出，羽片3枚。
　　　　7. 中央羽片上的小羽片长2~4cm，镰状披针形，先端长渐尖或急尖；下面沿主脉多少被鳞片 ……………………………………………………………………………………… 6. 戟叶耳蕨 P. tripteron
　　　　7. 中央羽片上的小羽片长不及2cm，斜长方形或斜方状长圆形，先端短尖或钝；下面近光滑 …………………………………………………………………………………… 7. 小戟叶耳蕨 P. hancockii
　　6. 叶片二回羽状，羽片多对。
　　　　8. 叶近二型，通常不育叶近顶部叶轴上有1密被棕色鳞片的芽胞 ……… 8. 灰绿耳蕨 P. scariosum
　　　　8. 叶一型，叶轴无芽胞。
　　　　　　9. 叶片草质，基部小羽片全为上先出。
　　　　　　　　10. 叶柄基部的鳞片卵形 …………………………………………… 9. 宽鳞耳蕨 P. latilepis
　　　　　　　　10. 叶柄基部的鳞片披针形及条形或狭卵形。
　　　　　　　　　　11. 小羽片排列疏离，叶片薄革质 ………………………… 10. 草叶耳蕨 P. herbaceum
　　　　　　　　　　11. 小羽片排列紧密。
　　　　　　　　　　　　12. 叶片薄革质 ………………………………………… 11. 对马耳蕨 P. tsus-simense
　　　　　　　　　　　　12. 叶片厚革质 ………………………………………… 12. 前原耳蕨 P. mayebarae
　　　　　　9. 叶片多为纸质或草质，基部小羽片除下部数对羽片上的为上先出，以上概为下先出。
　　　　　　　　13. 叶柄具中间黑色、边缘棕色的二色大鳞片。
　　　　　　　　　　14. 叶片不发亮；孢子囊群近边缘着生 ………………… 13. 假黑鳞耳蕨 P. pseudomakinoi
　　　　　　　　　　14. 叶片发亮；孢子囊群生于小脉末端 ………………… 14. 黑鳞耳蕨 P. makinoi
　　　　　　　　13. 叶柄具大鳞片。
　　　　　　　　　　15. 叶轴下面被披针形和条形鳞片 ……………………… 15. 棕鳞耳蕨 P. polyblepharum
　　　　　　　　　　15. 叶轴下面有卵状披针形鳞片。
　　　　　　　　　　　　16. 叶轴鳞片指向下 ……………………………… 16. 倒鳞耳蕨 P. retroso-paleaceum
　　　　　　　　　　　　16. 叶轴鳞片指向侧方或不定向 ………………… 17. 卵鳞耳蕨 P. ovatopaleaceum

1. 闽浙耳蕨 无盖耳蕨 （图1-323）
Polystichum gymnocarpium Ching ex W.M. Chu et Z.R. He

植株高25～65cm。根状茎短而斜生，顶部及叶柄基部密被棕色、披针形、顶端长渐尖的膜质鳞片。叶簇生；叶柄禾秆色，长6～14cm，上面有沟槽，基部以上至叶轴被狭窄的同型鳞片及纤维状细小鳞片；叶片条状披针形，先端渐尖，中部以下渐缩狭，一回羽状；羽片30～70对，互生或近对生，有间隔；中部以上的平展，下部多少向下反折，镰刀形或镰状披针形，基部的常近直角三角形；羽片基部显著不对称，上侧的耳状突起呈三角形，顶端有1短芒刺，边缘有少数疏浅齿；下侧楔形，基部以上边缘有锯齿，齿端通常有短芒刺，有时钝头；叶脉羽状，侧脉二叉，几伸达边缘；叶片厚纸质；羽片下面疏被纤维状、棕色小鳞片；叶轴顶端常具芽胞，着地生根。孢子囊群圆形，生于较短的小脉顶端，在中脉两侧各1行，中生；无囊群盖。

产于衢州市区（衢江）、武义、遂昌、松阳。生于海拔300～700m的林下及林缘岩石上。分布于福建。

图1-323　闽浙耳蕨

2. 华北耳蕨 鞭叶耳蕨 （图1-324）
Polystichum craspedosorum (Maxim.) Diels

植株高10～20cm。根状茎直立，密被棕色披针形鳞片。叶簇生；叶柄长2～6cm，禾秆色，上面有纵沟，密被棕色披针形鳞片，鳞片边缘有齿；叶片条状披针形，长10～20cm，宽2～4cm，先端渐尖，基部略狭，一回羽状；羽片14～26对，下部对生，向上互生，平展或略斜向下，柄极短，矩圆形或狭矩圆形；中部羽片长0.8～2cm，宽5～8mm，先端钝或圆，基部偏斜，上侧截形，耳状突明显或不明显，下侧楔形，边缘具内弯尖齿；叶脉羽状，侧脉单一；叶片纸质，下面脉上被条形、毛状、黄棕色鳞片；叶轴上面有纵沟，下面密被狭披针形、基部边缘纤毛状的鳞片，先端延伸成鞭状，顶端有芽胞能萌发新植株。孢子囊群通常位于羽片上侧边缘成1行，有时下侧也有；囊群盖大，圆盾形，全缘。

产于临安、建德、诸暨。生于海拔400～900m的林下岩石上。分布于东北、华北、西南及陕西、宁夏、甘肃。俄罗斯远东地区、日本、朝鲜半岛也有。

全草可入药，有清热解毒的功效。

图1-324　华北耳蕨

3.芒齿耳蕨　多翼耳蕨
Polystichum hecatopterum Diels

植株高25～60cm。根状茎短，斜生至直立，顶部密被棕色、披针形、全缘的膜质鳞片。叶簇生；叶柄禾秆色，长4～15cm，上面有沟槽，叶轴被棕色鳞片；叶片披针形，长17～43cm，中部宽2～4cm，先端羽裂长渐尖，中部以下渐缩狭，一回羽状；羽片35～66对，互生或近对生，中部以上的平展或略向上斜展，下部的逐渐缩狭向下反折斜展，基部的极斜向下，镰刀形或矩圆状镰刀形；中部羽片长1～2cm，宽3～8mm，顶端钝或急尖，两侧不对称，上侧基部较宽，有三角形耳状突起，下侧基部截形，近顶端呈弯向上的弧形，除下侧基部全缘外，通体边缘有具芒刺整齐锯齿；羽片上面光滑，幼时下面疏生三角形小鳞片；叶脉羽状，伸入锯齿；叶片纸质。孢子囊群小，生于较短的小脉顶端，在羽片主脉两侧各1行，中生，上侧多达14个，下侧8个以下，下侧基部均不育；囊群盖浅棕色，圆盾形，易脱落。

产于余杭、临安、建德。生于海拔100～500m的岩石缝隙中。分布于江西、湖北、湖南、台湾、广西、四川、贵州、云南。

4. 对生耳蕨（图1-325）
Polystichum deltodon (Baker) Diels

植株高13～42cm。根状茎短，斜生至直立，连同叶柄基部密被棕色、卵形或卵状披针形、厚膜质鳞片。叶簇生；叶柄禾秆色，上面有沟槽，长3～16cm，基部以上疏被薄膜质鳞片；叶片披针形，长9～30cm，中部宽2～4.5cm，先端羽裂渐尖，基部不缩狭或略缩狭，一回羽状；羽片18～40对，下部近对生，上部互生，平展，分开，中部羽片长8～22mm，基部宽4～10mm，斜长方形或菱状三角形，先端短尖，具芒刺，上侧基部三角形耳状突起，下侧平切，边缘疏具三角状尖锯齿；叶脉羽状，分叉；叶片坚纸

图1-325　对生耳蕨

质,两面疏生淡棕色、条状披针形小鳞片。孢子囊群小,生于小脉顶端,接近羽片边缘,通常在主脉上侧排成1行,下侧仅在顶部有1~3枚或不育;囊群盖棕色,圆盾形,早落。

产于桐庐、建德。生于海拔约100m的岩石缝隙中。分布于华南及安徽、湖北、湖南、四川、贵州、云南。日本、缅甸、菲律宾也有。

全草可入药,味酸涩,性微寒,有活血止痛、消肿利尿的功效。

5. 尖齿耳蕨 (图1-326)
Polystichum acutidens Christ

植株高25~100cm。根状茎直立,连同叶柄基部密被棕色、卵形或卵状披针形、全缘的厚膜质鳞片。叶簇生;叶柄禾秆色,上面有沟槽,长5~40cm,向上疏被少数与基部相同的鳞片;叶片披针形,先端渐尖,基部不缩狭或略缩狭,长18~65cm,宽2.5~3.5cm,一回羽状;羽片25~45对,无柄,下部近对生,上部互生,平展,分开;中部羽片长约1.7cm,宽约6mm,镰状披针形,先端渐尖,具芒刺,基部上侧呈尖三角形耳状突起,下侧平切,边缘有前伸具芒刺的尖齿;叶脉羽状,分叉;叶片薄纸质,下面疏生淡棕色、披针形、膜质小鳞片。孢子囊群较小,生于较短的小脉顶端,在羽片主脉两侧各1行,中生,通常主脉下侧的下部小脉不育;囊群盖深棕色,圆盾形,近全缘,早落。

产于衢州市区(衢江)。生于岩石缝隙中。分布于西南及湖北、湖南、台湾、广西。越南也有。

根状茎可入药。

图1-326 尖齿耳蕨

6. 戟叶耳蕨 三叉耳蕨 （图1-327）
Polystichum tripteron (Kunze) C. Presl

植株高30～65cm。根状茎短而直立，顶部连同叶柄基部密被深棕色、具缘毛、披针形鳞片。叶簇生；叶柄长12～30cm，基部以上禾秆色，连同叶轴和羽轴疏生披针形小鳞片；叶片戟状披针形，长30～45cm，基部宽10～16cm，具3枚椭圆状披针形羽片；侧生1对羽片较短小，长5～8cm，宽2～5cm，有短柄，斜展，羽状，小羽片5～12对；中央羽片远较大，长30～40cm，宽5～8cm，有长柄，一回羽状，小羽片25～30对；小羽片互生，近平展，下部的有短柄，向上近无柄，长2～4cm，宽0.8～1.2cm，镰状披针形，先端长渐尖或急尖，基部下侧斜切，上侧截形，具三角形耳状突起，边缘有粗锯齿或浅羽裂，锯齿及裂片顶端有芒状小刺尖；叶脉在裂片上羽状，小脉单一，罕二分叉；叶片草

图1-327 戟叶耳蕨

质,下面沿主脉疏生披针形、浅棕色小鳞片。孢子囊群圆形,生于小脉顶端;囊群盖圆盾形,边缘略呈啮蚀状,早落。

产于安吉、杭州市区、临安、桐庐、淳安、诸暨、宁波市区(北仑)、鄞州、余姚、奉化、宁海、衢州市区(衢江)、金华市区、磐安、天台、遂昌、松阳、龙泉、庆元、景宁、泰顺。生于海拔400~1500m的林下石砾堆中或岩石边。分布于东北、华东、华中及河北、山东、广东、广西、四川、贵州、陕西、甘肃。俄罗斯远东地区、日本、朝鲜半岛也有。

根状茎可入药,有清热解毒的功效。

7. 小戟叶耳蕨　小三叶耳蕨　(图1-328)
Polystichum hancockii (Hance) Diels —— *P. parahancokii* Ching

植株高30~50cm。根状茎短而直立,顶部及叶柄基部密被深棕色、顶部有齿的卵状披针形鳞片。叶簇生;叶柄长10~20cm,基部以上禾秆色,疏生鳞片或近光滑;叶片戟状披针形,长20~25cm,基部宽8~12cm,具3枚条状披针形羽片;侧生1对羽片短小,长2~5cm,宽1~2cm,先端短渐尖,基部有短柄,羽状,小羽片5~6对;中央羽片远较大,长20~25cm,宽3~6cm,先端长渐尖,基部有长柄,一回羽状,小羽片20~25对;小羽片互生,近平展,下部的

图1-328　小戟叶耳蕨

有短柄，上部的近无柄，长不及2cm，宽6～8mm，斜长方形或斜方状长圆形，先端短尖或钝，基部上侧有三角形耳状突起，边缘具小刺头粗锯齿；叶脉在裂片上羽状，小脉单一，罕二分叉；叶片薄草质，两面近光滑。孢子囊群圆形，生于小脉顶端；囊群盖圆盾形，边缘略呈啮蚀状，早落。

产于遂昌、景宁、泰顺。生于海拔约600m的林下。分布于安徽、江西、福建、河南、湖南、台湾、广东、广西。日本、朝鲜半岛也有。

全草可入药，味微苦，性凉，有清热解毒的功效。

8. 灰绿耳蕨 （图1-329）
Polystichum scariosum (Roxb.) C.V. Morton

植株高90～115cm。根状茎短而直立，顶部连同叶柄下部密被黑褐色、边缘棕色、具疏齿、卵状披针形鳞片。叶簇生，近二型；能育叶柄长35～45cm，禾秆色；叶片长60～70cm，宽24～26cm，卵状长圆形或卵状披针形，先端渐尖或长渐尖，基部圆截，二回羽状；羽片15～18对，下部近对生，上部互生，间隔3～6cm，披针形，长12～15cm，宽2～3cm，先端渐尖，基部上侧平截，下侧斜切，一回羽状；小羽片12～15对，互生，斜展，基部上侧一片最大，下侧一片缩小，菱状卵形，略呈镰刀状，先端急尖，基部上侧斜截并有三角形突起，下侧平切，边缘上侧及下侧前半部具疏粗齿，下侧后半部全缘，无芒刺；叶脉羽状，侧脉一回至三回分叉；叶片草质，两面均被小鳞片，通常不育叶近顶部叶轴上有1密被棕色鳞片的芽胞。孢子囊群生于小脉背上，

图1-329 灰绿耳蕨

囊群盖小，圆盾形，全缘。

产于泰顺。生于海拔约500m的常绿阔叶林下岩石边。分布于华南、西南及江西、湖南。日本、越南、泰国、斯里兰卡也有。

9. 宽鳞耳蕨 （图1-330）

Polystichum latilepis Ching et H.S. Kung

植株高40~60cm。根状茎直立，密被深棕色披针形鳞片。叶簇生；叶柄长12~28cm，禾秆色，上面有纵沟，密被卵形鳞片，鳞片棕色至褐棕色，不扭曲；叶片狭卵形至宽披针形，长30~45cm，宽8~12cm，先端渐尖，基部圆楔形，略缩狭，二回羽状；羽片24~26对，互生，平展或略斜向上，条状披针形，有时呈镰状；中部羽片长5~8.5cm，宽1.4~1.6cm，先端渐尖，基部宽楔形至圆楔形，偏斜，柄极短；小羽片6~12对，互生，斜向上，密接，斜卵形或宽披针形，先端渐尖成刺状，基部斜楔形，全缘或有少数前倾小尖齿，基部上侧第1片最大；小羽片具羽状脉；叶片革质，下面有纤维状分枝鳞片；叶轴上面有纵沟，下面密被卵形或狭披针形鳞片，鳞片浅棕色至褐棕色，平坦不扭曲。孢子囊群位于主脉两侧；囊群盖圆形，盾状，全缘。

产于临安（天目山）。生于海拔约1000m的林下。分布于安徽、江西、湖北。模式标本采自临安。

鳞片和叶片色泽光亮，可供观赏；根状茎可入药，民间用于治疗内热腹痛。

图1-330　宽鳞耳蕨

三七　鳞毛蕨科 Dryopteridaceae

10. 草叶耳蕨 （图1-331）
Polystichum herbaceum Ching et Z.Y. Liu ex Z.Y. Liu

植株高30～50cm。根状茎直立。叶簇生；叶柄长13～30cm，禾秆色，上面有纵沟，下部密被披针形或条形、深棕色鳞片，上部为条形鳞片，有时秃净，鳞片边缘睫毛状；叶片卵形或狭卵形，长22～36cm，宽8～14cm，先端长渐尖，基部圆楔形，二回羽状；羽片20～26对，互生，略斜向上，彼此疏离，有柄，条状披针形；中部羽片长6～10cm，宽1.5～2.5cm，先端长渐尖或尾状，基部偏斜，上侧截形，下侧宽楔形，羽状；小羽片8～12对，互生，略斜向上，彼此疏离，宽披针形或狭椭圆形，多少成镰状，先端渐尖呈刺尖状，基部斜楔形，上侧有三角形耳状突起，基部上侧第1片增大，卵形或披针形，常为羽状深裂；小羽片具羽状脉，侧脉常二叉；叶片薄革质。孢子囊群位于小羽片主脉两侧，每小羽片2～10枚；囊群盖圆形，盾状，全缘。

产于遂昌。生于林下。分布于湖北、湖南、四川、贵州。为浙江新记录种。

可栽培供观赏或切叶供插花艺术用，也适于在绿化带内林下栽培。

图1-331　草叶耳蕨

11. 对马耳蕨 （图1-332）

Polystichum tsus-simense (Hook.) J. Sm

植株高30～60cm。根状茎直立。叶簇生；叶柄长16～30cm，禾秆色，上面有纵沟，下部密被披针形或条形、黑棕色鳞片，向上渐成条形鳞片，鳞片边缘睫毛状；叶片宽披针形或狭卵形，长20～42cm，宽6～14cm，先端长渐尖或尾状，基部圆楔形或截形，二回羽状；羽片20～26对，互生，平展或略斜向上，柄极短，条状披针形；中部羽片长4～9cm，宽1～1.5cm，先端渐尖至尾状，基部偏斜，上侧截形，下侧宽楔形，羽状；小羽片7～13对，互生，略斜向上，彼此密接，斜矩圆形、斜卵形或三角卵形，先端急尖或钝，基部斜宽楔形，上侧三角形耳状突起，边缘具小尖刺，基部上侧第1片增大，卵形或三角卵形，有时羽状浅裂；小羽片具羽状脉，侧脉常二叉；叶片薄革质。孢子囊群位于小羽片主脉两侧，每小羽片3～9枚；囊群盖圆形，盾状，全缘。

产于全省各地。生于海拔50～600m的林下。分布于华东、华中、华南、西南及吉林、山东、陕西、甘肃。日本、朝鲜半岛、越南、印度也有。

可栽培供观赏或切叶供插花艺术用，也适于在绿化带内林下栽培；根状茎及嫩叶可入药，有清热解毒的功效。

图1-332 对马耳蕨

12. 前原耳蕨 （图1-333）

Polystichum mayebarae Tagawa

植株高45～60cm。根状茎直立。叶簇生；叶柄长22～30cm，禾秆色，上面有纵沟，下部密被棕色狭卵形鳞片，中部以上密生棕色披针形鳞片，鳞片边缘毛状；叶片狭卵形或宽披针形，长28～48cm，宽8～14cm，先端渐尖，基部圆楔形，二回羽状；羽片20～26对，互生，略斜向上，有短柄，披针形，常呈镰状；中部羽片长6～10cm，宽1.5～2.5cm，先端长渐尖，基部偏斜，上侧近楔形，下侧圆楔形，羽状；小羽片10～14对，互生，略斜向上，斜卵形或狭卵形，先端急尖，基部斜宽楔形，上侧常有三角形耳状突起，边缘具芒状小尖刺，基部上侧第1片增大，常为狭卵形，有时羽状深裂；小羽片具羽状脉，上面不明显，下面略凹下；叶片厚革质。孢子囊群位于小羽片主脉两侧，每小羽片6～12枚；囊群盖圆形，盾状，全缘。

产于龙泉。生于林下。分布于华中、西南及甘肃。日本也有。

本种介于宽鳞耳蕨与对马耳蕨之间。可栽培供观赏或切叶供插花艺术用，也适于在绿化带内林下栽培。

图1-333 前原耳蕨

13. 假黑鳞耳蕨 （图1-334）

Polystichum pseudomakinoi Tagawa

植株高50～80cm。根状茎短，直立或斜生，密被棕色条形鳞片。叶簇生；叶柄长20～30cm，上面有纵沟，密被条形、披针形和较大鳞片，大鳞片卵形或卵状披针形，二色，中间黑色，边缘棕色，有光泽，长达13mm，宽达6mm，先端尾状，近全缘；叶片三角状卵形或三角状披针形，长32～60cm，近基部宽14～23cm，先端渐尖，基部略狭，二回羽状；羽片14～21对，互生，略上弯，具短柄，披针形，先端渐尖，向基部不缩狭，基部不对称，一回羽状；小羽片14～21对，互生，矩圆形，先端钝圆，边缘具小尖刺，基部楔形，耳状突弧形，羽片基部上侧1片最大，羽状浅裂至深裂；小羽片具羽状脉，侧脉5～8对，二歧分叉；叶片纸质至薄草质，叶片不发亮。孢子囊群每小羽片1～9枚，主脉两侧各1行或仅上侧1行，生于小脉末端，靠近小羽片边缘；囊群盖圆形，盾状，全缘。

产于安吉、临安、淳安、金华市区、遂昌、景宁等地。生于海拔400～1300m的林下。分布于华东及河南、湖南、广东、广西、四川、贵州。日本也有。

图1-334　假黑鳞耳蕨

14. 黑鳞耳蕨 （图1-335）

Polystichum makinoi (Tagawa) Tagawa

植株高40～60cm。根状茎短，直立或斜生，密被棕色条形鳞片。叶簇生；叶柄长15～23cm，上面有纵沟，密被条形、披针形和较大鳞片，大鳞片卵形或卵状披针形，二色，中间黑色，边缘棕色，有光泽，长达13mm，宽达6mm，先端尾状，近全缘；叶片三角状卵形或三角状披针形，长28～52cm，近基部宽9～18cm，先端渐尖，基部略狭，二回羽状；羽片13～20对，互生，平展，具短柄，基部不缩狭，一回羽状；小羽片14～22对，互生，镰状三角形至狭矩圆形，先端急尖，边缘具芒状小尖刺，基部楔形，上侧弧形耳状突起，羽片基部上侧一片最大，羽状浅裂至深裂；小羽片具羽状脉，侧脉5～8对，二歧分叉；叶片草质；叶片发亮，上面近光滑，下面疏生短纤毛状小鳞片。孢子囊群每小羽片5～6对，主脉两侧各1行，生于小脉末端；囊群盖圆形，盾状，边缘浅齿裂。

产于安吉、宁波市区（北仑）、余姚、遂昌、景宁等地。生于海拔700～1100m的林下。分布于华东、华中、西南及河北、广东、广西、陕西、甘肃。日本、尼泊尔、不丹也有。

根状茎可入药，有清热解毒、止血、消肿的功效。

图1-335　黑鳞耳蕨

15. 棕鳞耳蕨 （图1-336）

Polystichum polyblepharum (Roem. ex Kunze) C. Presl

植株高40～80cm。根状茎短，直立或斜生。叶簇生；叶柄长14～22cm，上面有纵沟，密被灰棕色、条形或披针形和较大鳞片，大鳞片卵状披针形或宽披针形；叶片宽椭圆状披针形，长

37～70cm，宽15～20cm，先端渐尖，向基部不缩狭或略缩狭，二回羽状；羽片20～26对，互生，斜向上，具短柄，披针形，一回羽状；小羽片15～20对，互生，矩圆形，先端急尖，具锐尖头，基部楔形下延，上侧波状或近全缘，具三角形耳状突起，下侧具长芒，羽片基部上侧1枚最大，羽状浅裂至深裂；小羽片具羽状脉，侧脉4～6对，二歧分叉；叶片草质；叶轴下面密被披针形或条形鳞片。孢子囊群圆形，每小羽片3～7对，主脉两侧各1行，生于小脉末端；囊群盖圆形，盾状，近全缘。

产于杭州市区、宁波市区（北仑）、鄞州、慈溪、余姚、奉化、象山、宁海、景宁等地。生于海拔20～500m的林下。分布于江苏、湖南。日本、朝鲜半岛也有。

根状茎可入药，味微涩，性凉，有清热解毒的功效。

图1-336　棕鳞耳蕨

16. 倒鳞耳蕨 （图1-337）

Polystichum retroso-paleaceum (Kodama) Tagawa

植株高50～80cm。根状茎短，直立或斜生。叶簇生；叶柄长24～52cm，上面有纵沟，密被灰棕色、条形或披针形和较大鳞片，大鳞片卵形或卵状披针形；叶片椭圆形或椭圆状披针形，长

图 1-337 倒鳞耳蕨

36～63cm，先端渐尖，向基部渐缩狭或略缩狭，二回羽状；羽片20～24对，互生，斜向上，具短柄，披针形，顶端渐尖，基部不对称；中部羽片长9～12cm，宽1.8～2.2cm，一回羽状；小羽片18～22对，互生，矩圆形或三角卵形，先端急尖，具锐尖头，基部楔形下延，上侧全缘，少为浅裂，具弧形耳状突起，羽片基部上侧1片最大，羽状浅裂至深裂；小羽片具羽状脉，侧脉5～7对，二歧分叉；叶片草质或薄草质；叶轴下面密被棕色、条形或披针形和较大鳞片，大鳞片卵状披针形或宽披针形，明显指向下。孢子囊群圆形，每小羽片（1）4～6对，主脉两侧各1行，中生，生于小脉末端；囊群盖圆形，盾状，近全缘。

产于安吉、淳安。生于海拔约1200m的林下。分布于安徽、江西、湖北、湖南。日本、朝鲜半岛也有。

17. 卵鳞耳蕨 （图1-338）

Polystichum ovatopaleaceum (Kodama) Sa. Kurata —— *P. ovatopaleaceum* var. *coraiense* (Christ) Sa. Kurata

图1-338　卵鳞耳蕨

植株高48～67cm。根状茎短，直立或斜生。叶簇生；叶柄长19～25cm，上面有纵沟，密被棕色、条形或披针形和较大鳞片，大鳞片卵形或卵状披针形；叶片椭圆形或椭圆状披针形，长42～49cm，宽18～20cm，先端渐尖，向基部渐缩狭，二回羽状；羽片23～26对，互生或近对生，平展，具短柄，披针形，先端渐尖，基部不对称；中部羽片长9～12cm，宽1.8～2.2cm，一回羽状；小羽片15～20对，互生，矩圆形，先端急尖，具锐尖头，基部楔形下延，上侧全缘略呈波状，具弧形耳状突起，下侧具短芒，羽片基部上侧1片最大，羽状浅裂；小羽片具羽状脉，侧脉5～7对，二歧分叉；叶片草质，两面密被长纤毛状小鳞片；叶轴下面密被棕色、条形或披针形的较大鳞片，大鳞片卵形或卵状披针形，指向侧方或不定向。孢子囊群圆形，每小羽片（1）4～6对，主脉两侧各1行，生于小脉末端，靠近主脉；囊群盖圆形，盾状，全缘。

产于安吉、临安、鄞州、余姚。生于海拔约1300m的林下。分布于安徽。日本、朝鲜半岛也有。

存疑种

1. 纤鳞耳蕨
Polystichum fibrillosa-paleaceum (Kodama) Tagawa

植株高30～60cm。叶簇生；小羽片菱状长圆形；叶轴上有披针形纤维状鳞片。《浙江植物志》记载杭州市区、普陀有分布，《中国植物志》未收录该种，*Flora of China*记载分布于日本、朝鲜半岛。未见可靠标本，暂存疑。

2. 革叶耳蕨
Polystichum neolobatum Nakai

植株高30～60cm。叶簇生；叶片狭卵形或宽披针形，先端渐尖，基部圆楔形或近截形，略缩狭，二回羽状；羽片26～32对；小羽片5～10对；叶片革质或硬革质，下面密被披针形鳞片，强烈扭曲。孢子囊群位于主脉两侧；囊群盖圆形，盾状，全缘。《浙江植物志》未收录该种，《中国植物志》记载浙江有分布。未见可靠标本，暂存疑。

3. 边果耳蕨
Polystichum shimurae Sa. Kurata ex Seriz.

叶柄长20cm；叶片狭三角卵形，先端渐尖，基部略缩狭，二回羽状；羽片约18对；小羽片10～12对；叶片纸质；仅上部羽片能育。孢子囊群棕色，每小羽片5～10个，主脉两侧各1行，生于小脉末端，靠近小羽片边缘；囊群盖圆形，盾状，边缘不规则齿裂。《浙江植物志》未收录该种，《中国植物志》记载浙江有分布。未见可靠标本，暂存疑。

❹ 复叶耳蕨属 Arachniodes Blume

中型蕨类植物。根状茎横走。叶远生或近生；鳞片棕色、褐色或近黑色，披针形、钻形或条形，少有卵形；叶片卵状三角形或五角形，二回至五回羽状，叶片顶部渐尖或突然狭缩成长尾状；羽片具柄，基部1对最大；基部下侧1片小羽片伸长（偶有短缩），各回小羽片均为上先出，末回小羽片形状多形，基部不对称，上侧多少突起，下侧斜切，边缘常具锐尖齿或有芒刺的锯齿；叶脉羽状，分离，上先出。孢子囊群圆形，顶生于叶脉，少有背生；囊群盖圆肾形，以缺刻着生，棕色，厚膜质，全缘，或边缘具睫毛。孢子两面型，椭圆形或圆形，周壁具褶皱，呈不完整翅状，透明，少有疣状、瘤状或刺状纹饰。

约60种，广泛分布于热带、亚热带和南温带地区，主要分布于东亚和东南亚。我国为本属分布中心，约40种；浙江有14种。

本属植物叶形变化多，色泽差异大，配植范围广，多数种的叶片为理想的切叶材料，也可栽培供观赏；部分种类可供药用。

分种检索表

1. 叶片顶部突然狭缩呈长尾状，成为一片与侧生羽片同型的一回羽状顶生羽片；孢子囊群多数靠近叶边生，在中脉两边排成"∧"形。
    2. 叶片五角形，叶柄苍绿色，基部被卵状披针形、质厚、有光泽的阔鳞片·· **1. 美丽复叶耳蕨 A. amoena**
    2. 叶片卵状长圆形，叶柄绿色，基部被披针形、线状披针形的狭鳞片。
        3. 植物灰绿色；基部羽片的基部下侧有2片小羽片伸长，第2、3对羽片基部也各有1对小羽片伸长··· **2. 紫云山复叶耳蕨 A. ziyunshanensis**
        3. 植物深绿色；基部羽片的基部下侧有1片小羽片伸长，第2、3对羽片基部的小羽片不特别伸长。
            4. 小羽片菱形、长圆形或镰形，锐尖头，两面光滑。
                5. 小羽片菱形或斜方形；囊群盖边缘有睫毛·················· **3. 斜方复叶耳蕨 A. amabilis**
                5. 小羽片长圆形或镰形；囊群盖边缘全缘·················· **4. 假斜方复叶耳蕨 A. hekiana**
            4. 小羽片长圆形，钝头，下面沿叶轴、羽轴及叶脉有小鳞片 ····· **5. 长尾复叶耳蕨 A. simplicior**
1. 叶片顶部渐尖或多少狭缩成三角形渐尖头；孢子囊群多数近中脉生，在中脉两边排成"‖"形（华西复叶耳蕨除外）。
    6. 小羽片边缘钝锯齿 ··· **6. 大片复叶耳蕨 A. cavaleriei**
    6. 小羽片边缘具尖锯齿或芒刺。
        7. 孢子囊群近边生，孢子囊群盖边缘有睫毛 ························ **7. 华西复叶耳蕨 A. simulans**
        7. 孢子囊群近中生（除华南复叶耳蕨），孢子囊群盖边缘全缘。
            8. 叶背具黄棕色腺毛 ·· **8. 贵州复叶耳蕨 A. nipponica**
            8. 叶背无黄棕色腺毛。
                9. 叶片草质；小羽片边缘无芒刺 ································· **9. 华南复叶耳蕨 A. festina**
                9. 叶片革质或纸质；小羽片边缘有芒刺。

10. 基部羽片的下侧基部小羽片不特别伸长或略较其上的长。
    11. 基部羽片三角状披针形，基部羽片的下侧基部小羽片不特别伸长。
        12. 叶片三回羽状，基部羽片的基部下侧1片小羽片明显短缩 ········ **10. 缩羽复叶耳蕨 A. japonica**
        12. 叶片二回羽状至三回羽裂，基部羽片的基部下侧1片小羽片不短缩 ·················
        ·· **11. 中华复叶耳蕨 A. chinensis**
    11. 基部羽片长三角形，基部羽片的下侧基部小羽片略较其上的长 ····· **12. 美观复叶耳蕨 A. speciosa**
10. 基部羽片的下侧基部小羽片特别伸长。
    13. 叶片近三角形或卵状三角形，三回羽状 ································ **13. 刺头复叶耳蕨 A. aristata**
    13. 叶片卵状长圆形，三回羽状至四回羽裂 ································ **14. 华东复叶耳蕨 A. pseudo-aristata**

1. 美丽复叶耳蕨 （图1-339）
Arachniodes amoena (Ching) Ching

植株高60～90cm。根状茎长而横走，密被鳞片；鳞片深棕色，质厚，卵状披针形，有光泽。叶柄长30～60cm，苍绿色，基部淡紫色，上部灰绿色，基部密被与根状茎同样的鳞片，向上光

图1-339　美丽复叶耳蕨

滑；叶片近五角形，长30~45cm，宽30~40cm，突然狭缩呈长尾状，三回或四回羽状；侧生羽片（3）4~6对，有柄，基部1对最大，近三角形，长达20cm，宽约8cm，基部一回小羽片伸长，下侧1片尤长，一回或二回羽状；末回小羽片三角状披针形或斜方状长圆形，长1.5~2cm，通常上侧深裂，基部不突出，下侧浅裂成粗齿或基部斜切；裂片顶端有芒刺状（或无）粗齿；顶生羽片与侧生羽片同型且近等大；叶脉羽状，分离，侧脉二叉至三叉；叶片纸质，淡绿色。孢子囊群圆形，通常着生于小脉顶端，较靠近小羽片上侧边，排成"∧"形；囊群盖圆肾形，全缘。

产于宁波、丽水及杭州市区、临安、衢州市区、开化、永康、天台、温州市区（瓯海）、永嘉、文成、泰顺。生于海拔1800m以下的林下、林缘、沟谷。分布于江西、福建、湖南、广东、广西、贵州、云南。南亚、新几内亚岛及日本、越南、泰国也有。

全草可入药，有活血止痛的功效。

2. 紫云山复叶耳蕨 （图1-340）

Arachniodes ziyunshanensis Y.T. Hsieh — *A. pseudo-simplicior* Ching — *A. shuangbaiensis* Ching — *A. yunqiensis* Y.T. Hsieh

植株灰绿色，高达80cm。叶柄深绿色，下部密被红棕色披针形鳞片，向上线状钻形；叶片卵状长圆形，长40~50cm，宽25~30cm，奇数羽状，基部阔圆形，三回羽状，顶生羽片与侧生

图1-340 紫云山复叶耳蕨

羽片同型；侧生羽片5~7对，基部1对最大，长约25cm，宽约13cm，二回羽状；小羽片约18对，基部1~2对伸长，下侧基部1片最长，达15cm，宽约4cm，渐尖头，羽状；小羽片镰状披针形，长3~5cm，宽1cm，急尖，边缘有长芒刺锯齿；第2、3对羽片卵状披针形，基部二回羽状，基部1对小羽片伸长，披针形，下侧的长约10cm，上侧的长约7cm，羽状；第4对羽片线状披针形，下侧的基部小羽片略长；叶片薄革质，灰绿色，上面无光泽；叶轴、羽轴、小羽轴下面疏生红棕色近钻状的小鳞片。孢子囊群靠近边缘，在中脉两侧呈"∧"形排列；囊群盖红棕色，坚膜质，脱落。

产于安吉、杭州市区、临安、淳安、鄞州、江山、遂昌、龙泉、庆元、景宁、温州市区（瓯海、龙湾）、乐清、泰顺。生于海拔50~900m的林下。分布于湖南、四川、贵州、云南。

3. 斜方复叶耳蕨 （图1-341）

Arachniodes amabilis (Blume) Tindale —— *A. rhomboidea* (Wall. ex Mett.) Ching

植株深绿色，高50~80cm。根状茎横卧，密被鳞片；鳞片棕色，质薄，披针形或线状披针形，无光泽。叶柄深绿色，基部密被与根状茎同样的鳞片，向上光滑；叶片卵状长圆形或卵状三角形，长30~50cm，宽20~35cm，先端尾状，基部不缩狭，三回羽状至四回羽裂；侧生羽片5~7对，基部1对最大，三角状披针形，长10~20cm，其基部下侧1片小羽片特长，并为羽裂或

图1-341 斜方复叶耳蕨

近一回羽状，第2、3对羽片基部的小羽片不特别伸长；小羽片菱形或斜方形，长1.5～2.5cm，先端锐尖，基部上侧呈三角状突起，下侧斜切，边缘有芒刺状粗锯齿；顶生羽片和侧生羽片同型，且近等大或略小；叶脉羽状，侧脉除基部上侧为羽状外，其余均为二叉至三叉；叶片纸质，两面无毛。孢子囊群着生于小脉顶端，靠近叶边，在中脉两侧呈"∧"形排列；囊群盖圆肾形，边缘有睫毛。

产于杭州、宁波、金华、丽水、温州及诸暨、普陀、开化、江山。生于海拔30～800m的林下。分布于长江以南各地。日本、缅甸、印度、尼泊尔及喜马拉雅地区也有。

根状茎可入药，有祛风散寒的功效。

4. 假斜方复叶耳蕨 （图1-342）

Arachniodes hekiana Sa. Kurata —— *A. tiendongensis* Ching et C.F. Zhang —— *A. rhomboidea* (Wall. ex Mett.) Ching var. *sinica* Ching —— *A. similis* Ching

植株深绿色，高达1m。叶柄基部疏生棕色披针形鳞片，向上光滑；叶片长圆形，长约45～60cm，宽20cm，顶部突然狭缩长尾，二回或三回羽状；羽片7～8对，互生，有柄（长达2cm），均同型，长约18cm，中部宽3.5～6cm，基部增宽，近平截，渐尖头，一回羽状；小羽片约18对，平展，接近，基部1对略长，长2.6～3cm，宽1～1.2cm，长圆形或镰形，急尖头，两侧近平直，有锯齿，顶端具1芒刺；第2、3对羽片同大同形；叶片薄纸质，干后褐绿色，光滑。孢子囊群近叶边生，在中脉两侧呈"∧"形排列；囊群盖红棕色，全缘，质厚，脱落。

产于临安、鄞州、江山、遂昌、松阳、龙泉、庆元、文成、泰顺。生于海拔70～700m的林下。分布于安徽、福建、湖南、重庆、四川、广东、广西、贵州、云南。日本也有。

图1-342 假斜方复叶耳蕨

三七　鳞毛蕨科 Dryopteridaceae　　439

*Flora of China*将相似复叶耳蕨*A. similis*作为独立种,作者认为其与假斜方复叶耳蕨区别不明显,遂同意《浙江植物志》的观点,将其作为异名。

5. 长尾复叶耳蕨 （图1-343）

Arachniodes simplicior (Makino) Ohwi — *A. jiulungshanensis* Ching — *A. parasimplicior* Ching et Y.T. Hsien — *A. aristatissima* Ching — *A. fujingensis* Ching — *A. calcarata* Ching — *A. liyangensis* Ching et Y.C. Lan

植株深绿色,高50~100cm。根状茎横卧,密被棕色、狭披针形或线状钻形鳞片。叶柄长20~60cm,深绿色,基部密被鳞片,向上至叶轴、羽轴和中脉有小鳞片;叶片卵状长圆形或略

图1-343　长尾复叶耳蕨

呈五角状卵形，长30～40cm，宽18～25cm，先端狭长突缩尾状，三回羽状；侧生羽片（3）4～5对，基部1对最大，三角状卵形或卵状长圆形，长达20cm，二回羽状；小羽片约18对，基部下侧1片伸长（约10cm），一回羽状；末回小羽片长1.6～2.2cm，宽约8mm，长圆形，先端钝，基部上侧截形并有耳状突起，下侧斜切，边缘有芒刺状锯齿；顶生羽片和侧生羽片同形且近等大；叶脉羽状，侧脉除基部上侧为羽状外，其余的均为二叉至三叉；叶片革质，深绿色，有光泽。孢子囊群圆形，着生于小脉近顶端，位于稍靠近叶边，在中脉两侧呈"∧"形排列；囊群盖圆肾形，全缘。

产于杭州、丽水、温州及安吉、诸暨、余姚、宁海、衢州市区、开化、江山、金华市区、永康。生于海拔50～1350m的林下、林缘。分布于华东、华中、西南及广东、广西、陕西、甘肃。日本也有。

根状茎可入药，有清热解毒的功效。

6. 大片复叶耳蕨　背囊复叶耳蕨　阔片复叶耳蕨 （图1-344）

Arachniodes cavaleriei (Christ) Ohwi

植株高45cm。叶柄紫禾秆色，基部疏被黑褐色、条形鳞片，向上光滑；叶片三角状卵形，长15～20cm，基部宽6.5～7cm，渐尖头，基部近截形，二回或三回羽状；羽片3～7对，有

图1-344　大片复叶耳蕨

柄，基部1对最大，三角状披针形，长5～11cm，基部宽3.5～5.5cm，渐尖头，基部阔楔形，不对称，一回羽状；小羽片3～6对，互生，下部的有短柄，基部1对较大，卵形或卵状长圆形，长2～3.5cm，宽1～2cm，急尖头或钝头，基部圆楔形，不对称，边缘浅裂至深裂；裂片椭圆形，裂片顶端具有钝齿；叶片革质，黄绿色，光滑；叶轴和羽轴羽面偶有1～2棕色、条形小鳞片。孢子囊群大，圆形，背生于柄脉上，靠近中脉，在中脉两边排成"||"形；囊群盖棕色，厚膜质，全缘，脱落。

产于平阳、苍南、泰顺，《浙江植物志》记载临安也有，未见可靠信息。生于海拔600m以下的林缘、林下。分布于安徽、江西、福建、湖南、广东、海南、广西、贵州、云南。日本、越南、泰国北部也有。

7. 华西复叶耳蕨 （图1-345）
Arachniodes simulans (Ching) Ching

植株高80～120cm。叶柄长38～50cm，基部密被棕色、披针形，顶部毛髯状鳞片，上部近光滑；叶片阔卵状三角形，长30～55cm，宽25～40cm，顶部略狭缩呈三角形渐尖头，四回羽状；羽片约20对，基部1对最大，三角状披针形，长达30cm，基部宽约15cm，长渐尖头，三回羽状；一回小羽片，互生，有柄，基部下侧1片略大，披针形，长达14cm，宽约4cm，渐尖头；末回小羽片或裂片卵状长圆形，急尖头，边缘具有尖锯齿；第2～6对羽片阔披针形或披针形，三回羽状或羽裂，基部上侧1片一回小羽片略大；第7对羽片明显短缩，披针形，长8cm，羽状，向上的各对羽片逐渐缩小；叶片近草质，灰绿色，光滑；叶轴和各回羽轴下面偶被1～2棕色、披针形小鳞片。孢子囊群每二回小羽片或裂片4～6对，靠近叶边生；囊群盖棕色，厚膜质，边缘有睫毛，以后脱落。

图1-345 华西复叶耳蕨

产于淳安。生于海拔600～800m的山谷林下。分布于江西、湖北、湖南、四川、贵州、云南、甘肃。越南也有。为浙江新记录植物。

8. 贵州复叶耳蕨　日本复叶耳蕨　（图1-346）
Arachniodes nipponica (Rosenst.) Ohwi

植株高100～120cm。根状茎肉质化、匍匐，密生红棕色、卵状长椭圆形、锐尖头鳞片。叶柄长40～50cm，淡绿色，基部密被与根状茎上相同的鳞片，向上渐小渐疏；叶片长圆形，长

图1-346　贵州复叶耳蕨

60～70cm，宽32～55cm，渐尖，三回羽状；羽片7～9对，互生，斜展，有长柄，基部1对最大，长圆状披针形，长25～40cm，宽12～22cm，先端尾状渐尖，基部宽楔形，二回羽状；小羽片约12对，基部1对略较第2片为大，长圆状披针形，长10～16cm，宽4～6cm，一回羽状，其余向上各对羽片逐渐缩短，长圆状披针形至披针形；末回小羽片或裂片菱状卵形，长2～3cm，宽1～1.2cm，边缘分裂或为粗锯齿具芒刺；第2对向上的羽片渐狭小；叶脉羽状，侧脉二叉至三叉；叶片纸质，淡绿色，叶脉下面有黄棕色腺毛。孢子囊群圆形，着生于小脉顶端，中生，在中脉两边排成"Ⅱ"形；囊群盖圆肾形，边缘全缘，早落。

产于临安、仙居、遂昌、云和、泰顺。生于海拔600m左右的林下。分布于江西、湖南、广东、四川、贵州、云南。日本也有。

可供观赏。

9. 华南复叶耳蕨　细裂复叶耳蕨　（图1-347）
Arachniodes festina (Hance) Ching

植株高85～110cm。根状茎斜生，密被棕色、披针形鳞片。叶近生；叶柄长40～60cm，棕禾秆色，基部密被棕色狭披针形鳞片，向上渐光滑；叶片卵状长圆形，长45～50cm，宽30～40cm，顶部略狭缩成渐尖头，三回至四回羽状细裂；羽片7～8对，互生，斜展，有柄，基部1对最大，卵状长圆形，长可达33cm，宽约18cm，先端尾状渐尖，二回至三回羽状细裂；小羽片多对，基部下侧1片长约15cm，一回至二回羽状细裂；末回小羽片深裂，裂片阔卵形或长圆形，长1.1～1.5cm，宽4～8mm，先端钝头，边缘有细尖锐锯齿，无芒刺；其余向上各对羽片逐渐短缩，

图1-347　华南复叶耳蕨

由卵状长圆形至披针形,长12~28cm;叶脉羽状,侧脉二叉至三叉;叶片草质,淡绿色;羽轴分叉处和叶脉下面有棕色纤维状小鳞片。孢子囊群圆形,着生于小脉顶端,较近叶边;囊群盖圆肾形,边缘全缘。

产于江山、景宁。生于海拔约1000m的林下、沟边。分布于江西、福建、河南、湖南、台湾、广东、广西、四川、贵州。越南也有。

10. 缩羽复叶耳蕨 （图1-348）

Arachniodes japonica (Sa. Kurata) Nakaike —— *A. reducta* Y.T. Xie et Y.P. Wu

植株高达90~100cm。叶柄草绿色,基部密被暗棕色、披针形、先端毛发状的鳞片,向上较疏;叶片卵状长圆形,长达45cm,宽25~28cm,先端渐尖,三回羽状;羽片约26对,下部的近对生,密接,具柄,基部1对较大,长15~20cm,宽7~8cm,狭三角状披针形,渐尖头,二回羽状;小羽片基部上侧的1片略大,长约5cm,宽约1.5cm,披针形,急尖头,羽状,边缘有芒刺;末回小羽片5~8对,近无柄,长圆形,钝头,具有芒刺锯齿;基部下侧的1片明显短缩,长达3cm;末回小羽片下部分裂,裂片长圆形,基部上侧较大,紧靠羽轴;第2对向上的羽片和基部的同形而较小,基部上侧小羽片比下侧为长;叶片革

图1-348　缩羽复叶耳蕨

质，干后棕绿色，两面光滑；叶轴和羽轴密被贴生的红棕色条形钻状鳞片。孢子囊群紧靠中脉，在中脉两边排成"Ⅱ"形；囊群盖暗棕色，质坚，边缘有啮蚀状小锯齿，宿存。

产于庆元、乐清、平阳、苍南、泰顺。生于海拔750～800m的林下。分布于福建。日本也有。

11. 中华复叶耳蕨 （图1-349）

Arachniodes chinensis (Ros.) Ching — *A. abrupta* Ching — *A. gradata* Ching

植株高30～60cm。根状茎横走，密被黑褐色、线状钻形的全缘鳞片。叶柄长15～25cm，绿色，连同叶轴和羽轴密被贴生的鳞片；叶片卵状三角形，长约25cm，宽约20cm，先端突然狭缩成三角形渐尖头，二回羽状或基部三回羽裂；羽片12～17对，基部羽片三角状披针形，长10～18cm，基部宽5～8cm，先端渐尖，一回羽状或二回羽裂，基部羽片的基部下侧的1片小羽片不短缩；小羽片约15对，长圆形至斜方形，基部1对较长，下侧1片尤长，长3～6cm，羽状半裂或基部上侧有1分离的耳片，中部的长约2cm，宽约7mm，略呈镰刀状，边缘具芒刺状的锐齿；叶脉上面不明显，下面仅可见，每小羽片有小脉6～8对，下部的小脉一回至二回分叉，耳片上的小脉呈羽状；叶片薄革质。孢子囊群圆形，着生于小脉顶端，中生，在中脉两边排成"Ⅱ"形；囊群盖圆肾形，革质，早落。

产于丽水、温州及开化、江山、金华市区、仙居。生于海拔50～1000m的林下、林缘。分布于长江以南各地。日本、越南也有。

图1-349 中华复叶耳蕨

Flora of China 将庆元复叶耳蕨 *A. gradata* 作为缩羽复叶耳蕨的异名，作者认为其作为中华复叶耳蕨的异名更合理。

12. 美观复叶耳蕨 （图1-350）

Arachniodes speciosa (D. Don) Ching — *A. caudata* Ching — *A. neoaristata* Ching — *A. ishingensis* Ching et Y.T. Xie — *A. yandangshanensis* Y.T. Xie

植株高60～100cm。根状茎连同叶柄基部密被暗棕色、线状钻形、全缘的鳞片。叶柄绿色，基部以上疏生纤维状鳞片或近光滑；叶片长圆形，长25～35cm，基部宽约20cm，向顶部急狭缩而呈长尾状渐尖，三回羽状；侧生羽片5～7对，有柄，基部1对最大，长约15cm，基部宽约10cm，长三角形；小羽片镰状披针形，有短柄，基部下侧的最大，长约8cm，基部上侧的较短，其余小羽片向上逐渐短缩，镰刀状，长约3cm，基部宽1cm，上侧耳状，下侧楔形，先端急尖具刺齿；叶脉羽状或分枝，上面不明显，下面清楚；叶片薄革质，两面光滑；叶轴和羽轴下面疏生暗棕色钻形鳞片。孢子囊群圆形，大，中生，在中脉两边排成"I"形；囊群盖暗棕色，坚厚。

产于杭州市区、淳安、诸暨、鄞州、象山、普陀、金

图1-350　美观复叶耳蕨

华市区、遂昌、庆元、云和、乐清、永嘉、文成、泰顺。生于海拔100～1100m的林下。分布于华东、华南及湖北、湖南、四川、贵州、云南、甘肃。日本及东南亚也有。

雁荡山复叶耳蕨 A. yandangshanensis Y.T. Xie 在《浙江植物志》中被作为华东复叶耳蕨的异名，Flora of China 将其作为美观复叶耳蕨的异名，作者赞同 Flora of China 的处理意见；尾叶复叶耳蕨 A. caudata 在 Flora of China 中作为中华复叶耳蕨的异名，作者查阅了相关标本，认为它更接近美观复叶耳蕨。《浙江植物志》记载有渐尖复叶耳蕨 A. attenuata Ching，作者研究认为系美观复叶耳蕨的误定。

13. 刺头复叶耳蕨 （图1–351）

Arachniodes aristata (G. Forst.) Tindale — *A. exilis* (Hance) Ching — *A. fengyangshanensis* China et C.F. Zhang ex Y.T. Hsien — *A. lushanensis* Ching — *A. maoshanensis* Ching — *Aspidium exile* Hance

植株高30～90cm。根状茎长而横走，密被棕色或棕褐色的钻形鳞片。叶柄长15～50cm，草绿色，连同叶轴和羽轴通常被有棕色或棕褐色、线状钻形小鳞片；叶片近三角形或卵状三角形，长20～35cm，宽约20cm，顶部突然狭缩成三角形长渐尖头，三回羽状；羽片5～8对，基部1对最大，卵状三角形，长15～20cm，宽7～10cm，二回羽状；小羽片多数，基部1对较长，下侧1片尤长，长8～10cm，一回羽状；末回小羽片长圆形，长1.5～2.0cm，先端锐尖，基部上侧略呈耳状突起或为分离的耳片，边缘浅裂或具

图 1-351　刺头复叶耳蕨

长芒刺状锯齿；其余向上各对羽片逐渐短缩，披针形或线状披针形；叶片纸质，上面光滑，下面沿中脉疏生棕色小鳞片。孢子囊群圆形，着生于小脉顶端，位于中脉和叶边之间，在中脉两边排成"Ⅱ"形；囊群盖圆肾形，早落。

产于杭州、宁波、金华、温州及普陀、开化、江山、仙居、遂昌、龙泉。生于海拔10～900m的山坡林下。广泛分布于长江以南各地。

根状茎可入药，味微苦涩，性凉，有清热利湿、消炎止痛的功效。

14. 华东复叶耳蕨　小叶复叶耳蕨　（图1-352）
Arachniodes pseudo-aristata (Tagawa) Ching

植株高30～50cm。根状茎粗短而斜生。叶柄黄绿色，基部密被褐色、线状披针形、锐尖头鳞片，向上连同叶轴、羽轴有褐色、线状钻形小鳞片疏生；叶片卵状长圆形，长20～30cm，宽10cm，先端略狭缩，渐尖头，三回羽状或四回羽状深裂；羽片4对，基部1对近对生，其余互生，有柄，基部1对最大，卵状长圆形，长10～15cm，宽5～7cm，先端渐尖；基部羽片的基部下侧1对小羽片较长，下侧1片长10cm，上侧一片长7.5cm；末回小羽片卵状长圆形，长2cm，宽9mm；裂片，长圆形，长约9mm，宽4mm，先端钝，有芒刺齿；第2、3对羽片同形而较小；叶脉羽状，侧脉分叉；叶片革质，黄绿色，除小羽轴下面偶有小鳞片外，两面光滑。孢子囊群生于小脉顶端，靠近中脉，每末回小羽片约4对，每裂片1～2枚，在中脉两边排成"Ⅱ"形；囊群盖棕色、全缘，早落。

产于安吉、杭州市区、宁波市区、余姚、普陀、衢州市区、永康、龙泉、乐清。生于海拔50～700m的林下。分布于长江流域各地，东到台湾。日本也有。

本种在 *Flora of China* 中被作为美观复叶耳蕨的异名，作者认为其与美观复叶耳蕨差异明显，而与刺头复叶耳蕨关系接近，遂按独立种处理，留待以后研究。

图1-352　华东复叶耳蕨

5 毛枝蕨属 Leptorumohra (H. Itô) H. Itô

中型陆生植物。根状茎长而横走，密被棕色、阔披针形厚鳞片。叶近生；叶柄长，禾秆色或深棕色；叶片五角形或卵形，三回至五回羽状；羽片6～15对，基部1对较大，向上渐缩狭，各回羽片分裂度细，均为上先出，两面密被单细胞粗毛；叶片草质，叶脉分离，羽状。孢子囊群圆形，背生于小脉上；囊群盖圆肾形，膜质，全缘或边缘有睫毛。

共4种，分布于我国、日本、朝鲜半岛。我国有3种，浙江有2种。

1. 毛枝蕨 （图1-353）
Leptorumohra miqueliana (Maxim. ex Franch. et Sav.) H. Itô

植株高80～100cm。根状茎长而横走，连同叶柄基部被棕色、披针形鳞片。叶近生；叶柄长40～62cm，红棕色或棕禾秆色，疏被较小鳞片；叶片阔卵形，长43～52cm，宽26～35cm，先端短尖，四回羽状（有时五回羽状）；羽片6～8对，互生，有柄，斜展，基部1对最大，三角状卵形，渐尖头，基部不对称，略向上弯弓；一回小羽片约15对，互生，有柄，斜展，基部下侧1片最大，三角状披针形，渐尖头；二回小羽片约13对，互生，略斜展，1～4对有短柄，长圆形，末回小羽片长圆形，边缘多裂成钝锯齿；叶脉羽状，侧脉单一或分叉；叶片草质，两面有单细胞毛疏生；各回羽轴下面疏被棕色、披针形小鳞片。孢子囊群小，圆形，背生于小脉上；囊群盖圆肾形，全缘，无睫毛。

产于安吉、临安、淳安、余姚、庆元。生于海拔900～1300m的山谷疏林下或岩壁阴湿处。分布于吉林、辽宁、江西、湖南、四川、贵州。日本、朝鲜半岛也有。

图1-353 毛枝蕨

2. 无鳞毛枝蕨 （图1-354）
Leptorumohra sino-miqueliana (Ching) Tagawa

植株高45~80cm。根状茎长而横走，顶部连同叶柄基部密被栗黑色、披针形鳞片，质厚，全缘，有光泽。叶近生；叶柄长25~40cm，禾秆色，略被淡棕色、披针形小鳞片；叶片长三角形，长23~40cm，宽16~30cm，先端略急狭缩，基部不缩狭，三回羽状；羽片约15对，基部1对对生，向上互生，有柄，斜展，基部1对较大，卵状披针形；小羽片约15对，互生，有柄，基部下侧1片较大，三角状披针形，钝头；末回小羽片5~6对，互生，长圆形，基部斜楔形，深羽裂；裂片2~4对，基部上侧1片几分离，长圆形，先端有2~3个钝锯齿；叶脉在末回小羽片上羽状，小脉单一，偶分叉，下面可见；叶片草质，两面密被锈色粗毛；各回羽轴下面多少被棕色、披针形、先端纤维状鳞片。孢子囊群小，圆形，背生于小脉上；囊群盖圆肾形，膜质，边缘有睫毛，后脱落。

产于安吉、遂昌。生于海拔约1550m的密林下。分布于湖南、四川、贵州、云南。日本也有。

本种与毛枝蕨的主要区别在于后者叶片四回至五回羽状。

图1-354　无鳞毛枝蕨

6 鳞毛蕨属 Dryopteris Adans.

中型陆生植物。根状茎粗短，直立或少有斜生，顶部密被鳞片，鳞片卵形、阔披针形、卵状披针形或披针形，红棕色、褐棕色或黑色，全缘或略有疏齿或流苏状。叶簇生，有柄，通常密被鳞片；叶片阔披针形、长圆形、三角状卵形或五角形，一回至四回羽状或四回羽裂，罕为一回奇数羽状，先端羽裂；叶片通常为纸质至革质，少有草质；叶脉分离，羽状，单一或二叉至三叉。孢子囊群圆形，生于叶脉背部或罕有生于叶脉顶端，通常有囊群盖；囊群盖圆肾形，以缺刻着生。

本属约400种，广泛分布于全球各地，以亚洲大陆特别是我国及喜马拉雅地区其他国家、日本、朝鲜半岛为分布中心。我国约有170种。本属植物同种个体差异较大，杂交现象也较普遍，《浙江植物志》记载浙江有71种，根据《中国生物物种名录》《中国植物志》记载，浙江有41种。

部分种类可供药用；许多种类广泛栽植于庭院、盆栽或作切叶材料供观赏。

分种检索表

1. 叶片一回奇数羽状，顶生羽片与侧生羽片同型。
  2. 侧生羽片1~3对（有时较多），边缘全缘或有缺刻状浅锯齿……………… **1. 奇羽鳞毛蕨　D. sieboldii**
  2. 侧生羽片通常3~5（7）对，边缘有波状粗圆或粗钝锯齿及浅裂…… **2. 宜昌鳞毛蕨　D. enneaphylla**
1. 叶片一回至四回羽状或四回羽裂，先端羽裂渐尖。
  3. 叶片一回羽状或二回羽裂。
    4. 孢子囊群无盖……………………………………………………………… **3. 无盖鳞毛蕨　D. scottii**
    4. 孢子囊群有盖。
      5. 孢子囊群在羽片中脉两侧通常各1行，少有不规则2行。
        6. 叶片上部能育，下部不育。
          7. 孢子囊群紧靠羽片边缘着生……………………………………… **4. 边生鳞毛蕨　D. handeliana**
          7. 孢子囊群靠近中脉着生…………………………………………… **5. 东京鳞毛蕨　D. tokyoensis**
        6. 叶片整片几能育，羽片边缘波状浅裂或具浅锯齿………………… **6. 迷人鳞毛蕨　D. decipiens**
      5. 孢子囊群在羽片中脉两侧各2行以上。
        8. 羽片浅裂，羽裂不达1/2。
          9. 羽轴两侧有不育空间。
            10. 叶柄和叶轴的鳞片黑色，不育空间较狭………… **7. 黑鳞远轴鳞毛蕨　D. namegatae**
            10. 叶柄和叶轴的鳞片棕色，不育空间较宽………………… **8. 远轴鳞毛蕨　D. dickinsii**
          9. 羽轴两侧无不育空间。
            11. 叶片先端羽裂急狭缩成短尾状渐尖……………………………… **9. 暗鳞鳞毛蕨　D. atrata**
            11. 叶片先端羽裂长渐尖。
              12. 叶柄基部被深褐色、披针形鳞片……………… **10. 武夷山鳞毛蕨　D. wuyishanica**
              12. 叶柄基部密被黑色和棕褐色、条状披针形鳞片…… **11. 混淆鳞毛蕨　D. commixta**

8. 羽片深裂,羽裂达1/2以上。
 13. 叶片上部能育,下部不育 ·················· **12. 黄山鳞毛蕨 D. whangshangensis**
 13. 叶片整片能育。
  14. 叶片基部的羽片基部1对裂片几裂达羽轴,成1对近分离的裂片············
   ······························· **13. 杭州鳞毛蕨 D. hangchowensis**
  14. 叶片基部的羽片基部1对裂片深裂,但不达羽轴 ········ **14. 桫椤鳞毛蕨 D. cycadina**
3. 叶片二回羽状至四回羽裂。
 15. 叶片纸质至革质。
  16. 叶片上部能育,下部不育。
   17. 叶片上部4~5对羽片能育,能育羽片常骤然缩狭,孢子散发后即枯萎············
    ···································· **15. 狭顶鳞毛蕨 D. lacera**
   17. 至少叶片下部若干羽片不育。
    18. 羽片较狭长 ·························· **16. 同形鳞毛蕨 D. uniformis**
    18. 羽片较宽短 ·························· **17. 半岛鳞毛蕨 D. peninsulae**
  16. 叶片一般整片能育。
   19. 叶片基部小羽片不特别伸长。
    20. 羽片以锐角从叶轴斜上或斜展。
     21. 叶柄鳞片较稀疏,即叶柄表皮不被鳞片全覆盖,明显可见。
      22. 孢子囊群靠近小羽片中脉着生。
       23. 囊群盖非红色。
        24. 羽片基部小羽片在叶轴两侧近平行;二回羽状············
         ······························· **18. 黑足鳞毛蕨 D. fuscipes**
        24. 羽片基部下侧小羽片均弯向羽片顶端而远离叶轴;三回羽裂············
         ······························· **19. 齿头鳞毛蕨 D. labordei**
       23. 囊群盖红色。
        25. 小羽片边缘具细圆齿或羽状浅裂;二回羽状············
         ······························· **20. 红盖鳞毛蕨 D. erythrosora**
        25. 小羽片边缘羽状浅裂至深裂;三回羽裂············
         ······························· **21. 桃花岛鳞毛蕨 D. hondoensis**
      22. 孢子囊群中生;小羽片基部末回裂片几截形;二回羽状三回浅羽裂············
       ···································· **22. 京鹤鳞毛蕨 D. kinkiensis**
     21. 叶柄密被鳞片,即叶柄表皮被鳞片全覆盖,略可见或不可见。
      26. 孢子囊群靠近小羽片边缘着生。
       27. 叶柄密被暗棕色鳞片;二回羽状 ·········· **23. 轴鳞鳞毛蕨 D. lepidorachis**
       27. 叶柄密被棕色鳞片。
        28. 基部羽片的小羽片基部末回裂片长圆形;二回至三回羽状············
         ······························· **24. 高鳞毛蕨 D. simasakii**
        28. 基部羽片的小羽片基部末回裂片耳形;二回羽状至三回羽裂············
         ······························· **25. 观光鳞毛蕨 D. tsoongii**

26. 孢子囊群中生；二回羽状至三回羽裂 ·················· **26. 阔鳞鳞毛蕨 D. championii**
20. 羽片以直角从叶轴水平开展。
　　29. 孢子囊群无盖 ······························· **27. 裸果鳞毛蕨 D. gymnosora**
　　29. 孢子囊群有盖。
　　　　30. 囊群盖红色 ······························· **28. 华南鳞毛蕨 D. tenuicula**
　　　　30. 囊群盖非红色。
　　　　　　31. 孢子囊群靠近叶边着生 ··················· **29. 宽羽鳞毛蕨 D. ryo-itoana**
　　　　　　31. 孢子囊群中生。
　　　　　　　　32. 基部羽片的最基部下侧1对小羽片在叶轴两侧呈八字形斜展；孢子囊群着生于末
　　　　　　　　　　回裂片中脉两侧 ·················· **30. 无柄鳞毛蕨 D. submarginata**
　　　　　　　　32. 基部羽片的最基部下侧1对小羽片与叶轴平行；孢子囊群着生于小羽片中脉两侧
　　　　　　　　　　或裂片边缘 ························ **31. 平行鳞毛蕨 D. indusiata**
19. 叶片基部小羽片特别伸长。
　　33. 孢子囊群无盖 ································ **32. 德化鳞毛蕨 D. dehuaensis**
　　33. 孢子囊群有盖。
　　　　34. 基部下侧第1对小羽片羽状或羽状全裂。
　　　　　　35. 末回小羽片边缘具锐尖齿；三回羽状至四回深裂 ······ **33. 台湾鳞毛蕨 D. formosana**
　　　　　　35. 末回小羽片边缘浅裂或全缘；三回羽状至四回羽裂 ······ **34. 两色鳞毛蕨 D. setosa**
　　　　34. 基部下侧第1对小羽片羽裂。
　　　　　　36. 植株高25～35cm；二回羽状至三回羽裂 ·········· **35. 假异鳞毛蕨 D. immixta**
　　　　　　36. 植株高35～80cm；三回羽状至四回羽裂。
　　　　　　　　37. 叶柄基部密被褐棕色、狭披针形鳞片 ············ **36. 变异鳞毛蕨 D. varia**
　　　　　　　　37. 叶柄基部密被黑色、狭披针形鳞片。
　　　　　　　　　　38. 叶轴被棕色小鳞片 ················· **37. 棕边鳞毛蕨 D. sacrosancta**
　　　　　　　　　　38. 叶轴被黑色小鳞片 ················· **38. 太平鳞毛蕨 D. pacifica**
15. 叶片草质。
　　39. 叶片卵状长圆形，长远超过宽 ······················ **39. 稀羽鳞毛蕨 D. sparsa**
　　39. 叶片多少呈五角形，长宽几相等。
　　　　40. 末回小羽片先端几无齿 ························ **40. 裸叶鳞毛蕨 D. gymnophylla**
　　　　40. 末回小羽片先端具明显齿 ······················· **41. 中华鳞毛蕨 D. chinensis**

1. 奇羽鳞毛蕨　奇数鳞毛蕨（图1-355）

Dryopteris sieboldii (Van Houtte ex Mett.) Kuntze

植株高0.5～1.0m。根状茎粗短，直立，连同叶柄下部密生淡棕色、披针形鳞片。叶簇生；叶柄长20～60cm，深禾秆色，中部以上近光滑；叶明显二型，不育叶远较能育叶宽大，叶片长25～40cm，宽约20cm，长圆形或三角状卵形，奇数一回羽状；侧生羽片1～3对（有时较多），长15～20cm，宽2.5～3.5cm，阔披针形或长圆状披针形，基部为略不等的圆形或圆楔形，具短柄，顶生羽片和其下的同型，稍大，具长柄，或有时和其下一羽片合生，羽片全缘或有缺刻状浅锯齿；叶脉羽状，侧脉每组4~6条，除基部上侧一条较短外，其余均达叶边；叶片厚革质，上面无毛，下面偶有纤维状小鳞片。孢子囊群圆形，生于小脉中部稍下处，沿羽轴两侧各排成不整齐的3~4行，近叶边处不育；囊群盖圆肾形，全缘。

产于淳安、诸暨、宁波市区（北仑）、鄞州、余姚、奉化、象山、宁海、开化、武义、仙居、遂昌、松阳、龙泉、庆元、云和、景宁、文成、泰顺等地。生于海拔200~800m的林下。分布于安徽、江西、福建、湖北、湖南、广东、广西、贵州。日本也有。

图1-355 奇羽鳞毛蕨

2. 宜昌鳞毛蕨 顶羽鳞毛蕨 （图1-356）
Dryopteris enneaphylla (Baker) C. Chr.

植株高0.5~1.0m。根状茎粗短，直立，连同叶柄下部密生黑褐色、狭披针形鳞片。叶明显二型，不育叶远较能育叶宽大，叶簇生；叶柄长20~60cm，深禾秆色，中部以上近光滑；叶片长25~40cm，宽约30cm，三角状长方形，奇数一回羽状；侧生羽片3~5（7）对，长15~20cm，宽2.5~3.5cm，阔披针形或长圆状披针形，基部为略不等的圆形或圆楔形，具短柄，顶生羽片和其下的同型，稍小，羽片边缘有波状粗圆或粗钝锯齿及浅裂；叶脉羽状，侧脉每组4~6条，除基部上侧1条较短外，其余均达叶边；叶片厚纸质，上面无毛，下面偶有纤维状小鳞片。孢子囊群圆形，生于小脉中部稍下处，沿羽轴两侧各排成不整齐的3～4行；囊群盖圆肾形，全缘。

产于淳安、遂昌、龙泉、庆元、景宁等地。生于海拔550～700m的林下湿润处。分布于湖北、台湾。

图1-356　宜昌鳞毛蕨

3. 无盖鳞毛蕨 （图1-357）

Dryopteris scottii (Bedd.) Ching ex C. Chr.

植株高50～80cm。根状茎粗短，直立，连同叶柄下部密生褐黑色、披针形、具疏齿鳞片。叶簇生；叶柄长18～35cm，中部向上达叶轴疏生褐黑色、钻状披针形、下部边缘有刺状齿的小鳞片；叶片长25～45cm，宽15～25cm，长圆形或三角状卵形，先端羽裂渐尖，基部不缩狭或略缩狭，一回羽状；羽片10～16对，长10～12cm，宽1.5～3.0cm，披针形或长圆状披针形，渐尖头，基部圆截形，近无柄，边缘具波状圆齿或钝齿；叶脉羽状，侧脉每组3～7条；叶片草质，上面光滑，下面沿羽轴及叶脉有1或2纤维状小鳞片，沿叶轴下面疏生边缘有刺齿、黑褐色或褐棕色、条形鳞片。孢子囊群圆形，生于小脉中部稍下处，在羽轴两侧各排成不整齐的2～3（4）行；无囊群盖。

产于遂昌、庆元、景宁、文成、泰顺。生于海拔400～700m的林下。分布于华东、华南、西南及湖南。日本、越南、泰国、缅甸、马来西亚、印度、不丹也有。

图 1-357　无盖鳞毛蕨

4. 边生鳞毛蕨 （图 1-358）
Dryopteris handeliana C. Chr.

植株高 35~60cm。根状茎直立，连同叶柄基部密被棕色、披针形、全缘鳞片。叶簇生；叶柄长 10~15cm，禾秆色，粗糙，疏被鳞片；叶片长矩圆状披针形，长 20~40cm，宽 10~15cm，先端羽裂突然狭缩成尾状，基部略缩狭，一回羽状；羽片 15~20 对，互生，平展，接近，披针形，长

图 1-358　边生鳞毛蕨

5～8cm，宽约1.5cm，渐尖头或钝尖头，边缘具缺刻状锯齿，锯齿先端具指向远轴方向的鸟喙状尖；叶脉羽状，不分叉，除一条达缺刻外，均达叶边，两面显著；叶片坚纸质，沿叶轴疏被棕色、披针形、全缘鳞片，两面光滑，仅背面沿羽轴疏被棕色小鳞片。叶片中部以上能育，孢子囊群圆形，紧靠羽片边缘着生，成不规则1～2行，羽轴两侧有宽的不育带。囊群盖小，圆肾形，棕色。

产于临安。生于海拔约900m的林缘。分布于湖北、湖南、四川、贵州、云南。日本、朝鲜半岛也有。

5. 东京鳞毛蕨 （图1-359）
Dryopteris tokyoensis (Matsum. ex Makino) C. Chr.

植株高90～110cm。根状茎短而直立，顶部密被棕色、阔披针形大鳞片。叶簇生；叶柄长20～25cm，禾秆色，密被阔披针形鳞片，中部以上渐疏；叶片长圆状披针形，长60～85cm，中部宽12～15cm，先端羽裂渐尖，基部渐缩狭，二回羽状深裂；羽片30～40对，互生，斜向上，具短柄，狭长披针形，中部的长8～9.5cm，宽1.2～1.6cm，先端渐尖，基部阔楔形或近圆形，边缘深羽裂，有时几达叶轴，下部多对羽片渐短缩，羽状半裂或深裂；裂片长圆形，先端圆，具细锯齿；叶脉羽状，侧脉二叉，伸达叶边；叶片纸质，两面无毛，仅羽轴下面近基部疏被纤维状小鳞片。叶片上部能育，下部不育，孢子囊群大，圆形，着生于小脉中部，通常沿羽轴两侧各排成1行（偶在羽片下部有2行），靠近中脉；囊群盖圆肾形，全缘，宿存。

产于安吉、金华市区、磐安、景宁。生于海拔1000～1200m的林下湿地或沼泽中。分布于江西、福建、湖北、湖南。日本也有。

图1-359 东京鳞毛蕨

6. 迷人鳞毛蕨 异盖鳞毛蕨（图1-360）
Dryopteris decipiens (Hook.) Kuntze

图1-360 迷人鳞毛蕨

植株高达60cm。根状茎斜生或直立。叶簇生；叶柄长15～30cm，除最基部黑色外，余部禾秆色，基部密被狭披针形、栗棕色、全缘鳞片，向上渐稀疏；叶片披针形，一回羽状，长20～30cm，宽8～15cm，先端渐尖并为羽裂，基部不收缩或略收缩；羽片10～15对，互生或对生，具短柄，基部通常心形，先端渐尖，边缘波状浅裂或具浅锯齿；羽片中脉上面具浅沟，侧脉羽状，小脉单一，上面不显，下面略可见，除基部上侧1条小脉达羽片中部外，其余几达边缘；叶片纸质；叶轴疏被基部呈泡状的狭披针形鳞片，羽片上面无鳞片，下面具淡棕色泡状鳞片及稀疏刺状毛。孢子囊群圆形，在羽片中脉两侧通常各1行，少有不规则2行，较靠近中脉；囊群盖圆肾形，全缘。

产于全省各地。生于山坡林下或灌丛中。分布于安徽、江西、福建、湖北、湖南、台湾、广东、广西、四川、贵州。日本也有。

6a. 深裂迷人鳞毛蕨（变种）（图1-361）
var. **diplazioides** (Christ) Ching — *D. retroso-paleacea* Ching et C.F. Zhang — *D. mimetica* Ching et C.F. Zhang — *D. metafuscipes* Ching et C.F. Zhang — *D. fuscipes* var. *diplazioides* (Christ) Ching

本变种与迷人鳞毛蕨的主要区别在于羽片羽状半裂至深裂，少数达全裂而呈二回羽状。产于全省各地。生于山坡林下或灌丛中。分布于华东及台湾、广西、四川、贵州。日本也有。

三七　鳞毛蕨科 Dryopteridaceae 　　　459

图 1-361　深裂迷人鳞毛蕨

7. 黑鳞远轴鳞毛蕨（图1-362）
Dryopteris namegatae (Sa. Kurata) Sa. Kurata — *D. dickinsii* var. *namegatae* Sa. Kurata

植株高25～80cm。根状茎短而直立，密被褐棕色阔披针形鳞片。叶簇生；叶柄长12～35cm，褐禾秆色，连同叶轴被黑色、披针形、边缘疏生刺齿的鳞片；叶片长圆状披针形，长

图 1-362　黑鳞远轴鳞毛蕨

15~45cm，中部宽12~18cm，先端羽裂狭缩成短渐尖，基部略缩狭，一回羽状；羽片15~30对，互生，平展，披针形，中部的长6~9cm，宽1.1~1.4cm，先端短尖至渐尖，基部圆截形或截形，近无柄，边缘具粗锯齿，下部数对羽片稍短缩；叶脉羽状，侧脉不分叉，伸达叶边；叶片纸质，中脉下面疏被开展的黑色小鳞片。孢子囊群圆形，着生于小脉中上部，沿中脉两侧各排成不整齐的2~3行，中脉两侧有较狭不育空间；囊群盖小，圆肾形，棕色，全缘。

产于临安、淳安、遂昌。生于海拔400~800m的林下。分布于江西、湖北、湖南、四川、贵州、云南、甘肃。日本也有。

8. 远轴鳞毛蕨 （图1-363）

Dryopteris dickinsii (Franch. et Sav.) C. Chr. — *Aspidium dickinsii* Franch. et Sav.

植株高约45cm。根状茎短而直立。叶簇生；叶柄长约17cm，禾秆色或褐色，连同叶轴被棕色、披针形鳞片；叶片长圆状披针形，长40~70cm，基部宽10~15cm，先端渐

图1-363 远轴鳞毛蕨

尖，基部缩狭，一回羽状；羽片约17对，互生，平展，披针形，中部的长4～7cm，宽1～1.5cm，先端短尖至渐尖，基部圆截形或截形，具短柄，边缘具粗钝齿或羽裂达1/3，下部数对羽片略短缩；叶脉羽状，侧脉每组3～5条，除基部上侧一条外，均达叶边；叶片厚纸质或纸质；叶轴和羽轴下面疏被条状披针形、褐色小鳞片。孢子囊群圆形，着生于小脉中部以上或近顶端，沿中脉两侧各排成不整齐的2～3行，中脉两侧有阔的不育带；囊群盖圆肾形，全缘。

产于安吉、临安、淳安、天台、景宁等地。生于海拔700～1300m的常绿阔叶林下。分布于华中、西南及安徽、江西、福建、台湾、广西。日本、印度也有。

9. 暗鳞鳞毛蕨 （图1-364）

Dryopteris atrata (Wall. ex Kunze) Ching — *D. hirtipes* subsp. *atrata* (Wall. ex Kunze) Fraser-Jenkins — *Nephrodium atratum* (Wall. ex Kunze) Hand.-Mazz. — *Aspidium atratum* Wall. ex Kunze

植株高50～60cm。根状茎短而直立，密被棕色披针形大鳞片。叶簇生；叶柄长20～30cm，禾秆色，基部密被黑褐色、披针形鳞片，向上直达叶轴密被黑褐色、具疏缘毛的条形或钻状鳞片；叶

图1-364 暗鳞鳞毛蕨

片披针形或阔披针形,长达50cm,中部宽约15cm,先端羽裂急狭缩成短尾状渐尖,基部不缩狭或略缩狭,向下反折,一回羽状;羽片约20对,互生,几平展,披针形,中部的长8~10cm,宽1.2~1.5cm,先端长渐尖,基部截形,近无柄,边缘有粗锯齿或浅羽裂;侧脉单一;叶片纸质,叶片下面沿羽轴和叶脉疏生黑褐色小鳞片。孢子囊群圆形,着生于小脉中部,满布于中脉两侧,无不育带;囊群盖小,圆肾形。

产于淳安、开化、遂昌、龙泉、庆元、景宁、文成、泰顺。生于海拔500~1200m的林下。分布于长江以南各地,东至台湾,西北至甘肃,西南达西藏。印度、尼泊尔、不丹、斯里兰卡及中南半岛也有。

根状茎可入药,味苦,性寒,有驱虫、止血的功效。

10. 武夷山鳞毛蕨 (图1-365)

Dryopteris wuyishanica Ching et Chiu

植株高约1m。叶簇生;叶柄长约44cm,淡褐色或禾秆色,基部疏被深褐色、披针形鳞片;叶片长圆状披针形,长约58cm,宽约24cm,先端羽裂长渐尖,基部不缩狭,一回羽状;羽片约25对,近无柄,平展,以狭间隔分开,中部羽片长约11cm,宽约1.7cm,披针形,尾状长渐尖,基部圆截形,两侧有耳状突起,羽裂达羽片的1/3,锯齿锐尖,向前倾伏;侧脉4~5,单一不分叉,基部1对不达叶边;叶片纸质,光滑,叶轴被棕黑色、条形鳞片。孢子囊群小,在羽轴两侧排成不整齐的2~3行;囊群盖圆肾形,棕色,早落。

产于淳安、遂昌、松阳、龙泉、庆元、景宁。生于海拔250~1350m的林下。分布于福建。

图1-365 武夷山鳞毛蕨

11. 混淆鳞毛蕨（图1-366）

Dryopteris commixta Tagawa — *D. shangqianensis* Ching et Z.Y. Liu — *D. sinodickinsii* Ching ex K.H. Shing

植株高50～70cm。根状茎连同叶柄基部密被黑色和棕褐色、条状披针形鳞片。叶簇生；叶柄长约25cm，禾秆色，基部以上疏被条状披针形、褐黑色鳞片；叶片披针形或椭圆状披针形，长35～45cm，中部宽约20cm，先端羽裂长渐尖，基部稍缩狭，一回羽状；羽片15～20对，互生，略斜展，披针形，先端渐尖，基部圆截形，近无柄，边缘羽状浅裂，下部数对羽片略短缩，稍向下反折；裂片先端全缘或鸟喙状；叶脉羽状，侧脉单一，上面不显，下面显著；叶片纸质，上面近光滑，

图1-366 混淆鳞毛蕨

下面沿脉疏被少数纤维状小鳞片；叶轴密被褐棕色、具疏缘毛的线状鳞片。孢子囊群小，圆形，着生于小脉中上部；囊群盖圆肾形，膜质，全缘，早落。

产于景宁。生于海拔约400m的林下阴湿处。分布于江西、福建、湖南、广西、四川、云南、贵州。日本也有。

12. 黄山鳞毛蕨 （图1-367）

Dryopteris whangshangensis Ching — *D. huangshanensis* Ching — *D. crassirhizoma* subsp. *whangshangensis* (Ching) Fraser-Jenkens — *D. fengyangshanensis* Ching et Chiu — *D. huangangshanensis* Ching

植株高60～80cm。根状茎直立，密被深棕色、披针形、长约2.5cm的全缘鳞片。叶簇生；叶柄长约20cm，禾秆色，被深棕色、披针形或条状披针形、边缘流苏状的鳞片；叶片长30～40cm，中部宽10～12cm，披针形，先端渐尖，向基部渐缩狭，上部能育，下部不育，二回羽状深裂；羽片20～22对，平展或略斜展，彼此密接，披针形，基部3～4对羽片渐短缩，羽状深裂；裂片约16对，长方形，先端平截，具3～4个粗锯齿，边缘浅缺刻，常反折；叶脉羽状，不分叉；叶片草

图1-364 黄山鳞毛蕨

质，两面沿羽轴和中脉被卵圆形、基部流苏状的鳞片；叶轴上面密被棕色、条形或条状披针形、边缘流苏状鳞片。孢子囊群生于叶片上部的裂片顶端，边生，每裂片5～6对，成熟时常超出裂片边缘；囊群盖小，圆肾形，淡褐色，全缘。

产于安吉、临安、淳安、开化、遂昌、庆元、景宁、泰顺。生于海拔500～1550m的林下。分布于安徽、江西、福建、湖北、台湾。

株形优美，供观赏。

13. 杭州鳞毛蕨 （图1-368）
Dryopteris hangchowensis Ching

植株高35～60cm。根状茎短而直立，密被褐黑色、披针形鳞片。叶簇生；叶柄长7～20cm，深禾秆色，密被黑色、条状披针形鳞片；叶片披针形，长28～40cm，宽10～15cm，先端羽裂急缩狭成尾状渐尖，基部不缩狭，二回羽裂；羽片18～20对，披针形，长5～8cm，宽1～1.2cm，渐尖头，基部圆形，具短柄，一回羽裂，羽裂达

图1-368　杭州鳞毛蕨

1/2；裂片斜方形，指向前，先端具2～3鸟喙状尖齿，基部1对裂片几裂达羽轴，成1对近分离的裂片；叶脉羽状，每裂片3对（有时5对），单一；叶片草质；叶轴密被黑色、条形、边缘具刺的鳞片，羽片下面沿羽轴及叶脉疏被棕色纤维状鳞片。孢子囊群圆形，小，背生于小脉，在羽轴两侧各排成不整齐的2行；囊群盖圆肾形，棕色，宿存。

产于杭州市区、临安、宁波市区（北仑）、鄞州、景宁。生于海拔50～1100m的林下。分布于江苏。日本、朝鲜半岛也有。模式标本采自杭州虎跑。

14. 桫椤鳞毛蕨 （图1-369）

Dryopteris cycadina (Franch. et Sav.) C. Chr. — *D. fengyangshanensis* Ching et J.F. Cheng — *D. rigidiuscula* Ching ex K.H. Shing et J.F. Cheng — *D. longirostrata* Ching ex K.H. Shing et J.F. Cheng — *Aspidium cycadinum* Franch. et Sav.

植株高约50cm。根状茎粗短，直立，连同叶柄基部密被黑褐色、具疏缘毛的狭披针形鳞片。叶簇生；叶柄长约15cm，深紫褐色，基部以上疏被与根状茎同样的鳞片；叶片披针形或椭圆状披针形，长30～35cm，中部宽约10cm，先端长渐尖，基部稍缩狭，一回羽状；羽片约20对，互生，略斜展，披针形，先端长渐尖，基部圆截形，近无柄，边缘羽状半裂至深裂，下部数对羽片略短缩，稍向下反折，最基部羽片长约

图1-369 桫椤鳞毛蕨

3.5cm，基部1对裂片深裂，但不达羽轴；叶脉羽状，侧脉单一；叶片薄纸质，两面近光滑；羽轴下面有时疏被小鳞片；叶轴密被黑褐色、具疏缘毛的线状小鳞片。孢子囊群圆形，着生于小脉中部，散布于中脉两侧，通常无不育带；囊群盖圆肾形，全缘。

产于景宁。生于海拔400～1200m的林下。分布于西南及江西、福建、湖北、湖南、台湾、广东、广西。日本也有。

根状茎可入药，有清热解毒、止痛、收敛的功效。

15. 狭顶鳞毛蕨 （图1-370）

Dryopteris lacera (Thunb.) Kuntze — *Nephrodium lacerum* (Thunb.) Baker — *Polypodium lacerum* Thunb.

植株高60～80cm。根状茎粗短，直立或斜生。叶簇生；叶柄通常显著短于叶片，禾秆色，连同叶轴密被褐色至赤褐色鳞

图1-370 狭顶鳞毛蕨

片；叶片椭圆形至长圆形，长40～70cm，宽15～30cm，二回羽状深裂至全裂；羽片约10对，对生或互生，开展，具短柄，阔披针形至长圆状披针形，先端长渐尖，下部羽片不短缩，上部4～5对羽片能育，常骤然缩狭，孢子散发后即枯萎；小羽片披针形，先端急尖，边缘具齿，除基部数对，均与羽轴合生；叶脉羽状，侧脉在小羽片上面略下凹；叶片纸质，叶轴上的鳞片披针形至条状披针形。孢子囊群圆形，生于上部羽片；囊群盖圆肾形，全缘。

产于安吉、临安、淳安、诸暨、宁波市区（北仑）、鄞州、余姚、奉化、象山、宁海、衢州市区（衢江）、开化、东阳、磐安、天台、缙云、遂昌、龙泉、庆元、景宁、洞头。生于海拔150～1350m的山地疏林下。分布于黑龙江、辽宁、山东、江苏、江西、湖北、湖南、台湾、四川、贵州、宁夏。日本、朝鲜半岛也有。

根状茎可入药，味微苦，性凉，有清热、活血、杀虫的功效。

《浙江植物志》记载有变种中华狭顶鳞毛蕨 D. lacera (Thunb.) Kuntze var. chinensis Ching，未见可靠标本，有待研究。

16. 同形鳞毛蕨 （图1-371）

Dryopteris uniformis (Makino) Makino — *D. jiangshanensis* Ching et P.C. Chiu — *D. decurrentiloba* Ching et C.F. Zhang

植株高30～60cm。根状茎直立，顶部密被棕色鳞片。叶簇生；叶柄长15～25cm，禾秆色，密被近黑色或深褐色、披针形鳞片；叶片卵圆状披针形，长约40cm，宽达20cm，先端羽裂渐尖，基

图1-371　同形鳞毛蕨

部不缩狭,近截形,二回羽状深裂至全裂;羽片较狭长,约17对,平展,互生,以等宽间隔分开,披针形,无柄,基部截形,紧靠叶轴,基部羽片不短缩,与中部的同型,下部若干羽片不育;小羽片或裂片约15对,斜展,近卵形或卵圆状披针形,具浅锯齿,基部1对稍大;叶片干后薄纸质,两面光滑或仅羽轴下面有少数褐色、条形鳞片,叶轴密被黑色、条状披针形鳞片;叶脉在下面明显,羽状,大多二叉。孢子囊群生于叶片上半部,每裂片3~6对;囊群盖大,膜质,早落。

产于杭州市区、临安、诸暨、嵊州、宁波市区(镇海、北仑)、鄞州、象山、宁海、定海、普陀、江山、金华市区、磐安、永康、遂昌、龙泉、庆元、景宁、泰顺。生于海拔10~1200m的常绿阔叶林下。分布于华东及湖南、广东、甘肃。日本、朝鲜半岛也有。

根状茎可入药,味微苦,性寒,有止血、杀虫的功效。

17. 半岛鳞毛蕨 (图1-372)

Dryopteris peninsulae Kitag. — *D. lacera* var. *peninsulae* Kitag.

植株高30~50cm。根状茎粗短,近直立。叶簇生;叶柄长达24cm,淡棕褐色,有1纵沟,基部密被棕褐色、条状披针形至卵状长圆形的鳞片;叶片长圆形或狭卵状长圆形,长13~38cm,宽8~20cm,基部多少心形,先端短渐尖,二回羽状深裂至全裂;羽片

图1-372 半岛鳞毛蕨

较宽短，12～20对，对生或互生，具短柄，卵状披针形至披针形，基部不对称，先端长渐尖，多少镰状上弯，下部羽片较大、若干羽片不育，向上渐变小；小羽片或裂片达15对，长圆形，先端钝圆，具短尖齿，基部几对小羽片的基部多少耳形，边缘具浅波状齿；叶脉羽状，明显；叶片干后厚纸质。孢子囊群圆形，较大，仅叶片上半部能育，沿裂片中脉排成2行；囊群盖圆肾形，近全缘。

产于临安、桐庐、淳安、诸暨、开化、遂昌、龙泉、庆元。生于海拔200～1200m的林下或林缘。分布于华中、西南及吉林、辽宁、山西、山东、江西、陕西、甘肃。

根状茎可入药，味苦、涩，性微寒，有清热解毒、止血、杀虫的功效；也可供观赏。

18. 黑足鳞毛蕨 （图1-373）

Dryopteris fuscipes C. Chr. — *D. persimilis* Ching et C.F. Zhang — *D. multijugata* Ching et K.H. Shing — *D. medialisora* Ching et Chiu

植株高50～80cm。根状茎横卧或斜生。叶簇生；叶柄长20～40cm，除最基部为黑色外，余部深禾秆色，基部密被披针形、棕色、有光泽的鳞片，向上至叶轴的鳞片较稀疏；叶片卵状披针形或三角状卵形，二回羽状，长30～40cm，宽15～25cm；羽片10～15对，以锐角从叶轴斜上或斜展，披针形，基部羽片略宽，上部羽片渐短狭，羽片基部小羽片在叶轴两侧近平行；小羽片10～12对，三角状卵形，基部最宽，有柄或无柄，先端钝圆，

图1-373　黑足鳞毛蕨

边缘具浅齿,基部羽片的基部小羽片通常缩小;叶轴、羽轴和小羽片中脉具浅沟;侧脉羽状,上面不显,下面略可见;叶片纸质;羽轴具较密泡状鳞片和稀疏小鳞片。孢子囊群大,在小羽片中脉两侧各1行,靠近中脉;囊群盖圆肾形,全缘。

产于全省各地。生于山坡林下、灌丛中。分布于华东、华南、西南及湖北、湖南。日本、朝鲜半岛、越南及中南半岛也有。

根状茎可入药,有清热解毒、止痛、收敛的功效。

19. 齿头鳞毛蕨　齿果鳞毛蕨 （图1-374）
Dryopteris labordei (Christ) C. Chr. — *Aspidium labordei* Christ

植株高50～60cm。根状茎横卧或斜生,顶部及叶柄基部被披针形、黑色或黑棕色鳞片。叶簇生;叶柄长25～35cm,深禾秆色或淡紫色,向上至叶轴近光滑;叶片卵圆形或卵状披针形,长约30cm,宽约25cm,基部1～2对羽片最大,三回羽裂;羽片约10对,以锐角从叶轴斜上或斜展,近对生,基部

图1-374　齿头鳞毛蕨

1对最大,具柄,羽片基部下侧小羽片均弯向羽片顶端而远离叶轴;小羽片约10对,披针形,基部羽片下侧1~2对小羽片最大,基部截形,近无柄,先端钝圆或短渐尖,羽状深裂或全裂;裂片先端圆,具1~2齿;小羽片侧脉羽状,不达叶边;叶片纸质,除羽轴和小羽片中脉下面具稀疏棕色、泡状鳞片外,两面近光滑。孢子囊群大,生于小羽片中脉与边缘之间,靠近中脉;囊群盖圆肾形,深棕色,全缘。

产于杭州市区、龙泉、景宁、泰顺。生于林下。分布于安徽、江西、福建、湖北、湖南、台湾、广东、广西、四川、贵州、云南。日本也有。

20. 红盖鳞毛蕨 （图1-375）

Dryopteris erythrosora (D.C. Eaton) Kuntze —— *D. paraerythrosora* Ching et C.F. Zhang —— *D. pseudoerythrosora* Ching et C.F. Zhang —— *D. linyingensis* Ching et C.F. Zhang —— *D. remotipinnula* Ching et C.F. Zhang

植株高40~80cm。根状茎横卧或斜生。叶簇生;叶柄长20~30cm,禾秆色或略呈淡紫色,基部密被栗黑色、披针形、全缘鳞片,向上鳞片稀疏;叶片长圆状披针形,长40~60cm,宽

图1-375 红盖鳞毛蕨

15~25cm，二回羽状；羽片10~15对，对生或近对生，披针形，羽片之间相距6~8cm；小羽片10~15对，披针形，长2~3cm，宽0.8~1.2cm，斜向羽片先端，边缘具细圆齿或羽状浅裂，基部羽片的基部下侧第1对小羽片明显缩小，长不及相近小羽片的一半；裂片也明显斜向小羽片先端并具1~2尖齿；侧脉羽状，上面不显，下面可见；叶片纸质；叶轴疏被暗棕色狭披针形小鳞片。孢子囊群较小，在小羽片中脉两侧各1行，稍近中脉；囊群盖圆肾形，全缘，中央红色。

产于宁波及杭州市区、富阳、定海、普陀、景宁、平阳。生于海拔20~800m的林下。分布于华东及湖北、湖南、广东、广西、四川、贵州、云南。日本、朝鲜半岛也有。

可供观赏。

21. 桃花岛鳞毛蕨 （图1-376）

Dryopteris hondoensis Koidz. — *D. scabripes* Ching

植株高50~70cm。叶簇生；叶柄长25~35cm，深禾秆色，被较密披针形、褐棕色、全缘鳞片，向上鳞片稀疏；叶片卵圆形，长40~50cm，宽20~30cm，三回羽裂；羽片10~15对，卵状披针形，对生或近对生，长15~18cm，宽5~6cm，基部通常略收缩，先端渐尖；小羽片10~13对，披针形，先端短渐尖或钝圆，边缘羽状浅裂至深裂；裂片钝头，常具1~2尖齿，斜向小羽片先端；小羽片中脉上面具浅沟；侧脉羽状，上面不显，下面可见；叶片纸质；叶轴和羽轴基部

图1-376 桃花岛鳞毛蕨

具较密披针形、褐棕色鳞片,羽轴和小羽轴背面具较密泡状鳞片。孢子囊群大,在小羽片中脉两侧各1行或在小羽片基部呈不规则多行,靠近中脉;囊群盖红色或红褐色,圆肾形,全缘。

产于普陀、金华市区、天台、遂昌、景宁、洞头、平阳。生于海拔30~1100m的林下。分布于湖南、四川。日本、朝鲜半岛也有。

22. 京鹤鳞毛蕨   京畿鳞毛蕨   金鹤鳞毛蕨 （图1-377）
Dryopteris kinkiensis Koidz. ex Tagawa — *D. neoassamensis* Ching — *D. zhenangensis* Ching et Chiu — *D. championii* var. *tenuifrons* (H. Itô) H. Itô

植株高40~70cm。根状茎直立,顶部密被暗棕色、条状披针形鳞片。叶簇生;叶柄长20~40cm,禾秆色,最基部密被鳞片,向上鳞片较稀疏;叶片卵状披针形,长25~40cm,宽15~20cm,基部羽片与中部羽片几等长,叶片先端略急尖,二回羽状三回浅羽裂;羽片10~15对,披针形,互生,长10~15cm,宽4~5cm,斜向叶尖;小羽片10~12对,羽状浅裂,披针形,具短柄或无柄,基部末回裂片几截形;侧脉羽状,上面不显,下面明显;叶片纸质;叶轴和羽轴基部具较密淡棕色披针形鳞片,羽轴中上部具稀疏泡状鳞片。孢子囊群大,在小羽片中脉两侧各1行,位于中脉与叶缘之间;囊群盖圆肾形,全缘。

图1-377　京鹤鳞毛蕨

产于杭州市区、萧山、临安、宁海、江山、金华市区、东阳、龙泉、庆元、景宁、温州市区、苍南。生于海拔20～400m的林下。分布于江西、福建、湖南、广东、四川、贵州。日本、朝鲜半岛也有。

23. 轴鳞鳞毛蕨 （图1-378）

Dryopteris lepidorachis C. Chr. — *D. lepidocaulon* Ching et Chiu — *D. basi-tripinnatifida* Ching et Z.Y. Liu — *D. championii* var. *rheosora* (Baker) K.H. Shing — *Polypodium rheosorum* Baker — *Nephrodium rheosorum* Hand.-Mazz.

植株高30～60cm。根状茎横卧或斜生。叶簇生；叶柄长15～25cm，密被暗棕色鳞片，最基部鳞片披针形，长10～15mm，中部鳞片卵形，长4～5mm，宽3～4mm，先端尾尖，边缘有尖齿；叶片卵状披针形，长25～50cm，宽20～30cm，二回羽状；羽片10～12对，基部的近对生，上部互生，披针形，彼此接近；小羽片10～13对，长圆状披针形，边缘有浅锯齿或羽状浅裂，先端钝圆具细锯齿，基部心形具短柄；小羽片侧脉上面不显，下面可见，二叉或羽状；叶片纸质，上面光滑，下面具细鳞片；叶轴密被与叶柄中上部相同的鳞片，羽轴下面具较密披针形鳞片和泡状鳞片。孢子囊群小，靠近小羽片边缘着生；囊群盖圆肾形，褐棕色。

产于杭州市区、富阳、天台、景宁。生于海拔20～500m的林下或林缘。分布于华东及湖北、湖南。

图1-378 轴鳞鳞毛蕨

24. 高鳞毛蕨（图1-379）

Dryopteris simasakii (H. Itô) Sa. Kurata — *D. excelsior* Ching et Chiu — *D. erythrochlamys* Ching et Z.Y. Liu — *D. laodianensis* Ching et Chiu — *D. indusiata* var. *simasakii* H. Itô — *D. labordei* (Christ) C. Chr. var. *simasakii* (H. Itô) H. Itô

图 1-379　高鳞毛蕨

植株高50～90cm。根状茎横卧或斜生，顶部及叶柄基部密被披针形、棕色、长达2cm的鳞片。叶簇生；叶柄长20～30cm，禾秆色，密被披针形、棕色鳞片；叶片卵状披针形，长30～50cm，宽15～25cm，二回羽状，小羽片羽状深裂或叶片基部小羽片羽状全裂而成三回羽状；羽片12～15对，近对生，基部几对羽片的羽轴几乎垂直于叶轴，长圆状披针形，先端渐尖；小羽片10～15对，披针形，基部浅心形，具短柄，先端短渐尖或钝圆，边缘羽状浅裂至羽状全裂；裂片5～8对，长圆形，先端具喙状齿，指向小羽片先端；小羽片侧脉羽状，单一或二叉，上面不显，下面可见；叶片纸质，叶轴具较密披针形、棕色鳞片，羽轴具较密泡状鳞片。孢子囊群靠近裂片边缘着生；囊群盖圆肾形，全缘。

产于临安、鄞州、定海、普陀、龙泉、庆元、景宁、泰顺。生于海拔100～700m的山地林下。分布于湖南、广西、四川、贵州、云南。日本也有。

25. 观光鳞毛蕨 （图1-380）

Dryopteris tsoongii Ching — *D. wuyuanensis* Ching

植株高80～100cm。根状茎斜生或直立，顶部及叶柄最基部密被棕色、披针形鳞片。叶簇生；叶柄长40～50cm，叶柄中上部鳞片卵形；叶片卵状披针形，长50～70cm，宽35～45cm，二回羽状至三回羽裂，小羽片羽状深裂；羽片15～18对，互生，披针形，有柄，先端羽裂；小羽片10～15对，披针形，先端短渐尖或钝圆，基部两侧耳状突起，边缘羽状半裂至深裂，上部的羽状浅裂或边缘具锯齿；叶轴和小羽片中脉上面具浅沟，侧脉羽状，上面不显，下面可见；叶片纸质，上面光滑，下面具少量毛状鳞片；叶轴被与叶柄中上部同型、同色但较小鳞片，羽轴具阔披针形和狭披针形两种鳞片。孢子囊群小，在小羽片或裂片中脉两侧各1行，靠近边缘；囊群盖小，圆肾形，易脱落。

产于临安、庆元、景宁。生于海拔200～1000m的林下。分布于华东及湖北、湖南、广东。

可供观赏。

图1-380 观光鳞毛蕨

26. 阔鳞鳞毛蕨 （图1-381）

Dryopteris championii (Benth.) C. Chr. — *D. yandongensis* Ching et C.F. Zhang — *D. linganensis* Ching et C.F. Zhang — *D. gutishanensis* Ching et C.F. Zhang — *D. grandiosa* Ching et Chiu — *D. bullatipaleacea* Ching — *D. conferta* Ching et Chiu — *D. neofuscipes* Ching et Chiu — *D. occidentali-zhejiangensis* Ching et Chiu — *D. qinyuanensis* Ching et Chiu — *D. wangii* Ching

植株高50～80cm。根状茎横卧或斜生，顶部及叶柄基部密被披针形、棕色、全缘鳞片。叶簇生；叶柄长30～40cm，禾秆色，密被阔披针形、边缘有尖齿的鳞片；叶片卵状披针形，长40～60cm，宽20～30cm，二回羽状至三回羽裂，小羽片羽状浅裂或深裂；羽片10～15对，基部近对生，上部互生，卵状披针形，基部略收缩，先端斜向叶尖；小羽片10～13对，披针形，基部浅心形至阔楔形，具短柄，先端钝圆并具细尖齿，边缘羽状浅裂至深裂，基部1对裂片明显最大，圆钝头；侧脉羽状，下面明显可见；叶片纸质，叶轴密被阔披针形、边缘具细齿的棕色鳞片，羽轴具较密泡状鳞片。孢子囊群

图1-381 阔鳞鳞毛蕨

大，在小羽片中脉或裂片两侧各1行，位于中脉与边缘之间；囊群盖圆肾形，全缘。

产于全省各地。生于林下或林缘。分布于西南及山东、江苏、江西、福建、河南、湖北、湖南、台湾、广东、广西。日本、朝鲜半岛也有。

根状茎可入药，味苦，性寒，有清热解毒、止咳平喘、驱虫的功效。

27. 裸果鳞毛蕨 光鳞毛蕨 （图1-382）
Dryopteris gymnosora (Makino) C. Chr. — *Nephrodium gymnosorum* Makino

植株高40～60cm。根状茎斜生，顶部及叶柄基部密被狭披针形、黑色鳞片。叶簇生；叶柄长20～30cm，深禾秆色，近光滑；叶片卵状披针形，长30～40cm，宽20～30cm，二回羽状三回羽裂，基部下侧小羽片羽状深裂；羽片10～13对，以直角从叶轴水平开展，对生或近对生，长10～15cm，宽3～5cm，基部通常覆盖叶轴；小羽片约10对，长圆形或卵状披针形，长2～3cm，宽约1cm，先端钝圆常具2～3尖齿，边缘羽状浅裂至深裂；裂片斜向小羽片先端，边缘具尖齿；侧脉羽状，下面明显，小脉单一；叶片纸质，上面光滑，下面羽轴和小羽片中脉疏被泡状鳞片；叶轴近光滑。孢子囊群着生于小羽片或裂片中脉两侧；无囊群盖。

产于杭州市区、临安、武义、仙居、遂昌、龙泉、庆元、景宁、泰顺。生于海拔400～1000m的林下。分布于安徽、江西、福建、湖北、湖南、广东、广西、四川、贵州、云南。日本、越南也有。

可供观赏。

图1-382 裸果鳞毛蕨

28. 华南鳞毛蕨 （图1-383）

Dryopteris tenuicula Matt. et Christ — *D. subtenuicula* Ching et Chiu — *D. jiulungshanensis* Chiu et Yao ex Ching — *D. yaoi* Ching — *D. subchampionii* Ching — *D. zhangii* Ching

植株高40~50cm。根状茎斜生。叶簇生；叶柄长20~25cm，深禾秆色，基部密被狭披针形、黑色鳞片，上部鳞片稀疏或鳞片脱落后近光滑；叶片卵状披针形，长30~40cm，宽20~25cm，二回羽状至三回羽裂，小羽片羽裂；羽片10~12对，以直角从叶轴水平开展，对生或近对生，卵状披针形，有短柄；小羽片8~10对，长圆状披针形，先端短尖，基部宽楔形或近截形，边缘羽裂，基部羽片的基部1对小羽片明显短缩，下侧第2、3对小羽片明显较大；裂片斜向小羽片先端，先端具1尖齿；叶脉上面不明显，下面可见，侧脉羽状；叶片纸质，上面光滑，下面羽轴和小羽片中脉具较多棕色、泡状鳞片。孢子囊群着生于小羽片中脉两侧，略靠近边缘；囊群盖圆肾形，红色，全缘。

图1-383 华南鳞毛蕨

产于遂昌、龙泉、庆元。生于海拔900～1200m的林下。分布于湖北、湖南、广东、广西、四川、贵州。日本、朝鲜半岛也有。

可供观赏。

29. 宽羽鳞毛蕨（图1-384）

Dryopteris ryo-itoana Sa. Kurata — *D. dispar* Ching et C.F. Zhang — *D. kaihuaensis* Ching et C.F. Zhang — *D. triangularifrons* Ching — *D. lungshanensis* Ching

植株高50～60cm。根状茎斜生。叶簇生；叶柄长约30cm，深禾秆色，基部密被狭披针形、深棕色、全缘鳞片，向上鳞片稀疏；叶片三角状卵形，长30～40cm，宽20～30cm，二回羽状至三回羽裂；羽片10～12对，以直角从叶轴水平开展，近对生，基部羽片最大，长15～20cm，宽7～10cm，向上羽片渐变小；小羽片7～10对，披针形，叶片基部小羽片羽状半裂至深裂，中上部小羽片羽状浅裂，基部羽片的下侧小羽片较大，最基部的小羽片略短缩或不短缩，向后斜伸呈"八"字形；裂片圆头，先端具1～2锯齿；叶轴和羽轴基部具较密淡棕色、狭披针形鳞片，羽轴中上部具稀疏淡棕色、泡状鳞片；小羽片中脉上面具浅沟，侧脉羽状，上面不明显，下面明

图1-384　宽羽鳞毛蕨

显；叶片纸质，上面光滑无毛，下面疏被小鳞片。孢子囊群大，在小羽片中脉两侧各1行，靠近叶边；囊群盖小，圆肾形，全缘。

产于开化、庆元、景宁。生于海拔800～1100m的林下。分布于江西、湖南。日本也有。

可供观赏。

30. 无柄鳞毛蕨 钝齿鳞毛蕨 （图1-385）

Dryopteris submarginata Rosenst. — *D. nudistipes* Ching et Chiu — *D. sessilipinna* Ching et Chiu

植株高60～80cm。根状茎斜生。叶簇生；叶柄长40～50cm，禾秆色，基部密被黑色、边缘和顶端棕色、披针形鳞片；叶片卵状披针形，长35～45cm，宽25～30cm，二回羽状三回羽裂；羽片8～12对，对生或近对生，卵状披针形，几无柄，下侧小羽片呈八字形斜展；小羽片10～12对，上侧较小，下侧较大，基部羽片下侧第2小羽片最大；小羽片卵状披针形，基部阔楔形或近截形，先端短渐尖或钝，羽状深裂或羽状全裂；裂片5～8对，圆头，边缘和先端具钝齿；叶脉上面不明显，下面隐约可见，侧脉羽状，小脉单一；叶片纸质，上面光滑，下面叶轴具披针形、黑色鳞片；羽轴、小羽片中脉两侧具较多棕色、泡状鳞片。孢子囊群着生于末回裂片中脉两侧；囊群盖圆肾形，棕色，全缘。

产于临安、建德、淳安、武义、遂昌、松阳、龙泉、庆元、景宁等地。生于海拔800～1000m的林下。分布于江西、福建、湖北、湖南、广西、四川、贵州。

可供观赏。

图1-385 无柄鳞毛蕨

31. 平行鳞毛蕨　具盖鳞毛蕨 （图1-386）

Dryopteris indusiata (Makino) Makino et Yamam. ex Yamam. — *D. subfuscipes* Ching ex K.H. Shing et J.F. Cheng — *D. gymnosora* (Makino) C. Chr. var. *indusiata* (Makino) Makino ex Bonap. — *Nephrodium gymnosorum* Makino var. *indusiatum* Makino

植株高40～60cm。根状茎横卧或斜生。叶簇生；叶柄长20～35cm，禾秆色，最基部密被狭披针形、黑色鳞片；叶片卵状披针形，长25～40cm，宽20～25cm，二回羽状三回羽裂；羽片10～15对，近对生，几无柄，卵状披针形，基部略收缩；小羽片10～12对，长圆状披针形，先端圆钝，基部近截形，无柄，羽状深裂或半裂，基部羽片的最基部小羽片略短缩并与叶轴平行；裂片5～7对，圆头，先端具1～2齿；叶脉上面不显，下面可见，裂片叶脉羽状，小脉单一或二叉；叶片纸质，上面光滑，下面叶轴具少量黑色、披针形鳞片，羽轴和小羽片中脉两侧具棕色、泡状鳞片。孢子囊群大，着生于小羽片中脉两侧或裂片边缘；囊群盖圆肾形，全缘。

产于淳安、遂昌、景宁、泰顺。生于海拔800～1200m的林下。分布于江西、福建、湖北、湖南、广东、广西、四川、贵州、云南。日本也有。

可供观赏。

图1-386　平行鳞毛蕨

32. 德化鳞毛蕨 (图1-387)

Dryopteris dehuaensis Ching et K.H. Shing — *D. neosordidipes* Ching ex K.H. Shing et J.F. Cheng — *D. gushanica* Ching et K.H. Shing

植株高40~70cm。根状茎横卧或斜生，顶部密被栗黑色、条状披针形鳞片。叶簇生；叶柄长25~35cm，深禾秆色，基部淡褐色，密被栗黑色、披针形鳞片，向上鳞片渐变小变黑，紧贴叶柄；叶片卵状披针形，长35~45cm，基部宽25~30cm，二回羽状至四回羽裂，先端羽裂渐尖；羽片10~14对，互生或近对生，披针形，基部1对最大，长约17cm，宽达10cm，叶柄长3~4cm；下侧小羽片较大，最基部1对最大，小羽片15~18对，披针形，基部小羽片羽状全裂，向上羽状深裂至浅裂；末回小羽片长圆形，先端钝圆并具锯齿，边缘全缘；叶脉下面明显，羽状，小脉单一或二叉；叶片厚纸质或薄革质，叶轴和羽轴密被黑色、基部具睫毛鳞片，小羽片中脉下面密被棕色、泡状鳞片。孢子囊群小，着生于小羽片中脉与边缘之间；无囊群盖。

产于嵊州、宁海、普陀、开化、庆元、景宁、泰顺。生于海拔50~600m的林下。分布于江西、福建、湖南、广东。

图1-387　德化鳞毛蕨

33. 台湾鳞毛蕨 （图1-388）
Dryopteris formosana (Christ) C. Chr.

植株高40～60cm。根状茎横卧或斜生，顶部连同叶柄基部密被披针形、栗色、全缘鳞片。叶簇生；叶柄长25～35cm，禾秆色；叶片五角形，长20～30cm，基部宽20～25cm，三回羽状至四回深裂；羽片8～10对，披针形，基部1对最大，长10～15cm，基部宽达10cm；小羽片约10对，除基部下侧小羽片伸长并羽状外，其余小羽片羽状深裂至浅裂，裂片边缘具锐齿；基部下侧小羽片的末回小羽片8～10对，长圆形，长1～1.5cm，宽4～5mm，先端圆头，边缘和先端均具锐尖齿；叶脉两面不明显；叶片厚纸质，叶轴和羽轴密被黑色、基部泡状鳞片。孢子囊群小，着生于小羽片中脉两侧；囊群盖棕色，全缘。

产于淳安、普陀、开化、磐安等地。生于海拔200～1300m的林下。分布于台湾、四川、贵州。日本也有。

图1-388　台湾鳞毛蕨

34. 两色鳞毛蕨 （图1-389）
Dryopteris setosa (Thunb.) Akasawa — *D. bissetiana* (Baker) C. Chr.

植株高40～60cm。根状茎横卧或斜生，顶部密被栗黑色或黑褐色、狭披针形鳞片。叶簇生；叶柄长15～40cm，禾秆色，基部密被黑褐色、狭披针形鳞片，鳞片长1～2cm，顶端毛状卷曲；叶片卵状披针形，长20～40cm，基部宽15～25cm，三回羽状至四回羽裂，先端羽裂渐尖；羽片10～15对，互生，具柄，基部1对羽片最大，长约15cm，宽约7cm，披针形；小羽片10～13对，

图1-389 两色鳞毛蕨

披针形,下侧小羽片较大,基部1对最大,长约6cm,宽约1.5cm,羽状全裂,向上其余小羽片渐短缩,边缘浅裂或全缘;叶脉两面不明显;叶片纸质;叶轴和羽轴密被基部泡状棕色、中上部黑色狭披针形鳞片,小羽轴和裂片中脉下面密被棕色、泡状鳞片。孢子囊群靠近小羽片或裂片中脉着生;囊群盖大,棕色,圆肾形,全缘或具短睫毛。

产于杭州市区、宁波市区(北仑)、鄞州、余姚、奉化、象山、宁海、景宁。生于海拔900~1100m的山坡林下、灌丛中。分布于华东、华中及山西、山东、四川、贵州、云南、陕西。日本、朝鲜半岛也有。

根状茎可入药,有清热解毒的功效。

35. 假异鳞毛蕨 (图1-390)
Dryopteris immixta Ching

植株高25~35cm。根状茎横卧或斜生,顶部连同叶柄基部密被黑棕色或褐色、条形鳞片。叶簇生;叶柄长15~20cm,禾秆色;叶片卵状披针形,长15~25cm,基部宽15~18cm,二回羽状或三回羽裂,基部下侧小羽片羽状深裂,叶片先端羽裂渐尖;羽片8~10对,基部1对最大,长约10cm,宽约7cm,卵状披针形,中上部羽片披针形,具短柄,先端渐尖;小羽片5~8对,基部下侧小羽片最大,羽状深裂,中上部小羽片羽状半裂或具浅齿;裂片短渐尖,边缘具锯齿;裂片叶脉羽状,小脉二叉或单一;叶片薄革质,叶轴具棕色、披针形鳞片,羽轴和小羽片中脉下面具

三七　鳞毛蕨科 Dryopteridaceae

棕色、泡状鳞片。孢子囊群大，靠近小羽片或裂片边缘着生；囊群盖圆肾形，棕色，边缘啮蚀状。

产于全省各地。生于山坡林下、灌丛中。分布于华中、西南及山东、江苏、江西、福建、陕西、甘肃。

图 1-390　假异鳞毛蕨

36. 变异鳞毛蕨（图 1-391）

Dryopteris varia (L.) Kuntze — *D. lingii* Ching — *D. caudifolia* Ching et Chiu — *D. fuyangensis* Ching et Chiu — *D. consimilis* Ching et Chiu — *Lastrea opaca* Hook.

植株高 50～70cm。根状茎横卧或斜生，顶部连同叶柄基部密被褐棕色、狭披针形、顶端毛状卷曲的鳞片，向上密被棕色小鳞片。叶簇生；叶柄长20～30cm，禾秆色；叶片五角状卵形，长30～40cm，基部宽20～25cm，三回羽状至四回羽裂，基部下侧小羽片向后伸长呈燕尾状；羽片10～12对，披针形，基部1对最大，先端羽裂渐尖，具短柄；小羽片6～10对，披针形，基部下侧第一片小羽片最大，羽状全裂；中上部小羽片羽状半裂或具锯齿；叶脉下面明显，羽状，小脉分叉或单一；叶片薄革质，叶轴和羽轴疏被黑色、毛状小鳞片，小羽轴和裂片中脉下面疏被棕色、泡状鳞片。孢子囊群较大，靠近小羽片或裂片边缘着生；囊群盖圆肾形，棕色，全缘。

产于全省各地。生于山坡林下、灌丛中。分布于华东、华中、华南、西南及陕西。日本、朝鲜半岛、菲律宾、印度也有。

根状茎可入药，味微涩，性凉，有清热止痛的功效。

图1-391 变异鳞毛蕨

37. 棕边鳞毛蕨（图1-392）

Dryopteris sacrosancta Koidz. — *D. tieanzuensis* Ching et Chiu — *D. varia* var. *sacrosancta* (Koidz.) Ohwi

植株高35～45cm。根状茎横卧或斜生。叶簇生；叶柄长约20cm，基部密被中间黑色、边缘棕色的披针形鳞片；叶片卵状披针形，长25～35cm，基部宽15～20cm，基部心形，先端渐尖，三回羽状至四回羽裂；羽片10～13对，互生或近对生，卵状披针形，基部1对羽片最大，长13～18cm，宽7～10cm，具柄，柄长8～10mm，先端羽裂渐尖并弯向叶尖；小羽片8～10对，披针形，基部下侧小羽片较大，最基部一片最大，长达7cm，宽达2.5cm，基部心形并具短柄；基部小羽片的末回小羽片5～7对，先端短渐尖或钝圆，羽状浅裂或具锯齿；裂片叶脉羽状，小脉分叉或单一；叶片厚纸质或薄革质，叶轴被棕色、披针形小鳞片，羽轴和小羽轴被棕色、泡状鳞片。孢子囊群大，着生于小羽片或末回裂片中脉两侧；囊群盖大，棕色，圆肾形，边缘啮蚀状或近全缘。

产于杭州市区、景宁。生于林下。分布于辽宁、山东、江苏、湖南。日本、朝鲜半岛也有。

图1-392 棕边鳞毛蕨

38. 太平鳞毛蕨 (图1-393)

Dryopteris pacifica (Nakai) Tagawa — *D. yushanensis* Ching et Chiu — *D. lungjingensis* Ching et Chiu — *D. quatdrifida* Ching ex K.H. Shing et J.F. Cheng — *D. pudouensis* Ching

植株高60～80cm。根状茎横卧或斜生，顶部连同叶柄基部密被黑色、顶端毛状、披针形鳞片，鳞片长2～3cm，向上鳞片变小外，还有较短小棕色鳞片紧贴于叶柄。叶簇生；叶片五角状卵形，长40～60cm，基部宽25～35cm，三回羽状至四回羽裂，基部下侧小羽片向后伸长；羽片10～15对，互生，基部1对羽片最大，长约20cm，宽约10cm；小羽片10～15对，披针形，基部下侧最长小羽片长约10cm，宽约2cm，羽状全裂或深裂，中上部小羽片羽状半裂或具锯齿；叶脉下面明显，羽状，二叉或单一；叶片厚纸质，叶轴和羽轴密被上部黑色、基部棕色小鳞片。孢子囊群着生于小羽片或末回裂片中脉与边缘之间，略靠近边缘；囊群盖圆肾形，棕色，边缘啮蚀状。

产于杭州市区、富阳、桐庐、宁波市区（北仑）、鄞州、余姚、奉化、象山、宁海、普陀、金华市区、开化、遂昌、庆元、景宁、乐清、平阳。生于林下。分布于华东及湖南、广东、海南。日本、朝鲜半岛也有。

图1-393 太平鳞毛蕨

39. 稀羽鳞毛蕨 （图1-394）

Dryopteris sparsa (D. Don) Kuntze — *D. sino-sparsa* Ching — *D. parasparsa* Ching et S.K. Wu — *D. sparsa* var. *viridescens* (Baker) Ching

植株高50～70cm。根状茎短，直立或斜生，连同叶柄基部密被棕色、披针形、全缘鳞片。叶簇生；叶柄长20～40cm，基部以上连同叶轴、羽轴均无鳞片；叶片卵状长圆形，长30～45cm，宽15～25cm，先端羽裂长渐尖，基部不缩狭，二回羽状至三回羽裂；羽片7～9对，对生或近对生，略斜向上，具短柄，基部1对最大，三角状披针形，多少镰刀状，先端尾状渐尖，向上各对羽片渐短缩；小羽片13～15对，互生，披针形或卵状披针形，基部阔楔形，通常不对称，基部1对的基部下侧1片小羽片较长，一回羽状，向上各对小羽片渐短缩；裂片长圆形，先端钝圆并具尖齿，边缘具疏细齿；叶片近草质，两面光滑。孢子囊群圆形，着生于小脉中部；囊群盖圆肾形，全缘。

产于宁波及杭州市区、临安、桐庐、建德、诸暨、嵊州、开化、三门、遂昌、松阳、龙泉、庆元、云和、景宁、瑞安、文成、平阳、泰顺。生于海拔200～1900m的林下或溪边。分布于华东、华南、西南等地。东南亚、南亚及日本也有。

可供观赏。

图1-394 稀羽鳞毛蕨

40. 裸叶鳞毛蕨 （图1-395）

Dryopteris gymnophylla (Baker) C. Chr.

植株高50～65cm。根状茎短而横走，顶部连同叶柄基部被褐棕色、披针形鳞片。叶簇生；叶柄长30～40cm，光滑；叶片五角形，长宽几相等，三回羽状或四回羽裂；羽片5～8对，互生或近对生，斜展，分开，向上弯弓，有柄（最长可达5cm），基部1对最大，三角状披针形，长10～25cm，宽6～18cm，先端长尾状渐尖，基部不对称，下侧小羽片最长最大；一回小羽片10～12对，有柄，三角状长圆形，下侧较上侧大，二回深裂或浅裂；末回小羽片或裂片无柄，镰状长圆披针形，钝头，全缘或偶有锯齿；叶脉羽状，不分叉；叶片草质。孢子囊群圆形，生于小脉顶端，靠近叶边；囊群盖圆肾形，棕色，宿存。

产于安吉、临安。生于海拔300～700m的林下。分布于华中及辽宁、山东、江苏、安徽、江西、四川、贵州。日本、朝鲜半岛也有。

纤细素净，为优美的观赏植物。

图1-395　裸叶鳞毛蕨

41. 中华鳞毛蕨 （图1-396）

Dryopteris chinensis (Baker) Koidz. — *Nephrodium chinense* Baker

植株高25~35cm。根状茎粗短，直立，连同叶柄基部密被棕色、披针形鳞片。叶簇生；叶柄长10~20cm，基部以上疏生鳞片或近光滑；叶片五角形，长宽几相等，渐尖头，三回羽状或四回羽裂；羽片5~8对，斜展，基部1对最大，长6~12cm，宽3~8cm，三角状披针形，渐尖头，基部不对称，上侧靠近叶轴，下侧斜出，柄长5~10mm；一回小羽片斜展，下侧较上侧大，基部一片最大，长2.5~5cm，宽1.5~2.5cm，三角状披针形，短渐尖，基部近截形，柄长1.5~3mm；末回小羽片或裂片三角状卵形或披针形，钝头，基部与小羽轴合生，边缘羽裂或具粗齿；叶脉下面可见，羽状，侧脉分叉或单一；叶片草质，上面光滑，下面沿叶轴及羽轴具褐棕色、披针形小鳞片，沿叶脉疏生棕色短毛。孢子囊群生于小脉顶部，靠近叶边；囊群盖圆肾形，近全缘，宿存。

产于安吉、临安、金华市区、天台。生于海拔200~1200m的林下。分布于华中及吉林、辽宁、河北、山东、江苏、安徽、江西、广西。日本、朝鲜半岛也有。

图 1-396　中华鳞毛蕨

存疑种

1. 龙泉鳞毛蕨
Dryopteris lungquanensis Ching et Chiu

植株高达94cm。叶柄基部密被黑褐色披针形鳞片；叶片矩圆形，先端渐尖，二回羽状，羽片7～8对，以宽间隔分开，小羽片约13对，镰状长圆形，具锯齿，先端钝，基部圆形两侧加宽。孢子囊群每小羽片上4～7(8)枚，紧靠中脉，《浙江植物志》记载产于遂昌、龙泉、庆元。《中国植物志》未收录该种，有待进一步研究。

2. 遂昌鳞毛蕨
Dryopteris shuichangensis Chiu et Yao ex Ching

叶片薄纸质，两面光滑，二回羽状半裂；叶轴和羽轴下面的鳞片披针形，全缘。《浙江植物志》记载产于遂昌(九龙山)。*Flora of China*认为本种是黄山鳞毛蕨 *D. crassirhizoma* subsp. *whangshangensis* 和远轴鳞毛蕨 *D. dickinsii* 的杂交种，有待进一步研究。

三八　三叉蕨科 Tectariaceae

陆生植物。根状茎短，直立或斜生，外被鳞片；鳞片棕色，披针形，全缘或有小齿或睫毛。叶簇生或近生；叶柄黄色、棕色或黑色，通常基部或有时被鳞片，鳞片有时为泡状；叶一型或有时二型，通常一回羽状至数回羽裂，少为单叶；叶脉多型，分离或连接成方形或六角形的网眼，网眼内有单一或分叉的内藏小脉或无；叶片薄草质或厚纸质，上面通常被多细胞节状毛或光滑，叶轴和羽轴通常被同样的毛和鳞片，鳞片有时泡状，有时则光滑。孢子囊群圆形，着生于形成网眼的小脉上或交结处，或漫生于小脉上，成熟时汇合，满布于能育叶的背面，有盖或无盖，若有盖则为圆肾形，膜质，宿存或早落。孢子椭圆形，单裂缝。

约20属，300种，分布于泛热带地区。我国有8属，90种，主产于西南及华南热带和亚热带地区，向北到四川和浙江；浙江有2属，8种。

Flora of China 将本科的肋毛蕨属 *Ctenitis* 归入鳞毛蕨科，本志仍按《中国植物志》的分类处理。

1 叉蕨属 Tectaria Cav.

中型或大型土生植物。根状茎短，横走至直立，粗壮或纤细，顶部被鳞片；鳞片披针形，全缘或有睫毛，薄膜质，褐棕色。叶簇生；叶柄禾秆色、棕色、栗褐色至乌木色，基部或有时全部被鳞片；叶片通常为三角形，一回羽状至三回羽裂，很少为单叶；羽片或裂片通常全缘；叶脉连接为多数网眼，有单一或分叉的内藏小脉或无内藏小脉；叶面通常光滑或在上面疏被毛；叶轴及羽轴上面被有关节的短毛或光滑。孢子囊群通常圆形，生于网眼连接处或内藏小脉的顶部或中部，有时延长连接成网状，有时成熟时布满整个叶背面；囊群盖圆肾形，宿存或脱落。孢子椭圆形，表面有疣状或小刺状突起。

约230种，分布于泛热带地区。我国有35种，分布范围东达台湾，南至海南，西到云南南部，北至南岭山脉；浙江有1种。

毛叶轴脉蕨 （图1-397）

Tectaria devexa (Kunze) Copel. — *Ctenitopsis devexa* (Kunze) Ching et C.H. Wang

植株高50～75cm。根状茎短，近直立，顶端及叶柄基部被鳞片；鳞片披针形，黑褐色，有光泽，全缘，先端渐尖而呈毛发状。叶簇生；叶柄长25～40cm，禾秆色至棕禾秆色，被棕色的节状短毛；叶片三角形，羽裂，渐尖头，长25～35cm，宽14～20cm，三回羽裂；羽片3～6对，近对生，斜展，下部的羽片有柄，基部1对最大，三角形，先端长渐尖，基部不对称圆截形，二回羽裂;分离小羽片2对,基部下侧的小羽片明显伸长或阔披针形并略呈镰刀状,羽状深裂;裂片狭三角状披针形,先端短尖,斜展,边缘有齿或浅裂;叶脉在羽轴及主脉或小羽轴两侧各连接成1行网眼,其余的分离并分叉;叶片薄纸质,两面及叶缘被毛,干后下面淡褐色,上面草绿色;叶轴及羽轴密被黄棕色的短毛。孢子囊群圆形,着生于分离的小脉顶端,接近叶缘;囊群盖圆肾形,全缘,宿存,略被毛。

产于乐清(雁荡山)。生于海拔约50m的林下岩石边。分布于华南、西南。日本、越南、泰国、马来西亚、印度尼西亚、菲律宾、斯里兰卡及太平洋群岛也有。

图1-397 毛叶轴脉蕨

❷ 肋毛蕨属 Ctenitis (C. Chr.) C. Chr.

中型陆生植物。根状茎粗短，直立或横卧，有网状中柱，连同叶柄及叶轴密被鳞片；鳞片卵形、披针形、条状披针形或钻形，先端渐尖或成纤维状，边缘全缘或有小齿或睫毛状，质地厚或薄，质厚者基部常呈泡状，具狭长而密的细筛孔，先端渐尖，不具虹色光泽，质薄者全体具近六角形的粗筛孔，先端毛发状，并有虹色光泽。叶簇生；叶片倒披针形、长圆状披针形至卵状三角形，二回至四回羽裂；叶脉分离，单一或有时分叉，不达叶缘；叶片近膜质或草质，极少为革质，干后呈棕色或红棕色；小羽轴上面隆起，少有浅沟槽，叶轴、羽轴、小羽轴上面常有许多灰白色、锈棕色或深棕色的节状软毛。孢子囊群圆形，通常生于小脉中部；囊群盖圆肾形，棕色，质薄，早落或宿存。孢子椭圆形，单裂缝。

100～150种，分布于全球热带和亚热带地区，尤以美洲热带地区的种类最为丰富。我国有10种，主产于华南、西南；浙江有7种。

本属与叉蕨属的主要区别在于后者叶脉连接为多数网眼，有单一或分叉的内藏小脉或无内藏小脉；孢子囊群生于网眼连接处或内藏小脉的顶部或中部，有时延长连接成网状或成熟时布满叶背。

分种检索表

1. 叶柄基部以上连同叶轴被有先端渐尖、全缘、无虹色光泽的鳞片，羽轴和主脉上面无沟槽。
    2. 叶柄与叶轴、羽轴背面鳞片钻形。
        3. 囊群盖圆形 ·· **1.直鳞肋毛蕨 C. eatonii**
        3. 无囊群盖，部分孢子囊群被鳞片覆盖 ······································ **2.二型肋毛蕨 C. dingnanensis**
    2. 叶柄与叶轴、羽轴背面鳞片狭披针形至披针形。
        4. 叶片三回羽裂或羽状；鳞片基部不呈泡状 ·························· **3.阔鳞肋毛蕨 C. maximowicziana**
        4. 叶片二回羽状或二回羽状深裂；鳞片基部常呈泡状。
            5. 叶柄、叶轴深栗色；基部羽片不短缩 ······························ **4.异鳞肋毛蕨 C. heterolaena**
            5. 叶柄、叶轴禾秆色；下部数对羽片逐渐短缩 ···················· **5.泡鳞肋毛蕨 C. mariformis**
1. 叶柄基部以上连同叶轴被有先端常为毛发状、边缘有小齿或睫毛状、有虹色光泽的鳞片，小羽轴和主脉上面有沟但不互通。
    6. 叶片纸质；侧脉单一，少有二叉；孢子囊群生于小脉近基部 ······ **6.亮鳞肋毛蕨 C. subglandulosa**
    6. 叶片坚纸质至薄革质；侧脉单一或二叉至四叉；孢子囊群生于小脉中部 ······ **7.厚叶肋毛蕨 C. sinii**

1. 直鳞肋毛蕨 （图1-398）
Ctenitis eatonii (Baker) Ching

根状茎短，直立或近直立，密被线状钻形鳞片，鳞片全缘、无虹色光泽。叶簇生；叶柄与叶轴、羽轴及小羽轴的下面均被平展，棕褐色，钻形鳞片；叶片三角状卵形，先端渐尖，基部心形，二回羽状至三回羽裂，长7～35cm，宽5～15cm；羽片5～12对，下部近对生，向上的互生；基部羽片最大，三角形，先端长渐尖，基部截形，其下侧一小羽片明显伸长，近二回羽状；基部1对羽片的小羽片约8对，披针形，先端渐尖，基部圆截形；裂片8～10对，椭圆形并稍呈镰刀状，基部1对裂片两侧浅羽裂达1/3～1/2，向上部的两侧有疏浅钝齿或全缘；叶脉羽状，小脉6～7对，二叉或在基部裂片上三叉至羽状，斜向上，上面不明显，下面仅可见并疏被贴生的淡棕色细毛；主脉两面均稍隆起；叶片纸质，干后淡褐色，两面均密被淡棕色细腺毛，裂片边缘疏被短睫毛；叶轴及羽轴上面密被有关节的淡棕色毛；小羽轴暗褐色，两面均疏被有关节的淡棕色毛。孢子囊群圆形，每裂片有3～4对，生于上侧小脉基部近分叉处，接近主脉；囊群盖圆形，全缘，红棕色。

产于景宁、乐清（雁荡山）。生于潮湿石缝中。分布于江西、湖北、湖南、台湾、广东、广西、四川、贵州。日本南部也有。为浙江分布新记录种。

图1-398　直鳞肋毛蕨

2. 二型肋毛蕨 （图1-399）
Ctenitis dingnanensis Ching

根状茎直立或近直立，被红棕色、狭披针形鳞片，鳞片长10～20mm。叶柄长15～25cm；叶

三八　三叉蕨科 Tectariaceae

柄鳞片长2～3mm，呈棕色平展的条形钻状，叶轴与肋上被相似鳞片，稍小；叶片三回至四回羽裂，三角形，长15～30cm，宽10～25cm；羽片6～10对，基部羽片最大，三角形，长5～15cm，宽5～10cm；小羽片8～12对；基部羽片的下侧基部小羽片最长，长5～9cm，宽1.5～3cm；上羽片或上裂片的基部不明显下延；叶脉分离，明显；叶片草质。孢子囊群近中生，无囊群盖，部分孢子囊群被鳞片覆盖。

产于景宁（大均）。生于海拔约330m的常绿阔叶林山谷陡坡上。分布于江西、湖南、广东。

图1-399　二型肋毛蕨

3. 阔鳞肋毛蕨（图1-400）
Ctenitis maximowicziana (Miq.) Ching

植株高65～115cm。根状茎短而斜生，顶部密被褐棕色、披针形鳞片。叶簇生；叶柄长

20~40cm，连同叶轴下面密被鳞片；鳞片狭披针形到披针形，质厚，先端渐尖，基部不呈泡状，全缘，无虹色光泽；叶片卵状三角形，长45~75cm，基部宽30~60cm，先端渐尖，基部不缩狭，三回羽状或三回羽裂；羽片10~13对，互生，略斜向上，下部的有短柄，长圆状披针形，基部1对较大，长15~35cm，宽7~10cm，基部下侧的小羽片明显短缩；末回裂片长圆形，先端圆钝，基部与羽轴合生，边缘具疏浅细齿；叶脉羽状，略明显，侧脉分叉；叶片薄纸质，两面脉上近无毛或疏被少数节状毛，叶轴、羽轴及小羽轴的上面密生红棕色节状毛和少数小鳞片，下面近无毛或疏被少数节状毛和极稀疏小鳞片。孢子囊群圆形，着生于小脉顶端；囊群盖圆肾形，边缘撕裂状。

产于安吉、临安、鄞州、开化、武义、仙居、遂昌、龙泉、庆元。生于海拔400~1350m的林下。分布于安徽、江西、福建、湖南、台湾、广西、四川、贵州。日本、朝鲜半岛也有。

图1-400　阔鳞肋毛蕨

4. 异鳞肋毛蕨　浙江肋毛蕨　（图1-401）
Ctenitis heterolaena (C. Chr.) Ching — *C. zhejiangensis* Ching et C.F Zhang

植株高约85cm。根状茎短而直立，顶部密被褐棕色、稍有光泽的披针形鳞片。叶柄长35cm，深栗色，基部略有阔披针形深棕色贴生鳞片，向上近光滑，有小疣状突起；叶片长圆形，长约55cm，基部近平截，二回羽状；羽片约25对，近对生，平展，略有短柄，略呈镰刀状披针形，先端渐尖，基部平截，基部羽片较其上部羽片略缩短，略反折，基部由于基部1对小羽片短缩而略变狭，一回羽状；小羽片约20对，平展，长圆状披针形，基部与羽轴合生，以狭间隔彼此分开；叶脉羽状，分离，小脉不达叶边，主脉和小脉上伏生棕色节状毛；叶片薄纸质，干后褐绿色；羽轴下面密被棕色球形泡状鳞片，上面密被棕色披针形薄鳞片，叶轴下面密被棕色披针形鳞片，基部泡状，上面有时深棕色。孢子囊群小，每小羽片4~5对，中生，下部不育；囊群盖淡棕色，膜质。

产于庆元（百山祖、荷地）。生于海拔约650m的林下。分布于华南、西南及湖南。

图 1-401 异鳞肋毛蕨

5. 泡鳞肋毛蕨 九龙山肋毛蕨
Ctenitis mariformis (Rosenst.) Ching — *C. jiulungshanensis* Chiu et Yao ex Ching

植株高40~80cm。根状茎短而直立，顶部密被褐棕色、披针形厚鳞片。叶簇生；叶柄长15~30cm，禾秆色，基部被与根状茎上相同的鳞片，中部除披针形鳞片外尚有先端尾状质厚色深、基部质薄色淡而呈泡状的鳞片，向上连同叶轴被质薄色淡而透明的披针形鳞片；叶片披针形或阔披针形，长25~50cm，宽8~15cm，先端渐尖，基部略缩狭，二回羽状深裂；羽片22~35对，互生，稍斜展或近平展，无柄，披针形，中部的较长，先端渐尖，基部平截，下部数对羽片逐渐短缩，裂片近长圆形，先端圆截或截形，边缘具疏浅钝齿；叶脉在裂片上为羽状，侧脉单一或二叉；叶片纸质，上面及羽轴被棕褐色节状毛，下面仅羽轴密被泡状鳞片。孢子囊群圆形，着生于分叉的上侧小脉顶端，较靠近叶边；囊群盖圆心形，边缘多少啮蚀状。

产于开化、遂昌、龙泉。生于海拔约1000m的林下风化形成的石砾堆上。分布于华南、西南及江西、福建、湖南。

6. 亮鳞肋毛蕨 膜叶肋毛蕨 虹鳞肋毛蕨 （图1-402）

Ctenitis subglandulosa (Hance) Ching —— *C. membranifolia* Ching et C.H. Wang —— *C. rhodolepis* (C.B. Clarke) Ching

植株高80～130cm。根状茎粗短，直立或横卧，连同叶柄基部密被棕色或红棕色、先端纤维状的狭披针形鳞片。叶簇生；叶柄长40～70cm，基部以上和叶轴密被贴生的鳞片，鳞片棕褐色、薄膜质，阔披针形，先端毛发状、边缘有小齿或睫毛状、有虹色光泽；叶片卵状三角形，长40～60cm，基部宽30～70cm，先端渐尖并为羽裂，基部不缩狭，四回羽裂；羽片互生，卵状披针形，基部1对最大，长25～35cm，基部下侧的小羽片也较长；末回裂片长圆形，先端钝，边缘有小齿；叶脉羽状，侧脉单一，少有二叉，两面均稍隆起；叶片纸质；小羽轴和主脉上面有不互通沟槽。孢子囊群小，圆形，着生于小脉近基部，位于中脉和叶边之间；囊群盖小，全缘，早落或宿存。

产于建德、淳安、开化、青田、乐清、苍南、泰顺。生于海拔30～700m的林下。分布于华南、西南及江西、福建、湖北、湖南。日本、越南、马来西亚、菲律宾、印度、不丹也有。

可作为优良的观赏蕨类。

图1-402 亮鳞肋毛蕨

7. 厚叶肋毛蕨 三相蕨 （图1-403）

Ctenitis sinii (Ching) Ohwi — *Ataxipteris sinii* Holtt.

根状茎直立，短而粗壮，直径2~2.5cm，顶部及叶柄基部均密被鳞片。叶簇生；叶柄基部暗棕色，长30~55cm，上面有浅沟，基部以上密被鳞片；鳞片披针形，贴生并为覆瓦状，膜质，近紫色而有虹色光泽，有透明的六角形粗筛孔；叶片五角形，长50~60cm，基部宽30~45cm，先端长渐尖，基部心形并为三回羽裂，向上部二回羽裂；羽片7~8对；基部羽片最大，近对生，三角形，先端长渐尖，基部圆截形而不对称，其下侧1小羽片明显伸长；叶脉不明显，羽状，侧脉6~7对，单一或二叉至四叉，裂片下部的小脉往往连接，沿羽轴有1列狭长的网眼；叶片坚纸质至薄革质，两面均光滑；小羽轴和主脉上面有不互通的沟槽。孢子囊群圆形，生于小脉中部，在主脉两侧各有不整齐的2列；无囊群盖。

产于庆元、景宁、泰顺。生于海拔300~800m的阴湿常绿阔叶林下。分布于江西、福建、湖南、广东、广西。日本也有。

图1-403 厚叶肋毛蕨

三九　实蕨科 Bolbitidaceae

中小型植物。根状茎粗短，横卧，有腹背性，密被鳞片；鳞片褐棕色，阔披针形，筛孔细密。叶近簇生，二型，单叶或一回羽状复叶，顶部有芽胞，着地生根成新植株；羽片不以关节着生于叶轴；不育的羽片较宽，无柄或几无柄，全缘，波状或为浅羽裂。主脉明显，两侧小脉分离或为多样的网结，在侧脉间形成多行的拱形网眼，通常不具内藏小脉；能育叶较高而狭，柄较长，羽片较小而狭。孢子囊褐棕色，满布于羽片下面。孢子两面型，有翅状周壁。

3属，约100种，分布于全球热带地区，主产于亚洲和大洋洲岛屿。我国有2属，约25种；浙江有1属，1种。

*Flora of China*将本科置于鳞毛蕨科，本志仍保留。

实蕨属　Bolbitis Schott

根状茎横卧，被褐棕色鳞片。叶二型，通常近生；叶柄基部不具关节，疏被鳞片；叶一回羽状，罕为单叶或二回羽裂；羽片基部对称，圆楔形，边缘具锯齿或深裂或撕裂，缺刻内通常有1个由小脉延伸而成的小刺；叶脉明显，在主脉间连接成整齐的拱形网眼，通常不具内藏小脉，网眼外的小脉分离；能育叶缩小并具长柄；叶片草质，光滑。孢子囊满布能育叶下面；无囊群盖及隔丝，环带有（12）14～16（20）个增厚细胞。孢子近球形，周壁具褶皱，表面具稀疏的颗粒状纹饰。

约80种，分布于热带地区，主产于东南亚、南美洲及印度。我国有13种；浙江有1种。

华南实蕨　（图1-404）
Bolbitis subcordata (Copel.) Ching

植株高50～100cm。根状茎粗壮，横走，密被深褐色卵状披针形鳞片。叶近生或近簇生，二型；不育叶的叶柄长30～40cm，禾秆色，中部以下疏被鳞片；叶片长圆形或卵状长圆形，长35～60cm，宽18～25cm，一回羽状；羽片5～10对，互生，近平展，有短柄，顶生羽片狭长披针形或披针形，长15～25cm，宽2.5～5cm，先端长渐尖，顶部延伸成鞭状，着地生根，基部楔形或圆楔形，边缘有粗圆钝裂片，侧生羽片披针形，长9～18cm，宽2.5～4cm，先端渐尖或尾尖，基部圆形或圆截形，边缘有深波状圆钝裂片，裂片上有细齿；能育叶与不育叶同型，但远较狭窄，羽片近条形，长5～7.5cm，宽7～15mm；叶脉网状，明显，在侧脉之间约有3行不整齐的网眼，有或无内藏小脉；叶片草质，无毛。孢子囊群沿网脉着生，成熟时满布于能育叶下面；无囊群盖。

三九　实蕨科 Bolbitidaceae

产于景宁、乐清、文成、平阳、苍南、泰顺。生于海拔50～500m的林下、林缘沟边或水边岩石旁边。分布于华南及江西、福建、湖南、贵州、云南。日本、越南也有。

全草可入药，味微涩，有清热解毒、止血凉血的功效；可供观赏。

图1-404　华南实蕨

四〇　舌蕨科 Elaphoglossaceae

中小型附生植物。根状茎平卧，短而粗，少有横走，被卵状披针形鳞片。叶二型，近生或簇生；叶柄与叶足连接处有关节，与根状茎间无关节；叶片不分裂，全缘，不育叶片披针形至椭圆形，革质，有软骨质的边；叶脉分离，单一或二叉；能育叶略较狭，通常具较长的柄。孢子囊散生于侧脉上，成熟时满布叶背全部，不具隔丝，环带由12个细胞构成。孢子两面型，极面观为椭圆形，赤道面观为豆形，具单裂缝，具周壁，其上具不很清楚的小刺和颗粒。

4属，约400种，全球热带至温带湿润地区广泛分布，大部分产于美洲热带地区。我国有1属，6种；浙江有1属，1种。

Flora of China 将本科置于鳞毛蕨科。

舌蕨属　Elaphoglossum Schott ex J. Sm.

属特征同科。

华南舌蕨　舌蕨　（图1-405）
Elaphoglossum yoshinagae (Yatabe) Makino

植株高10～25cm。根状茎短，横卧或斜生，顶部密被鳞片；鳞片大，淡棕色，卵形或卵状披针形，疏生缘毛。叶近生，二型，不育叶有短柄，长1～4cm，能育叶的叶柄远较长，可达10cm，均被与根状茎同样的鳞片；叶片披针形，长9～15cm，中部宽1.5～3cm，先端渐尖，基部狭长楔形，并向叶柄下延，全缘；中脉明显，侧脉多数，细密，略可见，一回至二回分叉，不达叶边；叶片革质，略肥厚，两面疏被棕褐色边缘不规则的纤维状小鳞片，中部以下常较密；能育叶与不育叶同型，但较狭小。孢子囊群沿侧脉着生，成熟时布满于能育叶下面。

产于武义、遂昌、松阳、龙泉、庆元、景宁、永嘉、文成、泰顺。生于海拔250～800m的岩壁上。分布于华南及江西、福建、湖南、贵州。日本也有。

根状茎可入药，味苦，有清热解毒的功效。

四〇 舌蕨科 Elaphoglossaceae

图 1-405 华南舌蕨

四一　肾蕨科 Nephrolepidaceae

土生或附生植物。根状茎短而直立，或细长而攀附，具管状或网状中柱，疏被鳞片；鳞片棕色，盾状贴生。叶簇生或疏生；叶柄基部无关节；叶片一回羽状；叶脉分离。孢子囊群圆形，靠近叶边，或在叶边以内生于小脉顶端；囊群盖圆肾形，以缺刻着生。孢子椭圆形，二面型。

3属，约50种，泛热带分布。我国有2属，7种；浙江有1属，1种。

肾蕨属 Nephrolepis Schott

中型土生或附生植物。根状茎短而直立，具网状中柱，外被腹部着生、常有纤细睫毛的鳞片，并生出铁丝状的匍匐茎向四面横走，上有侧枝、块茎和细根，块茎能发育成新植株。叶簇生；叶柄基部被鳞片，不以关节着生于根状茎上；叶片狭长，一回羽状；羽片40~80对，无柄，以关节着生于叶轴，干后易脱落，披针形或镰刀形，边缘有钝圆的锯齿；侧脉羽状，二叉至三叉，伸至近叶边，先端有1纺锤形水囊，在叶上表面明显可见。孢子囊群圆形，生于每组侧脉的上侧1小脉顶端，成为1列，靠近叶边；囊群盖圆肾形或少为肾形，以缺刻着生，暗棕色，宿存。孢子两面型，椭圆形，不具周壁，外壁表面具不规则的疣状纹饰。

约20种，广泛分布于热带、亚热带地区。我国有5种；浙江有1种。

肾蕨（图1-406）

Nephrolepis cordifolia (L.) C. Presl — *N. auriculata* (L.) Trimen

植株高40~110cm。根状茎直立，被蓬松的淡棕色、狭长钻形鳞片，并生有向四面横走、粗铁丝状的长匍匐茎，茎上除疏被鳞片外，并有纤细的根和近圆形的块茎，块茎的直径可达1~1.5cm，也密被鳞片。叶簇生；叶柄长6~30cm，深禾秆色或褐禾秆色，通常密被淡棕色的条形鳞片；叶片狭披针形，长30~80cm，宽3~6cm，先端短尖，基部不缩狭或略缩狭，一回羽状；羽片多数，互生，无柄，以关节着生于叶轴上，常密集呈覆瓦状排列，中部羽片较大，长2~3cm，宽约8mm，向基部的渐短，常变成卵状三角形，长不及1cm，先端钝圆，基部常不对称，下侧圆形，上侧为三角状耳形，边缘有疏浅的钝锯齿；侧脉纤细，小脉伸达近叶缘处，顶端有1个纺锤形的水囊体；叶片草质，两面无毛，也无鳞片，仅叶轴两侧被纤维状鳞片。孢子囊群着生于每组侧脉的上侧小脉顶端，沿中脉两侧各排成1行；囊群盖肾形。

产于温州及宁海、普陀（朱家尖）、温岭、庆元、景宁。生于海拔500m以下的低山丘陵的向阳生境或林下。分布于长江以南各地。广泛分布于热带、亚热带地区。

四一 肾蕨科 Nephrolepidaceae

块茎及全草可入药,块茎名"马骝卵",有清热利湿、止血的功效;全草味苦、辛,性平,有清热利湿、解毒的功效;为优良的园林绿化、盆栽及切叶蕨类,繁殖容易。

图 1-406 肾蕨

四二　骨碎补科 Davalliaceae

中小型附生植物，少有陆生。根状茎横走或少为直立，有网状中柱，通常密被盾状着生鳞片。叶远生；叶柄以关节着生于根状茎上；叶片通常三角形、五角形或卵圆形，二回至四回羽状细裂，少为披针形的单叶；叶脉分离。孢子囊群为叶缘内生或叶背生，着生于小脉顶端；囊群盖为半管形、杯形、圆形、半圆形或肾形，基部着生或同时多少以两侧着生，仅口部开向叶边；孢子囊柄细长。孢子两面型，长圆肾形，透明，光滑或有小疣状突起。

5属，35种，主要分布于亚洲热带和亚热带地区。我国有4属，17种，大部分产于西南部及南部，少数分布于东部；浙江有3属，4种。

分属检索表

1. 植株高在30cm以下；叶片革质或薄革质；囊群盖圆形或盅(半杯)形。
   2. 囊群盖盅(半杯)形，以基部和两侧着生 ··· **1.骨碎补属 Davallia**
   2. 囊群盖近圆形，以基部着生或少为两侧下部着生 ··································· **2.阴石蕨属 Humata**
1. 植株高在40cm以上；叶片草质或薄草质；囊群盖半圆形 ··························· **3.小膜盖蕨属 Araiostegia**

1 骨碎补属 Davallia Sm.

附生植物，高在30cm以下。根状茎长而横走，被鳞片；鳞片基部盾形，向上渐尖，具缘毛。叶疏生；叶柄基部有关节；叶片五角形至狭卵形，一型或少有近二型；多回羽状细裂；叶脉二叉，分离，有时伸达软骨质的叶缘，小脉之间有时具假脉；叶片革质或薄革质，常无毛。孢子囊群圆形或长圆形，近叶缘生，单生于小脉顶端，靠近叶缘，每末回裂片1枚；囊群盖盅(半杯)形，以基部和两侧着生，顶端开口，其顶端伸达叶缘或稍低；孢子囊有长柄。孢子两面型。

约40种，主要分布于大西洋群岛至亚洲各地，南达非洲南部、澳大利亚东北及太平洋群岛。我国有6种；浙江有1种。

骨碎补 （图1-407）

Davallia trichomanoides Blume —— *D. mariesii* T. Moore ex Baker

植株高15~20cm。根状茎长而横走，连同叶柄基部密被蓬松的棕褐色鳞片；鳞片阔披针形，先端长渐尖。叶远生；叶柄长与叶片相当，禾秆色，基部有鳞片；叶片五角形，长宽各约8~14cm，四回羽状细裂；羽片5~7对，互生，略斜展，基部1对最大，三角形，长宽均为

5～7cm；一回小羽片互生，基部下侧一片特大，卵状矩圆形，向上渐缩小；末回裂片短圆形，宽1.5～2mm，钝头，单一，或顶部二裂为不等长的粗钝齿；叶脉单一或分叉，每裂片或每齿有小脉1条；叶片薄革质，光滑。孢子囊群着生于小脉顶端，每裂片1枚；囊群盖盅（半杯）形，以基部和两侧着生，成熟时孢子囊向口外突出，盖住裂片顶部，仅露出外侧的长钝齿。

产于象山、宁海、乐清、苍南。生于海拔约100m的岩石上。分布于辽宁、山东、江苏、台湾、云南。东南亚、南亚及日本、朝鲜半岛也有。

根状茎可入药，味苦，性温，有补肾、强壮筋骨、祛风除湿、散瘀止痛的功效。

图1-407 骨碎补

② 阴石蕨属 Humata Cav.

小型附生植物。根状茎长而横走,密被披针形、基部盾状贴生的鳞片。叶远生,一型或二型;叶柄以关节与根状茎相连;叶片通常为三角形,多回羽裂;叶脉分离,小脉通常特别阔而粗;叶片革质,光滑或被鳞片。孢子囊位于叶缘,生于小脉顶端;囊群盖圆形或半圆状阔肾形,仅以基部或有时也以两侧下部着生于叶面。孢子两面型。

约50种,主要分布于东南亚至波利尼西亚。我国有5种,分布于东部、南部和西南部;浙江有2种。

1. 阴石蕨 (图1-408)
Humata repens (L. f.) Small ex Diels

植株高7~20cm。根状茎长而横走,被鳞片;鳞片红棕色,膜质,披针形,盾状着生。叶疏生;叶柄长2.5~11cm,深禾秆色,以关节着生于根状茎上,疏被鳞片,老时近光滑;叶片卵状三角形,长4.5~9cm,宽3~5cm,先端渐尖,基部不缩狭,二回偶三回羽裂;羽片6~8对,无

图1-408 阴石蕨

柄，基部下延于叶轴两侧形成狭翅，基部1对最大，近三角形或三角状披针形，长1.5～3.5cm，宽0.8～1.8cm，先端圆钝，基部不对称，下侧较宽，分裂或羽状深裂，上侧较狭，分裂或为齿牙，其余向上各羽片渐短，长圆形，先端钝；叶脉羽状，上面不明显，下面粗而明显；叶片革质，两面无毛或沿叶轴有极稀疏棕色鳞片。孢子囊群近叶缘着生，位于分叉小脉顶端，通常仅羽片顶部有3～5对；囊群盖半圆状阔肾形，以阔基部着生。

产于龙泉、景宁、永嘉、文成、平阳、苍南、泰顺。生于海拔50～300m的岩石上。分布于华南、西南及江西、福建、湖南。非洲、大洋洲、印度洋群岛、太平洋群岛及日本、越南、泰国、缅甸、马来西亚、印度尼西亚、菲律宾、柬埔寨、印度、斯里兰卡也有。

根状茎可入药，味甘淡，性平，有活血散瘀、清热利湿、接骨续筋的功效；株形优美，可供观赏。

2. 杯盖阴石蕨 圆盖阴石蕨 （图1-409）
Humata griffithiana (Hook.) C. Chr. — *H. tyermanni* T. Moore

植株高5～25cm。根状茎粗壮，长而横走，密被鳞片；鳞片灰白色或淡棕色，条状披针形，基部圆盾形，盾状伏生。叶疏生；叶柄长1.5～12cm，淡红褐色，仅基部有鳞片，向上光滑；叶片阔卵状五角形，长宽几相等，3.5～17cm，

图1-409　杯盖阴石蕨

顶端渐尖并为羽裂，基部不缩狭，三回至四回羽状深裂；羽片约10对或较多，有短柄，基部1对最大，三角状披针形，二回至三回羽状深裂，基部下侧小羽片最大，长圆状披针形，二回羽裂，第2对以上的羽片远较小，披针形一回羽裂；末回裂片近三角形，先端钝，通常有长短不等的2裂或钝齿；叶脉羽状，上面隆起，下面不明显，侧脉单一或分叉；叶片草质，无毛。孢子囊群着生于上侧小脉顶端；囊群盖膜质，长与宽略相等，仅以狭的基部着生。

产于杭州市区、宁波市区、慈溪、奉化、象山、宁海、普陀、岱山、嵊泗、天台、临海、玉环、景宁、青田、温州市区、洞头、乐清、永嘉、文成、平阳、泰顺、苍南。生于海拔10～200m的岩石或树干上。分布于华东、华南、西南。日本、越南、老挝、马来西亚、印度、不丹也有。

根状茎可入药，味淡、微苦，性凉，有祛风除湿、清热解毒的功效；株形优美，供盆栽观赏。

本种与阴石蕨的主要区别在于后者根状茎上的鳞片红棕色；叶片卵状三角形，二回偶三回羽裂。

❸ 小膜盖蕨属 Araiostegia Copel.

中型附生植物。根状茎长而横走，密被鳞片，鳞片大，钝头或渐尖头，全缘或有齿，红棕色，腹部着生。叶柄长，以明显的关节着生于根状茎上；叶片卵圆形；末回裂片有1条小脉；叶片草质或薄草质，光滑无毛。孢子囊群小，圆形，背生于裂片上侧短小脉顶端；囊群盖小，膜质，半圆形或圆肾形，基部着生。孢子两面型。

约10种，以我国西南山地为分布中心，向西到缅甸北部和印度北部，东达我国台湾。我国有4种，主产于四川、云南、西藏；浙江有1种。

鳞轴小膜盖蕨 （图1-410）
Araiostegia perdurans (Christ) Copel.

植株高40～65cm。根状茎粗壮，长而横走，密被鳞片；鳞片棕褐色，阔披针形，先端渐尖，边缘有不整齐的小齿。叶疏生；叶柄长17～35cm，棕褐色，基部被鳞片，向上渐稀疏；叶片卵形，长23～35cm，宽20～30cm，先端渐尖并为细羽裂，基部不缩狭，五回羽状细裂；羽片12～15对，下部数对近对生，其余的互生，长圆形或长圆状披针形，长12～20cm，宽5～11cm，中部以上的羽片渐短缩而为阔披针形；末回小羽片或裂片短披针形，或顶部分裂成长短不等的锥形裂片，先端尖；叶脉分叉，不明显，各裂片有小脉1条；叶片薄草质，除各回羽轴分叉处的下面有几个卵形鳞片外，其余光滑。孢子囊群半圆形，位于裂片的缺刻下，着生于上侧的短小脉顶端，上方外侧有1个由裂片形成的长角状突起；囊群盖半圆形，膜质，全缘，基部着生。

产于临安、建德、淳安、衢州市区（衢江）、武义、遂昌、松阳、龙泉、庆元、景宁、泰顺。生于海拔700～1100m的林下、林缘岩石上。分布于西南及江西、福建、湖南、台湾、广西。

植株优美，可供观赏。

图1-410　鳞轴小膜盖蕨

四三　燕尾蕨科 Cheiropleuriaceae

陆生植物，通常生于石缝中。根状茎粗壮，横走，有原生或管状中柱，密被锈棕色长柔毛。叶疏生，二型；叶柄与根状茎连接处无关节；单叶，不育叶片卵形至圆形，先端2裂缺刻宽广，或不裂，全缘；能育叶片为阔条形，全缘；叶脉网结，主脉4~5条从叶片基部呈放射状向叶片上部伸展，主脉间的小脉连接成网状，网眼内有单一或分叉的内藏小脉；叶片薄革质，光滑。孢子囊群满布能育叶片下面；环带有24个增厚细胞，隔丝棒状。孢子四面型，球形，透明，平滑。

1属，2种，分布于亚洲热带地区。我国有2种；浙江有1种。

Flora of China 将本科归于双扇蕨科，本志仍保留。

燕尾蕨属　Cheiropleuria C. Presl

属特征同科。

燕尾蕨　（图1-411）
Cheiropleuria bicuspis (Blume) C. Presl

根状茎粗壮，横走，木质，密被锈棕色有节的绢丝状毛，长可达5mm以上。叶近生，二型；叶柄基部具毛，向上光滑；不育叶柄长20~30cm，纤细，棕禾秆色，下部圆柱形，上部有纵沟，顶端稍膨大；叶片椭圆状披针形或卵状披针形，厚革质，长10~15cm，宽5~8cm，先端分裂或不分裂，长渐尖，基部圆形而略下延；主脉3~4条，自基部向顶部放射状伸展，其间有不整齐的横隔脉相连，小脉连接成网，有单一或分叉的内藏小脉；能育叶柄长40~50cm，叶片阔披针形至椭圆形，向两端变狭，不分裂，长10~20cm，宽1~2cm，有主脉3条。孢子囊满布下面的网状脉上；无盖，幼时被棒状隔丝覆盖。

产于平阳、苍南。生于海拔约100m的林下。分布于华南及湖南、四川、贵州。日本、越南、泰国、马来西亚、印度尼西亚、菲律宾也有。

为浙江省重点保护野生植物。

四三　燕尾蕨科 Cheiropleuriaceae

图 1-411　燕尾蕨

四四　水龙骨科 Polypodiaceae

中小型蕨类，通常附生，少为土生。根状茎多横走，具网状中柱，被盾状着生的鳞片。叶疏生、近生或远生，一型或二型，以关节着生于根状茎上；单叶，全缘、分裂或羽状；叶脉网状，少有分离，网眼内通常有分叉的内藏小脉，小脉顶端常有水囊；叶片通常革质或纸质，无毛或被星状毛。孢子囊群圆形、长圆形或条形，或有时布满叶片下面部分或全部；无囊群盖，有时有隔丝；孢子囊具长柄，环带由12~18个增厚细胞组成，环带直立，不完全，被囊柄隔断，少有胞壁不增厚。孢子椭圆形，平滑或稍有疣状突起。

40余属，500余种，广泛分布于全球。我国有25属，200余种，主产于长江以南各地；浙江有13属，42种。

该科属的分类在 Flora of China 中变动较大：骨牌蕨属 Lepidogrammitis 被并入伏石蕨属 Lemmaphyllum；丝带蕨属 Drymotaenium 被并入瓦韦属 Lepisorus；石蕨属 Saxiglossum 被并入石韦属 Pyrrosia；假瘤蕨属 Phymatopteris 被并入修蕨属 Selliguea；线蕨属 Colysis 被并入薄唇蕨属 Leptochilus。本志采纳《中国植物志》的观点。

分属检索表

1. 叶脉在叶轴两侧、羽片中脉两侧各形成1行网眼，网眼外的小脉分离，网眼内常有1条不分叉的内藏小脉 ·· **1. 水龙骨属 Polypodiodes**
1. 叶脉在叶轴、羽轴与叶边之间连接成复杂的网眼，通常具有分叉的内藏小脉，偶无内藏小脉（石蕨属）。
    2. 孢子囊群圆形，偶长圆形、卵形，成熟时汇合满布叶片下面部分或全部。
        3. 叶片两面无毛或有单毛。
            4. 叶为单叶，全缘，偶有不正常分裂。
                5. 叶一型。
                    6. 孢子囊群在中脉两侧排成1至多行或不规则分布。
                        7. 孢子囊群幼时被盾状隔丝覆盖；叶柄基部无关节 ············ **2. 盾蕨属 Neolepisorus**
                        7. 孢子囊群无隔丝；叶柄基部有关节 ························ **12. 星蕨属 Microsorum**
                    6. 孢子囊群在中脉与叶边之间排成1行 ······················· **3. 瓦韦属 Lepisorus**
                5. 叶二型或近一型。
                    8. 根状茎疏被鳞片或近光滑；叶片革质或硬革质；孢子囊群在中脉两侧各排成1行 ······ ·· **4. 骨牌蕨属 Lepidogrammitis**
                    8. 根状茎密被鳞片；叶片纸质；孢子囊群通常密而星散分布 ······························ ·· **7. 鳞果星蕨属 Lepidomicrosorium**
            4. 叶片边缘不分裂、2~3裂、掌状分裂、羽状深裂几达叶轴；孢子囊群不具盾状隔丝。
                9. 叶片不分裂、2~3裂、掌状分裂或羽裂；羽片与叶轴连接处无关节 ····················· ·· **10. 假瘤蕨属 Phymatopteris**

9.叶片通常一回羽状深裂；羽片与叶轴连接处有明显的关节⋯⋯⋯⋯**11.节肢蕨属 Arthromeris**
　3.叶片密被厚的星状毛；孢子囊群幼时常被星状毛覆盖，成熟时汇合布满叶片下面部分或全部⋯⋯⋯⋯
　⋯⋯⋯⋯⋯⋯⋯⋯⋯⋯⋯⋯⋯⋯⋯⋯⋯⋯⋯⋯⋯⋯⋯⋯⋯⋯⋯⋯⋯⋯⋯**8.石韦属 Pyrrosia**
2.孢子囊群条形，偶有间断成长圆形或近圆形。
　10.孢子囊群沿中脉两侧各排成1行，位于中脉与叶边之间；叶为单叶。
　　11.叶一型，条形。
　　　12.叶片狭长条形，先端锐尖，两面无毛⋯⋯⋯⋯⋯⋯⋯⋯**6.丝带蕨属 Drymotaenium**
　　　12.叶片窄条形，先端钝尖，幼时被星状毛⋯⋯⋯⋯⋯⋯⋯⋯**9.石蕨属 Saxiglossum**
　　11.叶二型，不育叶倒卵形、卵形、椭圆形或近圆形，能育叶舌形或狭披针形⋯⋯⋯⋯⋯⋯
　　⋯⋯⋯⋯⋯⋯⋯⋯⋯⋯⋯⋯⋯⋯⋯⋯⋯⋯⋯⋯⋯⋯⋯⋯⋯⋯**5.伏石蕨属 Lemmaphyllum**
　10.孢子囊群通常沿侧脉之间排成1行，与侧脉平行，连续或有时间断成长圆形或近圆形；叶为单叶或
　　边缘深裂或一回羽状⋯⋯⋯⋯⋯⋯⋯⋯⋯⋯⋯⋯⋯⋯⋯⋯⋯⋯**13.线蕨属 Colysis**

1 水龙骨属 Polypodiodes Ching

中型附生植物。根状茎长而横走，密被或疏被鳞片，常有白粉。叶远生，一型；叶柄光滑，以关节着生于根状茎上；叶片羽状深裂或一回羽状；裂片（羽片）披针形至近条形；叶脉明显，在羽片之间叶轴两侧狭翅上形成1个狭长网眼，在羽片中脉两侧各形成1行网眼，网眼内常有1条不分叉的内藏小脉，网眼外的小脉分离，顶端有1个卵形的大水囊；叶片草质或近膜质。孢子囊群圆形，在裂片主脉两侧各排成1行，着生于内藏小脉顶端，通常有早落的隔丝。孢子椭圆形，具单裂缝，无周壁，具疣状纹饰。

约17种，分布于印度北部、尼泊尔、不丹和我国西南部的喜马拉雅地区，东至日本。我国有11种；浙江有3种。

分种检索表

1.根状茎疏被鳞片；裂片边缘全缘 ⋯⋯⋯⋯⋯⋯⋯⋯⋯⋯⋯⋯⋯⋯⋯⋯**1.水龙骨 P. niponica**
1.根状茎密被鳞片；裂片边缘具稀疏的浅锯齿。
　2.根状茎上的鳞片乌黑色；裂片宽5～7mm，彼此远离 ⋯⋯⋯⋯⋯**2.中华水龙骨 P. chinensis**
　2.根状茎上的鳞片棕色；裂片宽15～20mm，彼此靠近 ⋯⋯⋯⋯⋯**3.友水龙骨 P. amoena**

1.水龙骨　日本水龙骨　（图1-412）
Polypodiodes niponica (Mett.) Ching

植株高20～55cm。根状茎灰绿色，疏被鳞片；鳞片棕褐色，卵圆状披针形，先端渐尖，边缘有细齿。叶远生；叶柄长5～20cm，禾秆色，疏被鳞片，向上光滑；叶片长圆状披针形或披针形，

长14~40cm，宽6.5~12cm，先端渐尖，羽状深裂几达叶轴；裂片15~30对，互生或近对生，近平展，披针形，中部的较长，长3~5cm，宽5~10mm，先端钝圆或短尖，全缘，下部2~3对常向后反折，基部1对略短缩而不变形；叶脉网状，沿中脉两侧各有1行网眼，网眼外的小脉分离；叶片草质，两面密被灰白色短柔毛。孢子囊群圆形，着生于内藏小脉顶端，沿中脉两侧各有1行，靠近中脉。

产于杭州、宁波、衢州、金华、丽水、温州及安吉、诸暨、三门、临海、仙居。生于海拔200~800m的林下、林缘、山沟水边的岩石上，或林中树干上。分布于华东、华中、华南、西南及陕西、甘肃。日本、越南、印度也有。

根状茎可入药，有化湿、清热、祛风、通络的功效；植株清秀，可栽培供观赏。

图1-412　水龙骨

2. 中华水龙骨
Polypodiodes chinensis (Christ) S.G. Lu

植株高25～50cm。根状茎密被鳞片；鳞片乌黑色，卵状披针形，先端渐尖，边缘有疏齿或近全缘。叶远生或近生；叶柄长10～20cm，禾秆色，光滑无毛；叶片卵状披针形或阔披针形，长15～25cm，宽7～10cm，羽状深裂或基部几全裂，基部心形，先端羽裂渐尖或尾尖；裂片15～25对，条状披针形，长3～5cm，宽5～7mm，彼此远离，先端渐尖，边缘具稀疏的浅锯齿，基部1对略短缩并略反折；叶脉网状，裂片的中脉明显，禾秆色，侧脉和小脉纤细，不明显；叶片草质，两面近无毛，表面光滑，背面疏被小鳞片。孢子囊群圆形，较小，生于内藏小脉顶端，较靠近裂片中脉着生；无盖。

产于临安、遂昌。附生于海拔900～1250m的岩石上或树干上。分布于河北、山西、安徽、江西、河南、湖北、台湾、广东、四川、贵州、云南、陕西、甘肃。

3. 友水龙骨 （图1-413）
Polypodiodes amoena (Wall. ex Mett.) Ching

植株高25～60cm。根状茎密被鳞片；鳞片棕色，卵状披针形，先端长渐尖，边缘有小齿，具

图1-413 友水龙骨

粗筛孔，有虹色光泽。叶远生；叶柄长10~18cm，基部密被鳞片，向上光滑；叶片长圆形或卵状披针形，长15~50cm，宽6~25cm，先端尾状，基部稍缩狭，羽状深裂几达叶轴；裂片14~27对，近对生或互生，条状披针形，长10~13cm，宽15~20mm，先端急尖或短渐尖，边缘有浅锯齿，彼此靠近，基部1~2对羽片通常反折；叶脉显著，沿主脉两侧各有1行网眼，网眼伸达离叶边不远处，有内藏小脉，网眼外有短而分离的小脉伸向叶边；叶片厚纸质，上面光滑，下面沿羽轴和叶轴疏生小鳞片。孢子囊群圆形，着生于内藏小脉顶端，位于中脉与边缘之间。

产于临安、淳安、开化、遂昌。生于海拔900~1550m的林下湿润岩石上。分布于华东、华中、华南、西南及山西。越南、泰国、老挝、缅甸、印度、尼泊尔、不丹也有。

根状茎可入药，有舒筋活络、消肿止痛的功效。

3a. 柔毛水龙骨（变种）

var. **pilosa** (C.B. Clarke et Baker) S.R. Ghosh

本变种与友水龙骨的区别在于叶片两面被短柔毛或至少在叶轴或裂片中脉被短柔毛。

产于临安。生于海拔900m左右的林下岩石上。分布于西南及湖北。印度、尼泊尔也有。

❷ 盾蕨属 Neolepisorus Ching

土生中型蕨类。根状茎长而横走，密被盾状着生的鳞片。叶疏生；叶柄长往往等于或超过叶片，下部有鳞片，基部无关节；叶一型，形状多样；中脉下面隆起，通直，侧脉明显，伸达近叶边，网脉密，有单一或分叉的内藏小脉；叶片干后通常为纸质，褐色或黄绿色，沿中脉下面略有1~2片披针形小鳞片。孢子囊群圆形，在中脉两侧排成1至多行，或不规则分布于叶片下面，在侧脉间1~4个，幼时被盾状隔丝覆盖。孢子两面型，单裂缝，不具周壁，有小疣状纹饰。

约5种，除非洲（马达加斯加岛）有1种外，其余均产于亚洲东南部亚热带地区。我国有3种；浙江有2种。

《浙江植物志》中记载浙江产有瘦足盾蕨 *N. tenuipes* Ching et K.H. Shing，但作者未见典型标本，野外调查也未见发现，暂不收录。

1. 剑叶盾蕨 （图1-414）

Neolepisorus ensatus (Thunb.) Ching — *N. ensatus* form. *platyphyllus* (Tagawa) Ching et K.H. Shing

植株高30~70cm。根状茎长而横走，密被鳞片；鳞片褐色，卵形至卵状披针形，先端渐尖，边缘有疏齿，盾状着生。叶远生；叶柄长18~30cm，灰褐色，疏被鳞片；叶片披针形至阔椭圆形，长15~50cm，宽4~8cm，中部最宽，先端渐尖，基部楔形，通常长下延于叶柄，全缘或下部有时分裂；侧脉明显，开展至斜展，小脉连接成网状，内藏小脉分叉，不甚明显；叶片纸质，上面光滑，幼时两面疏被小鳞片。孢子囊群圆形至长圆形，在中脉两侧排成不规则1～3行。

产于桐庐、遂昌、文成。生于海拔300～600m的林下石砾堆中或较湿润处。分布于湖北、湖南、台湾、四川、贵州、云南。日本、朝鲜半岛、菲律宾、印度也有。

图1-414　剑叶盾蕨

2. 盾蕨　卵叶盾蕨 （图1-415）

Neolepisorus ovatus (Wall. ex Bedd.) Ching —— *N. dengii* Ching et P.S. Wang —— *N. lancifolius* Ching et K.H. Shing

植株高35～60cm。根状茎长而横走，密被或疏被鳞片；鳞片褐色或深棕色，卵状披针形或披针形，先端长渐尖，边缘有疏齿，盾状着生。叶远生；叶柄长10～35cm，灰褐色或禾秆色，被鳞片；叶片卵形、阔披针形或三角状披针形，长20～29cm，宽5～12cm，先端渐尖，基部变阔，圆形或两侧斜切或多少戟形，略下延于叶柄，全缘或下部有时分裂；侧脉明显，开展直达叶边，小脉网状，内藏小脉分叉，不甚明显；叶片纸质，上面光滑，下面疏被小鳞片。孢子囊群圆形，上部在主脉两侧各1行，靠近中脉，下部的为不整齐的多行，稀分散。

产于杭州、宁波、丽水、温州及安吉、德清、诸暨、衢州市区、开化、磐安、武义、天台、三门。生于海拔50～1450m的林下多石砾、较湿润处。分布于华东及湖北、湖南、广东、广西、四川、贵州、云南。越南也有。

全草可入药，有清热利湿、散瘀止血的功效；叶形独特，可作观赏蕨类。

本种与剑叶盾蕨的主要区别在于后者叶片基部楔形，通常长下延于叶柄。

图 1-415　盾蕨

③ 瓦韦属　Lepisorus (J. Sm.) Ching

小型附生或石生蕨类。根状茎横走，密被棕色至黑褐色鳞片。叶簇生、近生或远生；单叶，披针形至条状披针形，全缘，上面通常有洼点，下面有易脱落的鳞片；中脉明显，无侧脉，小脉网结，网眼内有不定向的内藏小脉，通常分叉；叶片通常革质或纸质。孢子囊群圆形或近圆形，分离，在中脉与叶边之间排成1行；孢子囊具长柄，环带由14个增厚细胞组成。孢子椭圆形，外壁具疣状或网状纹饰或近光滑。

70余种，主要分布于东亚，少数分布于非洲。我国有68种，广泛分布于全国各地，是本属分布中心；浙江有9种。

*Flora of China*记载浙江有狭叶瓦韦 L. angustus Ching，该种与瓦韦 *L. thunbergianus* (Kaulf.) Ching区别仅在于叶片较窄，宽3~5mm，需进一步研究，故本志暂不收录；《安徽植物志》中记载浙江有两色瓦韦 L. bicolor (Takeda) Ching，但作者未见标本和实物，故暂不收录。

分种检索表

1. 叶片干后强烈反卷。
    2. 叶片宽2～5mm，厚革质，干后呈念珠状 ·················· **1.庐山瓦韦 L. lewisii**
    2. 叶片宽4～11mm，近软革质，干后反卷扭曲但不呈念珠状 ·········· **2.扭瓦韦 L. contortus**
1. 叶片干后不强烈反卷。
    3. 叶片狭披针形，宽0.4～2cm，有短柄或近无柄。
        4. 根状茎长而横走；叶远生或稍远生；叶片较窄，宽0.4～1.5cm。
            5. 根状茎上鳞片网眼大而透明 ···················· **3.乌苏里瓦韦 L. ussuriensis**
            5. 根状茎上鳞片大部分不透明 ···················· **4.瓦韦 L. thunbergianus**
        4. 根状茎短而斜生；叶近生或簇生；叶片较宽，宽1～2cm ········ **5.拟瓦韦 L. tosaensis**
    3. 叶片披针形至阔披针形，宽1.5～4cm，明显具叶柄，长1～15cm。
        6. 根状茎上鳞片披针状钻形；叶片两面被黑色的卵状钻形小鳞片，下面尤密 ··· **6.鳞瓦韦 L. oligolepidus**
        6. 根状茎上的鳞片卵形或卵状披针形；叶片上面通常光滑，背面疏被小鳞片。
            7. 叶柄通常栗褐色，长1～5cm，叶片先端长渐尖呈尾状 ········ **7.粤瓦韦 L. obscurevenulosus**
            7. 叶柄禾秆色或深禾秆色，长2～15cm，叶片先端渐尖或长渐尖，边缘有软骨质狭边。
                8. 叶片干后黄色；孢子囊群位于中脉与叶边之间 ········ **8.黄瓦韦 L. asterolepis**
                8. 叶片干后绿色；孢子囊群靠近叶边 ················ **9.大瓦韦 L. macrosphaerus**

1. 庐山瓦韦（图1-416）

Lepisorus lewisii (Baker) Ching

植株高6～18cm。根状茎横走，密被鳞片，鳞片黑褐色，披针状钻形，基部卵圆形，边缘棕色，有微

图 1-416　庐山瓦韦

齿。叶疏生；近无柄，基部被鳞片；叶片窄条形，长5.5~17cm，宽2~5mm，先端尖，基部下延几达叶柄基部；中脉两面隆起，小脉不明显；叶片厚革质，上面光滑，下面沿中脉两侧偶有少数小鳞片，干时叶边强烈反卷包裹孢子囊群而呈念珠状。孢子囊群卵圆形或长圆形，位于中脉与叶边之间，深陷于叶肉中；隔丝圆盾形。

产于宁波、衢州、丽水及临安、诸暨、磐安、永康、天台、临海、永嘉、瑞安、文成、苍南、泰顺。生于海拔300~1100m的林下岩石上。分布于安徽、江西、福建、湖北、湖南、广东、海南、广西、四川、贵州。

全草可入药，有清热消肿、止痛的功效；可植于山石盆景或树桩上供观赏。

2. 扭瓦韦
Lepisorus contortus (Christ) Ching

植株高10~25cm。根状茎长而横走，密被鳞片；鳞片卵状披针形，中央具不透明深褐色狭带，边缘有微齿。叶近生；叶柄长1~2cm，或几无柄，基部被鳞片；叶片狭披针形，长9~18cm，中部宽4~11mm，先端长渐尖、锐尖或钝，基部下延，自然干后常向下强度反卷并扭曲；中脉明显，小脉不明显；叶片薄革质，上面绿色，光滑，下面灰绿色，沿中脉两侧偶有少数小鳞片。孢子囊群圆形或卵圆形，位于中脉与叶边之间，成熟时密接；隔丝深棕色，边缘有小齿。

产于杭州、舟山、温州及鄞州、开化、遂昌、庆元、景宁。生于林下岩石上或树干上。分布于华东及河南、湖北、四川、云南、陕西、甘肃。印度、尼泊尔、不丹也有。

3. 乌苏里瓦韦
Lepisorus ussuriensis (Regel et Maack) Ching

植株高9~18cm。根状茎细长而横走，密被鳞片；鳞片黑褐色，披针形，边缘有微齿，质厚，网眼大而透明。叶远生；叶柄禾秆色，长2~4cm，基部被鳞片，向上光滑，或几无柄；叶片狭披针形，长7~15cm，宽4~10mm，先端渐尖，基部渐变狭，沿叶柄下延；中脉两面隆起，小脉不明显；叶片纸质，下面有小鳞片，干后不强度反卷。孢子囊群圆形，位于中脉与叶边之间，彼此远分离，隔丝褐棕色，边缘有小齿。

产于安吉、临安、遂昌、龙泉、庆元、景宁。生于海拔600~1600m的林下或山坡阴处岩石上。分布于东北及河北、山东、安徽、江西、河南。日本、朝鲜半岛也有。

4. 瓦韦 （图1-417）
Lepisorus thunbergianus (Kaulf.) Ching — *L. myriosorus* Ching

植株高8~25cm。根状茎长而横走，幼时密被鳞片；鳞片黑褐色，钻状披针形，大部分不透明，基部卵圆形，边缘有微齿。叶稍远生；有长约1cm的短柄，或几无柄，禾秆色，基部被鳞片；

叶片狭披针形，长11～20cm，中部以下最阔，宽0.5～1.5cm，先端渐尖，基部渐狭而下延；中脉两面隆起，小脉不明显；叶片革质，下面沿中脉常有小鳞片。孢子囊群圆形，位于中脉与叶边之间；隔丝褐棕色，边缘浅波状。

产于全省各地。附生于海拔200～1200m的林下岩石或树干上。分布于华北、华东、华中、华南、西南及陕西、甘肃。日本、朝鲜半岛、菲律宾、印度、尼泊尔、不丹及克什米尔地区也有。

全草可入药，有利尿、止血的功效；也可盆栽或植于树桩上供观赏。

图1-417 瓦韦

5. 拟瓦韦　阔叶瓦韦　（图1-418）
Lepisorus tosaensis (Makino) H. Itô — *L. paohuashanensis* Ching

植株高15～35cm。根状茎短而斜生，先端密被鳞片；鳞片深棕色，幼时彩虹色，披针形，大部分不透明,边缘具1~2行淡棕色透明的细胞。叶簇生或近生;叶柄禾秆色,长1~5cm,或近无柄,基部被鳞片;叶片狭披针形,长13~31cm,宽1~2cm,先端锐尖或渐尖,基部渐狭并下延于叶柄成狭翅;中脉两面隆起,小脉不明显;叶片革质,两面近光滑或下面有少数贴生小鳞片。孢子囊群圆形或椭圆形,位于叶片下面上半部,中脉与叶边之间,稍近中脉,分离;隔丝褐棕色,圆盾形。

产于杭州、宁波、舟山、金华、丽水、温州及开化、江山。生于海拔10~800m的林下岩石上或树干上。分布于华东、华南、西南及湖北、湖南、新疆。日本、朝鲜半岛、越南也有。

图1-418 拟瓦韦

6. 鳞瓦韦 (图1-419)

Lepisorus oligolepidus (Baker) Ching — *L. ellipticus* Ching

植株高10~20cm。根状茎横走,密被鳞片;鳞片披针状钻形,基部阔卵形,中央黑色,边缘棕色而较薄,具疏齿。叶近生;叶柄禾秆色,长2~3cm,基部疏被鳞片;叶片披针形或卵状披针形,长8~18cm,中部以下最阔,宽1.5~3.5cm,先端渐尖或突尖,基部渐狭,向基部下延成狭翅;中脉两面隆起,小脉不明显;叶片薄革质,两面被暗褐色的卵状钻形小鳞片,下面尤密。孢子囊群大,圆形,靠近中脉,成熟时彼此近密接。

产于安吉、富阳、临安、淳安、宁波市区、象山、宁海、衢州市区、开化、江山、东阳、永康、缙云、遂昌、龙泉、庆元、乐清、苍南。生于海拔200~1100m的林下岩石上。分布于华中、西南及安徽、江西、福建、广东、广西、陕西。日本也有。

图 1-419 鳞瓦韦

7. 粤瓦韦（图 1-420）

Lepisorus obscurevenulosus (Hayata) Ching

植株高 10~30cm。根状茎横走，密被鳞片；鳞片黑褐色，卵形或卵状披针形，先端长渐尖，基部圆形，老时脱落。叶通常远生；叶柄长 1~5cm，通常栗褐色，基部被鳞片；叶片披针形或狭披针形，长 12~26cm，中部以下最阔，宽 1.5~3cm，先端长渐尖呈尾状，基部狭楔形；中脉两面隆起，小脉不明显；叶片薄革质，上面通常光滑，下面近中脉疏被小鳞片。孢子囊群圆形，直径可达 5mm，彼此分离，位于中脉与叶边之间；隔丝盾状。

产于丽水及临安、淳安、余姚、江山、武义、温州市区、永嘉、瑞安、文成、泰顺。生于海拔 600~1400m 的林下岩石上或树干上。分布于安徽、江西、福建、湖南、台湾、广东、广西、四川、贵州、云南。日本、越南也有。

全草可入药,有清热解毒、通淋、止血的功效;可盆栽观赏。

图 1-420　粤瓦韦

8. 黄瓦韦 （图 1-421）

Lepisorus asterolepis (Baker) Ching ex S.X. Xu

植株高 12～45 cm。根状茎粗而横走,顶端密被鳞片;鳞片棕色,卵形,先端钝或急尖,

图 1-421　黄瓦韦

全缘，质薄，透明，贴生，早落。叶远生或近生；叶柄禾秆色，长2～7cm；叶片阔披针形，长10～30cm，宽2～4cm，先端长渐尖，基部楔形并下延，边缘有软骨质狭边；中脉上下均隆起，小脉隐约可见；叶片革质，干后多呈黄色，光滑或下面被稀疏、贴生的卵状披针形小鳞片。孢子囊群多为椭圆形，位于叶片下面的上半部中脉与叶边之间，相距较近；隔丝棕色，圆盾形，近全缘。

产于安吉、临安、淳安、宁海、遂昌、龙泉、庆元、景宁。附生于海拔500～1600m的林下树干或岩石上。分布于华东、华中、西南及陕西。日本、印度、尼泊尔也有。

9. 大瓦韦
Lepisorus macrosphaerus (Baker) Ching

植株高25～65cm。根状茎粗壮，横走，密被鳞片；鳞片卵形，先端圆钝，棕色，全缘，筛孔大而透明。叶远生；叶柄深禾秆色，长4～15cm；叶片披针形，长15～50cm，宽1.5～4cm，先端渐尖，基部渐狭并下延，边缘有软骨质狭边，干后略反卷；中脉上下均隆起，小脉不明显，具分叉；叶片革质或薄革质，干后呈绿色，背面疏被小鳞片。孢子囊群大，椭圆形，靠近叶边，彼此远离；囊群无盖，幼时被盾状隔丝。

产于临安（西天目山）。附生于海拔700～1100m的林下岩石或树干上。分布于西南及安徽、江西、河南、湖北、广西、甘肃。

全草可入药，有清热除湿、利尿解毒的功效。

❹ 骨牌蕨属 Lepidogrammitis Ching

小型附生蕨类。根状茎细长而横走，淡绿色，疏被粗筛孔鳞片或近光滑。叶远生，近一型或二型；有短柄，基部有关节；不育叶披针形至圆形，疏被鳞片；能育叶片狭披针形至舌形；叶脉网状，有朝向主脉的内藏小脉，小脉单一或分叉；叶片多肉质，无毛，干后革质或硬革质。孢子囊群圆形，分离，在中脉两侧各排成1行，幼时被盾状隔丝，孢子两面型，孢壁具云块状纹饰。

约3种，分布于东亚、东南亚及南亚。我国有3种；浙江均产。

分种检索表

1. 叶近一型，可育叶与不育叶类似，卵状披针形或卵圆形，先端锐尖 ·················· **1. 骨牌蕨 L. rostrata**
1. 叶二型或近二型。
   2. 叶片先端钝尖、锐尖或渐尖 ·················· **2. 披针骨牌蕨 L. diversa**
   2. 叶片先端圆或钝圆 ·················· **3. 抱石莲 L. drymoglossoides**

1. 骨牌蕨 （图1-422）

Lepidogrammitis rostrata (Bedd.) Ching —— *L. pyriformis* (Ching) Ching

植株高6～10cm。根状茎细长，淡绿色，被鳞片，鳞片褐棕色，钻状披针形，基部圆形，边缘有疏齿，具粗筛孔，盾状着生。叶远生，近一型，可育叶与不育叶类似；叶柄长0.5～3cm；叶片卵状披针形或卵圆形，长6.5～15cm，中部以下最宽1.8～2.8cm，先端锐尖，基部楔形，下延；叶脉网状，内藏小脉单一，两面隆起；叶片近肉质，干后革质。孢子囊群圆形，生于叶片中部以上，靠近中脉。

产于临安、淳安、武义、天台、遂昌、龙泉、庆元、景宁、泰顺。生于海拔500～700m的林下岩石上。分布于华南、西南及湖北、湖南、甘肃。东南亚、南亚也有。

全草可入药，有清热利湿、除烦的功效；可植于山石盆景或树桩上供观赏。

图1-422　骨牌蕨

2. 披针骨牌蕨 （图1-423）

Lepidogrammitis diversa (Rosenst.) Ching — *L. intermedia* Ching

植株高10～17cm。根状茎绿色，被鳞片；鳞片棕色，钻状披针形，基部圆形，边缘有疏齿。叶远生，近二型；不育叶与能育叶有时相似，叶片阔披针形、披针形至长圆状披针形，长5～9cm，宽1.2～2.5cm，先端钝尖、锐尖或渐尖，基部渐狭而下延于叶柄，全缘，具长1～2cm的短柄；能育叶较狭长，长5～16cm，宽1～2.8cm，披针形或狭披针形，先端钝尖，基部窄楔形，具长3～5cm的柄；中脉两面稍隆起，小脉网状，不明显。孢子囊群圆形，在中脉两侧各排成1行，成熟时常有部分囊群汇合。

产于临安、淳安、诸暨、宁海、衢州市区、开化、武义、遂昌、龙泉、庆元、景宁、永嘉、文成、泰顺。生于海拔400～1200m的林下岩石上。分布于山西、江西、福建、湖北、湖南、台湾、广东、广西、四川、贵州、云南、甘肃。

全草可入药，有清热除湿、止血、补脾益气的功效；可植于山石盆景或树桩上供观赏。

本种在我省有时同一居群中叶片长短、宽窄均存在，与骨牌蕨较难分辨，是否属同一种的变异有待进一步研究。

图1-423 披针骨牌蕨

3. 抱石莲 鱼鳖草 （图1-424）

Lepidogrammitis drymoglossoides (Baker) Ching —— *Polypodium cyclophyllum* Baker

植株高2～5cm。根状茎细长而横走，疏被鳞片；鳞片披针形，棕色，基部近圆形并为星芒状，边缘有不规则细齿。叶远生，二型，近无柄；不育叶圆形、长圆形或倒卵状圆形，长1～2cm，宽0.7～1.3cm，先端圆或钝圆，基部楔形而下延，全缘；能育叶倒披针形或舌形，长2.5～6cm，宽0.6～0.8cm，先端钝圆，基部缩狭，或有时与不育叶同型；叶脉不明显；叶片肉质，干后革质，上面光滑，下面疏被鳞片。孢子囊群圆形，沿中脉两侧各排成1行，位于中脉与叶边之间，幼时有盾状隔丝覆盖。

图 1-424 抱石莲

产于全省各地。生于海拔20～900m的山谷或溪边阴湿树干和岩石上。分布于长江流域及福建、广东、广西、贵州、陕西、甘肃。

全草可入药，有清热利湿、化瘀、解毒的功效；可植于山石盆景或树桩上供观赏。

5 伏石蕨属 Lemmaphyllum C. Presl

小型附生蕨类。根状茎细长而横走，被有粗筛孔的卵状披针形鳞片。叶二型；不育叶片倒卵形、卵形、椭圆形或近圆形，全缘；能育叶片舌形或狭披针形；叶脉网状，内藏小脉通常朝向中脉，无明显侧脉；叶片肉质，略被披针形鳞片。孢子囊群条形，沿中脉两侧连续延伸，但叶片顶部常不育；隔丝盾状，具粗筛孔，边缘有齿；环带约有14个增厚细胞。孢子两面型，外壁具不规则云块状纹饰。

约6种，分布于马来西亚、印度东北部至日本。我国有2种；浙江有1种。

伏石蕨 （图1-425）
Lemmaphyllum microphyllum C. Presl

小型附生蕨类。根状茎纤细，淡绿色，疏被鳞片，鳞片淡褐色，质薄，先端钻状，全缘，具粗筛孔。叶远生，二型；不育叶卵形或近圆形，长1~2.5cm，宽1.2~1.5cm，先端圆，基部圆形或阔楔形而不下延，全缘，近无柄；能育叶缩狭呈舌形或狭披针形，长2.5~6cm，宽约4mm，干后边缘反卷，叶柄长约1cm；叶脉不明显，网状，内藏小脉单一，棒状；叶片幼时近膜质，成长后为肉质，光滑或疏被褐色、卵形的鳞片。孢子囊群条形，位于中脉与叶边之间，幼时被盾状隔丝覆盖。

产于洞头、平阳。生于海拔10m左右的林下岩石上。分布于华东、华中、华南、西南。日本、朝鲜半岛、越南、印度也有。

全草可入药，有清热解毒、凉血止血、润肺止咳的功效。

图1-425 伏石蕨

a. 倒卵伏石蕨（变种）（图1-426）

var. obovatum (Harr.) C. Chr.

本变种与伏石蕨的区别在于不育叶片卵形、倒卵形至椭圆形，基部短楔形而下延，具较长的叶柄。产于苍南（南关岛）。附生于树干上。分布于华南及福建、云南。

图1-426　倒卵伏石蕨

⑥ 丝带蕨属　Drymotaenium Makino

小型附生蕨类。根状茎短而横卧，被披针形有齿的黑色鳞片。叶近生；叶柄基部以关节与根状茎相连；叶片狭长条形，似丝带状，坚挺，革质，光滑无毛；叶脉不显，在主脉两侧连结成1～2行网眼，有少数内藏小脉。孢子囊群条形，连续，位于主脉两侧的一条纵沟内，靠近主脉，幼时被盾状隔丝覆盖。孢子囊的环带由14（16）个增厚的细胞组成。孢子椭圆形，透明，光滑。

单种属，分布于我国和日本；浙江也有。

丝带蕨（图1-427）

Drymotaenium miyoshianum (Makino) Makino

植株高15～50cm。根状茎短而横走，被黑褐色、卵状披针形、边缘有齿的粗筛孔鳞片。叶近生，一型；无柄，基部有关节，狭长条形，长15～60cm，宽2～4mm，先端锐尖，基部几不缩狭，边缘强烈向下反卷，在中脉两侧形成2条并行的纵沟；中脉上面下陷，下面隆起，侧脉不明显；叶片革质，幼时多少带肉质，无毛。孢子囊群着生于叶片上半部靠近中脉的两侧沟中，幼时有盾状隔丝。

产于临安、遂昌、龙泉、庆元、景宁、泰顺。生于海拔330～1300m的树干上。分布于西南及安徽、江西、湖北、湖南、台湾、广东、陕西、甘肃。日本也有。

全草可入药。

图 1-427　丝带蕨

❼ 鳞果星蕨属 Lepidomicrosorium Ching et K.H. Shing

中小型附生蕨类。根状茎长铁丝状，攀缘于树干或石壁上，顶部无叶，呈鞭状，密被鳞片，鳞片红棕色，披针形，透明，具粗筛孔，边缘有疏齿。叶远生，二型或近一型；叶形多变，披针形、戟形或卵形，边缘全缘或有时波状；叶片干后纸质。侧脉不明显，网状，具内藏小脉。孢子囊群小，圆形，通常密而星散分布，幼时有盾状隔丝覆盖。孢子圆肾形，周壁具网状纹饰。

约2种，分布于我国西南部和中部，日本关东以西和越南也有。我国有2种；浙江有1种。

鳞果星蕨（图1-428）

Lepidomicrosorium buergerianum (Miq.) Ching et K.H. Shing ex S.X. Xu — *L. brevipes* Ching et K.H. Shing — *L. subhastatum* (Baker) Ching — *L. hederaceum* (Christ) Ching

植株高达20cm。根状茎细长攀缘，密被红棕色披针形鳞片。叶远生，近二型；叶柄长

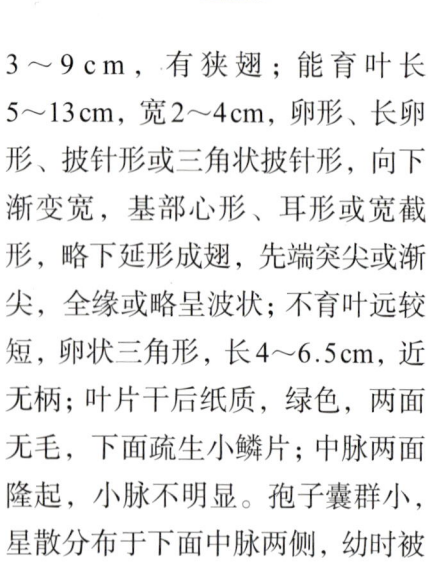

3~9cm，有狭翅；能育叶长5~13cm，宽2~4cm，卵形、长卵形、披针形或三角状披针形，向下渐变宽，基部心形、耳形或宽截形，略下延形成翅，先端突尖或渐尖，全缘或略呈波状；不育叶远较短，卵状三角形，长4~6.5cm，近无柄；叶片干后纸质，绿色，两面无毛，下面疏生小鳞片；中脉两面隆起，小脉不明显。孢子囊群小，星散分布于下面中脉两侧，幼时被盾状隔丝覆盖。

产于鄞州、宁海、衢州市区、开化、武义、遂昌、庆元、景宁、泰顺。生于海拔300~700m的林下

图1-428　鳞果星蕨

岩石上或树干上。分布于江西、湖北、湖南、台湾、四川、贵州、云南、甘肃。日本、越南也有。

8 石韦属 Pyrrosia Mirb.

中小型附生或石生蕨类。根状茎通常长而横走，密被卵状披针形、边缘有锯齿的鳞片。叶远生或近生，多一型；叶片条形、披针形至长卵形，单叶，全缘或少为戟形或掌状分裂；主脉明显，侧脉斜展，小脉网状，网眼有内藏小脉，顶端有水囊；叶片革质，通体特别是叶片下面密被厚的星状毛。孢子囊群近圆形，着生于内藏小脉顶端，具星芒状隔丝，幼时常被星状毛覆盖，成熟时汇合布满叶片下面部分或全部。孢子椭圆形，孢壁具瘤状、颗粒状或纵脊突起。

约60种，主要分布于亚洲热带和亚热带地区。我国有32种，大多产于长江以南各地；

四四　水龙骨科 Polypodiaceae 539

浙江有7种。

《安徽植物志》中记载浙江有戟叶石韦（三尖石韦）*P. hastata* (Thunb.) Ching — *P. tricuspsis* (Sw.) Tagawa，但作者经多方求证，未见标本和实物，暂不收录。

分种检索表

1. 叶片卵形至矩圆形 ·· **1. 有柄石韦　P. petiolosa**
1. 叶片条形至阔披针形。
　　2. 叶片条形、窄条形或条状倒披针形。
　　　　3. 叶片窄条形，长2～8cm，宽2～4mm，先端圆钝 ·············· **2. 线叶石韦　P. linearifolia**
　　　　3. 叶片条形或条状倒披针形，长6～22cm，宽2～10mm，先端短尖 ········ **3. 相近石韦　P. assimilis**
　　2. 叶片披针形至阔披针形。
　　　　4. 叶下面密被1层具披针形臂的星芒状毛。
　　　　　　5. 叶片基部楔形，宽1.5～5cm ·· **4. 石韦　P. lingua**
　　　　　　5. 叶片基部近圆截形、心形或不对称的圆耳形，宽2.5～10cm ··········· **5. 庐山石韦　P. sheareri**
　　　　4. 叶下面密被1层卷曲的星芒状绒毛和1层稀疏的具针状臂星状毛。
　　　　　　6. 植株较小，高7～30cm；叶片长10～25cm，宽1～3cm ············· **6. 柔软石韦　P. porosa**
　　　　　　6. 植株较大，高25～80cm；叶片长20～60cm，宽2～5cm ············· **7. 光石韦　P. calvata**

1. 有柄石韦 （图1-429）

Pyrrosia petiolosa (Christ) Ching

植株高5～20cm。根状茎长而横走，密被鳞片；鳞片褐棕色，卵状披针形，边缘有睫毛，覆瓦状排列。叶远生，近二型，具长柄，通常长为叶片的1/2～2倍，长可达12cm；不育叶长为能育叶的

图1-429　有柄石韦

1/2~2/3；叶片卵形至矩圆形，长1~8.5cm，宽1~2cm，先端急尖，具钝头，基部楔形，下延，全缘，上面幼时疏生星状毛并有洼点，下面密被灰棕色或黄白色具披针形臂的星状毛；叶脉不明显。孢子囊群布满叶片下面，红棕色，成熟时扩散并汇合。

产于全省各地。多附生于海拔200~1000m的干旱裸露岩石上。分布于东北、华北、华东、华中、西南及陕西、甘肃。俄罗斯、蒙古、朝鲜半岛也有。

叶可入药，有利尿通淋、清肺、泄热的功效。

2. 线叶石韦　（图1-430）
Pyrrosia linearifolia (Hook.) Ching

植株高3~10cm。根状茎长而横走，密被鳞片；鳞片淡棕色至暗棕色，钻状披针形，边缘有睫毛。叶近生，一型；近无柄或有极短的柄；叶片窄条形，长2~8cm，宽2~4mm，先端圆钝，基部渐狭长下延；叶脉不明显；叶片薄革质，干后呈红棕色，两面密被白色、黄色至红棕色的星状毛，下面被2层不同的星状毛，表层较稀，里层较密。孢子囊群卵形，聚生于中脉两侧，幼时被星状毛覆盖。

产于杭州市区（余杭）、临海、温州市区（鹿城）。生于海拔20~200m较湿润的岩石上。分布于辽宁、台湾、云南。日本、朝鲜半岛也有。

图1-430　线叶石韦

3. 相近石韦　相异石韦（图1-431）

Pyrrosia assimilis (Baker) Ching

植株高5～22cm。根状茎长而横走，密被鳞片；鳞片棕褐色，披针形，边缘有疏齿。叶近生，一型；无柄或仅有短柄，基部有关节，密被鳞片；叶片条形或条状倒披针形，长6～22cm，宽2～10mm，先端短尖，基部渐狭并长下延，全缘；中脉上面稍下凹，下面隆起，小脉不明显；叶片薄革质，上面有明显的小洼点，幼时上面被灰白色星芒状长柔毛，老时脱落近无毛，下面密被灰白色或灰棕色具针状臂的星芒状毛。孢子囊群圆形，几满布于叶片下面上半部，幼时被星状毛覆盖。

产于长兴、杭州市区、淳安、诸暨、新昌、宁波市区、鄞州、余姚、奉化、衢州市区、常山、东阳、磐安、永康、武义、龙泉、景宁、乐清、泰顺。生于海拔50～400m的林下岩石上。分布于华东、华中及广东、广西、四川、贵州。

全草可入药，有清热利尿、通淋的功效。

图1-431　相近石韦

4. 石韦 （图1-432）

Pyrrosia lingua (Thunb.) Farwell

植株高10~48cm。根状茎长而横走，密被盾状着生的鳞片；鳞片中央深褐色，边缘淡棕色，披针形，先端渐尖，边缘有长缘毛。叶远生，近二型；能育叶通常比不育叶长而狭窄；叶柄长4.5~27cm，深棕色，略呈四棱并有浅沟，幼时被星芒状毛，基部密被鳞片，以关节与根状茎相连；叶片披针形至长圆状披针形，长8.5~21cm，宽1.5~5cm，先端渐尖，基部渐狭，楔形，有时略下延，全缘；中脉上面稍下凹，下面隆起，侧脉两面略可见，小脉网状，不明显；叶片厚革质，上面疏被星芒状毛，或老时近无毛，并有小洼点，下面密被灰棕色、具披针形臂的星芒状

图1-432 石韦

毛。孢子囊群近椭圆形,满布于叶片下面的全部或上部,幼时密被星芒状毛,成熟时呈砖红色。

产于全省各地。多生于海拔300～1200m的山坡岩石上或溪边石坎上。分布于华东、华中、华南、西南及辽宁、甘肃。日本、朝鲜半岛、越南、缅甸、印度也有。

叶可入药,有利尿通淋、清肺、泄热的功效。

5. 庐山石韦 （图1-433）
Pyrrosia shearreri (Baker) Ching

植株高18～70cm。根状茎粗短,密被鳞片;鳞片黄棕色,披针形,有缘毛。叶近生,一型;叶柄粗壮,长8～30cm,深禾秆色,略呈四棱形,被星芒状毛,基部密被鳞片,并有关节与根状茎相连;叶片阔披针形,长10～40cm,宽2.5～10cm,先端短尖或短渐尖,基部近圆截形、心形或不对称的圆耳形;中脉上面平坦或有褶皱,下面隆起,侧脉不甚明显,小脉网状,不明显;叶片厚革质,上面疏被星芒状毛或近无毛,有细密洼点,下面密被灰褐色的具短阔披针形臂的星状毛。孢子囊群圆形,满布于叶片下面,幼时密被星芒状毛,成熟时开裂呈砖红色。

产于杭州、宁波、丽水及安吉、诸暨、开化、常山、江山、磐安、永嘉、文成、泰顺。生于海拔450～1550m的林下岩石或树干上。分布于华东、华中、华南、西南。越南也有。

全草可入药、有利尿通淋、清肺止咳、止血的功效;叶大浓绿,株形紧凑,可盆栽作观赏蕨类。

图1-433　庐山石韦

6. 柔软石韦

Pyrrosia porosa (C. Presl) Hovenk. — *P. mollis* (Kunze) Ching

植株高7~30cm。根状茎长而横走，密被鳞片，鳞片棕色，卵状披针形，边缘有睫毛。叶远生或近生，一型；叶柄短，以关节着生于根状茎上；叶片披针形至阔披针形，长10~25cm，宽1~3cm，先端渐尖，向基部变狭，并长下延；中脉在下面隆起，侧脉和小脉不明显；叶片厚革质，上面幼时有少数星状毛，后无毛，有排列整齐的洼点，下面被2层星状毛，表层较稀，具针状臂的棕黄色星状毛，里层较密，卷曲呈绒毛状，灰白色。孢子囊群近圆形，聚生于叶片下面上半部，幼时被棕色星状毛覆盖，成熟时呈砖红色。

产于临安。生于海拔500m左右的岩石上。分布于西南及湖北、湖南、台湾、海南、广西。越南、泰国、缅甸、菲律宾、印度、不丹、斯里兰卡也有。

7. 光石韦 （图1-434）

Pyrrosia calvata (Baker) Ching

植株高25~80cm。根状茎横走或斜生，密被棕色、边有疏缘毛的披针形鳞片。叶近生，一型；叶柄长5~20cm，深禾秆色，略呈四棱形，基部有关节，密被鳞片，向上疏被星芒状毛，老时脱落；叶片长披针形，长20~60cm，宽2~5cm，先端渐尖，基部渐狭并下延于叶柄上部，全缘；中脉明显，侧脉斜展，略可见，小脉网状，内藏小脉单一或二叉；叶片厚革质，上面偶有极少数星芒状毛或近无毛，无小洼点，下面幼时被1层灰白色卷曲的星芒状绒毛和少数具针状臂的棕色星状毛，老时脱落，近无毛。孢子囊

图1-434　光石韦

群圆形，布满叶片下面的上半部，幼时略被星状毛覆盖。

产于温州及建德、仙居、龙泉、庆元、景宁。生于海拔100～700m的林下或林缘岩石上、树干上或砾石堆中。分布于华中、华南、西南及江西、福建、陕西、甘肃。

全草可入药，有清热除湿、利尿的功效；株型紧凑，呈灰绿色，可供盆栽。

⑨ 石蕨属 Saxiglossum Ching

小型附生蕨类。根状茎细长而横走，密被红棕色、披针形、盾状着生的鳞片。叶远生；叶片窄条形，先端钝尖，基部渐缩狭；中脉明显，侧脉隐没在叶肉中，小脉网状，沿中脉两侧各有1行长网眼，无内藏小脉，网眼外的小脉分离，顶端有1个卵圆形的水囊；叶片革质，边缘强烈反卷，幼时被星状毛。孢子囊群条形，沿中脉两侧各排成1行。

单种属，分布于我国和日本；浙江也有。

石蕨 （图1-435）

Saxiglossum angustissimum (Giesenh. ex Diels) Ching

植株高2.5～12cm。根状茎细长而横走，密被盾状着生的鳞片；鳞片红棕色、披针形，先端长渐尖，边缘有微齿。叶远生；几无柄，基部密被卵形鳞片；叶片窄条形，长2.5～9cm，宽

图1-435 石蕨

2~5mm，先端钝尖，基部渐缩狭；中脉上面凹下，下面隆起，小脉网状，沿中脉两侧各有1行狭长网眼，无内藏小脉，网眼外的小脉分离；叶片革质，边缘强度向下反卷，幼时上面疏被星状毛，下面密被黄色星状毛。孢子囊群条形，沿中脉两侧各排成1行，幼时为反卷的叶边覆盖，成熟时张开，露出孢子囊群。

产于杭州、宁波、衢州、丽水及安吉、诸暨、嵊州、东阳、磐安、武义、仙居、文成、苍南、泰顺。附生于海拔200~900m的岩石或树干上。分布于华中、华南及山西、安徽、江西、福建、四川、贵州、陕西、甘肃。日本、泰国也有。

叶可入药，有清热明目、活血调经的功效。

⑩ 假瘤蕨属 Phymatopteris Pic. Serm.

陆生或附生植物。根状茎细长而横走，被鳞片；叶远生或近生，一型或有时近二型；叶柄基部有关节与根状茎相连；单叶，不分裂、2~3裂、掌状分裂或羽裂，边缘软骨质，全缘，具缺刻或锯齿；叶脉明显，侧脉斜展，小脉网状，具内藏小脉；叶片常纸质，光滑。孢子囊群圆形，在中脉两侧各排成1行；不具隔丝。孢子椭球形，孢壁表面具瘤状或刺状突起。

约60种，分布于亚洲的热带及亚热带山地。我国有47种，主产于西南、华南地区；浙江有5种。

分种检索表

1. 叶一型，披针形或掌状分裂。
    2. 叶片条状披针形、椭圆状披针形或长披针形，先端不裂。
        3. 叶片基部楔形，中部最宽，向两端缩狭，背面通常灰绿色；孢子囊群在叶片背面凹陷·· 1.屋久假瘤蕨 P. yakushimensis
        3. 叶片基部阔楔形或楔形，背面通常灰白色；孢子囊群在叶片背面不凹陷·· 2.恩氏假瘤蕨 P. engleri
    2. 叶片先端掌状分裂，通常4~6裂。
        4. 裂片先端通常急尖或钝；孢子囊群靠近裂片边缘·························· 3.掌叶假瘤蕨 P. digitata
        4. 裂片先端通常渐尖；孢子囊群位于裂片边缘与中脉之间············· 4.指叶假瘤蕨 P. dactylina
1. 叶片形态变化大，卵圆形至长条形，先端不分裂、二叉或指状3裂，偶有5裂 ····· 5.金鸡脚 P. hastata

1. 屋久假瘤蕨（图1-436）

Phymatopteris yakushimensis (Makino) Pic. Serm. — *Phymatopsis yakushimensis* (Makino) H. Itô — *P. fukienensis* Ching

植株高10~30cm。根状茎密被鳞片；鳞片披针形，棕色，先端毛发状，基部圆形，边缘略有细齿。叶远生；叶柄长4~15cm，禾秆色，基部被鳞片，向上光滑；叶片条状披针形或椭圆状披针形，长5~15cm，中部宽1~2cm，向两端缩狭，先端长渐尖，基部楔形，边缘有软骨质狭边，脉间有缺刻或全缘；中脉明显，侧脉不达叶边，小脉不明显；叶片坚纸质，表面绿色，背面通常灰绿色，两面无毛。孢子囊群圆形，在叶片背面凹陷，在中脉两侧各1行，位于中脉与叶边之间。

产于临安、鄞州、奉化、象山、宁海、江山、缙云、遂昌、庆元、景宁、文成、泰顺。生于海拔300~800m的林下或林缘溪边岩石上。分布于江西、福建、湖南、台湾、广西、四川、贵州。日本、朝鲜半岛也有。

图 1-436 屋久假瘤蕨

2. 恩氏假瘤蕨 （图1-437）

Phymatopteris engleri (Luerssen) Pic. Serm. — *Phymatopsis engleri* (Luerssen) H. Itô

植株高20~35cm。根状茎密被鳞片；鳞片棕色，狭披针形，先端长渐尖或近尾状，基部圆形，边缘略有小齿。叶远生；叶柄长4~15cm，禾秆色，基部密被鳞片，向上光滑；叶片长披针形或条状披针形，长10~28cm，宽1~3.5cm，先端短渐尖，基部阔楔形或楔形，边缘软骨质，具缺刻或呈波状；侧脉斜展，不达叶边，内藏小脉分叉或单一；叶片坚纸质或薄革质，背面通常灰白色，两面无毛。孢子囊群圆形，在叶片背面不凹陷，沿中脉两侧各排成1行，稍靠近中脉着生。

产于临安、鄞州、奉化、象山、宁海、江山、缙云、遂昌、龙泉、庆元、景宁、青田、永嘉、文成、苍南、泰顺。生于海拔550~800m的林下岩石上。分布于江西、福建、台湾、广西、贵州。日本、朝鲜半岛也有。

全草可入药，有清热解毒、镇惊祛风、活血散瘀的功效。

图 1-437　恩氏假瘤蕨

3. 掌叶假瘤蕨 （图 1-438）

Phymatopteris digitata (Ching) Pic. Serm. —— *Phymatopsis digitata* (Ching) Ching —— *P. palmatifida* Ching et P.C. Chiu

植株高 9~18 cm。根状茎密被鳞片；鳞片披针形，淡棕色，长约 5 mm，边缘全缘。叶远生；

图 1-438　掌叶假瘤蕨

叶柄长2～11cm，禾秆色或栗黑色，光滑无毛，基部密被鳞片；叶片通常掌状5裂，长宽近相等，长5～9cm，基部心形、圆形或截形；裂片先端急尖或钝，边缘有疏缺刻、全缘或波状，中间裂片长5～10cm，宽约1.3cm，侧生裂片较短小；叶片纸质，上面绿色，下面苍白色，两面无毛。孢子囊群圆形，靠近裂片边缘或略靠近裂片边缘着生。

产于遂昌（九龙山）。生于海拔1000～1400m的林下岩石或树干上。分布于广东、贵州。

4. 指叶假瘤蕨 （图1-439）
Phymatopteris dactylina (Christ) Pic. Serm.

附生植物。根状茎长而横走，直径3～5mm，密被鳞片；鳞片披针形，长5～7mm，棕色，顶端长渐尖或毛状，边缘全缘。叶远生或近生；叶柄长7～10cm，淡栗色，光滑无毛；叶片掌状分裂，长10～20cm，宽10～15cm，基部楔形至心形；裂片4～6片，中间裂片较大，侧边裂片较小，长5～10cm，宽1～1.5cm，先端渐尖或钝圆，边缘全缘，向背面反卷；中脉明显，侧脉和小脉不明显；叶片革质，上面暗绿色，下面灰绿色，两面光滑无毛。孢子囊群圆形，在裂片中脉两侧各1行，位于中脉与边缘之间。

产于龙泉、庆元、泰顺。附生于海拔1200～1400m的树上或岩石上。分布于四川。

图1-439 指叶假瘤蕨

5. 金鸡脚 金鸡脚假瘤蕨 （图1-440）
Phymatopteris hastata (Thunb.) Pic. Serm. — *Phymatopsis hastata* (Thunb.) H. Itô.

植株高8～35cm。根状茎密被鳞片；鳞片红棕色，狭披针形，先端长渐尖，基部近圆形，边缘略有齿，盾状着生。叶远生；叶柄长2～20cm，禾秆色，光滑无毛；叶片形态变化大，卵圆形至长条形，先端不分裂、二叉或指状3裂，偶有5裂；裂片常呈披针形，长6～15cm，宽1～2cm，边缘具缺刻（细浅钝齿）或全缘或略呈波状，边缘有软骨质狭边；中脉和侧脉两面均明显，小脉网状，有内藏小脉；叶片厚纸质，两面无毛，下面略呈灰白色。孢子囊群圆形，沿中脉两侧各排成

1行,位于中脉与叶边之间。孢子表面具刺状突起。

产于全省山区、丘陵。生于海拔500m以下的林缘湿地。分布于华东、华中、华南、西南及辽宁、山东、陕西、甘肃。俄罗斯、日本、朝鲜半岛、菲律宾也有。

全草可入药,有清热凉血、利尿解毒的功效。

图1-440　金鸡脚

⑪ 节肢蕨属　Arthromeris (T. Moore) J. Sm.

中型附生或土生蕨类。根状茎长而横走,粗壮,略肉质,被盾状着生的鳞片;鳞片披针形,多数棕色,基部卵圆形,盾状着生,边缘全缘或具细齿或具睫毛。叶一型,远生或近生;叶柄基部以关节着生在根状茎上;叶片通常为一回羽状深裂;侧生羽片对生,与叶轴连接处有关节,先端渐尖或尾尖,边缘全缘或波状,具软骨质或膜质白边;侧脉明显,不分叉,伸达叶边,小脉不明显,网眼不整齐,具内藏小脉;叶片纸质。孢子囊群圆形或椭圆形,在羽片中脉两侧各有1至多行;孢子囊群的环带由14~16个增厚细胞组成。孢子椭圆形,周壁具疣状纹饰。

约20种,分布于亚洲热带和亚热带地区,以喜马拉雅地区为分布中心。我国有16种;浙江有2种。

1. 龙头节肢蕨　(图1-441)
Arthromeris lungtauensis Ching

植株高30~60cm。根状茎粉绿色,密被鳞片;鳞片卵状披针形,先端渐尖至尾状,基部阔圆形,中央深褐色,边缘及先端淡褐色,具睫毛或疏齿,上部通常断落,余下近圆形的下部贴于根状茎上。叶远生；叶柄长10~20cm，褐棕色，光滑无毛；叶片一回羽状，长圆形至三角状披针形，长20~50cm，宽20~25cm；羽片3~8对，对生，平展，披针形，基部1对较大，长9~18cm，宽1.5~3.5cm，先端长尾状渐尖，基部多少呈心形，下侧耳片常抱盖叶轴，全缘；顶生羽片与侧生羽片同型，有长约1cm的柄，基部圆形；侧脉两面明显，斜展，小脉网状，内藏小脉具分叉；叶片薄纸质，两面被柔毛，中脉上较密。孢子囊群小，圆形，在中脉两侧各排成3~5行。

产于临安、淳安、衢州市区、武义、遂昌、松阳、庆元、景宁。生于海拔900~1300m的林下岩石上。分布于江西、福建、湖北、湖南、广东、广西、四川、贵州、云南。越南、老挝、尼泊尔也有。

根状茎可入药，有清热利尿、止痛的功效。

图1-441　龙头节肢蕨

2. 节肢蕨 （图1-442）
Arthromeris lehmannii (Mett.) Ching

植株高30~50cm。根状茎通常被白粉，密被或疏被鳞片；鳞片披针形，淡黄色至灰白色，基部阔圆形，边缘具睫毛。叶远生；叶柄长10~20cm，禾秆色或浅棕色，光滑无毛；叶片一回羽状，长圆形至三角状披针形，长30~40cm，宽15~20cm；羽片5~10对，近对生，无柄，平展或稍斜展，披针形，基部圆形或近心形并抱盖叶轴，长12~15cm，宽1.5~2cm，全缘；侧脉两面明显，斜展，小脉网状，隐约可见；叶片薄纸质，通常两面无毛，或幼时两面具稀疏的柔毛。孢子囊群圆形或椭圆形，大小不一，在中脉两侧各排成2~3行。

产于松阳、庆元。生于海拔1200~1300m的林下岩石上。分布于华南、西南及江西、湖北、湖南。越南、泰国、缅甸、菲律宾、印度、尼泊尔、不丹也有。

本种与龙头节肢蕨的主要区别在于后者鳞片通常褐色；叶片两面被柔毛；羽片较宽，宽可达3.5cm。

图 1-442　节肢蕨

⑫ 星蕨属　Microsorum Link

大中型附生蕨类。根状茎粗壮，肉质，横走，被鳞片；鳞片棕褐色，阔卵形至披针形，具粗筛孔，盾状着生。叶远生或近生，一型；叶柄基部有关节；单叶或羽状深裂，少为一回羽状；侧脉明显或不明显，小脉连接成不整齐的网眼，内藏小脉分叉，顶端有1个水囊；叶片草质至革质，近无毛。孢子囊群圆形，着生于网脉交结处，沿中脉两侧排成不整齐的多行或偶为1行，不具隔丝；孢子囊的环带有14～16个增厚细胞。孢子两面型，孢壁表面具小的瘤块状纹饰。

约40种，主要分布于亚洲热带地区，少数分布于非洲。我国有9种；浙江有2种。

1. 江南星蕨　（图1-443）

Microsorum fortunei (T. Moore) Ching —— *Drynaria fortunei* T. Moore

植株高30～80cm。根状茎长而横走，顶部被易脱落的盾状鳞片；鳞片棕色，卵形，先端锐尖，基部圆形，全缘，筛孔较密。叶远生；叶柄长5～20cm，淡褐色，上面有纵沟，基部疏被鳞片，向上光滑；叶片条状披针形，长25～60cm，宽2.5～7cm，先端长渐尖，基部渐狭，下延于叶柄成狭翅，全缘而有软骨质的边；中脉两面明显隆起，侧脉不明显，小脉网状，网眼内有分叉的内藏小脉；叶片厚纸质，下面淡绿色或灰绿色，两面无毛。孢子囊群大，圆形，橙黄色，沿中脉两侧排成较整齐的1行或有时为不规则的2行，靠近中脉；无隔丝。

四四　水龙骨科 Polypodiaceae

产于全省各地。生于海拔50～700m的低山丘陵的林下湿润处，多附生于岩石上。分布于华东、华中、华南、西南及山东、陕西、甘肃。马来半岛及越南、不丹也有。模式标本采自普陀。

全草或根状茎可入药，有祛风活血、清热解毒、通淋的功效；叶色浓绿，可盆栽供观赏，也可用于庭院美化。

该种在 *Flora of China* 中被归入盾蕨属。

图 1-443　江南星蕨

2. 攀缘星蕨 表面星蕨 （图1-444）

Microsorum superficiale (Blume) Ching — *M. brachylepis* (Baker) Nakaike — *M. buergerianum* (Miq.) Ching — *Polypodium ningpoense* Baker

攀缘植物。根状茎略扁平，疏被鳞片；鳞片披针形，先端渐尖，基部卵圆形，边缘有疏齿，具粗筛孔。叶远生；叶柄长5～15cm，基部疏被鳞片并有关节与根状茎相连；叶片椭圆状披针形至狭长披针形，长12～40cm，宽2.5～6.5cm，先端渐尖，基部急缩狭而下延成翅，全缘或略呈波状；中脉两面隆起，侧脉不明显，小脉网状，网眼内有分叉的内藏小脉。孢子囊群圆形，小而密，散生于中脉与叶边之间，呈不整齐的多行。

产于宁波、丽水、温州及杭州市区、临安、建德、普陀、开化、江山、武义、三门。生于海拔30～1100m的林下，攀缘于树干上或岩石上。分布于华中、华南、西南及安徽、江西、福建、甘肃。马来半岛及日本、越南、老挝、印度尼西亚、印度、尼泊尔也有。

全草可入药，有清热利湿的功效；可植于大型的山石或树桩盆景供观赏。

本种与江南星蕨的区别在于后者根状茎长而横走；孢子囊群沿中脉两侧排成较整齐的1行或有时为不规则的2行。

该种在*Flora of China*中被归入鳞果星蕨属。

图1-444 攀缘星蕨

⑬ 线蕨属 Colysis C. Presl

中型附生或土生蕨类。根状茎纤细，长而横走，具网状中柱，被鳞片；鳞片褐色，细小，质薄，卵形或披针形，全缘或有小齿，具粗筛孔。叶远生或近生；叶柄长，通常有翅；单叶、指状深裂、羽状深裂或一回羽状；裂片全缘；侧脉通常仅下部明显，不达叶边，稍曲折，为横脉所连接，在每对侧脉之间形成网眼，有单一或呈钩状的内藏小脉；叶片纸质至薄草质，无毛。孢子囊群通常条形，连续或有时间断成长圆形或近圆形，在侧脉之间排成1条而与侧脉平行，通常不具隔丝；环带有12~14个增厚细胞。孢子椭球形，孢壁具刺状或小瘤状纹饰。

约12种，主要分布于亚洲热带和亚热带地区，向西达非洲，东南至伊里安岛及澳大利亚的昆士兰。我国约有10种；浙江有5种。

分种检索表

1. 叶片边缘全缘或浅波状，不分裂。
    2. 叶片倒披针形、矩圆状披针形或卵状披针形；孢子囊群连续不间断。
        3. 叶片基部长下延，下面有鳞片；叶脉明显；孢子囊群有隔丝 ············ **1. 褐叶线蕨 C. wrightii**
        3. 叶片基部急变狭，下面无鳞片；叶脉略明显；孢子囊群无隔丝 ············ **2. 矩圆线蕨 C. henryi**
    2. 叶片阔披针形或倒披针形；孢子囊群间断着生 ············ **3. 断线蕨 C. hemionitidea**
1. 叶片边缘深裂至一回羽状深裂，偶不裂。
    4. 叶片一回羽状深裂达叶轴 ············ **4. 线蕨 C. elliptica**
    4. 叶片常有1对近平展的披针形裂片或边缘不规则羽裂，偶不裂 ············ **5. 胄叶线蕨 C. hemitoma**

1. 褐叶线蕨 （图1-445）
Colysis wrightii (Hook. et Baker) Ching

植株高20~55 cm。根状茎密被鳞片；鳞片褐棕色，质薄，卵状披针形，先端渐尖，边缘疏生细锯齿。叶远生；叶柄短，长1~5 cm，或近无柄；叶片倒披针形，长20~45 cm，中部2~5.5 cm，先端渐尖，基部渐变狭并以狭翅长下延，边缘浅波状；叶脉明显，侧脉斜展，小脉网状，在每对侧脉之间有2行网眼，内藏小脉单一或分叉；叶片薄草质，干后褐棕色，背面疏生小鳞片。孢子囊群条形，着生于网脉上，在每对侧脉间排成1行，从中脉斜出，直达叶边；无囊群盖，有鳞片状隔丝着生。

产于景宁、乐清、永嘉、瑞安、平阳、苍南、泰顺。生于海拔50~600 m的林下较湿润处。分布于江西、福建、湖南、台湾、广东、广西、贵州、云南。日本、越南也有。

全草可入药，有行气散瘀、镇咳祛痰的功效。

图 1-445 褐叶线蕨

2. 矩圆线蕨 亨利线蕨 （图1-446）
Colysis henryi (Baker) Ching — *C. liouii* Ching

植株高20～70cm。根状茎密被鳞片；鳞片褐色，卵状披针形，边缘具细锯齿。叶远生，一型；叶柄长5～35cm，禾秆色，以关节着生于根状茎；叶片矩圆状披针形或卵状披针形，长15～50cm，宽3～11cm，先端渐尖，基部急变狭，下延成狭翅，边缘全缘或略呈波状；侧脉羽状，略可见，在每对侧脉间形成网眼，内藏小脉1～2回分叉或单一；叶片干后薄草质，两面无毛。孢子囊群条形，在两侧脉间斜出，伸达叶边；无囊群盖；无隔丝。

产于德清、杭州市区、临安、淳安、诸暨、鄞州、慈溪、余姚、奉化、宁海、衢州市区、开化、常山、龙泉、景宁。常成片生于海拔50～500m的林下阴湿处。分布于江西、福建、湖北、湖南、台湾、广西、四川、贵州、云南、陕西。

全草可入药，有清肺热、利尿、通淋的功效；叶色浓绿，姿态优美，可栽培供观赏。

图1-446 矩圆线蕨

3. 断线蕨 （图1-447）
Colysis hemionitidea (Wall. ex Mett.) C. Presl

植株高30~60cm。根状茎长而横走，密被鳞片；鳞片红棕色，卵状披针形，先端长渐尖，基部近圆形，边缘有小齿，盾状着生。叶远生；叶柄长1~4cm，红棕色，基部疏被鳞片；叶片阔披针形至倒披针形，长23~50cm，宽3~7cm，先端渐尖或尖，基部渐狭而长下延，几达叶柄基部，全缘；叶脉两面明显，近平展，不达叶边，在侧脉间形成2~4行网眼，内藏小脉单一或分叉；叶片纸质，无毛。孢子囊群长圆形或近圆形，间断地生于侧脉间网状脉的交叉点；无隔丝。

产于青田、苍南。生于林下湿润处。分布于华南、西南及安徽、江西、福建。日本、越南、泰国、缅甸、印度、尼泊尔、不丹也有。

图1-447 断线蕨

4. 线蕨 （图1-448）

Colysis elliptica (Thunb.) Ching

植株高20~80cm。根状茎直径2.5~4.5mm，密被鳞片；鳞片褐棕色，卵圆状披针形，先端渐尖，基部圆形，边缘有疏细齿。叶远生，近二型；不育叶叶柄长8~20cm，禾秆色，基部密被鳞片，向上光滑；叶片阔卵形或卵状披针形，长20~70cm，宽10~20cm，一回羽状深裂达叶轴；羽片4~9对，对生或近对生，下部的分离，披针形或条形，长6.5~12cm，宽8~17mm，先端长渐尖，基部狭楔形，有时下延，在叶轴两侧形成狭翅，全缘或略呈浅波状；能育叶和不育叶同型，但叶柄较长，羽片远较狭，有时则近同大；中脉明显，侧脉及小脉不明显；叶片纸质，干后褐棕色，两面无毛。孢子囊群条形，斜展，在每对侧脉之间各1行，伸达叶边；无隔丝。

产于全省山区、半山区。生于海拔20~800m的林下或林缘近水的岩石上。分布于华东、华南、西南及湖南。南亚及日本、朝鲜半岛、越南也有。

全草可入药，有活血散瘀、清热利尿的功效；可供庭园绿化或盆栽观赏。

图1-448 线蕨

4a. 宽羽线蕨(变种)(图1-449)
var. **pothifolia** Ching — *C. pothifolia* (Buch.-Ham. ex D. Don) C. Presl

本变种与线蕨的主要区别在于根状茎粗壮，直径5～10mm；叶片长圆状卵形，较大，长70～100cm，羽状深裂至全裂；羽片通常7～14对，长13～24cm，宽1.2～3cm。

产于宁波、温州及普陀、江山、景宁。生于海拔10～400m的林下较湿润、肥沃之处。分布于华南及江西、福建、湖北、湖南、贵州、云南。日本、越南、泰国、缅甸、菲律宾、印度、尼泊尔、不丹也有。

图1-449 宽羽线蕨

5. 胄叶线蕨 (图1-450)
Colysis hemitoma (Hance) Ching

植株高25～60cm。根状茎长而横走，密被鳞片；鳞片黑褐色，卵状披针形，先端长渐尖，基部近圆形，边缘有小齿。叶远生；叶柄长5～30cm，疏被鳞片；叶片三角状披针形或戟形，长10～25cm，宽3～15cm，先端长渐尖，基部截形，常有1对近平展的披针形裂片或边缘2～6对羽裂，偶不裂；裂片披针形至窄披针形，长3～10cm，宽0.6～1.8cm；侧脉明显，稍斜展，在每对侧脉间形成2行网眼，内藏小脉单一或分叉；叶片纸质，下面幼时疏生小鳞片。孢子囊群条形，在每对侧脉间各1行，伸达叶边，连续或有间断，幼时有盾状隔丝，易脱落。

产于天台、景宁、泰顺。生于林下湿润处。分布于江西、福建、湖南、广东、海南、广西、四川、贵州。日本、越南、马来西亚、印度尼西亚也有。

该种在 *Flora of China* 中作为杂交种处理，有待进一步研究。

图 1-450　菁叶线蕨

四五　槲蕨科 Drynariaceae

附生植物。根状茎肉质、粗壮、横走，密被棕色鳞片。叶二型或一型，近生或疏生；叶柄基部不以关节着生于根状茎上；叶片深羽裂或为羽状，一型叶的基部扩大成阔耳形，枯黄色，向上的裂片为正常的绿色叶片，具营养和繁殖功能，二型叶则分绿色正常叶和枯黄色的膜质不育叶；羽（裂）片以关节着生于叶轴上；叶脉粗而隆起，彼此以直角相连，呈四方形的网眼。孢子囊群着生于小网眼内的分离小脉上，或多少沿叶脉扩展成长形，或生于两脉之间；无囊群盖。

3属，48种，分布于亚洲热带地区至大洋洲。我国有3属，约14种；浙江有1属，1种。

槲蕨属　Drynaria (Bory) J. Sm.

附生植物。叶二型，槲叶状膜质不育叶矮小，无柄，黄绿色至枯黄色，基部心形，边缘浅裂或很少为深羽裂；正常叶绿色，基部无关节，一回羽状深裂；裂片边缘有缺刻状的细齿，基部以关节着生于叶轴，干后往往脱落；叶脉明显，侧脉连接成细小的网眼，有内藏小脉。孢子囊群圆形，着生于正常叶的网脉交结点上，通常不陷入叶肉内。

约16种，主要分布于亚洲至大洋洲。我国有9种；浙江有1种。

槲蕨　（图1-451）
Drynaria roosii Nakaike — *D. fortunei* (Kunze ex Mett.) J. Sm.

附生，匍匐生长。根状茎肉质，粗壮，横走，密被鳞片；鳞片金黄色，纤细，钻状披针形，有缘毛。叶二型，槲叶状膜质不育叶矮小，无柄，黄绿色，后变枯黄色；正常叶高大，绿色；叶柄长6~9cm，两侧有狭翅，基部密被鳞片，叶片长圆状卵形至长圆形，长22~51cm，宽15~25cm，先端尖，基部缩狭成波状，并下延成有翅的叶柄，羽状深裂，裂片6~13对；叶脉网状，两面均明显；叶片纸质，仅上面中脉被短毛。孢子囊群圆形，生于正常叶的内藏小脉的交结点上，沿中脉两侧各排成2至数行。

产于鄞州、东阳、淳安一线以南的浙江东部、中部、西部和南部。附生于海拔300m以下的低山丘陵岩石上或树干上。分布于华东、华南、西南及湖北、湖南、青海。日本、越南、泰国、老挝、柬埔寨、印度也有。

根状茎可入药，提取物可作药用，有接骨的功效；已产业化育种，可供药用和观赏。

图1-451 槲蕨

四六　禾叶蕨科 Grammitidaceae

小型附生或石生植物。根状茎通常短小而近直立，有时横走或攀缘，被鳞片。叶簇生；叶柄基部与根状茎相连处不具关节；叶一型，单叶或一至三回羽状，通常被单一的红色或灰白色针状毛，不被鳞片；叶脉分离，小脉单一或分叉。孢子囊群圆形至椭圆形，表面生或凹陷在穴中；无囊群盖；孢子囊顶端有时具刚毛；孢子囊柄除近顶部外为一行细胞组成；隔丝有或无。孢子绿色，球形或近球形。

14属，约400种，分布于全球热带及亚热带地区。我国有12属，31种；浙江有3属，3种。

依据最新的分子生物学证据，Christenhusz等（2011）在最新蕨类植物系统中，重新将禾叶蕨科并入水龙骨科。本志采用秦仁昌系统仍保留禾叶蕨科，属的划分参照Parris。

分属检索表

1. 单叶；根状茎有背腹之分 ··· **2. 滨禾蕨属 Oreogrammitis**
1. 叶片二回羽状浅裂至深裂。
  2. 叶片被暗棕色长刚毛，所有或大部分长0.5～1.8mm ············ **1. 锯蕨属 Micropolypodium**
  2. 叶片被灰白色刚毛，不分叉或分叉，长度不超过0.5mm ·········· **3. 剑羽蕨属 Xiphopterella**

1 锯蕨属 Micropolypodium Hayata

小型附生植物。根状茎短，斜生至直立，顶端被小的棕色鳞片。叶簇生；近无柄；叶片狭窄，羽裂至羽状，裂片基部贴生彼此相连，每裂片有单一不分叉或分叉的小脉；叶片薄草质，被毛或无毛。孢子囊群位于分叉小脉的上侧小脉上，长圆形，成熟后通常圆形，表面生，无隔丝；孢子囊上无刚毛。孢子圆球形，近无色透明。

3种。分布于我国与日本。我国有2种；浙江有1种。

锯蕨（图1-452）
Micropolypodium okuboi (Yatabe) Hayata — *Grammitis okuboi* (Yatabe) Ching

根状茎短而直立，被鳞片；鳞片棕色，近膜质，披针形，顶端渐尖，全缘。叶簇生；叶柄极短，长不及1cm，或几无柄，疏被暗棕色长刚毛；叶片条形，长3～7cm，宽4～6mm，顶端锐尖，基部渐狭而下延，二回羽状浅裂至深裂，羽状深裂几达中肋；裂片多数，互生近平展，长圆形或卵状长圆形至长三角形，有时稍呈镰刀状，长约3mm，顶端钝或锐尖，全缘；中肋明显，上面有浅沟，下面隆起，侧脉不明显，通常每裂片上有1条，单一或分叉，顶端具1～2个水囊体；叶片薄革质，稍厚，两面被棕色至深棕色刚毛，所有或大部分毛长超过0.5～1.8mm。孢子囊群圆形至椭圆形，着生于裂片基部上侧分叉小脉的顶端，通常每裂片有1个，贴近中肋两侧各排成1行。

产于龙泉（凤阳山）、庆元（百山祖）。附生于海拔1100～1900m的林中树干上，常同苔藓植物混生。分布于华南及江西、福建、湖南、贵州。日本南部也有。

图1-452 锯蕨

② 滨禾蕨属 Oreogrammitis Copel.

小型附生植物，很少石生。根状茎短而直立，有背腹之分；鳞片不呈窗格形，棕色或红棕色，无毛。单叶；叶片条状披针形，通常全缘；叶脉分离，单一或1或2分叉，中脉明显。孢子囊群圆形，生于小脉顶端，在叶轴或主脉两侧排成1行；无盖；隔丝丝状或无。

约110余种，分布于斯里兰卡和中国到澳大利亚和太平洋群岛。我国有7种；浙江有1种。

短柄滨禾蕨　短柄禾叶蕨 （图1-453）

Oreogrammitis dorsipila (Christ) Parris —— *Polypodium dorsipilum* Christ —— *Grammitis dorsipile* (Christ) C. Chr. et Tardieu —— *G. hirtella* Ching auct. non (Blume) Tuyama

根状茎短而直立，有背腹之分，顶端密被鳞片；鳞片亮棕色。叶簇生；叶柄纤细，长0.5～1cm，直径不及1mm，基部被鳞片，全部被开展的红棕色长毛；叶片条形或倒披针形，长2.5～8cm，宽2～7mm，先端渐尖而钝，基部长渐狭而下延于叶柄，全缘或边缘略呈浅波状；主脉下面隆起，不达叶片顶端；叶片革质，被棕色至深棕色刚毛。孢子囊群圆形或椭圆形，深棕色，着生于小脉顶端，紧贴主脉。

产于桐庐、遂昌、龙泉、庆元、景宁、泰顺。附生于海拔600～1800m的岩石上。分布于华南及江西、福建、湖南、贵州、云南。日本及中南半岛也有。

《浙江植物志》记载浙江有红毛禾叶蕨 *Grammitis hirtella* (Blume) Ching分布，应为本种误定。该种分布于印度尼西亚，我国不产。

图1-453　短柄滨禾蕨

❸ 剑羽蕨属　Xiphopterella Parris

小型附生植物。根状茎和叶柄轮生；鳞片不呈窗格形，浅红棕色，无毛。叶片羽裂；侧脉分叉顶端膨大成水囊。孢子囊群浅，每羽片1枚，孢子囊群无毛。

约7种，分布于新几内亚岛及我国、印度尼西亚、马来西亚、越南。我国有1种；浙江也有。

剑羽蕨 叉毛锯蕨 叉毛禾叶蕨
Xiphopterella devolii S.J. Moore et W.L. Chiou

根状茎短小，直立，被鳞片；鳞片棕色，近膜质，披针形，长约2mm，顶端渐尖，全缘。叶簇生；叶柄长3～5mm，或近无柄，无毛或疏被半透明的叉状长毛；叶片条形，长3～10cm，宽4～6mm，顶端钝，基部渐狭而长下延，几达叶柄基部，二回羽状浅裂至羽状深裂几达中肋；裂片8～10（20）对，互生，斜向上，三角形或三角状长圆形，长2～3mm，基部宽1～2mm，顶端钝或尖，边缘或上侧稍呈波状或有1小齿；中肋明显，上面有浅沟，下面隆起，侧脉不明显，每裂片有1条，通常二叉，顶端膨大成椭圆状、半透明的水囊体；叶片薄革质，被灰白色刚毛，不分叉或分叉，长度不超过0.5mm。孢子囊群圆形，着生于裂片基部上侧分叉小脉顶端，斜向上，每裂片有1枚，靠近中肋两侧各排成1行。

产于龙泉（凤阳山）。附生于林中树干上。分布于福建、台湾、广东、广西。越南也有。

Flora of China 认为国内常将本种鉴定为 *Grammitis cornigera* (Baker) Ching 等，值得商榷。

四七 剑蕨科 Loxogrammaceae

根状茎长而横走或短而直立，密被鳞片；鳞片披针形，深褐色。叶远生或近簇生，一型，稀二型；单叶，有短柄或近无柄，不具关节，条状披针形或披针形至倒披针形，全缘；中脉明显，无侧脉，小脉网状，网眼无内藏小脉；叶片肉质，干后纸质或革质，上面常纵向皱缩。孢子囊群条形或线状长圆形，与中脉斜交，多少下陷于叶肉，在叶片上部中脉两侧各排成1列；无囊群盖，隔丝条形；孢子囊有长柄。

单属科，33种，主要分布于亚洲热带、亚热带地区。我国约有12种，分布于秦岭以南地区；浙江有4种。

剑蕨属 Loxogramme (Blume) C. Presl

属特征同科。

分种检索表

1. 植株高3～10cm，多数高不过15cm；孢子圆球形，三裂缝。
   2. 叶片匙形或倒披针形，长5～8cm ·· **2. 匙叶剑蕨 L. grammitoides**
   2. 叶片披针形，长5～10cm ··· **1. 中华剑蕨 L. chinensis**
1. 植株高15～35cm；孢子椭圆形或肾形，单裂缝。
   3. 根状茎上鳞片棕黑色；叶柄下部通常紫黑色，有光泽，叶片先端尾状 ······ **4. 褐柄剑蕨 L. duclouxii**
   3. 根状茎上鳞片棕褐色；叶柄通常绿色或基部略呈褐色，无光泽，叶片先端渐尖 ·······················
   ··· **3. 柳叶剑蕨 L. salicifolia**

1. 中华剑蕨 （图1-454）
Loxogramme chinensis Ching

根状茎长而横走，密生鳞片；鳞片褐棕色，披针形，先端钻状。叶远生；近无柄；叶片披针形，长5～10cm，中部宽7～12mm，顶端锐尖，基部楔形并下延至叶柄基部，全缘或微波状，干后略反卷；中肋两面明显，稍隆起，小脉不明显；叶片干后厚纸质，黄绿色。孢子囊群长圆形，通常5～8对，斜向上，有时近与中肋平行，分布于叶片中部以上，下部不育，无隔丝。孢子圆球形，三裂缝。

产于淳安、遂昌、龙泉、庆元、景宁、泰顺。生于海拔500～1200m的林下岩石上。分布于西南及安徽、江西、福建、湖南、台湾、广东、广西。越南、泰国、缅甸、印度、尼泊尔、不丹也有。

图 1-454　中华剑蕨

2. 匙叶剑蕨　（图 1-455）
Loxogramme grammitoides (Baker) C. Chr.

根状茎长而横走，密被鳞片；鳞片褐棕色，披针形，边缘略有微齿。叶密集、远生或单生；叶柄短或近无柄，淡绿色，基部被鳞片；叶片匙形或倒披针形，长 5～8cm，基部下延，先端锐尖或钝；中脉两面突起，小脉隐藏，窄斜；叶片正面深绿色，常有光泽，纸质，无毛，背面灰白。孢子囊群 2～5 对着生于叶片上部，长圆形，沿中脉两侧各排成 1 行，稍凹陷于叶片，通常仅分布于叶片上部，下部不育；隔丝缺。孢子圆球形，三裂缝。

产于临安、淳安等地。附生于常绿阔叶林下岩石上或树干上。分布于华中、西南及安徽、江西、福建、台湾、陕西、甘肃。日本也有。

四七　剑蕨科 Loxogrammaceae

图 1-455　匙叶剑蕨

3. 柳叶剑蕨 （图 1-456）
Loxogramme salicifolia (Makino) Makino

植株高 15~35cm。根状茎横走，被棕褐色卵状披针形鳞片。叶远生；叶柄长 1~2cm，或近无柄，通常绿色或基部略呈褐色，无光泽，基部略被卵形或卵状披针形鳞片，向上光滑；叶片披针形，长 14~28cm，宽 8~25mm，先端渐尖，基部楔形并下延几达叶柄下部或基部，全缘，干后稍反卷；中脉两面明显，上面隆起，下面平坦，不达顶端；叶片稍肉质，干后革质，表面皱缩。孢子囊群条形，通常 10 对以上，与中脉斜交，多少下陷于叶肉中，分布于叶片中部以上，下部不育，无隔丝。孢子较短，椭圆形，单裂缝。

产于临安、淳安、奉化、开化、武义、莲都、遂昌、龙泉、庆元、景宁、乐清、文成、苍南、泰顺。附生于海拔 50~1200m 的树干或阴湿岩石上。分布于华中、华南、西南及安徽、江西、陕

图 1-456　柳叶剑蕨

西、甘肃。日本、朝鲜半岛、越南、印度也有。

根状茎可药用,用于治疗伤咳嗽。

4. 褐柄剑蕨 （图1-457）

Loxogramme duclouxii Christ — *L. saziran* Tagawa ex M.G. Price

根状茎长而横走,鳞片黑色、常脱落。叶柄长2~5cm,下部通常紫黑色,有光泽,基部常留一簇鳞片,叶柄有明显的关节,叶足高1~2mm;叶片线状倒披针形,长20~35cm,宽0.9~2.2cm,向两端渐狭缩,先端尾状,基部下延于叶柄;中肋上面隆起,下面扁平,侧脉不明显;叶片近肉质,干后革质,表面皱缩。孢子囊群局限于叶上半部,孢子囊群线与中肋夹角较小,通常10对以上,密接,多少下陷于叶肉中,分布于叶片中部以上,下部不育;无隔丝,或有少数长不过孢子囊的隔丝。孢子肾形,单裂缝。

产于临安、淳安、开化、遂昌、龙泉、庆元、景宁。附生于海拔800m以上被苔藓覆盖的岩石或常绿阔叶林中。分布于安徽、江西、河南、湖北、湖南、台湾、广西、四川、贵州、云南、陕西、甘肃。日本、朝鲜半岛、越南、泰国、印度也有。

图1-457 褐柄剑蕨

四八　蘋科 Marsileaceae

水生植物。根状茎细长而横走，具管状中柱，被短毛。不育叶为单叶，条形，或由2~4片倒三角形小叶组成，对生于长叶柄顶端，挺出或漂浮于水面；叶脉二叉分歧，顶端连接；能育叶变为球形或椭圆球形的孢子果，有柄或无柄，通常着生于不育叶的叶柄基部或近叶柄基部的根状茎上。孢子果被毛，内含2至多数孢子囊；孢子囊二型，大孢子囊内有1个大孢子，小孢子囊内有多数小孢子。

3属，约75种，主要分布于大洋洲、非洲南部和拉丁美洲。我国有1属，3种；浙江有1属，1种。

蘋属 Marsilea L.

根状茎细长而横走，节上生根。叶近生或近簇生，二型；叶柄柔弱而细长；叶片由四片倒三角形的小叶组成十字形，着生于叶柄顶端，漂浮于水面；叶脉明显，从基部呈放射状二叉分歧，伸达叶缘。孢子果圆形或椭圆形至椭圆状肾形，有平行脉；孢子囊条形或椭圆状圆柱形，多数，排成紧密的两行，着生于胶质状的囊群托上，囊群托的另一端则附着于孢子果的内壁，孢子果成熟时开裂，放出大、小孢子。

约70种，广泛分布于全球，以大洋洲和非洲南部最多。我国有3种；浙江有1种。

蘋　四叶蘋　（图1-458）
Marsilea quadrifolia L.

多年生浮叶植物。植株高5~80cm，植株高度与水深相关，浅水区呈挺水状。根状茎细长而横走，柔软，有分枝。叶柄基部被鳞片；叶片由4小叶组成，呈"十"字形生于叶柄顶端；小叶倒三角形，长与宽均为1~2cm，外缘圆弧形，基部楔形，全缘，幼时有毛；叶脉自基部呈放射状分叉，伸向叶缘。孢子果卵圆形或椭圆状肾形，幼时有密毛，长3~4mm，通常2~3枚簇生于长1~1.5cm的梗上，梗着生于叶柄基部或近叶柄基部的根状茎上，大孢子囊和小孢子囊同生在一个孢子果内，大孢子囊有1个大孢子，小孢子囊有多数小孢子。

产于全省各地。为水田杂草，生于河流、湖泊、池塘、水田或季节性干旱的浅水沟渠等处。广泛分布于全球各地。

全草可入药，味甘、性寒，有清热解毒、消肿利湿、止血、安神的功效。

*Flora of China*认为本种产于北方，浙江产的是南国田字草 *M. minuta* L.。

图 1-458 蘋

四九　槐叶蘋科 Salviniaceae

浮水植物。茎纤细，横生，被毛；无真正的根，由叶变成须根状假根。叶无柄或具短柄，3叶轮生，排成3列，其中2列浮于水面，绿色，全缘，上面有乳头状突起或被毛，下面被毛，有明显的中脉；另1列特化成假根，悬垂于水中。孢子果球圆形着生于假根基部或沿假根成对着生，二型；大孢子囊有短柄，8~10个，着生于较小的大孢子果内，每一个囊内有1个大孢子；小孢子囊有长柄，多数，着生于较大的小孢子果内，每一个囊内有64个小孢子。

1属，约10种，分布于各大洲，但以美洲和非洲热带地区为主。我国有2种；浙江有1种。

槐叶蘋属 Salvinia Ség.

属特征同科。

槐叶蘋 （图1-459）
Salvinia natans (L.) All.

多年生浮水植物。茎细长，横生，被褐色节状柔毛。叶3枚轮生，其中2枚漂浮于水面，椭圆形至长圆形，长8~12mm，宽5~8mm，先端圆钝，基部圆形或略呈心形，全缘；近无柄或有长1mm的柄；中脉两侧各有15~20条侧脉，每条侧脉上面有5~7束粗短毛；叶片草质，上面绿色，布满带有束状短毛的突起，下面灰褐色，被有节的粗短毛；另1叶悬垂于水中，细裂成须根状的假根，密生有节的粗毛。孢子果4~8个，簇生于假根的基部，外被疏散的成束短毛；大孢子果小，内有少数具短柄的大孢子囊，每囊含1个大孢子；小孢子果略大，内有多数具长柄的小孢子囊，每囊含64个小孢子。

产于全省各地。多生于静水或流速较缓慢的池塘、沟渠、港湾等浅水水域和水田。分布于全球北温带地区。

全草可入药，有清热解毒、消肿止痛的功效；可作禽畜饲料及绿肥。

图 1-459 槐叶蘋

五〇 满江红科 Azollaceae

小型浮水植物。根状茎纤细，曲折，向两侧交替分枝；枝上面有2行并列的互生叶，下面有悬垂于水中的须根。叶片分裂成上、下两个裂片，上裂片绿色至红色，浮于水面并覆盖住根状茎；下裂片膜质状，沉没于水中。孢子果二型，有大小2种，成对着生于根状茎分枝基部的下裂片上；大孢子果卵形，果内只有1个大孢子囊，囊内只有1个大孢子；小孢子果圆球形，果内有多数小孢子囊，每囊内有32~64个小孢子。

仅1属，7~9种，广泛分布于全球。我国有2种；浙江有2种。

满江红属 Azolla Lam.

属特征同科。

1. 满江红　红薸　绿薸　紫藻（亚种）（图1-460）
Azolla pinnata R. Br. subsp. **asiatica** R.M.K. Saunders et K. Fowler — *A. imbricata* (Roxb.) Nakai

多年生浮水植物。根状茎主茎不明显，横走，似二歧状分枝。枝出自叶腋，数目与茎生叶几相等，向下生须根，沉入水中。叶无柄，互生，覆瓦状排列，长约1mm，先端圆形或圆截形，基部圆楔形，全缘，通常分裂成上、下2片，上（背）裂片肉质，春夏时绿色，秋后呈红色、红紫色，有膜质边缘，浮在水面进行光合作用，表面有乳头状突起，表皮下有空腔，腔内含胶质有蓝藻共生，能固氮；下（腹）裂片膜质，有时呈紫红色，状如鳞片，没入水中吸收水分与无机盐。孢子果成对着生于分枝基部的下裂片上，大孢子果小，长卵形，内含1个大孢子囊，囊外有9个浮胶，囊内有1个大孢子；小孢子果大，球形，内含多数小孢子囊，囊内有着生丝状毛的泡胶块6个，共有小孢子64个。

产于全省各地。生于水田、池塘、沟渠、水流缓慢的河流等淡水水域。广泛分布于全国各地。东亚及越南、泰国、缅甸、马来西亚、印度尼西亚、菲律宾、印度、巴基斯坦、斯里兰卡也有。

全草可入药，味辛、性寒，有祛风利湿、发汗透疹的功效；也可作为稻田绿肥、家畜饲料。

图 1-460 满江红

2. 蕨状满江红　细叶满江红　细绿萍　（图1-461）
Azolla filiculoides Lam.

多年生浮水植物。根状茎横走、斜生，或近直立，羽状分枝；枝出自叶腋外，数目少于茎生叶，向下生出须根，伸向水中。叶无柄，互生；覆瓦状排列，通常分裂成上、下两片，上（背）裂片肉质，绿色，有膜质边缘，浮在水面或高出水面露出在空中进行光合作用，表面有乳头状突起，表皮下有空腔，腔内含胶质和蓝藻共生，能固氮；下（腹）裂片没入水中，膜质，无色，具有吸收水分和营养的功能。孢子果成对着生于分枝基部的下裂片上，大孢子果小、橄榄形，内含1个大孢子囊，囊外有3个浮膘，囊内有1个大孢子；小孢子果大，桃形，内含80~120个小孢子囊，囊内有着生锚状毛的泡胶块6个，共有小孢子64个。

原产于美洲，现已扩散至全球。1978年引入我国，引种范围仅次于满江红的分布区；全省均有分布。

用作绿肥和饲料。

本种与满江红的主要区别在于后者根状茎仅横走；似二歧状分枝，枝出自叶腋；大孢子囊外有9个浮膘；泡胶块上着生毛为丝状而非锚状。

图1-461　蕨状满江红

补　遗

本志第七、九、十卷定稿后，作者又发现了一些种类在浙江有分布，现予以补遗。

1. 短齿白毛假糙苏（变种）（唇形科　假糙苏属）（图1-462）
Paraphlomis albida Hand.-Mazz. var. **brevidens** Hand.-Mazz.

多年生直立草本，高30～60cm。茎钝四棱形，密生白色倒伏短柔毛。叶片卵形或卵状椭圆形，长4～10cm，宽2.5～4.5cm，先端锐尖或渐尖，基部楔形下延至叶柄中部，边缘具圆齿状锯齿，上面疏生白色短柔毛，脉上较密，下面灰白色，密被白色短柔毛，尤以沿脉上为甚，其间混生有金黄色腺点，侧脉4～5对；叶柄长1～3cm，中部以上具狭翅，密

图1-462　短齿白毛假糙苏

被白色倒伏短柔毛。轮伞花序腋生，具2~8花；花萼倒圆锥形，长6~7mm，外面密被短伏毛，内面无毛，萼齿5，宽卵状三角形，先端短尖，不延伸成钻形；花冠白色，下唇散布紫斑，长约1.4cm，外面密被平伏长柔毛和腺点，内面在冠筒中部上方具白色柔毛环；雄蕊4，内藏。子房顶端截平，具柔毛。花期6—8月，果期8—10月。

产于庆元（隆宫十八湾）。生于海拔约750m的溪沟边疏林下。分布于江西、福建、湖南、台湾、广东、广西。

与白毛假糙苏 P. albida Hand.-Mazz. 的区别在于萼齿宽卵状三角形，先端短尖，不延伸成钻形。与云和假糙苏的区别在于后者茎上部、叶片下面和花萼外面均被微柔毛，萼齿长三角形，花冠淡黄色。

2. 细柄针筒菜（变种）（唇形科 水苏属）（图1-463）
Stachys oblongifolia Wall. ex Benth. var. **leptopoda** (Hayata) C.Y. Wu

与模式变种针筒菜的区别在于茎纤细，叶较小，长2~4cm，宽1~1.5cm，几全具柄，花萼倒圆锥状钟形，长3~4mm，花冠较小，长5~6mm，略超出萼，冠筒内藏。浙江产的植株叶背面毛被转薄，而略有不同。

产于庆元（黄坛）、景宁（大均）等地。生于田边草丛中或山坡林缘。分布于福建、台湾、广东、广西、四川、云南。

图1-463 细柄针筒菜

3. 庆元香科科 （唇形科　香科科属）（图1-464）

Teucrium qingyuanense D.L. Chen, Y.L. Xu et B.Y. Ding

多年生草本，高20～50cm。具细长的根状茎，茎直立或基部平卧，密被倒向短柔毛。叶片卵形或卵状披针形，长3～9cm，宽1.8～3.5cm，先端急尖或钝，基部宽楔形，边缘具钝锯齿；侧脉4～6对，上面被微柔毛，下面脉上具短柔毛，两面均有腺点；叶柄长1～3cm。轮伞花序具2花，花序轴、花梗均密被倒向短柔毛；花萼钟形，长6～6.5mm，萼筒长约4mm，外面被短柔毛和腺点，内面喉部具一圈睫毛状毛环，二唇形，上唇3齿，中齿大，肾圆形，宽约3mm，下唇2齿狭三角形，先端急尖；花冠白色，长1.6～1.7cm；雄蕊4，先端上弯，伸出花冠外；花柱顶端相等2裂。小坚果卵球形，土黄色，长约1.5mm，具网纹。

产于庆元（五岭坑和下滩）。生于沟谷林下或山坡疏林下阴湿草丛中。模式标本采于庆元五岭坑。

本种与香科科 T. simplex Vaniot 相似，但后者的茎、花序轴和花梗均被开展的长柔毛；花萼下唇2齿钻状锥形，先端尾状渐尖；花冠中裂片卵圆形，先端圆形。

图1-464　庆元香科科

4. 浙南木犀 (木犀科 木犀属)（图1-465）
Osmanthus austrozhejiangensis Z.H. Chen, W.Y. Xie et X. Liu

常绿小乔木或灌木，高3～5m。小枝被开展短柔毛。叶片厚革质，倒卵状椭圆形、倒卵形或椭圆形，稀卵形，长(5.5)8～10(13)cm，宽(2.2)3～4.5(5)cm，先端短渐尖或急尖，基部楔形，边缘具尖锐细锯齿或全缘（萌枝之叶具刺尖齿），两面无毛；中脉在上面凹陷，在下面明显突起，侧脉8～10对；叶柄长1～1.5(2.5)cm，被微柔毛，凹陷处尤密，后几脱净。聚伞花序成簇腋生，花芳香；苞片革质，外面密被柔毛，裂片先端锐尖；花梗长4～9mm，被微柔毛；萼裂片三角形，长约1.2mm；花冠筒长2.2～2.3mm，裂片长2.2～3.0mm；花丝长1.3～1.5mm，药隔在花药先端延伸呈明显的三角形小尖头；子房卵形，柱头头状。果长1.3～1.5cm，直径约0.8cm；核表面具10～14条肋纹。花期9—10月，果期次年4—5月。

产于遂昌、景宁、泰顺。生于海拔950～1200m的常绿阔叶林中。模式标本采自景宁。

浙南木犀与宁波木犀 *O. cooperi* Hemsl. 的主要区别在于小枝被开展短柔毛，叶片边缘具尖锐细锯齿或全缘，两面无毛，花梗被微柔毛，花冠筒较长(2.2～2.3mm)。

图1-465 浙南木犀

5. 粗壮腹水草 (玄参科 腹水草属)（图1-466）
Veronicastrum robustum (Diels) D.Y. Hong

多年生草本。根状茎短。茎直立而粗壮，圆柱形，无棱亦无毛，高达1m，下部半木质化，上部每节处多少折曲。叶几乎无柄，叶片上面深绿色，有光泽，长卵形至披针形，长15～20cm，宽3.5～8.5cm，基部多为圆钝至宽楔形，少浅心形，顶端急尖至渐尖，革质，上面中脉下半段被倒生短曲毛，边缘常具细尖锯齿。花序腋生，上升、横展或多少下垂，有时2～3枚花序簇生于叶腋中，花序长2～6cm；苞片卵圆形至卵状披针形，长1.5～5mm，有短睫毛；花萼裂片比苞片短，

披针形,有短睫毛;花冠紫色或白色,长4.5~7mm,筒内仅在前方有几根毛,裂片长1~2mm,狭三角形。蒴果长2.5~3mm。种子长圆状。花期6—7月,果期7—10月。

产于开化(南华山)。生于海拔约300m的林下阴湿处。分布于江西东北部、福建西北部。

与爬岩红 V. axillare (Siebold et Zucc.) Yamazaki 相似,区别为本种茎粗壮,直立,上部每节处多少折曲;苞片宽,卵圆形或卵状披针形;花冠筒内壁上几无毛。

图1-466 粗壮腹水草

6. 浙东长蒴苣苔 （苦苣苔科 长蒴苣苔属）（图1-467）
Didymocarpus lobulatus F. Wen, Xin Hong et W.Y. Xie

多年生常绿草本。根状茎粗壮。叶片纸质,圆形或卵形至宽卵状三角形,长3~10cm,宽2.5~12.5cm,顶端圆形,基部心形,边缘具不规则小齿,上面密被白色腺状短柔毛,下面疏被毛,基出3脉;叶柄密被平展的锈褐色长柔毛和白色微柔毛。聚伞花序1~2次分枝,具3~8(12)花;花序梗密被短腺毛和锈褐色长柔毛;苞片2,对生,钻状或钻状三角形至卵状三角形,被锈褐色长柔毛;花萼钟状,外面被短柔毛和短腺毛,内面疏被短伏毛,5浅裂,裂片卵状三角形;花冠粉白色至深粉红色,长2.5~3.2cm,外面被短腺毛和短柔毛,内面近无毛,上唇2裂至1/3处或近中部,下唇3裂稍长于上唇;可育雄蕊2,花丝近无毛或疏被腺毛和微毛,在基部之上稍膝状弯曲,花药密被髯毛,退化雄蕊3;子房密被短柔毛和腺毛,柱头截形。蒴果线形,密被短柔毛和腺毛。花果期5—8月。

产于新昌、嵊州等地。生于溪沟边和山坡石壁上。

与温州长蒴苣苔 D. cortusifolius (Hance) W.T. Wang 很相似，谢文远等人在发表本种的时候将苞片和萼片全缘或近全缘作为区别两者的主要特征，但从两者的野外居群调查结果看，该性状存在过渡类型，并不能很好地区分。

图 1-467　浙东长蒴苣苔

7. 多花剪股颖（禾本科　剪股颖属）（图 1-468）
Agrostis micrantha Steud.

多年生草本。秆丛生，幼时直立，后偃卧膝曲上升，高 0.4~1m，直径 1~2mm，具 4~5 节，基部各节着土生根。叶鞘平滑，基部长于和上部短于节间；叶舌干膜质，长达 2mm，先端截平或破裂；叶片披针形，长 5~10cm，宽 0.5~1.1cm，边缘和背面微粗糙。圆锥花序幼时常呈圆柱形或长圆形，花后逐渐开展为开展的圆锥花序，长 10~15cm，绿色或稍带紫色，每节具多数分枝，分枝纤细，长达 10cm；小穗长达 1.8mm，两颖相等或第 1 颖稍长，先端急尖或钝，脊上微粗糙；外稃长约 1.5mm，无芒，先端急尖；内稃长 0.3~0.5mm，常为外稃长度的 1/3 以下。颖果纺锤形，红褐色，长约 1mm。花果期 5—7 月。

产于景宁（望东垟）。生于海拔约 1300m 的江南桤木林下沼泽地中。分布于西南及河北、安

徽、江西、福建、河南、湖南、广西、青海、陕西。缅甸、印度、不丹、尼泊尔也有。

本种与剪股颖 A. clavata Trin. 的区别在于后者植株直立，叶片条形，较狭，宽1～3mm，小穗较大，长约2mm。

图1-468 多花剪股颖

8. 多节细柄草 （禾本科 细柄草属）（图1-469）
Capillipedium spicigerum S.T. Blake

多年生草本。秆细弱，高0.3～1.2m，直立或基部倾斜，单生或稍分枝。叶片扁平，条形，长15～30cm，宽5～8mm。圆锥花序长10～25cm，通常紫褐色；分枝及小枝纤细，总状花序具4～8节，有小穗7枚以上。无柄小穗长3～4mm，被粗糙毛，基盘被白色长柔毛，具1～1.5cm的细芒；第一颖坚纸质，边缘内折成2脊；第二颖舟形，背面具钝圆的脊；第一外稃透明膜质，无脉；第二外稃退化成线形，先端延伸成1膝曲的芒；有柄小穗和无柄小穗等长或略短于无柄小穗，无芒。花果期7—11月。

产于台州市区（椒江大陈岛）、玉环、缙云、苍南等

图1-469 多节细柄草

地。生于海拔500m以下的山坡林下或林缘草丛中。分布于台湾、广东。日本、印度尼西亚、菲律宾、澳大利亚也有。

与细柄草 C. parviflorum (R. Br.) Stapf 的区别在于后者花序黄褐色，总状花序不超过3节，有小穗3~7枚。

9. 膝曲莠竹（亚种）（禾本科　莠竹属）（图1-470）
Microstegium fauriei (Hayata) Honda subsp. **geniculatum** (Hayata) T. Koyama

一年生蔓生草本。秆高达1.2m，基部匍匐节上生根，具分枝，节密生短毛。叶鞘短于其节间，边缘及鞘口具纤毛；叶舌长约2mm，顶端钝；叶片条形，长10~20cm，宽5~10mm，两面密生短毛，基部狭窄。总状花序长7~15cm，4~8枚近指状排列于秆顶，序轴节间细长，无毛，等长或较长于小穗；无柄小穗长3.5~4mm，基盘具短毛；第一颖披针形，有2微齿，脊上疏生短硬纤毛；第二颖舟形，中脉具硬纤毛，顶端具小尖头或有长约3mm之短芒；第一外稃不存在；第二外稃极小，长约0.3mm，具1长约15mm的细直芒；第二内稃较大，长圆形；雄蕊3，花药长约1.5mm。颖果纺锤形，长约2.5mm。有柄小穗与无柄者相似，小穗柄长2~3mm，下部边缘具纤毛。花果期9—11月。

产于庆元、苍南等地。生于溪沟边灌草丛中或疏林下。分布于福建、台湾、广东。印度尼西亚、马来西亚也有。

与法利莠竹 M. fauriei (Hayata) Honda 的区别在于后者秆高不逾1m，节上无毛，叶片两面无毛或下面疏被毛，总状花序长4~6cm；与竹叶茅 M. nudum (Trin.) A. Camus 的区别在于后者叶片披针形，长2.5~7cm，两面无毛，总状花序2~5枚，长4~9cm，雄蕊2。

图1-470　膝曲莠竹

10. 互花薹草(新拟)(莎草科 薹草属)(图1-471)

Carex alterniflora Franch.

多年生草本。根状茎短,具匍匐茎。秆疏丛生,高30~45cm,钝三棱形,基部具淡褐色的叶鞘。叶短于秆,或与之近等长,宽1.5~3.5mm,平展。苞片下部的短叶状,上部的刚毛状,具鞘。小穗3~5,彼此疏远,顶端1个雄性,棍棒状,具柄,侧生小穗雌性,狭圆柱形,长1~3cm,疏生花;小穗柄纤细,稍伸出苞鞘。雌花鳞片宽卵形,两侧淡褐色,长约2mm,顶端渐狭,具短芒尖,背面具3黄褐色中脉。果囊宽卵球形,钝三棱状,黄绿色,长约3mm,无毛,具多条细脉,基部稍狭,顶端渐缩成长约0.8mm的喙,喙口具2小齿。小坚果倒卵球形,三棱状,黄色,长约2mm,顶端急缩成环盘;花柱基部增粗;柱头3。花果期4—5月。

产于天台(华顶山)。生于海拔约920m的山坡林缘或溪沟边。分布于我国台湾。日本也有。

本种与豌豆型薹草 C. pisiformis Boott 的区别主要在于侧生雌小穗具疏生的花,果囊无毛。

图1-471 互花薹草

11. 永康荸荠(变种)(莎草科 荸荠属)(图1-472)

Eleocharis pellucida J. Presl et C. Presl var. **yongkangensis** Y.F. Lu, W.Y. Xie et X.F. Jin

与模式变种透明鳞荸荠的区别在于小穗细长圆柱形至狭卵状圆柱形,长0.5~2cm,宽1.1~1.3mm。

产于永康。生于海拔约360m的湿地中。浙江特有种,模式标本采自永康林场白云林区。

图 1-472　永康荸荠

12. 沿阶草 （百合科　沿阶草属）（图 1-473）
Ophiopogon bodinieri H. Lév.

多年生草本。根状茎细长；根纤细，近末端处有时具膨大成纺锤形的小块根。叶基生成丛；

图 1-473　沿阶草

叶片条形，长20~40cm，宽1~4mm，边缘具细锯齿。花葶较叶稍短或几等长，扁平；总状花序长1~7cm，具几朵至十几朵花；花白色，单生或2朵簇生于苞片腋内；苞片条形或披针形；花梗长5~8mm，关节位于中部；花被片卵状披针形至矩圆形，长4~6mm，盛开时开展；花药狭披针形，长约2.5mm，花丝很短；花柱细，长4~5mm。小核果状，直径5~6mm，成熟时暗蓝色。种子近球形或椭圆球形。花期6—8月，果期8—10月。

产于嵊州、遂昌、龙泉、庆元、洞头、乐清等地。生于海拔900~1700m（洞头例外）的山沟边林下或阴湿的山坡岩石上。分布于西南及河南、湖北、台湾、陕西、甘肃。

本种以往常被误定为麦冬 O. japonicus (Thunb.) Ker-Gawl.，但后者花葶通常较短，不及叶长的一半；花柱长圆锥形，基部宽阔，向上渐狭；种子球形，成熟时呈蓝色，可以此区别。

13. 阴生沿阶草 （百合科 沿阶草属）（图1-474）
Ophiopogon umbraticola Hance

多年生草本。根状茎粗短，根细长，分枝多。茎很短。叶基生成丛，禾叶状，具3脉；叶片狭长条形，长25~35（50）cm，宽1~1.5mm，边缘具细齿。花葶稍短或几等长于叶，长约30cm；总状花序长8~16cm，具多数花；苞片近钻形，最下面的长6~8mm，向上渐短；花淡蓝色，1~3花簇生

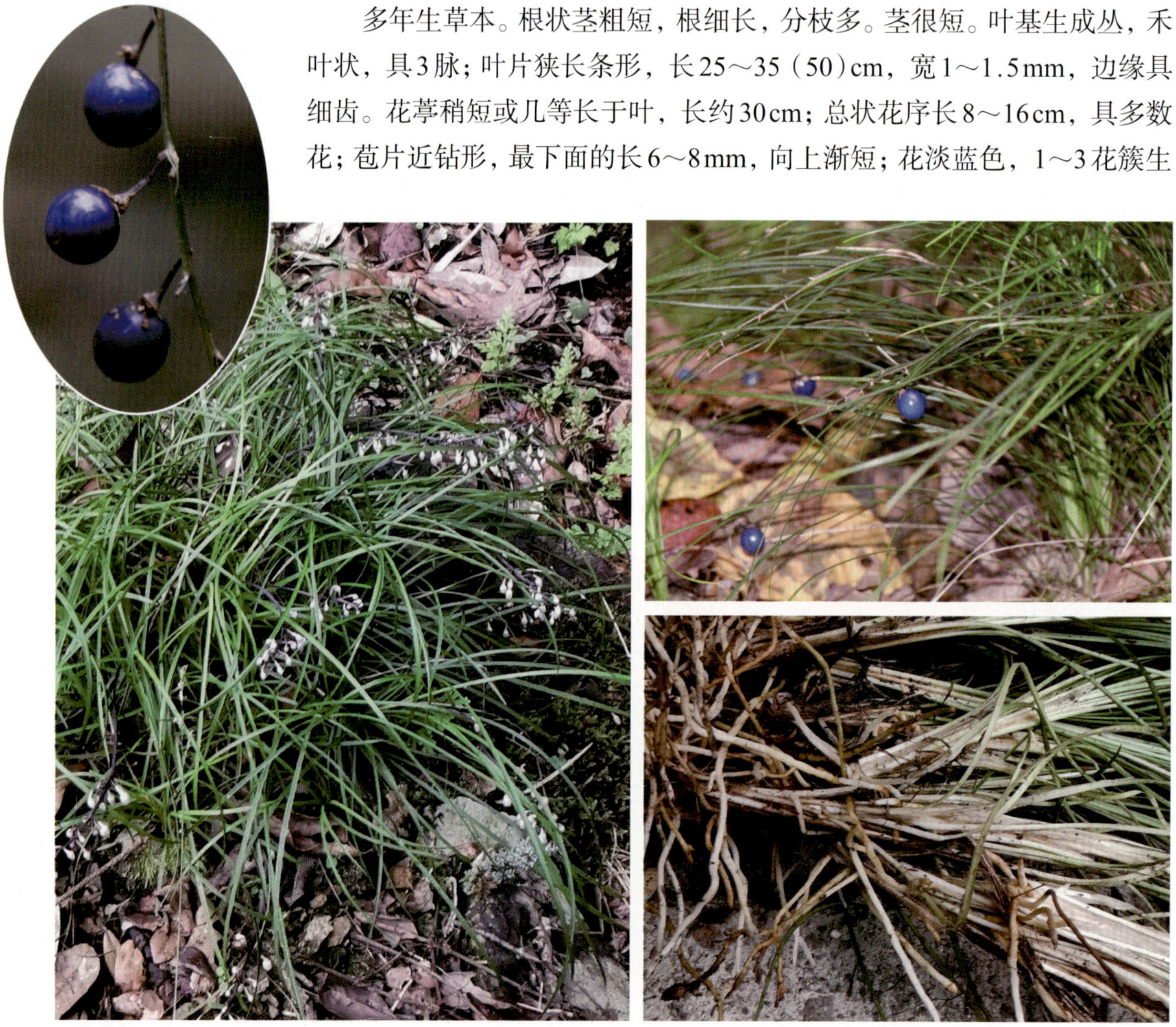

图1-474 阴生沿阶草

于苞片内；花梗细，长约1cm，关节位于中部或中部稍下些；花被片披针形或矩圆形，先端钝圆，长约4mm，内轮3片较外轮3片稍宽；花丝明显，长不及1mm；花药狭披针形，长约2mm；花柱粗短，基部宽阔，粗达1.2mm，向上渐狭。花期8月。

产于龙泉（凤阳山）、庆元（五大堡和交溪门）。生于海拔500~1150m的林下沟谷中。分布于江西、广东、四川、贵州。

与麦冬 O. japonicus (Thunb.) Ker-Gawl.的区别在于本种无根状茎，花葶较长（为叶片长度的2/3或更长），花梗较长，长约1cm。

14. 大皿黄精 （百合科　黄精属）（图1-475）
Polygonatum daminense H.J. Yang et D.F. Cui

根状茎结节状，直径10~15mm。茎直立，高30~50cm，无毛。叶互生；叶片长圆状披针形至披针形，长8.5~11cm，宽1.5~3cm，先端长渐尖至钝尖，基部圆钝，全缘，具5~7脉，上面无毛，下面沿脉被短柔毛，近无柄。伞形花序腋生，具1或2花；花序梗长4~5cm，稍扁，下弯；苞片叶状，长圆状披针形，长6~7cm，宽1~1.7cm；小苞片叶状，长2~4.2cm，宽3~9mm，位于花梗的近基部；花梗纤细，长2~2.5cm，无毛；花黄白色，近圆筒形，长约2.2cm；花被筒基部收缩，裂片6，长圆状卵形，长约4mm；雄蕊着生于花被筒的近中部，花丝稍侧扁，被短绵毛，花药长圆形，长约3mm；花柱纤细，内藏。果未见。花期4—5月。

产于磐安（大皿）。生于海拔420m的村边。模式标本采自磐安（大皿）。

本种与长梗黄精 P. filipes Merr. 接近，区别在于后者花序通常具2~4花，苞片小，条形，膜质而早落。

图1-475　大皿黄精

15. 腺果油点草（变种） 毛果油点草（百合科 油点草属）（图1-476）
Tricyrtis chinensis Hir. Takah. bis var. **glandulosa** Z.H. Chen, G.Y. Li et W.Y. Xie

与模式变种油点草的区别在于子房、果实的棱上具腺毛。

产于淳安、衢州市区（衢江）、常山、金华市区（婺城）、东阳、景宁。分布于我国台湾。

图1-476 腺果油点草

16. 藓叶卷瓣兰（兰科 石豆兰属）（图1-477）
Bulbophyllum retusiusculum Rchb. f.

多年生草本。假鳞茎通常彼此相距1～3cm，顶生1叶。叶片革质，长圆形或卵状披针形。花葶出自生有假鳞茎的根状茎节上，常高出叶外；伞形花序具多数花；中萼片黄色，带紫红色脉纹，长圆状卵形或近长方形，侧萼片黄色，狭披针形或线形，长11～21cm，基部贴生在蕊柱足上，基部上方扭转而两侧萼片的上下侧边缘分别彼此黏合并且形成宽椭圆形或长角状的合萼；花瓣与中萼片近似，唇瓣肉质，舌形，约从中部向外下弯，长约3mm，基部具凹槽并且与蕊柱足末端连接而形成活动关节；药帽前端具细乳突；蕊柱长1.5～2mm，蕊柱齿近三角形。花期9—12月。

产于仙居（田市镇景星岩）。生于海拔约720m的岩壁苔藓上。分布于华东、华中、华南、西南等地。东南亚、中南半岛至南亚也有。

与瘤唇卷瓣兰 B. japonicum (Makino) Makino 较为相似，区别在于本种花较大，侧萼片黄色，长11～21mm，唇瓣中部不为圆柱形，先端钝而不增厚，不成拳卷状，药帽前端具细乳突。

图1-477　藓叶卷瓣兰

17. 乐东石豆兰 （兰科　石豆兰属）（图1-478）
Bulbophyllum ledungense T. Tang et F.T. Wang

根状茎直径1～2mm。根出自生有假鳞茎和不生假鳞茎的节上。假鳞茎在根状茎上间距1～4cm，圆柱状或椭球形，直立或稍弧曲上举，长8～13mm，顶生1叶。叶片革质，长圆形，长1.5～3cm，宽3～8mm，先端圆钝而稍凹入。花葶1～2，从假鳞茎基部侧旁或两假鳞茎之间的节上同时发出，直立，纤细，长1～2cm；总状花序缩短成伞状，具2～5花；花序梗具3枚膜质鞘；鞘宽松地围抱花序梗，长约3mm，先端渐尖，苞片长圆形，先端渐尖；萼片离生，披针形，长4～6mm，宽约1.2mm，中部以上两侧边缘稍内卷，先端渐尖；侧萼片比中萼片稍长，基部贴生于

图1-478　乐东石豆兰

蕊柱足上；花瓣长圆形，先端短急尖，基部全缘；唇瓣狭长圆形，先端圆钝，基部具凹槽，上面两侧各具1条紧靠边缘而纵走的龙骨脊，下面多少具细乳突；蕊柱粗短；蕊柱齿钻状；药帽前缘先端具短尖。花期5—6月。

产于乐清（淡溪）、泰顺（黄桥）。生于海拔约300m的阴湿岩壁苔藓上。分布于福建、广东、云南。泰国也有。

浙江乐清所产的本种，曾被误定为伞花石豆兰 B. shweliense W.W. Smith，但后者总状花序具4～10花；花葶近等于或略长于假鳞茎与叶的长度，长3～4.5cm，可区别。

18. 广东异型兰 （兰科 异型兰属）（图1-479）
Chiloschista guangdongensis Tsi

图1-479　广东异型兰

多年生附生草本。茎极短，具多数扁平、长而弯曲、绿色的根，不贴生于树干上，无叶。总状花序1～4条，下垂，长1.5～6cm，疏生3～9花，密被短硬毛；苞片膜质，卵状披针形，先端急尖，无毛；花梗与子房密被短茸毛；花黄绿色，稍肉质；中萼片前倾，卵形，长约5mm，宽约3mm，先端圆，具5脉，无毛或基部被极疏毛，侧萼片近椭圆形，与中萼片近等大或稍大，先端圆，具4脉；花瓣稍小于中萼片，具3脉，唇瓣以1个关节与蕊柱足末端连接，3裂，侧裂片直立，半圆形，内面具紫红色条斑，中裂片白色，比侧裂片稍长且较宽大，先端圆，上面在两侧裂片间舟状凹陷，具1海绵状球形的附属物；蕊柱长约1.5mm，具长约3mm的蕊柱足。蒴果圆柱状，具明显纵棱，劲直或微弯，长约2cm，黄褐色，密被短硬毛。花期3—4月，果期5—6月。

产于景宁（东坑章坑村）、泰顺（司前黄桥村）。生于海拔270～390m的溪边林缘树干、树枝上。分布于福建、广东。

本种营养体常常易与带叶兰 Taeniophyllum glandulosum Blume 混淆，但后者根贴生于树干上；花序轴无毛；蕊柱无蕊柱足。

异型兰属 Chiloschista Lindl. 为近年发现的浙江分布新记录属。共约10种，分布于亚洲热带地区和大洋洲。我国有3种，浙江有1种。该属与带叶兰属 Taeniophyllum 均为小型附生植物，具多数长而扁平的根，通常无绿叶。区别在于本属根不贴生，花序较长而下垂，花序轴密被毛，具长约2倍于蕊柱本身的蕊柱足。

19. 永嘉石斛 （兰科　石斛属）（图1-480）

Dendrobium yongjiaense Z. Zhou et S.R. Lan

多年生附生草本。假鳞茎直立，圆柱状或狭纺锤形，绿色或黄绿色，高2.5～10cm，具3～9节，叶鞘膜质，两面无毛，浅棕色。叶3～9，二列，互生；叶片卵形或长圆形，长2～4cm，宽0.6～1.2cm。顶生或侧生的总状花序1～3枚，长3～9cm，通常比叶高，具6～15花；花绿白色或淡黄绿色，有芳香气味；中萼片狭卵状披针形，侧萼片镰刀状披针形，先端锐尖，基部斜，在中间骤然收缩，具紫红色条纹，背面基部有斑点；花瓣狭卵状披针形，稍小于中萼片，绿白色或淡黄绿色，背面基部疏生紫红色斑点，唇瓣淡黄绿色，侧裂片卵形三角形，具暗紫红色条纹和斑点，边缘具梳状齿，先端锐尖，基部具短爪，中部以上3浅裂，中裂片卵状三角形；花盘具3片脊状突起，先端扩大到三角形具皱纹边缘。花期11—12月。

浙江特有种，产于永嘉。生于海拔800～820m山谷陡峭的岩壁上。模式标本采自永嘉。

本种与铁皮石斛 *D. officinale* Kimura et Migo 的区别在于后者总状花序具2～3花，唇瓣基部具1个绿色或黄色的胼胝体，中部以下两侧具紫红色条纹。

目前仅一处分布点，居群数量仅50余株，亟待保护。

图1-480　永嘉石斛

20. 政和石斛 (兰科 石斛属) (图1-481)
Dendrobium zhenghuoense S.P. Chen, L. Ma et M.H. Li

多年生附生草本，植株矮小，高约4cm。假鳞茎丛生，卵圆形至椭圆形，干时金黄色，具2～3节，覆黄白色膜质叶鞘；每个叶鞘具2～3叶。叶片倒卵状椭圆形或狭卵状披针形，先端钝且不等侧2裂。花序生于无叶的茎上部节上，单生；花序具1节，基部具2或3枚鞘；苞片膜质，宽卵形，顶端渐尖；花芳香；萼片淡黄色，具红褐色先端，中萼片卵状椭圆形，长8.5～9mm，宽3.5～4.5mm，先端锐尖，侧萼片三角状卵圆形，先端锐尖，基部歪斜，萼囊向前弯曲，末端圆钝；花瓣淡黄色，狭椭圆形，先端急尖，唇瓣淡黄色，具紫褐色斑块，卵圆形至扇形，边缘波状，中部具卷曲状毛，最宽处有紫红色斑纹；蕊柱长约2mm；药帽近球形，花粉块4，2枚成对。花期4—5月，果期10—11月。

产于遂昌（石姆岩）。生于海拔1000～1250m的山地岩壁苔藓上。分布于福建政和。

本种假鳞茎丛生，卵圆形至椭圆形，而浙江产石斛属其余种的假鳞茎均为圆柱形，区别明显。

图1-481 政和石斛

21. 直立山珊瑚 (兰科 山珊瑚属)
Galeola falconeri Hook. f.

腐生草本，高1m以上。根状茎粗3～5cm；茎直立，褐色，下部几无毛，上部疏生短锈毛，节上具鳞片。圆锥花序由顶生和侧生的总状花序组成，总状花序长（5）10～20cm；花序轴和花梗多少被短绒毛；苞片卵形至狭椭圆形，长1～2cm，常垂直于花序轴，背面被锈色短绒毛；花梗和子房长2～2.8cm，密生锈色绒毛；花亮黄色；萼片椭圆形至长圆形，长2.2～3cm，宽1～1.5cm，背面具锈色短绒毛；花瓣稍窄于萼片，无毛，唇瓣宽卵形或圆形，长约2cm，宽

1.6~1.8cm，正面尤其是近边缘密被乳突状毛，不裂，凹陷，基部多少围抱蕊柱，近基部处变窄并缢缩而形成小囊，边缘具细流苏与波状齿；蕊柱长7~8mm。蒴果灰棕色，长10cm以上。花期6—7月。

产于临安（千顷塘）、淳安（屏门）、莲都（东西岩）、遂昌（九龙山）等地。生于海拔1100m的山地阔叶林缘。分布于安徽、湖南、台湾。泰国、印度、不丹也有。

本种与毛萼山珊瑚 G. lindleyana (Hook. f. et Thoms.) Rchb. f.接近，区别在于后者苞片长5~6mm，萼片长1.6~2cm，背面龙骨状突起明显，唇瓣基部不呈小囊状。经实地考察核实，本志第十卷记载的毛萼山珊瑚为本种的误定。

22. 秉滔羊耳蒜 （兰科 羊耳蒜属）（图1-482）

Liparis pingtaoi (G.D. Tang, X.Y. Zhuang et Z.J. Liu) J.M.H. Shaw —— *Cestichis pingtaoi* G.D. Tang, X.Y. Zhuang et Z.J. Liu

多年生附生草本。假鳞茎卵圆形、卵形至椭圆形，顶端具1叶。叶片狭条形至狭披针形，纸质，长9~17cm，宽8~18mm，先端渐尖，基部收狭成短柄，有关节。花葶长21~24cm；总状花序长13~16cm，具10~20花；花序梗略压扁，两侧有很狭的翅，下部具1~8枚不育苞片；苞片狭披针形；花淡绿色或白色；萼片狭长圆形；花瓣狭条形，唇瓣椭圆形，舌状，全缘，侧裂片直立，倒卵球形，先端钝，中裂片近椭圆形，无胼胝体；蕊柱稍向前弯曲，基部扩大、肥厚；花粉块4，2个成对，长圆球形。蒴果倒卵状椭圆球形至圆球形。花期10—11月，果期次年2—3月。

产于泰顺（雅阳镇氡泉）。生于海拔约346m的阴湿岩壁苔藓上。分布于福建、云南、西藏。本种数量非常稀少，应加强保护。

本种与镰翅羊耳蒜 *L. bootanensis* Griff. 较为相似，区别在于后者假鳞茎圆柱状锥形，叶片狭长圆形；花浅褐黄色。

图1-482 秉滔羊耳蒜

中名索引

A

矮毛蕨	349,357
安蕨属	256,260
暗鳞鳞毛蕨	451,461

B

白垩铁线蕨	235,237
白桫椤属	176
白羽凤尾蕨	209
百合科	587,588,589,590
百山祖短肠蕨	294,299
百山祖双盖蕨	299
百山祖蹄盖蕨	266,270
百越凤尾蕨	215
半边旗	202,210
半边铁角蕨	385,386
半岛鳞毛蕨	452,469
蚌壳蕨科	93,170
薄唇蕨属	518
薄盖短肠蕨	294,304
薄盖双盖蕨	304
薄叶卷柏	109,112
薄叶双盖蕨	310,311
薄叶碎米蕨	229
薄叶阴地蕨	131,134
抱石莲	531,534
杯盖阴石蕨	513
北京铁角蕨	364,376,378
背囊复叶耳蕨	440
荸荠属	586

笔管草	127
笔筒树	176
笔直石松	106,107
边果耳蕨	433
边生短肠蕨	293,295
边生鳞毛蕨	451,456
边生双盖蕨	295
边缘鳞盖蕨	184,185
鞭叶耳蕨	417
鞭叶蕨	412,413
鞭叶蕨属	404,412
鞭叶铁线蕨	235,236
扁枝石松	104
扁枝石松属	103
变异凤尾蕨	212
变异鳞毛蕨	453,487
变异铁角蕨	364,379
表面星蕨	554
滨禾蕨属	563,564
秉滔羊耳蒜	595
柄盖蕨科	94,401
波纹蓧蕨	163
波缘鳞盖蕨	185
布朗卷柏	109,110

C

菜蕨	307,308
菜蕨属	257,307
草叶耳蕨	416,425
叉蕨属	495,497

叉毛禾叶	566
叉毛锯蕨	566
昌化铁线蕨	235,238
长柄假脉蕨	159
长柄蓧蕨	163,164
长柄石杉	97,98
长根金星蕨	320,321
长梗黄精	589
长江蹄盖蕨	266,279
长毛蓧蕨	163,165
长生铁角蕨	364,383
长蒴苣苔属	582
长尾复叶耳蕨	434,439
长尾铁线蕨	235,236
肠蕨属	257,309
朝芳毛蕨	359
城户凤尾蕨	201,204
匙叶剑蕨	567,568
齿盖贯众	405,411
齿果鳞毛蕨	471
齿果膜叶铁角蕨	385
齿果铁角蕨	385
齿头鳞毛蕨	452,471
齿牙毛蕨	349,352
齿叶金星蕨	325
川黔肠蕨	309
垂穗石松	105
唇形科	578,579,580
刺齿凤尾蕨	202,211
刺毛对囊蕨	262

刺毛介蕨	261,262	东方荚果蕨	389	恩氏假瘤蕨	546,547
刺头复叶耳蕨	435,447,448	东方荚果蕨属	389	耳基卷柏	115
粗齿桫椤	172	东方水韭	124	耳蕨属	404,415
粗齿紫萁	139,142	东京鳞毛蕨	451,457	耳形瘤足蕨	144,148
粗毛鳞盖蕨	184,187	东南铁角蕨	364,374	耳羽短肠蕨	293,297
粗壮腹水草	581	东亚羽节蕨	259	耳羽双盖蕨	297
翠绿针毛蕨	332,334	东洋对囊蕨	283	耳羽岩蕨	391,393
翠云草	109,120	短柄滨禾蕨	564	耳状紫柄蕨	338,339
		短柄禾叶蕨	564	二回边缘鳞盖蕨	185,186
D		短肠蕨属	257,293	二型肋毛蕨	497,498
大盖铁角蕨	364,382	短齿白毛假糙苏	578	二型叶对囊蕨	282
大久保对囊蕨	264	短果短肠蕨	294,305	二型叶假蹄盖蕨	281,282
大毛蕨	359	短果双盖蕨	305		
大皿黄精	589	短尖毛蕨	349,358	**F**	
大囊岩蕨	392	断线蕨	555,557	法利莠竹	585
大片复叶耳蕨	434,440	对马耳蕨	416,426	粉背蕨	227,228
大铁角蕨	382	对囊蕨	265	粉背蕨属	223,226
大瓦韦	525,531	对囊蕨属	256,261,281,310	凤了蕨	245,251
带叶兰	592	对生耳蕨	416,419	凤了蕨属	245
单边铁角蕨	386	钝齿鳞毛蕨	482	凤尾草	207
单叉对囊蕨	261	钝齿铁角蕨	364,378	凤尾蕨科	92,93,201
单盖铁线蕨	236,241	钝角金星蕨	320,322	凤尾蕨属	201,221
单叶对囊蕨	313	钝羽对囊蕨	282	伏地卷柏	110,117
单叶双盖蕨	310,313	钝羽假蹄盖蕨	281,282	伏石蕨	535,536
淡绿短肠蕨	293,296	盾蕨	523	伏石蕨属	518,519,535
淡绿双盖蕨	296	盾蕨属	518,522,553	伏贴石杉	97,99
倒挂铁角蕨	363,369	多花剪股颖	583	茯蕨属	318,342
倒鳞耳蕨	416,431	多节细柄草	584	福建观音座莲	137
倒卵伏石蕨	536	多脉假脉蕨	159	福建毛蕨	349,353,359
德化鳞毛蕨	453,484	多翼耳蕨	418	福建蹄盖蕨	269
地刷子	104	多羽蹄盖蕨	265,269	福建紫萁	139,140
灯笼草	105			福氏马尾杉	101
灯笼草属	103,105	**E**		复叶耳蕨属	404,434
蝶状毛蕨	349,356	峨眉凤了蕨	245,250	傅氏凤尾蕨	202,214,215,216
顶果膜蕨	161	峨眉茯蕨	343,345	腹水草属	581
顶羽鳞毛蕨	454	峨眉介蕨	261		
东方狗脊	395,397	蛾眉蕨属	257,286		

G

干旱毛蕨	349,351,359
高鳞毛蕨	452,476
革叶耳蕨	433
钩毛蕨属	318,341
狗脊	395,398
狗脊属	395
骨牌蕨	531,532,533
骨牌蕨属	518,531
骨碎补	510
骨碎补科	94,510
骨碎补属	510
骨碎补铁角蕨	364,375,381
牯岭毛蕨	351
观光鳞毛蕨	452,477
观音座莲科	92,137
观音座莲属	137
管苞瓶蕨	166,168,169
贯众	405,409,411
贯众属	404
光脚短肠蕨	293,294
光脚金星蕨	321,327
光脚双盖蕨	294
光里白	152,153
光鳞毛蕨	479
光石韦	539,544
光蹄盖蕨	266,278
光叶凤了蕨	248
光叶华中蹄盖蕨	277
光叶鳞盖蕨	184,188
光叶凸轴蕨	328,329
光叶碗蕨	182
光叶小黑桫椤	174
广东石豆兰	592
广东异型兰	592
广叶书带蕨	253,254
贵州复叶耳蕨	434,442
过山蕨	363,365

H

海岛鳞始蕨	192
海金沙	155
海金沙科	93,155
海金沙属	155
旱蕨	229,231
杭州鳞毛蕨	452,465
杭州铁角蕨	370
禾本科	583,584,585
禾秆蹄盖蕨	265,268
禾叶蕨科	95,563
褐柄剑蕨	567,570
褐叶线蕨	555
黑鳞耳蕨	416,428
黑鳞远轴鳞毛蕨	451,459
黑叶角蕨	289,292
黑足鳞毛蕨	452,470
亨利线蕨	556
红盖鳞毛蕨	452,472
红秆凤尾蕨	221
红毛禾叶蕨	565
红蘋	575
红腺蕨	403
红腺蕨属	402
虹鳞肋毛蕨	502
厚叶肋毛蕨	497,503
厚叶双盖蕨	310
槲蕨	561
槲蕨科	93,96,561
槲蕨属	561
虎克鳞盖蕨	184,185
虎尾铁角蕨	363,364,366
互花薹草	586
华北耳蕨	416,417
华东安蕨	260
华东复叶耳蕨	435,447,448
华东瘤足蕨	144,146
华东膜蕨	161,162
华东瓶蕨	169
华东蹄盖蕨	265,266
华东阴地蕨	131,133
华南凤尾蕨	202,220
华南复叶耳蕨	434,443
华南鳞盖蕨	184
华南鳞毛蕨	453,480
华南马尾杉	100,101
华南毛蕨	349,356,359
华南膜蕨	161
华南舌蕨	506
华南实蕨	504
华南铁角蕨	364,375
华南紫萁	139,142
华西复叶耳蕨	434,441
华中对囊蕨	287
华中蛾眉蕨	287,288
华中介蕨	261,264
华中瘤足蕨	144
华中蹄盖蕨	266,276,277
华中铁角蕨	364,377
槐叶蘋	573
槐叶蘋科	96,573
槐叶蘋属	573
还阳草	119
黄精属	589
黄山蛾眉蕨	288
黄山鳞毛蕨	452,464
黄山膜蕨	161
黄瓦韦	525,530
黄山凸轴蕨	331
灰背铁线蕨	235,239,240
灰绿耳蕨	416,423

混淆鳞毛蕨	451,463	剑叶铁角蕨	363,365	九龙山蛾眉蕨	288
		剑羽蕨	566	九龙山肋毛蕨	501
J		剑羽蕨属	563,565	九龙山蹄盖蕨	272
姬蕨	196	渐尖毛蕨	349,350,351,359	九死还魂草	119
姬蕨科	93,196	江南短肠蕨	294,298,299	矩圆线蕨	555,556
姬蕨属	196	江南卷柏	109,116	具边卷柏	109,115
戟叶耳蕨	416,421	江南双盖蕨	298	具盖鳞毛蕨	483
戟叶石韦	539	江南星蕨	552,554	锯蕨	563
荚囊蕨	400	江苏铁角蕨	363,370	锯蕨属	563
荚囊蕨属	395,399	江西凤尾蕨	202,217	卷柏	109,119
假糙苏属	578	角蕨	289,290	卷柏科	92,109
假粗毛鳞盖蕨	184,188	角蕨属	95,256,257,289	卷柏属	109
假耳羽短肠蕨	294,298	节节草	126,127	蕨	198,200
假耳羽双盖蕨	298	节肢蕨	551	蕨科	93,198
假黑鳞耳蕨	416,427	节肢蕨属	519,550	蕨萁	130
假镰羽短肠蕨	294,301	睫毛蕨	387	蕨属	198
假镰羽双盖蕨	301	睫毛蕨科	95,387	蕨状满江红	577
假瘤蕨属	518,546	睫毛蕨属	387		
假脉蕨属	158,159	介蕨	261,265	**K**	
假毛蕨属	318,345	介蕨属	256,261	苦苣苔科	582
假双盖蕨	313	金钗凤尾蕨	214	宽鳞耳蕨	424
假蹄盖蕨	281,283,284	金粉蕨属	223	宽羽贯众	410
假蹄盖蕨属	257,281	金鹤鳞毛蕨	474	宽羽鳞毛蕨	453,481
假斜方复叶耳蕨	434,438,439	金鸡脚	546,549	宽羽毛蕨	349,355
假异鳞毛蕨	453,486	金鸡脚假瘤蕨	549	宽羽线蕨	559
假阴地蕨属	130,131	金毛狗	170	阔基对囊蕨	286
尖齿耳蕨	416,420	金毛狗属	170	阔基假蹄盖蕨	281,286
尖齿铁角蕨	378	金星蕨	320,324	阔鳞肋毛蕨	497,499
尖头蹄盖蕨	266,274,275	金星蕨科	94,95,318	阔鳞鳞毛蕨	453,478
尖叶铁角蕨	381	金星蕨属	319,320	阔片复叶耳蕨	440
尖羽角蕨	289,291	京鹤鳞毛蕨	452,474	阔片乌蕨	194,195
剪股颖	584	京畿鳞毛蕨	474	阔叶瓦韦	527
剪股颖属	583	井冈山凤了蕨	245,251	阔羽贯众	405,410
剑蕨科	95,567	井栏边草	202,207		
剑蕨属	567	景烈假毛蕨	346,348	**L**	
剑叶盾蕨	522,524	九龙对囊蕨	288	兰科	
剑叶凤尾蕨	202,208,209	九龙山短肠蕨	301		590,591,592,593,594,595

肋毛蕨属	495,497	瘤足蕨科	92,144	毛柄双盖蕨	302
冷蕨科	257	瘤足蕨属	144	毛萼山珊瑚	595
里白	152,154	柳杉叶马尾杉	100	毛果油点草	590
里白科	95,150	柳叶剑蕨	567,569	毛脚毛蕨	359
里白属	151	龙泉鳞毛蕨	494	毛蕨属	319,349
栗柄凤尾蕨	201,203	龙头节肢蕨	550,551	毛蓧蕨	161
栗柄金粉蕨	226	漏斗瓶蕨	167	毛叶边缘鳞盖蕨	185,186
栗蕨	221	庐山路蕨	164	毛叶对囊蕨	285
栗蕨属	221	庐山石韦	539,543	毛叶角蕨	290
镰翅羊耳蒜	595	庐山瓦韦	525	毛叶沼泽蕨	319
镰片假毛蕨	346	蓧蕨	163	毛叶轴脉蕨	495
镰形假毛蕨	346	蓧蕨属	158,162	毛枝卷柏	109,121
镰羽凤了蕨	245,249	绿蘋	575	毛枝蕨	449,450
镰羽贯众	405	绿叶对囊蕨	263	毛枝蕨属	404,449
镰羽瘤足蕨	144,147	绿叶介蕨	261,263	毛轴菜蕨	308
两广凤尾蕨	202,218	卵果蕨属	318,337	毛轴假蹄盖蕨	281,285
两色鳞毛蕨	453,485	卵鳞耳蕨	416,432	毛轴蕨	199
两色瓦韦	524	卵叶盾蕨	523	毛轴食用双盖蕨	308
亮鳞肋毛蕨	497,502	卵叶鳞始蕨	192	毛轴双盖蕨	288
亮毛蕨	258	卵叶铁角蕨	364,384	毛轴碎米蕨	229,232
亮毛蕨属	256,257	卵状鞭叶蕨	412,413	毛轴铁角蕨	364,372
林下凸轴蕨	328,330	罗浮蓧蕨	164	毛轴线盖蕨	288
鳞柄短肠蕨	294,300	裸果鳞毛蕨	453,479	毛轴线盖蕨属	257,288
鳞柄双盖蕨	300	裸叶鳞毛蕨	453,492	毛子蕨	288
鳞盖蕨属	183	裸子蕨科	95,245	昂山蹄盖蕨	266,271
鳞果星蕨	537			美观复叶耳蕨	
鳞果星蕨属	518,537	**M**			435,446,447,448
鳞毛蕨科	94,404	马尾杉属	99	美丽复叶耳蕨	434,435
鳞毛蕨属	404,451	麦冬	588,589	迷人鳞毛蕨	451,458
鳞毛肿足蕨	314,315	满江红	575,577	密毛蕨	199
鳞始蕨	190,191	满江红科	96,575	闽台毛蕨	349,354
鳞始蕨科	93,190	满江红属	575	闽浙耳蕨	416,417
鳞始蕨属	190,193	蔓出卷柏	109,111	闽浙马尾杉	100,101
鳞瓦韦	525,528	芒齿耳蕨	416,418	闽浙圣蕨	361
鳞轴小膜盖蕨	514	芒萁	150	闽浙铁角蕨	364,380
瘤唇卷瓣兰	591	芒萁属	150,152	膜蕨科	93,158
瘤足蕨	144,145	毛柄短肠蕨	302	膜蕨属	158,160,162

膜叶卷柏	110,122	蘋科	96,571	**S**	
膜叶肋毛蕨	502	蘋属	571	三叉耳蕨	421
膜叶铁角蕨属	384	坡生蹄盖蕨	266,275	三叉蕨科	94,495
墨兰瓶蕨	166	普通凤了蕨	245,247,248	三翅铁角蕨	363,368
木犀科	581	普通假毛蕨	346	三尖石韦	539
木犀属	581	普通针毛蕨	332,333	三相蕨	503
木贼科	91,125	普陀鞭叶蕨	412,414	伞花石豆兰	591
木贼属	125			莎草科	586
		Q		山珊瑚属	594
N		奇数鳞毛蕨	453	陕西粉背蕨	229
南海瓶蕨	166,167	奇羽鳞毛蕨	451,453	扇叶铁线蕨	236,240
拟瓦韦	525,527	千层塔	98	舌蕨	506
扭瓦韦	525,526	前原耳蕨	416,427	舌蕨科	93,506
		钱氏鳞始蕨	190	舌蕨属	506
O		切边膜叶铁角蕨	385	舌状铁角蕨	385
欧洲凤尾蕨	202,208	切边铁角蕨	385	蛇足草	98
		庆元复叶耳蕨	446	深裂迷人鳞毛蕨	458
P		庆元香科科	580	深绿卷柏	109,112
爬岩红	582	球腺肿足蕨	316	肾蕨	508
攀缘星蕨	554	球子蕨科	92,389	肾蕨科	94,508
膀胱蕨	393	全缘凤尾蕨	201,206	肾蕨属	508
膀胱蕨属	393	全缘贯众	405,407	圣蕨属	319,360
泡鳞肋毛蕨	497,501			湿生蹄盖蕨	266,269
膨大短肠蕨	294,302	**R**		石豆兰属	590,591
披针骨牌蕨	531,533	日本安蕨	266	石斛属	593,594
披针贯众	405,408	日本短肠蕨	294,306	石蕨	545
披针新月蕨	359	日本复叶耳蕨	442	石蕨属	95,518,519,545
平肋书带蕨	253	日本金粉蕨	225	石杉科	92,97
平行鳞毛蕨	453,483	日本金星蕨	327	石杉属	97
平羽凤尾蕨	202,216	日本卷柏	117	石松	106
平羽碎米蕨	229,230	日本双盖蕨	306	石松科	92,103
瓶尔小草	135,136	日本水龙骨	519	石松属	103,106
瓶尔小草科	92,135	日本蹄盖蕨	266	石韦	539,542
瓶尔小草属	135	柔毛水龙骨	522	石韦属	518,519,538
瓶蕨	166,167	柔软石韦	539,544	石子藤石松	108
瓶蕨属	158,166			实蕨科	93,504
蘋	571				

实蕨属	504	缩羽毛蕨	356	碗蕨属	180,184
食用双盖蕨	307			尾尖凤了蕨	245,246
蚀盖金粉蕨	224,225	**T**		尾叶复叶耳蕨	447
书带蕨	253,254	胎生狗脊	396	尾叶膜蕨	161
书带蕨科	95,253	胎生铁角蕨	364,373	尾叶稀子蕨	178
书带蕨属	253	台湾鳞毛蕨	453,485	温州长蒴苣苔	583
疏网凤了蕨	245,251	薹草属	586	问荆	125,127
疏叶卷柏	109,119	太平鳞毛蕨	453,490	乌蕨	194
疏羽凸轴蕨	328	桃花岛鳞毛蕨	452,473	乌蕨属	193
双盖蕨属		藤石松	108	乌毛蕨	399
	256,257,288,293,307,310	藤石松属	103,107	乌毛蕨科	94,395
水韭科	92,123	蹄盖蕨科	94,95,96,256	乌毛蕨属	395,398
水韭属	123,124	蹄盖蕨属	256,265	乌苏里瓦韦	525,526
水蕨	243	天童假脉蕨	159	屋久假瘤蕨	546
水蕨科	96,243	条裂铁线蕨	242	无柄短肠蕨	295
水蕨属	243	条纹凤尾蕨	202,213	无柄鳞毛蕨	453,482
水龙骨	519	铁角蕨	363,367,369	无齿镰羽贯众	406
水龙骨科	93,95,96,518	铁角蕨科	94,363	无盖耳蕨	417
水龙骨属	518,519	铁角蕨属	363	无盖鳞毛蕨	451,455
水苏属	579	铁皮石斛	593	无鳞毛枝蕨	450
丝带蕨	536	铁线蕨	236,241	无毛华中蹄盖蕨	277
丝带蕨属	95,518,519,536	铁线蕨科	93,235	无银粉背蕨	229
四川石杉	97,98	铁线蕨属	235	蜈蚣草	201,205
四国铁角蕨	364,375,382	同形鳞毛蕨	452,468	武夷山鳞毛蕨	451,462
四叶蘋	571	凸轴蕨属	319,327	武夷山凸轴蕨	328,330
松谷蹄盖蕨	275	团扇蕨	160		
松叶蕨	128	团扇蕨属	158,159	**X**	
松叶蕨科	92,128	团叶鳞始蕨	190,192	稀羽鳞毛蕨	453,491
松叶蕨属	128			稀羽铁角蕨	375
松叶兰	128	**W**		稀子蕨科	96,177
碎米蕨	229,233	瓦韦	524,525,526	稀子蕨属	177,178
碎米蕨属	223,229	瓦韦属	518,524	锡兰假双盖蕨	310,312
桫椤	172,174	豌豆型薹草	586	溪边凤尾蕨	202,212
桫椤科	94,95,172	皖南鳞盖蕨	184,186	溪边蹄盖蕨	266,272
桫椤鳞毛蕨	452,466	碗蕨	180,181,182	溪洞碗蕨	180,182
桫椤属	172,176	碗蕨科	94,180	膝曲莠竹	585
缩羽复叶耳蕨	435,444,446			细柄草	585

细柄草属	584	小膜盖蕨属	510,514	燕尾蕨科	93,516
细柄针筒菜	579	小三叶耳蕨	422	燕尾蕨属	516
细茎铁角蕨	378	小铁角蕨	378	羊耳蒜属	595
细裂复叶耳蕨	443	小叶短肠蕨	299	野雉尾	225,226
细裂针毛蕨	332,336	小叶茯蕨	343	宜昌鳞毛蕨	451,454
细绿蘋	577	小叶复叶耳蕨	448	异盖鳞毛蕨	458
细毛碗蕨	180	小叶海金沙	155,157	异裂短肠蕨	294,303
细叶卷柏	110,115	小叶毛蕨	349,357	异裂双盖蕨	303
细叶满江红	577	小叶双盖蕨	299	异鳞肋毛蕨	497,500
细叶铁角蕨	380	小叶铁角蕨	370	异穗卷柏	110,113
狭翅铁角蕨	364,371,375	斜方复叶耳蕨	434,437	异型兰属	592
狭顶鳞毛蕨	452,467	斜基贯众	405,406	阴地蕨	131,132
狭基钩毛蕨	341	斜羽凤尾蕨	202,213	阴地蕨科	92,130
狭叶海金沙	155,156	斜羽假蹄盖蕨	284	阴地蕨属	131
狭叶金星蕨	320,323	心脏叶瓶尔小草	136	阴生沿阶草	588
狭叶瓦韦	524	新月蕨属	319,359	阴石蕨	512,514
下弯铁线蕨	240	星蕨属	518,552	阴石蕨属	510,512
仙霞铁线蕨	235,238	星毛紫柄蕨	338	银粉背蕨	227,229
纤鳞耳蕨	433	修蕨属	518	银脉凤尾蕨	209
藓叶卷瓣兰	590	修株蹄盖蕨	266,273	永嘉石斛	593
线蕨	555,558,559	修株肿足蕨	314,316	永康荸荠	586
线蕨属	518,519,555	玄参科	581	油点草属	590
线裂铁角蕨	364,380	穴子蕨	177	友水龙骨	519,521,522
线叶蓣蕨	163,166			有柄石韦	539,543
线叶石韦	539,540	**Y**		有柄凸轴蕨	328,331
腺果油点草	590	雅致针毛蕨	333	有齿金星蕨	320,325
腺毛角蕨	290	延羽卵果蕨	337	有鳞短肠蕨	300
腺毛肿足蕨	314,316	岩凤尾蕨	201,202	莠竹属	585
相近石韦	539,541	岩蕨科	94,391	鱼鳖草	534
相似复叶耳蕨	439	岩蕨属	391,393	鱼鳞蕨	401
相异石韦	541	岩穴蕨	177	鱼鳞蕨属	401,402
香科科属	580	岩穴蕨属	177,178	羽节蕨属	96,256,258
香鳞始蕨	191	沿阶草	587	羽裂圣蕨	361,362
小果蓣蕨	164	沿阶草属	587,588	羽裂蹄盖蕨	275
小黑桫椤	172,174	兖州卷柏	110,114	羽裂叶对囊蕨	312
小戟叶耳蕨	416,422	雁荡山复叶耳蕨	447	羽裂叶双盖蕨	312
小金钗凤尾蕨	216	燕尾蕨	516	羽叶鳞盖蕨	184,189

圆盖阴石蕨	513
远轴鳞毛蕨	451,460
月芽铁线蕨	236,241
粤瓦韦	525,529

Z

掌叶假瘤蕨	546,548
沼泽蕨属	318,319
浙东长蒴苣苔	582
浙江肋毛蕨	500
浙南木犀	581
针毛蕨	332,333
针毛蕨属	318,332
政和石斛	594
直立山珊瑚	594
直鳞肋毛蕨	497
指叶假瘤蕨	546,549
中国蕨科	92,93,223
中华短肠蕨	294,304
中华复叶耳蕨	435,445,446,447
中华剑蕨	567
中华金星蕨	320,326
中华里白	152
中华鳞盖蕨	188
中华鳞毛蕨	453,493
中华双盖蕨	304
中华水韭	123,124
中华水龙骨	519,521
中间荚蕨	343,344
中间蹄盖蕨	266,273
中日金星蕨	320,322
肿足蕨	314
肿足蕨科	94,314
肿足蕨属	314
轴果蕨	280
轴果蕨科	280
轴果蕨属	257,280
轴鳞鳞毛蕨	452,475
胄叶线蕨	555,559
珠芽狗脊	395,396
竹叶茅	585
紫柄凤了蕨	245,246
紫柄蕨	338,340
紫柄蕨属	318,338
紫柄铁角蕨	380
紫藻	575
紫萁	139
紫萁科	92,139
紫萁属	139
紫云山复叶耳蕨	434,436
棕边鳞毛蕨	453,489
棕鳞耳蕨	416,429,433
棕鳞铁角蕨	364,373

拉丁名索引

A

Acrophorus	401
paleolatus	401
Acystopteris	256,257
japonica	258
Adiantaceae	93,235
Adiantum	235
capillus-veneris	236,242
form. **dissectum**	242
caudatum	235,236
diaphanum	235,236
edentulum	241
flabellulatum	236,240
gravesii	235,237
juxtapositum	235,238
monochlamys	236,241
myriosorum	235,239
var. **recurvatum**	240
refractum	236,241
subpedatum	235,238
Agrostis	
clavata	584
micrantha	583
Aleuritopteris	223,226
anceps	227
argentea	227
var. **obscula**	229
pseudofarinosa	227
Allantodia	257,293
allantodioidea	295
baishanzuensis	294,299
chinensis	294,304
contermina	293,295
dilatata	294,302
doederleinii	293,294
hachijoensis	294,304
jiulungshanensis	301
laxifrons	294,303
metteniana	294,298
var. **fauriei**	299
var. *isobasis*	298
nipponica	294,306
okudairai	294,298
petri	294,301
squamigera	294,300
virescens	293,296
wheeleri	294,305
wichurae	293,297
Alsophila	172
denticulata	172
metteniana	172,174
var. *subglabra*	174
spinulosa	172,174
Angiopteridaceae	92,137
Angiopteris	137
fokiensis	137
lingii	137
officinalis	137
Anisocampium	256,260
niponicum	266

shearneri	260	*tiendongensis*	438
Arachniodes	404,434	*yandangshanensis*	446,447
abrupta	445	*yunqiensis*	436
amabilis	434,437	*ziyunshanensis*	434,436
amoena	434,435	**Araiostegia**	510,514
aristata	435,447	**perdurans**	514
aristatissima	439	**Arthromeris**	519,550
attenuata	447	**lehmannii**	551
calcarata	439	**lungtauensis**	550
caudata	446,447	*Aspidium*	
cavaleriei	434,440	*atratum*	461
chinensis	435,445	*cycadinum*	466
exilis	447	*dickinsii*	460
fengyangshanensis	447	*exile*	447
fujingensis	439	*labordei*	471
festina	434,443	**Aspleniaceae**	94,363
gradata	445,446	**Asplenium**	363
hekiana	434,438	**austrochinense**	364,375
ishingensis	446	**bullatum**	364,382
japonica	435,444	var. *shikokianum*	375
jiulungshanensis	439	*cheilosorum*	385
liyangensis	439	**coenobiale**	364,380
lushanensis	447	**crinicaule**	364,372
maoshanensis	447	*davallioides*	381
neoaristata	446	*elegantulum*	366
nipponica	434,442	**ensiforme**	363,365
parasimplicior	439	*excisum*	385
pseudo-aristata	435,448	*fengyangshanense*	380
pseudo-simplicior	436	*hangzhouense*	370
reducta	444	**incisum**	363,364,366
rhomboidea	437	**indicum**	364,373
var. *sinica*	438	var. *yoshinagae*	373
shuangbaiensis	436	*jiulungense*	374
similis	438,439	**kiangsuense**	363,370
simplicior	434,439	*menttenianum*	298
simulans	434,441	**normale**	363,369
speciosa	435,446	**oldhami**	364,374

parviusculum	370	*fukienense*	269
pekinense	364,376	**giganteum**	266,273
prolongatum	364,383	*hirtirachis*	275
pseudo-wolfordii	375	**intermixtum**	266,273
ritoense	364,375,381	**iseanum**	266,279
ruprechtii	363,365	*jiulungshanense*	272
ruta-muraria	364,384	**maoshanense**	266,271
sarelii	364,377	**multipinnum**	265,269
shikokianum	364,375	**niponicum**	265,266
subvarians	364,378	*okuboanum*	264
tenuicaule	378	**otophorum**	266,278
var. *subvarians*	378	**vidalii**	266,274
tianmushanense	378	var. **amabile**	275
trichomanes	363,367,369	**wardii**	266,276
tripteropus	363,368	var. **glabratum**	277
unilaterale	386	**yokoscense**	265,268
varians	364,379	**Azolla**	575
wilfordii	364,380	**filiculoides**	577
wrightii	364,371,375	*imbricata*	575
yoshinagae	364,373	**pinnata** subsp. **asiatica**	575
Ataxipteris sinii	503	**Azollaceae**	96,575
Athyriaceae	94,95,96,256		
Athyriopsis	257,281	**B**	
conilli	281,282	**Blechnaceae**	94,395
dimorphophylla	281,282	**Blechnum**	395,398
japonica	281,283	**orientale**	399
var. **oshimensis**	284	**Bolbitidaceae**	93,504
petersenii	281,285	**Bolbitis**	504
pseudoconilii	281,286	**subcordata**	504
Athyrium	256,265	**Botrychiaceae**	92,130
amabile	275	**Botrychium**	130
baishanzuense	266,270	*daucifolium*	134
clivicola	266,275	*japonicum*	133
deltoidofrons	266,272	*ternatum*	132
devolii	266,269	*virginianum*	130
dissectifolium	279	**virginianus**	130
fujianense	269	**Bulbophyllum**	

japonicum	591	**hemionitidea**	555,557
ledungense	591	**hemitoma**	555,559
retusiusculum	590	**henryi**	555,556
shweliense	592	*liouii*	556
		pothifolia	559
C		**wrightii**	555
Callipteris	256,257,307	**Coniogramme**	245
esculenta	307	**caudiformis**	245,246
var. **pubescens**	308	*centrochinensis*	251
Camptosorus sibiricus	365	**emeiensis**	245,250
Capillipedium		**falcipinna**	245,249
parviflorum	585	**intermedia**	245,247
spicigerum	584	var. **glabra**	248
Carex		var. *pulchra*	247
alterniflora	586	**japonica**	245,251
pisiformis	586	**jinggangshanensis**	245,251
Ceratopteris	243	*longissima*	250
thalictroides	243	*maxima*	247
Cestichis pingtaoi	595	**sinensis**	245,246
Cheilanthes	223,229	**wilsonii**	245,251
chusana	229,232	**Cornopteris**	95,256,257,289
nitidula	229,231	**decurrenti-alata**	289,290
opposita	229,233	var. **pilosella**	290
patula	229,230	**hakonensis**	289,291
tenuifolia	229	**opaca**	289,292
Cheilosoria		**Crepidomanes**	158
chusana	232	*insigne*	159
patula	230	**latealatum**	159
Cheiropleuria	516	*racemulosum*	159
bicuspis	516	*tiendongense*	159
Cheiropleuriaceae	93,516	*minutum*	160
Chiloschista guangdongensis	592	**Ctenitis**	495,497
Cibotium	170	**dingnanensis**	497,498
barometz	170	**eatonii**	497
Colysis	518,519,555	**heterolaena**	497,500
elliptica	555,558	*jiulungshanensis*	501
var. **pothifolia**	559	**mariformis**	497,501

maximowicziana	497,499	*proximus*	352
membranifolia	502	**pygmaeus**	349,357
rhodolepis	502	*subacuminatus*	350
sinii	497,503	**subacutus**	349,358
subglandulosa	497,502	**wenzhouensis**	359
zhejiangensis	500	*yandongensis*	356
Ctenitopsis devexa	495	**zhangii**	359
Cyatheaceae	94,95,172	**Cyrtomidictyum**	404,412
Cyclogramma	318,341	**conjunctum**	412,413
leveillei	341	**faberi**	412,414
Cyclosorus	319,349	**lepidocaulon**	412,413
acuminatus	349,350,359	**Cyrtomium**	404
var. **kulingensis**	351	**balansae**	405
angustus	352	form. **edentatum**	406
aridus	349,351,359	*confertifolium*	409
aureoglandulosus	356	**devexiscapulae**	405,408
cangnanensis	350	**falcatum**	405,407
dehuaensis	353	**fortunei**	405,409
dentatus	349,352,359	form. **latipinna**	410
excelsior	356	*integrum*	408
fraxinifolius	353	**obliquum**	405,406
fukienensis	349,353,359	**tukusicola**	405,411
grandissimus	359	**yamamotoi**	405,410
hainanensis	356	var. *intermedium*	410
hirtipes	359	Cystopteridaceae	257
jaculosus	349,354		
jiulungshanensis	352	**D**	
latipinnus	349,355	**Davallia**	510
luoqingensis	353	*mariesii*	510
oblanceolatus	355	**trichomanoides**	510
orientalis	356	**Davalliaceae**	94,510
papilio	349,356	**Dendrobium**	
papilionaceus	355	*officinale*	593
parasiticus	349,356,359	*yongjiaense*	593
parvifolius	349,357	*zhenghuoense*	594
paucipinnus	353	**Dennstaedtia**	180
pauciserratus	356	**hirsuta**	180

pilosella	180	*chinensis*	304
scabra	180,181	*conterminum*	295
var. **glabrescens**	182	**crassiusculum**	310
wilfordii	180,182	form. *simplex*	310
Dennstaedtiaceae	94,180	*dilatatum*	302
Deparia	256,261	*doederleinii*	294
boryana	265	*esculentum*	307
conilii	282	*hachijoense*	304
dimorphophyllum	282	*laxifrons*	303
japonica	283	*menttenianum*	298
jiulungensis	288	*metteniana* var. *fauriei*	299
lancea	313	*nipponicum*	306
okuboana	264	*okudairai*	298
petersenii	285	*petri*	301
pseudoconilii	286	**pinfaense**	310,311
setigera	262	*pullingeri*	288
shennongensis	287	*squamigerum*	300
tomitaroana	312	**subsinuatum**	310,313
unifurcata	261	**tomitaroanum**	310,312
viridifrons	263	*virescens*	296
Diacalpe	402	*wheeleri*	305
aspidioides	403	*wichurae*	297
Dicksoniaceae	93,170	**Diplopterygium**	151
Dicranopteris	150	**chinense**	152
pedata	150	**glaucum**	152,154
Dictyocline	319,360	**laevissimum**	152,153
mingchegensis	361	**Drymotaenium**	95,518,519,536
wilfordii	361	**miyoshianum**	536
Didymocarpus		**Drynaria**	561
cortusifolius	583	*fortunei*	552,561
lobulatus	582	**roosii**	561
Diphasiastrum	103	**Drynariaceae**	93,96,561
complanatum	104	**Dryoathyrium**	256,261
Diplaziopsis	257,309	**boryanum**	261,265
cavaleriana	309	**okuboanum**	261,264
Diplazium	256,257,288,293,307,310	**setigerum**	261,262
baishanzuense	299	**unifurcatum**	261

viridifrons	261,263	**gymnosora**	453,479
Dryopteridaceae	94,404	var. *indusiata*	483
Dryopteris	404,451	**handeliana**	451,456
atrata	451,461	**hangchowensis**	452,465
basi-tripinnatifida	475	*hirtipes* subsp. *atrata*	461
bissetiana	485	**hondoensis**	452,473
bullatipaleacea	478	*huangangshanensis*	464
caudifolia	487	*huangshanensis*	464
championii	453,478	**immixta**	453,486
var. *rheosora*	475	**indusiata**	453,483
var. *tenuifrons*	474	var. *simasakii*	476
chinensis	453,493	*jiangshanensis*	468
commixta	451,463	*jiulungshanensis*	480
conferta	478	*kaihuaensis*	481
consimilis	487	**kinkiensis**	452,474
crassirhizoma subsp. *whangshangensis*	464,494	**labordei**	452,471
cycadina	452,466	var. *simasakii*	476
decipiens	451,458	**lacera**	452,467
var. **diplazioides**	458	var. *chinensis*	468
decurrentiloba	468	var. *peninsulae*	469
dehuaensis	453,484	*laodianensis*	476
dickinsii	451,460,494	*lepidocaulon*	475
var. *namegatae*	459	**lepidorachis**	452,475
dispar	481	*linganensis*	478
enneaphylla	451,454	*lingii*	487
erythrochlamys	476	*linyingensis*	472
erythrosora	452,472	*longirostrata*	466
excelsior	476	*lungjingensis*	490
fengyangshanensis	464,466	*lungshanensis*	481
formosana	453,485	*medialisora*	470
fuscipes	452,470	*metafuscipes*	458
var. *diplazioides*	458	*mimetica*	458
fuyangensis	487	*multijugata*	470
grandiosa	478	**namegatae**	451,459
gushanica	484	*neoassamensis*	474
gutishanensis	478	*neofuscipes*	478
gymnophylla	453,492	*neosordidipes*	484

nudistipes	482	**uniformis**	452,468
occidentali-zhejiangensis	478	**varia**	453,487
pacifica	453,490	var. *sacrosancta*	489
paraerythrosora	472	*wangii*	478
parasparsa	491	**whangshangensis**	452,464
peninsulae	452,469	**wuyishanica**	451,462
persimilis	470	*wuyuanensis*	477
pseudoerythrosora	472	*yandongensis*	478
pudouensis	490	*yaoi*	480
qinyuanensis	478	*yushanensis*	490
quatdrifida	490	*zhangii*	480
remotipinnula	472	*zhenangensis*	474
retroso-paleacea	458		
rigidiuscula	466	**E**	
ryo-itoana	453,481	**Elaphoglossaceae**	93,506
sacrosancta	453,489	**Elaphoglossum**	506
scabripes	473	yoshinagae	506
scottii	451,455	**Eleocharis pellucida** var. **yongkangensis**	586
sessilipinna	482	**Equisetaceae**	91,125
setosa	453,485	**Equisetum**	125
shangqianensis	463	**arvense**	125
shuichangensis	494	**ramosissimum**	126
sieboldii	451,453	subsp. **debile**	127
simasakii	452,476		
sinodickinsii	463	**G**	
sino-sparsa	491	**Galeola**	
sparsa	453,491	**falconeri**	594
var. *viridescens*	491	*lindleyana*	595
subchampionii	480	**Gleicheniaceae**	95,150
subfuscipes	483	**Gonocormus**	158,159
submarginata	453,482	**minutus**	160
subtenuicula	480	**Grammitidaceae**	95,563
tenuicula	453,480	*Grammitis*	
tieanzuensis	489	*cornigera*	566
tokyoensis	451,457	*dorsipile*	564
triangularifrons	481	*hirtella*	564,565
tsoongii	452,477	*okuboi*	563

Gymnocarpium	96,256,258	*oligosorum*	165
oyamense	259	*oxyodon*	161
		polyanthos	164
H		*whangshanense*	161
Haplopteris	253	**Hypodematiaceae**	94,314
flexuosa	253,254	**Hypodematium**	314
fudzinoi	253	**crenatum**	314
taeniophylla	253,254	**glanduloso-pilosum**	314,316
Hemionitidaceae	95,245	*glandulosum*	316
Hippochaete		**gracile**	314,316
debilis	127	**squamuloso-pilosum**	314,315
ramosissima	126	**Hypolepidaceae**	93,196
Histiopteris	221	**Hypolepis**	196
incisa	221	**punctata**	196
Humata	510,512		
griffithiana	513	**I**	
repens	512	**Isoëtaceae**	92,123
tyermanni	513	**Isoëtes**	123
Huperzia	97	**orientalis**	124
appressa	99	**sinensis**	123
javanica	97,98		
selago var. **appressa**	97,99	**L**	
serrata	98	*Lastrea opaca*	487
sutchueniana	97,98	**Lemmaphyllum**	518,519,535
Huperziaceae	92,97	**microphyllum**	535
Hymenasplenium	384	var. **obovatum**	536
cheilosorum	385	**Lepidogrammitis**	518,531
excisum	385	**diversa**	531,533
unilaterale	385,386	**drymoglossoides**	531,534
Hymenophyllaceae	93,158	*intermedia*	533
Hymenophyllum	158,160	*pyriformis*	532
austrosinicum	161	**rostrata**	531,532
badium	163	**Lepidomicrosorium**	518,537
barbatum	161	*brevipes*	537
caudifrons	161	**buergerianum**	537
exsertum	161	*hederaceum*	537
khasyanum	161	*subhastatum*	537

Lepisorus	518,524		grammitoides	567,568
angustus	524		salicifolia	567,569
asterolepis	525,530		*saziran*	570
bicolor	524		**Lunathyrium**	257,286
contortus	525,526		**centrochinense**	287
ellipticus	528		**jiulungense**	288
lewisii	525		*orientale*	
macrosphaerus	525,531		var. *huangshanense*	288
myriosorus	526		var. *jiulungense*	288
obscurevenulosus	525,529		*shennongense*	287
oligolepidus	525,528		**Lycopodiaceae**	92,103
paohuashanensis	527		**Lycopodiastrum**	103,107
thunbergianus	524,525,526		**casuarinoides**	108
tosaensis	525,527		**Lycopodium**	103,106
ussuriensis	525,526		*cernuum*	105
Leptochilus	518		*complanatum*	104
Leptogramma	318,342		*japonicum*	106
intermedia	343,344		*obscurum* form. *strictum*	106
scallanii	343,345		*simulans*	106
tottoides	343		*verticale*	106
Leptorumohra	404,449		**Lygodiaceae**	93,155
miqueliana	449		**Lygodium**	155
sino-miqueliana	450		**japonicum**	155
Lindsaea	190		**microphyllum**	155,157
chienii	190		**microstachyum**	155,156
intertexta	192		*scandens*	157
odorata	190,191			
orbiculata	190,192		# M	
var. *commixta*	192		**Macrothelypteris**	318,332
Lindsaeaceae	93,190		**contingens**	332,336
Liparis			**oligophlebia**	332
bootanensis	595		var. **elegans**	333
pingtaoi	595		**torresiana**	332,333
Loxogrammaceae	95,567		**viridifrons**	332,334
Loxogramme	567		**Marsilea**	571
chinensis	567		*minuta*	571
duclouxii	567,570		**quadrifolia**	571

Marsileaceae	96,571	**Microsorum**	518,552
Matteuccia orientalis	389	*brachylepis*	554
Mecodium	158,162	*buergerianum*	554
badium	163	**fortunei**	552
crispatum	163	**superficiale**	554
exsertum	161	**Microstegium**	
lineatum	163,166	*fauriei*	585
lofoushanense	164	subsp. **geniculatum**	585
lushanense	164	*nudum*	585
microsorum	164	**Monachosoraceae**	96,177
oligosorum	163,165	**Monachosorum**	177,178
osmundoides	164	**flagellare**	178
polyanthos	163,164	*flagellaris* var. *nipponicum*	178
Metathelypteris	319,327	**Monomelangium**	257,288
adscendens	328,329	**pullingeri**	288
hattorii	328,330		
hwangshanensis	331	**N**	
laxa	328	**Neolepisorus**	518,522
petiolulata	328,331	*dengii*	523
wuyishanica	328,330	**ensatus**	522
Microlepia	183	form. *platyphyllus*	522
× **intramarginalis**	184,189	*lancifolius*	523
calvescens	184,188	**ovatus**	523
hancei	184	*tenuipes*	522
hookeriana	184,185	*Nephrodium*	
marginata	184,185	*atratum*	461
var. *bipinnata*	185,186	*chinense*	493
var. *calvescens*	188	*faberi*	414
var. *intramarginalis*	189	*gymnosorum*	479
var. *villosa*	185,186	var. *indusiatum*	483
modesta	184,186	*lacerum*	467
pseudostrigosa	184,188	*rheosorum*	475
sinostrigosa	188	**Nephrolepidaceae**	94,508
strigosa	184,187	**Nephrolepis**	508
var. *intramarginalis*	189	*auriculata*	508
Micropolypodium	563	**cordifolia**	508
okuboi	563		

O

Odontosoria	193
biflora	194
Onocleaceae	92,389
Onychium	223
japonicum	225
var. **lucidum**	226
lucidum	226
tenuzfrons	224
Ophioglossaceae	92,135
Ophioglossum	135
reticulatum	136
vulgatum	135
Ophiopogon	
bodinieri	587
japonicus	588,589
umbraticola	588
Oreogrammitis	563,564
dorsipila	564
Osmolindsaea odorata	191
Osmunda	139
banksiifolia	139,142
cinnamomea var. **fokiense**	139,140
japonica	139
var. *sublancea*	139
vachellii	139,142
Osmundaceae	92,139

P

Palhinhaea	103,105
cernua	105
Parathelypteris	319,320
angulariloba	320,322
angustifrons	320,323
beddomei	320,321
chinensis	320,326
glanduligera	320,324
japonica	321,327
nipponica	320,322
serratula	320,325
Parkeriaceae	96,243
Pellaea	
nitidula	231
patula	230
Pentarhizidium	389
orientale	389
Peranemaceae	94,401
Phegopteris	318,337
decursive-pinnata	337
Phlegmariurus	99
cryptomerianus	100
fordii	100,101
mingcheensis	100,101
yandongensis	101
Phymatopsis	
digitata	548
engleri	547
hastata	549
yakushimensis	546
Phymatopteris	518,546
dactylina	546,549
digitata	546,548
engleri	546,547
fukienensis	546
hastata	546,549
palmatifida	548
yakushimensis	546
Plagiogyria	144
adnata	144,145
chekiangensis	147
chinensis	144
dentimarginata	147
distinctissima	145

dunnii	147	neolobatum	433
euphlebia	144	*ningpoense*	554
falcata	144,147	**ovatopaleaceum**	416,432
grandis	144	var. *coraiense*	432
japonica	144,146	**polyblepharum**	416,429
stenoptera	144,148	**pseudomakinoi**	416,427
Plagiogyriaceae	92,144	*putuoense*	414
Pleurosoriopsidaceae	95,387	**retroso-paleaceum**	416,431
Pleurosoriopsis	387	**scariosum**	416,423
makinoi	387	**shimurae**	433
Polygonatum		**tripteron**	416,421
daminense	589	**tsus-simense**	416,426
filipes	589	**Pronephrium**	319,359
Polypodiaceae	93,95,96,518	**penangianum**	360
Polypodiodes	518,519	**Protowoodsia**	393
amoena	519,521	**manchuriensis**	393
var. **pilosa**	522	**Pseudocyclosorus**	318,345
chinensis	519,521	**falcilobus**	346
niponica	519	**subochthodes**	346
Polypodium		**tsoi**	346,348
cyclophyllum	534	**Pseudophegopteris**	318,338
dorsipilum	564	**aurita**	338,339
lacerum	467	**levingei**	338
maximowiczii	177	**pyrrhorhachis**	338,340
rheosorum	475	**Psilotaceae**	92,128
Polystichum	404,415	**Psilotum**	128
acutidens	416,420	**nudum**	128
craspedosorum	416,417	**Pteridaceae**	92,93,201
deltodon	416,419	**Pteridiaceae**	93,198
fibrillosa-paleaceum	433	**Pteridium**	198
gymnocarpium	416,417	**aquilinum**	
hancockii	416,422	subsp. *japonicum*	198
hecatopterum	416,418	subsp. *wightianum*	199
herbaceum	416,425	var. **latiusculum**	198
latilepis	424	**revolutum**	199
makinoi	416,428	**Pteris**	201
mayebarae	416,427	**amoena**	221

austrosinica	202,220	*mollis*	544
cadieri	202,213	**petiolosa**	539
cretica	202,208	**porosa**	539,544
var. *nervosa*	208	**sheareri**	539,543
deltodon	201,202		
dispar	202,211		

R

Rhachidosoraceae	280
Rhachidosorus	257,280
mesosorus	280

ensiformis	202,208		
var. *victoriae*	209		
excelsa	202,212		
fauriei	202,214		

S

var. **chinensis**	215	**Salvinia**	573
var. **minor**	216	natans	573
guizhouensis	214	**Salviniaceae**	96,573
inaequalis	212	**Saxiglossum**	95,518,519,545
insignis	201,206	angustissimum	545
kidoi	201,204	Sceptridium	131
kiuschiuensis	202,216	daucifolium	131,134
laurisilvicola	215	japonicum	131,133
maclurei	202,218	ternatum	131,132
multifida	202,207	**Selaginella**	109
nakasiare	218	braunii	109,110
natiensis	215	davidii	109,111
obtusiloba	202,217	delicatula	109,112
oshimensis	202,213	doederleinii	109,112
plumbea	201,203	heterostachys	110,113
semipinnata	202,210	involvens	110,114
terminalis	212	labordei	110,115
tokioi	221	leptophylla	110,122
vittata	201,205	linbata	109,115
Ptilopteris	177	moellendorffii	109,116
maximowiczii	177	nipponica	110,117
Pyrrosia	518,519,538	remotifolia	109,119
assimilis	539,541	tamariscina	109,119
calvata	539,544	trichoclada	109,121
hastata	539	uncinata	109,120
linearifolia	539,540	**Selaginellaceae**	92,109
lingua	539,542		

Selliguea	518
Sinopteridaceae	92,93,223
Sphaeropteris	176
lepifera	176
Sphenomeris	193
biflora	194
chinensis	194
Stenoloma	193
biflora	194
chusanum	194
Struthiopteris	395,399
eburnea	400

T

Taeniophyllum	592
daminense	589
glandulosum	592
Tectaria	495
devexa	495
Tectariaceae	94,495
Thelypteridaceae	94,95,318
Thelypteris	318,319
palustris var. **pubescens**	319
Triblemma	
lancea	313
zeylanica	312
Trichomanes	
auriculatum	167
orientale	168
striatum	167
Tricyrtis chinensis var. **glandulosa**	590

V

Vandenboschia	158,166
auriculata	166,167
cystoseiroides	166
kalamocarpa	166,168
striata	166,167
Vittaria	
filipes	254
fudzinoi	253
modesta	254
taeniophylla	254
Vittariaceae	95,253

W

Woodsia	391
macrochlaena	392
polystichoides	391
Woodsiaceae	94,391
Woodwardia	395
affinis	398
intermedia	398
japonica	395,398
var. *contigua*	398
orientalis	395,397
prolifera	395,396
var. *formosana*	396
radicans var. *orientalis*	397

X

Xiphopterella	563,565
devolii	566

附　录

附录一　模式标本采自浙江的植物

植物标本是进行植物分类学及其相关学科教学和研究的重要资料，每一份标本都蕴含着诸如形态、分布、生长环境等大量的物种信息和采集、研究等历史信息，是植物多样性的具体体现。模式标本更因是一个新物种的凭证而受到重视，是从事专科、专属研究，植物多样性编目，植物志编纂的基础材料。国内外植物标本馆均以模式标本的收藏为重要馆藏。

本名录以《浙江植物志·总论》（1993）为基础，参考《天目山植物志》《温州植物志》《杭州植物志》《宁波植物研究》和《中国国家植物标本馆（PE）模式标本集》（1—14卷及补编2卷）等相关内容补充修订而成。

最早采自浙江的模式标本可追溯到1701年，J. Cunningham在舟山采集的无号标本，后于1818年由R. Brown发表为 Hamamelis chinensis（即檵木 Loropetalum chinense）。

截至2021年10月，收录模式标本采自浙江的植物共722种，18亚种，198变种，110变型。其中蕨类植物14科，107种，2变种，1变型，裸子植物6科，12种，7变种，2变型，被子植物102科，603种，18亚种，189变种，107变型，合计122科，共1048种（含种下分类群，以下统称为种。存疑及剔除在最后单列，也不计入统计）。模式标本种数较多的科分别是禾本科（128种），蔷薇科（60种），鳞毛蕨科（59种），莎草科（48种），菊科（43种），唇形科（39种），槭树科（29种）。除去采集信息不明的10种，按采集时间划分，1701—1919年采集200种，1920—1949年采集259种，1950—1991年采集389种，1992—2021年采集190种（其中2014年以来90种）。

采集地点，比较集中的县（市、区）（地点按照本志的说明）有：临安157种，杭州市区111种，宁波市区106种，龙泉55种，天台51种，遂昌50种，庆元47种。模式标本采集比较集中的山有西天目山101种，天台山45种，九龙山29种，清凉峰23种，百山祖22种，雁荡山18种，凤阳山16种。

按标本数量，采集号数较多（≥30）的是：秦仁昌（R.C. Ching）74号65种，E. Faber 60号56种，陈诗（S. Chen）59号38种，钟观光（K.K. Tsoong）51号45种，贺贤育（Y.Y. Ho）47号46种，R. Fortune 46号43种，陈征海（Z.H. Chen）36号36种，裘佩熹（P.C. Chiu）36号36种，张朝芳（C.F. Zhang）35号35种，御江久夫（H. Migo）35号34种，章绍尧（S.Y. Chang）30号30种。姓名缩写仅列常见的。采集人为2人以上的，统计计入第一位采集人。

本名录科的排列及科编号与本志正文一致。属、种及种以下分类单位，按照拉丁学名首字母顺序排列。各模式标本按中名、学名、发表文献、标本采集信息、保存单位等内容记述。文献记录有误或有改变的,以[ ]注明当前拼法。模式标本类别置于保存单位代码前,统计的各种模式类别如下:主模式(Holotype)、等模式(Isotype)、合模式(Syntype)、等合模式(Isosyntype)、后选模式(Lectotype)和新模式(Neotype)。学名的处理在本志正文中体现,在本名录中不做讨论。本志各科出版后发表的新分类群以"*"标识。

保存单位(标本馆代码)参考纽约植物园(New York Botanical Garden)的Index Herbariorum在线版和中国国家标本资源平台NSII的中国标本馆索引,部分自拟,保存单位不明的以"?"表示。

蕨类植物门 Pteridophyta

一 石杉科 Huperziaceae
闽浙马尾杉 Phlegmariurus mingcheensis Ching in Acta Bot. Yunnan. 4(2):125. 1982. Kiang-shan[Jiangshan](江山),1958-05-28,P.S. Chiu(裘佩熹)2105(Holotype:PE)。

雁荡马尾杉 Phlegmariurus yandongensis Ching et C.F. Zhang in Bull. Bot. Res., Harbin 3(3):2. 1983. Luo-qing[Yueqing](乐清),Yan-don Shan[Yandang Shan](雁荡山),1979-11-22,K.Y. Shing et al.(邢公侠等)256(Holotype:PE)。

三 卷柏科 Selaginellaceae
江南卷柏 Selaginella moellendorffii Hieron. in Hedwigia 41:178. 1902. [Tiantai](天台),monte Tientai[Tiantai Shan](天台山),1889-04,E. Faber s.n.(Syntype:?);Ningpo[Ningbo](宁波),1886年,E. Faber s.n.(Syntype:?)。

四 水韭科 Isoëtaceae
*保东水韭 Isoëtes baodongii Y.F. Gu, Y.H. Yan et Yi J. Lu in Novon 29:207. 2021. Zhuji(诸暨),Wuxie(五泄),2019-09-01,Y.F. Gu(顾钰峰)Fern 08946(Holotype:PE)。

东方水韭 Isoëtes orientalis Hong Liu et Q.F. Wang in Novon 15(1):164. 2005. Songyang(松阳),Anming(安民),2002-12-12,H. Liu et J.Y. Wang(刘虹,王晶苑)WH20021214(Holotype:WH)。

九 观音座莲科 Angiopteridaceae
定心散观音座莲 Angiopteris officinalis Ching in Fl. Reipubl. Popularis Sin. 2:333. 1959. Pin-yang[Pingyang](平阳),Yi-tang Shan[Nan Yandang](南雁荡),1919[1930]-10-22,K.K. Tsoong(钟观光)1882(Holotype:PE)。

一一 瘤足蕨科 Plagiogyriaceae
浙江瘤足蕨 Plagiogyria chekiangensis P.L. Chiu in Acta Phytotax. Sin. 13(2):111. 1975. Suichang(遂昌),Nankeng(南坑),1959-05-05,[Zhejiang Bot. Exped.](浙江植物资源普查队)

25849（Holotype：HHBG）。

一四　膜蕨科 Hymenophyllaceae

天童假脉蕨 *Crepidomanes tiendongense* Ching et C.F. Zhang in Bull. Bot. Res., Harbin 3（3）：39. 1983. Jiang-xian［Yinxian］（鄞县，今鄞州），Tien-don Shan［Tiantong］（天童），1981-08-11，C.F. Zhang（张朝芳）6842（Holotype：PE）。

尾叶膜蕨 *Hymenophyllum urofrons* Ching et C.F. Zhang in Bull. Bot. Res., Harbin 3（3）：40. 1983. Qiang-yuang［Qingyuan］（庆元），Bei-shan-sui［Baishanzu］（百山祖），1981-10-17，C.F. Zhang（张朝芳）7078（Holotype：PE）。

二三　中国蕨科 Sinopteridaceae

毛轴碎米蕨 *Cheilanthes chusana* Hook. in Sp. Fil.［W.J. Hooker］2：95. t. 106B. 1852. Chusan［Zhoushan］（舟山），1846-01-09，W.T. Alexander s.n.（Holotype：K）。

二四　铁线蕨科 Adiantaceae

昌化铁线蕨 *Adiantum subpedatum* Ching in Bull. Bot. Res., Harbin 3（3）：2. 1983. Zhanghua［Changhua］（昌化），Lung-don Shan［Longtang Shan］（龙塘山），1981-06-18，C.F. Zhang（张朝芳）6716（Holotype：PE）。

二八　蹄盖蕨科 Athyriaceae

百山祖短肠蕨 *Allantodia baishanzuensis* Ching et Chiu ex W.M. Chu et Z.R. He in Acta Phytotax. Sin. 36（4）：375. 1998. Qingyuan（庆元），Baishanzu（百山祖），1964-05，P.X. Chiu（裘佩熹）3945（Holotype：PE）。

九龙山短肠蕨 *Allantodia jiulungshanensis* Chiu et Yao ex Ching in Bull. Bot. Res., Harbin 2（2）：69. 1982. Shui-chang［Suichang］（遂昌），Jiulongshan（九龙山），1980-10-01，K.W. Yao（姚关琥）5743（Holotype：PE）。

松谷蹄盖蕨 *Athyrium amabile* Ching in Acta Bot. Boreal.-Occident. Sin. 6（1）：16. 1986.［Lin'an］（临安），Xitianmu Shan（西天目山），1936-07-09，P.C. Tsoong［Pu Chiu Tsoong］（钟补求）3952（Holotype：PE）。

百山祖蹄盖蕨 *Athyrium baishanzuense* Ching et Y.T. Hsieh in Acta Bot. Boreal.-Occident. Sin. 6（3）：157. 1986. Qingyuan（庆元），Baishanzu（百山祖），P.S. Chiu（裘佩熹）4348（Holotype：PE）。

天台蹄盖蕨 *Athyrium dissectifolium* Ching in Acta Bot. Boreal.-Occident. Sin. 6（2）：104. 1986.［Tiantai］（天台），Tiantai Shan（天台山），1921-10-02，K.K. Tsoong（钟观光）3713（Holotype：PE）。

九龙山蹄盖蕨 *Athyrium jiulungshanense* Ching in Bull. Bot. Res., Harbin 2（2）：72. 1982. Shui-chang［Suichang］（遂昌），Jiulung-shan［Jiulong Shan］（九龙山），1980-06-16，P.C. Chiu et K.W. Yao（裘佩熹，姚关琥）5653a（Holotype：PE）。

昴山蹄盖蕨 *Athyrium maoshanense* Ching et Chiu in Acta Bot. Boreal.-Occident. Sin. 6（3）：157. 1986. Longquan（龙泉），Maoshan（昴山），1964-05-15，P.S. Chiu（裘佩熹）3767

(Holotype：PE).

多羽蹄盖蕨*Athyrium multipinnum* Y.T. Hsieh et Z.R. Wang in Acta Bot. Boreal.-Occident. Sin. 7（1）：55. 1987. Changhua（昌化），1958-05-29，X.Y. He（贺贤育）28803（Holotype：PE）.

Diplazium crassiusculum Ching form. *simplex* Ching in Lingnan Sci. J. 15（2）：281. 1936. Ping-yang（平阳），Nan Yen Tung Shan［Nanyandang Shan］（南雁荡山），K.K. Tsoong（钟观光）167（Syntype：?）.

华中蛾眉蕨*Lunathyrium centrochinense* Ching ex Shing in Jiangxi Sci. 8（3）：43. 1990. Changhua（昌化），1958-09-24，s.coll. 30516（Holotype：PE）.

九龙蛾眉蕨*Lunathyrium jiulungense* Ching in Bull. Bot. Res., Harbin 2（2）：71. 1982. Shui-chang［Suichang］（遂昌），Jiulung-shan［Jiulong Shan］（九龙山），1980-06-26，P.C. Chiu et K.W. Yao（裘佩熹，姚关琥）5678（Holotype：PE）.

三〇　金星蕨科 Thelypteridaceae

金腺毛蕨*Cyclosorus aureoglandulosus* Ching et Shing in Bull. Bot. Res., Harbin 3（3）：4. 1983. Luo-qing［Yueqing］（乐清），Yan-don Shan［Yandang Shan］（雁荡山），1979-11-20，K.Y. Shing et al.（邢公侠等）229（Holotype：PE）.

苍南毛蕨*Cyclosorus cangnanensis* Shing et C.F. Zhang in Fl. Reipubl. Popularis Sin. 4（1）：339. 1999. Cangnan（苍南），Saoxi［Juxi］（莒溪，莒溪为误记），1982-08-12，C.F. Zhang et R.G. Wang（张朝芳，王若谷）7381（Holotype：PE）.

毛脚毛蕨*Cyclosorus hirtipes* Shing et C.F. Zhang in Fl. Reipubl. Popularis Sin. 4（1）：345. 1999. Leqing［Yueqing］（乐清），Yandang Shan（雁荡山），1982-08-27，C.F. Zhang et R.G. Wang（张朝芳，王若谷）7622（Holotype：PE）.

九龙山毛蕨*Cyclosorus jiulungshanensis* Chiu et Yao ex Ching in Bull. Bot. Res., Harbin 2（2）：70. 1982. Shui-chang［Suichang］（遂昌），Jiulung-Shan［Jiulong Shan］（九龙山），K.W. Yao（姚关琥）5702（Holotype：PE）.

乐清毛蕨*Cyclosorus luoqingensis* Ching et C.F. Zhang in Bull. Bot. Res., Harbin 3（3）：6. 1983. Luoqing［Yueqing］（乐清），Yan-don Shan［Yandang Shan］（雁荡山），1979-11-20，K.Y. Shing et al.（邢公侠等）236（Holotype：PE）.

倒披针毛蕨*Cyclosorus oblanceolatus* Shing et C.F. Zhang in Fl. Reipubl. Popularis Sin. 4（1）：331. 1999. Qing-yuan（庆元），1985-08-30，C.F. Zhang（张朝芳）8803（Holotype：PE）.

蝶羽毛蕨*Cyclosorus papilionaceus* Shing et C.F. Zhang in Fl. Reipubl. Popularis Sin. 4（1）：331. 1999. Cang-nan（苍南），Shao-xi［Juxi］（莒溪，莒溪为误记），1982-08-14，C.F. Zhang et R.G. Wang（张朝芳，王若谷）7394（Holotype：PE）.

少羽毛蕨*Cyclosorus paucipinnus* Ching et C.F. Zhang ex Shing in Fl. Reipubl. Popularis Sin. 4（1）：349. 1999. Tai-shun（泰顺），Yang-xi（垟溪），C.F. Zhang（张朝芳）s.n.（Holotype：?）.

齿片毛蕨*Cyclosorus pauciserratus* Ching et C.F. Zhang in Bull. Bot. Res., Harbin 3（3）：8.

1983. Qiang-yuan[Qingyuan]（庆元），C.F. Zhang（张朝芳）7113（Holotype：HZU）.

矮毛蕨 *Cyclosorus pygmaeus* Ching et C.F. Zhang in Bull. Bot. Res., Harbin 3（3）：5. 1983. Luo-qing[Yueqing]（乐清），Yan-don Shan[Yandang Shan]（雁荡山），1979-11-18，K.H. Shing et al.（邢公侠等）176（Holotype：PE）.

温州毛蕨 *Cyclosorus wenzhouensis* Shing et C.F. Zhang in Fl. Reipubl. Popularis Sin. 4（1）：341. 1999. Wen-zhou（温州），Cui-wei Shan（翠微山），1983-12-18，C.F. Zhang（张朝芳）9033（Holotype：PE）.

雁荡毛蕨 *Cyclosorus yandongensis* Ching et Shing in Bull. Bot. Res., Harbin 3（3）：7. 1983. Luoqing[Yueqing]（乐清），Yandong Shan[Yandang Shan]（雁荡山），1979-11-21，K.H. Shing et al.（邢公侠等）248（Holotype：PE）.

朝芳毛蕨 *Cyclosorus zhangii* Shing in Fl. Reipubl. Popularis Sin. 4（1）：340. 1999. Tai-shun（泰顺），Yang-xi（垟溪），1984-01-09，C.F. Zhang（张朝芳）9196（Holotype：PE）.

闽浙圣蕨 *Dictyocline mingchegensis* Ching in Acta Phytotax. Sin. 8（4）：334. 1963.[Pingyang]（平阳），Nan-yee-tung[Nan Yandang]（南雁荡），1930-10-10，K.K. Tsoong（钟观光）3750（Holotype：PE）.

Lastrea opaca Hook. in Hooker's J. Bot. Kew Gard. Misc. 9：339. 1857. Chusan[Zhoushan]（舟山），W.T. Alexander s.n.（Syntype：?）.

三一　铁角蕨科 Aspleniaceae

Asplenium elegantulum Hook. in Sp. Fil.[W. J. Hooker]3：190. 1860. Chusan[Zhoushan]（舟山），W.T. Alexander s.n.（Syntype：?）.

凤阳山铁角蕨 *Asplenium fengyangshanense* Ching et C.F. Zhang in Bull. Bot. Res., Harbin 3（3）：36. 1983. Longquan（龙泉），Feng-yang Shan（凤阳山），1980-03-27，C.F. Zhang（张朝芳）037（Holotype：PE）.

杭州铁角蕨 *Asplenium hangzhouense* Ching et C.F. Zhang in Bull. Bot. Res., Harbin 3（3）：38. 1983. Hangzhou（杭州），Jiu-qi[Jiuxi]（九溪），1982-06-15，C.F. Zhang（张朝芳）7250（Holotype：PE）.

九龙铁角蕨 *Asplenium jiulungense* Ching in Bull. Bot. Res., Harbin 2（2）：73. 1982. Shui-chang[Suichang]（遂昌），[Jiulong Shan]（九龙山），1980-10-02，K.W. Yao（姚关琥）5762（Holotype：PE）.

小叶铁角蕨 *Asplenium parviusculum* Ching in Bull. Bot. Res., Harbin 3（3）：37. 1983. Hangzhou（杭州），Qingfon shan[Qinwang Shan]（秦望山），C.C. Wu（吴长春）s.n.（Holotype：PE）.

天目铁角蕨 *Asplenium tianmushanense* Ching in Acta Phytotax. Sin. 23（1）：9. 1985.[Lin'an]（临安），Tianmu Shan（天目山），1936-08-22，V.J. King（金维坚）17[K343]（Holotype：PE）.

三七　鳞毛蕨科 Dryopteridaceae

多芒复叶耳蕨 *Arachniodes aristatissima* Ching in Bull. Bot. Res., Harbin 6 (3): 1. 1986. Hangzhou（杭州），1956-07，P.C. Chiu（裘佩熹）149（Holotype：PE）.

凤阳山复叶耳蕨 *Arachniodes fengyangshanensis* Ching et C.F. Zhang ex Y.T. Hsieh in Bull. Bot. Res., Harbin 11 (2): 2. 1991. Longquan（龙泉），Fengyangshan（凤阳山），1980-08-26，C.F. Zhang（张朝芳）5945（Holotype：PE）.

庆元复叶耳蕨 *Arachniodes gradata* Ching in Bull. Bot. Res., Harbin 6 (3): 39. 1986. Qingyuan（庆元），wu-ling-gan［wulin gen］（五岭根），1981-10-06，C.F. Zhang（张朝芳）6864（Holotype：PE）.

九龙山复叶耳蕨 *Arachniodes jiulungshanensis* Ching in Bull. Bot. Res., Harbin 2 (2): 67. 1982. Shiu-chang［Suichang］（遂昌），Jiulung-shan［Jiulong Shan］（九龙山），1980-11-03，K.W. Yao（姚关琥）6031（Holotype：PE）.

昴山复叶耳蕨 *Arachniodes maoshanensis* Ching in Bull. Bot. Res., Harbin 6 (3): 54. 1986. Long-quan（龙泉），Mao-shan（昴山），1964-05-15，P.C. Chiu（裘佩熹）3748（Holotype：PE）.

近异羽复叶耳蕨 *Arachniodes para-simplicior*［*parasimplicior*］Ching ex Y.T. Hsieh in Bull. Bot. Res., Harbin 11 (2): 1. 1991. Qiyuan［Qingyuan］（庆元），Baishansu［Baishanzu］（百山祖），1964-05，P.S. Chui［Chiu］（裘佩熹）3896（Holotype：PE）.

假长尾复叶耳蕨 *Arachniodes pseudo-simplicior*［*pseudosimplicior*］Ching in Bull. Bot. Res., Harbin 6 (3): 47. 1986.［Lin'an］（临安），West Tian-mu Shan（西天目山），Lao Dian（老殿），1977-09-16，P.S. Chiu（裘佩熹）5252（Holotype：PE）.

缩羽复叶耳蕨 *Arachniodes reducta* Y.T. Hsieh et Y.P. Wu in Bull. Bot. Res., Harbin 4 (2): 105. 1984. Daishen［Taishun］（泰顺），Wuyanling（乌岩岭），1981-05，P.C. Chiu et Y.P. Wu（裘佩熹，吴依平）6221（Holotype：PE）.

华夏复叶耳蕨 *Arachniodes rhomboidea*（Schott）Ching var. *sinica* Ching in Acta Phytotax. Sin. 9 (4): 384. 1964. Ningpo［Ningbo］（宁波），1958-07-20，Y.H. Ho（贺贤育）995（Isotype：NAS）.

相似复叶耳蕨（同羽复叶耳蕨）*Arachniodes similis* Ching in Bull. Bot. Res., Harbin 6 (3): 19. 1986. Tai-shun（泰顺），Wu-yan shan［Wuyanling］（乌岩岭），1981-05，P.C. Chiu et Y.P. Wu（裘佩熹，吴依平）6214（Holotype：PE）.

天童复叶耳蕨 *Arachniodes tiendongensis* Ching et C.F. Zhang in Bull. Bot. Res., Harbin 3 (3): 9. 1983. Jian-xian［Yinxian］（鄞县，今鄞州），Tien-dong Shan［Tiantong］（天童），1979-11-04，K.H. Shing et al.（邢公侠等）550（Holotype：PE）.

雁荡山复叶耳蕨 *Arachniodes yandangshanensis* Y.T. Hsieh in Acta Phytotax. Sin. 22 (2): 161. 1984.［Yueqing］（乐清），Yandang Shan（雁荡山），1981-06-08，P.C. Chiu et Y.P. Wu（裘佩熹，吴依平）6326（Holotype：PE）.

云栖复叶耳蕨 *Arachniodes yunqiensis* Y.T. Hsieh in Bull. Bot. Res., Harbin 6 (4): 3. 1986. Hangzhou(杭州), Yunqi(云栖), 1963-11-18, P.S. Chiu(裘佩熹)3463 (Holotype: PE).

球鳞鳞毛蕨 *Dryopteris bullatipaleacea* Ching in Bull. Bot. Res., Harbin 2 (2): 65. 1982. Shui-chang [Suichang] (遂昌), [Jiulong Shan] (九龙山), 1980-10-07, K.W. Yao(姚关琥)5848 (Holotype: PE).

密叶鳞毛蕨 *Dryopteris conferta* Ching et Chiu in Bot. Res. Academia Sinica 2: 17. 1987. [Lin'an] (临安), West Tian-mo Shan [Xitianmu Shan] (西天目山), 1977-09-16, P.C. Chiu(裘佩熹)5258 (Holotype: PE).

似多变鳞毛蕨 *Dryopteris consimilis* Ching et Chiu in Bot. Res. Academia Sinica 2: 25. 1987. Hangchow [Hangzhou] (杭州), 1955-07, P.C. Chiu(裘佩熹)510 (Holotype: PE).

狭翅鳞毛蕨 *Dryopteris decurrentiloba* Ching et C.F. Zhang in Bull. Bot. Res., Harbin 3 (3): 31. 1983. Qiangyuan [Qingyuan] (庆元), Bei-Shan-sui [Baishanzu] (百山祖), 1981-10-15, C.F. Zhang(张朝芳)7106 (Holotype: PE).

不等羽鳞毛蕨 *Dryopteris dispar* Ching et C.F. Zhang in Bull. Bot. Res., Harbin 3 (3): 17. 1983. Qiangyuan [Qingyuan] (庆元), [Baishanzu] (百山祖), 1981-10-19, C.F. Zhang(张朝芳)7165 (Holotype: PE).

凤阳山鳞毛蕨 *Dryopteris fengyangshanensis* Ching et C.F. Zhang in Bull. Bot. Res., Harbin 3 (3): 33. 1983. Longquan(龙泉), Feng-yang Shan(凤阳山), 1980-08-26, C.F. Zhang(张朝芳)5965 (Holotype: PE).

Dryopteris fengyangshanensis Ching et Chiu in Bot. Res. Academia Sinica 2: 33. 1987. Longquan(龙泉), Feng-yang Shan(凤阳山), 1964-06, P.C. Chiu(裘佩熹)4149 (Holotype: PE).

富阳鳞毛蕨 *Dryopteris fuyangensis* Ching et Chiu in Bot. Res. Academia Sinica 2: 26. 1987. Fu-yang(富阳), 1973-09, P.C. Chiu(裘佩熹)4413 [4417] (Holotype: PE).

强壮鳞毛蕨 *Dryopteris grandiosa* Ching et Chiu in Bot. Res. Academia Sinica 2: 8. 1987. Qingyuan(庆元), Bei Shan [Baishanzu] (百山祖), 1964-06, C.P. Chiu [P.C. Chiu] (裘佩熹)4237 [4239] (Holotype: PE).

古田山鳞毛蕨 *Dryopteris gutishanensis* Ching et C.F. Zhang in Bull. Bot. Res., Harbin 3 (3): 29. 1983. Kai-hua(开化), Guti Shan [Gutian Shan] (古田山), 1981-10, C.C. Cheng et B.Y. Ding(郑朝宗，丁炳扬)1783 (Holotype: PE).

杭州鳞毛蕨 *Dryopteris hangchowensis* Ching in Bull. Fan Mem. Inst. Biol., Bot. 8 (6): 414. 1938. Hangchow [Hangzhou] (杭州), 1927-07-18, T. Tang et W.Y. Hsia(唐进，夏纬瑛)93 (Holotype: PE).

江山鳞毛蕨 *Dryopteris jiangshanensis* Ching et Chiu in Bot. Res. Academia Sinica 2: 34. 1987. Jiangshan(江山), 1958-08-31, P.C. Chiu(裘佩熹)2185 (Holotype: PE).

九龙山鳞毛蕨 *Dryopteris jiulungshanensis* Chiu et Yao ex Ching in Bull. Bot. Res., Harbin 2 (2): 62. 1982. Shui-chang[Suichang](遂昌), Jiulung-shan[Jiulong Shan](九龙山), 1980-10-08, K.W. Yao(姚关琥)5818(Holotype: PE).

开化鳞毛蕨 *Dryopteris kaihuaensis* Ching et C.F. Zhang in Bull. Bot. Res., Harbin 3 (3): 24. 1983. Kai-hua(开化), Gu-tien Shan[Gutian Shan](古田山), 1979-10-12, L.S. Hong et B.Y. Ding(洪利兴，丁炳扬)1269(Holotype: PE).

中华狭顶鳞毛蕨 *Dryopteris lacera* (Thunb.) Kuntze var. *chinensis* Ching in Bull. Fan Mem. Inst. Biol., Bot. 8 (6): 439. 1938. Ningpo[Ningbo](宁波), 1903年, C.G. Matthew[S.P. Barchet 708](Lectotype: US-00067516);[Lin'an](临安), Tien No Shan[Tianmu Shan](天目山), 1927年, T. Tang(唐进)1639(Syntype: ?), 1927年, H.H. Hu(胡先骕)1683(Syntype: ?), 1925-08-22, W.J. King(金维坚)409[K409](Syntype: PE).

老殿鳞毛蕨 *Dryopteris laodianensis* Ching et Chiu in Bot. Res. Academia Sinica 2: 16. 1987. [Lin'an](临安), West Tian-mo Shan[Xitianmu Shan](西天目山), Laodian(老殿), 1977-09-20, P.C. Chiu(裘佩熹)5322(Holotype: PE).

鳞茎鳞毛蕨 *Dryopteris lepidocaulon* Ching et Chiu in Bot. Res. Academia Sinica 2: 19. 1987. Fu-yang(富阳), 1973-11, P.C. Chiu(裘佩熹)004(Holotype: PE).

临安鳞毛蕨 *Dryopteris linganensis* Ching et C.F. Zhang in Bull. Bot. Res., Harbin 3 (3): 23. 1983. Ling-an[Lin'an](临安), Da-ming Shan(大明山), 1981-06-25, C.F. Zhang(张朝芳)6740(Holotype: PE).

灵隐鳞毛蕨 *Dryopteris linyingensis* Ching et C.F. Zhang in Bull. Bot. Res., Harbin 3 (3): 30. 1983. Hangzhou(杭州), Lingyin(灵隐), 1973-12-20, C.F. Zhang(张朝芳)3131(Holotype: PE).

龙井鳞毛蕨 *Dryopteris lungjingensis* Ching et Chiu in Bot. Res. Academia Sinica 2: 27. 1987. Hang Chow[Hangzhou](杭州), Lung-jing[Longjing](龙井), P.C. Chiu(裘佩熹)3477(Holotype: PE).

龙泉鳞毛蕨 *Dryopteris lungquanensis* Ching et Chiu in Bot. Res. Academia Sinica 2: 1. 1987. Longquan(龙泉), Feng-yang Shan(凤阳山), 1964-06, P.C. Chiu(裘佩熹)4079(Holotype: PE).

中生鳞毛蕨 *Dryopteris medialisora* Ching et Chiu in Bot. Res. Academia Sinica 2: 6. 1987. Qingyuan(庆元), Bei-shan Zu[Baishanzu](百山祖), 1965-08-09, P.C. Chiu(裘佩熹)4286(Holotype: PE).

后生黑足鳞毛蕨 *Dryopteris metafuscipes* Ching et C.F. Zhang in Bull. Bot. Res., Harbin 3 (3): 19. 1983. Jiang Xian[Yinxian](鄞县，今鄞州), Tien-don Shan[Tiantong](天童), 1981-08-11, C.F. Zhang(张朝芳)6845(Holotype: PE).

拟倒向鳞毛蕨 *Dryopteris mimetica* Ching et C.F. Zhang in Bull. Bot. Res., Harbin 3 (3): 21.

1983. Ling-an[Lin'an](临安)，Da-ming Shan(大明山)，1981-06-25，C.F. Zhang(张朝芳) 6733(Holotype: PE)。

多羽鳞毛蕨 *Dryopteris multijugata* Ching et Shing in Bull. Bot. Res., Harbin 3 (3): 12. 1983. Ning-hai(宁海)，1979-11-10，K.Y. Shing et al.(邢公侠等)66(Holotype: PE)。

新黑足鳞毛蕨 *Dryopteris neofuscipes* Ching et Chiu in Bot. Res. Academia Sinica 2: 4. 1987. [Lin'an](临安)，West Tian-mo Shan[Xitianmu Shan](西天目山)，1977-09-20，P.C. Chiu(裘佩熹)5323(Holotype: PE)。

西天目鳞毛蕨 *Dryopteris occidentali-zhejiangensis* [*occidentalizhejiangensis*] Ching et Chiu in Bot. Res. Academia Sinica 2: 17. 1987.[Lin'an](临安)，West Tian-mo Shan[Xitianmu Shan](西天目山)，1977-09-16，P.C. Chiu(裘佩熹)429[5249](Holotype: PE)。

相近鳞毛蕨 *Dryopteris persimilis* Ching et C.F. Zhang in Bull. Bot. Res., Harbin 3 (3): 16. 1983. Qingyuan(庆元)，Bei-shan Zu[Baishanzu](百山祖)，1981-10-18，C.F. Zhang(张朝芳)7126(Holotype: PE)。

假红盖鳞毛蕨 *Dryopteris pseudoerythrosora* Ching et C.F. Zhang in Bull. Bot. Res., Harbin 3 (3): 27. 1983. Hangzhou(杭州)，Qinglung Shan[Qinglong Shan](青龙山)，1982-04-27，C.F. Zhang(张朝芳)7235(Holotype: PE)。

普陀鳞毛蕨 *Dryopteris pudouensis* Ching in Bull. Bot. Res., Harbin 3 (3): 11. 1983. Pudou Island[Putuo](普陀)，1979-10-30，K.Y. Shing et al.(邢公侠等)306(Holotype: PE)。

庆元鳞毛蕨 *Dryopteris qinyuanensis* Ching et Chiu in Bot. Res. Academia Sinica 2: 7. 1987. Qingyuan(庆元)，Bei-shan Zu[Baishanzu](百山祖)，1964-05，P.C. Chiu(裘佩熹)3924 (Holotype: PE)。

远羽鳞毛蕨 *Dryopteris remotipinnula* Ching et C.F. Zhang in Bull. Bot. Res., Harbin 3 (3): 15. 1983. Jian-xian[Yinxian](鄞县，今鄞州)，Tien-don Shan[Tiantong](天童)，1979-11-04，K.Y. Shing et al.(邢公侠等)544(Holotype: PE)。

倒向鳞毛蕨 *Dryopteris retrorso-paleacea* [*retrorsopaleacea*] Ching et C.F. Zhang in Bull. Bot. Res., Harbin 3 (3): 20. 1983. Qingyuan(庆元)，[Baishanzu](百山祖)，1981-10-18，C.F. Zhang(张朝芳)7035(Holotype: PE)。

遂昌鳞毛蕨 *Dryopteris shuichangensis* Chiu et Yao ex Ching in Bull. Bot. Res., Harbin 2 (2): 63. 1982. Shui-chang[Suichang](遂昌)，Jiulung-shan[Jiulong Shan](九龙山)，1980-05-28，P.C. Chiu et K.W. Yao(裘佩熹，姚关琥)5455(Holotype: PE)。

百山祖鳞毛蕨 *Dryopteris subtenuicula* Ching et Chiu in Bot. Res. Academia Sinica 2: 29. 1987. Qingyuan(庆元)，Bei-shan Zu[Baishanzu](百山祖)，1964-05，P.C. Chiu(裘佩熹)3585[3985] (Holotype: PE)。

天竺鳞毛蕨 *Dryopteris tieanzuensis* Ching et Chiu in Bot. Res. Academia Sinica 2: 24. 1987. Hangchow[Hangzhou](杭州)，Tien-tso[Tianzu](天竺)，1963-11-17，P.C. Chiu(裘佩

熹）3555（Holotype：PE）.

三角鳞毛蕨 *Dryopteris triangularifrons* Ching in Bull. Bot. Res., Harbin 2（2）：64. 1982. Shui-chang［Suichang］（遂昌），Jiulung-shan［Jiulong Shan］（九龙山），1980-10-14，K.W. Yao（姚关琥）5899b（Holotype：PE）.

雁荡鳞毛蕨 *Dryopteris yandongensis* Ching et C.F. Zhang in Bull. Bot. Res., Harbin 3（3）：13. 1983. Luo-qing［Yueqing］（乐清），Yan-don Shan［Yandang Shan］（雁荡山），1979-11-18，K.Y. Shing et al.（邢公侠等）189（Holotype：PE）.

姚氏鳞毛蕨 *Dryopteris yaoi* Ching in Bull. Bot. Res., Harbin 2（2）：64. 1982. Shui-chang［Suichang］（遂昌），Jiulung-shan［Jiulong Shan］（九龙山），1980-10-09，K.W. Yao（姚关琥）5843（Holotype：PE）.

渔山鳞毛蕨 *Dryopteris yushanensis* Ching et Chiu in Bot. Res. Academia Sinica 2：28. 1987. Fu-yang（富阳），Yu shan（渔山），1973-09-09，P.C. Chiu（裘佩熹）4486（Holotype：PE）.

光柄鳞毛蕨 *Dryopteris zhangii* Ching in Bull. Bot. Res., Harbin 3（3）：26. 1983. Jiang-xian［Yinxian］（鄞县，今鄞州），Tien-don Shan［Tiantong］（天童），1981-08-11，C.F. Zhang（张朝芳）6830（Holotype：PE）.

浙南鳞毛蕨 *Dryopteris zhenangensis* Ching et Chiu in Bot. Res. Academia Sinica 2：11. 1987. Qing-yuang［Qingyuan］（庆元），Bei-shan Zu［Baishanzu］（百山祖），P.C. Chiu（裘佩熹）4288（Holotype：PE）.

Nephrodium faberi Baker in Ann. Bot.（Oxford）5（3）：316. 1891. Ningpo［Ningbo］（宁波），1885-08，E. Faber 205（Holotype：K）.

Polypodium rheosorum Baker in Ann. Bot.（Oxford）5（4）：457. 1891. Hangchow［Hangzhou］（杭州），1870-08，J. Mccarthy s.n.（Holotype：K）. 更名为轴鳞鳞毛蕨 *Dryopteris lepidorachis* C. Chr. in Index Filicum fasc. 5：274. 1906.

宽鳞耳蕨 *Polystichum latilepis* Ching et H.S. Kung ex H.S. Kung in Acta Bot. Boreal.-Occident. Sin. 9（4）：273. 1989.［Lin'an］（临安），Tianmu Shan（天目山），1930-07-26，T.N. Liu（刘慎谔）217（Holotype：PE）.

假亨氏耳蕨 *Polystichum parahancockii* Ching in Bull. Bot. Res., Harbin 2（2）：68. 1982. Shui-chang［Suichang］（遂昌），Jiulung Shan［Jiulong Shan］（九龙山），1980-10-09，K.W. Yao（姚关琥）5842（Holotype：PE）.

三八 三叉蕨科 **Tectariaceae**

Aspidium exile Hance in J. Bot. 21：268. 1883. Wen-chau［Wenzhou］（温州），W.G. Stronach s.n.（Holotype：BM，Herb. Hance n. 22187）.

九龙肋毛蕨 *Ctenitis jiulungshanensis* Chiu et Yao ex Ching in Bull. Bot. Res., Harbin 2（2）：66. 1982. Shui-chang［Suichang］（遂昌），Jiulung-shan［Jiulong Shan］（九龙山），1980-06-13，P.C. Chiu et K.W. Yao（裘佩熹，姚关琥）5851a［5651a］（Holotype：PE）.

浙江肋毛蕨 *Ctenitis zhejiangensis* Ching et C.F. Zhang in Bull. Bot. Res., Harbin 3（3）：34. 1983. Qiangyuan［Qingyuan］（庆元），He-ti［Hedi］（荷地），1975-06-27，C.F. Zhang（张朝芳）7536（Holotype：PE）。

四四　水龙骨科 Polypodiaceae

［江南星蕨］*Drynaria fortunei* T. Moore in Gard. Chron. 708. 1855. Poo-too-san［Putuo］（普陀），1848年，R. Fortune 18（Holotype：BM）。

椭圆瓦韦 *Lepisorus ellipticus* Ching in Bull. Bot. Res., Harbin 2（2）：74. 1982. Shui-chang［Suichang］（遂昌），Jiulung Shan［Jiulong Shan］（九龙山），P.C. Chiu et K.W. Yao（裘佩熹，姚关琥）5408（Holotype：HSNU）。

掌裂假瘤蕨 *Phymatopsis palmatifida* Ching et Chiu in Bull. Bot. Res., Harbin 2（2）：74. 1982. Shui-chang［Suichang］（遂昌），Jiulung Shan［Jiulong Shan］（九龙山），1980-05-28，P.C. Chiu et K.W. Yao（裘佩熹，姚关琥）5449（Holotype：PE）。

Polypodium cyclophyllum Baker in Ann. Bot.（Oxford）5（4）：473. 1891. Ningpo［Ningbo］（宁波），1877年，W. Hancock 32（Isotype：GH）。

Polypodium ningpoense Baker in Ann. Bot.（Oxford）5（4）：474. 1891. Ningpo［Ningbo］（宁波），1877-05-01，W. Hancock 24（Holotype：K）。

裸子植物门 Gymnospermae

四　松科 Pinaceae

百山祖冷杉 *Abies beshanzuensis* M.H. Wu in Acta Phytotax. Sin. 14（2）：16. 1976. Qingyuan（庆元），Baishanzu（百山祖），1975-11-15，M.H. Wu（吴鸣翔）7511（Holotype：PE）。

短叶黄山松 *Pinus taiwanensis* Hayata var. *brevifolia* G.Y. Li et Z.H. Chen in J. Zhejiang Forest. Coll. 19（3）：259. 2002. Cangnan（苍南），Yucangshan（玉苍山），1992-05-01，G.Y. Li et al.（李根有等）1271（Holotype：ZJFC）。

金钱松 *Pseudolarix kaempferi* Gordon in Pinetum 292. 1858. Cult. in U.K.（英国栽培，R. Fortune 1853—1855年从宁波引入），G. Gordon s.n.（Holotype：K）。

华东黄杉 *Pseudotsuga gaussenii* Flous in Bull. Soc. Hist. Nat. Toulouse 69：417. 1936. Between Ping Yung［Pingyang］（平阳）and Tai Suan［Taishun］（泰顺），1924-07-18，R.C. Ching（秦仁昌）2144（Holotype：NY）。

南方铁杉 *Tsuga tchekiangensis* Flous in Bull. Soc. Hist. Nat. Toulouse 69：414. 1936. King Yuan［Qingyuan］（庆元），1924-08-11，R.C. Ching（秦仁昌）2400（Holotype：NY）。

六 杉科 Taxodiaceae

[杉木] *Pinus lanceolata* Lamb. in Descr. Pinus 1: 53, t. 34. 1803. Illustration in Lambert, Descr. Pinus 1, t. 34. 1803（Lectotype, 绘图标本来自 Chekiang[Zhejiang]（浙江），1793年，G.L. Staunton s.n.）.

七 柏科 Cupressaceae

柏木 *Cupressus funebris* Endl. in Syn. Conif. 58. 1847. Chekiang[Zhejiang]（浙江），1793年，G.L. Staunton s.n.（Lectotype: BM, designated by A. Farjon in Monogr. Cupressaceae et Sciadopitys 200. 2005）.

Juniperus formosana Hayata var. *sinica* Nakai in Chosen Sanrin Kaihô 163: 26. 1938. Chekiang[Zhejiang]（浙江），[Chun'an]（淳安），1933-10-05，S. Chen（陈诗）2293（Syntype: TI）；S. Chen（陈诗）1429（Syntype: TI）；1933-04-16，S. Chen（陈诗）1051（Syntype: TI）.

Juniperus sphaerica Lindl. in Paxt. Flow. Gard. 1: 58, f. 35. 1851. North of China[Ningbo]（宁波），R. Fortune 48（Holotype: P）.

八 罗汉松科 Podocarpaceae

秦氏罗汉松 *Podocarpus chingianus* S.Y. Hu in Taiwania 10: 32. 1964. Chekiang[Zhejiang]（浙江），[Longquan]（龙泉），[Qingyun Shan]（青云山），1924-08-25，R.C. Ching（秦仁昌）2477（Holotype: A）.

柱冠罗汉松 *Podocarpus macrophyllus*（Thunb.）D. Don var. *chingii* N.E. Gray in J. Arnold Arbor. 39: 474. 1958. Lung-sien[Longquan]（龙泉），Ching Yuen Shan[Qingyun Shan]（青云山），1924-08-25，R.C. Ching（秦仁昌）2477（Holotype: A）.

九 三尖杉科 Cephalotaxaceae

三尖杉 *Cephalotaxus fortunei* Hook. in Bot. Mag. 76: t. 4499. 1850. N of Shang-see[Ningbo]（宁波），1848年?，R. Fortune s.n.（Holotype: K）.

一○ 红豆杉科 Taxaceae

白豆杉 *Taxus chienii* W.C. Cheng in Contr. Biol. Lab. Sci. Soc. China, Bot. Ser. 9（3）: 240. 1934. Lungtsuan[Longquan]（龙泉），Maoshan（昴山），1933-05-14，S. Chen（陈诗）1384（Syntype: PE）；同地，1934-05，S. Chen（陈诗）3024（Syntype: PE）；同地，1934-10-07，Y.Y. Ho（贺贤育）3166（Lectotype: NAS-00070071, designated 2nd by X. Chen et Y.F. Deng in Phytotaxa 197（4）: 295. 2015. et 1st by Y.W. Law in Bot. Bull. Acad. Sin. 1（2）: 144. 1947）.

榧树 *Torreya grandis* Fort. ex Lindl. in Gard. Chron. 1857: 788. 1857. Mountains of Chekiang[Zhejiang]（浙江），[Ningbo]（宁波），1855-11，R. Fortune s.n.（Holotype: P）.

栾泡榧（大圆榧）*Torreya grandis* Fort. ex Lindl. form. *majus* Hu in Contr. Biol. Lab. Sci. Soc. China 3（5）: 6. 1927. Chu-Chi[Zhuji]（诸暨），Feng-Chiao[Fengqiao]（枫桥），1927-10-09，R.C. Ching（秦仁昌）3678（Holotype: PE）.

蛋榧（芝麻榧）*Torreya grandis* Fort. ex Lindl. form. *non-apiculata* Hu in Contr. Biol. Lab. Sci.

Soc. China 3（5）：6. 1927. Chu-Chi［Zhuji］（诸暨），Feng-Chiao［Fengqiao］（枫桥），1927-09-04，Y.L. Keng（耿以礼）1189（Holotype：PE）.

茄榧（了木榧）*Torreya grandis* Fort. ex Lindl. var. *chingii* Hu in Contr. Biol. Lab. Sci. Soc. China 3（5）：8. 1927. Chu-Chi［Zhuji］（诸暨），Feng-Chiao［Fengqiao］（枫桥），1927-10-09，R.C. Ching（秦仁昌）3680（Holotype：PE）.

圆榧（米榧）*Torreya grandis* Fort. ex Lindl. var. *dielsii* Hu in Contr. Biol. Lab. Sci. Soc. China 3（5）：7. 1927. Chu-Chi［Zhuji］（诸暨），Feng-Chiao［Fengqiao］（枫桥），1927-09-04，Y.L. Keng（耿以礼）1190（Holotype：PE）.

九龙山榧 *Torreya grandis* Fort. ex Lindl. var. *jiulongshanensis* Z.Y. Li, Z.C. Tang et N. Kang in Bull. Bot. Res., Harbin 15（3）：356. 1995. Suichang（遂昌），Mt. Jiulong（九龙山），1990-10-15，Z.Y. Li et Z.C. Tang（李志云，汤兆成）9009（Holotype：PE）.

香榧 *Torreya grandis* Fort. ex Lindl. var. *merrillii* Hu in Contr. Biol. Lab. Sci. Soc. China 3（5）：9. 1927. Chu-Chi［Zhuji］（诸暨），Feng-Chiao［Fengqiao］（枫桥），1927-09-04，Y.L. Keng（耿以礼）1191（Holotype：PE）.

长叶榧 *Torreya jackii* Chun in J. Arnold Arbor. 6（3）：144. 1925. South of Hsien-Chü［Xianju］（仙居），Chen Chon［Chen zhuang］（陈庄，今仁庄村），Ga Fung Kwan［Ge feng keng］（隔风坑），1924-06-03，R.C. Ching（秦仁昌）1779（Lectotype：PE-211928，designated by Q. Lin et Z.Y. Cao in Acta Bot. Yunnan. 29（3）：292. 2007）.

被子植物门 Angiospermae

一　木兰科 Magnoliaceae

天目木兰 *Magnolia amoena* W.C. Cheng in Contr. Biol. Lab. Sci. Soc. China, Bot. Ser. 9：280. 1934. Yutsien［Yuqian］（於潜），Western Tienmushan［Xitianmu Shan］（西天目山），1934-04，S. Chen（陈诗）2692（Lectotype：PE，designated by B.L. Chen et H.P. Nooteboom in Ann. Missouri Bot. Gard. 80（4）：1019.1993）；同地，1933-07-06，W.C. Cheng（郑万钧）4444A（Syntype：PE）.

白花天目木兰 *Magnolia amoena* W.C. Cheng form. *alba* H.L. Lin et G.Y. Li in J. Zhejiang Forest. Sci. Tech. 41（1）：44. 2021. Ningbo（宁波），Beilun（北仑），Daqi（大碶），Yang'ao（杨岙），2016-03-03，H.L. Lin（林海伦）BL2016025（Holotype：ZJFC）.

紫花天目木兰 *Magnolia amoena* W.C. Cheng form. *purpurascens* F.Y. Zhang et X.Y. Ye in J. Zhejiang Forest. Sci. Tech. 41（1）：43. 2021. Lin'an（临安），Xiayuqiao（夏禹桥），Gaoshan（高山），2014-03-15，F.Y. Zhang et X.Y. Ye（张芬耀，叶喜阳）LA2014006（Holotype：ZJFC）.

紫花黄山木兰 Magnolia cylindrica E.H. Wilson var. *purpurascens* Y.L. Wang et S.Z. Zhang in Blumea 58: 37. 2013. Jingning(景宁), 2010-02-27, Y.L. Wang(王亚玲)Y2010-15 (Holotype: SZG).

景宁木兰 Magnolia sinostellata P.L. Chiu et Z.H. Chen in Acta Phytotax. Sin. 27 (1): 79. 1989. Jingning(景宁), 1987-02-26, J.P. Si et H.F. Pan(斯金平, 潘洪峰) JN-002 (Holotype: HHBG).

乳源木莲 Manglietia yuyuanensis Y.W. Law in Bull. Bot. Res., Harbin 5 (3): 125. 1985. Changhua(昌化), Damingshan(大明山), X.Y. Hoo(贺贤育)23326 (Holotype: IBSC).

尾叶含笑 Michelia caudata M.X. Wu, X.H. Wu et G.Y. Li in Acta Bot. Boreal.-Occident. Sin. 35 (5): 1058. 2015. Qingyuan(庆元), 2010-04-12, Q.J. Ye et X.H. Wu(叶其娇, 吴夏华)1096 (Holotype: ZJFC).

仁昌含笑 Michelia chingii W.C. Cheng in Contr. Biol. Lab. Sci. Soc. China, Bot. Ser. 10: 110. 1936. Lungtsuan[Longquan](龙泉), Maoshan(昴山), 1924-08-24, R.C. Ching(秦仁昌)2452 (Holotype: PE).

灰毛含笑 Michelia foveolata Merr. var. *cinerascens* Y.W. Law et Y.F. Wu in Bull. Bot. Res., Harbin 6 (2): 99. 1986. Qingyuan(庆元), 1977-11, M.X. Wu(吴鸣翔)7720 (Holotype: IBSC).

三 蜡梅科 Calycanthaceae

浙江蜡梅 Chimonanthus zhejiangensis M.C. Liu in J. Nanjing Inst. Forest. 1984 (2): 79. 1984. Longquan(龙泉), Fengyangshan(凤阳山), 1979-11-24, M.C. Liu(刘茂春)7900101 (Holotype: ZJFC).

夏蜡梅 Sinocalycanthus chinensis W.C. Cheng et S.Y. Chang in Acta Phytotax. Sin. 9 (2): 135. 1964. Changhua(昌化), Shuen-chi-wu[Shunxiwu](顺溪坞), 1957-05-24, S.Y. Ho(贺贤育)23213 (Holotype: NF).

四 樟科 Lauraceae

豹皮樟 Actinodaphne lancifolia (Siebold et Zucc.) Meissn. var. *sinensis* C.K. Allen in Ann. Missouri Bot. Gard. 25: 406. 1938. Chekiang[Zhejiang](浙江), 1933-09-19, S. Chen(陈诗)2156 (Holotype: A).

华山胡椒 Benzoin sinoglaucum Nakai in Fl. Sylv. Kor. 22: 79. 1939. Wu-yi(武义), 1933-04-15, S. Chen(陈诗)1028 (Syntype: TI).

浙江樟 Cinnamomum chekiangense Nakai in Fl. Sylv. Kor. 22: 23. 1939. Hangchow[Hangzhou](杭州), 1929-08-23, W.C. Cheng(郑万钧)32 (Holotype: TI).

普陀樟(陈氏樟) Cinnamomum chenii Nakai in Fl. Sylv. Kor. 22: 23. 1939. Chekiang[Zhejiang](浙江), [Putuo](普陀), 1934-09-06, S. Chen(陈诗)4035 (Holotype: TI).

秦氏樟 Cinnamomum chingii F.P. Metcalf in Lingnan Sci. J. 10 (4): 416. 1931. S. Chekiang-N. Fukien border(浙闽交界), [Taishun](泰顺), 1924-08-31, R.C. Ching(秦仁昌)2541

(Holotype: A).

硬壳桂 *Cryptocarya chingii* W.C. Cheng in Contr. Biol. Lab. Sci. Soc. China, Bot. Ser. 10: 111. 1936. Pingyang(平阳), Shunshi[Shunxi](顺溪), 1924-07-10, R.C. Ching(秦仁昌)2055 (Holotype: PE).

Iozoste hirtipes Migo in Bull. Shanghai Sci. Inst. 14: 300. 1944. Hangchow[Hangzhou](杭州), Liuho-ta[Liuheta](六和塔), 1943-11-01, H. Migo s.n.(Syntype: ?); Hangchow[Hangzhou](杭州), 1929-05, C.C. Yu 59 (Syntype: NAS).

红果乌药 *Lindera aggregata*(Sims) Kosterm. form. *rubra* P.L. Chiu ex L.H. Lou et al. in J. Zhejiang Forest. Coll. 11(4): 449. 1994. Qingyuan(庆元), wulingeng(五岭根), 1990-09-23, C.S. Ding et R.H. Chang(丁陈森, 张若蕙)065 (Holotype: ZJFC).

黑果山橿 *Lindera reflexa* Hemsl. form. *melanocarpa* Z.H. Chen et G.Y. Li in J. Zhejiang Univ., Sci. Ed. 48(1): 96. 2021. Wuyi(武义), Wuyi Forest Farm(武义林场), Dongkeng Forest District(东坑林区), 2018-08-01, Z.H. Chen et al.(陈征海等)WY18080106 (Holotype: ZM).

黄果山橿 *Lindera reflexa* Hemsl. form. *xanthocarpa* G.Y. Li et Z.H. Chen in J. Zhejiang Univ., Sci. Ed. 48(1): 96. 2021. Linan(临安), Qianqingtang(千顷塘), 2011-09-11, G.Y. Li et al.(李根有等)ZX20110901 (Holotype: ZM).

陷脉山橿 *Lindera reflexa* Hemsl. var. *impressivena* G.Y. Li et J.F. Wang in J. Zhejiang Forest. Sci. Tech. 40(4): 75. 2020. Qingtian(青田), Jinjishan(金鸡山), Z.H. Chen et al.(陈征海等)QT20060301 (Holotype: ZM).

[檫木] *Lindera tzumu* Hemsl. in J. Linn. Soc., Bot. 26(176): 392. 1891. Ningpo[Ningbo](宁波), 1887年, E. Faber 356 (Syntype: K).

天目木姜子 *Litsea auriculata* S.S. Chien et W.C. Cheng in Contr. Biol. Lab. Sci. Soc. China, Bot. Ser. 6(7): 59. 1931.[Lin'an](临安), W. Tien-mu-shan[Xitianmu Shan](西天目山), 1929-08-08, S.S. Chien(钱崇澍)601 (Lectotype: PE-00028512, designated by Q. Lin et al. in Type Spec. China Nat. Herb.(PE) 7: 450. 2017); 同地, W.C. Cheng(郑万钧)2348 (Syntype: PE); 1931-04-17, W.C. Cheng(郑万钧)2349 (Syntype: PE).

红果山鸡椒 *Litsea cubeba*(Lour.) Pers. form. *rubra* G.Y. Li, Z.H. Chen et H.D. Li in Bot. Res. in Ningbo[宁波植物研究] 343. 2021. Ningbo(宁波), Yuyao(余姚), Simingshan(四明山), 2012-10-11, H.D. Li et al.(李华东等)YY20120254 (Holotype: ZJFC).

浙江润楠 *Machilus chekiangensis* S.K. Lee in Acta Phytotax. Sin. 17(2): 53. 1979. Hangchow[Hangzhou](杭州), Feilaifeng(飞来峰), 1957-05-24, S.Y. Chang(章绍尧)737 (Holotype: PE).

薄叶润楠 *Machilus leptophylla* Hand.-Mazz. in Symb. Sin. 7(2): 252. 1931. Siachu[Xianju](仙居), 1924-06-04, R.C. Ching(秦仁昌)1806 (Holotype: A).

雁荡润楠 *Machilus minutiloba* S.K. Lee in Acta Phytotax. Sin. 17(2): 50. 1979. Leching

［Yueqing］（乐清），Mt.Yentang［Yandang Shan］（雁荡山），S.Y. Chang（章绍尧）8546（Holotype：PE）.

［紫楠］*Machilus sheareri* Hemsl. in J. Linn. Soc., Bot. 26：377.1891. Ningpo［Ningbo］（宁波），1888年，E. Faber 45（Syntype：K）.

玲珑山红楠*Machilus thunbergii* Siebold et Zucc. var. *linrongshanensis* X.Z. Lin in Syst. Study of Machilus from Zhejiang［浙江省润楠属植物系统研究］32. 2007. Lin'an（临安），Linlongshan（玲珑山），X.Z. Lin（林夏珍）ZJRN036（Holotype：?）.

浙闽新木姜子*Neolitsea aurata*（Hayata）Koidz. var. *undulatula* Y.C. Yang et P.H. Huang in Acta Phytotax. Sin. 16（4）：40. 1978. Longquan（龙泉），P.L. Chiu（裘宝林）1530（Holotype：HHBG）.

浙江新木姜子*Neolitsea chekiangensis* Nakai in J. Jap. Bot. 16：128. 1940. Lung-Chuan［Longquan］（龙泉），1932-10-06，Y.Y. Ho（贺贤育）1626（Holotype：TI）.

云和新木姜子*Neolitsea paraciculata* Nakai in Fl. Sylv. Kor. 22：46. 1939. Yün-ho［Jingning］（景宁，原属云和），1932-09-13，C. Chen［S. Chen］（陈诗）717（Syntype：?）；同地，1934-04-18，C. Chen［S. Chen］（陈诗）2794（Lectotype：TI, designated by H. Ohba in Cat. Type Spec. Preserv. Herb., Depart. Bot., Univ. Museum, Univ. Tokyo, Part 10：21. 2002）.

浙江楠*Phoebe chekiangensis* C.B. Shang in J. S. China Agric. Univ. 21（4）：59. 2000. Hangzhou（杭州），Yunqi（云栖），T. Hong（洪涛）6358（Holotype：NF）.

五　金粟兰科 Chloranthaceae

多穗金粟兰*Chloranthus multistachys* C. Pei in Sinensia 6：681. 1935.［Lin'an］（临安），Tienmu-shan［Tianmushan］（天目山），1927-07-26，T. Tang（唐进）376（Syntype：PE）；［Lin'an］（临安），West Tienmu-shan［Xitianmu Shan］（西天目山），1927-06-23，H.H. Hu（胡先骕）1687（Lectotype：PE-00002945, designated by Q. Lin et al. in Acta Bot. Boreal.-Occident. Sin. 27（6）：1249. 2007）；Changhua（昌化），1927-06-30，Y.L. Keng（耿以礼）606（Syntype：PE）.

天目金粟兰*Chloranthus tianmushanensis* K.F. Wu in Acta Phytotax. Sin. 18（2）：221. 1980. Lin'an（临安），Xitianmu Shan（西天目山），1978-05-30，K.F. Wu et al.（吴国芳等）292（Holotype：HSNU）.

八　马兜铃科 Aristolochiaceae

Aristolochia recurvilabra Hance in London J. Bot. 11：75. 1873. Ningpo［Ningbo］（宁波），E.C. Bowra s.n.（Holotype：?）.

鲜黄马兜铃*Aristolochia hyperxantha* X.X. Zhu et J.S. Ma in Phytotaxa 313（1）：69. 2017. Lin'an（临安），Mt. Baizhangling（百丈岭），2015-06-09，X.X. Zhu et al.（朱鑫鑫等）ZH099（Holotype：CSH）.

*磐安马兜铃*Aristolochia vestita* Ohi-Toma, Pan Li et Watan.-Toma in J. Jap. Bot. 96（5）：256. 2021. Pan'an（磐安），Mt. Dapan（大盘山），Huaxi（花溪），2013-05-03，T. Ohi-Toma et al.（大井·东马哲雄等）130503A（Holotype：TI）.

杜衡 *Asarum forbesii* Maxim. in Bull. Acad. Imp. Sci. Saint-Petersbourg, sér. 3, 31（1）：92. 1886.［Anji］（安吉），Meichi［Meixi］（梅溪），1881-04-16，Carles et Forbes ex herb. F.B. Forbes 245B（Holotype：LE）.

九　八角科 Illiciaceae

百山祖八角 *Illicium jiadifengpi* B.N. Chang var. *baishanense* B.N. Chang et S.H. Ou in Guihaia 5（3）：177. 1985. Qingyuan（庆元），Baishanzu（百山祖），1977-10-15，M.H. Wu（吴鸣翔）7724（Holotype：IBK）.

红毒茴 *Illicium lanceolatum* A.C. Sm. in Sargentia 7：43. 1947. Chekiang［Zhejiang］（浙江），［Longquan］（龙泉），1934-05-17，S. Chen（陈诗）3171（Holotype：A）.

一〇　五味子科 Schisandraceae

二色五味子 *Schisandra bicolor* W.C. Cheng in Contr. Biol. Lab. Sci. Soc. China, Bot. Ser. 8：137. 1932.［Lin'an］（临安），Western Tienmu-Shan［Xitianmu Shan］（西天目山），1932-07-01，W.C. Cheng（郑万钧）3656（Holotype：PE）.

东南五味子 *Schisandra henryi* C.B. Clarke var. *marginalis* A.C. Sm. in Sargentia 7：115. 1947. Hsien-chü（Siachu）［Xianju］（仙居），1924-05-23，R.C. Ching（秦仁昌）1606（Holotype：A）.

一五　毛茛科 Ranunculaceae

Aconitum autumnale Lindl. in J. Hort. Soc. London 2：77. 1847. Chusan［Zhoushan］（舟山），1846年，R. Fortune s.n.（Holotype：?）.

龙王山银莲花 *Anemone raddeana* Regel var. *lacerata* Y.L. Xu in Bull. Bot. Res., Harbin 13（2）：121. 1993. Anji（安吉），Longwangshan（龙王山），1991-04-04，Y.L. Xu（徐耀良）［徐跃良］0879（Holotype：ZM）.

浙江山木通 *Clematis chekiangensis* C. Pei in Contr. Biol. Lab. Sci. Soc. China, Bot. Ser. 10：105. 1936. Chingyuan［Qingyuan］（庆元），1934-06-06，S. Chen（陈诗）3343（Lectotype：NAS, designated by W.T. Wang in Acta Phytotax. Sin. 41（2）：124. 2003）；同地，S. Chen（陈诗）3347（Syntype：NAS）.

舟柄铁线莲 *Clematis dilatata* C. Pei in Contr. Biol. Lab. Sci. Soc. China, Bot. Ser. 10：105. 1936. Lishui（丽水），Peiyun-shan［Baiyunshan］（白云山），1935-05-19，P.C. Tsoong［Pu Chin Tsoong］（钟补勤）269（Syntype：NAS）；Yunhuo［Yunhe］（云和），Niushou-shan（牛首山），1933-06-25，S. Chen（陈诗）1638（Syntype：NAS）.

毛萼铁线莲 *Clematis hancockiana* Maxim. in Bull. Soc. Imp. Naturalistes Moscou 54（1）：1. 1879. Ningpo［Ningbo］（宁波），1877-05-13，W. Hancock s.n.（Holotype：LE）.

吴兴铁线莲 *Clematis huchouensis* Tamura in Acta Phytotax. Geobot. 23（1-2）：36. 1968. Huchou［Huzhou］（湖州），s.coll. s.n.（Holotype：MAK）.

齿缺铁线莲 *Clematis incisodenticulata* W.T. Wang in Guihaia 27（1）：11. 2007. Zhejiang（浙江），［Ningbo］（宁波），S.P. Barchet s.n.（Holotype：US）.

毛叶铁线莲 *Clematis lanuginosa* Lindl. et Paxton in Paxt. Fl. Gard. 3: 107. 1853. Ningpo [Ningbo](宁波), Tein-tung [Tiantong](天童), 1850年, R. Fortune 62 (Isotype: FI).

曾氏铁线莲 *Clematis tsengiana* F.P. Metcalf in Lingnan Sci. J. 20 (1): 129. 1941. Chekiang [Zhejiang](浙江), [Tiantai](天台), [Tiantai Shan](天台山), 1924-05-16, R.C. Ching(秦仁昌) 1555 (Holotype: SYS).

天台铁线莲 *Clematis patens* Morr. et Decne. subsp. *tientaiensis* M.Y. Fang in Fl. Reipubl. Popularis Sin. 28: 358. 1980. [Tiantai](天台), Tientaishan [Tiantai Shan](天台山), 1927-06-08, Y.L. Keng(耿以礼) 999 (Holotype: PE).

圆锥铁线莲 *Clematis terniflora* DC. in Syst. Nat. 1: 137. 1818 [1817]. Chekiang [Zhejiang](浙江), 1793年, G.L. Staunton s.n. (Holotype: BM).

浙江铁线莲 *Clematis zhejiangensis* R.J. Wang in J. Trop. Subtrop. Bot. 7 (1): 28. 1999. Zhejiang(浙江), [Chun'an](淳安), 1958-08-29, X.Y. He(贺贤育) 30216 (Holotype: IBSC).

卵瓣还亮草 *Delphinium savatieri* Franch. in Bull. Mens. Soc. Linn. Paris 1 (42): 330. 1882. Shao-shin [Shaoxing](绍兴) prope Ning-po [Ningbo](宁波), 1863-05, P.A.L. Savatier s.n. (Holotype: P).

大叶唐松草 *Thalictrum faberi* Ulbr. in Notizbl. Bot. Gart. Berlin-Dahlem 9 (84): 222. 1925. Ningpo-Mts [Ningbo](宁波), 1888年, E. Faber 942? (Isotype: K).

华东唐松草 *Thalictrum fortunei* S. Moore in J. Bot. 16 (185): 130. 1878. Ningpo [Ningbo](宁波), C.W. Everard s.n. (Syntype: K); 1845-04, R. Fortune 28 (Syntype: P).

Thalictrum macrophyllum Migo in J. Shanghai Sci. Inst. 14 (2): 136. 1944. [Lin'an](临安), Mt. Hsi-tienmu-shan [Xitianmu Shan](西天目山), 1935-08-28, H. Migo s.n. (Syntype: NAS).

一七　小檗科 Berberidaceae

浙江小檗 *Berberis chekiangensis* Ahrendt in J. Linn. Soc., Bot. 57 (369): 185. 1961. [Tiantai](天台), Tientai Mts [Tiantai Shan](天台山), 1889年, E. Faber 260 (Holotype: K).

淳安小檗 *Berberis chunanensis* T.S. Ying in Cat. Type Spec. Herb. China Suppl. II: 52. 2007. Chunan(淳安), Wangfu(王埠), 1958-08-29, s.coll. 30227 (Holotype: PE).

长柱小檗（天台小檗）*Berberis lempergiana* Ahrendt in Gard. Chron. Ser. 3. 109: 101. 1941. Cult., Raised at Hillier's nursery by seed to Dr. Fritz Lemperg from Nanking Botanic Garden, 1940-10-26, L.W.A. Ahrendt s.n. (Holotype: OXF).

Berberis trifurca Lindl. et Paxton in Paxt. Flow. Gard. 3: 57. 1852-53. the Tea Countries of China [Zhejiang](浙江), R. Fortune s.n. (Holotype: ?).

江南牡丹草 *Leontice kiangnanensis* P.L. Chiu in Acta Phytotax. Sin. 18 (1): 96. 1980. Cult. in Hangzhou Botanical Garden, from Xiaofeng, Anji (杭州植物园栽培，来自安吉孝丰), 1974-04-19, 杭植标 0095 (Holotype: HHBG).

郑氏八角莲（郑氏鬼臼）*Podophyllum chengii* S.S. Chien in Contr. Biol. Lab. Sci. Soc. China,

Bot. Ser. 10：108. 1936. Yutsien（於潜），W. Tienmushan［Xitianmu Shan］（西天目山），1931-04-23，W.C. Cheng（郑万钧）2413（Syntype：PE）；Suichang（遂昌），Peimashan［Baima Shan］（白马山），1933-04-30，S. Chen（陈诗）1254（Lectotype：PE-01863943, designated by Y. Lin et al. in Bull. Bot. Res., Harbin 33（5）：517. 2013）.

一九　木通科 Lardizabalaceae

Akebia micrantha Nakai in Fl. Sylv. Kor. 21：44. 1936. Yüan-hai［Yunhe］（云和），1934-04，S. Chen（陈诗）2946（Holotype：TI）.

绿花三叶木通 *Akebia trifoliata*（Thunb.）Koidz. form. *dapanshanensis* G.Y. Li et Zi L. Chen in J. Zhejiang Univ., Sci. Ed. 48（1）：96. 2021. Pan'an（磐安），Dapanshan（大盘山），2014-04-14，G.Y. Li et al.（李根有等）DPS14041406（Holotype：ZJFC）.

显脉野木瓜 *Stauntonia conspicua* R.H. Chang in Acta Phytotax. Sin. 25（3）：235. 1987. Longquan（龙泉），Fengyangshan（凤阳山），1980-04-30，C.S. Ding et X.L. Shen（丁陈森，沈湘林）5311（Holotype：ZJFC）.

二一　清风藤科 Sabiaceae

Meliosma dilatata Diels in Notizbl. Bot. Gart. Berlin-Dahlem 11（103）：212. 1931. Yu hong［Yuhang］（余杭），1915-07-16，F.N. Meyer 1509（Holotype：A）.

毛果垂枝泡花树 *Meliosma flexuosa* Pamp. var. *pubicarpa* X.F. Jin, Hong Wang et H.W. Zhang in J. Zhejiang Forest. Coll. 25（4）：442. 2008. Lin'an（临安），Changhua（昌化），1957-07-16，Y.Y. Ho（贺贤育）23949（Holotype：HHBG）.

金华泡花树 *Meliosma platypoda* Rehd. et E.H. Wilson subsp. *jinhuaensis* Z.H. Chen, J.S. Wang et W.Q. Lin in J. Hangzhou Norm. Univ., Nat. Sci. Ed. 20（3）：271. 2021. Jinhua（金华），Wucheng（婺城），Ruoyang（箬阳），Huangyang Village（黄阳村），2019-05-23，Z.H. Chen et al.（陈征海等）WC19052303（Holotype：ZM）.

二二　罂粟科 Papaveraceae

［博落回］*Bocconia cordata* Willd. in Sp. pl. 2（2）：841. 1797. 无标本信息. 1795［1793］年 G.L. Staunton 引自浙江.

二三　紫堇科 Fumariaceae

狭叶伏生紫堇 *Corydalis decumbens*（Thunb.）Pers. var. *zhujiensis* Z.H. Chen et G.Y. Li in J. Zhejiang Forest. Sci. Tech. 41（4）：80. 2021. Zhuji（诸暨），Huangshan（璜山），Banqiu（半丘），2021-03-06，G.K. Chen et al.（陈高坤等）ZJ21030601（Holotype：ZM）.

Corydalis edulioides Fedde in Repert. Spec. Nov. Regni Veg. 20：53. 1924. Tschusan-Archipel［Zhoushan］（舟山），Insel Putu［Putuo］（普陀），1912-02-29，H.W. Limpricht 305b（Syntype：B）；同地，M. von du Bois-Reymond 73a（Syntype：B）.

Corydalis edulioides Fedde var. *haimensis* Fedde in Repert. Spec. Nov. Regni Veg. 20：54. 1924. Tschekiang［Zhejiang］（浙江），Haimen（海门，现台州椒江），1912-02-25，H.W. Limpricht 305a

(Holotype：B).

白花土元胡 *Corydalis humosa* Migo in J. Shanghai Sci. Inst. Sect. III, 4：146. 1939. ［Lin'an］（临安），Hsi-tienmu-shan［Xitianmu Shan］（西天目山），1936-04-23，H. Migo s.n.（Holotype：TI）.

Corydalis incisa（Thunb.）Pers. var. *tschekiangensis* Fedde in Repert. Spec. Nov. Regni Veg. 17：197. 1921. Tientai［Tiantai］（天台），Guo tsing sze［Guoqingsi］（国清寺），1912-02-22，H.W. Limpricht 293（Syntype：B）；Ningpo［Ningbo］（宁波），Snowy valley（雪窦山），1911-04，H.W. Limpricht 19a（Syntype：？）；Hutschou［Huzhou］（湖州），1912-04，H.W. Limpricht 330（Syntype：？）；Ningpo［Ningbo］（宁波）Tien tung ssu［Tiantongsi］（天童寺），1909-04，A.K. Schindler 446（Syntype：K）.

浙江黄堇 *Corydalis pallida*（Thunb.）Pers. var. *zhejiangensis* Y.H. Zhang in Acta Bot. Yunnan. 12（1）：39. 1990. Suichang（遂昌），Jiulongshan（九龙山），1983-05-24，L. Quan et al.（林泉等）3422（Holotype：ZDC）.

延胡索 *Corydalis turtschaninovii* Bess. form. *yanhusuo* Y.H. Chou et C.C. Hsu in Acta Phytotax. Sin. 15（2）：82. 1977. Hangzhou（杭州），Cult. in Longjuwu Pharm. Base（龙驹坞药物试验场栽培）s.n.（Holotype：SYPC）.

二七　金缕梅科 Hamamelidaceae

腺蜡瓣花 *Corylopsis glandulifera* Hemsl. in Icon. Pl. 29：t. 2818. 1906.［Tiantai］（天台），Tientai Mountains［Tiantai Shan］（天台山），E. Faber 177（Syntype：？）.

Corylopsis hypoglauca W.C. Cheng var. *glaucescens* W.C. Cheng in Contr. Biol. Lab. Sci. Soc. China，Bot. Ser. 10：126. 1936. Tientai［Tiantai］（天台），Tientaishan［Tiantai Shan］（天台山），1932-06-29，S. Chen（陈诗）430（Holotype：PE）.

Corylopsis willmottiae Rehd. et E.H. Wilson var. *chekiangensis* W.C. Cheng in Contr. Biol. Lab. Sci. Soc. China，Bot. Ser. 10：125. 1936. Yunhuo［Yunhe］（云和），1934-04-16，S. Chen（陈诗）2772（Holotype：PE）.

亮叶蚊母树 *Distylium myricoides* Hemsl. var. *nitidum* Hung T. Chang in Acta Sci. Nat. Univ. Sunyatseni 1960（1）：40. 1960.［Wenzhou］（温州，应为平阳顺溪），1924-07-12，R.C. Ching（秦仁昌）2081（Holotype：SYS）.

檵木 *Hamamelis chinensis* R. Br. in Narr. Journey China 375. 1818. Insula Cheusan［Zhoushan］（舟山），1701年，J. Cunningham s.n.（Syntype：BM）.

尖叶半枫荷 *Semiliquidambar cuspidata* Hung T. Chang in Acta Sci. Nat. Univ. Sunyatseni 1962（1）：43. 1962. Jing-ning（景宁），1959-10-23，Hangchow Bot. Gard.（杭植标，应为章绍尧）7303（Holotype：PE）.

三〇　榆科 Ulmaceae

天目朴 *Celtis chekiangensis* W.C. Cheng in Contr. Biol. Lab. Sci. Soc. China，Bot. Ser. 9：245.

1934. Yutsien［Yuqian］（於潜），Western Tienmushan［Xitianmu Shan］（西天目山），1932-06-27，W.C. Cheng（郑万钧）2169（Holotype：PE）.

Celtis japonica Planch. in Prodr. 17：172. 1873. Chusan［Zhoushan］（舟山），1841年？，J.M.M. Callery 5 et 8（Syntypes：P）.

浙江大果朴*Celtis neglecta* Zi L. Chen et X.F. Jin in Phytotaxa 298（1）：60. 2017. Pan'an（磐安），2013-05-17，X.F. Jin et Y.Y. Zhou（金孝锋，周莹莹）3008（Holotype：HTC）.

山油麻*Trema dielsiana* Hand.-Mazz. in Symb. Sin. 7（1）：106. 1929. Siachu［Xianju］（仙居），1924-06-01，R.C. Ching（秦仁昌）1724（Syntype：？）；［Deqing］（德清），Mokanschan［Moganshan］（莫干山），1926-07-17，P. Klautke 115（Syntype：B）.

杭州榆*Ulmus changii* W.C. Cheng in Contr. Biol. Lab. Sci. Soc. China, Bot. Ser. 10：94. 1936. Hangchow［Hangzhou］（杭州），Lungching［Longjing］（龙井），1935-04，S.C. Chang 158（Holotype：？）.

长序榆*Ulmus elongata* L.K. Fu et C.S. Ding in Acta Phytotax. Sin. 17（1）：46. 1979. Suichang［Songyang］（松阳，原属遂昌），He-shan-tou（何山头），1977-04-02，L.K. Fu（傅立国）77001（Holotype：PE）.

三二　桑科 Moraceae

无柄小叶榕*Ficus concinna*（Miq.）Miq. var. *subsessilis* Corner in Gard. Bull. Singapore 17（3）：376. 1959. South of Pingyung［Pingyang］（平阳），［Aojiang］（鳌江），1924-06-21，R.C. Ching（秦仁昌）1917（Holotype：K）.

Ficus hanceana Maxim. in Bull. Acad. Imp. Sci. Saint-Pétersbourg 27：553. 1881. Ningpo［Ningbo］（宁波），1861［1864］年，R. Oldham s.n.（Syntype：LE）.

景宁榕*Ficus jingningensis* X.D. Mei, Z.H. Chen et G.Y. Li in J. Zhejiang Forest. Sci. Tech. 40（5）：53. 2020. Jingning（景宁），Dongkeng（东坑），Zhangkeng（章坑），2019-08-19，X.D. Mei et Z.H. Chen（梅旭东，陈征海）JN19081902（Holotype：ZM）.

条叶榕*Ficus pandurata* Hance var. *angustifolia* W.C. Cheng in Contr. Biol. Lab. Sci. Soc. China, Bot. Ser. 9（3）：256. 1934. Yunhuo［Yunhe］（云和），1932-04-02，S. Chen（陈诗）568（Syntype：？）；同地，1932-04-22，S. Chen（陈诗）801（Lectotype：PE, designated by Q. Lin et al. in Bull. Bot. Res., Harbin 28（5）：535. 2008）；Chenhai［Zhenhai］（镇海），1934-10-09，S. Chen（陈诗）4334（Syntype：NAS）；Chungan［Chun'an］（淳安），1933-09-18，S. Chen（陈诗）2191（Syntype：？）；Chiente［Jiande］（建德），1933-09-10，S. Chen（陈诗）2076（Syntype：？）；1933-09-12，S. Chen（陈诗）2099（Syntype：PE）；Sienchu［Xianju］（仙居），1924-05-30，R.C. Ching（秦仁昌）1692（Syntype：？）；Lungyou［Longyou］（龙游），1929-08-11，K. Ling（林刚）2782（Syntype：？）；Yunhuo［Yunhe］（云和），1930-08-21，K.K. Tsoong（钟观光）D.187（Syntype：？）；Taishun（泰顺），1934-06-28，S. Chen（陈诗）3455（Syntype：？）.

爱玉子（椭果薜荔）*Ficus pumila* L. var. *ellipsoidea* W.C. Cheng in Contr. Biol. Lab. Sci. Soc.

China, Bot. Ser. 9（3）：254. 1934. Pingyang（平阳），[Nan Yandang]（南雁荡），1934-07-15，S. Chen（陈诗）3564（Lectotype：PE，designated by Q. Lin et al. in Bull. Bot. Res., Harbin 28（5）：535. 2008）；Pingyang（平阳），1932-08-04，Y.Y. Ho（贺贤育）1528（Syntype：?）。

小果薜荔 *Ficus pumila* L. var. *microcarpa* G.Y. Li et Z.H. Chen in J. Zhejiang Forest. Coll. 27（6）：909. 2010. Putuo Island（普陀），Fodingshan（佛顶山），2009-09-24，G.Y. Li et al.（李根有等）PT0909082（Holotype：ZJFC）。

山地柘 *Maclura montana* Z.P. Lei，G.Y. Li et Z.H. Chen in J. Zhejiang Forest. Sci. Tech. 40（6）：62. 2020. Jingning（景宁），Wangdongyang（望东垟），2020-07-15，Z.H. Chen et al.（陈征海等）JN20071509（Holotype：ZM）。

东部藤柘 *Maclura orientalis* G.Y. Li，W.Y. Xie et Z.H. Chen in J. Zhejiang Forest. Sci. Tech. 40（5）：56. 2020. Jingning（景宁），Wangdongyang（望东垟），Yujikeng（渔漈坑），2020-07-29，Z.P. Lei et al.（雷祖培等）JN20072901（Holotype：ZM）。

三三 荨麻科 Urticaceae

Achudemia insignis Migo in J. Shanghai Sci. Inst. Sect III，3：91. 1935. Hangchow[Hangzhou]（杭州），Shang-tienchu[Shangtianzhu]（上天竺），1934-10-31，H. Migo s.n.（Holotype：TI）。

洞头水苎麻 *Boehmeria macrophylla* Hornem. var. *dongtouensis* W.T. Wang in Bull. Bot. Res., Harbin 16：248. 1996. Dongtou Island（洞头），Shuangpu（双朴），1991-07-27，Z.H. Chen（陈征海）910339（Holotype：PE）。

Boehmeria platyphylla D. Don var. *stricta* C.H. Wright in J. Linn. Soc., Bot. 26（178）：487. 1899. Chekiang[Zhejiang]（浙江），1793年，G.L. Staunton s.n.（Syntype：BM）。

Boehmeria spicata（Thunb.）Thunb. var. *duploserrata* C.H. Wright in J. Linn. Soc., Bot. 26（178）：488. 1899. Chekiang[Zhejiang]（浙江），H.J. Hicken s.n.（Holotype：K）。

Elatostema radicans（Siebold et Zucc.）Wedd. var. *euradicans* Schroter in Repert. Spec. Nov. Regni Veg. Beih 83（2）：87. 1936. Siachu[Xianju]（仙居），1924-05，R.C. Ching（秦仁昌）1648（Syntype：E）。

浙江蝎子草 *Girardinia chingiana* S.S. Chien in Contr. Biol. Lab. Sci. Soc. China, Bot. Ser. 9（3）：259. 1934. Yutsien[Yuqian]（於潜），Tienmushan[Tianmu Shan]（天目山），1934-11-20，T.H. Chang（张东旭）121（Lectotype：PE，designated by Q. Lin et al. in Bull. Bot. Res., Harbin 28（5）：536. 2008）；同地，1925-09-30，R.C. Ching（秦仁昌）4698（Syntype：?）。

浙江花点草 *Nanocnide zhejiangensis* X.F. Jin et Y.F. Lu in Nord. J. Bot. 37（10）-e02339：5. 2019. Wencheng（文成），Mt. Tongling（铜铃山），2012-04-16，X.F. Jin（金孝锋）2806（Holotype：HTC）。

冷水花 *Pilea notata* C.H. Wright in J. Linn. Soc., Bot. 26（178）：476. 1899. Ningpo[Ningbo]（宁波）mountains，E. Faber 1749（Syntype：BM）。

Pilea henryana C.H. Wright in L.H. Bailey, Gentes Herbarum 1：20. 1920. Ningpo[Ningbo]

（宁波），E. Faber 312（Syntype：?）.

三四　胡桃科 Juglandaceae

山核桃 *Carya cathayensis* Sarg. in Pl. Wilson.（Sargent）3（1）：187. 1916. Changhua（昌化），1915-07-08，F.N. Meyer 1521（Holotype：A）.

Fortunaea chinensis Lindl. in J. Hort. Soc. London 1：150. 1846. From the hills of Chusan[Zhoushan]（舟山）and Ningpo[Ningbo]（宁波），1845年，R. Fortune s.n.（Holotype：?）.

青钱柳 *Pterocarya paliurus* Batal. in Trudy Imp. S.-Peterburgsk. Bot. Sada 13：101. 1893. Ning-po[Ningbo]（宁波），E. Faber s.n.（Syntype：LE）.

三六　壳斗科（山毛榉科）Fagaceae

Castanopsis chingii A. Camus in Bull. Mus. Natl. Hist. Nat., sér. 2, 1（2）：165. 1929. entre Ping-yung[Pingyang]（平阳）et Tai-suan[Taishun]（泰顺），1924-07-16，R.C. Ching（秦仁昌）2170（Isotype：P）.

Castanopsis incana A. Camus in Bull. Mus. Natl. Hist. Nat., sér. 2, 1（2）：165. 1929. King-huan[Qingyuan]（庆元），1924-08-01，R.C. Ching（秦仁昌）2317（Holotype：P）.

钩栗 *Castanopsis tibetana* Hance in J. Bot. 13（156）：367. 1875. Hangchau[Hangzhou]（杭州），Lin yin[Lingyin]（灵隐），1874-11，G.E. Moule s.n.（Holotype：BM）.

景宁青冈 *Cyclobalanopsis jingningensis* Z.H. Chen, Rilin Liu et Y.F. Lu in J. Hangzhou Norm. Univ., Nat. Sci. Ed. 18（6）：601. 2019. Jingning（景宁），Wangdongyang（望东垟），2017-10-19，R.L. Liu et al.（刘日林等）JN2017101901（Holotype：ZM）.

浙江水青冈 *Fagus hayatae* Palib. ex Hayata var. *zhejiangensis* M.C. Liu et M.H. Wu ex Y.T. Chang et C.C. Huang in Acta Phytotax. Sin. 26（2）：115. 1988. Yongjia（永嘉），Sihai-shan（四海山），1980-10，M.H. Wu（吴鸣翔）619（Holotype：FJSI）.

天台水青冈 *Fagus tientaiensis* Liou in Contr. Inst. Bot. Natl. Acad. Peiping 3：451. 1935. [Tiantai]（天台），Tientai shan[Tiantai Shan]（天台山），1934-08-08，S. Chen（陈诗）3718（Holotype：PE）.

邓氏柯 *Lithocarpus dunnii* F.P. Metcalf in Lingnan Sci. J. 10：483. 1931. Tai suan[Taishun]（泰顺），1924-07-18，R.C. Ching（秦仁昌）2143（Syntype：SYS）；[Tiantai]（天台），Tientai-Shan[Tiantai Shan]（天台山），1924-05-08，R.C. Ching（秦仁昌）1461（Syntype：A）.

小叶栎 *Quercus chenii* Nakai in J. Arnold Arbor. 5（2）：74. 1924. Anchi[Anji]（安吉），1920-10，Y. Chen（陈嵘）s.n.（Holotype：A）.

临安栎 *Quercus chenii* Nakai var. *linanensis* M.C. Liu et X.L. Shen in Bull. Bot. Res., Harbin 12（3）：275. 1992. Lin-an（临安），1983-10，M.C. Liu（刘茂春）83048（Holotype：ZJFC）.

Quercus chingii F.P. Metcalf in Lingnan Sci. J. 10（4）：482. 1931. Sinchu[Xianju]（仙居），1924-06-04，R.C. Ching（秦仁昌）1786（Lectotype：PE, designated by Y. Lin et al. in Bull. Bot. Res., Harbin 35（1）：7. 2015）；Tai Chow[Taizhou]（台州），Yun Fan[Yunfeng]（云峰），1924-

05-01，R.C. Ching（秦仁昌）1320（Syntype：SYS）；Tai suan［Taishun］（泰顺），1924-07-21，R.C. Ching（秦仁昌）2186（Syntype：SYS）；Tai-Shun（泰顺），1926-08-04，Y.L. Keng（耿以礼）299（Syntype：PE）。

南方栎 *Quercus meridionalis* Liou in Contr. Inst. Bot. Natl. Acad. Peiping 4（1）：21. 1936.［Lin'an］（临安），Tienmushan［Tianmu Shan］（天目山），1930-07-22，T.N. Liou 23（Syntype：PE）；Chuchi［Zhuji］（诸暨），1933-08-18，M. Chen（陈谋）925（Syntype：PE）；Chuchi［Zhuji］（诸暨），1933-08-18，S. Chen（陈诗）1799（Syntype：PE）。

穆氏栎 *Quercus moulei* Hance in J. Bot. 13（156）：363. 1875. Hangchau［Hangzhou］（杭州），Lin yin［Lingyin］（灵隐），1874-11，G.E. Moule s.n.（Holotype：BM）。

三七　桦木科 Betulaceae

桦叶桤木 *Alnus betulifolia* G.Y. Li, Z.H. Chen et D.D. Ma in Ann. Bot. Fennici 56（4-6）：247. 2019. Chun'an（淳安），2015-05-21，G.Y. Li et al.（李根有等）LC2015521001（Holotype：ZM）。

加氏赤杨 *Alnus jackii* Hu in J. Arnold Arbor. 6（3）：140. 1925.［Tiantai］（天台），Tien-tai-shan［Tiantai Shan］（天台山），1924-11-18，R.C. Ching（秦仁昌）2606（Holotype：A）。

胡氏鹅耳枥 *Carpinus huana* W.C. Cheng in Contr. Biol. Lab. Sci. Soc. China, Bot. Ser. 9：68. 1933.［Lin'an］（临安），W. Tienmushan［Xitianmu Shan］（西天目山），1924-08-21，W.C. Cheng（郑万钧）5161（Holotype：PE）。

宽叶鹅耳枥 *Carpinus londoniana* H. Winkl. var. *latifolius* P.C. Li in Acta Phytotax. Sin. 17（1）：87. 1979. Ningpo［Ningbo］（宁波），s.coll.1018（Holotype：PE）。

剑苞鹅耳枥 *Carpinus londoniana* H. Winkl. var. *xiphobracteata* P.C. Li in Acta Phytotax. Sin. 17（1）：87. 1979. Yin Hsien［Yinxian］（鄞县，今鄞州），1958年，G.R. Chen（陈根容［陈根荣］）2289（Holotype：PE）。

普陀鹅耳枥 *Carpinus putoensis* W.C. Cheng in Contr. Biol. Lab. Sci. Soc. China, Bot. Ser. 8：72. 1932. Puto Island［Putuo］（普陀），Futinshan［Foding Shan］（佛顶山），1930-05-15，K.K. Tsoong（钟观光）94（Lectotype：PE-00021950, designated by N. Holstein et M. Weigend in Euro. J. Tax. 375：25. 2017）。

天台鹅耳枥 *Carpinus tientaiensis* W.C. Cheng in Contr. Biol. Lab. Sci. Soc. China, Bot. Ser. 8：135. 1932.［Tiantai］（天台），Tientai-Shan［Tiantai Shan］（天台山），1927-08-12，Y.L. Keng（耿以礼）1065（Lectotype：PE, designated by Q. Lin et Q. Sun in Acta Bot. Boreal.-Occident. Sin. 27（1）：178. 2007）；同地，1924-05-10，R.C. Ching（秦仁昌）1547（Syntype：PE）。

天目铁木 *Ostrya rehderiana* Chun in J. Arnold Arbor. 8（1）：19. 1927.［Lin'an］（临安），Tien Moh Shan［Tianmu Shan］（天目山），1925-10-02，R.C. Ching（秦仁昌）3385（Lectotype：A-00033790, designated by N. Holstein et M. Weigend in Euro. J. Tax. 375：35. 2017）。

三九　商陆科 Phytolaccaceae

浙江商陆 *Phytolacca zhejiangensis* W.T. Fan in J. Zhejiang Forest. Coll. 4（2）：72. 1987.

Lin'an(临安),Xitianmu Shan(西天目山),1986-08-22,W.T. Fan(范文涛)8612 (Holotype: HZU).

四三 藜科 Chenopodiaceae

细穗藜 *Chenopodium gracilispicum* H.W. Kung in Acta Phytotax. Sin. 16 (1): 120. 1978. Lin'an(临安),Xitianmu Shan(西天目山),1930-07-31,T.N. Liou(刘慎谔)322 (Holotype: PE).

四八 石竹科 Caryophyllaceae

清凉峰卷耳 *Cerastium qingliangfengicum* H.W. Zhang et X.F. Jin in Ann. Bot. Fenn. 45: 307. 2008. Lin'an(临安),Changhua(昌化),[Qingliangfeng](清凉峰),2006-04-28,H.W. Zhang(张宏伟)003 (Holotype: HTC).

天目山孩儿参 *Pseudostellaria tianmushanensis* G.H. Xia et G.Y. Li in Nord. J. Bot. 29: 204. 2011. Lin'an(临安),Tianmu Mountain(天目山),2010-05-01,Xia et al.(夏国华等)TM 092 (Holotype: ZJFC).

浙江孩儿参 *Pseudostellaria zhejiangensis* X.F. Jin et B.Y. Ding in Acta Bot. Yunnan. 25(6): 639. 2003. Chun'an(淳安),Qiuyuan(秋源),1988-05-06,B.Y. Ding et M.Z. Shi(丁炳扬,史美中)4645 (Holotype: HZU).

Silene fissipetala Turcz. in Bull. Soc. Imp. Naturalistes Moscou 27(2): 371. 1854. China borealis. [Zhoushan](舟山),1845年,R. Fortune 36 (Holotype: KW).

鹤草 *Silene fortunei* Vis. in Linnaea 24: 181. 1851. [Zhoushan](舟山),1845年,R. Fortune 36 (Holotype: W, lost).

闭花拟漆姑草 *Spergularia marina* (L.) Besser var. *cleistogama* Y.X. Ma et D.L. Cui in Plant Diver. Res. 34(2): 155. 2012. Dinghai(定海),2009-07-15,Y.X. Ma(马玉心)2009002 (Holotype: KUN).

Stellaria alsine Grimm var. *phaenopetala* Hand.-Mazz. in Symb. Sin. 7(1): 192. 1929. Ningpo [Ningbo](宁波),E. Faber 1644 (Syntype: ?).

四九 蓼科 Polygonaceae

昌化蓼 *Persicaria changhuaensis* H.W. Zhang et X.F. Jin in Nord. J. Bot. 35(3): 339. 2017. Lin'an(临安),Changhua(昌化),2009-09-26,H.W. Zhang(张宏伟)2009-0001 (Holotype: HTC).

中华蓼 *Persicaria sinica* Migo in J. Shanghai Sci. Inst. Sect. III, 4: 143. 1939. Hangchow [Hangzhou](杭州),Lingyin(灵隐),1934-10-20,H. Migo s.n. (Holotype: NAS).

稀花蓼 *Polygonum dissitiflorum* Hemsl. in J. Linn. Soc., Bot. 26(176): 338. 1891. Ningpo [Ningbo](宁波)mountains,E. Faber 1731 (Lectotype: K, designated by C.W. Park in Brittonia 38(4): 402. 1986).

杭州蓼 *Polygonum hangchouense* Matsuda in Bot. Mag. (Tokyo) 27(313): 9. 1913.

[Hangzhou]（杭州），Tai-pin-mun[Taiping men]（太平门），1909-10，K. Honda 684（Holotype：TI）.

微叶蓼 *Polygonum minutissimum* Z. Wei et Y.B. Chang in Bull. Bot. Res., Harbin 12（3）：271. 1992. Suichang（遂昌），Daxikengkou（大西坑口），1985-08-10，L.X. Hong et al.（洪利兴等）2221（Holotype：ZM）.

Polygonum virginianum L. form. *glabratum* Matsuda in Bot. Mag.（Tokyo）27（313）：11. 1913.[Hangzhou]（杭州），Ku-shan[Gu Shan]（孤山），K. Honda 406（Holotype：TI）.

Reynoutria henryi Nakai ex Migo in J. Shanghai Sci. Inst. Sect. III. iii. 92. 1935. Ningpo[Ningbo]（宁波），E. Faber s.n.（Syntype：P）.

五一　山茶科 Theaceae

Adinandra chingii F.P. Metcalf in Lingnan Sci. J. 11（1）：19. 1932. Siachu[Xianju]（仙居），1924-06-04，R.C. Ching（秦仁昌）1787（Syntype：A）；R.C. Ching（秦仁昌）4810（Syntype：A）.

红花短柱茶 *Camellia brevistyla*（Hayata）Cohen-Staurt form. *rubida* P.L. Chiu in J. Nanjing Forest. Univ. 2：22. 1987. Longquan（龙泉），Jinxi（锦溪），1959-11-04，S.Y. Chang（章绍尧）7058（Holotype：HHBG）.

浙江红山茶 *Camellia chekiangoleosa* Hu in Acta Phytotax. Sin. 10（2）：131.1965. Kaihwa[Kaihua]（开化），[Gutian Shan]（古田山），1955-04-04[04-12]，C.H. Wang（王景祥）0001（Holotype：PE）.

遂昌大果油茶 *Camellia chekiangoleosa* Hu form. *tanglii* P.L. Chiu in J. Nanjing Forest. Univ. 2：24. 1987. Suichang（遂昌），Daxikeng（大西坑），Suichang Forest. Inst.（遂昌林科所）375（Holotype：HHBG）.

浙江连蕊茶 *Camellia cuspidata*（Kochs）Wright var. *chekiangensis* Sealy in Rev. Gen. Camellia 58.1958.[Tiantai]（天台），Tientai Mt.[Tiantai Shan]（天台山），1924-05-08，R.C. Ching（秦仁昌）1479（Holotype：K）.

粉花连蕊茶 *Camellia fraterna* Hance form. *amoena* D.H. Wu, X.D. Mei et Z.H. Chen in J. Zhejiang Forest. Sci. Tech. 41（5）：84. 2021. Jingning（景宁），Hongxing Street（红星街道），Pankeng（潘坑），2021-01-22，Z.H. Chen et al.（陈征海等）JN21012202（Holotype：ZM）.

景宁白山茶 *Camellia lucidissima* Hung T. Chang subsp. *jingningensis* Z.H. Chen, P.L. Chiu et W.Y. Xie in J. Hangzhou Norm. Univ., Nat. Sci. Ed.19（3）：250. 2020. Jingning（景宁），Wangdongyang（望东垟），2018-03-22，Y.F. Wang et S.Z. Hu（王聿凡，胡绍柱）JN18032201（Holotype：ZM）.

粉红钝叶短柱茶 *Camellia obtusifolia* Hung T. Chang form. *rubella* Z.H. Cheng[Chen] in J. Zhejiang Forest. Coll. 4（1）：71.1987. Wencheng（文成），Yeshen[Yesheng]（叶胜），1986-10-13，Z.H. Chen et X.D. Wang（陈征海，王小德）S090（Holotype：ZFSD）.

八瓣糙果茶 *Camellia octopetala* Hu in Acta Phytotax. Sin. 10（2）：134. 1965. Lungchuan [Qingyuan]（今属庆元），[Longgong]（隆宫），1959-11-11[11-17]，Hangchow Bot. Gard.（杭州植物园，应为章绍尧）7002（Holotype：PE）.

粉红短柱茶 *Camellia puniceiflora* Hung T. Chang in Tax. Gen. Camellia 40. 1981. Longquan（龙泉），[Jinxi]（锦溪，误为锦旗），1959-11-10，S.Y. Chang（章绍尧）7150（Holotype：HHBG）.

白花细叶茶 *Camellia trichoclada*（Rehd.）S.S. Chien form. *leucantha* P.L. Chiu in J. Nanjing Forest. Univ. 2：26. 1987. Pingyang[Cangnan]（今属苍南），Juxi（莒溪），1959-11-25，S.Y. Chang（章绍尧）7412（Holotype：HHBG）.

多瓣杨桐 *Cleyera japonica* Thunb. subsp. *pleiopetala* Z.H. Chen，P.L. Chiu et G.Y. Li in J. Hangzhou Norm. Univ., Nat. Sci. Ed.19（3）：250. 2020. Songyang（松阳），Yuyan（玉岩），Heshantou（何山头），2017-05-28，Z.H. Chen et al.（陈征海等）SY17052803（Holotype：ZM）.

尖萼紫茎 *Stewartia acutisepala* P.L. Chiu et G.R. Zhong in Nord. J. Bot. 27（5）：370. 2009. Suichang（遂昌），1979年，Suichang For. Inst. Exped.（遂昌林科所）495（Holotype：HHBG）.

短萼紫茎 *Stewartia brevicalyx* S.Z. Yan in Acta Phytotax. Sin. 19（4）：466，pl. 3. 1981. [Lin'an]（临安），Sitienmu Shan[Xitianmu Shan]（西天目山），1972-05-28，Chekiang Natural Museum（浙江博物馆）3172（Holotype：ZM）.

天目紫茎 *Stewartia gemmata* S.S. Chien et W.C. Cheng in Contr. Biol. Lab. Sci. Soc. China, Bot. Ser. 6：66. 1931. [Lin'an]（临安），Western Tien-mu-shan[Xitianmu Shan]（西天目山），1929-08-11，S.S. Chien（钱崇澍）737（Lectotype：PE，designatede by Q. Lin et al. in Acta Bot. Boreal.-Occident. Sin. 28（8）：1702. 2008）.

光紫茎 *Stewartia glabra* S.Z. Yan in Acta Phytotax. Sin. 19（4）：466，pl. 2. 1981. Hangchow[Hangzhou]（杭州，引自天台山？），Z.R. Li（李增瑞）086（Holotype：FUS）.

毛枝连蕊茶 *Thea trichoclada* Rehd. in J. Arnold Arbor. 8（3）：176. 1927. Taishun（泰顺），1926-08-10，Y.L. Keng（耿以礼）324（Holotype：A）.

五二 猕猴桃科 Actinidiaceae

凸脉猕猴桃 *Actinidia arguta*（Siebold et Zucc.）Planch. ex Miq. var. *nervosa* C.F. Liang in Fl. Reipubl. Popularis Sin. 49（2）：309.1984.[Tiantai]（天台），Tiantaishan（天台山），1959-07-20，Zhejiang Exp.（浙江植物资源普查队）28283（Holotype：PE）.

章氏猕猴桃 *Actinidia changii* P.S. Hsu in Acta Phytotax. Sin. 11（2）：197. 1966. Sui-chang（遂昌），1959-05-03，Chekiang Prov. Econ. Bot. Exped.（浙江植物资源普查队，应为章绍尧）2583（Holotype：HHBG）.

中华猕猴桃 *Actinidia chinensis* Planch. in London J. Bot. 6：303.1847. China[Ningbo]（宁波），1845年，R. Fortune 39（Holotype：K）.

白花毛花猕猴桃 *Actinidia eriantha* Benth. form. *alba* C.F. Gan in Guihaia 3（1）：18.1983. Qingyuan（庆元），1982-05-22，C.F. Gan（甘长飞）101（Holotype：IBK）.

Actinidia kengiana F.P. Metcalf in Lingnan Sci. J. 11（1）：16. 1932. Ching-ning［Jingning］（景宁），1926-08-16，Y.L. Keng（耿以礼）394（Holotype：A）.

大籽猕猴桃*Actinidia macrosperma* C.F. Liang in Fl. Reipubl. Popularis Sin. 49（2）：311. 1984.［Lin'an］（临安），Tianmushan（天目山），1958-10-18，Hort. Bot. Hangzhou（杭州植物园，应为贺贤育）31236（Holotype：PE）.

梅叶猕猴桃*Actinidia macrosperma* C.F. Liang var. *mumoides* C.F. Liang in Fl. Reipubl. Popularis Sin. 49（2）：312. 1984. Hangzhou（杭州），1958-05-09，S.Y. Zhang（章绍尧）2159（Holotype：PE）.

褪粉猕猴桃*Actinidia melanandra* Franch. var. *subconcolor* C.F. Liang in Fl. Reipubl. Popularis Sin. 49（2）：310. 1984.［Tiantai］（天台），Tiantaishan（天台山），1958-06-19，Hort. Bot. Hangzhou（杭州植物园）0281（Holotype：IBK）.

长柄对萼猕猴桃*Actinidia valvata* Dunn var. *longipedicellata* L.L. Yu in Guihaia 8（2）：132. 1988. Ningbo（宁波），1960-05-31，L.L. Yu（於玲珑）8163（Holotype：IBK）.

黄绿猕猴桃*Actinidia viridiflava* P.S. Hsu in Acta Phytotax. Sin. 11（2）：198. 1966.［Lin'an］（临安），Tien-mu-shan［Tianmu Shan］（天目山），1957-05-26，Y.Y. Ho（贺贤育）21869（Holotype：HHBG）.

浙江猕猴桃*Actinidia zhejiangensis* C.F. Liang in Guihaia 2（1）：2. 1982. Qingyuan（庆元），1981-10，C.F. Gan（甘长飞）3（Holotype：IBK）.

五五　杜英科 Elaeocarpaceae

Elaeocarpus yentangensis Hu in J. Arnold Arbor. 5（4）：229. 1924. Ping-yang（平阳），South Yeng-tang Shan［Nan Yandang Shan］（南雁荡山），1920-08-24，H.H. Hu（胡先骕）237（Holotype：A）.

五六　椴树科 Tiliaceae

绒果田麻*Corchoropsis tomentosa*（Thunb.）Makino var. *tomentosicarpa* P.L. Chiu et G.R. Zhong in Bull. Bot. Res., Harbin 8（4）：106. 1988. Hangzhou（杭州），Feilaifeng（飞来峰），1958-09-26，S.Y. Chang（章绍尧）1228（Holotype：HHBG）.

Tilia hypoglauca Rehd. in J. Arnold Arbor. 8（3）：172. 1927. Siachu［Xianju］（仙居），1924-06-04，R.C. Ching（秦仁昌）1813（Holotype：A）.

鳞毛椴*Tilia lepidota* Rehd. in J. Arnold Arbor. 8（3）：172. 1927. Southern Chekiang［Qingyuan］（庆元），1924-08-10，R.C. Ching（秦仁昌）2385（Holotype：A）.

长柄南京椴*Tilia miqueliana* Maxim. var. *longipes* P.L. Chiu in Bull. Bot. Res., Harbin 8（4）：105. 1988. Anji（安吉），Xiaofeng（孝丰），1957-06-07，Y.Y. Ho（贺贤育）24348（Holotype：HHBG）.

五九　锦葵科 Malvaceae

小叶梵天花*Urena procumbens* L. var. *microphylla* K.M. Feng in Acta Bot. Yunnan. 4（1）：

28. 1982. Pingyang［Cangnan］（今属苍南），［Juxi］（莒溪），1958-11，Botanical Garden of Hangchow（杭植标，应为浙江植物资源普查队）24741（Holotype：HHBG）.

六〇　茅膏菜科 Droseraceae

光萼茅膏菜 *Drosera peltata* Smith var. *glabrata* Y.Z. Ruan in Acta Phytotax. Sin. 19（3）：343. 1981. Suichang（遂昌），1960-05，R.H. Shan（单人骅）6228（Holotype：NAS）.

六四　堇菜科 Violaceae

毛梗心叶堇菜 *Viola concordifolia* C.J. Wang var. *hirtipedicellata* C.J. Wang in Acta Bot. Yunnan. 14（4）：382. 1992.［Lin'an］（临安），Xitianmushan（西天目山），1935-05-15，H. Migo s.n.（Holotype：NAS）.

Viola philippica Cav. subsp. *malesica* W. Becker in Bot. Jahrb. Syst. 54（5，Beibl. 120）：178. 1917. Tschusan-Archipel［Zhoushan］（舟山），Insel Putu［Putuo］（普陀），1912-02-29，H.W. Limpricht 313（Syntype：B）；Ningpo［Ningbo］（宁波），H.W. Limpricht 38（Syntype：B）；Insel Tschusan［Zhoushan］（舟山），Ting hai［Dinghai］（定海），H.W. Limpricht 310（Syntype：B）.

六七　葫芦科 Cucurbitaceae

盒子草 *Actinostemma tenerum* Griff. in Account Bot. Coll. Cantor 25，PL. III（1844/1845）. Chusan［Zhoushan］（舟山），T. Cantor s.n.（Syntype：？）.

小果绞股蓝 *Gynostemma zhejiangense* X.J. Xue in Bull. Bot. Res., Harbin 15（4）：447. 1995. Hangzhou（杭州），Yu-huang-shan（玉皇山），1994-11-10，X.J. Xue et S.L. Zhang（薛祥骥，张水利）9411107（Holotype：PE）.

浙江雪胆 *Hemsleya zhejiangensis* C.Z. Zheng in Acta Phytotax. Sin. 23（1）：67. 1985. Taishun（泰顺），Wuyan Ling（乌岩岭），1982-08-12，C.Z. Zheng（郑朝宗）2633（Holotype：HZU）.

天目雪胆 *Hemsleya graciliflora*（Harms）Cogn. var. *tianmuensis* X.J. Xue et H. Yao in Acta Phytotax. Sin. 33（2）：208. 1995.［Lin'an］（临安），Xitianmu Mt.（西天目山），1987-09，X.J. Xue et S.T. Fang（薛祥骥，方尚土）8705（Holotype：HHBG）.

腺栝楼 *Trichosanthes glandulosa* G.Q. Zhu, H.Z. Peng et X.H. Liu in J. Zhejiang Forest. Sci. Tech. 40（3）：91. 2020. Hangzhou（杭州），Xiaoheshan（小和山），Zhejiang Academy of Forestry（浙江省林业科学研究院），Bamboo Garden（竹种园），2018-07-03，G.Q. Zhu（朱光权）ZFAZGQ 2018070301（Holotype：ZM）.

小花栝楼 *Trichosanthes parviflora* C.Y. Wu ex S.K. Chen in Bull. Bot. Res., Harbin 5（2）：117. 1985. Lishui（丽水），S.Y. Chang（章绍尧）6072（Holotype：KUN）.

展毛栝楼 *Trichosanthes rosthornii* Harms subsp. *patentivillosa* Z.H. Chen, W.Y. Xie et F. Chen in J. Hangzhou Norm. Univ., Nat. Sci. Ed. 18（4）：420. 2019. Wuyi（武义），2018-08，Y.R. Zhu（朱遗荣）WY 18080101（ZM）.

六九　杨柳科 Salicaceae

Salix atopantha C.K. Schneider var. *glabra* K.S. Hao ex C.F. Fang et A.K.Skvortsov in Novon 8

(4): 467. 1998. [Lin'an](临安), Tien mu shan [Dongtianmu Shan](东天目山), 1929-04-04, K.K. Troong [K.K. Tsoong](钟观光) 63 (Lectotype: PE-00720399, designated by Li He et Wendy L. Applequist in Novon 28 (3): 181. 2020).

曲枝垂柳 *Salix babylonica* L. form. *tortuosa* Y.L. Chou in Bull. Bot. Res., Harbin 1 (1-2): 159. 1981. Xiaoshan(萧山), 1927-08-17, Zhang Ling(张岭) 1 (Holotype: NF).

浙江柳 *Salix chekiangensis* W.C. Cheng in Contr. Biol. Lab. Sci. Soc. China, Bot. Ser. 9 (1): 62. 1933. Chinhua [Jinhua](金华), 1933-04-01, S. Chen(陈诗) 925 (Holotype: PE).

银叶柳 *Salix chienii* W.C. Cheng in Contr. Biol. Lab. Sci. Soc. China, Bot. Ser. 9 (1): 59. 1933. [Lin'an](临安), W. Tienmushan [Xitianmu Shan](西天目山), 1931-04-14, W.C. Cheng(郑万钧) 2255 (Lectotype: PE, designated by Q. Lin et al. in Bull. Bot. Res., Harbin 28 (5): 535. 2008); [Lin'an](临安), E. Tienmushan [Dongtianmu Shan](东天目山), 1929-04-04, K.K. Tsoong(钟观光) 63 (Syntype: NAS).

钟氏柳 *Salix tsoongii* W.C. Cheng in Contr. Biol. Lab. Sci. Soc. China, Bot. Ser. 10 (1): 68. 1935. Fenghwa [Fenghua](奉化), Szemungshan [Siming Shan](四明山), 1935-04-20, P.C. Tsoong [Pu Chin Tsoong](钟补勤) 142 (Holotype: PE).

七一 十字花科 Brassicaceae

大叶葱芥 *Alliaria grandifolia* C.H. An in Acta Phytotax. Sin. 23 (5): 396. 1985. Changhua(昌化), Yunxiwu(云溪坞), 1957-06-02, X.Y. He(贺贤育) 23442 (Holotype: NAS).

雪里蕻 *Brassica juncea* (L.) Czern. var. *multiceps* Tsen et Lee in Hortus Sinicus 2: 20. 1942. Ningpo [Ningbo](宁波), Wang Tou, cult.(栽培), 1935-01-20, C.F. Liu 147 (Syntype: ?); cult. on University Farm(大学农场栽培) 1931 (Syntype: ?).

抱头白菜 *Brassica pekinensis* (Lour.) Rupr. var. *cephalata* Tsen et S.H. Lee in Hortus Sinicus 2: 14. 1942. Cult. in the Hort. Exper. Station of the Univ.(no. 601) from seeds received from Hangchow [Hangzhou](杭州).

中华碎米荠 *Cardamine cathayensis* Migo in J. Shanghai Sci. Inst. Sect. III, 3: 223. 1937. Hangchow [Hangzhou](杭州), Shang-tienchu [Shangtianzhu](上天竺), 1935-04-17, H. Migo s.n. (Holotype: TI).

卵叶弯曲碎米荠 *Cardamine flexuosa* With. var. *ovatifolia* T.Y. Cheo et R.C. Fang in Bull. Bot. Lab. N.-E. Forest. Inst., Harbin 6: 24. 1980. Hangchow [Hangzhou](杭州), Longjing(龙井), 1957-03-21, S.Y. Chang(章绍尧) 186 (Holotype: NAS).

Cardamine hickinii O.E. Schulz in Repert. Spec. Nov. Regni Veg. 17 (492-503): 289. 1921. Hangchou [Hangzhou](杭州), H.J. Hickin s.n. (Holotype: K).

心叶碎米荠 *Cardamine limprichtiana* Pax in Jahresber. Schles. Ges. Vaterl. Cult. 89 (Abt. 2): 27. 1911. Ningpo [Ningbo](宁波), 1911-04-18, H.W. Limpricht 18 (Holotype: WRSL).

浙江碎米荠 *Cardamine zhejiangensis* T.Y. Cheo et R.C. Fang in Bull. Bot. Lab. N.-E. Forest.

Inst., Harbin 6: 24. 1980. [Lin'an](临安), Xitianmu Shan(西天目山), 1957-05-04, H.Y. Ho(贺贤育) 20927 (Holotype: HHBG).

浙江岩荠 *Cochlearia warburgii* O.E. Schulz in Notizbl. Bot. Gart. Berlin-Dahlem 8 (77): 545. 1923. Ningpo[Ningbo](宁波), 1887-05, O. Warburg 6340 (Holotype: B).

棒毛荠 *Cochleariopsis zhejiangensis* Y.H. Zhang in Acta Bot. Yunnan. 7 (2): 144. 1985. Suichang(遂昌), Jiulong Shan(九龙山), 1983-05-17, C. Ling(林泉) 3154 (Holotype: ZDC).

反折山萮菜 *Eutrema reflexum* T.Y. Cheo in Bot. Bull. Acad. Sin 2 (5): 23. 1948. [Lin'an](临安), Hsi-tien-mu-shan[Xitianmu Shan](西天目山), 1936-04-23, H. Migo s.n.(Isotype: NAS).

昌化泡果荠 *Hilliella changhuaensis* Y.H. Zhang in Acta Bot. Yunnan. 9 (2): 155. 1987. Linan(临安), Changhua(昌化), 1957-06-17, X.Y. He(贺贤育) 23624 (Holotype: NAS).

长柱泡果荠 *Hilliella longistyla* Y.H. Zhang in Acta Bot. Yunnan. 9 (2): 153. 1987. Longquan(龙泉), 1919[1930]-06-03, H.H. Hu(胡先骕)[K.K. Tsoong(钟观光)]s.n.(Holotype: ZM).

菱果泡果荠 *Hilliella rhombea* D.D. Ma et W.Y. Xie in Phytotaxa 357 (2): 150. 2018. Fuyang(富阳), Longmen(龙门), 2015-05-24, W.Y. Xie et D.D. Ma(谢文远，马丹丹) FY20150510 (Holotype: ZJFC).

白花浙江泡果荠 *Hilliella warburgii*(O.E. Schulz) Y.H. Zhang et H.W. Li var. *albiflora* S.X. Qian in Bull. Bot. Res., Harbin 10 (4): 63. 1990. [Tiantai](天台), Tiantaishan(天台山), Huading(华顶), 1987-05-24, S.X. Qian(钱士心) 10002 (Holotype: SHRMC).

铺散诸葛菜 *Orychophragmus diffusus* Z.M. Tan et J.M. Xu in Acta Phytotax. Sin. 36 (6): 547. 1998. Yuhang(余杭), 1995-06-01, Z.M. Tan et al.(谭仲明等) 95-16 (Holotype: SZ).

*宁波诸葛菜 *Orychophragmus ningboensis* G.Y. Li, H.L. Lin et X.P. Li in Bot. Res. in Ningbo[宁波植物研究] 340. 2021. Ningbo(宁波), Fenghua(奉化), Xikou Town(溪口镇), Zhuangyuan'ao Village(状元岙), Quanshuiyanxia(泉水岩下), H.L. Lin(林海伦) LHL2014012 (Holotype: ZJFC).

七二　山柳科 Clethraceae

全缘桤叶树 *Clethra cavaleriei* Levl. var. *subintegrifolia* Ching ex L.C. Hu in J. Sichuan Univ., Nat. Sci. Ed. 3: 114.1979. Qing-yuan(庆元), 1958-08-12, S.Y. Chang(章绍尧) 3444 (Holotype: PE).

Clethra longebracteata Sleumer in Repert. Spec. Nov. Regni Veg. 38 (993-1005): 205. 1935. Tsing-tien[Qingtian](青田), 1926-07-26, Y.L. Keng(耿以礼) 175 (Holotype: B).

Clethra sinica K.S. Hao in Repert. Spec. Nov. Regni Veg. 42 (1071-1080): 85.1937. Tsing tien[Qingtian](青田), 1926-07-26, Y.L. Keng(耿以礼) 164 (Syntype: ?).

七三　杜鹃花科 Ericaceae

Azalea ovata Lindl. in J. Hort. Soc. London 1: 149. 1846. Chusan[Zhoushan](舟山), 1845

年，R. Fortune 52（Holotype：K）.

美叶吊钟花 *Enkianthus calophyllus* T.Z. Hsu in Acta Bot. Yunnan. 7（2）：151. 1985. Yunhe[Jingning]（景宁，原属云和），1959-05-16，S.Y. Chang（章绍尧）5286（Holotype：PE）.

毛果南烛 *Pieris ovalifolia* D. Don var. *hebecarpa* Franch. ex F.B. Forbes et Hemsl. in J. Linn. Soc., Bot. 26（173）：17.1889.[Anji]（安吉），Meichi[Meixi]（梅溪），Poli ex Franchet s.n.（Holotype：?）.

粉花马醉木 *Pieris japonica*（Thunb.）D. Don ex G. Don form. *rubra* F.B. Yan, G.Y. Li et Z.H. Chen in J. Zhejiang Forest. Sci. Tech. 41（5）：85. 2021. Wenling（温岭）. Fangshan（方山），2021-02-22，F.B. Yan（颜福彬）WL21022201（holotype：ZM）.

云锦杜鹃 *Rhododendron fortunei* Lindl. in Gard. Chron. 1859：868.1859. Ningpo[Ningbo]（宁波），1855年，R. Fortune s.n.（Holotype：?）.

杭州杜鹃 *Rhododendron hangzhouense* W.P. Fang et M.Y. He in Bull. Bot. Res., Harbin 2（2）：81. 1982. Hangzhou（杭州），Yun-qi（云栖），1957-04-20，S.Y. Chang（章绍尧）211（Holotype：PE）.

华顶杜鹃 *Rhododendron huadingense* B.Y. Ding et Y.Y. Fang in Taxon 54（3）：804. 2005. Tiantai（天台），Huading Shan（华顶），1988-04-24，B.Y. Ding（丁炳扬）4540（Holotype：HZU）.

白花满山红 *Rhododendron mariesii* Hemsl. et E.H. Wilson form. *albescens* B.Y. Ding et G.R. Chen in J. Hangzhou Univ., Nat. Sci. Ed. 16（2）：198.1989. Qingyuan（庆元），Zuoxi（左溪），B.Y. Ding et C.M. Cai（丁炳扬，蔡昌明）3825（Holotype：HZU）.

绿晕满山红 *Rhododendron mariesii* Hemsl. et E.H. Wilson form. *viridia* K. Chen, Y.P. Li et F.X. Luo in Chin. Wild Pl. Res. 32（2）：41. 2013. 引自遂昌九龙山，s.coll. 01204（Holotype：JIT）.

刚毛马银花 *Rhododendron ovatum*（Lindl.）Planch. ex Maxim. var. *setuliferum* M.Y. He in J. Sichuan Univ., Nat. Sci. Ed. 1：96.1984. Hangzhou（杭州），s.coll. 1163（Holotype：ZM）.

崖壁杜鹃 *Rhododendron saxatile* B.Y. Ding et Y.Y. Fang in Bull. Bot. Res., Harbin 7（2）：29. 1987. Pingyang（平阳），Nan Yandang（南雁荡），1985-05-11，B.Y. Ding（丁炳扬）4082（Holotype：HZU）.

普陀杜鹃 *Rhododendron simsii* Planch. var. *putoense* G.Y. Li et Z.H. Chen in J. Zhejiang Forest. Coll. 27（6）：909. 2010. Putuo Island（普陀），Baihuashan（白华山），2008-03-30，G.Y. Li et al.（李根有等）PT08071（Holotype：ZJFC）.

泰顺杜鹃 *Rhododendron taishunense* B.Y. Ding et Y.Y. Fang in Bull. Bot. Res., Harbin 7（2）：27. 1987. Taishun（泰顺），Liguang（里光），1985-05-15，B.Y. Ding（丁炳扬）4119（Holotype：HZU）.

杭州越橘 *Vaccinium donianum* Wight var. *hangchouense* Matsuda in Bot. Mag.（Tokyo）26（310）：319. 1912.[Hangzhou]（杭州），Po-kao-fung[Beigaofeng]（北高峰），K. Honda 1266（Syntype：TI）；Han-chou[Hangzhou]（杭州），K. Suzuki s.n.（Syntype：?）.

光序刺毛越橘 Vaccinium trichocladum Merr. et F.P. Metcalf var. glabriracemosum C.Y. Wu ex R.C. Fang et C.Y. Wu in Acta Bot. Yunnan. 9（4）：387.1987. Lishui（丽水），1930-04-22，K.K. Tsoong（钟观光）225（Holotype：SZ）。

七五　水晶兰科 Monotropaceae

浙江假水晶兰 Monotropastrum lungchuanense K.F. Wu in Acta Phytotax. Sin. 16（1）：73. 1978. Qingyuan（庆元），Baishanzu（百山祖），1964-05-13，M.Z. Liu et W.L. Ma（刘民壮，马炜梁）33671（Holotype：HSNU）。

毛花假水晶兰 Monotropastrum pubescens K.F. Wu in Acta Phytotax. Sin. 16（1）：73.1978. Longquan（龙泉），Fengyangshan（凤阳山），1964-06-08，J.N. Wang et S.H. Ou（王金诺，欧善华）698（Holotype：HSNU）。

七六　柿科 Ebenaceae

浙江柿 Diospyros glaucifolia F.P. Metcalf in Lingnan Sci. J. 11：22.1932. Tai Suan［Taishun］（泰顺），1924-07-21，R.C. Ching（秦仁昌）2195（Syntype：A）；Sienchu［Xianju］（仙居），1924-06-04，R.C. Ching（秦仁昌）1814（Syntype：A）。

*红花野柿 Diospyros kaki Thunb. var. erythrantha G.Y. Li, Z.H. Chen et X.P. Li in Bot. Res. in Ningbo［宁波植物研究］342.2021. Ninghai（宁海），Chashan（茶山），2018-04-27，Z.H. Chen et al.（陈征海等）NH18042712（Holotype：ZM）。

油柿（华东油柿）Diospyros oleifera W.C. Cheng in Contr. Biol. Lab. Sci. Soc. China, Bot. Ser. 10：80.1935. Chuchi［Zhuji］（诸暨），Fengchiao［Fengqiao］（枫桥），1932-07-13，W.C. Cheng（郑万钧）2474（Holotype：PE）。

老鸦柿 Diospyros rhombifolia Hemsl. in J. Linn. Soc., Bot. 26（173）：70.1889. Ningpo［Ningbo］（宁波），1887年，E. Faber 259（Holotype：K）。

浙江光叶柿 Diospyros zhejiangensis G.Y. Li, Z.H. Chen et P.L. Chiu in J. Zhejiang Forest. Coll. 23（4）：378.2006. Wencheng（文成），Shiyang（石垟），1986-10-11，Z.H. Chen（陈征海）S047（Holotype：ZJFC）。

七七　安息香科 Styracaceae

银钟花 Halesia macgregorii Chun in J. Arnold Arbor. 6（3）：144.1925. Tai-Shun（泰顺），1924-07-18，R.C. Ching（秦仁昌）2132（Holotype：A）。

细果秤锤树 Sinojackia microcarpa C.T. Chen et G.Y. Li in Novon 7（4）：350.1997. Jiangde［Jiande］（建德），Meicheng（梅城），1995-11-06，C.T. Chen（陈涛）9511041（Holotype：IBSC）。

白花龙 Styrax faberi Perkins in Pflanzenr. 30（IV-241）：33.1907. Tien tai Mt.［Tiantai Shan］（天台山），Chekiang［Zhejiang］（浙江），E. Faber s.n.（Syntype：?）。

Styrax jucunda［juncudus］Diels in Notizbl. Bot. Gart. Berlin-Dahlem 9（83）：198.1924. Huchow［Huzhou］（湖州），T.S. Chang（张宗绪）68（Holotype：B-destr.）。

Styrax philadelphoides Perkins in Pflanzenr. 30（IV.241）：32.1907. Ningpo［Ningbo］（宁波），

1887年，O. Warburg 6634（Isosyntype：A）；1844-05，R. Fortune A32（Lectotype：P-00597864, designated by G. Li et Peter W. Fritsch in J. Bot. Res. Inst. Texas 12（2）：592. 2018）.

浙江安息香*Styrax zhejiangensis* S.M. Huang et L.L. Yu in Acta Bot. Austro Sin. 1：75. 1983. Jiande（建德），1958-06-27，Y.Y. Ho（贺贤育）29344（Lectotype：IBSC-0002732, designated by Y-Q Ruan et al. in PhytoKeys 133：111. 2019）.

七八　山矾科 Symplocaceae

Symplocos sonoharae Koidz. var. *oblonga* Nagam. in Contr. Biol. Lab. Kyoto Univ. 26：194. 1993. between Ping Yung［Pingyang］（平阳）and Tai Suan［Taishun］（泰顺），1924-07-16，R.C. Ching（秦仁昌）2088（Holotype：W）.

老鼠矢*Symplocos stellaris* Brand in Bot. Jahrb. Syst. 29（3-4）：528. 1900. Tien tai［Tiantai］（天台）und Ningpo［Ningbo］（宁波），E. Faber s.n.（Syntype：?）.

七九　紫金牛科 Myrsinaceae

黄果朱砂根*Ardisia crenata* Sims form. *xanthocarpa* F.Y. Zhang et G.Y. Li in Acta Bot. Boreal.-Occident. Sin. 30（2）：420. 2010. Cangnan（苍南），Beishan（北山），2009-01-22，F.Y. Zhang（张芬耀）CN090101（Holotype：ZJFC）.

Bladhia lentiginosa（Ker Gawl.）Nakai form. *hortensis* Migo in J. Shanghai Sci. Inst. Sect. III, 3：225. 1937. Shaoshin［Shaoxing］（绍兴），1936-06-06，H. Migo s.n.（Holotype：TI）.

Myrsine marginata Mez in Pflanzenr. 236（Heft. 9）：339. 1902. Ningpoo-bergen［Ningbo］（宁波，文献误为广东Kwang-tung），E. Faber 96（Syntype：?），E. Faber 657（Syntype：US）.

八〇　报春花科 Primulaceae

浙江过路黄*Lysimachia chekiangensis* C.C. Wu in Acta Phytotax. Sin. 9（4）：313. 1964. Lungchuan［Longquan］（龙泉），1958-10-26，Chekiang Prov. Econom. Bot. Exped.（浙江植物资源普查队）22963（Holotype：HHBG）.

过路黄*Lysimachia christinae* Hance in J. Bot. 11（126）：167. 1873. Ningpoensis［Ningbo］（宁波），1872年，R. Swinhoe s.n（Holotype：BM, Herb. Hance n. 17673）.

紫脉簇花过路黄*Lysimachia congestiflora* Hemsl. var. *atronervata* C.C. Wu in Acta Phytotax. Sin. 9：314. 1964. Hangchow［Hangzhou］（杭州），Chi-pan-shan［Qipan Shan］（棋盘山），1963-05-23，Hangchow Univ. Sect. Phytotax.（杭大分类组）2197（Holotype：HZU）.

长梗过路黄*Lysimachia longipes* Hemsl. in J. Linn. Soc., Bot. 29（202）：316. 1892. Ningpo［Ningbo］（宁波），E. Faber 1638（Holotype：K）.

单茎过路黄*Lysimachia longipes* Hemsl. form. *simplicicaulis* S.S. Chien in Contr. Biol. Lab. Sci. Soc. China, Bot. Ser. 6：71. 1931.［Lin'an］（临安），W. Tien-mu-shan［Xitianmu Shan］（西天目山），1929-05-20，K.K. Tsoong（钟观光）426（Holotype：PE）.

小叶珍珠菜*Lysimachia parvifolia* Franch. in J. Linn. Soc., Bot. 26（173）：55. 1889. Ningpo［Ningbo］（宁波），1863年，Savatier ex Franchet s.n.（Holotype：P）.

紫脉过路黄 *Lysimachia rubinervis* F.H. Chen et C.M. Hu in Acta Phytotax. Sin. 17（4）：32. 1979. Rui'an（瑞安），1959-06-29，S.Y. Chang（章绍尧）6554（Holotype：PE）。

红毛过路黄 *Lysimachia rufipilosa* [*rufopilosa*] Y.Y. Fang et C.Z. Zheng in J. Hangzhou Univ., Nat. Sci. Ed. 15（1）：95. 1988. Sui Chang（遂昌），1959-05-03，Zhejiang Econom. Bot. Exped.（浙江植物资源普查队）25916（Holotype：HHBG）。

天目珍珠菜 *Lysimachia tienmushanensis* Migo in J. Shanghai Sci. Inst. Sect. III，4：153. 1939. [Lin'an]（临安），Mt. Hsi-tienmu-shan [Xitianmu Shan]（西天目山），1935-05-15，H. Migo s.n.（Holotype：TI）。

丽水报春 *Primula lishuiensis* D.H. Wu, X.D. Mei et X.B. Chen in J. Lishui Univ. 40（5）：28. 2018. Jingning（景宁），2018-03-17，D.H. Wu et X.D. Mei（吴东浩，梅旭东）JN20180317021（Holotype：LSXY）。

堇叶报春 *Primula cicutariifolia* Pax in Jahresber. Schles. Ges. Vaterl. Cult. 93, 1. Abt. 2, Zool.-Bot., 1. 1915. Hangtschou [Hangzhou]（杭州），Tempel Ling ying [Lingyinsi]（灵隐寺），1913-04-07，H.W. Limpricht 822（Holotype：B）。

小毛茛叶报春 *Primula ranunculoides* F.H. Chen var. *minor* F.H. Chen in Acta Phytotax. Sin. 1（2）：178. 1951. [Hangzhou]（杭州），[Xiaohe Shan]（小和山），1949-04，C.X. Zhong（仲崇信）s.n.（Lectotype：LBG, designated by J.W. Shao et al. in Bot. J. Linn. Soc. 169（2）：347. 2012）。

八一　海桐花科 Pittosporaceae

短梗海金子 *Pittosporum brachypodum* G.Y. Li, Z.H. Chen et X.P. Li in Bot. Res. in Ningbo [宁波植物研究] 341. 2021. Ninghai（宁海），Wushan Forest Farm（五山林场），Shuangfeng Forest Zone（双峰林区），2013-08-14，G.Y. Li（李根有）NH20130384（Holotype：ZJFC）。

狭叶崖花海桐 *Pittosporum illicioides* Makino var. *stenophyllum* P.L. Chiu in Fl. Reipubl. Popularis Sin. 35（2）：16. 1979. Longquan（龙泉），1958-07-27，S.Y. Chang（章绍尧）3262（Holotype：HHBG）。

昴山海桐 *Pittosporum maoshanense* Z.H. Chen，G.Y. Li et X.F. Jin in J. Hangzhou Norm. Univ., Nat. Sci. Ed. 20（3）：257. 2021. Longquan（龙泉），Maoshan（昴山），2013-06-12，L.M. Ji et al.（季利民等）LQ13061205（Holotype：ZM）。

八二　绣球花科 Hydrangeaceae

Cardiandra sinensis Hemsl. in Gard. Chron. Ser. 3，33：82. 1903. Ningpo [Ningbo]（宁波），1888年，E. Faber s.n.（Syntype：K）。

杂毛溲疏 *Deutzia chunii* Hu in J. Arnold Arbor. 6（3）：140. 1925. Chekiang [Zhejiang]（浙江），1924年，R.C. Ching（秦仁昌）4750（Holotype：PE）。

天台溲疏 *Deutzia faberi* Rehd. in Pl. Wilson.（Sargent）1：18. 1911. Tientai [Tiantai]（天台），Kiangsu Hills, E. Faber 210（Holotype：A）。

斑萼溲疏 *Deutzia glauca* Cheng var. *decalvata* S.M. Hwang in Acta Bot. Austro Sin. 8：

22. 1992. Anji（安吉），1957-07-01［06-01］，X.Y. He（贺贤育）24260（Holotype：IBSC）.

宁波溲疏 *Deutzia ningpoensis* Rehd. in Pl. Wilson.（Sargent）1：17. 1911. Ningpo［Ningbo］（宁波）Mts，E. Faber s.n.（Holotype：A）.

中国绣球 *Hydrangea chinensis* Maxim. in Mem. Acad. Sci. St. Petersb. ser. 7，10（16）：7. 1867.［Zhoushan］（舟山），1845年，R. Fortune A42（Syntype：LE）.

*展毛中国绣球 *Hydrangea chinensis* Maxim. var. *patentihirsuta* Z.H. Chen，W.Y. Xie et X.X. Chen in J. Zhejiang Forest. Sci. Tech. 40（4）：70. 2020. Jingning（景宁），Shangshantou（上山头），Z.H. Chen et al.（陈征海等）JN19051705（Holotype：ZM）.

疏花太平花 *Philadelphus pekinensis* Rupr. var. *laxiflorus* W.C. Cheng in Contr. Biol. Lab. Sci. Soc. China, Bot. Ser. 10：113. 1936. Hangchow［Hangzhou］（杭州），1927-06-12，H.H. Hu（胡先骕）1497（Syntype：A），1927-06-22，H.H. Hu（胡先骕）1653（Syntype：NAS）；Lingan［Lin'an］（临安），E. Tienmushan［Dongtianmu Shan］（东天目山），1929-08-03~08-05，S.S. Chien（钱崇澍）430（Syntype：?），S.S. Chien（钱崇澍）539（Syntype：?），S.S. Chien（钱崇澍）549（Syntype：?），1927-06-18，H.H. Hu（胡先骕）1551（Syntype：?），1932-06-28，W.C. Cheng（郑万钧）2128（Syntype：?），1927-07-26，T. Tang et W.Y. Hsia（唐进，夏纬瑛）383（Lectotype：A，designated by S.Y. Hu in J. Arnold Arbor. 36（1）：96. 1955）；Yutsien［Yuqian］（於潜），W. Tienmushan［Xitianmu Shan］（西天目山），1924-08-18，W.C. Cheng（郑万钧）5051（Syntype：?），1929-08-09，S.S. Chien（钱崇澍）688（Syntype：?），1934-04，C.C. Tsoong（钟稼勤）162（Syntype：?），1929-04-18，K.K. Tsoong（钟观光）100（Syntype：?）；Chungan［Chun'an］（淳安），1933-09-28，S. Chen（陈诗）2167（Syntype：?）；Suian（遂安，今属淳安），1933-10-09，S. Chen（陈诗）2335（Syntype：?）；Chiente［Jiande］（建德），1933-09-17，S. Chen（陈诗）2109（Syntype：?）；Sienchu［Xianju］（仙居），1924-05-23，R.C. Ching（秦仁昌）1613（Syntype：?）；Fenghua（奉化），1932-07-10，Y.Y. Ho（贺贤育）1383（Syntype：?）；Yunhuo［Yunhe］（云和），1933-05-31，S. Chen（陈诗）1457（Syntype：?），1933-06-03，S. Chen（陈诗）1526（Syntype：?）；Lungtsuan［Longquan］（龙泉），1933-05-17，S. Chen（陈诗）1416（Syntype：?），1934-05-20，S. Chen（陈诗）3194（Syntype：?），1934年，Y.Y. Ho（贺贤育）3258（Syntype：?）；R.C. Ching（秦仁昌）2463（Syntype：?）.

Philadelphus sericanthus Koehne var. *leiocalyx* Migo in Bull. Shanghai Sci. Inst. 14：296. 1944. Kinhwa［Jinhua］（金华），Mt. Pei-shan［Bei Shan］（北山），1935-05-05，H. Migo s.n.（Holotype：?）.

Platycrater arguta Siebold et Zucc. var. *sinensis* H. Hara in J. Jap. Bot. 61（3）：70. 1986. Yunhwo［Yunhe］（云和），1932-09-13，S. Chen（陈诗）705（Holotype：E）.

八三　茶藨子科 Grossulariaceae

Itea longibracteata Hu in J. Arnold Arbor. 6（3）：141. 1925. Taichow［Taizhou］（台州），Yun-Fan［Yunfeng］（云峰），1924-05-01，R.C. Ching（秦仁昌）1316（Holotype：A）.

绿花细枝茶藨 Ribes tenue Jancz. var. viridiflorum W.C. Cheng in Contr. Biol. Lab. Sci. Soc. China, Bot. Ser. 10: 120. 1936. Yutsien［Yuqian］（於潜），W. Tienmushan［Xitianmu Shan］（西天目山），1931-04-17，W.C. Cheng（郑万钧）2344（Holotype: NAS）.

八四　景天科 Crassulaceae

狭叶垂盆草 Sedum angustifolium Z.B. Hu et X.L. Huang in Acta Phytotax. Sin. 19（3）: 311. 1981. Hangzhou（杭州），Xiaohe Shan（小和山），X.L. Huang（黄秀兰）7604（Holotype: SHMI）.

虎耳草状景天 Sedum drymarioides Hance var. saxifragiforme X.F. Jin et H.W. Zhang in J. Hangzhou Norm. Univ., Nat. Sci. Ed. 9（3）: 167. 2010. Lin'an（临安），Changhua（昌化），1978-04-15，L. Hong（洪林）415（Holotype: HHBG）.

无距景天 Sedum ecalcaratum H.J. Wang et P.S. Hsu ex P.S. Hsu in Rheedea 1: 46. 1991. ［Lin'an］（临安），Mt. West Tienmu［Xitianmu Shan］（西天目山），1987-05-09，F. Lu（陆帆）17（Holotype: FUS）.

凹叶景天 Sedum emarginatum Migo in J. Shanghai Sci. Inst. Sect III, 3: 224. 1937. Hangchow［Hangzhou］（杭州），Lingyin（灵隐），1935-05-23，H. Migo s.n.（Isotype: TI）.

杭州景天 Sedum hangzhouense K.T. Fu et G.Y. Rao in Acta Bot. Boreal.-Occident. Sin. 8（2）: 119. 1988. Hangzhou（杭州），Lingyinsi（灵隐寺），1961-05-09，s.coll. 71（Holotype: SZ）.

贺氏景天 Sedum hoi X.F. Jin et B.Y. Ding in Acta Bot. Yunnan. 27（3）: 381. 2005. Lin'an（临安），Tianmushan（天目山），1957-07-15，Y.Y. Ho（贺贤育）25418（Holotype: HHBG）.

九龙山景天 Sedum jiulungshanense Y.C. Ho in Bull. Bot. Res., Harbin 9（4）: 31. 1989. Suichuang［Suichang］（遂昌），jiulungshan［Jiulong Shan］（九龙山），1983-05-17，Q. Lin（林泉）3278（Holotype: HZU）.

坤俊景天 Sedum kuntsunianum X.F. Jin, S.H. Jin et B.Y. Ding in Phytotaxa 105（2）: 34. 2013. Wencheng（文成），Shiyang（石垟），2005-05-16，X.F. Jin et X.M. Yang（金孝锋，杨信猛）1808（Holotype: HTC）.

龙泉景天 Sedum lungtsuanense S.H. Fu in Acta Phytotax. Sin., Addit. 1: 115. 1965. Longtsuan［Longquan］（龙泉），1930-06-06，K.K. Tsoong（钟观光）545（Holotype: PE）.

伴矿景天 Sedum plumbizincicola X.H. Guo et S.B. Zhou ex L.H. Wu in Plant Syst. Evol. 299: 492. 2013. Chun'an（淳安），2005-06-10，D. Bi（毕德）05061028（Holotype: ANU［ANUB］）.

藓状景天 Sedum polytrichoides Hemsl. in J. Linn. Soc., Bot. 23（155）: 286. 1887. Ningpo［Ningbo］（宁波），1887年，E. Faber 210（Holotype: K）.

天目山景天 Sedum tianmushanense Y.C. Ho et F. Chai in Bull. Bot. Res., Harbin 9（4）: 32. 1989.［Lin'an］（临安），Tianmushan（天目山），Laodian（老殿），1987-05-31，F. Chai（蔡飞）52（Holotype: HTC）.

浙景天（中华景天）Sedum tosaense Makino subsp. sinense K.T. Fu et G.Y. Rao in Acta Bot. Boreal.-Occident. Sin. 8（2）: 121. 1988. Changhua（昌化），1957-05-12，X.Y. He（贺贤育）

22931（Holotype：NAS）.

八五　虎耳草科 Saxifragaceae

大果落新妇 *Astilbe macrocarpa* Knoll in Sitzungsber. Kaiserl. Akad. Wiss., Math.-Naturwiss. Cl., Abt 1, 118：73. 1909. Ningpo［Ningbo］（宁波）Mts, E. Faber s.n.（Holotype：B）.

瓣萼虎耳草 *Saxifraga stolonifera* Curt. form. *sepaloides* G.H. Xia et G.Y. Li in J. Zhejiang Forest. Coll. 25（5）：679. 2008. Lin'an（临安），2006-05-20，G.H. Xia（夏国华）s.n.（Holotype：ZJFC）.

浙江虎耳草 *Saxifraga zhejiangensis* Z. Wei et Y.B. Chang in Bull. Bot. Res., Harbin 9（2）：33. 1989. Longquan（龙泉），Fengyang Shan（凤阳山），1963-10-20，Z.G. Mao（毛宗国）10139（Holotype：HHBG）.

八六　蔷薇科 Rosaceae

Amelanchier racemosa Lindl. in Edwards's Bot. Reg. 33：sub pl. 38. 1847.［Zhoushan］（舟山），1846年，R. Fortune 29（Isotype：K）.

仙居杏 *Armeniaca xianjuxing* J.Y. Zhang et X.Z. Wu in Bull. Bot. Res., Harbin 29（1）：1. 2009. Xianju（仙居），Mt. Kuocangsan［Kuocang Shan］（括苍山），2008-05-16，J.Y. Zhang et al.（张加延等）2008-1（Holotype：LNIP）.

迎春樱桃 *Cerasus discoidea* T.T. Yü et C.L. Li in Acta Phytotax. Sin. 23（3）：211. 1985.［Lin'an］（临安），Xitianmu Shan（西天目山），1957-05-24，M.B. Deng et al.（邓懋彬等）4073（Holotype：PE）.

白花迎春樱 *Cerasus discoidea* T.T. Yü et C.L. Li form. *albiflora* H.Q. Bai et Z.H. Chen in J. Hangzhou Norm. Univ., Nat. Sci. Ed. 16（5）：520. 2017. Deqing（德清），Mount. Mogan（莫干山），2015-03-27，X.F. Jin et Z.H. Chen（金孝锋，陈征海）DQ001（Holotype：HTC）.

凤阳山樱桃 *Cerasus fengyangshanica* L.X. Ye et X.F. Jin in J. Hangzhou Norm. Univ., Nat. Sci. Ed. 16（1）：22. 2017. Longquan（龙泉），Mount. Fengyang（凤阳山），2015-05-14，X.F. Jin（金孝锋）3502（Holotype：HTC）.

沼生矮樱 *Cerasus jingningensis* Z.H. Chen, G.Y. Li et Y.K. Xu in J. Zhejiang Forest. Sci. Tech. 32（4）：81. 2012. Jingning（景宁），Dayanghu（大仰湖），Y.K. Xu et C.G. Zhao（许元科，赵昌高）JN1205001（Holotype：ZJFC, lost）；同地，2013-03-18，Z.H. Chen（陈征海）2013002［Neotype：ZJFC designated by Y. Wu et al. in Life Sci. Res. 23（4）：260. 2019］.

重瓣矮樱 *Cerasus jingningensis* Z.H. Chen, G.Y. Li et Y.K. Xu form. *pleiopetala* Z.H. Chen, H.F. Xu et G.Y. Li in J. Hangzhou Norm. Univ., Nat. Sci. Ed. 16（5）：520. 2017. Jingning（景宁），Dayanghu（大仰湖），2013-03-16，H.F. Xu et Z.H. Chen（徐洪峰，陈征海）JN1303001（Holotype：HTC）.

景宁晚樱 *Cerasus paludosa* Rilin Liu, W.J. Chen et Z.H. Chen in J. Hangzhou Norm. Univ., Nat. Sci. Ed. 16（5）：519. 2017. Jingning（景宁），2015-05-13，W.J. Chen（陈伟杰）3468（Holotype：

HTC）.

重瓣早樱 *Cerasus subhirtella* (Miq.) S.Y. Sokolov form. *multipetala* F.Y. Zhang, W.Y. Xie et Z.H. Chen in J. Hangzhou Norm. Univ., Nat. Sci. Ed. 16 (5): 519. 2017. Anji（安吉）, 2015-04-10, F.Y. Zhang et al.（张芬耀等）AJ20150403（Holotype: HTC）.

重瓣野山楂 *Crataegus cuneata* Siebold et Zucc. form. *pleniflora* S.X. Qian in Bull. Bot. Res., Harbin 11 (1): 57. 1991. Tiantai（天台）, Tiantaishan（天台山）, 1986-05-20, S.X. Qian（钱士心）10001（Holotype: SHRMC）.

Exochorda grandiflora Lindl. in Gard. Chron. 1858: 925. 1858. Chekiang [Zhejiang]（浙江）, 1855年, R. Fortune s.n.（Holotype: ?）.

黑果石楠 *Photinia atropurpurea* P.L. Chiu ex Z.H. Chen et X.F. Jin in J. Hangzhou Norm. Univ. Nat. Sci. Ed. 20 (4): 393. 2021. Taishun（泰顺）, Zuoxi（左溪）, Lishuqiu（梨树坵）, 2020-05-03, Z.H. Chen et al.（陈征海等）TS20050316（Holotype: ZM）.

裘氏石楠 *Photinia chiuana* Z.H. Chen, F. Chen et X.F. Jin in J. Hangzhou Norm. Univ. Nat. Sci. Ed. 20 (1): 32. 2021. Qujiang（衢江）, Hunan town（湖南镇）, Poshi Village（破石村）, Bijiashanzhuang（笔架山庄）, 2019-05-20, Z.H. Chen et al.（陈征海等）QJ19052001（Holotype: ZM）.

玉兰叶石楠 *Photinia magnoliifolia* Z.H. Cheng [Chen] in J. Zhejiang Forest. Coll. 3 (1): 35. 1986. Linan（临安）, Qingshan-Suiku（青山水库）, 1984-04-15, Z.H. Cheng [Chen] et L.H. Ren（陈征海, 任玲华）84006（Holotype: HHBG）.

水花石楠 *Photinia prunifolia* (Hook. et Arn.) Lindl. var. *denticulata* T.T. Yü in Acta Phytotax. Sin. 8 (3): 228. 1963. Ping-yang（平阳）, 1959-06-28, S.Y. Chang（章绍尧）5867（Holotype: PE）.

泰顺石楠 *Photinia taishunensis* G.H. Xia, L.H. Lou et S.H. Jin in Nord. J. Bot. 30: 439. 2012. Taishun（泰顺）, Yangxi（垟溪）, 1988-05-07, C.S. Ding（丁陈森）Ding. 4116（Holotype: ZJFC）.

垂丝毛叶石楠 *Photinia villosa* (Thunb.) DC. var. *tenuipes* P.S. Hsu et L.C. Li in Acta Phytotax. Sin. 18 (3): 264. 1980. Changhua（昌化）, 1958-05-20, X.Y. He（贺贤育）28542（Holotype: FUS）.

浙江石楠 *Photinia zhejiangensis* P.L. Chiu in Acta Phytotax. Sin. 18 (1): 97. 1980. [Yunhe]（云和）, 1958-11-13, S.Y. Chang（章绍尧）4505（Holotype: HHBG）.

中华三叶委陵菜 *Potentilla freyniana* Bornm. var. *sinica* Migo in Bull. Shanghai Sci. Inst. 14: 310. 1944. Hangchow [Hangzhou]（杭州）, Lingyin（灵隐）, 1935-04-17, H. Migo s.n.（Holotype: NAS）.

无腺樆木 *Prunus brachypoda* Batal. var. *eglandulosa* W.C. Cheng in Contr. Biol. Lab. Sci. Soc. China, Bot. Ser. 10: 154. 1936. Yutsien [Yuqian]（於潜）, W. Tienmushan [Xitianmu

Shan］（西天目山），1929-08-16，S.S. Chien（钱崇澍）884（Syntype：?），1929-04-20，K.K. Tsoong（钟观光）81D（Syntype：?），1929-05-22，K.K. Tsoong（钟观光）152（Syntype：?），1932-06-27，W.C. Cheng（郑万钧）2148（Syntype：?），1931-04-24，W.C. Cheng（郑万钧）2442（Syntype：?），1932-06-30，W.C. Cheng（郑万钧）3640（Syntype：?），1933-07-02，M. Chen（陈谋）750（Syntype：NAS），1935-05-05，P.C. Tsoong［Pu Chin Tsoong］（钟补勤）187（Syntype：?）；Tientai［Tiantai］（天台），Tientaishan［Tiantai Shan］（天台山），1932-07-02，S. Chen（陈诗）488（Syntype：NAS）。

浙江郁李 *Prunus japonica* Thunb. var. *zhejiangensis* Y.B. Chang in Bull. Bot. Res., Harbin 12（3）：271. 1992. Suichang（遂昌），Daxikeng（大西坑），1986-05-26，F.G. Zhang et Z.Y. Li（张方钢，李志云）5309（Holotype：ZM）。

磐安樱 *Prunus pananensis* Zi L. Chen, W.J. Chen et X.F. Jin in PLoS ONE 8（1）：e54030（4）. 2013. Pan'an（磐安），Dapanshan（大盘山），2011-03-30，X.F. Jin et Z.L. Chen（金孝锋，陈子林）2651（Holotype：HTC）。

浙闽樱 *Prunus schneideriana* Koehne Koehne, Pl. Wilson.（Sargent）1（2）：242. 1912. Chekiang［Zhejiang］（浙江）：mountains of Ningpo［Ningbo］（宁波），1871年，E. Faber s.n.（Holotype：?）。

全缘叶豆梨 *Pyrus calleryana* Decne. var. *integrifolia* T.T. Yü in Acta Phytotax. Sin. 8（3）：232. 1963.［Anji］（安吉），Mei-ki［Meixi］（梅溪），1924-08-09，W.C. Cheng（郑万钧）4936（Holotype：PE）。

柯氏梨（楔叶豆梨）*Pyrus koehnei* C.K. Schneid. in Ill. Handb. Laubholzk. 1（5）：665. 1906. Tschekiang［Zhejiang］（浙江），［Tiantai］（天台），Tientai Mt.［Tiantai Shan］（天台山），1889-04，E. Faber s.n.（Holotype：A）。

粉花柯氏梨 *Pyrus koehnei* C.K. Schneid. form. *roseiflorus* Z.H. Chen, H.F. Xu et F.G. Zhang in J. Hangzhou Norm. Univ., Nat. Sci. Ed. 20（3）：277. 2021. Jingning（景宁），Dayanghu（大仰湖），2020-03-21，X.D. Mei et al.（梅旭东等）JN20032101（Holotype：ZM）。

海棠叶梨 *Pyrus malifolioides* Z.H. Chen, W.Y. Xie et Zi L. Chen in J. Hangzhou Norm. Univ., Nat. Sci. Ed. 18（3）：262. 2019. Pan'an（磐安），2018-04-16，Z.L. Chen et J.F. Chen（陈子林，陈江芳）张方钢779（Holotype：ZM）。

纤细石斑木 *Raphiolepis*［*Rhaphiolepis*］*gracilis* Nakai in J. Arnold Arbor. 5（2）：64. 1924.［Pingyang］（平阳），S. Yentang［Nan Yandang］（南雁荡），1920-08-24，H.H. Hu（胡先骕）228（Lectotype：PE, designated by Y. Lin et al. in Bull. Bot. Res., Harbin 35（6）：809. 2015），H.H. Hu（胡先骕）220（Syntype：A）。

硕苞蔷薇 *Rosa bracteata* Wendl. in Bot. Beob. 50. 1798. 无标本信息. 1793年G.L. Staunton 或 Lord Macartny 引自浙江.

大盘山蔷薇 *Rosa cymosa* Tratt. var. *dapanshanensis* F.G. Zhang, X.F. Jin et F.M. Wei in Acta

Bot. Yunnan. 28（6）：606. 2006. Pan'an（磐安），Dapanshan（大盘山），2005-06-08，F.G. Zhang（张方钢）149（Holotype：ZM）.

岱山蔷薇 *Rosa daishanensis* T.C. Ku in Bull. Bot. Res., Harbin 10（1）：11. 1990. Daishan（岱山），1979-05-06，L.C. Chiu et R.L. Lu（邱莲卿，陆瑞林）9603（Holotype：PE）.

大花白木香 *Rosa fortuniana* Lindl. et Paxton in Paxt. Fl. Gard. 2：71. 1851.［Ningbo］（宁波），1848年，R. Fortune s.n.（Holotype：?）.

粉花广东蔷薇 *Rosa kwangtungensis* T.T. Yü et H.T. Tsai form. *roseoliflora* Y.B. Chang et Y.L. Xu in Guihaia 12（2）：103.1992. Kaihua（开化），Gutianshan（古田山），1990-05-31，Y.L. Xu et X.Y. Chen（徐耀良［徐跃良］，陈新义）0814（Holotype：ZM）.

单花合柱蔷薇 *Rosa uniflora* T.T. Yü et T.C. Ku in Bull. Bot. Res., Harbin 1（4）：12.1981. Daishan（岱山），1979-05-06，L.C. Chiu et R.L. Lu（邱莲卿，陆瑞林）9605（Holotype：PE）. 更名为 R. *uniflorella* Buz. in Novon 4（3）：209. 1994.

腺瓣蔷薇 *Rosa uniflorella* Buz. subsp. *adenopetala* L. Qian et X.F. Jin in Guihaia 28（4）：455. 2008. Changxing（长兴），Meishan（煤山），1990-05-13，Herb. Hangzhou Bot. Gard.（杭植标）3628（Holotype：PE）.

单花光叶蔷薇 *Rosa wichuraiana* Crep. form. *simpliciflora* T.C. Ku in Bull. Bot. Res., Harbin 10（1）：12.1990. Shengsi（嵊泗），1977-07-05，s.coll. 9248（Holotype：PE）.

圆叶悬钩子 *Rubus amphidasys* Focke var. *suborbiculatus* Z.H. Chen，W.Y. Xie et F.G. Zhang in J. Zhejiang Forest. Sci. Tech. 39（5）：62. 2019. Jingning（景宁），Shangshantou（上山头），2019-05-17，F. Chen et al.（陈锋等）JN19070406（Holotype：ZM）.

陈谋悬钩子 *Rubus chenmouanus* Z.H. Chen，F.G. Zhang et G.K. Chen in J. Wenzhou Univ., Nat. Sci. Ed. 42（1）：59. 2021. Zhuji（诸暨），Huangshan Town（璜山镇），Banqiu Village（半丘村），2019-10-18，Z.H. Chen et F.G. Zhang（陈征海，张方钢）ZJ19101801（Holotype：ZM）.

掌叶覆盆子 *Rubus chungii*［*chingii*］Hu in J. Arnold Arbor. 6（3）：141.1925. Taichow［Taizhou］（台州），Yun-Fan，1924-05-01，R.C. Ching（秦仁昌）1329（Holotype：A）. 更正种加词 in 7（1）：70. 1926.

光果悬钩子 *Rubus glabricarpus* W.C. Cheng in Contr. Biol. Lab. Sci. Soc. China, Bot. Ser. 10（2）：147.1936. Chuchi［Zhuji］（诸暨），1932-04-18，S. Chen（陈诗）103（Holotype：PE）.

无毛光果悬钩子 *Rubus glabricarpus* W.C. Cheng var. *glabratus* C.Z. Zheng et Y.Y. Fang in J. Hangzhou Univ., Nat. Sci. Ed. 15（2）：198.1988. Suaichang［Suichang］（遂昌），Jioulongshan［Jiulong Shan］（九龙山），1983-05-21，Linqian［Lin quan］et al.（林泉等）3365（Holotype：HZU）.

展毛悬钩子 *Rubus hakonensis* Franch. et Sav. var. *villosulus* Z.H. Chen，W.Y. Xie et F.G. Zhang in J. Zhejiang Forest. Sci. Tech. 39（5）：64. 2019. Chun'an（淳安），Moxinjian（磨心尖），2017-10-10，Z.H. Chen et W.Y. Xie（陈征海，谢文远）CA17101016（Holotype：ZM）.

重瓣蓬蘽 Rubus hirsutus Thunb. form. plenus Z.H. Chen, G.Y. Li et M.H. Mao in J. Zhejiang Forest. Sci. Tech. 32（4）：84. 2012. Huzhou（湖州），Wuxing（吴兴），2011-05-01，G.Y. Li et al.（李根有等）WX20110503（Holotype：ZJFC）。

浅裂锈毛莓 Rubus hui Diels ex Hu in Science（Sci. Soc. China）7（6）：608. 1922.［Pingyang］（平阳），Yentang Shan［Nanyandang Shan］（南雁荡山），1920-08-24，H.H. Hu（胡先骕）86（Holotype：B）。

陷脉悬钩子 Rubus impressinervus F.P. Metcalf in Lingnan Sci. J. 11（1）：12. 1932. S. Chekiang［Qingyuan］（庆元），1924-08-08，R.C. Ching（秦仁昌）2357（Holotype：A）。

景宁悬钩子 Rubus jingningensis Z.H. Chen, F. Chen et F.G. Zhang in J. Hangzhou Norm. Univ., Nat. Sci. Ed. 19（3）：244. 2020. Jingning（景宁），Shangshantou（上山头），2019-07-04，F. Chen et al.（陈锋等）JN19070403（Holotype：ZM）。

重瓣铅山悬钩子 Rubus linearifoliolus Hayata var. yanshanensis（Z.X. Yu et W.T. Ji）Y.F. Deng form. semiplenus Z.P. Lei, W.Y. Xie et Z.H. Chen in J. Hangzhou Norm. Univ., Nat. Sci. Ed. 20（3）：277. 2021. Taishun（泰顺），Zhuli（竹里），Shigubei（石鼓背），2020-05-01，Z.P. Lei et al.（雷祖培等）TS20050120（Holotype：ZM）。

丽水悬钩子 Rubus lishuiensis T.T. Yü et L.T. Lu in Acta Phytotax. Sin. 20（3）：295. 1982. Lishui（丽水），1959-08-16，S.Y. Chang（章绍尧）6376（Holotype：PE）。

Rubus officinalis Koidz. in Bot. Mag.（Tokyo）44：105.1930. Chekiang［Zhejiang］（浙江），1889年，E. Faber 193（Syntype：K）；Tientai［Tiantai］（天台），1891年，E. Faber s.n.（Syntype：B）。

Rubus pacificus Hance var. ningpoensis Focke in Biblioth. Bot. 17（Heft 72（1））：117.1910. Ningpo［Ningbo］（宁波），E. Faber s.n.（Holotype：B）。

掌叶山莓 Rubus palmatiformis Z.H. Chen, F. Chen et F.G. Zhang in J. Zhejiang Forest. Sci. Tech. 39（5）：61. 2019. Huzhou（湖州），Wuxin（吴兴），Xiamushan（霞幕山），2019-05-15，Z.H. Chen et al.（陈征海等）WX19051505（Holotype：ZM）。

遂昌红腺悬钩子 Rubus sumatranus Miq. var. suichangensis P.L. Chiu ex L. Qian et X.F. Jin in Guihaia 28（4）：457. 2008. Suichang（遂昌），Nankeng（南坑），1959-05-04，Zhejiang Bot. Exped.（浙江植物资源普查队）25845（Holotype：PE）。

Rubus tephrodes Hance var. eglandulosa［eglandulosus］W.C. Cheng in Contr. Biol. Lab. Sci. Soc. China，Bot. Ser. 10：145.1936. Chuchi［Zhuji］（诸暨），1933-07-17，M. Chen（陈谋）863（Holotype：PE）。

宁波三花莓 Rubus trianthus Focke form. pleiopetalus Z.H. Chen, G.Y. Li et D.D. Ma in J. Zhejiang Forest. Sci. Tech. 32（4）：85. 2012. Yuyao（余姚），Siming Mountain（四明山），2012-5-15，Z.H. Chen et al.（陈征海等）YY201205014（Holotype：ZJFC）。

东南悬钩子 Rubus tsangorum［tsangiorum］Hand.-Mazz. in Symb. Sin. 7（3）：485. 1933. Hsiadschu［Xianju］（仙居），1924-06-01，R.C. Ching（秦仁昌）1723（Isotype：US）。

齿叶石灰花楸 *Sorbus folgneri*(Schneid.) Rehd. var. *duplicatodentata* T.T. Yü et L.T. Lu in Kew Bull. 64（3）：574. 2009. Kaihua（开化），1964年，J.X. Wang（王景祥）2098（Holotype：PE）.

宽瓣绣球绣线菊 *Spiraea blumei* G. Don var. *latipetala* Hemsl. in J. Linn. Soc., Bot. 23（154）：224. 1887. Ningpo[Ningbo]（宁波），W.M. Cooper s.n.（Holotype：K）.

毛果绣球绣线菊 *Spiraea blumei* G. Don var. *pubicarpa* W.C. Cheng in Contr. Biol. Lab. Sci. Soc. China, Bot. Ser. 10：130. 1936. Yutsien[Yuqian]（於潜），W. Tienmushan[Xitianmu Shan]（西天目山），1929-05-08，K.K. Tsoong（钟观光）379（Syntype：NAS）；Chuchi[Zhuji]（诸暨），1932-05-18，S. Chen（陈诗）298（Syntype：?）；Fenghua（奉化），1935-04-23，P.C. Tsoong[Pu Chin Tsoong]（钟补勤）97（Syntype：?）.

中华绣线菊 *Spiraea chinensis* Maxim. in Trudy Imp. S.-Peterburgsk. Bot. Sada 6（1）：193. 1879. Chusan[Zhoushan]（舟山），R. Fortune s.n.（Syntype：?）；Ningpo[Ningbo]（宁波），1877-04-15，W. Hancock s.n.（Lectotype：LE，designated by V.I. Grubov in Новости систематики высших растений(Novosti Sistematiki Vysshikh Rastenii, News of the taxonomy of higher plants) T. 36. СПб. 235. 2004）.

Spiraea fortunei Planch. in Fl. Serres Jard. Eur. 9：35［55］. t. 871. 1853-1854.［Zhejiang］（浙江），R. Fortune s.n.（Holotype：?）.

八八　云实科 Caesalpiniaceae

白花黄山紫荆 *Cercis chingii* Chun form. *albiflora* S.H. Jin et D.D. Ma in J. Zhejiang Forest. Coll. 27（2）：277. 2010. Lin'an（临安），2009-03-23，S.H. Jin et al.（金水虎等）JM0001（Holotype：ZJFC）.

无毛黄山紫荆 *Cercis chingii* Chun var. *glabrata* G.Y. Li et Z.H. Chen in J. Zhejiang Univ., Sci. Ed. 48（1）：95. 2021. Yongkang（永康），Xixi（西溪），1997-07-08，Z.H. Chen et al.（陈征海等）CZH-9709（Holotype：ZM）.

八九　蝶形花科 Fabaceae

天台猪屎豆 *Crotalaria tiantaiensis* Y.C. Jiang, X.Y. Zhu, Y.F. Du et H. Ohash in J. Jap. Bot 79（6）：373. 2004. Tiantai（天台），1928-09-10，s.coll. 839（Holotype：PE）.

Euchresta tenuifolia Hemsl. in J. Linn. Soc., Bot. 23（154）：200. 1887. Ningpo[Ningbo]（宁波），W.M. Cooper s.n.（Holotype：K）.

宁波木蓝 *Indigofera cooperi* Craib in Notes Roy. Bot. Gard. Edinburgh 8（36）：50. 1913. Ningpo（宁波），W.M. Cooper s.n.（Holotype：K）.

Indigofera faberii［*faberi*］Craib in Notes Roy. Bot. Gard. Edinburgh 8（36）：52. 1913.［Tiantai］（天台），Tien Tai Mountains[Tiantai Shan]（天台山），E. Faber 243（Holotype：K）.

光叶木蓝 *Indigofera glabra* S.S. Chien in Contr. Biol. Lab. Sci. Soc. China, Bot. Ser. 8：130. 1932. Siachu[Xianju]（仙居），1924-05-30，R.C. Ching（秦仁昌）1685（Holotype：PE）. 更名为 *Indigofera neoglabra* X.Y. Zhu in Legumes China 433. 2007.

长总梗木蓝 *Indigofera longipedunculata* Y.Y. Fang et C.Z. Zheng in Acta Phytotax. Sin. 21（3）：331. 1983. Yin Xian（鄞县，今鄞州），Siming Shan（四明山），1978-05-17，C.F. Zhang（张朝芳）38911［3891］（Holotype：HZU）。

浙江木蓝 *Indigofera parkesii* Craib in Notes Roy. Bot. Gard. Edinburgh 8（36）：59. 1913. China［Zhejiang］（浙江），Parkes s.n.（Holotype：K）。

尾叶山黧豆 *Lathyrus caudatus* Z. Wei et H.P. Tsui in Bull. Bot. Res.，Harbin 4（1）：49. 1984. Jiande（建德），1976-05-04，Museum Zhejiang（浙博调查队）4253（Holotype：PE）。

浙江胡枝子 *Lespedeza chekiangensis* Rick. in Lingnan Sci. J. 20（2-4）：201. 1942. Chekiang［Zhejiang］（浙江），1910［1921］-09-23，K.K. Tsoong（钟观光）4170（Holotype：NY，lost）。

Lespedeza ciliata Benth. in Hooker's J. Bot. Kew Gard. Misc. 4：48. 1852. Chusan［Zhoushan］（舟山），R. Fortune 42（Syntype：K）。

无翅大叶胡枝子 *Lespedeza davidii* Franch. var. *exalata* L.H. Lou in J. Zhejiang Forest. Coll. 7（1）：33. 1990. Lin-an（临安），Tong Tian-mou-shan［Dongtianmu Shan］（东天目山），1987-09-05，L.H. Lou（楼炉焕）4009（Holotype：ZJFC）。

Lespedeza merrilli［*merrillii*］Rick. in Lingnan Sci. J. 20（2-4）：202. 1942.［Yueqing］（乐清），Yen Tang Shan［Yandang Shan］（雁荡山），1927-07-21，C.Y. Chiao（焦启源）14377（Holotype：US）。

宽叶胡枝子 *Lespedeza pseudomaximowiczii* D.P. Jin，Bo Xu et B.H. Choi in Korean J. Pl. Taxon. 48（3）：159. 2018. Linan（临安），Tianmu Mt.（天目山），2013-08-18，Bo Xu（徐波）2013-429（Holotype：IUI）。

浙江马鞍树 *Maackia chekiangensis* S.S. Chien in Contr. Biol. Lab. Sci. Soc. China，Bot. Ser. 8：132. 1932. Chu-chi［Zhuji］（诸暨），1932-07-15，T.S. Chen［M. Chen］（陈尊三，即陈谋）3684（Holotype：PE）。

紫花江西崖豆藤 *Millettia kiangsiensis* Z. Wei form. *purpurea* Z.H. Chen in J. Zhejiang Forest. Coll. 4（1）：70. 1987. Tonglu（桐庐），1986-06-28，Z.H. Cheng［Z.H. Chen］（陈征海）86081（Holotype：ZFSD）。

Ormosia henryi Hemsl. et E.H.Wilson in Bull. Misc. Inform. Kew 1906（5）：156. 1906. Chekiang［Zhejiang］（浙江），Hichen s.n.（Syntype：?）。

白花葛藤 *Pueraria montana*（Lour.）Merr. var. *lobata*（Willd.）Maesen et S.M. Almeida ex Sanjappa et Predeep form. *alba* G.Y. Li，F.G. Zhang et J.S. Wang in J. Zhejiang Univ.，Sci. Ed. 48（1）：96. 2021. Pujiang（浦江），Tangxi［Tanxi］Town（檀溪镇），2018-09-23，F.G. Zhang et al.（张方钢等）PJ18092305（Holotype：ZM）。

短蕊槐 *Sophora brachygyna* C.Y. Ma in Acta Phytotax. Sin. 20（4）：472. 1982.［Lin'an］（临安），Tianmu Shan（天目山），1958-08，X.Y. Ho（贺贤育）25173（Holotype：HHBG）。

霍州油菜 *Thermopsis chinensis* Benth. ex S. Moore in J. Bot. 16：131. 1878. Ningpo［Ningbo］

（宁波），C.W. Everard s.n.（Syntype：K）.

Vicia nipponica Matsum. var. *normalis* Matsuda in Bot. Mag.（Tokyo）27（322）：208．1913．Ningpo[Ningbo]（宁波），C.M. Chang（张之铭）s.n.（Holotype：?）.

九〇　胡颓子科 Elaeagnaceae

浙江胡颓子 *Elaeagnus chekiangensis* Matsuda in Bot. Mag.（Tokyo）30（349）：40．1916．Huchow[Huzhou]（湖州），Chang-shwang-shü（张宗绪）22（Holotype：TI）.

九三　千屈菜科 Lythraceae

浙江紫薇 *Lagerstroemia chekiangensis* W.C. Cheng in Contr. Biol. Lab. Sci. Soc. China，Bot. Ser. 8：73．1932．Chuchi[Zhuji]（诸暨），1932-07-31，M. Chen（陈谋）3685（Holotype：HZU）.

白花福建紫薇 *Lagerstroemia limii* Merr. form. *albiflora* G.Y. Li et Z.H. Chen in J. Zhejiang Forest. Sci. Tech. 40（4）：76．2020．Lin'an（临安），on the campus of Zhejiang A & F Univ.（浙江农林大学），Xidamen（西大门），cult. by the roadside，the source of young trees is unclear，2009-06-21，D.D. Ma et al.（马丹丹等）LA09062101（Holotype：ZJFC）.

九四　瑞香科 Thymelaeaceae

Daphne fortunei Lindl. in J. Hort. Soc. London 1：147．1846．From Chusan[Zhoushan]（舟山）hills，Ningpo[Ningbo]（宁波），1844年，R. Fortune 8（Syntype：BM），R. Fortune 161（Syntype：BM），R. Fortune A15（Syntype：BM）.

高姥山瑞香 *Daphne gaomushanensis* Z.L. Chen，P. Wang et Y.F. Lu in J. Hangzhou Norm. Univ.，Nat. Sci. Ed. 17（1）：5．2018．Pan'an（磐安），Mt. Gaomu（高姥山），2017-05-06，Z.L. Chen et P. Wang（陈子林，王盼）2017050601（Holotype：HTC）.

倒卵叶瑞香 *Daphne grueningiana* H. Winkl. in Repert. Spec. Nov. Regni Veg. Beih. 12：443．1922．Hangtschou[Hangzhou]（杭州），Hsi tienmu schan[Xitianmu Shan]（西天目山），1913-03-28，H.W. Limpricht 795（Holotype：WRSL）.

红花毛瑞香 *Daphne kiusiana* Miq. var. *atrocaulis*（Rehd.）Maek. form. *purpurea* X.F. Jin，Z.H. Chen et Y.F. Lu in J. Zhejiang Forest. Sci. Tech. 40（6）：54．2020．Jingning（景宁），Dayanghu（大仰湖），2018-03-03[08]，H.F. Xu（徐洪峰）JN18030807（Holotype：HTC）.

结香 *Edgeworthia chrysantha* Lindl. in J. Hort. Soc. London 1（2）：148．1846．Chusan[Zhoushan]（舟山），1844-07，R. Fortune 159（Holotype：NY）.

光叶荛花 *Wikstroemia glabra* W.C. Cheng in Contr. Biol. Lab. Sci. Soc. China，Bot. Ser. 6（7）：69．1931．[Lin'an]（临安），Eastern Tien-mu-shan[Dongtianmu Shan]（东天目山），1931-04-15，W.C. Cheng（郑万钧）2278（Holotype：NAS）.

多毛荛花 *Wikstroemia pilosa* W.C. Cheng in Contr. Biol. Lab. Sci. Soc. China，Bot. Ser. 8（2）：140．1932．Chuchi[Zhuji]（诸暨），1932-07-12，W.C. Cheng（郑万钧）2479（Holotype：A）.

浙江荛花 *Wikstroemia zhejiangensis* Y.F. Lu，Z.H. Chen et X.F. Jin in Taiwania 66（4）：428．2021．Jingning（景宁），Dayanghu（大仰湖），2021-04-08，X.F. Jin et Y.F. Lu（金孝锋，鲁益飞）

4630（Holotype：ZM）．

九五　菱科 Trapaceae
南湖菱 *Trapa acornis* Nakano in Bot. Mag.（Tokyo）77：165．1964．Cult., nuts of Trapa collected by H. Migo in 1944 from Lake Chia-Shing Nauhu［Jiaxing nanhu］（嘉兴南湖），near Shanghai, Nakano s.n.（Holotype：Nakano）．

九九　野牡丹科 Melastomataceae
秀丽野海棠 *Bredia amoena* Diels in Notizbl. Bot. Gart. Berlin-Dahlem 9（83）：197. 1924. Wenchow［Wenzhou］（温州），［Yueqing］（乐清），N. Yentang［Yandang Shan］（雁荡山），1920-08-16，H.H. Hu（胡先骕）30（Lectotype：A, designated by Q.J. Zhou et al. in PhytoKeys 127：136. 2019）．

无腺野海棠 *Bredia amoena* Diels var. *eglandulata* B.Y. Ding in Guihaia 8（4）：318．1988．Taishun（泰顺），Wuyanling（乌岩岭），1972-10-22，H.S. Guo（郭汉身）Te 401（Holotype：ZMU）．

Bredia amoena Diels var. *serrata* H.L. Li in J. Arnold Arbor. 25（1）：21．1944．Ts'ing Tien［Qingtian］（青田），1926-07-28，Y.L. Keng（耿以礼）187（Holotype：A）．

Bredia chinensis Merr. in J. Arnold Arbor. 8（1）：11．1927．Chekiang［Yueqing］（乐清），［Yandang Shan］（雁荡山），1920-08-16，H.H. Hu（胡先骕）30（Holotype：UC）．

Bredia glabra Merr. in J. Arnold Arbor. 8（1）：12．1927．Pinyung［Pingyang］（平阳），1924-07-11，Ling Kan（林刚）7333（Holotype：UC）．

斑叶异药花 *Fordiophyton maculatum* C.Y. Wu ex Z. Wei et Y.B. Chang in Bull. Bot. Res., Harbin 9（2）：35．1989．Suichang（遂昌），1985-08-13，F.G. Zhang et M.X. Wu（张方钢，吴鸣翔）4375（Holotype：ZM）．

一〇四　山茱萸科 Cornaceae
秀丽四照花 *Dendrobenthamia elegans* W.P. Fang et Hsieh in J. Sichuan Univ., Nat. Sci. Ed. 3：162．1980．Suichang（遂昌），Baima Shan（白马山），1930-06-20，K.K. Tsoong（钟观光）D119（Holotype：IBSC）．

浙江青荚叶 *Helwingia zhejiangensis* W.P. Fang et Soong in J. Sichuan Univ., Nat. Sci. Ed. 1：73．1982．Jingning（景宁），1958-12-04，S.Y. Chang（章绍尧）3951（Holotype：HHBG）．

一一〇　卫矛科 Celastraceae
薄叶南蛇藤（拟粉背南蛇藤）*Celastrus hypoleucoides* P.L. Chiu in J. Hangzhou Univ., Nat. Sci. Ed. 8（1）：114．1981．Chun'an（淳安），1958-08-23，［Zhejiang Bot. Exped.］（浙江植物资源普查队）30113（Holotype：HHBG）．

浙江南蛇藤 *Celastrus zhejiangensis* P.L. Chiu, G.Y. Li et Z.H. Chen in J. Zhejiang Forest. Sci. Tech. 5：101．2013．Pan'an（磐安），Dapanshan（大盘山），2009-10-28，Z.L. Chen et Y.F. Yu（陈子林，俞叶飞）PA20091001（Holotype：ZJFC）．

［扶芳藤］*Elaeodendrum* ［*Elaeodendron*］ *fortunei* Turcz. in Bull. Soc. Imp. Naturalistes Moscou 36（2）：603. 1863. China Borealis（应为浙江），1845年，R. Fortune A 46（Lectotype：W，designated by W. Cao et J.S. Ma in Taxon 55（1）：227. 2006）.

无刺裸实 *Gymnosporia diversifolia* Maxim. var. *inermis* Z.H. Chen et G.Y. Li in J. Zhejiang Univ., Sci. Ed. 48（1）：95. 2021. Cangnan（苍南），Nanguan island（南关岛），1991-10-23，Z.H. Chen et al.（陈征海等）910836（Holotype：ZM）.

一一二　冬青科 Aquifoliaceae

枸骨 *Ilex cornuta* Lindl. et Paxton in Paxt. Fl. Gard. 1（3）：43. 1850. Kin-tang ［Jintang］（舟山，金塘），1846年，R. Fortune 14（Syntype：K）.

皱柄冬青 *Ilex kengii* S.Y. Hu in J. Arnold Arbor. 31（3）：244. 1950. Chekiang ［Zhejiang］（浙江），［Ningbo］（宁波），Tai-pai-shan ［Taibaishan］（太白山），1927-08-27，Y.L. Keng（耿以礼）1175（Holotype：A）.

木姜冬青 *Ilex litseifolia* Hu et Tang in Bull. Fan Mem. Inst. Biol., Bot. 9：247. 1939. ［Tiantai］（天台），Tien-tai Shan ［Tiantai Shan］（天台山），1927-08-11，Y.L. Keng（耿以礼）1058（Holotype：?）.

Ilex microcarpa Lindl. et Paxton in Paxt. Fl. Gard. 1：43. 1850. ［Ningbo］（宁波），Tein-tung ［Tiantong］（天童），R. Fortune s.n.（Holotype：?）.

＊黄果毛冬青 *Ilex pubescens* Hook. et Arn. form. *xanthocarpa* X. Liu, X.D. Mei et Z.H. Chen in J. Zhejiang Forest. Sci. Tech. 41（3）：83. 2021. Taishun（泰顺），Guihu（龟湖），Xiaoxiling（小溪岭），Zhengjiazhuang（郑家庄），2021-01-09，X. Liu et al.（刘西等）TS 21010908（Holotype：ZM）.

庆元冬青 *Ilex qingyuanensis* C.Z. Zheng in J. Hangzhou Univ., Nat. Sci. Ed. 2：73. 1980. Qingyuan（庆元），1965-11-25，Z.G. Mao（毛宗国）10702（Holotype：HHBG）.

遂昌冬青 *Ilex suichangensis* C.Z. Zheng in Bull. Bot. Res., Harbin 8（4）：81. 1988. Suichang（遂昌），1986-08-04，C.Z. Zheng（郑朝宗）4211（Holotype：HZU）.

温州冬青 *Ilex wenchowensis* S.Y. Hu in J. Arnold Arbor. 30（4）：360. 1949. Wenchow ［Wenzhou］（温州），1924-06-05，R.C. Ching（秦仁昌）1819（Holotype：A）.

浙江冬青 *Ilex zhejiangensis* C.J. Tseng ex S.K. Chen et Y.X. Feng in Acta Phytotax. Sin. 37（2）：144. 1999. Hangzhou（杭州），C.J. Tseng et al.（曾沧江等）s.n.（Holotype：AU）.

一一三　黄杨科 Buxaceae

斑叶野扇花 *Sarcococca orientalis* C.Y. Wu ex M. Cheng form. *variegata* X.D. Mei, Z.H. Chen et G.Y. Li in J. Zhejiang Forest. Sci. Tech. 41（1）：44. 2021. Jingning（景宁），Hongxing Street（红星街道），Yancun Village（严村），2020-10-16，J. Lin et al.（林坚等）JN 20101602（Holotype：ZM）.

一一四　大戟科 Euphorbiaceae

Alchornea trewioides（Benth.）Müll. Arg. var. *genuina* Pax et K. Hoffm. in Pflanzenr. IV. 147 VII

(Heft 63): 248. 1914. Ningpo[Ningbo]（宁波）-Berge, E. Faber 188（Syntype: ?）.

Aleurites fordii Hemsl. in Hooker's Icon. Pl. 29（1）: tt. 2801-2802. 1906. Ningpo[Ningbo]（宁波）, C.W. Everard s.n.（Syntype: K）; W. Hancock s.n.（Syntype: K）.

毛果假柔包叶 *Discocleidion glabrum* Merr. var. *trichocarpum* G.Y. Li, P.L. Chiu et Z.H. Chen in J. Zhejiang Forest. Coll. 8（3）: 368. 1991. Rui-an（瑞安）, Hongshuang（红双）, 1988-08-11, G.Y. Li et al.（李根有等）0708A（Holotype: ZJFC）.

Euphorbia lanceolata T.N. Liou in Contr. Lab. Bot. Nat. Acad. Peiping 1（1）: 5. 1931. [Tiantai]（天台）, [Tiantai Shan]（天台山）, 1930-09-27, K.K. Chung（钟观光）s.n.（Syntype: PE）.

Euphorbia pekinensis Rupr. var. *attenuata* Hurus. in J. Jap. Bot. 16: 642. 1940. Hang-cheu[Hangzhou]（杭州）, Cheuyao-shan[Jiuyao Shan]（九曜山）, 1910-06-18, A. Honda 1365（Lectotype: TI-01686, designated by Kuros. et Ohashi in J. Jap. Bot. 69（5）: 273. 1994）.

仙霞岭大戟 *Euphorbia xianxialingensis* F.Y. Zhang, W.Y. Xie et Z.H. Chen in J. Zhejiang Forest. Sci. Tech. 40（1）: 82. 2020. Jiangshan（江山）, Xianxialing（仙霞岭）, 2015-07-14, Z.H. Chen et al.（陈征海等）JS20150714022（Holotype: ZM）.

浙江叶下珠 *Phyllanthus chekiangensis* Croiz. et F.P. Metcalf in Lingnan Sci. J. 20（2-4）: 194. 1942. Tsing-tien[Qingtian]（青田）, 1926-07-25, G.L. Keng[Y.L. Keng]（耿以礼）121（Holotype: A）.

毛枝叶下珠 *Phyllanthus glaucus* Wall. ex Müll. Arg. var. *trichocladus* P.L. Chiu ex Z.H. Chen in J. Zhejiang Univ., Sci. Ed. 47（6）: 747. 2020. Chun'an（淳安）, Linqi（临岐）, 1959-05-24, Zhej. Bot. Exped.（浙江植物资源普查队）27410（Holotype: HHBG）.

一一五　鼠李科 **Rhamnaceae**

腋毛勾儿茶 *Berchemia barbigera* C.Y. Wu ex Y.L. Chen in Bull. Bot. Lab. N.-E. Forest. Inst., Harbin 5: 15. 1979. [Lin'an]（临安）, Sitienmushan[Xitianmu Shan]（西天目山）, 1957-06-05, M.B. Teng（邓懋彬）4247（Holotype: NAS）.

矩叶勾儿茶 *Berchemia floribunda*（Wall.）Brongn. var. *oblongifolia* Y.L. Chen et P.K. Chou in Bull. Bot. Lab. N.-E. Forest. Inst., Harbin 5: 19. 1979. Taishun（泰顺）, 1959-06-13, S.Y. Zhang（章绍尧）5739（Holotype: PE）.

脱毛大叶勾儿茶 *Berchemia huana* Rehd. var. *glabrescens* W.C. Cheng ex Y.L. Chen et P.K. Chou in Bull. Bot. Lab. N.-E. Forest. Inst., Harbin 5: 14. 1979. [Lin'an]（临安）, Tienmushan[Tianmu Shan]（天目山）, X.Y. He（贺贤育）24581（Holotype: NF）.

浙江勾儿茶 *Berchemia zhejiangensis* Y.F. Lu et X.F. Jin in J. Hangzhou Norm. Univ., Nat. Sci. Ed. 18（1）: 1. 2019. Tonglu（桐庐）, 1978-08-20, L. Hong（洪林）s.n.（Holotype: HTC）.

两色冻绿 *Rhamnus crenata* Siebold et Zucc. var. *discolor* Rehd. in J. Arnold Arbor. 14（4）: 347. 1933. Chekiang[Longquan]（龙泉）, 1924-08-31, R.C. Ching（秦仁昌）2536（Holotype: A）.

仙居冻绿 *Rhamnus crenata* Siebold et Zucc. var. *xianjuensis* X.F. Jin et Y.F. Lu in J. Hangzhou

Norm. Univ., Nat. Sci. Ed.17（3）：252.2018. Xianju（仙居），Shenxianju（神仙居），2016-07-22，X.F. Jin（金孝锋）3825（Holotype：HTC）。

隐脉鼠李 *Rhamnus inconspicua* Grub. in Bot. Mater. Gerb. Bot. Inst. Komarova Akad. Nauk SSSR 12：129.1950.［Yueqing］（乐清），Yen Tang Shan［Yandang Shan］（雁荡山），1927-08-09，C.Y. Chiao（焦启源）N-14756［1345］（Holotype：LE）。

浙江鼠李 *Rhamnus chekiangensis* W.C. Cheng in Contr. Biol. Lab. Sci. Soc. China，Bot. Ser. 9：200.1934. Chuchi［Zhuji］（诸暨），1933-08-14，S. Chen（陈诗）1787（Lectotype：PE, designated by Q. Lin et al. in Acta Bot. Boreal.-Occident. Sin 29（1）：176.2009）；1932-05-07，S. Chen（陈诗）210（Isosyntype：IBSC）。

一一六　葡萄科 Vitaceae

山地乌蔹莓 *Causonis montana* Z.H. Chen，Y.F. Lu et X.F. Jin in Phytotaxa 475（4）：261.2020. Jingning（景宁），Wangdongyang（望东垟），Yujikeng（渔漈坑），2017-08-01，Z.H. Chen et al.（陈征海等）JN17080104A（Holotype：ZM）。

文采乌蔹莓 *Causonis wentsiana* Z.H. Chen，F. Chen et X.F. Jin in Phytotaxa 475（4）：257. 2020. Wencheng（文成），Mt. Tongling（铜铃山），2017-07-10，Z.H. Chen et al.（陈征海等）WC17061004（Holotype：ZM）。

华东拟乌蔹莓 *Pseudocayratia orientalisinensis* Z.H. Chen，W.Y. Xie et X.F. Jin in Phytotaxa 475（4）：261.2020. Jingning（景宁），Caoyutang（草鱼塘），2017-08-04，Z.H. Chen et al.（陈征海等）JN17080401（Holotype：ZM）。

三出蘡薁 *Vitis adstricta* Hance var. *ternata* W.T. Wang in Acta Phytotax. Sin. 17（3）：76. 1979. Hangchow［Hangzhou］（杭州），［Yunqi］（云栖），1958-05-09，杭植标（应为章绍尧）15（Holotype：PE）。更名为 *Vitis sinoternata* W.T. Wang in Guihaia 30（3）：287.2010.

秀丽葡萄 *Vitis amoena* Z.H. Chen，F. Chen et W.Y. Xie in Guihaia Guihaia 41（8）：1395. 2021. Qujiang（衢江），Ziweishan（紫微山），Longmen（龙门），2017-06-15，Z.H. Chen（陈征海）QJ17061510（Holotype：ZM）。

山毛榉叶葡萄 *Vitis fagifolia* Hu in J. Arnold Arbor. 6（3）：142.1925. Taichow［Taizhou］（台州），1924-04-30，R.C. Ching（秦仁昌）1297（Isotype：PE）。

菱叶葡萄 *Vitis hancockii* Hance in J. Bot. 20（229）：4.1882. Ning-po［Ningbo］（宁波），1877-05-06，W. Hancock s.n.（Holotype：BM）。

开化葡萄 *Vitis kaihuaica* Z.H. Chen，F. Chen et W.Y. Xie in Guihaia 41（8）：1392.2021. Kaihua（开化），Qixi（齐溪），Liyangtian（里秧田），2019-08-15，Z.H. Chen et al.（陈征海等）KH19081506（Holotype：ZM）。

龙泉葡萄 *Vitis longquanensis* P.L. Chiu in Bull. Bot. Res., Harbin 10（3）：41.1990. Longquan（龙泉），［Mao Shan］（昴山），1973-07-21，P.L. Chiu（裘宝林）1571（Holotype：HHBG）。

腺枝龙泉葡萄 *Vitis longquanensis* P.L. Chiu var. *glandulosa* Z.H. Chen，F. Chen et W.Y. Xie in

Guihaia 41（8）：1399. 2021. Qujiang（衢江），Ziweishan（紫微山），Longmen（龙门），2017-06-15，Z.H. Chen et J.P. Zhong（陈征海，钟建平）QJ17061511（Holotype：ZM）.

华东葡萄 *Vitis pseudoreticulata* W.T. Wang in Acta Phytotax. Sin. 17（3）：73. 1979. Hangchow［Hangzhou］（杭州），［Feilaifeng］（飞来峰），1968-06-14，杭植标（应为章绍尧）394（Holotype：PE）.

温州葡萄 *Vitis wenchowensis* C. Ling ex W.T. Wang in Acta Phytotax. Sin. 17（3）：74. 1979. Rueian［Rui'an］（瑞安），1972-06-30，［C. Ling］（林泉）1152（Holotype：PE）.

仙居葡萄 *Vitis wentsaiana* P.L. Chiu in Bull. Bot. Res.，Harbin 10（3）：40. 1990. Xianju（仙居），［Xiachen］（下陈），1978-05-10，C.F. Zhang（张朝芳）3802（Holotype：HZU）.

浙江蘡薁 *Vitis zhejiang-adstricta* P.L. Chiu in Bull. Bot. Res.，Harbin 10（3）：39. 1990. Linan（临安），［Changhua］（昌化），［Longtang Shan］（龙塘山），［Jiufushancun］（鸠甫山村），1979-08-07，C.F. Zhang（张朝芳）5099（Holotype：HZU）.

一二〇　省沽油科 Staphyleaceae

毛野鸦椿 *Euscaphis japonica*（Thunb.）Kanitz var. *pubescens* P.L. Chiu et G.R. Zhong in Bull. Bot. Res.，Harbin 8（4）：106. 1988. Jiande（建德），1981-05-31，L. Hong（洪林）1128（Holotype：HHBG）.

Euscaphis japonica（Thunb.）Kanitz var. *ternata* Rehd. in J. Arnold Arbor. 3：215. 1922.［Pingyang］（平阳），South Yentang［Nanyandang］（南雁荡），1920-08-24，H.H. Hu（胡先骕）129（Holotype：?）.

一二三　七叶树科 Hippocastanaceae

浙江七叶树 *Aesculus chekiangensis* Hu et W.P. Fang in J. Sichuan Univ.，Nat. Sci. Ed. 3：85. 1960. Hang Chow［Hangzhou］（杭州），Fu-pao-sze［Hupaosi］（虎跑寺），1957-05-19，S.Y. Chang（章绍尧）695（Holotype：PE）.

一二四　槭树科 Aceraceae

锐角槭 *Acer acutum* W.P. Fang in Contr. Biol. Lab. Sci. Soc. China，Bot. Ser. 8：164. 1932.［Lin'an］（临安），W. Tien-mu-shan［Xitianmu Shan］（西天目山），1929-08-11，S.S. Chien（钱崇澍）718（Lectotype：PE, designated by Q. Lin et al. in Type Spec. China Nat. Herb.（PE）11：106. 2017）；同地，1931-04-23，W.C. Cheng（郑万钧）2418（Syntype：PE）.

五裂锐角槭 *Acer acutum* W.P. Fang var. *quinquefidum* W.P. Fang et P.L. Chiu in Acta Phytotax. Sin. 17（1）：67. 1979. Changhua（昌化），1954-10-15，Y.Y. Ho（贺贤育）1314（Holotype：IBSC）.

天童锐角槭 *Acer acutum* W.P. Fang var. *tientungense* W.P. Fang et M.Y. Fang in Acta Phytotax. Sin. 11（2）：146. 1966. Ching Hsien［Yinxian］（鄞县，今鄞州），Tien-tung［Tiantong］（天童），1957-07-20，Y.Y. Ho（贺贤育）27067（Holotype：PE）.

短翅安徽槭 *Acer anhweiense* W.P. Fang et M.Y. Fang var. *brachypterum* W.P. Fang et P.L. Chiu in Acta Phytotax. Sin. 17（1）：71. 1979. Lin'an（临安），Mount. Xitianmu（西天目山），Hengtang（横塘），1958-09-17，浙江植物资源普查队（应为贺贤育）30989（Lectotype：HHBG，designated by P.L. Chiu et al. in J. Hangzhou Norm. Univ., Nat. Sci. Edi. 20（1）：37. 2021.）.

平翅三角槭 *Acer buergerianum* Miq. var. *horizontalis*［*horizontale*］F.P. Metcalf in Lingnan Sci. J. 20：219. 1942. Siachu［Xianju］（仙居），1924-05-23，R.C. Ching（秦仁昌）1620（Holotype：A）.

雁荡三角槭 *Acer buergerianum* Miq. var. *yentangense* W.P. Fang et M.Y. Fang in Acta Phytotax. Sin. 11（2）：164. 1966. Tien-tai［Yueqing］（今乐清），Yentang Shan［Yandang Shan］（雁荡山），［Lingyan］（灵岩），1935-05，P.J. Tsoong（钟补勤）251（Holotype：PE）.

脱毛昌化槭 *Acer changhuaense*（W.P. Fang et M.Y. Fang）W.P. Fang et P.L. Chiu var. *glabrescens* Z.H. Chen，W.Y. Xie et X.F. Jin in J. Zhejiang Forest. Sci. Tech. 41（3）：73. 2021. Chun'an（淳安），Jinzijian（金紫尖），2019-09-30，X.F. Jin（金孝锋）4352（Holotype：ZM）.

三裂叶昌化槭 *Acer changhuaense*（W.P. Fang et M.Y. Fang）W.P. Fang et P.L. Chiu var. *trilobum* Z.H. Chen，Y.R. Zhu et X.F. Jin in J. Zhejiang Forest. Sci. Tech. 41（3）：72. 2021. Wuyi（武义），Daxikou（大溪口），Renkeng（仁坑），2020-09-21，Y.R. Zhu et Z.H. Chen（朱遗荣，陈征海）WY 20092102（Holotype：ZM）.

小紫果槭 *Acer cordatum* Pax var. *microcordatum* F.P. Metcalf in Lingnan Sci. J. 11（2）：199. 1932. S. of Pang Yung［Pingyang］（平阳）and Tai Suan［Taishun］（泰顺），1924-07-16，R.C. Ching（秦仁昌）2093（Syntype：A）；Taishun（泰顺），1926-08-05，Y.L. Keng（耿以礼）308（Syntype：A）.

秀丽槭 *Acer elegantulum* W.P. Fang et P.L. Chiu in Acta Phytotax. Sin. 17（1）：76. 1979. Changhua（昌化），1957-05-16，Y.Y. Ho（贺贤育）23101（Holotype：IBSC）.

长尾秀丽槭 *Acer elegantulum* W.P. Fang et P.L. Chiu var. *macrurum* W.P. Fang et P.L. Chiu in Acta Phytotax. Sin. 17（1）：77. 1979. Changhua（昌化），1954-10-15，Y.Y. Ho（贺贤育）1317（Holotype：HHBG）.

中间型建始槭 *Acer henryi* Pax form. *intermedium* W.P. Fang in Contr. Biol. Lab. Sci. Soc. China, Bot. Ser. 7（6）：187. 1932. Chang-hwa［Changhua］（昌化），1925-09-22，R.C. Ching（秦仁昌）3366（Syntype：A）.

Acer laxiflorum Pax var. *ningpoense* Pax in Pflanzenr. IV 163（Heft 8）：36. 1902. Ningpo［Ningbo］（宁波）-Berge, 1886年, E. Faber s.n.（Holotype：B）.

临安槭 *Acer linganense* W.P. Fang et P.L. Chiu in Acta Phytotax. Sin. 17（1）：70. 1979. Lingan［Lin'an］（临安），Tienmu Shan［Tianmu Shan］（天目山），1957-04，Y.Y. Ho（贺贤育）20991（Holotype：HHBG）.

天台阔叶槭 *Acer longipes* Franch. var. *tientaiense* Schneid. in Ill. Handb. Laubholzk. 2：224. 1907.［Tiantai］（天台），Tientai Mt.［Tiantai Shan］（天台山），1889年，E. Faber 202b

（Holotype：？）.

弯翅色木槭 *Acer mono* Maxim. var. *incurvatum* W.P. Fang et P.L. Chiu in Acta Phytotax. Sin. 17（1）：62. 1979. Lingan［Lin'an］（临安），Tienmu Shan［Tianmu Shan］（天目山），1951-10-24，Y.Y. Ho（贺贤育）317（Holotype：HHBG）.

橄榄槭 *Acer olivaceum* W.P. Fang et P.L. Chiu in Acta Phytotax. Sin. 17（1）：75. 1979. Lingan［Lin'an］（临安），Tienmu Shan［Tianmu Shan］（天目山），1957-04-26，Y.Y. Ho（贺贤育）21116（Holotype：HHBG）.

稀花槭 *Acer pauciflorum* W.P. Fang in Contr. Biol. Lab. Sci. Soc. China, Bot. Ser. 7：166. 1932. Siachu［Xianju］（仙居），1924-06-04，R.C. Ching（秦仁昌）1790（Isotype：A）.

昌化槭 *Acer pauciflorum* W.P. Fang var. *changhwaense* W.P. Fang et M.Y. Fang in Acta Phytotax. Sin. 11（2）：149. 1966. Chang-hwa［Changhua］（昌化），1958-06-13，Y.Y. Ho（贺贤育）29119（Holotype：PE）.

卷毛长柄槭 *Acer pictum* Thunb. var. *pubigerum* W.P. Fang in Contr. Biol. Lab. Sci. Soc. China 8：163. 1932.［Lin'an］（临安），W. Tien-mu-shan［Xitianmu Shan］（西天目山），1931-04-18，K.K. Tsoong（钟观光）150（Syntype：？）；同地，1931-04-20，K.K. Tsoong（钟观光）154（Syntype：SZ）；［Tiantai］（天台），Tien-tai-shan［Tiantai Shan］（天台山），1932-07-04，S. Chen（陈诗）509（Syntype：SZ）.

毛脉槭 *Acer pubinerve* Rehd. in Trees and Shrubs 2（1）：26. 1907.［Tiantai］（天台），Tien-tai Mountains［Tiantai Shan］（天台山），1889年，E. Faber 203（Holotype：K）.

细果毛脉槭 *Acer pubinerve* Rehd. var. *apiferum* W.P. Fang et P.L. Chiu in Acta Phytotax. Sin. 17（1）：74. 1979. Chenhai［Zhenhai］（镇海），Shuiaisze［Ruiyansi］（瑞岩寺），1957-07-29，Y.Y. Ho（贺贤育）27537（Holotype：HHBG）.

武义毛脉槭 *Acer pubinerve* Rehd. var. *wuyiense* X.Y. Zhang, Z.H. Chen et W.J. Chen in J. Hangzhou Norm. Univ., Nat. Sci. Ed. 16（1）：28. 2017. Wuyi（武义），Mt. Niutou（牛头山），2014-05-22，X.F. Jin（金孝锋）3271（Holotype：HTC）.

毛鸡爪槭 *Acer pubipalmatum* W.P. Fang in Contr. Biol. Lab. Sci. Soc. China, Bot. Ser. 8：169. 1932.［Lin'an］（临安），W. Tien-mu-shan［Xitianmu Shan］（西天目山），1929-05-10，K.K. Tsoong（钟观光）392（Syntype：NAS）；［Tiantai］（天台），Tien-tai-shan［Tiantai Shan］（天台山），1932-07-03，S. Chen（陈诗）493（Syntype：NAS）.

美丽毛鸡爪槭 *Acer pubipalmatum* W.P. Fang var. *pulcherrimum* W.P. Fang et P.L. Chiu in Acta Phytotax. Sin. 17（1）：70. 1979.［Tiantai］（天台），Tientai Shan［Tiantai Shan］（天台山），1958-07，K.Y. Chen（陈根容［陈根荣］）2429（Holotype：PE）.

天目槭 *Acer sinopurpurascens* W.C. Cheng in Contr. Biol. Lab. Sci. Soc. China, Bot. Ser. 6（7）：62. 1931.［Lin'an］（临安），Western Tien-mu-shan［Xitianu Shan］（西天目山），1931-04-23，W.C. Cheng（郑万钧）2424（Lectotype：PE, designated by Q. Lin et al., in Acta Bot. Boreal.-

Occident. Sin 29（1）: 176. 2009），W.C. Cheng（郑万钧）2429（Syntype: PE）; 同地，1929-08-16，S.S. Chien（钱崇澍）845（Syntype: PE）。

Acer trifidum Thunb. var. *ningpoense* Hance in J. Bot. 11: 168. 1873. Ningpo［Ningbo］（宁波），1872年，R. Swinhoe s.n.（Holotype: BM, Herb. Hance n. 17693）。

Acer wilsonii Rehd. var. *chekiangense* W.P. Fang in Contr. Biol. Lab. Sci. Soc. China, Bot. Ser. 7: 154. 1932.［Tiantai］（天台），Tien-tai-shan［Tiantai Shan］（天台山），1924-05-05，R.C. Ching（秦仁昌）1411（Syntype: A）; 同地，1924-05-08，R.C. Ching（秦仁昌）1444（Syntype: A）。

羊角槭 *Acer yangjuechi* W.P. Fang et P.L. Chiu in Acta Phytotax. Sin. 17（1）: 61. 1979. Lingan［Lin'an］（临安），Tienmu Shan［Tianmu Shan］（天目山），Liquwan（里曲湾），1973-04-22，Forestry Stat., Dept. Forestry, Chekiang Agric. Univ.（浙农大林学系林场）1529［1527］（Holotype: HHBG）。

一二九　芸香科 Rutaceae

常山胡柚 *Citrus changshan-huyou* Y.B. Chang in Bull. Bot. Res., Harbin 11（2）: 5. 1991. Changshan（常山），Cult.（栽培），1990-05-06，W.D. Hu（胡文丁）s.n.（Holotype: ZM）。

毛野花椒 *Zanthoxylum simulans* Hance subsp. *calcareum* Z.H. Chen, F. Chen et W. Zhu in J. Hangzhou Norm. Univ., Nat. Sci. Ed. 19（6）: 100. 2020. Changxing（长兴），Meishan（煤山），2017-06-09，Z.H. Chen et al.（陈征海等）CX17060901（Holotype: ZM）。

一三四　凤仙花科 Balsaminaceae

浙江凤仙花 *Impatiens chekiangensis* Y.L. Chen in Bull. Bot. Res., Harbin 8（2）: 4. 1988. Lung Quan［Longquan］（龙泉），1958-07-20，Jen-hua Shan（单人骅）5510（Holotype: NAS）。

苍南凤仙花 *Impatiens chekiangensis* Y.L. Chen var. *cangnanensis* Y.L. Xu et X.F. Jin in J. Hangzhou Norm. Univ., Nat. Sci. Ed. 1: 8. 2018. Cangnan（苍南），2017-09-16，Y.L. Xu（徐跃良）Xu318（Holotype: ZM）。

淡黄绿凤仙花 *Impatiens chloroxantha* Y.L. Chen in Bull. Bot. Res., Harbin 8（2）: 8. 1988. Sui-chan［Suichang］（遂昌），Jiu Long-shan（九龙山），1983-05-25，Q. Ling［Lin］et L.C. Jin（林泉，金联城）3438（Holotype: ZDC）。

Impatiens cosmia Hook. f. in Icon. Pl. 30, t. 2915. 1910. Chekiang［Zhejiang］（浙江），Capt. Jacobs s.n.（Syntype: K）。

黄岩凤仙花 *Impatiens huangyanensis* X.F. Jin et B.Y. Ding in Acta Phytotax. Sin. 40（2）: 167. 2002. Huangyan（黄岩），2000-08-02，X.F. Jin（金孝锋）6929（Holotype: HZU）。

渐尖距凤仙花 *Impatiens huangyanensis* X.F. Jin et B.Y. Ding subsp. *attenuata* X.F. Jin et Z.H. Chen in Nord. J. Bot. 26（3-4）: 208. 2008. Sanmen（三门），2007-09-09，X.M. Yang et C.D. Zheng（杨信猛，郑从都）201（Holotype: HTC）。

九龙山凤仙花 *Impatiens jiulongshanica* Y.L. Xu et Y.L. Chen in Acta Phytotax. Sin. 37（2）: 194. 1999. Suichang（遂昌），Jiulongshan（九龙山），1992-10-10，Y.L. Xu（徐耀良）［徐跃良］

157（Holotype：ZM）．

浙皖凤仙花 *Impatiens neglecta* Y.L. Xu et Y.L. Chen in Acta Phytotax. Sin. 37（2）：196. 1999. Linan（临安），Longtangshan（龙塘山），1957-08-24，H.Y. Ho（贺贤育）26381（Holotype：HHBG）．

括苍山凤仙花 *Impatiens platysepala* Y.L. Chen var. *kuocangshanica* X.F. Jin et F.G. Zhang in Bull. Bot. Res., Harbin 23（2）：141. 2003. Linhai（临海），Kuocangshan（括苍山），1964-06-28，Zhejiang Med. Bot. Exped.（浙江药用植物普查队）2305（Holotype：ZM）．

遂昌凤仙花 *Impatiens suichangensis* Y.L. Xu et Y.L. Chen in Acta Phytotax. Sin. 37（2）：198. 1999. Suichang（遂昌），Mt. Jiulong（九龙山），1992-10-10，Y.L. Xu（徐耀良）[徐跃良]1570（Holotype：ZM）．

泰顺凤仙花 *Impatiens taishunensis* Y.L. Chen et Y.L. Xu in Bull. Bot. Res., Harbin 13（1）：11. 1993. Taishun（泰顺），Jiaoxi（交溪），1991-04-21，Xu Yao-liang（徐耀良）[徐跃良]0367（Holotype：ZM）．

天目山凤仙花 *Impatiens tienmushanica* Y.L. Chen in Bull. Bot. Res., Harbin 8（2）：9. 1988. Lien An[Lin'an]（临安），[Xitianmu Shan]（西天目山），Q. Ling[Lin]et F.G. Lai（林泉，来复根）3371（Holotype：ZDC）．

长距天目山凤仙花 *Impatiens tienmushanica* Y.L. Chen var. *longicalcarata* Y.L. Xu et Y.L. Chen in Acta Phytotax. Sin. 37（2）：200. 1999. Suichang（遂昌），Mt. Jiulong（九龙山），1992-10-13，Y.L. Xu（徐耀良）[徐跃良]1540（Holotype：ZM）．

艺林凤仙花 *Impatiens yilingiana* X.F. Jin, S.Z. Yang et L. Qian in Nord. J. Bot. 26（3-4）：207. 2008. Lin'an（临安），Tianmushan（西天目山），2007-09-02，X.F. Jin（金孝锋）1901（Holotype：HTC）．

一三五　五加科 Araliaceae

三叶细柱五加 *Acanthopanax gracilistylus* W.W. Sm. var. *trifoliolatus* C.B. Shang in J. Nanjing Inst. Forest. 2：22. 1985. Changhua（昌化），Shunxiwu（顺溪坞），1958-05-22，[Zhejiang Bot. Exped.]（浙江植物资源普查队）28585（Isotype：HHBG）．

毛梗糙叶五加 *Acanthopanax henryi* Oliv. var. *faberi* Harms in Mitt. Deutsch. Dendrol. Ges. 27：12. 1918. Ningpo[Ningbo]（宁波），1888年，E. Faber 4832（Holotype：?）．

Acanthopanax hondae Matsuda in Bot. Mag.（Tokyo）31：333. 1917. Hanchow[Hangzhou]（杭州），K. Honda et al.（本多厚二等）s.n.（Syntype：?）；Ningpo[Ningbo]（宁波），张之铭 s.n.（Syntype：?）．

Acanthopanax hondae Matsuda var. *armatum* Nakai in J. Arnold Arbor. 5：4. 1924. Ningpo[Ningbo]（宁波），C.M. Chang（张之铭）s.n.（Syntype：?）；同地，1908年，D. Macgregor s.n.（Syntype：A）；Hangchow[Hangzhou]（杭州），1915-06-26，F.N. Meyer 1473（Syntype：A）．

匍匐五加 *Acanthopanax scandens* Hoo in Acta Phytotax. Sin., Addit. 1：158. 1965.[Yuyao]（余

姚），Sze-ming-shan［Siming Shan］（四明山），1958-07-10，Sze-ming Bot. Exped.（四明山调查队）833（Holotype：PE）。

Acanthopanax spinosus（L. f.）Miq. form. *inerme* Mastuda in Bot. Mag.（Tokyo）26（309）：281. 1912. Hang-chou［Hangzhou］（杭州），Tin-cha-shan［Dingjia Shan］（丁家山），K. Honda（本多厚二）1247（Holotype：TI）。

浙江五加 *Acanthopanax zhejiangensis* X.J. Xue et S.T. Fang in Acta Phytotax. Sin. 21（3）：350. 1983.［Hangzhou Pharm. Base, from Tianmu Shan］（杭州药物试验场，引自天目山），X.J. Xue（薛祥骥）80002（Holotype：FUS）。

Gilibertia sinensis Nakai in J. Arnold Arbor. 5（1）：24. 1924.［Tiantai］（天台），Tien-Tai-Shan［Tiantai Shan］（天台山），1920-08-10，J. Hers［H.H. Hu］（胡先骕）331（Isosyntype：UC）；Chang-hua（昌化），1915-07-09，F.N. Meyer 1530（Syntype：A）。

Kalopanax ricinifolius（Siebold et Zucc.）Miq. var. *chinense* Nakai in J. Arnold Arbor. 5（1）：13. 1924. Ningpo［Ningbo］（宁波）Mts., E. Faber 44（Syntype：?）。

一三六　伞形科 Apiaceae

天目当归 *Angelica tianmuensis* Z.H. Pan et T.D. Zhuang in Acta Phytotax. Sin. 33（1）：86. 1995.［Lin'an］（临安），Tianmu Mts.（天目山），1990-10-28，X.T. Liu et al.（刘心恬等）90116（Lectotype：NAS-00071995, designated by M. Li et al. in Phytotaxa 311（1）：93. 2017）。

南方大叶柴胡 *Bupleurum longiradiatum* Turcz. form. *australe* R.H. Shan et Y. Li in Acta Phytotax. Sin. 12（3）：269. 1974.［Lin'an］（临安），Tianmushan（天目山），1955-05-18，C.Q. Yuan et J.S. Yue（袁昌齐，岳俊三）1282（Holotype：NAS）。

明党参 *Changium smyrnioides* H. Wolff in Repert. Spec. Nov. Regni Veg. 19：315. 1924. Huchao［Huzhou］（湖州），Chang-Tsung-Sü（张宗绪）13（Holotype：B）。

Oenanthe stolonifera（Roxb.）DC. var. *purpurea* Matsuda in Bot. Mag.（Tokyo）30（349）：36. 1916. Hu-chow［Huzhou］（湖州），Chang-Shwang-Shü（张宗绪）6（Holotype：TI）。

紫花山芹 *Ostericum atropurpureum* G.Y. Li, G.H. Xia et W.Y. Xie in Nord. J. Bot. 1（4）：414. 2013. Yuyao（余姚），Mt. Simingshan（四明山），2010-10-11，W.Y. Xie et al.（谢文远等）0128（Holotype：ZJFC）。

白花滨海前胡 *Peucedanum japonicum* Thunb. form. *album* Q.H. Yang et Q. Tian in Acta Bot. Boreal. -Occident. Sin. 28（2）：399. 2008. Zhoushan（舟山），2007-06-22，Q.H. Yang et Q. Tian（杨庆华，田旗）辰山采集组 070331（Holotype：CSH）。

假苞囊瓣芹 *Pternopetalum tanakae*（Franch. et Sav.）Hand.-Mazz. var. *fulcrantum* Y.H. Zhang in Bull. Bot. Res., Harbin 9（3）：59. 1989. Suichang（遂昌），［Jiulongshan］（九龙山），1983-05-22，C. Ling（林泉）3385（Holotype：ZDC）。

黄花变豆菜 *Sanicula flavovirens* Z.H. Chen, D.D. Ma et W.Y. Xie in J. Hangzhou Norm. Univ., Nat. Sci. Ed. 18（1）：9. 2019. Pan'an（磐安），Dapanshan（大盘山），2018-04-11，P. Wang et J.F.

Chen（王盼，陈江芳）PA2018041101（Holotype：ZM）.

Sanicula orthacantha S. Moore var. *longispina* H. Wolff in Engler，Pflanzenr. 61（IV. 228）：55. 1913. Tien-Tai [Tiantai]（天台），E. Faber s.n.（Syntype：?）；Ning-po [Ningbo]（宁波），A.K. Schindler 456a（Syntype：B）.

天目变豆菜 *Sanicula tienmuensis* Shan et Const. in Univ. Calif. Publ. Bot. 25：23. 1951. [Lin'an]（临安），West Tien-mu-shan [Xitianmu Shan]（西天目山），West Lake Museum（西湖博物馆）67（Holotype：PE）.

一三八　龙胆科 Gentianaceae

双蝴蝶 *Crawfurdia chinensis* Migo in J. Shanghai Sci. Inst. Sect. III，4：154. 1939. Changhwa [Changhua]（昌化），1935-10-24，H. Migo s.n.（Holotype：TI）.

Gentiana fortuni [*fortunei*] Hook. in Bot. Mag. 80：pl. 4776. 1854. North of China [Ningbo]（宁波），[Xuedou Shan]（雪窦山），R. Fortune s.n.（Holotype：K）.

建德龙胆 *Gentiana manshurica* Kitag. subsp. *jiandeensis* J.P. Luo et Z.C. Lou in Acta Pharm. Sin. 22（6）：456. 1987. Chun-an（淳安），S.K. Jiang et S.T. Fang（蒋善坤，方尚土）2406（Holotype：PEM）.

浙江獐牙菜 *Swertia hickinii* Burk. in J. Proc. Asiat. Soc. Bengal. 2（7）：320. 1906. Chekiang [Zhejiang]（浙江），H.J. Hickin 09481（Holotype：K）.

建德獐牙菜 *Swertia jiendeensis* Y.Y. Fang in Bull. Bot. Res.，Harbin 7（1）：90. 1987. Jiande（建德），1980-10-20，L. Hong（洪林）723（Holotype：HZU）.

条叶双蝴蝶 *Tripterospermum chinense*（Migo）H. Smith var. *linearifolium* X.F. Jin in Novon 19（2）：278. 2009. Longquan（龙泉），Mt. Fengyang（凤阳山），2004-08-26，X.F. Jin（金孝锋）808A（Holotype：HTC）.

一三九　夹竹桃科 Apocynaceae

小叶毛药藤 *Sindechites henryi* Oliv. var. *parvifolia* Tsiang in Sinensia 3（5）：159. 1932. Lung-chuan [Longquan]（龙泉），[Mao Shan]（昴山），1917-06-06 [1930-06-07]，K.K. Tsoong（钟观光）551（Holotype：PE）.

温州络石 *Trachelospermum wenchowense* Tsiang in Sunyatsenia 2（2）：138. 1934. Wenchow [Wenzhou]（温州），1924-06-07，R.C. Ching（秦仁昌）1869（Holotype：SYS）.

一四〇　萝藦科 Asclepiadaceae

浙江乳突果 *Adelostemma microcentrum* Tsiang in Sunyatsenia 2（2）：184. 1934. [Lin'an]（临安），Tien-mo Shan [Tianmu Shan]（天目山），1907-05-18 [1929-05-22]，K.K. Tsoong（钟观光）351（Holotype：PE）.

长轴青龙藤 *Biondia henryi* Tsiang et P.T. Li var. *longipedunculata* M. Cheng et Z.J. Feng in Bull. Bot. Lab. N.-E. Forest. Inst.，Harbin 8：2. 1980. [Lin'an]（临安），W. Tienmushan [Xitianmu Shan]（西天目山），1955-05，M. Cheng（郑勉）19645（Holotype：HSNU）.

毛白前 *Cynanchum mooreanum* Hemsl. in J. Linn. Soc., Bot. 26（173）：108. 1889. Ningpo［Ningbo］（宁波）mountains, E. Faber s.n.（Syntype：K）.

团花牛奶菜 *Marsdenia glomerata* Tsiang in Sunyatsenia 3（2-3）：203. 1936. Chekiang［Zhejiang］（浙江），K.K. Tsoong（钟观光）1313（Holotype：IBSC）.

一四二　旋花科 Convolvulaceae

大花心萼薯 *Aniseia stenantha*（Dunn）Ling var. *macrostephana* Y.H. Zhang in Acta Phytotax. Sin. 24（2）：155. 1986. Longquan［Qingyuan］（今属庆元），Jushui（菊水），1965-10-14，P.L. Chiu（裘宝林）1078（Holotype：HHBG）.

裂叶鳞蕊藤 *Lepistemon lobatus*［*lobatum*］Pilger in Notizbl. Bot. Gart. Berlin-Dahlem 9（89）：1029. 1926. Lung chiung［Longquan］（龙泉），1920-09-24，H.H. Hu（胡先骕）451（Holotype：B）.

一四六　紫草科 Boraginaceae

浙江琉璃草 *Omphalodes chekiangensis* Migo in Bot. Mag.（Tokyo）56（666）：265. 1942.［Lin'an］（临安），Mt. Hsi-tienmu-shan［Xitianmu Shan］（西天目山），1935-05-15，H. Migo s.n.（Syntype：NAS）；同地，1936-04-23，H. Migo s.n.（Lectotype：NAS-00072347, designated by Y.F. Duan et L.B. Zhang in Phytotaxa 170（4）：279. 2014）.

泰顺皿果草 *Omphalotrigonotis taishunensis* Shao Z. Yang, W.W. Pan et J.P. Zhong in J. Hangzhou Norm. Univ., Nat. Sci. Ed. 19（3）：258. 2020. Taishun（泰顺），Siqian（司前），Wenyang（榅垟），2017-05-25，W.W. Pan et J.P. Zhong（潘温文，钟建平）WYL 2017052501（Holotype：ZJFI）.

具鞘皿果草 *Omphalotrigonotis vaginata* Y.Y. Fang in Bull. Bot. Res., Harbin 7（1）：89. 1987. Chun-an（淳安），L. Hong（洪林）898（Holotype：HZU）.

一四七　马鞭草科 Verbenaceae

Callicarpa brevipes（Benth.）Hance form. *serrulata* C. Pei in Mem. Sci. Soc. China 1（3）：47. 1932. Taisuan［Taishun］（泰顺），1924-07，R.C. Ching（秦仁昌）2198（Syntype：？）；Pingyung［Pingyang］（平阳）and Taisuan［Taishun］（泰顺），1924-07-16，R.C. Ching（秦仁昌）2105（Syntype：US）.

Callicarpa ningpoensis Matsuda in Bot. Mag.（Tokyo）27：273. 1913. Ning-po［Ningbo］（宁波），C.M. Chang（张之铭）103（Holotype：TI）.

秃红紫珠 *Callicarpa rubella* Lindl. var. *hemsleyana* Diels form. *subglabra* C. Pei in Mem. Sci. Soc. China 1（3）：41. 1932. Siachu［Xianju］（仙居），1924-06-03，R.C. Ching（秦仁昌）1760（Holotype：IBSC）.

白花兰香草 *Caryopteris incana*（Thunb.）Miq. form. *albiflora* S.H. Jin et D.Y. Ou in Acta Bot. Boreal.-Occident. Sin. 30（8）：1701. 2010. Putuoshan（普陀），2009-05-04，S.H. Jin et al.（金水虎等）PT 090504（Holotype：ZJFC）.

Caryopteris mastacanthus Schauer in Prodr.［A.P. de Candolle］11：625. 1847. Tchusan

[Zhoushan]（舟山），R. Fortune s.n.（Syntype：?）.

浙江大青 *Clerodendrum kaichianum* P.S. Hsu in Observ. Fl. Hwangshan. 165. 1965. Changhwa[Changhua]（昌化），Mt. Lung Tong[Longtang Shan]（龙塘山），1962-08-20，C.N. Yen（严增南）2196（Holotype：FUS）.

Cordia venosa Hemsl.（Boraginaceae）in J. Linn. Soc., Bot. 26（174）：143. 1890. Ningpo[Ningbo]（宁波）mountains，1887年，E. Faber 183（Holotype：K）.

豆腐柴 *Premna microphylla* Turcz. in Bull. Soc. Imp. Naturalistes Moscou 36（3）：217. 1863.[Ningbo]（宁波?），R. Fortune 23A（Lectotype：LE，designated by T.V. Krestovskaya in Cat. type spec. East-Asian vascular plants Herb. Komarov Bot. Inst.（LE）. Pt. 2（China）. 2010）.

Premna microphylla Turcz. var. *glabra* Nakai in Bot. Mag.（Tokyo）40（477）：487. 1926. Ningpo[Ningbo]（宁波），1908年，D. Macgregor s.n.（Syntype：A）；[Deqing]（德清），Mokanshan[Mogan Shan]（莫干山），F.N. Meyer 1618（Syntype：A）.

Teucrium nepetifolium Benth. in Prodr.[A.P. de Candolle]12：580. 1848.[Ningbo]（宁波?），1845年，R. Fortune A73（Holotype：BM）.

白花马鞭草 *Verbena officinalis* L. form. *albiflora* S.H. Jin et D.D. Ma in Acta Bot. Boreal.-Occident. Sin. 30（8）：1701. 2010. Putuoshan（普陀），2008-06-08，S.H. Jin et al.（金水虎等）PT08486（Holotype：ZJFC）.

Vitex negundo L. form. *intermedia* C. Pei in Mem. Sci. Soc. China 1（3）：105. 1932.[Ningbo]（宁波），1906年，Barchet s.n（Syntype：?）；1903年，Barchet 556（Syntype：?）；Kingyuan[Qingyuan]（庆元），1924年，R.C. Ching（秦仁昌）2429（Syntype：?）；[Tiantai]（天台），Tientai-shan[Tiantai Shan]（天台山），Kwohchingsze[Guoqingsi]（国清寺），1927-07，s.coll. s.n.（Syntype：N-14580）.

一四八　唇形科 Lamiaceae

Amethystanthus nakaii Migo in J. Shanghai Sci. Inst. Sect. III，4：155. 1939. Hangchow[Hangzhou]（杭州），Yinma-chiao[Yinmaqiao]（饮马桥），1935-09-19，H. Migo s.n.（Holotype：TI）.

Amethystanthus stenophyllus Migo in J. Shanghai Sci. Inst. Sect. III，3：231. 1937.[Tiantai]（天台），Tientai-shan[Tiantai Shan]（天台山），Kuochingssu[Guoqingsi]（国清寺），1935-10-02，H. Migo s.n.（Holotype：TI）.

浙江铃子香 *Chelonopsis chekiangensis* C.Y. Wu in Novon 19（1）：133. 2009. Hangzhou[Zhuji]（诸暨，杭州为误记），Fanchiao[Fengqiao]（枫桥），[Sia Kan]（西坑），1927-10-13，R.C. Ching（秦仁昌）3724（Holotype：PE）.

Caryopteris ningpoensis Hemsl. in J. Linn. Soc., Bot. 26（175）：264. 1890. mountains of Ningpo[Ningbo]（宁波），1888年，E. Faber 65（Holotype：K）.

球花风轮菜 *Clinopodium confine*（Hance）Kuntze var. *globosum* C.Y. Wu et S.J. Hsuan in Acta

Phytotax. Sin. 12（2）：223. 1974. Lung-chuan［Longquan］（龙泉），1920［1930］-06-01，K.K. Tsoong（钟观光）D109（Holotype：PE）.

绒毛绵穗苏 *Comanthosphace ningpoensis*（Hemsl.）Hand.-Mazz. var. *stellipiloides* C.Y. Wu in Acta Phytotax. Sin. 8（1）：52. 1959.［Lin'an］（临安），［Tianmu Shan］（天目山），1928-09-29，K.K. Tsoong（钟观光）D327（Holotype：PE）.

Dysophylla lythroides Diels in Notizbl. Bot. Gart. Berlin-Dahlem 9（89）：1031. 1926. Yeu chow（严州），Sui an（遂安，今属淳安），1920-10-15，H.H. Hu（胡先骕）520（Holotype：B）.

*白花香薷 *Elsholtzia argyi* Lévl. form. *alba* G.Y. Li et Z.H. Chen in Bot. Res. in Ningbo［宁波植物研究］343. 2021. Xiangshan（象山），Banbianshan（半边山），2013-11-06，Z.H. Chen et Y.F. Zhang（陈征海，张幼法）XS20130626（Holotype：ZJFC）.

龙塘香薷 *Elsholtzia lungtangensis* Sun ex C.H. Hu in Acta Phytotax. Sin. 11（1）：48. 1966. Changhwa［Changhua］（昌化），Longtan-shan［Longtang Shan］（龙塘山），1963-09-26，［Hangzhou Univ. Exped.］（杭州大学生物系采集队）龙塘山6533（Holotype：HZU）.

疏毛小野芝麻 *Galeobdolon chinense*（Benth.）C.Y. Wu var. *subglabrum* C.Y. Wu in Acta Phytotax. Sin. 10（2）：158. 1965. Ki-an［Anji］（安吉，文献误记为江西吉安），Tong-shan（铜山），T.H. Chang［Tsung Hsu Chang］（张宗绪）s.n.（Holotype：PE）.

出蕊四轮香 *Hanceola exserta* Sun in Acta Phytotax. Sin. 8：59. 1959. Yunhe（云和），1934-10-26，Y.Y. Ho（贺贤育）3516（Holotype：PE）.

粉花出蕊四轮香 *Hanceola exserta* Sun form. *subrosa* B.Y. Ding et Y.L. Xu in J. Hangzhou Norm. Univ., Nat. Sci. Ed. 18（1）：21. 2019. Kaihua（开化），Nanhuashan（南华山），2016-09-23，B.Y. Ding et al.（丁炳扬等）16090（Holotype：ZM）.

中华香简草 *Keiskea sinensis* Diels in Notizbl. Bot. Gart. Berlin-Dahlem 9（83）：199. 1924. Hu chow［Huzhou］（湖州），Chang Tsung Su（张宗绪）60（Holotype：B）.

洪林龙头草 *Meehania hongliniana* B.Y. Ding et X.F. Jin in Nord. J. Bot. 36（12）-e01869：1. 2018. Kaihua（开化），Mt. Nanhua（南华山），2017-04-23，B.Y. Ding（丁炳扬）2017042302（Holotype：ZM）.

*浙闽龙头草 *Meehania zheminensis* A. Takano, Pan Li et G.H. Xia in Plants 9（9）-1159：9. 2020. Tonglu（桐庐），Baiyunyuan（白云源），2020-04-05，Pan Li（李攀）LP207976（Holotype：HZU）.

杭州石荠苎 *Mosla hangchowensis* Matsuda in Bot. Mag.（Tokyo）26（311）：344. 1912.［Hangzhou］（杭州），Ken-shan-mun［Genshanmen］（艮山门），K. Honda 473, 474（Syntype：TI）；Wu-lin-mun［Wulinmen］（武林门），K. Honda 198（Syntype：TI）；Chi-ling［Geling］（葛岭），K. Honda 314, 195 et 197（Syntypes：TI）；Ching-tai-mun［Qingtaimen］（清泰门），K. Honda 319（Syntype：TI）.

浙荆芥 *Nepeta everardi* S. Moore in J. Bot. 16（185）：135. 1878. Ningpo［Ningbo］（宁波），

C.W. Everard s.n.（Holotype：K）。

建德荠苎 *Orthodon hangchowensis*（Matsuda）C.Y. Wu var. *cheteana* Sun ex C.H. Hu in Acta Phytotax. Sin. 11（1）：46. 1966. Chete[Jiande]（建德），1933-09-06，S. Chen（陈诗）1981（Holotype：NAS）。

长苞荠苎 *Orthodon longibracteatus* C.Y. Wu et S.J. Hsuan in Acta Phytotax. Sin. 10（3）：232. 1965. Lung-chüan[Longquan]（龙泉），1934-10-12，Y.Y. Ho（贺贤育）3343（Holotype：PE）。

短花假糙苏 *Paraphlomis breviflora* B.Y. Ding, Y.L. Xu et Z.H. Chen in Guihaia 39（1）：14. 2019. Songyang（松阳），2018-06-05，Y.L. Xu et al.（徐跃良等）602（Holotype：ZM）。

中间假糙苏 *Paraphlomis intermedia* C.Y. Wu et H.W. Li in Acta Phytotax. Sin. 10（1）：72. 1965. Lung-chüan[Longquan]（龙泉），[Mao Shan]（昴山），1934-10-08，Y.Y. Ho（贺贤育）3208（Holotype：NAS）。

云和假糙苏 *Paraphlomis lancidentata* Sun in Contr. Biol. Lab. Sci. Soc. China, Bot. Ser. 10（1）：30. 1935. Yun-huo[Yunhe]（云和），1933-06-27，S. Chen（陈诗）1698（Holotype：NAS）。

毛果假糙苏 *Paraphlomis shunchangensis* Z.Y. Li et M.S. Li var. *pubicarpa* B.Y. Ding et Z.H. Chen in Nord. J. Bot. 36（12）-e01869：4. 2018. Wencheng（文成），Tonglingshan（铜铃山），2017-08-03，Z.H. Chen et L.X. Zheng（陈征海，郑立新）WC17080302（Holotype：ZM）。

耳齿紫苏 *Perilla frutescens*（L.）Britt. var. *auriculatodentata* C.Y. Wu et S.J. Hsuan in Acta Phytotax. Sin. 12（2）：228. 1974. Yun-ho[Yunhe]（云和），1932-09-20，S. Chen（陈诗）767（Holotype：PE）。

大萼香茶菜 *Plectranthus macrocalyx* Dunn in Notes Roy. Bot. Gard. Edinburgh 8：157. 1913. Chekiang[Zhejiang]（浙江），H.J. Hickin s.n.（Syntype：K）。

白花南丹参 *Salvia bowleyana* Dunn form. *alba* G.Y. Li, W.Y. Xie et D.D. Ma in J. Zhejiang Univ., Sci. Ed. 48（1）：96. 2021. Linan（临安），Shunxi（顺溪），2007-04-27，D.D. Ma et al.（马丹丹等）s.n.（Holotype：ZJFC）。

二回羽裂南丹参 *Salvia bowleyana* Dunn var. *subbipinnata* C.Y. Wu in Fl. Reipubl. Popularis Sin. 66：582. 1977. Yongjia（永嘉），1926[1928]-05-15，K.K. Tsoong（钟观光）1048（Holotype：PE）。

舌瓣鼠尾草 *Salvia liguliloba* Sun in Contr. Biol. Lab. Sci. Soc. China, Bot. Ser. 10：29. 1935. Yutsien[Yuqian]（於潜），East Tienmushan[Dongtianmu Shan]（东天目山），1927-06-19，H.H. Hu（胡先骕）1569（Holotype：PE）。

浙江琴柱草 *Salvia nipponica* Miq. subsp. *zhejiangensis* J.F. Wang, W.Y. Xie et Z.H. Chen in J. Hangzhou Norm. Univ., Nat. Sci. Ed. 16（1）：6. 2017.[Lishui]（丽水），Liandu（莲都），Fengyuan（峰源），Saikeng（赛坑村），2015-08-01，Z.H. Chen（陈征海）LS150803（Holotype：ZFSD）。

拟丹参 *Salvia sinica* Migo in J. Shanghai Sci. Inst. Sect. III, 3：226. 1937.[Lin'an]（临安），Hsitienmu-shan[Xitianmu Shan]（西天目山），1935-05-15，H. Migo s.n.（Holotype：TI）。

仙居鼠尾草 *Salvia xianjuensis* Z.H. Chen, G.Y. Li et D.D. Ma in J. Zhejiang Forest. Sci. Tech. 36（6）：84. 2016. Xianju（仙居），Dashenxianju（大神仙居），2012-09-09，Z.M. Zhu et al.（朱志明等）XJ20120910（Holotype：ZJFC）.

浙江黄芩 *Scutellaria chekiangensis* C.Y. Wu in Fl. Reipubl. Popularis Sin. 65（2）：579. 1977. Xianju（仙居），1924-05-22，R.C. Ching（秦仁昌）1600（Holotype：PE）.

刻叶黄芩 *Scutellaria incisa* Sun ex C.H. Hu in Acta Phytotax. Sin. 11：39. 1966. Sien-chu［Xianju］（仙居），［Gefengkeng］（隔风坑），1924-06-03，R.C. Ching（秦仁昌）1778（Holotype：PE）.

髓黄芩 *Scutellaria medullifera* Sun ex C.H. Hu in Acta Phytotax. Sin. 11：40.1966. Lung-tsuan［Longquan］（龙泉），1933-05-08，S. Chen（陈诗）1320（Holotype：PE）.

柔弱黄芩 *Scutellaria tenera* C.Y. Wu et H.W. Li in Fl. Reipubl. Popularis Sin. 65（2）：581.1977. Longquan（龙泉），［Mao Shan］（昴山），1959-04-11，S.Y. Chang（章绍尧）4498（Holotype：PE）.

云亿黄芩 *Scutellaria yunyiana* B.Y. Ding, Z.H. Chen et X.F. Jin in Guihaia 39（1）：11. 2019. Fuyang（富阳），2018-04-17，B.Y. Ding（丁炳扬）16187（Holotype：ZM）.

地蚕 *Stachys geobombycis* C.Y. Wu in Acta Phytotax. Sin. 10（3）：222.1965. Lung-chuan［Longquan］（龙泉），1930-05-19，K.K. Tsoong（钟观光）495（Holotype：PE）.

Teucrium ningpoense Hemsl. in J. Linn. Soc., Bot. 26（175）：313. 1890. Ningpo［Ningbo］（宁波），E. Faber s.n.（Holotype：K）.

庆元香科科 *Teucrium qingyuanense* D.L. Chen, Y.L. Xu et B.Y. Ding in Guihaia 41（1）：6. 2021. Qingyuan（庆元），An'nan（安南），Wulingkeng（五岭坑），2018-08-05，Y.L. Xu et al.（徐跃良等）Xu 725（Holotype：ZM）.

一五一　醉鱼草科 Buddlejaceae

醉鱼草 *Buddleja lindleyana* Fort. in Lindley, Bot. Reg. 30（Misc.）：25. 1844. Chusan［Zhoushan］（1843年种子采自舟山），R. Fortune 37（Neotype：CGE, designated by A.J.M. Leeuwenberg in Meded. Landb. Wageningen 79（6）：130. 1979）.

一五二　木犀科 Oleaceae

Fontanesia longicarpa K.J. Kim in J. Pl. Biol. 41（2）：142. 1998. Shaoahing［Shaoxing］（绍兴），1927-09-03，Y.L. Keng（耿以礼）1184（Holotype：GH）.

金钟花 *Forsythia viridissima* Lindl. in J. Hort. Soc. London 1：226. 1846. Chekiang［Zhejiang］（浙江），R. Fortune 44（Holotype：MO）.

浙南木犀 *Osmanthus austrozhejiangensis* Z.H. Chen, W.Y. Xie et X. Liu in Guihaia 41（1）：11. 2021. Jingning（景宁），Wangdongyang（望东垟），2018-09-30，X.D. Mei et S.Z. Hu（梅旭东，胡绍柱）JN 18093002（Holotype：ZM）.

宁波木犀 *Osmanthus cooperi* Hemsl. in Bull. Misc. Inform. Kew 109：18. 1896. Ningpo

[Ningbo]（宁波），1895年，G.M.H. Playfair s.n.（Holotype：K）.

一五三 玄参科 Scrophulariaceae

Calorhabdos venosa Hemsl. in J. Linn. Soc., Bot. 26：197. 1890. Ningpo mountains [Ningbo]（宁波），1888年，E. Faber s.n.（Syntype：K）.

短梗母草 *Lindernia brevipedunculata* Migo in J. Shanghai Sci. Inst. Sect. III, 4：160. 1939. Changhwa [Changhua]（昌化），1935-10-23，H. Migo s.n.（Holotype：TI）.

沙氏鹿茸草 *Monochasma savatieri* Franch. ex Maxim. in Mém. Acad. Imp. Sci. Saint Pétersbourg, Sér. 7（29）：58. 1881. Shao-schina [Shaoxing]（绍兴），1863-05-10，P.A.L. Savatier s.n.（Syntype：?）；Ningpo [Ningbo]（宁波），1877-04-15，W. Hancock 25（Lectotype：LE, designated by L.M. Raenko in Cat. type spec. East-Asian vascular plants Herb. Komarov Bot. Inst.（LE）. Pt. 2（China）. 2010）.

天目地黄 *Rehmannia chingii* H.L. Li in Taiwania I：78. 1948. [Tiantai]（天台），Tihtaishan [Tiantai Shan]（天台山），1924-05，R.C. Ching（秦仁昌）1375（Holotype：UC）.

白花天目地黄 *Rehmannia chingii* H.L. Li form. *albiflora* G.Y. Li et D.D. Ma in Acta Bot. Boreal.-Occident. Sin. 29（1）：193. 2009. Lin'an（临安），2006-04-06，G.Y. Li et al.（李根有等）L1150（Holotype：ZJFC）.

紫斑白花天目地黄 *Rehmannia chingii* H.L. Li form. *purpureopunctata* G.Y. Li et G.H. Xia in Acta Bot. Boreal.-Occident. Sin. 29（1）：193. 2009. Lin'an（临安），2006-05-20，G.Y. Li et al.（李根有等）L1155（Holotype：ZJFC）.

玄参 *Scrophularia ningpoensis* Hemsl. in J. Linn. Soc., Bot. 26：178. 1890. Ningpo [Ningbo]（宁波），E. Faber s.n.（Holotype：K）.

龙泉腹水草 *Veronicastrum lungtsuanense* M. Cheng et Z.J. Feng in Bull. Bot. Lab. N. E. Forest. Inst., Harbin（8）：1. 1980. Lungtsuan [Longquan]（龙泉），Mount Maoshan（昴山），1957-09，T.S. Chien（钱士心）1525（Holotype：HSNU）.

刚毛腹水草 *Veronicastrum villosulum*（Miq.）Yamazaki var. *hirsutum* T.L. Chin et D.Y. Hong in Fl. Reipubl. Popularis Sin. 67（2）：401. 1979. Longquan（龙泉），1958-07-18，S.Y. Chang（章绍尧）3142（Holotype：PE）.

两头连 *Veronicastrum villosulum*（Miq.）Yamazaki var. *parviflorum* T.L. Chin et D.Y. Hong in Fl. Reipubl. Popularis Sin. 67（2）：401. 1979. Longquan（龙泉），Maoshan（昴山），1957-09-04，C.F. Zhang et Z.Z. Huang（张朝芳，黄正璋）235（Holotype：PE）.

一五五 列当科 Orobanchaceae

天目草 *Tienmuia triandra* Hu in Bull. Fan Mem. Inst. Biol. Bot. 9（1）：6. 1939. [Lin'an]（临安），Tien-mu-shan [Tianmu Shan]（天目山），1927-05 [1927-06]，H.H. Hu（胡先骕）1689 [1699]（Holotype：PE）.

一五六　苦苣苔科 Gesneriaceae

浙皖粗筒苣苔 *Briggsia chienii* Chun in Sunyatsenia 6（3-4）：300. 1946. Lungtsuan［Longquan］（龙泉），Ang-Shan［Maoshan］（昂山），1934-10-10［10-06］，Y.Y. Ho（贺贤育）3149（Holotype：SYS）.

宽萼粗筒苣苔 *Briggsia latisepala* Chun ex K.Y. Pan in Acta Phytotax. Sin. 26（6）：454. 1988. Yunhe（云和），Wangshewu（王蛇坞），1932-09-10，S. Chen（陈诗）837（Holotype：IBSC）.

［温州长蒴苣苔］*Chirita cortusifolia* Hance in J. Bot. 21：324. 1883. Wen-chau［Wenzhou］（温州），W.G. Stronach s.n.（Holotype：BM，Herb. Hance 22178）.

红花温州长蒴苣苔 *Didymocarpus cortusifolius*（Hance）Lévl. form. *rubrus* W.Y. Xie，G.Y. Li et Z.H. Chen in Bot. Res. in Ningbo［宁波植物研究］343. 2021. Ningbo（宁波），Yinjiang（鄞江），Qingyuan Village（清源村），2015-05-23，H.L Lin（林海伦）LHL 2015013（Holotype：ZJFC）.

浙东长蒴苣苔 *Didymocarpus lobulatus* F. Wen，Xin Hong et W.Y. Xie in PhytoKeys 157：147. 2020. Shengzhou（嵊州），2014-05-23，W.Y. Xie et J.J. Zhou（谢文远，周佳俊）140523-01（Holotype：IBK）.

迭裂长蒴苣苔 *Didymocarpus salviiflorus* Chun in Sunyatsenia 6：294. 1946. Li-Hsui（丽水），Nan-Ling Shan［Nanming Shan］（南明山），1927-04-19［1930-04-30］，K.K. Tsoong（钟观光）288（Holotype：SYS）.

西子报春苣苔 *Primulina xiziae* Fang Wen，Yue Wang et G.J. Hua in Nord. J. Bot. 30（1）：77. 2012. Hangzhou（杭州），Taiziwan（太子湾），2008-06-01，F. Wen et al.（温放等）HZ 20080601（Holotype：IBK）.

一五七　爵床科 Acanthaceae

菜头肾 *Championella sarcorrhiza* C. Ling in Acta Phytotax. Sin. 13（3）：93. 1975. Rui'an（瑞安），1971-08-30，C. Ling（林泉）(71) 037（Holotype：PE）.

天目山蓝 *Peristrophe tianmuensis* H.S. Lo in Bull. Bot. Res.，Harbin 8（1）：4. 1988.［Lin'an］（临安），Tian-mu-shan（天目山），1956-09-11，H.Q. Zhu（朱和卿）000340（Holotype：PE）.

白花爵床 *Rostellularia procumbens*（L.）Nees form. *albiflora* Z.H. Cheng［Chen］in J. Zhejiang Forest. Coll. 4（1）：71. 1987. Jingning（景宁），1986-10-20，Z.H. Cheng［Chen］（陈征海）86077（Holotype：ZFSD）.

羽裂马蓝 *Strobilanthes pinnatifidus*［*pinnatifida*］C.Z. Zheng in J. Hangzhou Univ.，Nat. Sci. Ed. 8（4）：431. 1981. Qingyuan（庆元），Heshan（和山），1957-09-09，C.F. Zhang（张朝芳）330（Holotype：HZU）.

一六〇　狸藻科 Lentibulariaceae

钩突挖耳草 *Utricularia warburgii* K.I. Goebel in Ann. Jard. Bot. Buitenzorg 9：64. 1891. Ningpo［Ningbo］（宁波），O. Warburg s.n.（Holotype：？）.

一六一　桔梗科 Campanulaceae

Campanula nobilis Lindl. in J. Hort. Soc. London 1: 232. 1846. Chusan [Zhoushan]（舟山），1844年，R. Fortune 105（Syntype: K）。

一六二　茜草科 Rubiaceae

浙江虎刺 *Damnacanthus shanii* K. Yao et M.B. Deng in Bull. Bot. Res., Harbin 10 (4): 1. 1990. Hangzhou（杭州），1957-11-14，S.Y. Chang（章绍尧）1801（Holotype: NAS）。

浙江拉拉藤 *Galium chekiangense* Ehrend. in Novon 20 (3): 27. 2010. Chekiang [Zhejiang]（浙江），Xi mingshan [Siming Shan]（四明山），s.coll. 0830（Holotype: PE）。

Galium miltorrhizum Hance form. *angustata* Migo in Bot. Mag. (Tokyo) 56 (667): 299. 1942. Kinhwa [Jinhua]（金华），1935-05-04，H. Migo s.n.（Holotype: ?）。

白蕊巴戟 *Morinda citrina* Y.Z. Ruan var. *chlorina* Y.Z. Ruan in Fl. Reipubl. Popularis Sin. 71 (2): 332. 1999. Changhua（昌化），1957-06-24，M.P. Teng（邓懋彬）4794（Holotype: IBSC）。

少花鸡眼藤 *Morinda nanlingensis* Y.Z. Ruan var. *pauciflora* Y.Z. Ruan in Fl. China 19: 226. 2011. Hangzhou（杭州），[Taoguang]（韬光），1956-10-19，X.Y. He（贺贤育）20528（Holotype: IBSC）。

胀节假盖果草 *Pseudopyxis monilirhizoma* T. Chen in Edinburgh J. Bot. 64 (3): 304. 2007. Longquan（龙泉），Fengyang Shan（凤阳山），1972-07-21，Zhejiang Med. Fl. Exp.（浙江药用植物志调查队）2634（Holotype: A）。

浙江茜草 *Rubia chekiangensis* Deb in Bull. Bot. Soc. Bengal 24 (1-2): 166. 1970. Chekiang [Zhejiang]（浙江），s.coll. s.n.（Holotype: K）。

浙南茜草 *Rubia austrozhejiangensis* Z.P. Lei, Y.Y. Zhou et R.W. Wang in Nord. J. Bot. 31 (3): 305. 2013. Taishun（泰顺），Wuyanling（乌岩岭），2011-09-08，Z.P. Lei（雷祖培）001（Holotype: HTC）。

Tarenna incana Diels in Notizbl. Bot. Gart. Berlin-Dahlem 9 (89): 1032. 1926. Chü chow [Quzhou]（衢州），Chü hsien [Quxian]（衢县，今衢江区），1920-10-16，H.H. Hu（胡先骕）538（Holotype: B）。

一六四　忍冬科 Caprifoliaceae

温州黄花双六道木 *Diabelia serrata* (Siebold et Zucc.) Landrein form. *wenzhouensis* S.L. Zhou ex Landrein in Landrein & Farjon, Kew Bull. 74 (4)-70: 168. 2019. Wenzhou（温州），Yongjia（永嘉），Sihai Mts（四海山），2002-05-19，S.L. Zhou（周世良）2002519（Holotype: PE）。

永嘉双六道木 *Diabelia stenophylla* (Honda) Landrein var. *wenzhouensis* S.L. Zhou ex Landrein in Landrein et Farjon, Kew Bull. 74 (4)-70: 189. 2019. Wenzhou Pref.（温州），Yongjia Xian（永嘉），Sihai Mts（四海山），2002-05-20，S.L. Zhou et S.T. Lu（周世良，陆水土）2002520（Holotype: PE）。

浙江七子花 *Heptacodium jasminoides* Airy Shaw in Kew Bull. 7 (2): 245. 1952. Ningpo

[Ningbo]（宁波），Wating Shan [Huating Shan]（华亭山）1877-09-13，W. Hancock 22（Syntype：K），W. Hancock 98（Lectotype：K-00797646，designated by Z.H. Chen et al. in J. Hangzhou Norm. Univ., Nat. Sci. Ed. 20（3）：281. 2021）.

Lonicera japonica Thunb. form. *macrantha* Matsuda in Bot.Mag.（Tokyo）26（310）：307. 1912.[Hangzhou]（杭州），Chi-ling [Geling]（葛岭），K. Honda 1278（Syntype：TI），K. Honda 1279（Syntype：TI），K. Honda 1280（Lectotype：TI），K. Honda 1281（Syntype：TI）.

无毛忍冬 *Lonicera omissa* P.L. Chiu, Z.H. Chen et Y.L. Xu in J. Hangzhou Norm. Univ., Nat. Sci. Ed. 19（3）：253. 2020. Suichang（遂昌），Huangshayao（黄沙腰），Dafengling（大风岭），2018-05-11, Y.L. Xu et al.（徐跃良等）Xu 517（Holotype：ZM）.

白花金腺荚蒾 *Viburnum chunii* P.S. Hsu form. *album* G.Y. Li et H.L. Lin in Bot. Res. in Ningbo［宁波植物研究］344. 2021. Ningbo（宁波），Yinzhou（鄞州），Zhangshui Town（章水镇），Lijiakeng（李家坑），2014-07-06, H.L. Lin（林海伦）LHL 2014032（Holotype：ZJFC）.

郑氏荚蒾 *Viburnum chunii* P.S. Hsu subsp. *chengii* P.S. Hsu in Acta Phytotax. Sin. 11（1）：83. 1966. Tai-shun（泰顺），1934-07-05, S. Chen（陈诗）3526（Holotype：FUS）.

凤阳山荚蒾 *Viburnum fengyangshanense* Z.H. Chen, P.L. Chiu et L.X. Ye in J. Hangzhou Norm. Univ., Nat. Sci. Ed. 19（3）：261. 2020. Longquan（龙泉），Mount. Fengyangshan（凤阳山），Fengyanghu（凤阳湖），2016-05-08, Z.H. Chen et al.（陈征海等）LQ 2016001（Holotype：ZM）.

光萼台中荚蒾 *Viburnum formosanum* Hayata subsp. *leiogynum* P.S. Hsu in Acta Phytotax. Sin. 11（1）：81. 1966. Yun-ho [Yunhe]（云和），1930-05-10, K.K. Tsoong（钟观光）D.62（Holotype：PE）.

Viburnum macrocephalum Fortune in J. Hort. Soc. London 2：244. 1847. Chusan [Zhoushan]（舟山），1844年，R. Fortune a47（Syntype：BM）；Ning-Po [Ningbo]（宁波），1844年，R. Fortune a50（Syntype：P）.

黑果荚蒾 *Viburnum melanocarpum* P.S. Hsu in Observ. Fl. Hwangshan. 181. 1965.[Tiantai]（天台），Tien Tai Shan [Tiantai Shan]（天台山），1957-09-11, Y.Y. Ho（贺贤育）28071（Holotype：HHBG）.

浙江荚蒾 *Viburnum schensianum* Maxim. subsp. *chekiangense* P.S. Hsu et P.L. Chiu in Acta Phytotax. Sin. 17（2）：78. 1979.[Hangzhou]（杭州），[Chaoshan]（超山），杭州植物园采集组（1）（章绍尧）2649（Holotype：HHBG）.

毛枝常绿荚蒾 *Viburnum sempervirens* K. Koch var. *trichophorum* Hand.-Mazz. in Beih. Bot. Centralbl., Abt. 2, 56（2）：465. 1937. Siatschu [Xianju]（仙居），1924-06-01, R.C. Ching（秦仁昌）1731（Isotype：W）.

沟核饭汤子（具沟刚毛荚蒾）*Viburnum setigerum* Hance var. *sulcatum* P.S. Hsu in Observ. Fl. Hwangshan. 185. 1965.[Lin'an]（临安），Tienmushan [Tianmu Shan]（天目山），1954-04-22, H.S. Tsao（赵兴如）24（Holotype：FUS）.

壮大聚花荚蒾 *Viburnum veitchii* C.H. Wright subsp. *magnificum* P.S. Hsu in Acta Phytotax. Sin. 11（1）：75. 1966.［Lin'an］（临安），West Tien-mu-shan［Xitianmu Shan］（西天目山），1954-04-22，S.J. Chao（赵兴如）12（Holotype：FUS）.

Weigela rosea Lindl. in J. Hort. Soc. London 1：65. 1846. North of China［Zhoushan］（舟山），1844年，R. Fortune 25（Holotype：K）.

一六五　败酱科 Valerianaceae

斑花败酱 *Patrinia punctiflora* P.S. Hsu et H.J. Wang in Acta Phytotax. Sin. 11（2）：203. 1966.［Lin'an］（临安），West Tien-mu-shan［Xitianmu Shan］（西天目山），1934-09-23，C. Shen（沈儁）85（Holotype：NAS）.

大斑花败酱 *Patrinia punctiflora* P.S. Hsu et H.J. Wang var. *robusta* P.S. Hsu et H.J. Wang in Acta Phytotax. Sin. 23（5）：381. 1985.［Lin'an］（临安），Xitianmu Shan（西天目山），1957-07-24，X.Y. He（贺贤育）25484（Holotype：NAS）.

一六六　川续断科 Dipsacaceae

天目续断 *Dipsacus tianmuensis* C.Y. Cheng et Z.T. Yin in Acta Phytotax. Sin. 23（4）：306. 1985.［Lin'an］（临安），Tianmu Shan（天目山），1935-08-28，（俞中仁，单汉荣 0325674）［H. Migo s.n.］（Holotype：PE）.

一六七　菊科 Asteraceae

胡氏兔儿风 *Ainsliaea hui* Diels ex Mattf. in Notizbl. Bot. Gart. Berlin-Dahlem 11（102）：109. 1931. Hongchow［Hangzhou］（杭州，文献误归为江西 Kiangsi），Drageon Well［Longjing］（龙井），1927-10-14，R.C. Ching（秦仁昌）3896（Holotype：B）.

宁波兔儿风 *Ainsliaea ningpoensis* Matsuda in Bot. Mag.（Tokyo）27：236. 1913. Ningpo［Ningbo］（宁波），C.M. Chang（张之铭）80（Holotype：?）.

尾尖奇蒿 *Artemisia anomala* S. Moore var. *acuminatissima* Y.R. Ling in Bangladesh J. Plant Taxon. 18（2）：203. 2011. Hangzhou（杭州），Ju-lai-feng［Feilaifeng］（飞来峰），1958-09-26，s.coll. 1214（Holotype：KUN）.

密毛奇蒿 *Artemisia anomala* S. Moore var. *tomentella* Hand.-Mazz. in Notizbl. Bot. Gart. Berlin-Dahlem 13（120）：633. 1937. Hangchou［Hangzhou］（杭州），Linying［Lingyin］（灵隐），1927-10-14，R.C. Ching（秦仁昌）3800（Isotype：W）.

御江氏蒿 *Artemisia migoana* Kitam. in J. Jap. Bot 20（4）：192. 1944.［Lin'an］（临安），Hsi-tienmushan［Xitianmu Shan］（西天目山），1936-07-27，H. Migo 56（Holotype：TI）.

九龙山紫菀 *Aster jiulongshanensis* Z.H. Chen，X.Y. Ye et C.C. Pan in J. Hangzhou Norm. Univ., Nat. Sci. Ed. 16（1）：13. 2017. Suichang（遂昌），Mount. Jiulong（九龙山），2011-10-30，G.Y. Li et Z.H. Chen（李根有，陈征海）JLS20111001（Holotype：ZJFC）.

Aster panduratus Nees ex Walp. var. *crenatifolius* Y. Ling in Contr. Bot. Surv. North-West. China 1（2）：8. 1939.［Lin'an］（临安），［Xitianmu Shan］（西天目山），［Lianhuafeng］（莲花峰），

1925-07-18[1929-07-14], K.K. Tsoong(钟观光)643 (Holotype: PE).

铜铃山紫菀 *Aster tonglingensis* G.J. Zhang et T.G. Gao in PeerJ 7 (e6288): 16. 2019. Wencheng(文成), Mt. Tongling(铜铃山), 2013-09-02, Hai-Hua Hu(胡海花)331-1 (Holotype: PE).

陀螺紫菀 *Aster turbinatus* S. Moore in J. Bot. 16 (185): 132. 1878. [Zhoushan](舟山?), R. Fortune 104 (Syntype: MO), R. Fortune 19 (Syntype: ?); Ningpo [Ningbo](宁波), C.W. Everard s.n. (Syntype: K).

仙白草 *Aster turbinatus* S. Moore var. *chekiangensis* C. Ling ex Y. Ling in Fl. Reipubl. Popularis Sin. 74: 359. 1985. [Yongjia](永嘉), 1973-08-25, [C. Ling](林泉)73-1511 (Holotype: PE).

仙居紫菀 *Aster xianjuensis* Y.F. Lu, W.Y. Xie et X.F. Jin in J. Hangzhou Norm. Univ., Nat. Sci. Ed. 16 (1): 3. 2017. Xianju(仙居), Shenxianju(神仙居), 2016-07-22, X.F. Jin(金孝锋)3829 (Holotype: HTC).

Cacalia bulbifera (Maxim.) Matsum. var. *piligera* Y. Ling in Contr. Inst. Bot. Natl. Acad. Peiping 5: 11. 1937. [Lin'an](临安), Tienmushan [Tianmu Shan](天目山), 1918 [1929]-09-30, K.K. Tsoong(钟观光)D335 (Holotype: ?).

松田氏蟹甲草 *Cacalia matsudae* Kitam. in J. Jap. Bot 20 (4): 196. 1944. [Lin'an](临安), Hsi-tienmu-shan [Xitianmu Shan](西天目山), 1936-07-27, H. Migo 67 (Lectotype: PE, designated by H.Y. Bi et al. in Bull. Bot. Res., Harbin 38 (2): 164. 2018); Hangchow [Hangzhou](杭州), T. Chang s.n. (Syntype: TI).

浙江天名精 *Carpesium zhejiangense* Y.L. Xu, H.W. Zhang et Y.F. Lu in J. Hangzhou Norm. Univ., Nat. Sci. Ed. 20 (3): 264. 2021. Hangzhou(杭州), Lin'an(临安), Changhua(昌化), Mount. Qingliangfeng(清凉峰), 2017-09-10, H.W. Zhang(张宏伟)T003 (Holotype: ZM).

白花大蓟 *Cirsium japonicum* Fisch. ex DC. form. *albiflorum* G.Y. Li et D.Y. Ou in Acta Bot. Boreal.-Occident. Sin. 30 (8): 1702. 2010. Putuoshan(普陀), 2009-05-04, S.H. Jin et al.(金水虎等)PT090505 (Holotype: ZJFC).

Cirsium japonicum Fisch. ex DC. var. *multilobum* Y. Ling in Contr. Bot. Surv. North-West. China 1 (2): 34. 1939. 永嘉 [Wenzhou](温州), [Jiangxinsi](江心寺), 1928-04-16, K.K. Tsoong(钟观光)178 (Holotype: PE).

Cirsium lineare (Thunb.) Sch. Bip. form. *pallidum* Kitam. in J. Jap. Bot. 20 (4): 199. 1944. Changhwa [Changhua](昌化), H. Migo s.n. (Syntype: ?); Ningpo [Ningbo](宁波), C. Chang s.n. (Syntype: TI); [Hangzhou](杭州), Lingin [Lingyin](灵隐), K. Honda s.n. (Syntype: TI); Yofen [Yuefen](岳坟), K. Honda s.n. (Syntype: TI).

沼生垂头蓟 *Cirsium paludigenum* Y.F. Lu, Z.H. Chen et X.F. Jin in J. Plant Res. Envir. 30 (1): 5. 2021. Wencheng(文成), Jinzhu Forestry Farm(金珠林场), 2018-09-07, Z.H. Chen et al.(陈征海等)WC2018090707 (Holotype: ZM).

杭蓟 *Cirsium tianmushanicum* C. Shih in Bull. Bot. Res., Harbin 4（2）：64. 1984.［Lin'an］（临安），Tianmushan（天目山），1952-10-07，X.Y. He（贺贤育）713（Holotype：WUK）.

观光蓟 *Cirsium tsoongianum* Y. Ling in Contr. Bot. Surv. North-West. China 1（2）：35. 1939.［Lin'an］（临安），［Xitianmu Shan］（西天目山），1929-10-13，K.K. Tsoong（钟观光）D42［D420］（Holotype：PE）.

浙江垂头蓟 *Cirsium zhejiangense* Z.H. Chen et X.F. Jin in J. Plant Res. Envir. 30（1）：2. 2021. Pan'an（磐安），Weixin（维新），Lingjiangyuan（灵江源），2013-11-26，X.F. Jin et T.T. Yu（金孝锋，余婷婷）3202（Holotype：ZM）.

多叶还阳参 *Crepis japonica* Benth. form. *foliosa* Matsuda in Bot. Mag.（Tokyo）26（310）：313. 1912.［Hangzhou］（杭州），Ken-shan-mun［Genshan Men］（艮山门），K. Honda 1180（Syntype：TI）；Ku-shan［Gu Shan］（孤山），K. Honda 1302（Syntype：TI）；Ching-tai-mun［Qingtai Men］（清泰门），K. Honda 1195（Syntype：TI）.

Ixeris dentata（Thunb.）Nakai form. *longifolia* Y. Ling in Contr. Bot. Surv. North-West. China 1（2）：48. 1939.［Yueqing］（乐清），［Yandang Shan］（雁荡山），1921-10-14，K.K. Tsoong（钟观光）D929（Holotype：PE）.

Ixeris denticulata（Houtt.）Stebbins form. *subintegra* Y. Ling in Contr. Bot. Surv. North-West. China 1（2）：46. 1939.［Jiangshan］（江山），［Xianxia Guan］（仙霞关），1920-10-05，K.K. Tsoong（钟观光）D74（Syntype：?）；［Hangzhou］（杭州），1933-08，K.K. Tsoong（钟观光）s.n.（Syntype：?）；［Pingyang］（平阳），［Toushanyan］（头山岩），1930-03-28，K.K. Tsoong（钟观光）62（Syntype：PE）.

羽裂毡毛马兰 *Kalimeris shimadai*（Kitam.）Kitam. form. *pinnatifida* Kitam. in J. Jap. Bot. 19：341. 1943. Insula Puto［Putuo］（普陀），1935-10-13，H. Migo（御江久夫）49（Syntype：PE）.

高大翅果菊 *Lactuca elata* Hemsl. in J. Linn. Soc., Bot. 23（157）：481. 1888. Ningpo［Ningbo］（宁波），1887年，E. Faber 378（Holotype：K）.

光堆莴苣 *Lactuca sororia* Miq. form. *glabra* Y. Ling in Contr. Inst. Bot. Natl. Acad. Peiping 3：191. 1935.［Lin'an］（临安），Tienmushan［Tianmu Shan］（天目山），1930-07-27，T.N. Liou（刘慎谔）7875（Syntype：PE）；同地，1930-07-23，T.N. Liou（刘慎谔）113（Syntype：PE）；同地，1927-07-26，T. Tang（唐进）100（Syntype：PE）；同地，K.K. Tsoong（钟观光）D177（Syntype：?）.

岩生薄雪火绒草 *Leontopodium japonicum* Miq. var. *saxatile* Y.S. Chen in Fl. China. 20-21：783. 2011. Lin'an（临安），Qingliang Feng（清凉峰），1959-09-08，Zhejiang Plant Res. Exped.（浙江植物资源普查队）29803（Holotype：PE）.

浙江橐吾 *Ligularia chekiangensis* Kitam. in J. Jap. Bot. 21（3-4）：53. 1947.［Lin'an］（临安），mt. Hsitienumushan［Xitianmu Shan］（西天目山），1936-07-27，H. Migo 185（Holotype：KYO）.

Mycelis sororia（Miq.）Nakai var. *nudipes* Migo in J. Shanghai Sci. Inst. Sect III，4：173.

1939.［Lin'an］(临安)，Hsi-tienmu-shan［Xitianmu Shan］(西天目山)，1935-08-27，H. Migo s.n.(Holotype：TI)．

聚头帚菊 *Pertya desmocephala* Diels in Notizbl. Bot. Gart. Berlin-Dahlem 9 (89)：1032. 1926. Lung chiung［Longquan］(龙泉)，1920-09-21，H.H. Hu(胡先骕) 409 (Holotype：B)．

锈毛帚菊 *Pertya ferruginea* Cai F. Zhang in Phytotaxa 474 (3)：242. 2020. Longquan(龙泉)，Mt. Fengyang(凤阳山)，Longquan grand canyon scenic area(龙泉大峡谷景区)，2008-11-22，Cai-Fei Zhang(张彩飞) 1865 (Holotype：PE)．

多花帚菊 *Pertya multiflora* Cai F. Zhang et T.G. Gao in Nord. J. Bot. 31：626. 2013. Jiande(建德)，2009-11-07，Cai-Fei Zhang(张彩飞) 2214 (Holotype：PE)．

腺叶帚菊 *Pertya cordifolia* Mattf. var. *pubescens* Ling in Contr. Bot. Surv. Northwest. China 1 (2)：41. 1939.［Quzhou］(衢州)，［Leikungling］(雷公岭)，1920-10-13，K.K. Tsoong(钟观光) 3139 (Holotype：PE)．

天目山风毛菊 *Saussurea tienmoshanensis* F.H. Chen in Bull. Fan Mem. Inst. Biol., Bot. 6 (2)：100. 1935.［Lin'an］(临安)，Tien-mo-shan［Tianmu Shan］(天目山)，1925-09-30，R.C. Ching (秦仁昌) 4709 (Isotype：US)．

Senecio oldhamianus Maxim. in Bull. Acad. Imp. Sci. Saint-Petersbourg, sér. 3，16 (3)：219. 1871. Ning-po［Ningbo］(宁波)，1861［1864］年，R. Oldham 58 (Syntype：LE)，R. Oldham 62 (Syntype：LE)．

Senecio savatieri Franch. in Nouv. Arch. Mus. Hist. Nat., sér. 2，6：55. 1883. Ningpo［Ningbo］(宁波)，1861年，P.A.L. Savatier s.n.(Syntype：?)．

Sheareria polii Franch. in J. Bot. 16 (189)：257. 1878.［Anji］(安吉)，Me-chi［Meixi］(梅溪)，1876-09-27，M.H. de Poli s.n.(Holotype：?)．

南方兔儿伞 *Syneilesis australis* Y. Ling in Contr. Inst. Bot. Natl. Acad. Peiping 5：5. 1937. ［Lin'an］(临安)，Tienmushan［Tianmu Shan］(天目山)，1924［1929?］-08-06，K.K. Tsoong(钟观光) D180 (Syntype：?)；同地，1930-07-26，T.N. Liou(刘慎谔) 8072 (Lectotype：PE-12209，designated by Y. Hong et al. in Phytotaxa 246 (2)：154. 2016)；同地，1927-09-27，T. Tang(唐进) 105 (Syntype：PE)；Kiangshan［Jiangshan］(江山)，Hsienhsiakwang［Xianxia Guan］(仙霞关)，1920-10-03，K.K. Tsoong(钟观光) 3118 (Syntype：PE)．

Taraxacum argute-denticulatum Nakai et H. Koidz. ex H. Koidz. in Bot. Mag.(Tokyo) 50：142. 1936. Hang-chou［Hangzhou］(杭州)，Tai-ping-men(太平门)，1899年，K. Honda s.n.(Holotype：TI)．

杭州蒲公英 *Taraxacum hangchouense* H. Koidz. in Bot. Mag.(Tokyo) 50：144. 1936. Hang-chou［Hangzhou］(杭州)，Ken-shen-men［Genshan Men］(艮山门)，1899年，K. Honda s.n.(Holotype：TNS-7687)．

Taraxacum hondae Nakai et H. Koidz. ex H. Koidz. in Bot. Mag.(Tokyo) 50：143. 1936.

Hang-chou [Hangzhou]（杭州），Ken-shen-men [Genshan Men]（艮山门），1899-11，K. Honda s.n.（Holotype：TI）。

九龙山黄鹤菜 *Youngia jiulongshanensis* X. Cai, Y.L. Xu et X.F. Jin in Phytotaxa 425（4）：248. 2019. Suichang（遂昌），Jiulongshan（九龙山），2018-07-05，Y.L. Xu et al.（徐跃良等）627（Holotype：ZM）。

一七一　眼子菜科 Potamogetonaceae

丽水眼子菜 *Potamogeton distinctus* A. Benn. var. *lishuiensis* M.R. Zhu et W.Y. Xie in J. Hangzhou Norm. Univ., Nat. Sci. Ed. 17（1）：2. 2018. Lishui（丽水），Liandu（莲都），Fengyanghu（莳垟湖），2016-07-03，X.F. Jin et Y.F. Lu（金孝锋，鲁益飞）3738（Holotype：HTC）。

一七七　棕榈科 Arecaceae

棕榈 *Chamaerops fortunei* Hook. in Bot. Mag. 86：pl. 5221. 1860. 英国皇家植物园邱园栽培（R. Fortune 1849年从舟山引入）。

一七九　天南星科 Araceae

Arisaema koreanum Engl. in Pflanzenr.（Engler）Arac.-Aroid. & Pistioid. 186. 1920. Tientui-Gebirge [Tiantai Shan]（天台山），E. Faber 85（Syntype：K）。

绿苞灯台莲 *Arisaema sikokianum* Franch. et Sav. var. *viridescens* D.D. Ma in Acta Bot. Boreal.-Occident. Sin. 30（8）：1702. 2010. Putuoshan（普陀），2009-03-19，S.H. Jin et al.（金水虎等）PT09027（Holotype：ZJFC）。

滴水珠 *Pinellia cordata* N.E. Br. in J. Linn. Soc., Bot. 36（251）：173. 1903. [Tiantai]（天台），Tientai Mountain [Tiantai Shan]（天台山），E. Faber 82（Lectotype：K, designated by John Grimshaw et Peter Boyce in Curtis's Bot. Mag. 18（4）：207. 2001）。

盾叶半夏 *Pinellia peltata* C. Pei in Contr. Biol. Lab. Sci. Soc. China, Bot. Ser. 10（1）：1. 1935. Chingyuan [Qingyuan]（庆元），Shihlung-shan [Shilong Shan]（石龙山），1934-05-31，S. Chen（陈诗）3278（Holotype：PE）。

一八二　谷精草科 Eriocaulaceae

江南谷精草 *Eriocaulon faberi* Ruhl. in Pflanzenr. IV. 30（Heft 13）：95. 1903. Ningpo [Ningbo]（宁波）-Mts，E. Faber 206（Holotype：W）。

以礼谷精草 *Eriocaulon kengii* Ruhl. in Notizbl. Bot. Gart. Berlin-Dahlem 10（100）：1042. 1930. [Tiantai]（天台），Tien-tan shan [Tiantai Shan]（天台山），1927-08-05，Y.L. Keng（耿以礼）953（Isotype：PE）。

龙塘山谷精草 *Eriocaulon sikokianum* Maxim. var. *linanense* W.L. Ma in Acta Phytotax. Sin. 29（4）：309. 1991. Linan（临安），Longtang shan（龙塘山），1983-08-24，W.L. Ma et al.（马炜梁等）76B（Holotype：HSNU）。

一八四 禾本科 Poaceae

竹亚科 Bambusoideae

Arundinaria amara Keng in Sinensia 6（2）: 148. 1935. Hangchow[Hangzhou]（杭州），Ling-yin（灵隐），1935-05-02, Y.L. Keng et Y.C. Yang（耿以礼，杨衔晋）2947（Holotype: NAS）.

[短穗竹]*Arundinaria densiflora* Rendle in J. Linn. Soc., Bot. 36（254）: 434. 1904. Huchan[Huzhou]（湖州），Taihoo Lake[Taihu]（太湖），1887年，Carles 227（Syntype: BM）.

Arundinaria latifolia Keng in Sinensia 6（2）: 147. 1935. Hangchow[Hangzhou]（杭州），Ling-yin（灵隐），1935-01-26, Y.C. Yang（杨衔晋）118（Holotype: NAS）.

浙江苦竹 *Arundinaria varia* Keng in Sinensia 6（2）: 150. 1935. Hangchow[Hangzhou]（杭州），K.K. Tsoong（钟观光）116（Syntype: NAS）; Hangchow[Hangzhou]（杭州），Ke-ling[Geling]（葛岭），1931-06-16, K.K. Tsoong（钟观光）363（Syntype: ?）.

光箨绿竹 *Bambusa atrovirens* T.H. Wen in J. Bamboo Res. 5（2）: 15. 1986. Pingyang（平阳），Shunxi（顺溪），Y.Z. Liu（刘永正）s.n.（Holotype: ZJFI）.

普陀孝顺竹 *Bambusa multiplex*（Lour.）Raeusch ex Schult. var. *lutea* T.H. Wen in J. Bamboo Res. 1（1）: 31. 1982. Putushan[Putuo]（普陀），S.C. Hua et al.（华锡奇等）81901（Holotype: ZJFI）.

苦绿竹 *Bambusa prasina* T.H. Wen in J. Bamboo Res. 1（1）: 29. 1982. Hangzhou（杭州），introduced from Pingyang（引自平阳），T.H. Wen（温太辉）76109（Holotype: ZJFI）.

撑青4号 *Bambusa pervariabilis* × *textilis* T.H. Wen in J. Bamboo Res. 4（2）: 9. 1985. Pinyang[Pingyang]（平阳），W.W. Chou（周文伟）C84114（Holotype: ZJFI）.

大肚竹 *Bambusa vulgaris* Schrad. ex J.C. Wendl. form. *waminii* T.H. Wen in J. Bamboo Res. 4（2）: 16. 1985. Wenzhou（温州），Jiangxinsi（江心寺），T.H. Wen（温太辉）81904（Holotype: ZJFI）.

黄条大木竹 *Bambusa wenchouensis*（T.H. Wen）Q.H. Dai form. *striata* J.J. Yue et J.L. Yuan in J. Bamboo Res. 37（2）: 71. 2018. Wenzhou（温州），Gonghou Village（贡后村），2017-09-15, J.J. Yue et J.L. Yuan（岳晋军，袁金玲）170915（Holotype: RISFCAF）.

毛环短穗竹 *Brachystachyum densiflorum*（Rendle）Keng var. *villosum* S.L. Chen et C.Y. Yao in Acta Phytotax. Sin. 21（4）: 404. 1983.[Hangzhou]（杭州），Hangzhou Botanic Garden（杭州植物园），1981-05-03, S.L. Chen et G.Y. Sheng（陈守良，盛国英）8104（Holotype: NAS）.

花秆绿竹 *Dendrocalamopsis oldhamii*（Munro）Keng f. form. *striata* Y.Y. Wang et W.Y. Zhang in J. Bamboo Res. 25（1）: 26. 2006. RuiAn（瑞安），Lumuxiang（鹿木乡），Y.Y. Wang et C. Jin（王月英，金川）51102（Holotype: ZJISC）.

红壳寒竹 *Gelidocalamus rutilans* T.H. Wen in J. Bamboo Res. 2（1）: 66. 1983. Jiangshan（江山），Y.F. Chan（占荣富）J80608（Holotype: ZJFI）.

大木竹 *Lingnania wenchouensis* T.H. Wen in J. Bamboo Res. 1（1）: 32. 1982. Wenchou[Wenzhou]（温州），T.H. Wen（温太辉）40817（Holotype: ZJFI）.

云和少穗竹 *Oligostachyum lanceolatum* G.H. Ye et Z.P. Wang in J. Nanjing Univ., Nat. Sci. Ed. 24（1）：163. 1988. Yunhe（云和），S.Y. Chen et al.（陈绍云等）780017（Holotype：N）.

尖头青竹 *Phyllostachys acuta* C.D. Chu et C.S. Chao in Acta Phytotax. Sin. 18（2）：172. 1980. Hangzhou（杭州），Gudang（古荡），C.D. Chu et H.Y. Zou（朱政德，邹惠渝）75132（Holotype：NF）.

白壳竹 *Phyllostachys albidula* N.X. Ma et W.Y. Zhang in J. Bamboo Res. 31（3）：45. 2012. Anji Bamboo Garden（安吉竹博园），introduced from Fuyang（引自富阳），2001-04-20，X.W. Wang et N.X. Ma（王锡武，马乃训）安吉201001（Holotype：AJBG[CBM]）.

乌芽竹 *Phyllostachys atrovaginata* C.S. Chao et H.Y. Chou in Acta Phytotax. Sin. 18（2）：191. 1980. Hangzhou（杭州），Gudang（古荡），C.S. Chao et H.Y. Chou（赵奇僧，邹惠渝）74166（Holotype：NF）.

黄古竹 *Phyllostachys angusta* McClure in J. Wash. Acad. Sci. 35（9）：278. 1945. U.S.A. Cult.，1942-（05-30～08-03），McClure 21023（Holotype：US）. 1907年F.N. Meyer引自Tangsi[Tangxi]（余杭塘栖）.

绿槽人面竹 *Phyllostachys aurea* Carr. ex A. et C. Riv. form. *koi* G.H. Lai in Subtrop. Plant Sci. 42（1）：56. 2013. Lin'an（临安），Univ. Agri. et Silv. Zhejiang. Hort. Bamb.（浙农林大竹类植物园），2012-10-12，G.H. Lai et P.J. Gao（赖广辉，高培军）12012（Holotype：ZJFI）.

黄槽竹 *Phyllostachys aureosulcata* McClure in J. Wash. Acad. Sci. 35（9）：282. 1945. U.S.A Cult.，1941-04-29，McClure 20971（Holotype：US）. 原文记载引自中国，具体地点不详，Acta Phytotax. Sin. 18（2）：180. 1980记载1908[1907]年F.N. Meyer引自浙江塘栖，但也指出浙江尚未找到此竹种.

䇡竹 *Phyllostachys aureosulcata* McClure form. *alata* T.H. Wen in J. Bamboo Res. 2（1）：72. 1983. Yuyao（余姚），[Siming Shan]（四明山），S.D. Yu（余颂德）4（Holotype：ZJFI）.

黄竿京竹 *Phyllostachys aureosulcata* McClure form. *aureocaulis* Z.P. Wang et N.X. Ma in J. Nanjing Univ., Nat. Sci. Ed. 3：493. 1983. Anji（安吉），Z.P. Wang et G.H. Ye（王正平，叶光汗）8027（Holotype：N）.

花叶京竹 *Phyllostachys aureosulcata* McClure form. *vittata* X.Y. Zeng in J. Bamboo Res. 24（4）：13. 2005. [Hangzhou]（杭州），Hangzhou Bot. Gard.（杭州植物园），2005-05-31，X.Y. Zeng（曾新宇）05001（Holotype：HHBG）.

黄鞍竹 *Phyllostachys chlorina* T.H. Wen in Bull. Bot. Res., Harbin 2（1）：61. 1982. Kaihua（开化），R.F. Zhan（占荣富）J80629（Holotype：ZJFI）.

毛壳花哺鸡竹 *Phyllostachys circumpilis* C.Y. Yao et S.Y. Chen in Acta Phytotax. Sin. 18（2）：178. 1980. [Hangzhou]（杭州），Hangzhou Bot. Gard.（杭州植物园），S.Y. Chen et C.Y. Yao（陈绍云，姚昌豫）75015（Holotype：HHBG）.

嘉兴雷竹 *Phyllostachys compar* W.Y. Zhang et N.X. Ma in J. Bamboo Res. 31（3）：49. 2012.

Anji Bamboo Garden（安吉竹博园），introduced from Jiaxing（引自嘉兴），W.Y. Zhang et N.X. Ma（张文燕，马乃训）2904065（Holotype：AJBG[CBM]）。

安吉水胖竹 *Phyllostachys concava* Z.H. Yu et Z.P. Wang in Acta Phytotax. Sin. 18（2）：192. 1980. Anji（安吉），H.R. Zhao et Z.H. Yu（赵惠如，俞泽华）75061（Holotype：N）。

白哺鸡竹 *Phyllostachys dulcis* McClure in J. Wash. Acad. Sci. 35（9）：285. 1945. U.S.A. Cult.，1941-04-29，McClure 20974（Holotype：US）。原文记载引自中国，具体地点不详，Acta Phytotax. Sin. 18（2）：182. 1980. 记载1907年 F.N. Meyer 引自余杭塘栖。

斑毛竹 *Phyllostachys edulis*（Carrière）J. Houz. form. *porphyrosticta* G.H. Lai in World Bamb. Ratt. 11（4）：21. 2013. Hangzhou（杭州，浙江省林科院竹类植物园栽培），2012-10-12，G.H. Lai et al.（赖广辉等）12019（Holotype：ZJFI）。

安吉紫毛竹 *Phyllostachys edulis*（Carrière）J. Houz. form. *purpureoculmis* P.X. Zhang, G.H. Lai et H.F. Zhang in World Bamb. Ratt. 10（3）：32. 2012. Anji（安吉），2012-05-18，P.X. Zhang et J.S. Zhang（张培新，张金生）201202（Holotype：AJBG[CBM]）。

孝丰紫筋毛竹 *Phyllostachys edulis*（Carrière）J. Houz. form. *purpureosulcata* P.X. Zhang, G.H. Lai et H.F. Zhang in World Bamb. Ratt. 10（3）：32. 2012. Anji（安吉），2012-03-18，P.X. Zhang et al.（张培新等）201201（Holotype：AJBG[CBM]）。

乌壳鳗竹 *Phyllostachys erecta* T.H. Wen in Bull. Bot. Res., Harbin 2（1）：62. 1982. Hangzhou（杭州），[Huajiachi]（华家池），1963-05-21，T.H. Wen（温太辉）63505（Holotype：N）。

Phyllostachys faberi Rendle in J. Linn. Soc., Bot. 36（254）：439. 1904. Ningpo [Ningbo]（宁波）Mountains，1888年，E. Faber s.n.（Holotype：BM）。

角竹 *Phyllostachys fimbriligula* T.H. Wen in J. Bamboo Res. 2（1）：71. 1983. Shangyu（上虞），[Changtang]（长塘），[Luocun]（罗村），T.H. Wen（温太辉）82611（Holotype：ZJFI）。

花哺鸡竹 *Phyllostachys glabrata* S.Y. Chen et C.Y. Yao in Acta Phytotax. Sin. 18（2）：174. 1980. [Hangzhou]（杭州），Hangzhou Bot. Gard.（杭州植物园），S.Y. Chen et C.Y. Yao（陈绍云，姚昌豫）75012（Holotype：HHBG）。

红鸡竹 *Phyllostachys helva* T.H. Wen in Bull. Bot. Res., Harbin 2（1）：64. 1982. Pingyang（平阳），Z.H. Feng（冯志海）77023（Holotype：ZJFI）。

黄秆水竹 *Phyllostachys heteroclada* Oliv. form. *flaviculmis* P.X. Zhang, X.X. Chen et G.H. Lai in World Bamb. Ratt. 12（5）：35. 2014. Anji（安吉），Meixi（梅溪），2014-05-24，P.X. Zhang et X.X. Chen（张培新，陈贤喜）ZPX201402（Holotype：AJBG[CBM]）。

安吉锦毛竹 *Phyllostachys heterocycla*（Carr.）Mitford. form. *anjiensis* P.X. Zhang in World Bamb. Ratt. 6（2）：27. 2008. Anji（安吉），2007-04-28，P.X. Zhang（张培新）7005（Holotype：AJBG[CBM]）。

奉化水竹 *Phyllostachys heteroclada* Oliv. var. *funhuaensis* X.G. Wang et Z.M. Lu in J. Bamboo Res. 16（4）：15. 1997. Fun-hua [Fenghua]（奉化），Lou-yan（楼岩），Ni-jia village（倪家村），

W.Y. Zhang（张文燕）96003（Holotype：AJBG[CBM]）.

毛壳竹 *Phyllostachys hispida* S.C. Li，S.H. Wu et S.Y. Chen in Acta Phytotax. Sin. 20（4）：492. 1982.[Hangzhou]（杭州），Hangzhou Bot. Gard.（杭州植物园），C.P. Wang et G.H. Ye（王正平，叶光汉）8041（Holotype：N）.

红壳雷竹 *Phyllostachys incarnata* T.H. Wen in Bull. Bot. Res.，Harbin 2（1）：65. 1982. Suichang（遂昌），[Dazhe]（大柘），[Yong'an]（永安），T.H. Wen et al.（温太辉等）80524（Holotype：ZJFI）.

花秆红壳雷竹 *Phyllostachys incarnata* T.H. Wen form. *bicolor* P.X. Zhang, X.X. Chen et G.H. Lai in World Bamb. Ratt. 12（5）：35-36，2014. Anji（安吉），Meixi（梅溪），2014-05-24，P.X. Zhang et X.X. Chen（张培新，陈贤喜）ZPX 201401（Holotype：AJBG[CBM]）.

红竹（红哺鸡竹）*Phyllostachys iridescens* C.Y. Yao et S.Y. Chen in Acta Phytotax. Sin. 18（2）：170. 1980.[Hangzhou]（杭州），Hangzhou Bot. Gard.（杭州植物园），C.Y. Yao et S.Y. Chen（姚昌豫，陈绍云）75013（Holotype：HHBG）.

花秆红竹 *Phyllostachys iridescens* C.Y. Yao et S.Y. Chen form. *heterochroma* P.X. Zhang in World Bamb. Ratt. 4（3）：26. 2006. Anji（安吉），Liangpeng（良朋），P.X. Zhang（张培新）6005（Holotype：AJBG[CBM]）.

金沟红竹 *Phyllostachys iridescens* C.Y. Yao et S.Y. Chen form. *luteosulcata* P.X. Zhang in World Bamb. Ratt. 15（6）：40. 2017. Anji（安吉），2017-09-20，P.X. Zhang（张培新）ZPX 201701（Holotype：AJBG[CBM]）.

康岭红竹 *Phyllostachys iridescens* C.Y. Yao et S.Y. Chen form. *striata* T.H. Wen in Bull. Bot. Res.，Harbin 2（1）：74. 1982. Angji[Anji]（安吉），1950年，林垦部华东森林调查队40491（Holotype：ZJFI）.

瓜水竹 *Phyllostachys longiciliata* G.H. Lai in Subtrop. Plant Sci. 42（1）：53. 2013. 1999-07从浙江省林科院竹类植物园引入，2012-05-08，G.H. Lai（赖广辉）12005（Holotype：ZJFI）.

黄条台湾桂竹 *Phyllostachys makinoi* Hayata form. *wuyishanensis* S.S. You et H.L. Yu ex G.H. Lai in J. Wuhan Bot. Res. 17（4）：320. 1999. Jingning（景宁），Hexi（鹤溪），1986-04-25，S.Q. Chen（陈士强）JN 86416（Holotype：ZJFI）.

毛环竹 *Phyllostachys meyeri* McClure in J. Wash. Acad. Sci. 35（9）：286. 1945. U.S.A. Cult.，1941-04-29，McClure 20984（Holotype：US）. 1907年F.N. Meyer引自Tangsi[Tangxi]（余杭塘栖）.

蝶竹 *Phyllostachys nidularia* Munro form. *vexillaris* T.H. Wen in Bull. Bot. Res.，Harbin 2（1）：74. 1982. Yuyao（余姚），[Simingshan]（四明山），S.D. Yu（余颂德）Y 80621（Holotype：ZJFI）.

富阳乌哺鸡竹 *Phyllostachys nigella* T.H. Wen in Bull. Bot. Res.，Harbin 2（1）：66. 1982. Fuyang（富阳），[Dongzhou]（东洲），[Sanhe]（三合），T.H. Wen（温太辉）62510（Holotype：ZJFI）.

灰竹 *Phyllostachys nuda* McClure in J. Wash. Acad. Sci. 35（9）：288. 1945. U.S.A. Cult., 1941-05-19, McClure 20992（Holotype：US）. 原文记载引自中国，具体地点不详，Acta Phytotax. Sin. 18（2）：173. 1980记载1908［1907］年F.N. Meyer引自余杭塘栖.

紫蒲头石竹 *Phyllostachys nuda* McClure form. *localis* Z.P. Wang et Z.H. Yu in Acta Phytotax. Sin. 18（2）：173. 1980. Anji（安吉），[Kuntong]（昆铜），C.P. Wang et Z.H. Yu（王正平，俞泽华）75057（Holotype：N）.

光秆石竹 *Phyllostachys nuda* McClure. form. *lucida* T.H. Wen in Bull. Bot. Res., Harbin 2（1）：75. 1982. Linang[Lin'an]（临安），G.F. Lei（雷根法）8（Holotype：ZJFI）.

白叶石竹 *Phyllostachys nuda* McClure form. *varians* P.X. Zhang in World Bamb. Ratt. 4（3）：26. 2006. Anji（安吉），[Shanchuan]（山川），P.X. Zhang（张培新）5085（Holotype：AJBG[CBM]）.

安吉金竹 *Phyllostachys parvifolia* C.D. Chu et H.Y. Chou in Acta Phytotax. Sin. 18（2）：190. 1980. Anji（安吉），1975-05，C.D. Chu et H.Y. Chou（朱政德，邹惠渝）75123（Lectotype：NF-17003156, designated by Y.F. Duan et al. in Phytotaxa. 268（3）：222. 2016）.

实壁竹 *Phyllostachys parvifolia* C.D. Chu et H.Y. Chou form. *lignosa* T.H. Wen in Bull. Bot. Res., Harbin 2（1）：75. 1982. Jinhua（金华），D.W Zhu（诸定旺）G80516（Holotype：ZJFI）.

水桂竹 *Phyllostachys pinyanensis* T.H. Wen in Bull. Bot. Res., Harbin 2（1）：67. 1982. Pingyang（平阳），1977-06，Z.H. Feng（冯志海）77025（Holotype：ZJFI）.

灰水竹 *Phyllostachys platyglossa* Z.P. Wang et Z.H. Yu in Acta Phytotax. Sin. 18（2）：184. 1980. Anji（安吉），Z.H. Yu et H.R. Zhao（俞泽华，赵惠如）75052（Holotype：N）.

早竹 *Phyllostachys praecox* C.D. Chu et C.S. Chao in Acta Phytotax. Sin. 18（2）：176. 1980. Deqing（德清），1974-04-22，C.S. Chao et H.Y. Zou（赵奇僧，邹惠渝）74103（Lectotype：NF-17003180, designated by Y.F. Duan et al. in Phytotaxa. 268（3）：222. 2016）.

黄条早竹 *Phyllostachys praecox* C.D. Chu et C.S. Chao form. *notata* S.Y. Chen et C.Y. Yao in Acta Phytotax. Sin. 18（2）：177. 1980. Deqing（德清），S.Y. Chen et C.Y. Yao（陈绍云，姚昌豫）75041（Holotype：HHBG）.

雷竹 *Phyllostachys praecox* C.D. Chu et C.S. Chao form. *prevernalis* S.Y. Chen et C.Y. Yao in Acta Phytotax. Sin. 18（2）：177. 1980. Anji（安吉），S.Y. Chen et C.Y. Yao（陈绍云，姚昌豫）74068（Holotype：HHBG）.

花秆早竹 *Phyllostachys praecox* C.D. Chu et C.S. Chao form. *viridisulcata* P.X. Zhang et W.X. Huang in J. Bamboo Res. 9（4）：39. 1990. Anji（安吉），[Liangpeng]（良朋），D.X. Zhang[P.X. Zhang]（张培新）9001（Holotype：ZJFI）.

遂昌雷竹 *Phyllostachys primotina* T.H. Wen in J. Bamboo Res. 3（2）：34. 1984. Suichang（遂昌），[Yunfeng]（云峰），[Guangming]（光明），T.H. Wen（温太辉）80507（Holotype：ZJFI）.

高节竹 *Phyllostachys prominens* W.Y. Hsiung in Acta Phytotax. Sin. 18（2）：182. 1980.

[Hangzhou]（杭州），Hangzhou Bot. Gard.（杭州植物园），Q.S. Zhao（赵奇僧）74181（Holotype：NF）.

望江哺鸡竹 *Phyllostachys propinqua* McClure form. *lanuginosa* T.H. Wen in Bull. Bot. Res., Harbin 2（1）：75. 1982. Hangzhou（杭州），T.H. Wen（温太辉）78401（Holotype：ZJFI）.

花毛竹 *Phyllostachys pubescens* Mazel form. *huamozhu* T.H. Wen in Acta Phytotax. Sin. 16（4）：99. 1978. Deqing（德清），Moganshan（莫干山），1958-07-30，T.H. Wen（温太辉）58701（Holotype：PE）.

黄皮毛竹 *Phyllostachys pubescens* Mazel form. *lutea* T.H. Wen in Bull. Bot. Res., Harbin 2（1）：76. 1982. Angji[Anji]（安吉），[Shuangsan]（双三），T.H. Wen（温太辉）64412（Holotype：ZJFI）.

金鞭毛竹 *Phyllostachys pubescens* Mazel form. *viridosulcata* T.H. Wen in Bull. Bot. Res., Harbin 2（1）：76. 1982. Longquen[Longquan]（龙泉），[Niutouling]（牛头岭），T.H. Wen et al.（温太辉等）80555（Holotype：ZJFI）.

芽竹 *Phyllostachys robustiramea* S.Y. Chen et C.Y. Yao in Acta Phytotax. Sin. 18（2）：188. 1980.[Hangzhou]（杭州），Hangzhou Bot. Gard.（杭州植物园），1962年由浙农大引入，S.Y. Chen et C.Y. Yao（陈绍云，姚昌豫）75022（Holotype：HHBG）.

红后竹 *Phyllostachys rubicunda* T.H. Wen in Acta Phytotax. Sin. 16（4）：98. 1978.[Anji]（安吉），1961-05-23，T.H. Wen（温太辉）61528（Holotype：PE）.

女儿竹 *Phyllostachys rubromarginata* McClure form. *castigata* T.H. Wen in Bull. Bot. Res., Harbin 2（1）：76. 1982. Anji（安吉），T.H. Wen（温太辉）61511（Holotype：ZJFI）.

衢县红壳竹 *Phyllostachys rutila* T.H. Wen in Bull. Bot. Res., Harbin 2（1）：70. 1982. Quxian（衢县，今衢州衢江区），1964-05，T.H. Wen（温太辉）64531（Holotype：ZJFI）.

漫竹 *Phyllostachys stimulosa* H.R. Zhao et A.T. Liu in Acta Phytotax. Sin. 18（2）：186. 1980. Anji（安吉），H.R. Zhao et Z.H. Yu（赵惠如，俞泽华）75054（Holotype：N）.

水后竹 *Phyllostachys stimulosa* H.R. Zhao et A.T. Liu form. *unifoliata* T.H. Wen in Bull. Bot. Res., Harbin 2（1）：77. 1982. Dongyang（东阳），T.H. Wen（温太辉）80514（Holotype：ZJFI）.

天目早竹 *Phyllostachys tianmuensis* Z.P. Wang et N.X. Ma in J. Nanjing Univ., Nat. Sci. Ed. 3：491. 1983. Anji（安吉），P.X. Zhang（张培新）82402（Holotype：N）.

黄腊竹 *Phyllostachys villosa* T.H. Wen in Bull. Bot. Res., Harbin 2（1）：71. 1982. Qinyuan[Qingyuan]（庆元），T.H. Wen et al.（温太辉等）80588（Holotype：ZJFI）.

东阳青皮竹 *Phyllostachys virella* T.H. Wen in Bull. Bot. Res., Harbin 2（1）：72. 1982. Dongyang（东阳），Z.W. Hu（胡仲威）12（Holotype：ZJFI）.

黄皮刚竹 *Phyllostachys viridis*（Young）McClure form. *surata* T.H. Wen in J. Bamboo Res. 3（2）：35. 1984. Yunhuo[Yunhe]（云和），T.H. Wen（温太辉）80627（Holotype：ZJFI）.

黄壳竹 *Phyllostachys viridis*（Young）McClure form. *laqueata* T.H. Wen in Bull. Bot. Res., Harbin 2（1）：77. 1982. Fenghua（奉化），T.H. Wen（温太辉）63402（Holotype：ZJFI）.

绿槽刚竹 *Phyllostachys viridis*(Young) McClure form. *viridisulcata* P.X. Zhang in J. Bamboo Res. 8（4）：40. 1989. Anji（安吉），P.X. Zhang（张培新）89002（Holotype：ZJFI）.

乌哺鸡竹 *Phyllostachys vivax* McClure in J. Wash. Acad. Sci. 35（9）：292, f. 3. 1945. U.S.A. Cult.，1942-（05~08），McClure 21044（Holotype：US）. 原文记载引自中国，具体地点不详，Acta Phytotax. Sin. 18（2）：175.1980.记载1907年F.N. Meyer引自浙江余杭塘栖.

绿纹竹 *Phyllostachys vivax* McClure form. *viridivittata* P.X. Zhang et G.H. Lai in World Bamb. Ratt. 7（6）：28. 2009. Anji（安吉），2009-06-03，P.X. Zhang（张培新）20090603（Holotype：AJBG［CBM］）.

褐条乌哺鸡竹 *Phyllostachys vivax* McClure form. *vittata* T.H. Wen in J. Bamboo Res. 2（1）：72. 1983. Xinchang（新昌），W.S. Chu（朱伟曙）81415（Holotype：ZJFI）.

云和哺鸡竹 *Phyllostachys yunhoensis* S.Y. Chen et C.Y. Yao in Acta Phytotax. Sin. 18（2）：183. 1980. Yunhe（云和），S.Y. Chen et al.（陈绍云等）78618（Holotype：HHBG）.

浙江甜竹 *Phyllostachys zhejiangensis* G.H. Lai in Subtrop. Plant Sci. 42（1）：55. 2013. 1999-07从浙江省林科院竹类植物园引入，2012-05-08，G.H. Lai（赖广辉）12006（Holotype：ZJFI）.

高舌苦竹 *Pleioblastus altiligulatus* S.L. Chen et S.Y. Chen in Acta Phytotax. Sin. 21（4）：407. 1983. Qingyuan（庆元），S.Y. Chen et al.（陈绍云等）78007（Holotype：HHBG）.

杭州苦竹 *Pleioblastus amarus*(Keng) Keng f. var. *hangzhouensis* S.L. Chen et S.Y. Chen in Acta Phytotax. Sin. 21（4）：408, pl. 4. 1983. Hangzhou（杭州），1978-05-13，S.Y. Chen et al.（陈绍云等）78030（Holotype：HHBG）.

垂枝苦竹 *Pleioblastus amarus*(Keng) Keng f. var. *pendulifolius* S.Y. Chen in Acta Phytotax. Sin. 21（4）：413. 1983. Hangzhou（杭州），S.Y. Chen et al.（陈绍云等）78031（Holotype：HHBG）.

光箨苦竹 *Pleioblastus amarus*(Keng) Keng f. var. *subglabratus* S.Y. Chen in Acta Phytotax. Sin. 21（4）：413. 1983. Ju Xian［Quxian］（衢县，今衢州衢江区），Chen Shao-yun（陈绍云）79064（Holotype：HHBG）.

胖苦竹 *Pleioblastus amarus*(Keng) Keng f. var. *tubatus* T.H. Wen in Bull. Bot. Res.，Harbin 3（1）：93. 1983. Fuyang（富阳），［Kengxi］（坑西），T.H. Wen（温太辉）62527（Holotype：ZJFI）.

*花叶铺地竹 *Pleioblastus argenteostriata*［*argenteostriatus*］(Regel) Nakai form. *albus* Q.X. Qian in J. Bamboo Res. 38（1）：20. 2019. Hangzhou（杭州），Lin'an（临安），2018-05-20，Q.X. Qian（钱奇霞）QQX201801（Holotype：ZJFC）.

仙居苦竹 *Pleioblastus hsienchuensis* T.H. Wen in Bull. Bot. Res.，Harbin 3（1）：92. 1983. Xianju（仙居），［Qianshang］（潜上），S.D. Yu（余颂德）80519（Holotype：ZJFI）.

华丝竹 *Pleioblastus intermedius* S.Y. Chen in Acta Phytotax. Sin. 21（4）：408. 1983. Hangzhou（杭州），S.Y. Chen et al.（陈绍云等）78035（Holotype：HHBG）.

巨县苦竹 *Pleioblastus juxianensis* T.H. Wen，C.Y. Yao et S.Y. Chen in Acta Phytotax. Sin. 21（4）：409. 1983. Ju Xian［Quxian］（衢县，今衢州衢江区），1977-05-18，S.Y. Chen et al.（陈绍云

等)79065(Holotype: HHBG).

硬头苦竹 *Pleioblastus longifimbriatus* S.Y. Chen in Acta Phytotax. Sin. 21 (4): 411. 1983. Hangzhou(杭州), S.Y. Chen et al.(陈绍云等)78045(Holotype: HHBG).

丽水苦竹 *Pleioblastus maculosoides* T.H. Wen in J. Bamboo Res. 3 (2): 33. 1984. Lishui(丽水), [Fengyuan](峰源), W.W. Chou(周文伟)LS 82501(Holotype: ZJFI).

烂头苦竹 *Pleioblastus ovatoauritus* Wen ex W.Y. Zhang in J. Bamboo Res. 37 (2): 73. 2018. Fuyang(富阳), 2016-05-21, W.Y. Zhang et N.X. Ma(张文燕, 马乃训)160043(Holotype: RISFCAF).

皱苦竹 *Pleioblastus rugatus* T.H. Wen et S.Y. Chen in J. Bamboo Res. 1 (1): 26. 1982. Huangyan(黄岩), [Xiaoyingshan](小英山), S.D. Yu(余颂德)Y 80607(Holotype: ZJFI).

实心苦竹 *Pleioblastus solidus* S.Y. Chen in Acta Phytotax. Sin. 21 (4): 411. 1983. Yunhe(云和), 1978-04-29, S.Y. Chen et al.(陈绍云等)78015(Holotype: HHBG).

尖子竹 *Pleioblastus truncatus* T.H. Wen in J. Bamboo Res. 3 (2): 32. 1984. Shaoxing(绍兴), [Nanchi](南池), S.Y. Wang(王友相)W 81505(Holotype: ZJFI).

宜兴苦竹 *Pleioblastus yixingensis* S.L. Chen et S.Y. Chen in Acta Phytotax. Sin. 21 (4): 411. 1983. Hangzhou(杭州), S.Y. Chen et al.(陈绍云等)78027(Holotype: HHBG).

尖箨茶秆竹 *Pseudosasa acutivagina* T.H. Wen et S.C. Chen in J. Bamboo Res. 3 (2): 31. 1984. Qinyuan[Qingyuan](庆元), [Guanmen'ao](关门岙), S.C. Chen(陈士强)QY 83053(Holotype: ZJFI).

空心苦 *Pseudosasa aeria* T.H. Wen in Bull. Bot. Res., Harbin 3 (1): 94. 1983. Pingyang[Cangnan](今属苍南), [Tianjing](天井), [Shankeng](山坑), C.H. Feng(冯志海)76003(Holotype: ZJFI).

毛鸡公山竹 *Pseudosasa maculifera* J.L. Lu var. *hirsuta* S.L. Chen et G.Y. Sheng in Bull. Bot. Res., Harbin 11 (4): 45. 1991. Qingyuan(庆元), 1982-05-05, P.X. Zhang et al.(张培新等)CX 1(Holotype: N).

面秆竹 *Pseudosasa orthotrpa*[*orthotropa*]S.L. Chen et T.H. Wen in J. Bamboo Res. 1 (1): 46. 1982. Wencheng(文成), S.D. Yu(余颂德)80506(Holotype: ZJFI).

平截茶秆竹 *Pseudosasa truncatula* S.L. Chen et G.Y. Sheng in Bull. Bot. Res., Harbin 11 (4): 44. 1991. Hangzhou(杭州), 1975-05-07, H.R. Zhao et al.(赵惠如等)75028(Holotype: N).

笔竹 *Pseudosasa viridula* S.L. Chen et G.Y. Sheng in Bull. Bot. Res., Harbin 11 (4): 46. 1991. [Hangzhou](杭州), Hangzhou Botanic Garden(杭州植物园), 1979-05-22, S.L. Chen et al.(陈守良等)79459(Holotype: NAS).

御江氏华箬竹 *Sasamorpha migoi* Nakai in J. Shanghai Sci. Inst. Sect III, 4: 163. 1939. [Lin'an](临安), Mt. Hsi-tienmu-shan[Xitianmu Shan](西天目山), 1935-05-15, H. Migo s.n.(Holotype: TI).

庆元华箬竹 *Sasamorpha qingyuanensis* C.H. Hu in J. Bamboo Res. 2（1）：52. 1983. Qingyuan（庆元），［Baishanzu］（百山祖），1978-05-26，M.C. Zhuang（庄茂长）7801041（Holotype：SG）.

光叶华箬竹 *Sasamorpha sinica*（Keng）Koidz. form. *glabra* C.H. Hu in Cat. Type Spec. Herb. China：352. 1994.［Lin'an］（临安），Tianmu Mountains（天目山），1957-05-24，P.C. Keng（耿伯介）27（Holotype：N）.

四季竹 *Semiarundinaria lubrica* T.H. Wen in J. Bamboo Res. 2（1）：64. 1983. Dongyang（东阳），T.H. Wen（温太辉）80512（Holotype：ZJFI）.

江山倭竹 *Shibataea chiangshanensis* T.H. Wen in Bull. Bot. Res.，Harbin 3（1）：95. 1983. Jiang shan（江山），Y.F. Chan（占荣富）80607（Holotype：ZJFI）.

矮雷竹 *Shibataea strigosa* T.H. Wen in Bull. Bot. Res.，Harbin 3（1）：96. 1983. Longquen［Longquan］（龙泉），T.H. Wen（温太辉）80557（Holotype：ZJFI）.

橄榄竹 *Sinobambusa gigantea* T.H. Wen in J. Bamboo Res. 2（1）：57. 1983. Longquen［Longquan］（龙泉），T.H. Wen（温太辉）80556（Holotype：ZJFI）.

小叶唐竹 *Sinobambusa parvifolia* T.H. Wen et S.Y. Chen in J. Bamboo Res. 6（3）：31. 1987.［Hangzhou］（杭州），Hangzhou Bot. Gard.（杭州植物园），1981-06-03，T.H. Wen（温太辉）81602（Holotype：ZJFI）.

百山祖玉山竹 *Yushania baishanzuensis* Z.P. Wang et G.H. Ye in J. Nanjing Univ.，Nat. Sci. Ed. 3：494. 1983.［Qingyuan］（庆元），Baishanzu（百山祖），Z.P. Wang et W. Fang（王正平，方伟）82520（Holotype：N）.

禾亚科 Pooideae

大花楔颖草 *Apocopis wrightii* Munro var. *macrantha*［*macranthus*］S.L. Chen in Bull. Bot. Res.，Harbin 12（4）：317. 1992.［Tiantai］（天台），Tian-Tai Shan（天台山），1957-09-04，Y.Y. Ho（贺贤育）27907（Holotype：NAS）.

天目隐子草 *Cleistogenes ramiflora* Keng et Z.P. Wang var. *tianmushanensis* F.Z. Li et C.K. Ni in Bull. Bot. Res.，Harbin 15（4）：436. 1995.［Lin'an］（临安），West Tianmushan（西天目山），1959-09-11，s.coll. s.n.（Holotype：SDNU）.

Diarrhena sinica K.S. Hao in Repert. Spec. Nov. Regni Veg. 42：83. 1937.［Lin'an］（临安），Tien-mu-schan［Tianmu Shan］（天目山），1927-08-04，W.Y. Hsia（夏纬瑛）258（Holotype：?）.

二穗四脉金茅 *Eulalia quadrinervis*（Hack.）Kuntze var. *bispicata* Hosok. in Bot. & Zool.（Tokyo）6（11）：1868. 1938.［Wenzhou］（温州），［Hutoudao］（虎头岛，今洞头大门岛），1937-09-09，渡边正一28（Holotype：TAI）.

浙江柳叶箬（贤育柳叶箬）*Isachne hoi* Keng f. in Acta Phytotax. Sin. 10（1）：11. 1965. I-chien［Yuqian］（於潜），West Tien-mu Shan［Xitianmu Shan］（西天目山），1957-09-02［09-03］，Y.Y. Ho（贺贤育）25692（Holotype：NAS）.

毛鞘鸭嘴草 *Ischaemum aristatum* L. var. *barbivaginatum* H.R. Zhao in J. Nanjing Teach. Coll.，

Nat. Sci. Ed. 3: 9. 1981. Hangzhou（杭州），1958-07-05, s.coll. 662（Holotype: PE）.

多木鸭嘴草 *Ischaemum hondae* Matsuda in Bot. Mag.（Tokyo）27（317）: 106. 1913. [Hangzhou]（杭州），Tai-pin-mun [Taiping Men]（太平门），K. Honda 367（Syntype: TI）; Tsu-yun-dong [Ziyun Dong]（紫云洞），K. Honda 437（Syntype: TI）; Swi-shing-kaw [Shuixing Ge]（水星阁），K. Honda 93（Syntype: TI）; Ya-feng [Yuefen]（岳坟），K. Honda 430, 479（Syntypes: TI）; Chi-ling [Geling]（葛岭），K. Honda 111（Syntype: TI）.

天台鸭嘴草 *Ischaemum tientaiense* Keng et H.R. Zhao in J. Nanjing Teach. Coll., Nat. Sci. Ed. 3: 19. 1981. [Tiantai]（天台），Tientai shan [Tiantai Shan]（天台山），Guo Qing Si（国清寺），1957-08-25, Huo Xian-Yu（贺贤育）27862（Holotype: PE）.

Lophatherum gracile Brongn. var. *hispidum* A. Camus in Bull. Mus. Hist. Nat.（Paris）25: 495. 1919. Ningpo [Ningbo]（宁波），E. Faber s.n.（Holotype: ?）.

沼原草 *Mollinia* [*Molinia*] *hui* Pilger ex Hu in Science（Sci. Soc. China）7（6）: 609. 1922. Choo-chow [Lishui]（丽水），1920-09-20, H.H. Hu（胡先骕）572（Holotype: B）.

一八五　莎草科 Cyperaceae

Bulbostylis disticha Ohwi et T. Koyama in Bull. Natl. Sci. Mus., Tokyo, n.s. 3（38）: 18. 1956. Puto Is. [Putuo]（普陀），1935-10-13, H. Migo 37（Holotype: TNS）.

瑞安薹草 *Carex arisanensis* Hayata subsp. *ruianensis* Hong Wang, C. Song et X.F. Jin in Ann. Bot. Fenn. 45: 156. 2008. Rui'an（瑞安），Xinjian Forestry Region（新建林区），1989-05-08, Li et Wang 0945（Holotype: ZJFC）.

浙南薹草 *Carex austrozhejiangensis* C.Z. Zheng et X.F. Jin in Acta Phytotax. Sin. 42（6）: 546. 2004. Suichang（遂昌），Jiulongshan（九龙山），1983-05-17, B.Y. Ding et al.（丁炳扬等）2625（Holotype: HZU）.

短尖薹草 *Carex brevicuspis* C.B. Clarke in J. Linn. Soc., Bot. 36（252）: 277. 1903. Ningpo [Ningbo]（宁波）Mountains, 1889年, E. Faber 62（Lectotype: K, designated by X.F. Jin et C.Z. Zheng in Taxonomy of Carex sect. Rhomboidales（Cyperaceae）: 150. 2013）.

天台薹草 *Carex cercidascus* C.B. Clarke in J. Linn. Soc., Bot. 36（252）: 279. 1903. [Tiantai]（天台），Tientai Mountains [Tiantai Shan]（天台山），E. Faber 60（Holotype: K）.

朝芳薹草 *Carex chaofangii* C.Z. Zheng et X.F. Jin in Acta Phytotax. Sin. 42（6）: 548. 2004. Longquan（龙泉），Fengyangshan（凤阳山），1980-06-02, C.F. Zhang（张朝芳）485（Holotype: HZU）.

陈诗薹草（陈氏薹草）*Carex cheniana* Tang et F.T. Wang ex S.Yun Liang in Acta Phytotax. Sin. 36（6）: 532. 1998. Longquan（龙泉），1934-05-18, S. Chen（陈诗）3173（Holotype: PE）.

大盘山薹草 *Carex dapanshanica* X.F. Jin, Y.J. Zhao et Z.L. Chen in Nord. J. Bot. 29: 670. 2011. Pan'an（磐安），Mount. Dapan（大盘山），Huaxi（花溪），2010-04-25, X.F. Jin et al.（金孝锋等）2530（Holotype: HTC）.

密毛薹草 Carex densipilosa C.Z. Zheng et X.F. Jin in Acta Phytotax. Sin. 42（6）：544. 2004. Jinhua（金华），Waifan（外畈），1970-04-25，C.Z. Zheng（郑朝宗）s.n.（Holotype：HZU）。

Carex exerta K.L. Chü in Contr. Biol. Lab. Sci. Soc. China, Bot. Ser. 10: 213. 1938. Lungtsuan［Longquan］（龙泉），Moushan［Mao Shan］（昴山），1933-05-14，S. Chen（陈诗）1380（Syntype：PE）；同地，1934-05-18，S. Chen（陈诗）3180（Lectotype：PE-02307840, designated by Y.C. Tang 1962）。

锈红穗薹草 Carex ferruspiculata K.L. Chü in Contr. Biol. Lab. Sci. Soc. China，Bot. Ser. 10：215. 1938. Suichang（遂昌），Peimou shan［Baima Shan］（白马山），1933-04-29，S. Chen（陈诗）1204（Syntype：？）；Yunhuo［Yunhe］（云和），1934-04，S. Chen（陈诗）2768（Syntype：？）；同地，1934-04，S. Chen（陈诗）2826（Syntype：？）。

穿孔薹草 Carex foraminata C.B. Clarke in J. Linn. Soc.，Bot. 36（252）：285. 1903. Ningpo［Ningbo］（宁波）Mts., E. Faber 63（Syntype：K）。

Carex hancei C.B. Clarke in J. Linn. Soc.，Bot. 36（252）：288. 1903. Hills near Huchau［Huzhou］（湖州），F.B. Forbes s.n.（Syntype：？）。

Carex haematorrhyncha Ohwi et T. Koyama in Bull. Natl. Sci. Mus.，Tokyo, n.s. 3（38）：21. 1956. Hangchow［Hangzhou］（杭州），Mt. Peikaofeng［Beigaofeng］（北高峰），1935-05-23，H. Migo 19（Holotype：TNS-97701）。

杭州薹草 Carex hangzhouensis C.Z. Zheng, X.F. Jin et B.Y. Ding in Novon 15（1）：157. 2005. Hangzhou（杭州），Feilaifeng（飞来峰），2003-05-13，X.F. Jin et F.J. Wu（金孝锋，吴飞婕）0702（Holotype：HZU）。

戟叶薹草 Carex hastata Kük. in Repert. Spec. Nov. Regni Veg. 27：110. 1929. Hang tschou［Hangzhou］（杭州），1929-05-04，Y.L. Keng（耿以礼）2353（Holotype：N）。

洪林薹草 Carex honglinii Y.F. Lu et X.F. Jin in Phytotaxa 372（3）：203. 2018. Kaihua（开化），Tongcun（桐村），Peilingjiao（裴岭脚），1987-05-29，L. Hong（洪林）1851（Holotype：HTC）。

无芒长嘴薹草 Carex longerostrata C.A. Mey. var. exaristata X.F. Jin et C.Z. Zheng in Acta Phytotax. Sin. 42（6）：548. 2004. Yueqing（乐清），Yandangshan（雁荡山），1980-04-28，Q.C. Chen et J.H. Zhou（陈启瑺，周今华）1879（Holotype：HZU）。

Carex longicruris Nees var. henryi C.B. Clarke in J. Linn. Soc.，Bot. 36：295. 1903. Ningpo［Ningbo］（宁波）Mts., E. Faber 10（Syntype：K）。

城湾薹草 Carex longerostrata C.A. Mey. var. hoi K.L. Chü ex S.Yun Liang in Acta Phytotax. Sin. 36（6）：537. 1998. Zhejiang（浙江），［Zhenhai］（镇海），［Chengwan］（城湾），1932-04-19，Y.Y. Ho（贺贤育）943（Holotype：PE）。

Carex maculata Boott. form. viridans Kük. in Repert. Spec. Nov. Regni Veg. 27：109. 1929.［Tiantai］（天台），Tih tai shan［Tiantai Shan］（天台山），1924年，R.C. Ching（秦仁昌）1351（Syntype：B）。

无毛条穗薹草 *Carex nemostachys* Steud. var. *subglabra* X.F. Jin et C.Z. Zheng in J. Zhejiang Univ., Sci. Ed. 31（6）：688. 2004. Suichang（遂昌），[Ankou]（垵口），[Genzhukou]（根竹口），1959-05-04，Zhejiang Bot. Exped.（浙江植物资源普查队）25852（Holotype：HZU）.

拟三穗薹草 *Carex pseudotristachya* X.F. Jin et C.Z. Zheng in Acta Phytotax. Sin. 42（6）：543. 2004. Qingyuan（庆元），Baishanzu（百山祖），2002-05-14，X.F. Jin（金孝锋）0121（Holotype：HZU）.

Carex purpureotincta Ohwi var. *sphaerocarpa* Ohwi ex T. Koyama in Jap. J. Bot. 15：169. 1956. Hangchow[Hangzhou]（杭州），Mt. Peikaofeng[Beigaofeng]（北高峰），1935-05-23，H. Migo 19（Holotype：TNS-97701）.

普陀薹草 *Carex putuoensis* S.Yun Liang in Acta Phytotax. Sin. 33（5）：486. 1995. Putuo（普陀），1936-06-05，H. Migo s.n.（Holotype：PE）.

清凉峰薹草 *Carex qingliangensis* D.M. Weng，H.W. Zhang et S.F. Xu in Nord. J. Bot. 27：7. 2009. Lin'an（临安），Mount. Qingliang（清凉峰），2007-04-30，X.F. Jin et H.W. Zhang（金孝锋，张宏伟）1713（Holotype：HTC）.

反折果薹草 *Carex retrofracta* Kük. in Repert. Spec. Nov. Regni Veg. 27：110. 1929. Hang tschou[Hangzhou]（杭州），1929-05-04，Y.L. Keng（耿以礼）2352（Isotype：PE）.

远穗薹草 *Carex remotistachya* Y.Y. Zhou et X.F. Jin in Phytotaxa 164（2）：133. 2014. Pan'an（磐安），2012-05-16，X.F. Jin（金孝锋）2872（Holotype：HTC）.

崖壁薹草 *Carex scopulus* X.F. Jin et W.J. Chen in Phytotaxa 231（2）：165. 2015. Wencheng（文成），Mt. Tongling（铜铃山），2014-04-16，W.J. Chen et al.（陈伟杰等）370（Holotype：HTC）.

具芒崖壁薹草 *Carex scopulus* X.F. Jin et W.J. Chen subsp. *aristata* Y.F. Lu et X.F. Jin in Phytotaxa 372（3）：207. 2018. Tonglu（桐庐），Baiyunyuan（白云源），2017-05-03，X.F. Jin et Y.F. Lu（金孝锋，鲁益飞）3897（Holotype：HTC）.

相仿薹草 *Carex simulans* C.B. Clarke in J. Linn. Soc., Bot. 36（253）：310. 1904. Ningpo[Ningbo]（宁波）Mts.，E. Faber 1522（Lectotype：K，designated by X.F. Jin et C.Z. Zheng in Taxonomy of Carex sect. Rhomboidales（Cyperaceae）：205. 2013）.

近头状薹草 *Carex subcapitata* X.F. Jin，C.Z. Zheng et B.Y. Ding in Acta Phytotax. Sin. 41（6）：566. 2003. Suichang[Songyang]（松阳，原属遂昌），Yuyan（玉岩），1956-04-23，Zhejiang Bot. Exped.（浙江植物资源普查队）26623（Holotype：HHBG）.

细喙薹草 *Carex tenuirostrata* X.F. Jin，S.H. Jin et D.F. Wu in Brittonia 64（3）：326. 2012. Pingyang（平阳），Shunxi（顺溪），2009-05-01，D.F. Wu（吴棣飞）0951-1（Holotype：HTC）.

天目山薹草 *Carex tianmushanica* C.Z. Zheng et X.F. Jin in Acta Phytotax. Sin. 42（6）：541. 2004. Lin'an（临安），Western Tianmushan（西天目山），1984-06-02，C.Z. Zheng（郑朝宗）3343（Holotype：HZU）.

截鳞薹草 *Carex truncatigluma* C.B. Clarke in J. Linn. Soc., Bot. 36（253）：315. 1904. Ningpo

[Ningbo]（宁波）Mts., E. Faber 1541（Holotype：K）.

Carex wilfordii C.B. Clarke in J. Linn. Soc., Bot. 36（253）：318. 1904. Chekiang［Zhejiang］（浙江），Shrub Island, A. Henry 47（Syntype：K）.

雁荡山薹草*Carex yandangshanica* C.Z. Zheng et X.F. Jin in Nord. J. Bot. 28：709. 2010. Yueqing（乐清），Mount. Yandang（雁荡山），1980-05-01，C.Z. Zheng et al.（郑朝宗等）1793（Holotype：HTC）.

云亿薹草*Carex yunyiana* X.F. Jin et C.Z. Zheng in Nord. J. Bot. 27：344. 2009. Tiantai（天台），Mount Huading（华顶），2006-05-27，Xu Feng-Biao et Zhou Shi-Ping 027（Holotype：HTC）.

浙江薹草*Carex zhejiangensis* X.F. Jin, Y.J. Zhao, C.Z. Zheng et H.W. Zhang in Nord. J. Bot. 29：68. 2011. Lin'an（临安），Qianqingtang（千顷塘），2008-05-19，X.F. Jin（金孝锋）2130（Holotype：HTC）.

Cyperus amuricus Maxim. var. *subirioides* Kük. in Repert. Spec. Nov. Regni Veg. 27：107. 1929. ［Deqing］（德清），Mo kan shan［Mogan Shan］（莫干山），P. Klautke 414（Syntype：B）.

无根状茎荸荠*Eleocharis attenuata*（Franch. et Sav.）Palla var. *erhizomatosa* Tang et F.T. Wang in Fl. Reipubl. Popularis Sin. 11：226. 1961. Hangzhou（杭州），1927-05-11，K.K. Tsoong（钟观光）51［721］（Holotype：PE）.

龙泉飘拂草*Fimbristylis longquanensis* X.F. Jin, Y.F. Lu et C.Z. Zheng in Phytotaxa 309（2）：130. 2017. Longquan（龙泉），Guanpuyang（官埔垟），1980-8-27，C.F. Zhang et al.（张朝芳等）5979（Holotype：HTC）.

矮秆飘拂草*Fimbristylis minuticulmis* X.F. Jin et C.Z. Zheng in Phytotaxa 309（2）：130. 2017. Longquan（龙泉），Zhulong（住龙），1980-10-30，Hangzhou Bot. Gard. Exped.（杭植调查队）22072（Holotype：HTC）.

矮飘拂草*Fimbristylis nanofusca* Tang et F.T. Wang in Fl. Reipubl. Popularis Sin. 11：229. 1961. ［Haining］（海宁），Jianshan（尖山），1930-08-06，T.N. Liou（刘慎谔）586（Holotype：PEY）.

长穗匍茎飘拂草*Fimbristylis stolonifera* C.B. Clarke var. *cylindrica* X.F. Jin et Y.F. Lu in Phytotaxa 309（2）：132. 2017. Yongjia（永嘉），Yantan（岩坦），1980-07-20，C.F. Zhang（张朝芳）7226（Holotype：HTC）.

浙江扁莎*Pycreus chekiangensis* Tang et F.T. Wang in Fl. Reipubl. Popularis Sin. 11：232. 1961. Yünhuo［Yunhe］（云和），1932-09-19，H. Chen［S. Chen］（陈诗）758（Holotype：PE）.

三棱秆藨草*Scirpus mattfeldianus* Kük. in Repert. Spec. Nov. Regni Veg. 27：108. 1929. Taichou［Taizhou］（台州），Yun Fun［Yunfeng］（云峰），1924-05-01，R.C. Ching（秦仁昌）1332（Syntype：B）；Siachu［Xianju］（仙居），1924-05，R.C. Ching（秦仁昌）1656（Isosyntype：UC）.

Scirpus stauntonii C.B. Clarke in J. Linn. Soc., Bot. 36（252）：253. 1903. Chekiang［Zhejiang］（浙江），1793年，G.L. Staunton s.n.（Holotype：BM）.

一八九　姜科 Zingiberaceae

温郁金 *Curcuma wenyujin* Y.H. Chen et C. Ling in Acta Pharm. Sin. 16（5）：387. 1981. South of Zhejiang（浙江），1973-05-23，W.X. Lin et X.Z. Li（林文兴，李信再）s.n.（Holotype：?）.

浙赣舞花姜 *Globba chekiangensis* G.Y. Li，Z.H. Chen et G.H. Xia in Nord. J. Bot. 27：210. 2009. Quzhou（衢州），[Qujiang]（衢江），2008-09-25，Li et al.（李根有等）s.n.（Holotype：ZJFC）.

*绿苞蘘荷 *Zingiber viridescens* Z.H. Chen，G.Y. Li et W.J. Chen in Bot. Res. in Ningbo[宁波植物研究]342. 2021. Ninghai（宁海），Chashan Forest Farm（茶山林场），Taohuaxi（桃花溪），2012-08-24，G.Y. Li et Z.H. Chen（李根有，陈征海）NH20120285（Holotype：ZJFC）.

一九四　百合科 Liliaceae

观光韭 *Allium tsoongii* F.T. Wang et Tang in Bull. Fan Mem. Inst. Biol.，Bot. 7：292. 1937. Chekiang[Zhejiang]（浙江），1921-09-14，K.K. Tsoong（钟观光）3732（Holotype：PE）.

括苍山老鸦瓣 *Amana kuocangshanica* D.Y. Tan et D.Y. Hong in Bot. J. Linn. Soc. 154：437. 2007. [Linhai]（临海），Kuocang Shan（括苍山），2002-02-27，D.Y. Tan et X.R. Li（谭敦炎，李新蓉）Zhe004（Holotype：PE）.

长叶天门冬 *Asparagus cochinchinensis*（Lour.）Merr. var. *longifoliatus*[*longifolius*]F.T. Wang et Tang in Bull. Fan Mem. Inst. Biol.，Bot. 7：291. 1937. Yu-tsien[Yuqian]（於潜），1927-06-26，Y.L. Keng（耿以礼）526（Holotype：PE）.

紫花南玉带 *Asparagus oligoclonos* Maxim. var. *purpurascens* X.J. Xue et H. Yao in Bull. Bot. Res.，Harbin 14（3）：242. 1994. Changxing（长兴），Meishan（煤山），1986-04-10，X.J. Xue（薛祥骥）8613（Holotype：HHBG）.

Caloscordum exsertum Herb. in Edwards's Bot. Reg. 33：sub t. 5. 1847. Chusan[Zhoushan]（舟山），R. Fortune 102（Holotype：BM）.

Caloscordum neriniflorum Herb. in Edwards's Bot. Reg. 30（Misc.）：67. 1844. insulam Chusan[Zhoushan]（舟山），J. Trevor Alcock s.n.（Holotype：?）.

天目贝母 *Fritillaria monantha* Migo in J. Shanghai Sci. Inst. Sect. III，4：139. 1939. [Lin'an]（临安），Hsi-tienmu-shan[Xitianmu Shan]（西天目山），1936-04-23，H. Migo s.n.（Holotype：?）.

东贝母 *Fritillaria thunbergii* Miq. var. *chekiangensis* Hsiao et K.C. Hsia in Acta Phytotax. Sin. 15（2）：42. 1977. Dongyang（东阳），Cult.，P.K. Hsiao et al.（肖培根等）2（Holotype：?）.

Fritillaria collicola Hance in J. Bot. 8（88）：76. 1870. Chekiang[Ningbo]（宁波），W. Tarrant s.n.（Holotype：?）.

黄花百合 *Lilium brownii* F.E. Brown ex Miellez var. *giganteum* G.Y. Li et Z.H. Chen in Pl. Resources Wenling Zhejiang[浙江温岭植物资源]221. 2007. Wenling（温岭），Shitang（石塘），2005-06-21，G.Y. Li et al.（李根有等）WL002（Holotype：ZJFC）.

浙江山麦冬 *Liriope zhejiangensis* G.H. Xia et G.Y. Li in Ann. Bot. Fenn. 49（1-2）：64. 2012. Lin'an（临安），Tianmu Mountain（天目山），2009-05-07，Xia et al.（夏国华等）TM052（Holotype：ZJFC）.

稻草石蒜 *Lycoris straminea* Lindl. in J. Hort. Soc. London 3：76. 1848. Tchin Tchiou［Zhoushan］（舟山，误记为泉州），1845年，R. Fortune 148（Holotype：MO）.

浙江沿阶草 *Ophiopogon chekiangensis* K. Kimura et H. Migo in J. Jap. Bot. 57（10）：313. 1982. Hangchou［Hangzhou］（1940-10-24引自杭州灵隐），1981-06-24，K. Kimura 810720a（Holotype：TI）.

古田山黄精 *Polygonatum cyrtonema* Hua var. *gutianshanicum* X.F. Jin in J. Zhejiang Univ., Agric & Life Sci. Ed. 28（5）：540. 2002. Kaihua（开化），Gutianshan（古田山），2000-05-24，X.F. Jin（金孝锋）XF0023（Holotype：HZU）.

大皿黄精 *Polygonatum daminense* H.J. Yang et D.F. Cui in Phytotaxa 449（3）：290. 2020. Pan'an（磐安），Damin（大皿），2019-05-04，H.J. Yang（羊海军）201902（Holotype：CANT）.

长梗黄精 *Polygonatum filipes* Merr. ex C. Jeffrey et J. McEwan in Kew Bull. 34（3）：445. 1980. Chekiang［Xianju］（仙居），1924-05-22，R.C. Ching（秦仁昌）1614（Holotype：E）.

浙江黄精 *Polygonatum zhejiangensis* X.J. Xue et H. Yao in Bull. Bot. Res., Harbin 14：241. 1994. Hangzhou（杭州），introduced from Mt. Jinzijian, Chunan county in June 1979（1979-06引自淳安金紫尖），1982-06-13，X.J. Xue（薛祥骥）8334（Holotype：HHBG）.

二叶郁金香 *Tulipa erythronioides* Baker in J. Bot. 13（154）：292. 1875.［Ningbo］（宁波），Snowy Valley（雪窦山），1873-03，J.F. Quekett s.n.（Holotype：K）.

中国油点草 *Tricyrtis chinensis* Hir. Takah. in Acta Phytotax. Geobot. 52（1）：35. 2001.［Suichang］（遂昌），Ankou（安口），1996-09-16，Hir. Takahashi 20201（Holotype：SHM）.

腺果油点草 *Tricyrtis chinensis* Hir. Takah. var. *glandulosa* Z.H. Chen, G.Y. Li et W.Y. Xie in J. Zhejiang Forest. Sci. Tech. 40（4）：76. 2020. Changshan（常山），Baijuhuajian（白菊花尖），2017-08-27，Z.H. Chen（陈征海）CS-001（Holotype：ZM）.

绿花油点草 *Tricyrtis viridula* Hir. Takah. in Acta Phytotax. Geobot. 48（2）：123. 1997. Longquan（龙泉），Feng Yang Mountain（凤阳山），Hir. Takahashi 15950（Holotype：SHM）.

仙居油点草 *Tricyrtis xianjuensis* G.Y. Li, Z.H. Chen et D.D. Ma in Ann. Bot. Fenn. 51（4）：218. 2014. Xianju（仙居），Da Shenxianju（大神仙居），2012-09-09，Z.M. Zhu et al.（朱志明等）XJ20120911（Holotype：ZJFC）.

Veratrum warburgii O. Loes. in Verh. Bot. Vereins Prov. Brandenburg 68：141. 1926; et in Fedde, Repert. 24：70. 1927. King Juan［Qingyuan］（庆元），1924年，R.C. Ching（秦仁昌）2367（Syntype：B）.

邹氏葱兰 *Zephyranthes tsouii* Hu in Icon. Pl. Sin. 1：50. 1927.［Yueqing］（乐清），South of Yengtang Shan［Yandang Shan］（球茎由R.C. Ching（秦仁昌）1924年采自雁荡山南部）.

一九五　鸢尾科 Iridaceae

白蝴蝶花 *Iris japonica* Thunb. form. *pallescens* P.L. Chiu et Y.T. Zhao ex Y.T. Zhao in Acta Phytotax. Sin. 18（1）: 58. 1980.［Cult. in Hangzhou Botanical Garden］（杭州植物园栽培），1978-04-15，P.L. Chiu（裘宝林）s.n.（Holotype: NENU）。

粗壮假长尾鸢尾 *Iris pseudorossii* S.S. Chien var. *valida* S.S. Chien in Contr. Biol. Lab. Sci. Soc. China, Bot. Ser. 6: 74. 1931.［Lin'an］（临安），W. Tien-mu-shan［Xitianmu Shan］（西天目山），1931-04-18，W.C. Cheng（郑万钧）2361（Holotype: ?）。

一九九　菝葜科 Smilacaceae

浙南菝葜 *Smilax austro-zhejiangensis*［*austrozhejiangensis*］Q. Lin［C. Ling］in Acta Phytotax. Sin. 28（1）: 71. 1990.［Linhai］（临海）Kuocang Shan（括苍山），Huangjia Liao（黄家寮），1964-04-25，C.Z. Zheng et C.F. Zhang（郑朝宗，张朝芳）6826（Holotype: HZU）。

Smilax china L. var. *straminea* F.P. Metcalf in Lingnan Sci. J. 10: 415. 1931. Tsing-Yun［Jinyun］（缙云），1926年，Y.L. Keng（耿以礼）463（Syntype: A）。

二〇〇　薯蓣科 Dioscoreaceae

绵萆薢 *Dioscorea spongiosa* J.Q. Xi, M. Mizuno et W.L. Zhao in Acta Phytotax. Sin. 25（1）: 52. 1987. Changshan（常山），1984-11-13，Exped. Facult. Pharm. Univ. Med. Zhejiang（应为赵维良）005101（Isotype: PE）。

二〇一　水玉簪科 Burmanniaceae

大西坑水玉簪 *Burmannia cryptopetala* Makino var. *baxikangensis*［*daxikangensis*］Y.B. Chang et Z. Wei in Bull. Bot. Res., Harbin 9（2）: 37. 1989. Suichang（遂昌），Daxikeng（大西坑），1985-08-16，X.Z. Chen（陈行知）4943（Holotype: ZM）。

二〇二　兰科 Orchidaceae

浙江开唇兰 *Anoectochilus zhejiangensis* Z. Wei et Y.B. Chang in Bull. Bot. Res., Harbin 9（2）: 39. 1989. Suichang（遂昌），Yangmeikeng（杨梅坑），1985-08-22，Q.B. Chen［Q.B. Cheng］（程秋波）3004（Holotype: ZM）。

浙杭卷瓣兰 *Bulbophyllum quadrangulum* Z.H. Tsi in Bull. Bot. Res., Harbin 1（1-2）: 114. 1982. Taishun（泰顺），1978-04，S.Y. Chang（章绍尧）79-A（Holotype: PE）。

宁波石豆兰 *Bulbophyllum ningboense* G.Y. Li ex H.L. Lin et X.P. Li in J. Zhejiang A & F Univ. 31（6）: 847. 2014. Fenghua（奉化），Xikou（溪口），2013-05-10，H.L. Lin et X.P. Li（林海伦，李修鹏）FH20130510（Holotype: ZJFC）。

无距虾脊兰 *Calanthe tsoongiana* Tang et F.T. Wang in Acta Phytotax. Sin. 1（1）: 88. 1951.［Lin'an］（临安），West Tien-mu-shan［Xitianmu Shan］（西天目山），1929-04-24，K.K. Tsoong（钟观光）212（Holotype: PE）。

Cephalanthera raymondiae Schltr. in Repert. Spec. Nov. Regni Veg. Beih. 12: 342. 1922. Ningpo［Ningbo］（宁波），1911年，H.W. Limpricht 21（Holotype: ?）。

独花兰 *Changnienia amoena* S.S. Chien in Contr. Biol. Lab. Sci. Soc. China, Bot. Ser. 10: 90. 1935. Yu-tsien [Yuqian]（於潜），Tienmushan [Tianmu Shan]（天目山），1932-04-18，T.H. Chang（张东旭）169（Syntype：PE）.

蕙兰 *Cymbidium faberi* Rolfe in Bull. Misc. Inform. Kew 1896（119）: 198. 1896.[Tiantai]（天台），Tientai Mt.[Tiantai Shan]（天台山），1889年，E. Faber 94（Syntype：K）.

Cymbidium pseudovirens Schltr. in Repert. Spec. Nov. Regni Veg. Beih. 12: 351. 1922. Ningpo [Ningbo]（宁波），1912-03-02，H.W. Limpricht 304（Isotype：WU）.

华杓兰 *Cypripedium cathayenum* S.S. Chien in Contr. Biol. Lab. Sci. Soc. China, Bot. Ser. 6（3）: 23. 1930.[Lin'an]（临安），Tienmu Shan [Tianmu Shan]（天目山），1929-05-01，K.K. Tsoong（钟观光）282（Holotype：PE）.

铜皮石斛 *Dendrobium crispulum* K. Kimura et Migo in J. Shanghai Sci. Inst. Sect. III, 3: 123. 1936. 购于Hangchou [Hangzhou]（杭州）药店，采自Wukang（武康，今属德清），K. Kimura et H. Migo s.n.（Holotype：TI）.

铁皮石斛 *Dendrobium officinale* K. Kimura et Migo in J. Shanghai Sci. Inst. Sect. III, 3: 122. 1936. 1934-03-07购于Shanghai（上海）药店，采自Hung-hua [Fenghua]（奉化），K. Kimura et H. Migo s.n.（Holotype：TI）.

永嘉石斛 *Dendrobium yongjiaense* Z. Zhou et S.R. Lan in Phytotaxa 441（2）: 209. 2020. Yongjia（永嘉），2019-12-06，Zhou（周庄）2019120601（Holotype：FJFC）.

Diplomeris chinensis Rolfe in Bull. Misc. Inform. Kew 1896（119）: 203. 1896.[Tiantai]（天台），Tientai Mt.[Tiantai Shan]（天台山），1889年，E. Faber 95（Holotype：K）.

Goodyera melinostele Schltr. in Repert. Spec. Nov. Regni Veg. Beih. 4: 59. 1919. Hangtschou [Hangzhou]（杭州），Hsihu-Berge [Xihu]（西湖），Schi pan schan [Qipan Shan]（棋盘山），1913-10，H.W. Limpricht 1113（Holotype：?）.

[大花无柱兰] *Gymnadenia pinguicula* Rchb. f. et S. Moore in J. Bot. 16: 135. 1878. Ningpo [Ningbo]（宁波），C.W. Everard s.n.（Holotype：K）.

湿地玉凤花 *Habenaria humidicola* Rolfe in Bull. Misc. Inform. Kew 1896（119）: 202. 1896. Ningpo [Ningbo]（宁波）Mts, 1885-09, E. Faber 200（Holotype：K）.

短茎萼脊兰 *Hygrochilus subparishii* Z.H. Tsi in Acta Bot. Yunnan. 4（3）: 267. 1982. Kaihua（开化），1959-05-29，Zhejiang Exp.（浙江植物资源普查队）26243（Holotype：PE）.

勺状羊耳蒜 *Liparis cucullata* S.S. Chien in Contr. Biol. Lab. Sci. Soc. China, Bot. Ser. 6（3）: 29. 1930.[Lin'an]（临安），W. Tienmu [Xitianmu Shan]（西天目山），Lotus Peak（莲花峰），1929-05-08，K.K. Tsoong（钟观光）361（Lectotype：PE-00027181, designated by Y. Lin et al. in Acta Bot. Boreal.-Occident. Sin. 34（2）: 414. 2014）；[Lin'an]（临安），E. Tienmu [Dongtianmu Shan]（东天目山），1929-08-06，S.S. Chien（钱崇澍）538（Syntype：PE）.

纤叶钗子股 *Luisia hancockii* Rolfe in Bull. Misc. Inform. Kew 1896（119）: 199. 1896. Ningpo

[Ningbo]（宁波），1877-05-13，W. Hancock 22（Holotype：K）.

象鼻兰 *Nothodoritis zhejiangensis* Z.H. Tsi in Acta Phytotax. Sin. 27（1）：59. 1989. Lin'an（临安），Xitianmu Shan（西天目山），1986-06-14，Z.H. Tsi（吉占和）86-006（Holotype：PE）.

中型山兰 *Oreorchis intermedia* S.S. Chien in Contr. Biol. Lab. Sci. Soc. China, Bot. Ser. 6（3）：26. 1930.［Lin'an］（临安），East Tienmu Shan［Dongtianmu Shan］（东天目山），1929-05-18，K.K. Tsoong（钟观光）337（Holotype：PE）.

尾瓣舌唇兰 *Platanthera mandarinorum* Rchb. f. in Linnaea 25（2）：226. 1852. Chusan［Zhoushan］（舟山），1844-04，R. Fortune a79（Lectotype：K-LDL，designated by P.G. Efimov et X.-H. Jin in Taxon 63（5）：1119. 2014）.

Platanthera mandarinorum Rchb. f. var. *elongatocalcarata* Koidz., Fl. Symb. Orient.-Asiat. 36. 1930. Chusan［Zhoushan］（舟山），s.coll. s.n.（Syntype：K）.

金华独蒜兰 *Pleione jinhuana* Z.J. Liu, M.T. Jiang et S.R. Lan in Phytotaxa 345（1）：48. 2018. Jinhua（金华），［Pan'an］（磐安），［Bogongkeng］（泊公坑），2013-04-24，［Z.J. Liu］（刘仲健）Liu 7084（Holotype：NOCC）.

Spiranthes stylites Lindl. in J. Proc. Linn. Soc., Bot. 1：178. 1857. Che-kiang［Zhejiang］（浙江），1850-05，R. Fortune s.n.（Holotype：K）.

模式标本采集地存疑的：

Adiantum chusanum L. in Sp. Pl. 2：1095. 1753. 舟山？无标本信息，Linnaean Plant Name Typification Project 无 Lectotype 指定.

黑桫椤 *Alsophila podophylla* Hook. in Hooker's J. Bot. Kew Gard. Misc. 9：334. 1857. 原文：HAB. Chusan, Mr. T. Alexander. Hongkong, J.C. Bowring, Esq., Dr. Harland. 标本：K-000061678《中国植物志》记载模式标本采自我国香港.

Aspidium podophyllum Hook. in Hooker's J. Bot. Kew Gard. Misc. 5：236. 1853. 原文：HAB. China; Hong-Kong, Major Champion（n. 560）; Chusan, Dr. Alexander.《中国植物志》记载模式标本采自我国香港.

紫云英 *Astragalus sinicus* L. in Mant. Pl. 1：103. 1767. 原文：Habitat in China. Lectotype：LINN-926.39, designated by Nguyên Van Thuân in Morat（ed.）, Fl. Cambodge Laos Viêtnam 23：176. 1987.《中国植物志》记载模式标本采自宁波.

方竹 *Bambusa quadrangularis* Franceschi in Bull. Reale Soc. Tosc. Ortic. 5：401. 1880. 原文无标本信息《中国植物志》记载模式标本采自温州.

Cleyera millettii Hook. et Arn., Bot. Beechey Voy. 171, t. 33, 1841.《中国植物志》记载模式标本采自浙江舟山？

贯众 *Cyrtomium fortunei* J. Sm. in Ferns Brit. For. 286. 1866. 原文 Japan. C. Christensen 1930

年 in Amer. Fern J. 20（2）：49. 认为：Type：Described from cultivated plants which are said to have originated from Japan. I suppose, however, that it was brought home by Robert Fortune from southeast China, where it is very common. 邢公侠1965年in Acta Phytotax. Sin., Addit.1：1. 认为产于浙江.

Euonymus chinensis Lindl. var. *hupehensis* Loes. in Bot. Jahrb. Syst. 29：436. 1901. 原文：O（HE 7764）.－Ferner Ost-China：Ningpo（FB）.

Euonymus chinensis Lindl. var. *microcarpa* Oliv. ex Loes in Bot. Jahrb. Syst. 30（5）：456. 1902. 原文：Hupeh, ad Ichang：HENRY n.1397（!），1650（!），3073（!），3099（!），3580（!）；Tshekiang ad Ningpo：FABER（!）.

Euonymus hupehensis Lindl. var. *longipedunculata* Loes. in Bot. Jahrb. Syst. 30（5）：454. 1902. 原文：Hupeh：HENRY n.7764（!）；Tshekiang ad Ningpo：FABER（!）.

华东木蓝*Indigofera fortunei* Craib, Notes Roy. Bot. Gard. Edinburgh 8：53. 1913. 可能是福建厦门或浙江舟山, R.Fortune 43（Holotype：K）.

细叶刺子莞*Rhynchospora faberi* C.B. Clarke in J. Linn. Soc., Bot. 36（252）：259. 1903. 原文：CHEKIANG：Lu Mts., 3300 feet（Faber, 247!）. Herb. Kew. 模式标本：K-001057203. 可能是江西庐山.

Saussurea microcephala Franch. in J. Linn. Soc., Bot. 23（157）：466. 1888. 原文：CHEKIANG：Tatsiang（Poli ex Franchet）. 模式标本：P-00602812. Tatsiang可能是江苏太仓（Taitsang）的误记.

中华业平竹*Semiarundinaria sinica* T.H. Wen in J. Bamboo Res. 8（1）：13. 1989. 杭州（中心竹类植物园），引自南京林业大学, 温太辉88501（Holotype：ZJFI）.

Silene oldhamiana Miq. in Ann. Mus. Bot. Lugd.-Bat. 3：187. 1867. 原文：In Archipelago Coreano detexit oldham n.78.《中国植物志》记载模式标本采自宁波.

文献记载采自浙江但现查明不是而剔除的模式标本：

Aster angustifolius C.C. Chang in Bull. Fan Mem. Inst. Biol., Bot. 6（2）：43. 1935. 浙江（无确址），R.C. Ching（秦仁昌）2266（Holotype：PE）. 文献误记为浙江, 模式标本采自福建寿宁. 应从《浙江植物志》中剔除.

Carex dineuros C.B. Clarke in J. Linn. Soc., Bot. 36：283. 1903. 原文为SHINGKING：Chienshan（Ross, 533!）；CHEKIANG：Tsien Mts.（Faber, 1527!）. Herb. Kew. Tsien Mts. 为辽宁千山. 应从《浙江植物志》中剔除.

Corydalis thalictrifolia Franch. in Morot, Journ. de Bot. 8：291. 1894. 改名为石生黄堇*Corydalis saxicola* Bunting, Baileya 13：172. 1966.《中国植物志》记载模式标本采自宁波. 后选模式标本：宜昌, A Henry 3463[742]（Lectotype：P）. 应从《浙江植物志》剔除.

Desmodium racemosum (Thunb.) DC. var. *pubescens* F.P. Metcalf in Lingnan Sci. J. 19 (4): 605. 1940. between Ping Yung and Tai Shan, 1924-07-17, R.C. Ching 2108是Paratype. 应从《浙江植物志》《温州植物志》中剔除.

Ilex fortuni Lindl. in Gard. Chron. 1857: 868. 1857. 原文为Hwuy-chou, 是安徽徽州而不是温州. 应从《浙江植物志》中剔除.

Laurus sericea Blume in Bijdr. Fl. Ned. Ind. 11: 554. 1826 (1825). 原文为Crescit: forte ex Japonia allata. 标本可能来自日本。应从《浙江植物志》中剔除.

百华山瓦韦 *Lepisorus paohuashanensis* Ching, Fl. Jiangsu. 1: 467. 1977.《中国植物志》记载模式标本采自浙江百华山, 实为江苏句容宝华山.

佛肚毛竹 *Phyllostachys heterocycla* (Carr.) Mitf. var. *pubescens* (Mazel) Ohwi form. *ventricosa* Z.P. Wang et N.X. Ma in J. Nanjing Univ., Nat. Sci. Ed. 3: 493. 1983. 发表时仅指定了活模式而未引证标本.

Pseudolarix pourteti Ferré in Trav. Lab. Forest. Toulouse, Tome I. iv. Art. 4: 9. 1944. Tien-Tai-Shan, 1927-08-20, C.Y. Chiao(焦启源) Herb. No. 14599属于Paratype. 应从《浙江植物志》中剔除.

华箬竹 *Sasa sinica* Keng in Sinensia 7 (6): 748. 1936. 文献中列举West Tienmu Shan, 1929-05-10, K.K. Tsoong(钟观光)17和1934年, C.C. Tsoong(钟稼勤)164属于Paratype. 中国植物志记载模式标本采自安徽黄山狮子林. 应从《浙江植物志》《天目山植物志》中剔除.

四川山矾 *Symplocos setchuensis* in Engler, Bot. Jahrb. 29: 528. 1900 未列宁波标本。Engler, Pflanzenr. 6 (IV. 242): 31. 1901列出的Ningpo(Warburg n. 6631; Herb. Berlin), 属于引证. 应从《浙江植物志》中剔除.

棱角山矾 *Symplocos tetragona* Chen ex Y.F. Wu in Acta Phytotax. Sin. 24 (3): 194. 1986. Hangzhou(杭州), Hangzhou Botanic Garden(杭州植物园), 1978-04, Y.Y. Ho(贺贤育) 30344 (Holotype: IBSC). 经查HHBG同号标本, 注明1954年从庐山引种, 应从《杭州植物志》中剔除.

柔毛路边青 *Geum japonicum* Thunb. var. *chinense* F. Bolle in Notizbl. Bot. Gart. Berlin-Dahlem 11 (103): 210. 1931. 文献中列举Tien-mo-shan(天目山), 1927-07-26, Tang et Hsin(唐进, 夏纬瑛) 101属于Paratype,《中国国家植物标本馆(PE)模式标本集》(第10卷)误记为Isotype.

薄叶润楠 *Machilus leptophylla* Hand.-Mazz. 原始文献记录Tschekiang: Chen Chiong, 40 miles s of Siachu, 450-900 m, 3.-4. VI. 1924 (CHING in WULSIN 1806, Typus),《中国国家植物标本馆(PE)模式标本集》(第7卷)误记为Jiangsu(江苏), C.L. Tso(左景烈) 1806. 应为Zhejiang(浙江), Xianju(仙居), R.C. Ching(秦仁昌) 1806.

植物标本馆代码、所属机构与中文全称

植物标本馆代码	所属机构	中文全称
A	Harvard University Herbaria, U.S.A.	美国哈佛大学标本馆
AJBG	Herbarium, Anji Bamboo Garden (Renamed as China Bamboo Museum)	安吉竹博园(已更名为中国竹子博物馆)标本室
ANUB	Herbarium, Anhui Normal University	安徽师范大学植物标本馆
AU	Herbarium, Xiamen University	厦门大学植物标本馆
B	Herbarium, Botanischer Garten und Botanisches Museum Berlin-Dahlem, Germany	德国柏林-达勒姆植物园和植物博物馆
BM	Herbarium, The Natural History Museum [原 British Museum (Natural History)], U.K.	英国大英自然博物馆
CANT	Dendrological Herbarium, College of Forestry and Landscape Architecture, South China Agricultural University	华南农业大学林学与风景园林学院树木标本室
CBM	Herbarium, China Bamboo Museum	中国竹子博物馆标本馆
CGE	Herbarium, Department of Plant Sciences, University of Cambridge, U.K.	英国剑桥大学植物标本馆
CSH	Shanghai Chenshan Herbarium	上海辰山植物标本馆
E	Herbarium, Royal Botanic Garden Edinburgh, U.K.	英国爱丁堡皇家植物园标本馆
FI	Herbarium Universitatis Florentinae, Sezione Botanica, Museo di Storia Naturale dell'Università, Italy	意大利佛罗伦萨大学标本馆植物分部,佛罗伦萨自然博物馆
FJFC	Herbarium, Fujian A&F University (原 Fujian Forestry College)	福建农林大学植物标本馆
FJSI	Herbarium, Fujian Institute of Subtropical Botany	福建省亚热带植物研究所标本馆
FUS	Herbarium, Fudan University	复旦大学植物标本馆
G	Herbarium, Conservatoire et Jardin botaniques de la Ville de Genève, Switzerland	瑞士日内瓦植物园标本馆
GH	Harvard University Herbaria, U.S.A.	美国哈佛大学标本馆
HHBG	Herbarium, Hangzhou Botanical Garden	杭州植物园标本馆
HSNU	Herbarium, East China Normal University	华东师范大学植物标本馆
HTC	Herbarium, Hangzhou Normal University (原 Hangzhou Teacher's College)	杭州师范大学植物标本馆

续表

植物标本馆代码	所属机构	中文全称
HZU	Herbarium, Zhejiang University	浙江大学植物标本馆
IBK	Herbarium, Guangxi Institute of Botany, Guangxi Zhuang autonomous region and Chinese Academy of Sciences	广西壮族自治区中国科学院广西植物研究所标本馆
IBSC	Herbarium, South China Botanical Garden, Chinese Academy of Sciences	中国科学院华南植物园标本馆
IUI	Herbarium, Inha University, Republic of Korea	韩国仁荷大学植物标本馆
JIT	Dendrological Herbarium, Jinling Institute of Techology	金陵科技学院树木标本室
K	Herbarium, Royal Botanic Gardens, Kew, U.K.	英国皇家植物园邱园标本馆
KUN	Herbarium, Kunming Institute of Botany, Chinese Academy of Sciences	中国科学院昆明植物研究所标本馆
KW	National Herbarium of Ukraine, M.G. Kholodny Institute of Botany, National Academy of Sciences of Ukraine	乌克兰国家植物标本馆
KYO	Herbarium, Kyoto University, Japan	日本京都大学植物标本馆
LBG	Herbarium, Lushan Botanical Garden, Jiangxi Province and Chinese Academy of Sciences	江西省中国科学院庐山植物园标本馆
LE	Vascular Plants Herbarium of the Komarov Botanical Institute, Russian Academy of Sciences, Russia	俄罗斯科学院柯马洛夫植物研究所维管植物标本馆
LNIP	Herbarium, Liaoning Institute of Pomology	辽宁果树研究所标本馆
LSXY	Herbarium, Lishui College	丽水学院植物标本馆
MAK	Makino Herbarium, Tokyo Metropolitan University, Japan	日本东京都立大学牧野植物标本馆
MO	Herbarium, Missouri Botanical Garden, U.S.A.	美国密苏里植物园标本馆
N	Herbarium, Nanjing University	南京大学植物标本馆
Nakano	Herbarium of Harufusa Nakano, 48 Nakazato, Abiko-machi Chiba Prefecture, Japan	中野治房标本室
NAS	Herbarium, Institute of Botany, Jiangsu Province and Chinese Academy of Sciences	江苏省中国科学院植物研究所标本馆
NENU	Herbarium, Northeast Normal University	东北师范大学植物标本馆

续表

植物标本馆代码	所属机构	中文全称
NF	Herbarium, Nanjing Forestry University	南京林业大学植物标本馆
NOCC	Herbarium, The National Orchid Conservation Center, Shenzhen, P.R. China	国家兰科植物种质资源保护中心标本馆
NY	William and Lynda Steere Herbarium, New York Botanical Garden, U.S.A.	美国纽约植物园标本馆
OXF	Fielding–Druce Herbarium, Department of Plant Sciences, University of Oxford, U.K.	英国牛津大学植物标本馆
P	Muséum National d'Histoire Naturelle, Paris, France	法国巴黎自然博物馆植物标本馆
PE	Herbarium, Institute of Botany, Chinese Academy of Sciences	中国科学院植物研究所标本馆
PEM	Herbarium, College of Pharmacy, Peking University Health Science Center	北京大学药学院中药标本馆
PEY	Herbarium, Peking University	北京大学植物标本馆
RISFCAF	Herbarium, Research Institute of Subtropical Forestry, Chinese Academy of Forestry	中国林业科学研究院亚热带林业研究所标本馆
SDNU	Herbarium, Shandong Normal University	山东师范大学植物标本馆
SG	Herbarium, Shanghai Botanical Garden	上海植物园植物标本馆
SHM	Herbarium, Shanghai Museum of Natural History	上海自然博物馆植物标本室
SHMI	Herbarium, Shanghai Institute of Materia Medica, Chinese Academy of Sciences	中国科学院上海药物研究所植物标本馆
SHRMC	Herbarium, Shanghai Railway Medical College, 已并入 Tongji University School of Medicine	上海铁道医学院（已并入同济大学医学院）植物标本馆
SYPC	Herbarium, Shenyang Pharmaceutical University（原 Shenyang College of Pharmacy）	沈阳药科大学植物标本馆
SYS	Herbarium, Sun Yat-sen University	中山大学植物标本馆
SZ	Herbarium, Sichuan University	四川大学植物标本馆
SZG	Herbarium, Fairy Lake Botanical Garden, Shenzhen & Chinese Academy of Sciences	深圳市中国科学院仙湖植物园标本馆
TAI	Herbarium, National Taiwan University	台湾大学植物标本馆

续表

植物标本馆代码	所属机构	中文全称
TI	Herbarium, Department of Botany, the University Museum, the University of Tokyo, Japan	日本东京大学综合研究博物馆植物标本馆
TNS	Herbarium, Department of Botany, National Museum of Nature and Science, Japan	日本国立自然与科学博物馆植物标本馆
UC	University Herbarium, University of California Berkeley, U.S.A.	美国加州大学伯克利分校植物标本馆
US	Herbarium, Smithsonian Institution, U.S.A.	美国史密森尼学会植物标本馆
W	Herbarium, Naturhistorisches Museum Wien, Austria	奥地利维也纳自然博物馆
WH	Herbarium, Wuhan University	武汉大学植物标本馆
WRSL	Herbarium, Botany Department, Museum of Natural History, Wroclaw University, Poland	波兰弗罗茨瓦夫大学植物标本馆
WU	Herbarium, Universität Wien, Austria	奥地利维也纳大学植物标本馆
WUK	Herbarium, Northwest A&F University（含原 Northwestern Institute of Botany, Chinese Academy of Sciences）	西北农林科技大学植物标本馆
ZDC	Herbarium, Zhejiang Institute for Food and Drug Control	浙江省食品药品检验研究院植物标本室
ZFSD	Herbarium, Forest Resources Monitoring Centre of Zhejiang Province（原 Zhejiang Survey and Design Institute of Forestry）	浙江省森林资源监测中心植物标本室
ZJFC	Herbarium, Zhejiang A&F University（原 Zhejiang Forestry College）	浙江农林大学植物标本馆
ZJFI	Herbarium, Zhejiang Academy of Forestry（原 Zhejiang Forestry Institute）	浙江省林业科学研究院植物标本馆
ZJISC	Herbarium, Institue of Subtropical Corps, Zhejiang Academy of Agricultural Sciences	浙江省农业科学院亚热带作物研究所植物标本室
ZM	Herbarium, Zhejiang Museum of Natural History	浙江自然博物院植物标本馆
ZMU	Medicinal Herbarium, Pharmacy Department, Zhejiang Medical University（已并入 Zhejiang University）	浙江医科大学（已并入浙江大学）药学系药用植物标本室，已废弃

附录二 浙江省国家重点保护野生植物名录

(依据2021年9月7日国家林业与草原局和农业农村部15号公告整理)

序号	中文名	拉丁名	保护级别
一	石杉科	Huperziaceae	
1	长柄石杉（千层塔）	*Huperzia javanica*	二级
2	伏贴石杉	*Huperzia selago* var. *appressa*	二级
3	四川石杉	*Huperzia sutchueniana*	二级
4	柳杉叶马尾杉	*Phlegmariurus cryptomerianus*	二级
5	福氏马尾杉	*Phlegmariurus fordii*	二级
6	闽浙马尾杉	*Phlegmariurus mingcheensis*	二级
二	水韭科	Isoëtaceae	
7	东方水韭	*Isoëtes orientalis*	一级
8	中华水韭	*Isoëtes sinensis*	一级
三	观音座莲科	Angiopteridaceae	
9	福建观音座莲	*Angiopteris fokiensis*	二级
四	蚌壳蕨科	Dicksoniaceae	
10	金毛狗	*Cibotium barometz*	二级
五	桫椤科	Cyatheaceae	
11	桫椤	*Alsophila spinulosa*	二级
12	笔筒树	*Sphaeropteris lepifera*	二级
六	水蕨科	Parkeriaceae	
13	水蕨	*Ceratopteris thalictroides*	二级
七	银杏科	Ginkgoaceae	
14	银杏	*Ginkgo biloba*	一级
八	松科	Pinaceae	
15	百山祖冷杉	*Abies beshanzuensis*	一级
16	金钱松	*Pseudolarix amabilis*	二级
17	黄杉	*Pseudotsuga sinensis*	二级

续表

序号	中文名	拉丁名	保护级别
九	柏科	Cupressaceae	
18	福建柏	*Fokienia hodginsii*	二级
一〇	罗汉松科	Podocarpaceae	
19	罗汉松	*Podocarpus macrophyllus*	二级
20	百日青	*Podocarpus neriifolius*	二级
一一	红豆杉科	Taxaceae	
21	穗花杉	*Amentotaxus argotaenia*	二级
22	白豆杉	*Pseudotaxus chienii*	二级
23	红豆杉	*Taxus chinensis*	一级
24	南方红豆杉	*Taxus mairei*	一级
25	大盘山榧	*Torreya dapanshanica*	二级
26	巴山榧	*Torreya fargesii*	二级
27	榧树	*Torreya grandis*	二级
28	长叶榧	*Torreya jackii*	二级
29	九龙山榧	*Torreya jiulongshanensis*	二级
一二	木兰科	Magnoliaceae	
30	鹅掌楸	*Liriodendron chinense*	二级
31	凹叶厚朴	*Magnolia officinalis* subsp. *biloba*	二级
一三	蜡梅科	Calycanthaceae	
32	夏蜡梅	*Sinocalycanthus chinensis*（*Calycanthus chinensis*）	二级
一四	樟科	Lauraceae	
33	普陀樟（天竺桂）	*Cinnamomum japonicum* var. *chenii*	二级
34	舟山新木姜子	*Neolitsea sericea*	二级
35	闽楠	*Phoebe bournei*	二级
36	浙江楠	*Phoebe chekiangensis*	二级
一五	莲科	Nelumbonaceae	
37	莲	*Nelumbo nucifera*	二级
一六	莼菜科	Cabombaceae	

续表

序号	中文名	拉丁名	保护级别
38	莼菜	*Brasenia schreberi*	二级
一七	毛茛科	Ranunculaceae	
39	短萼黄连	*Coptis chinensis* var. *brevisepala*	二级
一八	小檗科	Berberidaceae	
40	六角莲	*Dysosma pleiantha*	二级
41	八角莲	*Dysosma versipellis*	二级
一九	连香树科	Cercidiphyllaceae	
42	连香树	*Cercidiphyllum japonicum*	二级
二〇	金缕梅科	Hamamelidaceae	
43	长柄双花木	*Disanthus cercidifolius* subsp. *longipes*	二级
44	银缕梅	*Parrotia subaequalis*	一级
二一	榆科	Ulmaceae	
45	长序榆	*Ulmus elongata*	二级
46	榉树（大叶榉）	*Zelkova schneideriana*	二级
二二	壳斗科	Fagaceae	
47	台湾水青冈	*Fagus hayatae*	二级
48	尖叶栎	*Quercus oxyphylla*	二级
二三	桦木科	Betulaceae	
49	普陀鹅耳枥	*Carpinus putoensis*	一级
50	天台鹅耳枥	*Carpinus tientaiensis*	二级
51	天目铁木	*Ostrya rehderiana*	一级
二四	蓼科	Polygonaceae	
52	野荞麦	*Fagopyrum dibotrys*	二级
二五	猕猴桃科	Actinidiaceae	
53	软枣猕猴桃	*Actinidia arguta*	二级
54	中华猕猴桃	*Actinidia chinensis*	二级
55	大籽猕猴桃	*Actinidia macrosperma*	二级
二六	杜鹃花科	Ericaceae	
56	华顶杜鹃	*Rhododendron huadingense*	二级

续表

序号	中文名	拉丁名		保护级别
57	江西杜鹃	*Rhododendron kiangsiense*		二级
二七	安息香科	Styracaceae		
58	细果秤锤树	*Sinojackia microcarpa*		二级
59	秤锤树	*Sinojackia xylocarpa*		二级
二八	绣球花科	Hydrangeaceae		
60	黄山梅	*Kirengeshoma palmata*		二级
61	蛛网萼	*Platycrater arguta*		二级
二九	蔷薇科	Rosaceae		
62	政和杏	*Armeniaca zhengheensis*（*Prunus zhengheensis*）		二级
63	广东蔷薇	*Rosa kwangtungensis*		二级
三〇	蝶形花科	Fabaceae		
64	山豆根	*Euchresta japonica*		二级
65	野大豆	*Glycine soja*		二级
66	浙江马鞍树	*Maackia chekiangensis*		二级
67	花榈木	*Ormosia henryi*		二级
68	红豆树	*Ormosia hosiei*		二级
三一	菱科	Trapaceae		
69	细果野菱	*Trapa incisa*		二级
三二	卫矛科	Celastraceae		
70	永瓣藤	*Monimopetalum chinense*		二级
三三	鼠李科	Rhamnaceae		
71	小勾儿茶	*Berchemiella wilsonii*		二级
三四	葡萄科	Vitaceae		
72	浙江蘡薁	*Vitis zhejiang-adstricta*		二级
三五	钟萼木科	Bretschneideraceae		
73	钟萼木（伯乐树）	*Bretschneidera sinensis*		二级
三六	槭树科	Aceraceae		
74	羊角槭	*Acer miaotaiense* subsp. *yangjuechi*		二级

续表

序号	中文名	拉丁名	保护级别
三七	芸香科	Rutaceae	
75	山橘	*Fortunella hindsii*	二级
76	金豆	*Fortunella venosa*	二级
三八	五加科	Araliaceae	
77	竹节参	*Panax japonicus*	二级
78	羽叶人参	*Panax japonicus* var. *bipinnatifidus*	二级
三九	伞形科	Apiaceae	
79	明党参	*Changium smyrnioides*	二级
80	珊瑚菜	*Glehnia littoralis*	二级
四〇	茜草科	Rubiaceae	
81	香果树	*Emmenopterys henryi*	二级
四一	忍冬科	Caprifoliaceae	
82	浙江七子花	*Heptacodium miconioides* subsp. *jasminoides*	二级
四二	泽泻科	Alismataceae	
83	长喙毛茛泽泻	*Ranalisma rostrata*	二级
四三	水鳖科	Hydrocharitaceae	
84	水车前	*Ottelia alismoides*	二级
四四	禾本科	Poaceae	
85	水禾	*Hygroryza aristata*	二级
86	中华结缕草	*Zoysia sinica*	二级
四五	百合科	Liliaceae	
87	荞麦叶大百合	*Cardiocrinum cathayanum*	二级
88	天目贝母	*Fritillaria monantha*	二级
89	浙贝母	*Fritillaria thunbergii*	二级
90	华重楼	*Paris polyphylla* var. *chinensis*	二级
91	狭叶重楼	*Paris polyphylla* var. *stenophylla*	二级
四六	兰科	Orchidaceae	
92	金线兰	*Anoectochilus roxburghii*	二级

续表

序号	中文名	拉丁名	保护级别	
93	浙江金线兰	Anoectochilus zhejiangensis		二级
94	白及	Bletilla striata		二级
95	独花兰	Changnienia amoena		二级
96	杜鹃兰	Cremastra appendiculata		二级
97	落叶兰	Cymbidium defoliatum		二级
98	建兰	Cymbidium ensifolium		二级
99	蕙兰	Cymbidium faberi		二级
100	多花兰	Cymbidium floribundum		二级
101	春兰	Cymbidium goeringii		二级
102	寒兰	Cymbidium kanran		二级
103	扇脉杓兰	Cypripedium japonicum		二级
104	梵净山石斛	Dendrobium fanjingshanense		二级
105	细茎石斛	Dendrobium moniliforme		二级
106	铁皮石斛	Dendrobium officinale		二级
107	永嘉石斛	Dendrobium yongjiaense		二级
108	政和石斛	Dendrobium zhenghuoense		二级
109	天麻	Gastrodia elata		二级
110	象鼻兰	Nothodoritis zhejiangensis（Phalaenopsis zhejiangensis）	一级	
111	台湾独蒜兰	Pleione formosana		二级

附录三　照片提供作者名录（非本卷编著者）

陈贤兴　岩凤尾蕨（左），栗柄凤尾蕨（2），城户凤尾蕨（2），全缘凤尾蕨（3），井栏边草（3），欧洲凤尾蕨（2），剑叶凤尾蕨（3），银脉凤尾蕨（1），半边旗（3），刺齿凤尾蕨（2），溪边凤尾蕨（3），条纹凤尾蕨（3），斜羽凤尾蕨（2），傅氏凤尾蕨（3），百越凤尾蕨（2），小金钗凤尾蕨（2），平羽凤尾蕨（2），江西凤尾蕨（4），两广凤尾蕨（3），华南凤尾蕨（3），蚀盖金粉蕨（3），栗柄金粉蕨（左），伏石蕨（左），倒卵伏石蕨（2），指叶假瘤蕨（2）。共58张。

章毓厅　华东膜蕨（右上、右下），南海瓶蕨（3），边缘鳞盖蕨（左上），碗蕨（右），岩凤尾蕨（右上、右下），长尾铁线蕨（右上），二型叶假蹄盖蕨（4），宽羽毛蕨（3），荚囊蕨（3），镰羽贯众（左、右上），假黑鳞耳蕨（左、右下），稀羽鳞毛蕨（3），毛叶轴脉蕨（3），亮鳞肋毛蕨（中、左下），骨碎补（右下），友水龙骨（右下）。共34张。

王军峰　长柄石杉（右下），四川石杉（左），灯笼草（右下），东方水韭（左上、左），问荆（2），节节草（2），福建观音座莲（左下），华南紫萁（左上），华中瘤足蕨（右中），华东瘤足蕨（3），镰羽瘤足蕨（右），美丽复叶耳蕨（左上、右上），紫云山复叶耳蕨（右上、右下），贵州复叶耳蕨（右上、下），华东复叶耳蕨（2），肾蕨（2），锯蕨（2），广东异型兰（1）。共29张。

严岳鸿　耳羽岩蕨（3），膀胱蕨（左），东方狗脊（3），鱼鳞蕨（3），直鳞肋毛蕨（2），阔鳞肋毛蕨（3），厚叶肋毛蕨（3），阴石蕨（4），鳞轴小膜盖蕨（2），燕尾蕨（2）。共26张。

陈征海　银缕梅（1），天目铁木（1），凤眼蓝群落（1），舟山新木姜子（1），海岛苣荬（1），石蝉草（1），台湾鳞毛蕨（左下），粤瓦韦（2），短齿白毛假糙苏（3），细柄针筒菜（右上），多花剪股颖（2），阴生沿阶草（4），腺果油点草（4）。共23张。

杨学哲　长柄假脉蕨（左），尾叶稀子蕨（左上），绿叶介蕨（3），华中蹄盖蕨（左上、右），毛轴假蹄盖蕨（左），耳羽短肠蕨（左上），假镰羽短肠蕨（左上、左下），单叶双盖蕨（左上、右），铁角蕨（右上），华南铁角蕨（左上），华中铁角蕨（1）。共16张。

叶喜阳　大囊岩蕨（左上），普陀鞭叶蕨（2），华北耳蕨（3），宽鳞耳蕨（4），裸叶鳞毛蕨（3），亮鳞肋毛蕨（上）。共14张。

王　泓　浆果薹草（1），青檀（1），杜仲（1），青钱柳（1），夏蜡梅（1），黄岩凤仙花（1），香果树（1），独花兰（1），加拿大一枝黄花（1），瓜馥木（1），毛茛叶报春（1），天女花（1）。共12张。

注：括号中的数字为张数。

吴东浩　齿盖贯众(3)，草叶耳蕨(3)，宜昌鳞毛蕨(3)，丝带蕨(3)。共12张。

王宗琪　毛蕗蕨(中、右)，黑叶角蕨(左上、左下)，膨大短肠蕨(左上、右)，变异铁角蕨(中上、右上)，华南复叶耳蕨(3)。共11张。

张宪春　膜叶卷柏(3)，仙霞铁线蕨(3)，单盖铁线蕨(2)，月芽铁线蕨(2)。共10张。

周喜乐　钝羽假蹄盖蕨(2)，斜羽假蹄盖蕨(2)，毛轴线盖蕨(2)，碗蕨(左)，褐柄剑蕨(左、右上右、右下)。共10张。

周　庄　粗壮腹水草(下左、下右)，浙东长蒴苣苔(3)，永嘉石斛(2)，秉滔羊耳蒜(2)。共9张。

钟建平　假斜方复叶耳蕨(右)，贵州复叶耳蕨(左上)，刺头复叶耳蕨(左上、左下、右下)，掌叶假瘤蕨(2)，金鸡脚(2)。共9张。

韦宏金　亮毛蕨(3)，尖齿耳蕨(2)，阔羽贯众(2)。共7张。

刘　西　浙江雪胆(1)，华中瘤足蕨(左、右上)，瘤足蕨(左上)，华南舌蕨(中、下左、下右)。共7张。

李中阳　中日金星蕨(3)，林下凸轴蕨(右下)，针毛蕨(3)。共7张。

卫　然　光脚短肠蕨(2)，异裂短肠蕨(左上、左下)，薄盖短肠蕨(2)。共6张。

王　挺　珠芽狗脊(右)，狗脊(左)，乌毛蕨(2)，杯盖阴石蕨(2)。共6张。

李策宏　峨眉介蕨(3)，褐柄剑蕨(右上左)。共4张。

徐跃良　沿阶草(4)。共4张。

董仕勇　钱氏鳞始蕨(左下右、右)，鳞始蕨(2)。共4张。

刘立铖　骨碎补铁角蕨(3)。共3张。

刘兴剑　江苏铁角蕨(3)。共3张。

孙久琼　剑叶铁角蕨(3)。共3张。

林海伦　心脏叶瓶尔小草(3)。共3张。

鲍洪华　藓叶卷瓣兰(右)，政和石斛(2)。共3张。

王　盼　大皿黄精(2)。共2张。

王　强　边生鳞毛蕨(2)。共2张。

王金旺　尖羽角蕨(2)。共2张。

朱光权　浙南木犀(左上、左下)。共2张。

华国军　断线蕨(2)。共2张。

李金锋　青冈属叶片印痕(1)，菱属果实(1)。共2张。

林　峰　崖壁杜鹃(1)，华南实蕨(下右)。共2张。

叶立新　白豆杉(1)。

刘菊莲　九龙山樏(1)。

李　东　槲蕨(下左)。

吴初平　浙江安息香(1)。

陈　亮　伞花石豆兰(1)。

陈子林　獐耳细辛(1)。

陈叶平　普陀鹅耳枥(1)。

范文涛　原国立浙江大学农学院植物园裸子植物区(1)。

骆　强　卵叶铁角蕨(左)。

徐灵君　藓叶卷瓣兰(左)。

潘成椿　莼菜(1)。